中国轻工业“十三五”规划教材

普通高等教育“十四五”材料专业系列教材

无机材料物理性能

宁青菊　于成龙　主编

西安交通大学出版社
XI'AN JIAOTONG UNIVERSITY PRESS
国家一级出版社
全国百佳图书出版单位

内容简介

本书论述了无机材料(本书中主要指无机非金属材料,包括陶瓷、玻璃耐火材料、建筑材料等)各种物理性能的基本概念、基本理论及应用。主要涉及的内容有无机材料的物理基础,无机材料的弹性形变、塑性形变、强度、脆性及改善措施,无机材料的热膨胀、热导、声学、电学、光学、磁学等性能。本书的特点是以物理知识为基础,以材料的性能本质为共性,将物理和无机材料的相关知识有机地融合在一起,分析无机材料性能的机理、宏观和微观影响因素,注重相关物理知识的理解与应用,且在编排上强调知识的科学性、先进性和实用性。

图书在版编目(CIP)数据

无机材料物理性能 / 宁青菊,于成龙主编. —西安 :
西安交通大学出版社,2022.7
ISBN 978-7-5693-2232-3

Ⅰ. ①无… Ⅱ. ①宁… ②于… Ⅲ. ①无机材料-物理性能 Ⅳ. ①TB321

中国版本图书馆 CIP 数据核字(2021)第 148138 号

书　　名 无机材料物理性能
WUJI CAILIAO WULI XINGNENG
主　　编 宁青菊　于成龙
责任编辑 王　娜
责任校对 李　佳
封面设计 任加盟

出版发行 西安交通大学出版社
(西安市兴庆南路 1 号　邮政编码 710048)
网　　址 http://www.xjtupress.com
电　　话 (029)82668357　82667874(市场营销中心)
(029)82668315(总编办)
传　　真 (029)82668280
印　　刷 西安日报社印务中心

开　　本 787 mm×1092 mm　1/16　**印张** 24.25　**字数** 576 千字
版次印次 2022 年 7 月第 1 版　2022 年 7 月第 1 次印刷
书　　号 ISBN 978-7-5693-2232-3
定　　价 59.00 元

如发现印装质量问题,请与本社发行中心联系、调换。
订购热线:(029)82665248　(029)82667874
投稿热线:(029)82668818
读者信箱:465094271@qq.com
版权所有　侵权必究

前 言

本书是在普通高等教育“十一五”国家级规划教材的基础上，经过长期使用，并进行修订后，于2019年获批的中国轻工业“十三五”规划教材。

本教材系统地阐述了无机非金属材料的各种物理性能，包括材料的受力形变、脆性断裂与强度，以及热学、声学、电导、介电、光学、磁学等性能。这些性能基本上都是各个领域在开发和应用无机非金属材料中，对其提出来的一系列性能要求，即所谓材料的本征参数。本教材主要介绍：上述各类性能的物理意义及这些性能在实际问题中的作用或应用；各种重要性能的原理及微观机制或机理；这些性能参数的来源，即性能和材料的组成、结构的关系；各性能之间的相互制约与变化规律。对这些性能有关规律的掌握，可以为判断材料的优劣，正确地选择和使用材料，改变材料性能，探索新材料、新性能、新工艺打下理论基础。

为了让没有学过“量子力学”和“固体物理”课程的读者能够容易理解材料物理性能的微观机制，本教材在第1章以尽可能浅显的方式系统地介绍了晶体的结构、结合、晶格振动及电子在晶体中的状态及分布等内容。在解释各种性能的原理和机制时，尽量避免复杂的数学推导，以尽可能简化的数学推导得出重要的关系式，并对其物理意义进行了说明。对于重点、难点采用形象化的模型并提供一些必要的数据和实例给予说明。本教材在内容上既突出基础，又重视应用。

本教材共分9章。绪论、第1章、第2章、第3章和第8章由宁青菊编写；第4章由谈国强编写；第5章，第7章的7.1节、7.2节、7.3节和第9章由于成龙编写;第6章由苏进步编写;第7章的7.4节、7.5节由王通编写。

对教材中使用“材料”和“无机材料”的说明,考虑两方面因素:①如果是材料共性的知识、原理,就采用“材料”,一般在每章或每节的基础内容讲解中出现;②同一段文字中,如果前面提到了“无机材料”,后面描写就用“材料”代替“无机材料”,默认“材料”为“无机材料”。

由于本书涵盖的知识面广泛,且内容丰富,因此疏漏之处在所难免,敬请广大读者批评指正。

编　者

2021年11月

目　录

绪　论

随着科学技术的发展,人们对无机材料的性能指标和使用环境提出了越来越高的要求。因此只有开发出具有各种性能的新材料,才能使材料在现代工业和科学技术上获得更广泛的应用。深入了解和研究材料的各项物理化学性质,已成为当代材料科学的主要研究内容,也是发展无机材料的主要途径。

无机材料物理性能的研究方法可以分成两种:一种是经验方法,即在有大量实验数据的基础上,经过对数据的分析处理,整理出经验方程,来表示它们的函数关系;另一种是从机理着手,即从反映材料本质的基本关系(如原子间的相互作用、点阵振动的波形方程等)出发,按照性能的有关规律,建立物理模型,用数学方法求解,得到有关理论方程式。以上两种方法的相互验证促进了材料科学的发展。

无机材料由大量的粒子,如电子、原子或离子所组成,这些粒子之间存在着相互作用,是一个复杂的多元体系。在外界因素(作用物理量),如应力、温度、电场、磁场、光等的作用下,体系中的微观粒子的状态有可能会发生变化,在宏观上表现为感应物理量。感应物理量的性质及大小因材料的不同而不同,这主要取决于材料的本性。如在外界因素微量的条件下,许多作用物理量与相应的感应物理量具有线性关系,比例系数为材料的本征参数,即这些参数通过作用物理量和感应物理量间的关系来体现。表 0-1 列举了材料的几种本征参数及其作用物理量和感应物理量。

表 0-1　材料的几种本征参数及其作用物理量和感应物理量

作用物理量	感应物理量	公式	材料内部的变化	材料本征参数
应力 σ	形变 ε	$\varepsilon=S\sigma$	原子或离子发生相对位移	柔性系数 S
	表面电荷密度 D	$D=d\sigma$	原子或离子发生相对位移,引起电偶极矩发生变化	压电常数 d

续表

作用物理量	感应物理量	公式	材料内部的变化	材料本征参数
温差 Δt	形变 ε	$\varepsilon=\alpha\Delta t$	原子或离子的平衡位置发生相对位移	热膨胀系数 α
	热量 Q	$Q=C\Delta t$	原子或离子的振动振幅发生变化	热容 C
	温差电动势 ΔV	$\Delta V=\alpha\Delta t$	载流子的定向运动	温差电动势系数 α
	热流密度 q	$q=\lambda \mathrm{d}t/\mathrm{d}x$	格波间的相互作用	热导率 λ
电场强度 E	电流密度 J	$J=\sigma E$	荷电粒子远距离的移动	电导率 σ
	极化强度 P	$P=\chi\varepsilon_0 E$	荷电粒子短距离的移动	介质的绝对电极化率 $\chi\varepsilon_0$
	原子的电偶极矩 ρ	$\rho=\alpha_e E_{loc}$	周围电子相对于原子核发生短距离的移动	电子的极化率 α_e
	材料的形变 ε	$\varepsilon=dE$	偶极矩发生变化，引起原子或离子的相对位移	压电常数 d

无机材料的化学组成及结构的不同决定其有不同的特性，如高强度、高硬度、耐腐蚀、导电、绝缘、磁性、透光、半导体等，以及具有压电、铁电、光电、电光、声光、磁光等效应，因此无机材料的性能主要由两种结构因素所决定。首先，在材料内部的分子层次上，原子、离子间的相互作用和化学键合对材料性能产生决定性的作用，它们决定着材料的本征性能，比如材料是电导体、半导体、铁电体，还是绝缘体、磁性体等；其次，在多晶多相材料的微观层次上，结构设计不仅会导致新材料的发明，同时对现有材料的性能的提高和改善也十分重要，微观层次是指在显微镜下直至电子显微镜下观察到的结构，包括相分布、晶粒尺寸和形状、气孔大小和分布、杂质、缺陷和晶界等，它们影响着材料的大部分性能。另外，显微结构的形成受制备过程中各种工艺因素的制约，因此同一组成的材料，采用不同的工艺制备条件，就会得到不同的显微结构，也就具有不同的性能。

无机材料可以较为简单地划分为结构材料和功能材料。从物理性能方面划分，将具有机械功能、热功能的材料列为结构材料，结构材料需要有良好的力学性能或热学性能；而将具有电、光、磁、声等特性，且具有相互转化功能的材料列为功能材料，功能材料涉及的范围很广，它可以作为将输入能量传递或转换成其他能量的功能元件。一般说来，材料的结构性以原子尺度内部不发生变化为特征，而材料的功能性通常为原子内部的电子以至原子核间的交互作用而表现出来的特性。例如：固体中原子的微小振动决定了材料的热学性能和弹性；电子的能带结构决定了材料的电导性差异，因而有导体、半导体、电介质和超导体之分；材料的磁性决定于原子中次壳层电子是否被填满及它们之间因“交换作用”产生不同原子取向的结果，因而有抗磁体、顺磁体和铁磁体之分。由于微观结构的差异，材料的铁磁性又可区分为永磁、软磁、矩磁和旋磁等。

机械强度是无机材料应用的前提条件，常常在此基础上提出其他各种特性的苛刻要求。

脆性是无机非金属材料的一个致命的弱点，由于其化学键及晶体结构不同于金属，因此大多数无机材料都不具有延性，也就是没有或只有很小的塑性形变，这是无机材料的力学本质，从根本上无法改变。但是从显微结构上看，脆性的根源在于微裂纹的存在，易于引起高度的应力集中，使材料在远低于理论应力的情况下发生断裂。因此可以通过一些措施来改善材料的脆性。如含 CeO_2 的四方 ZrO_2 多晶材料在应力超过一定数值之后，表现出很大的塑性形变，因为这种形变是由四方 ZrO_2 相变为单斜 ZrO_2 引起的，所以称为相变塑性。还可以通过其他的方法，如制备细晶、高致密、高纯度的材料等都可以在一定程度上改善材料的脆性。

本书以晶格振动为理论基础对材料热学性能的本质进行了研究。晶格振动的格波就是典型的集体激发的例子，其准粒子称为声子。由于晶体中原子之间的相互作用，原子偏离平衡位置的运动是相互关联的，由此在晶体中原子的振动是所有原子的一种集体运动，并以格波的形式表现出来。每个格波的能量取值是量子化的 $E_i=(n_i+\frac{1}{2})\hbar\omega_i$，$n_i$ 为整数，$\hbar\omega_i$ 为能量激发的单元，在简谐近似下，不同格波之间是相互独立的，且把晶体原子的小振动系统看成声子气体。可以用声子的概念讨论与晶格振动有关的物理问题，如晶格比热、晶格热导等，这就为我们讨论热学性能和声学性能方面的问题提供了很大的方便。

单粒子的激发最典型的例子是无机材料中的电子。电子系统的激发态可以看成是电子、空穴准粒子的集合。

由于光包含了电场和磁场分量，它对材料的影响可以认为是电场或磁场对材料的影响。对于非磁性材料可以认为仅是电场作用于材料，因此各种光学性能可以借助材料的介电性能来理解，具体表现在材料的折射率和介电常数等性能有着非常重要的关系。同时由于微观粒子的波粒二象性，可以借助光的透射性理解势阱中的电子或空穴的隧穿效应。

从宏观的角度看，不同类型的材料甚至同一种材料经过结构设计，综合发挥材料的诸多功能，完全有可能发掘出其其他方面的功能特性，从而为现有的材料寻找到新的用途。从宏观层次上实现材料的结构-性能-应用一体化的结构设计，对于寻找新材料，提高和发挥现有材料性能有着十分重要的意义。例如，由结构和化学组成不同的两种成分的晶体混合所制成的多晶混合物材料或复合材料，愈来愈引起人们的兴趣。对于复杂的多相结构，可以采用“连通性”的概念，进行各种相的组合，这一方法已应用于材料的弹性模量、热导率、声学性能、电导率、介电常数等的分析与求解中，从而为制备高强度的材料、零膨胀系数的材料及温度补偿材料等提供了方法。

高新技术依赖于优良的新材料，具有实际应用意义的热、声、电、磁、光等性能的重要材料大多是无机材料。对无机材料的物理内涵和应用目标的阐述，对材料问题实质的深入研究，结合其共性探索其特性，尤其是对其特征参数与宏观性能、指定功能与微观结构、机理与微观过程的探讨，为结构材料和功能材料的设计，可能出现新特性的预测、制作、加工及应用提供了理论依据。因此，无机材料物理性能在未来的材料研究与开发中必将发挥更大的作用。

第1章　无机材料的物理基础

在外界因素，如力、电场、磁场、光等的作用下，无机材料中原子、分子或离子及电子的微观运动状态发生改变，其改变的能力用材料的性能来表征。材料因电导性能不同，可分为导电体、半导体、绝缘体等；而从力学性能方面划分，有弹性材料、延性材料等。无机材料的性能主要由物质的结构和显微结构决定。无机材料的本征性能主要由物质结构决定，即化学键的性质、电子结构和晶体的结构，不同的结构决定材料具有不同的特性。因此了解晶体结构、晶体中原子和电子的状态，有助于分析和研究材料性能参数的物理本质和物理现象，有助于通过理论与计算预报所设计材料的组分、结构与性能。本章将就无机材料的弹性、热、电、磁、光等物理性能所涉及的基础问题做一系统的简明扼要的论述。

1.1　晶体结构

固体的结构分为晶体结构、非晶体结构、多晶体结构。晶体结构是原子规则排列的结果，主要体现为原子排列具有周期性，或者称长程有序，有此排列结构的材料为晶体。晶体中原子、分子规则排列的结果使晶体具有规则的几何外形，其电子运动状态和原子运动状态等具有周期性重复特性。不具有长程有序的结构为非晶体结构，有此排列结构的材料为非晶体。固体的这些排列结构是我们研究固体材料宏观性质和各种微观过程的基础。

1.1.1　晶体的微观结构

晶体的微观结构包括两方面的内容：第一，晶体是由什么原子（离子或分子）组成的；第二，原子是以怎样的方式在空间排列的。为了描述晶体微观结构的长程有序，引入空间点阵、基元及原胞等概念。

1.1.1.1　空间点阵

十九世纪出现的布喇菲的空间点阵学说把晶体内部结构概括为是由一些相同点子在空间有规则作周期性的无限分布，这些点子的总体称为点阵。该学说正确地反映了晶体内部结构长程有序特征，后来被空间群理论充实发展为空间点阵学说，形成近代关于晶体几何结构的完备理论。我们可以从以下几方面理解这一理论。

1. 点子

空间点阵学说中所称的点子，也叫结点，代表着结构中相同的位置。当晶体是由完全相同的一种原子组成时，结点可以在原子本身的位置。当晶体中含有数种原子时，这数种原子构成基本结构单元(称为基元)，则结点可以代表基元重心，因为所有基元的重心都在结构中的相同位置。一般而言，结点可以代表基元中任意点子，因为各个基元中相应的点子所代表的位置是相同的。

2. 点阵学说概括了晶体结构的周期性

晶体中所有的基元都是等同的，因此整个晶体结构可以看作是由基元沿空间中三个不同方向，各按一定的距离周期性地平移而构成，每一平移的距离称为周期(如图 1-1 中的 a 和 b)。因此，在一定方向上有着一定周期，不同方向上周期一般不相同。基元平移结果是使点阵中每个结点周围情况都一样。一般情况下，点子或格点是指原子或离子，而不是任意点子。

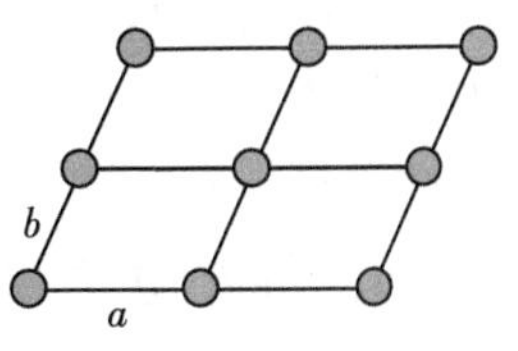

图 1-1 二维点阵

3. 晶格的形成

通过点阵中的结点，可以作许多平行的直线族和平行的晶面族，点阵则成为一些网格，称为晶格，如图 1-2 所示。

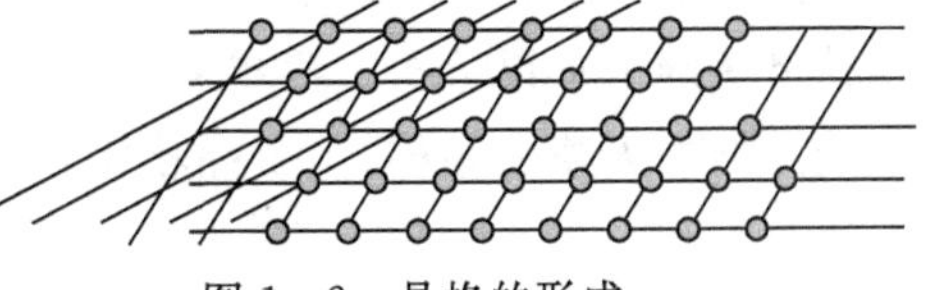

图 1-2 晶格的形成

由于晶格的周期性，可取一个以结点为顶点，边长等于该方向上的周期的平行六面体作为重复单元，来概括晶格的特征。这样的重复单元称为原胞。

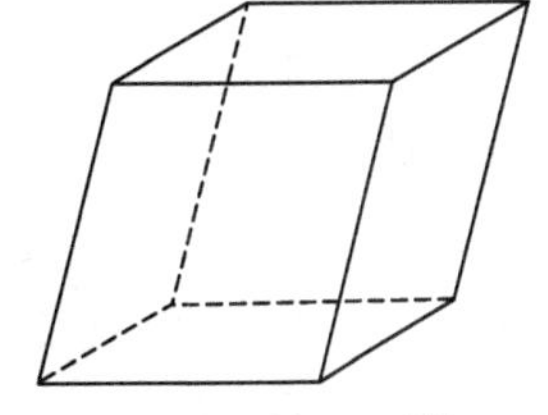

图 1-3 平行六面体

原胞的选取规则是只需知道概括空间三个方向上的周期大小。因此原胞可以取最小重复单元，结点只在顶角上。对于三维情况，最小的重复单元是平行六面体，这一原胞称为物理学原胞，该原胞反映晶格的周期性，如图 1-3 所示。由于晶体都具有自己特殊的对称性，结晶学上所取原胞体积不一定最小，常取最小重复单元的几倍作为原胞，因此结点不一定只在顶角上，也可以在体心或面心上，但原胞边长总是一个周期，并各沿三个晶轴的方向。这一反映对称性特征的原胞为晶体学原胞。图 1-4 为二维点阵中反映晶格不同特性的原胞。晶体学原胞体积为物理学原胞体积的整数倍。

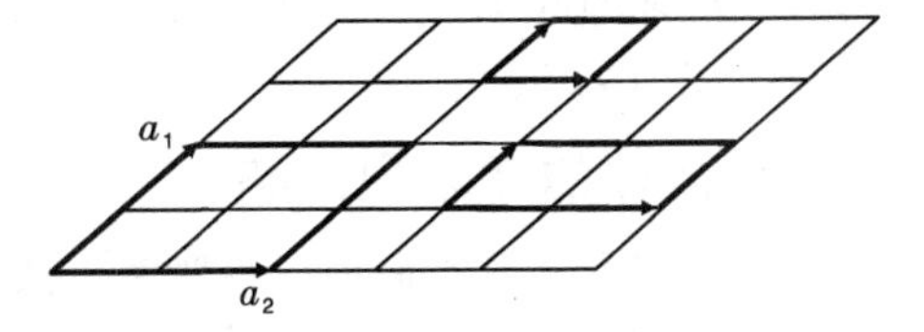

图 1-4 二维点阵中的原胞

引出原胞以后，三维格子的周期性可用数学的形式表示为

$$\Gamma(\boldsymbol{r}) = \Gamma(\boldsymbol{r} + l_1\boldsymbol{a}_1 + l_2\boldsymbol{a}_2 + l_3\boldsymbol{a}_3) \tag{1-1}$$

式中，$\boldsymbol{r}$ 为重复单元中任意处的矢量；Γ 为晶格中任意物理量；l_1、l_2、l_3 是整数；$\boldsymbol{a}_1$、$\boldsymbol{a}_2$、$\boldsymbol{a}_3$ 是重复单元的边长矢量。如果选取的重复单元是所要求的原胞，则 $\boldsymbol{a}_1$、$\boldsymbol{a}_2$、$\boldsymbol{a}_3$ 分别是三个方向的基矢。通常用 $\boldsymbol{a}_1$、$\boldsymbol{a}_2$、$\boldsymbol{a}_3$ 表示固体物理学中原胞的基矢，用 $\boldsymbol{a}$、$\boldsymbol{b}$、$\boldsymbol{c}$ 表示结晶学中原胞的基矢。图 1-5 为二维点阵的周期性平移。

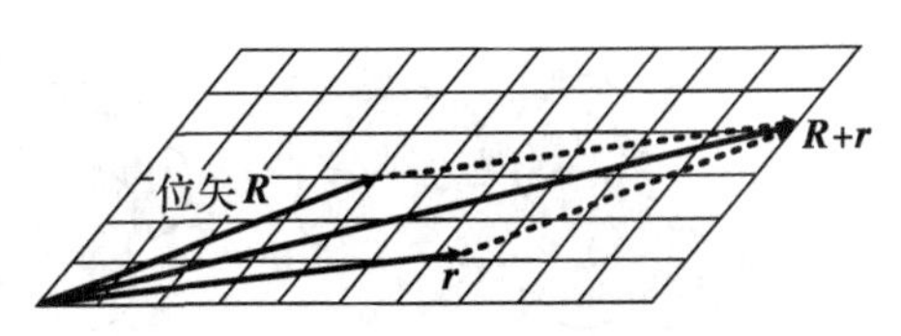

图 1-5 二维点阵的周期性平移

4. 布喇菲点阵或布喇菲格子

结点的总体称为布喇菲点阵或布喇菲格子。由于布喇菲格子是由一个结点沿三维空间周期性平移形成的,因此它的特点是每点周围情况都一样。

1.1.1.2 晶格的实例

晶体中的原子规则排列是原子规则堆积的结果,晶体格子(简称晶格)是晶体中原子排列的具体形式。把晶格设想成为原子规则堆积,有助于理解晶格组成、晶体结构及与其有关的性能等。

1. 简单立方晶格

简单立方晶格如图 1-6 所示,其特点是层内为正方排列;原子层叠起来,各层球完全对应,形成简单立方晶格。其是原子球规则排列的最简单形式,这种晶格在实际晶体中不存在,但是一些更复杂的晶格可以在简单立方晶格基础上加以分析。简单立方晶格的原子球心形成一个三维立方格子结构,整个晶格可以看作是这样一个典型单元沿着三个方向重复排列构成的结果。

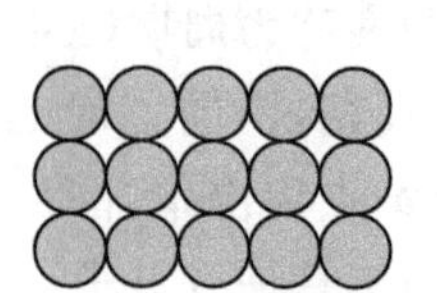
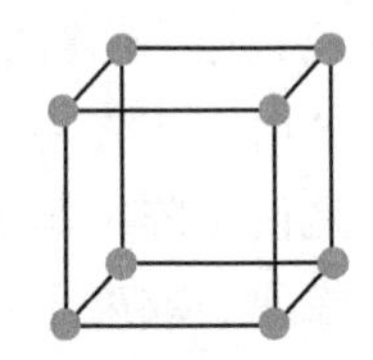

图 1-6 简单立方晶格原子球的排列与晶格点阵单元

2. 体心立方晶格

体心立方晶格的排列规则如图 1-7 所示,上面一层原子球心对准下面一层球隙,下层球心的排列位置用 A 标记,上面一层球心的排列位置用 B 标记,体心立方晶格中正方排列原子层之间的堆积方式可以表示为 AB AB AB AB。体心立方晶格的特点是为了保证同一层中原子球间的距离等于 $A-A$ 层之间的距离,正方排列的原子球并不是紧密靠在一起的,由几何关系可证明间隙 $r=0.31r_0$,r_0 为原子球的半径。具有体心立方晶格结构的金属有 Li、Na、K、Rb、Cs、Fe 等。

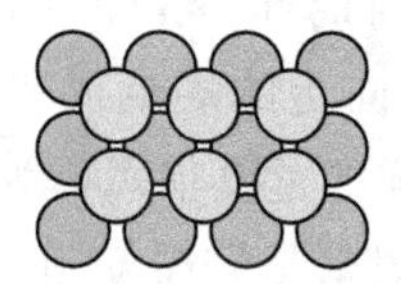
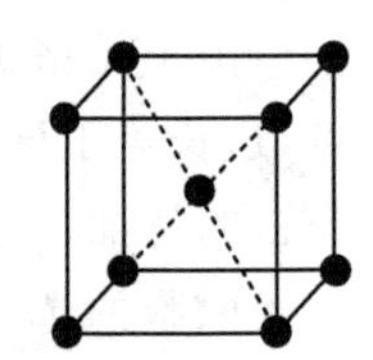

图 1-7 体心立方晶格原子球的排列与晶格点阵单元

3. 晶体的密堆积晶格

原子球在某一平面内以最紧密方式排列的面为密排面。其堆积方式是在堆积时把一层的球心对准另一层球隙,获得最紧密堆积,可以形成两种不同最紧密晶格排列,如图 1-8(a)和(b)所示:ABC ABC ABC 排列和 AB AB AB 排列。前一种为六角密排晶格,如图 1-9(a)所示,如 Be、Mg、Zn、Cd 的晶格;后一种晶格为立方密排晶格,或面心立方晶格,如图 1-9(b)所示,如 Cu、Ag、Au、Al 的晶格。

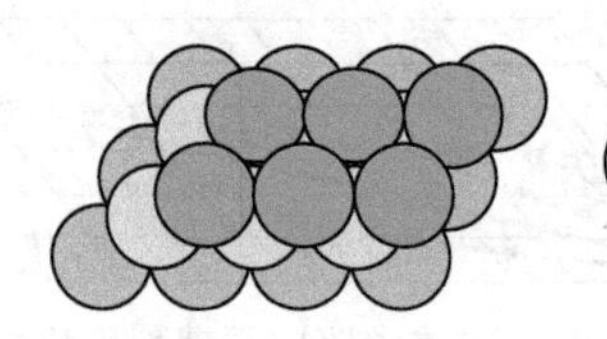

(a) ABC ABC 最密排列

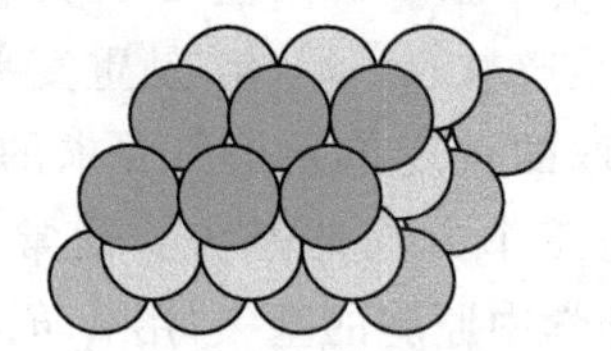
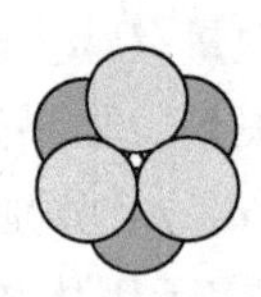

(b) AB AB 最密排列

图 1-8 晶体的密堆积

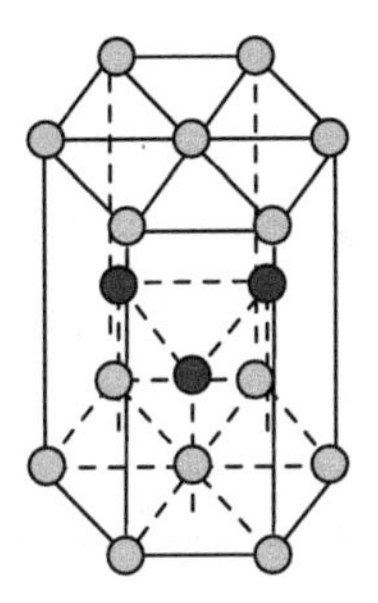
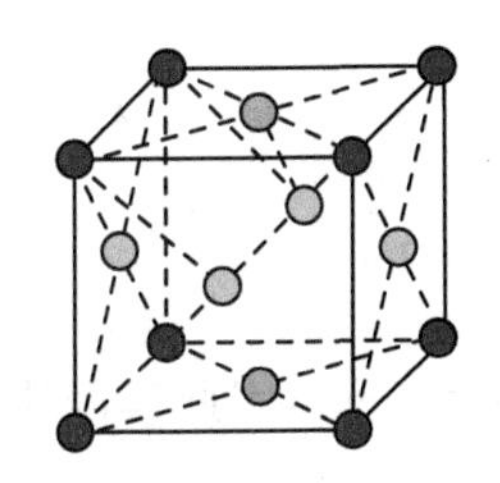
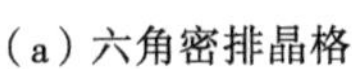

（a）六角密排晶格　　（b）面心立方晶格

图1-9　晶体密排晶格

1.1.1.3　结晶学原胞与固体物理学原胞间的相互转化

以立方晶系为例说明结晶学原胞与固体物理学原胞间的相互转化。结晶学中，属于立方晶系的布喇菲原胞有简立方、体心立方和面心立方。这些布喇菲原胞的基矢在晶轴方向，其三个方向的周期都为 a，取晶轴作为坐标轴，而 $\boldsymbol{i}$、$\boldsymbol{j}$、$\boldsymbol{k}$ 表示坐标系单位矢量。

1. 简立方原胞

原子仅在立方体的顶点上，为最小的重复单元，原胞内含有一个原子，原胞的体积为一个原子所占有的体积。其结晶学原胞与固体物理学原胞相同。

固体物理学原胞的基矢为 $\boldsymbol{a}_1=\boldsymbol{i}a$、$\boldsymbol{a}_2=\boldsymbol{j}a$、$\boldsymbol{a}_3=\boldsymbol{k}a$。

2. 体心立方原胞

结晶学原胞是体心立方，固体物理学原胞是由式(1-2)表述的基矢 $\boldsymbol{a}_1$、$\boldsymbol{a}_2$、$\boldsymbol{a}_3$ 决定的平行六面体，如图1-10(a)所示。

$$\begin{cases}\boldsymbol{a}_1=\dfrac{a}{2}(-\boldsymbol{i}+\boldsymbol{j}+\boldsymbol{k})\\ \boldsymbol{a}_2=\dfrac{a}{2}(\boldsymbol{i}-\boldsymbol{j}+\boldsymbol{k})\\ \boldsymbol{a}_3=\dfrac{a}{2}(\boldsymbol{i}+\boldsymbol{j}-\boldsymbol{k})\end{cases}\tag{1-2}$$

可以证明两种原胞的体积关系为

$$\begin{aligned}\boldsymbol{a}_1\cdot(\boldsymbol{a}_2\times\boldsymbol{a}_3)&=\frac{a}{2}(-\boldsymbol{i}+\boldsymbol{j}+\boldsymbol{k})\cdot\left[\frac{a}{2}(\boldsymbol{i}-\boldsymbol{j}+\boldsymbol{k})\times\frac{a}{2}(\boldsymbol{i}+\boldsymbol{j}-\boldsymbol{k})\right]\\&=\frac{a^3}{8}(-\boldsymbol{i}+\boldsymbol{j}+\boldsymbol{k})\cdot(0+2\boldsymbol{j}+2\boldsymbol{k})=\frac{1}{2}a^3\end{aligned}$$

从图1-10(a)中也可看出，结晶学原胞中含有两个原子，而物理学原胞中含有一个原子，因此结晶学原胞的体积是物理学原胞的2倍。

3. 面心立方原胞

结晶学原胞是面心立方，固体物理学原胞是由式(1-3)表述的基矢 $\boldsymbol{a}_1$、$\boldsymbol{a}_2$、$\boldsymbol{a}_3$ 决定的平行六面体，如图1-10(b)所示。

$$
\begin{cases}
\boldsymbol{a}_1 = \dfrac{a}{2}(\boldsymbol{j}+\boldsymbol{k}) \\
\boldsymbol{a}_2 = \dfrac{a}{2}(\boldsymbol{i}+\boldsymbol{k}) \\
\boldsymbol{a}_3 = \dfrac{a}{2}(\boldsymbol{i}+\boldsymbol{j})
\end{cases}
\tag{1-3}
$$

可以证明 $\boldsymbol{a}_1 \cdot \boldsymbol{a}_2 \times \boldsymbol{a}_3 = \frac{1}{4}a^3$，因此其固体物理学原胞体积为结晶学原胞体积的 1/4。也可从图 1-10(b)中看出，结晶学原胞中含有 4 个原子，而物理学原胞中含有 1 个原子，固体物理学原胞体积为结晶学原胞体积的 1/4。

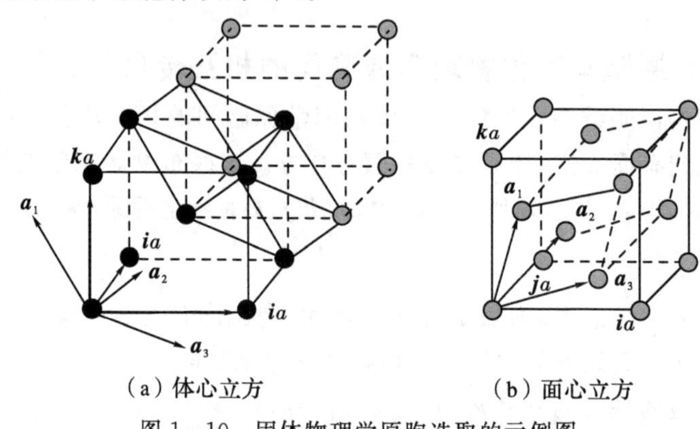

(a) 体心立方　　(b) 面心立方

图 1-10　固体物理学原胞选取的示例图

1.1.1.4　布喇菲格子与复式格子

如果晶体是由完全相同的一种原子组成，则这种原子所组成的网格也就是布喇菲格子，和结点所组成的格子相同。如果晶体的基元中包含两种或两种以上原子，每个基元中，相应的同种原子各构成和结点相同的网格，将此网格叫子晶格(或亚晶格)。复式格子就是由这些相同结构子晶格相互位移套构而形成的。也就是说，复式格子是由若干相同的布喇菲格子套构而成。对于布喇菲格子，每一格点周围的情况都相同。对于复式格子，每个原胞的内部及其周围的情况都相同。下面以立方晶系中几种常见的结构为例进行说明。

1. 氯化钠结构

氯化钠由钠离子和氯离子结合而成，是一种典型的离子晶体，其结晶学原胞如图1-11所示。从图中可以看出，钠离子与氯离子分别构成面心立方格子，且这两个子晶格完全相同，氯化钠结构就是由这两种格子相互平移一定距离套构而成。

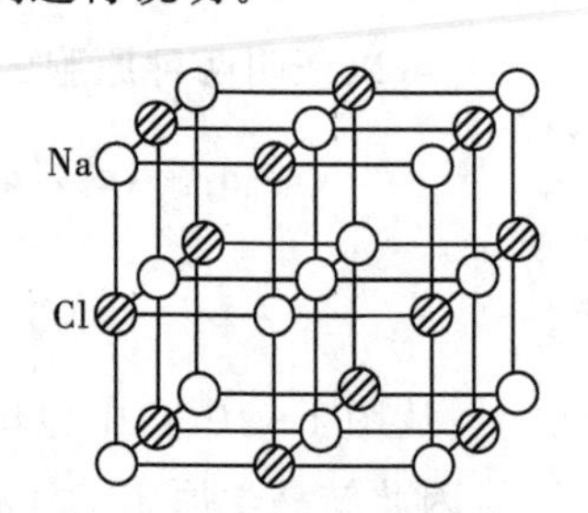

图 1-11　氯化钠晶格结构

2. 氯化铯结构

氯离子和铯离子分别构成简立方格子，氯化铯结构是由这两种格子相互沿对角线平移一半距离套构而成，如图 1-12 所示。

3. 闪锌矿结构

闪锌矿结构又称为硫化锌结构，它是由硫和锌的面心立方子晶格沿空间对角线 1/4 长度套构而成。许多重要的化合物半导体如砷化镓、磷化铟、锑化铟等都属于这种结构。

4. 钙钛矿型结构

钙离子和钛离子分别构成简立方格子，三组氧离子由于周围情况不完全相同，如图1-13所示，因此分别构成一个简立方格子，整个晶格是由五个简立方结构子晶格套构而成，这就是钙钛矿型结构。许多重要的晶体，如 $CaTiO_3$、$BaTiO_3$、$PbTiO_3$、$PbZrO_3$、$SrZrO_3$、$SrTiO_3$、$LiNbO_3$、$LiLaO_3$ 等晶体的结构都属于钙钛矿结构类型。

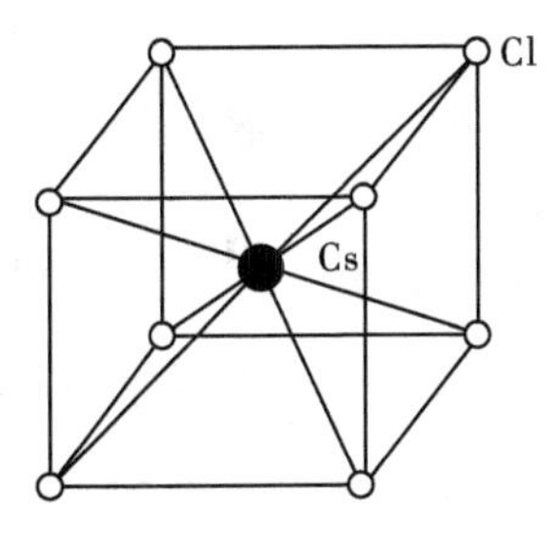

图1-12　氯化铯晶格结构

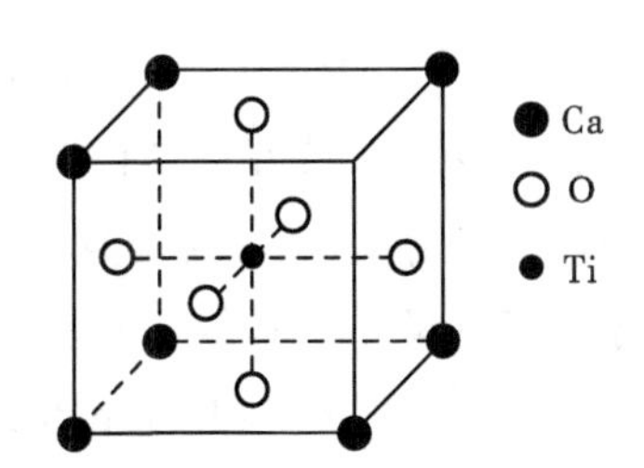

图1-13　钛酸钡晶格结构

钙钛矿结构一个非常重要的特点是：原胞容易变形。原来立方晶系如果沿 c 轴稍许伸长，就成了四方晶系，如再沿 a 轴或 b 轴稍许伸长，就成了正交晶系；如果沿立方原胞的体对角线方向收缩，就成了三方晶系。因此这种晶体属于几种晶系，这一现象是其他晶体中不常见的。

一般情况下，分子中的原子总数为子晶格的个数。如果晶体由一种原子构成，但在晶体中原子周围的情况并不相同，例如金刚石由于价键的取向不同，可使两个碳原子的周围情况不同，虽由一种原子组成，但不是布喇菲格子，而是复式格子，由两个相同的子晶格套构而成。

特别值得注意的是结点的概念及结点所组成的布喇菲格子的概念，对于反映晶体中的周期性是很有用的。而基元中不同原子所构成的集体运动常可概括为复式格子中各原子晶格之间的相对运动。固体物理在讨论晶体内部粒子的集体运动时，对于基元中包含两个或两个以上原子的晶体，复式格子的概念显得更为重要。

1.1.2　晶面与晶向

从空间点阵学说可知，格点的分布是由三维原胞在空间周期重复来实现的，格点的分布同样还可以用二维晶面或一列晶列在三维空间的平移来实现。另外，又由于晶体的各向异性特征，在研究晶体的物理特征时，通常必须标明是位于什么方位的面上或沿晶体的什么方向。为此引入晶面与晶列的概念，并建立一套晶面与晶向的标志方法。

1.1.2.1　晶向及其标志

通过任意两个格点连一直线，则这一直线包含无限个相同格点，这样的直线称为晶列，也是晶体外表上所见的晶棱。其上的格点分布具有一定的周期性，其周期等于任意两相邻格点的间距，见图1-2。

晶列具有如下特点：一族平行晶列把所有点包括无遗；在一平面中，同族的相邻晶列之间的距离相等；通过一格点可以有无限多个晶列，其中每一晶列都有一族平行的晶列与之对应；有无限多族平行晶列。由于每一族晶列互相平行并完全等同，所以决定一族晶列的是晶列的取向，该取向为晶向。

晶列方向用晶列指数来表示。固体物理学原胞，格点只在原胞的顶点上，如图 1-14 所示，取某一格点 O 为原点，$\boldsymbol{a}_1$、$\boldsymbol{a}_2$、$\boldsymbol{a}_3$ 为原胞的基矢，由于格点的周期性，晶格中任一格点 A 的位矢 $\boldsymbol{R}_l$ 为

$$\boldsymbol{R}_l = l_1\boldsymbol{a}_1 + l_2\boldsymbol{a}_2 + l_3\boldsymbol{a}_3 \tag{1-4}$$

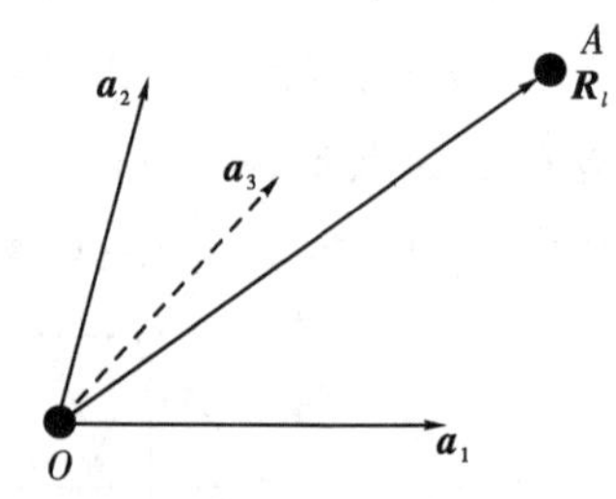

图 1-14　点阵中的位矢

式中，l_1、l_2、l_3 是整数，若互质，直接用它们来表征晶列 OA 的方向，这三个互质整数为晶列的指数，记作$[l_1, l_2, l_3]$。同样，在结晶学上，原胞不是最小的重复单元，而原胞的体积是最小重复单元的整数倍，以任一格点 O 为原点，$\boldsymbol{a}$、$\boldsymbol{b}$、$\boldsymbol{c}$ 为基矢，任何其他格点 A 的位矢为

$$\boldsymbol{R}_l = km\boldsymbol{a} + kn\boldsymbol{b} + kp\boldsymbol{c} \tag{1-5}$$

式中，m、n、p 为三个互质整数，于是用 m、n、p 来表示晶列 OA 的方向，记作$[mnp]$。

1.1.2.2　晶面及其标志

通过任一格点，可以作全同的晶面与一晶面平行，构成一族平行晶面，如图 1-15 所示。一族平行晶面具有如下特点：所有的格点都在一族平行的晶面上而无遗漏；一族晶面平行且等距，各晶面上格点分布情况相同；晶格中有无限多族的平行晶面。同样一族晶面的特点也由取向决定，因此无论对于晶列或晶面，只需标志其取向。

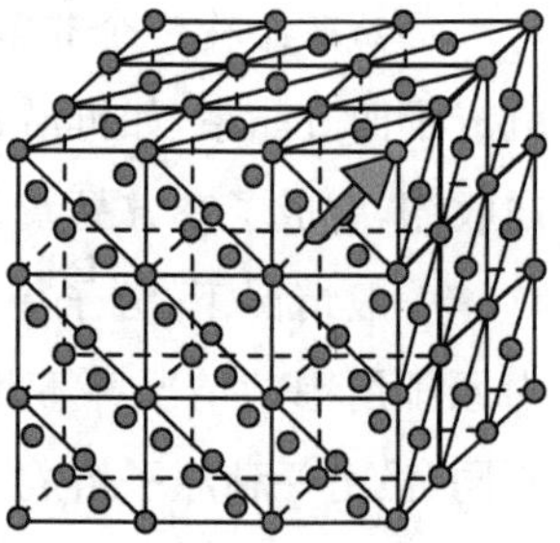

图 1-15　晶面族

注：为明确起见，下面只讨论物理学的布喇菲格子。

表示晶面的方法，也叫方位，可以用在一个坐标系中该平面的法线方向的余弦表示，或此平面在坐标轴上的截距表示。同样，取某一格点 O 为原点，原胞的三个基矢 $\boldsymbol{a}_1$、$\boldsymbol{a}_2$、$\boldsymbol{a}_3$ 为坐标轴的三个轴，这三个轴不一定相互正交，如图 1-16 所示。设某一族晶面的面间距为 d，它的法线方向的单位矢量为 $\boldsymbol{n}$，则这族晶面中，离开原点的距离等于 μd 的晶面的方程式为

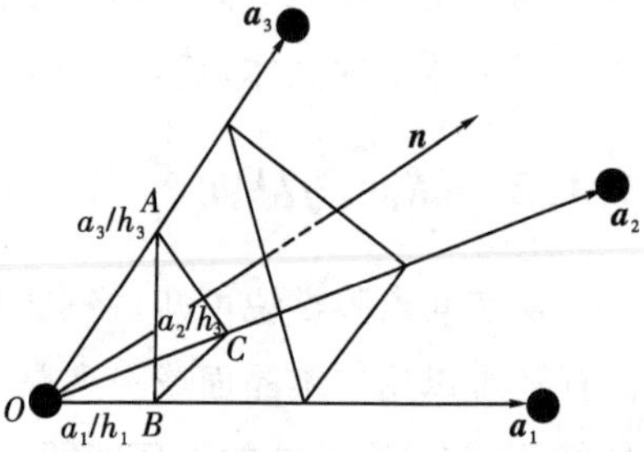

$$\boldsymbol{R} \cdot \boldsymbol{n} = \mu d \tag{1-6}$$

图 1-16　晶面 ABC 图

式中，μ 为整数；$\boldsymbol{R}$ 是晶面上任意点的位矢。设此晶面与三个坐标轴的交点的位矢分别为 $r\boldsymbol{a}_1$、$s\boldsymbol{a}_2$、$t\boldsymbol{a}_3$，代入式(1-6)，得

$$\begin{cases} ra_1\cos(\boldsymbol{a}_1, \boldsymbol{n}) = \mu d \\ sa_2\cos(\boldsymbol{a}_2, \boldsymbol{n}) = \mu d \\ ta_3\cos(\boldsymbol{a}_3, \boldsymbol{n}) = \mu d \end{cases} \tag{1-7}$$

a_1、a_2、a_3 取单位长度，则得

$$\cos(\boldsymbol{a}_1,\boldsymbol{n}):\cos(\boldsymbol{a}_2,\boldsymbol{n}):\cos(\boldsymbol{a}_3,\boldsymbol{n})=\frac{1}{r}:\frac{1}{s}:\frac{1}{t} \tag{1-8}$$

该式的物理意义是晶面的法线方向 $\boldsymbol{n}$ 与三个坐标轴（基矢）的夹角的余弦之比等于晶面在三个轴上的截距的倒数之比。

由于一族晶面必包含所有的格点而无遗漏，因此在三个基矢末端的格点必分别落在该族的不同的晶面上。设 $\boldsymbol{a}_1$、$\boldsymbol{a}_2$、$\boldsymbol{a}_3$ 末端上的格点分别在离原点的距离为 h_1d、h_2d、h_3d 的晶面上，其中 h_1、h_2、h_3 都是整数，三个晶面分别有

$$\boldsymbol{a}_1\cdot\boldsymbol{n}=h_1d,\qquad \boldsymbol{a}_2\cdot\boldsymbol{n}=h_2d,\qquad \boldsymbol{a}_3\cdot\boldsymbol{n}=h_3d \tag{1-9}$$

$\boldsymbol{n}$ 是这一族晶面公共法线的单位矢量，于是

$$\begin{cases} a_1\cos(\boldsymbol{a}_1,\boldsymbol{n})=h_1d \\ a_2\cos(\boldsymbol{a}_2,\boldsymbol{n})=h_2d \\ a_3\cos(\boldsymbol{a}_3,\boldsymbol{n})=h_3d \end{cases} \tag{1-10}$$

a_1、a_2、a_3 用单位长度表示，有

$$\cos(\boldsymbol{a}_1,\boldsymbol{n}):\cos(\boldsymbol{a}_2,\boldsymbol{n}):\cos(\boldsymbol{a}_3,\boldsymbol{n})=h_1:h_2:h_3 \tag{1-11}$$

即晶面族的法线与三个基矢的夹角的余弦之比等于三个整数之比。

可以证明：h_1、h_2、h_3 三个数互质，称它们为该晶面族的晶面指数，记以（$h_1h_2h_3$）。把晶面在坐标轴上的截距的倒数的比简约为互质的整数比，所得的互质整数就是晶面指数。

晶面指数的几何意义是在每一个基矢的两端各有一个晶面通过，且这两个晶面为同族晶面，在二者之间存在 h_n 个晶面，最靠近原点的晶面（$\mu=1$）在坐标轴上的截距分别为 a_1/h_1、a_2/h_2、a_3/h_3，同族的其他晶面的截距为这族最小截距的整数倍，也即 h_1、h_2、h_3 的倒数是晶面族（$h_1h_2h_3$）中最靠近原点的晶面的截距（用单位长度表示）。

实际工作中，常以结晶学原胞的基矢 $\boldsymbol{a}$、$\boldsymbol{b}$、$\boldsymbol{c}$ 为坐标轴来表示晶面指数。在这样的坐标系中，表征晶面取向的互质整数称为晶面族的米勒指数，用（hkl）表示。

例如：有一 ABC 面，截距为 $4a$、b、c，截距的倒数为 1/4、1、1，它的米勒指数为(144)。另有一晶面，截距为 $2a$、$4b$、∞c，截距的倒数为 1/2、1/4、0，它的密勒指数为(210)。

以结晶学原胞的基矢为参考系，所得出的晶向指数和晶面指数有着重要的意义。如基矢在晶轴上，晶轴本身的指数特别简单，分别为[100]、[010]、[001]。由于晶面指数越简单的晶面，面间距 d 就越大，格点的面密度大，易于解理。格点的面密度大，表面能小，在晶体生长过程中易于显露在外表，对 X 射线的散射强，在 X 射线衍射中，往往与照片中的浓黑斑点所对应。因此晶面指数简单的晶面如(110)、(111)是重要的晶面。

1.1.3　倒格子

由于晶格的周期性，无数位向不同的晶面族从一个角度上体现了晶体结构。表征晶体中一族晶面特征必须有两个参量，一个是它的晶面法向，另一个是面间距。如果有一矢量，其方向为某一族晶面的法向，而矢量模值与这族晶面的面间距成比例，那么这一矢量就可确

定这族晶面。如果晶体中的所有晶面族都有这个一一对应的关系，那么在原点一定时，这些矢量会有什么特点呢？实际上，这样确定的矢量称为倒格矢，倒格矢的端点称为倒格点。由于晶体结构的周期性，由这些倒格点形成的空间点阵，即所谓的倒格子空间，也同晶格（正格子）一样具有周期性，且具有周期性的重复。每个倒格点都表示了晶体中的一族晶面的特征，倒格点的位置矢量，即倒格矢体现了晶体的面间距和法向。

1.1.3.1 倒格子的概念

倒格子的数学定义：设一布喇菲格子的基矢为 $\boldsymbol{a}_1$、$\boldsymbol{a}_2$、$\boldsymbol{a}_3$，那么有

$$\begin{cases}\boldsymbol{b}_1=\dfrac{2\pi(\boldsymbol{a}_2\times\boldsymbol{a}_3)}{\Omega}\\ \boldsymbol{b}_2=\dfrac{2\pi(\boldsymbol{a}_3\times\boldsymbol{a}_1)}{\Omega}\\ \boldsymbol{b}_3=\dfrac{2\pi(\boldsymbol{a}_1\times\boldsymbol{a}_2)}{\Omega}\end{cases} \tag{1-12}$$

式中，$\Omega=\boldsymbol{a}_1\cdot(\boldsymbol{a}_2\times\boldsymbol{a}_3)$为晶格原胞的体积。该式说明 $\boldsymbol{b}_1$ 垂直于 $\boldsymbol{a}_2$ 和 $\boldsymbol{a}_3$ 所确定的平面；$\boldsymbol{b}_2$ 垂直于 $\boldsymbol{a}_3$ 和 $\boldsymbol{a}_1$ 所确定的平面；$\boldsymbol{b}_3$ 垂直于 $\boldsymbol{a}_1$ 和 $\boldsymbol{a}_2$ 所确定的平面。因此如果以 $\boldsymbol{a}_1$、$\boldsymbol{a}_2$、$\boldsymbol{a}_3$ 为基矢形成的格子为正格子，则以 $\boldsymbol{b}_1$、$\boldsymbol{b}_2$、$\boldsymbol{b}_3$ 为基矢形成的格子为倒格子，倒格子中的格点称为倒格点，倒格点的位矢的单位为$[\mathrm{m}]^{-1}$。与正格子位矢（也叫正格矢）表示方法相同，倒格点的位矢即倒格矢也可表示为

$$\boldsymbol{K}_h=h_1\boldsymbol{b}_1+h_2\boldsymbol{b}_2+h_3\boldsymbol{b}_3$$

倒格子概念的引出为许多问题的处理带来了方便。例如，晶体的 X 射线衍射照片上的斑点就与晶体中不同位向的晶面族相对应。倒格子把晶体的晶面族转化成了倒格点，因此这些倒格点与 X 射线斑点相联系，从而使晶体衍射分析简单而直观。

1.1.3.2 正格子与倒格子的几何

(1)正格子基矢和倒格子基矢的关系为

$$\boldsymbol{a}_i\cdot\boldsymbol{b}_j=2\pi\delta_{ij}\begin{cases}=0(i\neq j)\\=2\pi(i=j)\end{cases} \tag{1-13}$$

证明如下：

$$\boldsymbol{a}_1\cdot\boldsymbol{b}_1=\boldsymbol{a}_1\cdot\frac{2\pi(\boldsymbol{a}_2\times\boldsymbol{a}_3)}{\boldsymbol{a}_1\cdot(\boldsymbol{a}_2\times\boldsymbol{a}_3)}=2\pi$$

因为倒格子基矢与不同下脚标的正格子基矢垂直，所以有 $\boldsymbol{a}_2\cdot\boldsymbol{b}_1=0$，$\boldsymbol{a}_3\cdot\boldsymbol{b}_1=0$。

(2)除$(2\pi)^3$ 因子外，正格子原胞体积 Ω 和倒格子原胞体积 Ω^* 互为倒数：

$$\Omega^*=\boldsymbol{b}_1\cdot(\boldsymbol{b}_2\times\boldsymbol{b}_3)=\frac{(2\pi)^3}{\Omega} \tag{1-14}$$

(3)正格子中的一族晶面$(h_1h_2h_3)$和倒格矢

$$\boldsymbol{K}_h=h_1\boldsymbol{b}_1+h_2\boldsymbol{b}_2+h_3\boldsymbol{b}_3$$

正交，即晶面指数是垂直于该晶面的最短倒格矢坐标。

如有一晶面族$(h_1h_2h_3)$中最靠近原点的晶面为 ABC，它在基矢 $\boldsymbol{a}_1$、$\boldsymbol{a}_2$、$\boldsymbol{a}_3$ 上的截距分别为 a_1/h_1、a_2/h_2、a_3/h_3，如图 1-17 所示。可以证明 $\boldsymbol{K}_h\cdot\overrightarrow{CA}=0$ 和 $\boldsymbol{K}_h\cdot\overrightarrow{CB}=0$，因此 $\boldsymbol{K}_h$ 必与

晶面族$(h_1h_2h_3)$正交。

(4)倒格矢的长度正比于晶面族$(h_1h_2h_3)$的面间距的倒数，即

$$d_h=\frac{\boldsymbol{a}_1}{h_1}\cdot\frac{\boldsymbol{K}_h}{|\boldsymbol{K}_h|}=\frac{\boldsymbol{a}_1}{h_1}\cdot\frac{h_1\boldsymbol{b}_1+h_2\boldsymbol{b}_2+h_3\boldsymbol{b}_3}{|\boldsymbol{K}_h|}=\frac{2\pi}{|\boldsymbol{K}_h|}$$

由(3)、(4)可知，一个倒格矢 $\boldsymbol{K}_h$ 代表正格子中的一族平行晶面$(h_1h_2h_3)$。该晶面族中离原点的距离为 μd_h 的晶面的方程式可写成

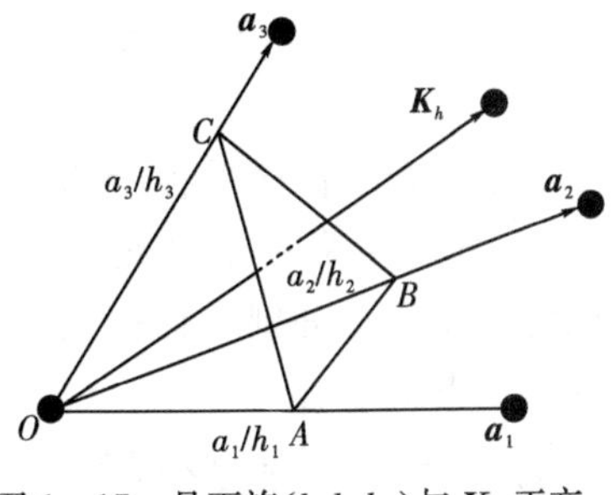

图 1－17　晶面族$(h_1h_2h_3)$与 $\boldsymbol{K}_h$ 正交

$$\boldsymbol{R}_l\cdot\frac{\boldsymbol{K}_h}{|\boldsymbol{K}_h|}=\mu d\quad(\mu=0,\pm1,\pm2,\cdots)\tag{1-15}$$

可得正格矢和倒格矢的关系为

$$\boldsymbol{R}_l\cdot\boldsymbol{K}_h=2\pi\mu\tag{1-16}$$

因此，如果两矢量的关系满足式(1－16)，则其中一个为正格子，另一个必为倒格子。图 1－18为正、倒格子间的转化，其中黑色的圆点为倒格子点阵。

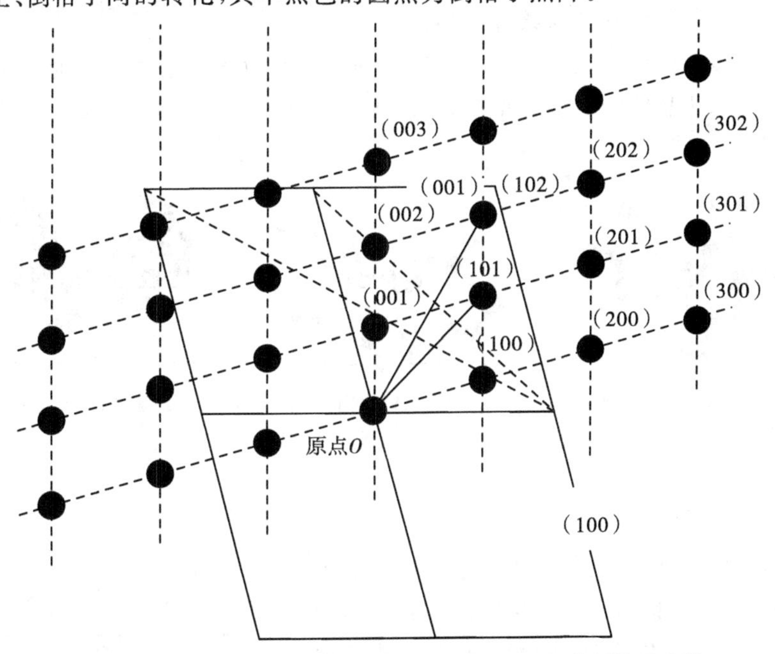

图 1－18　简单单斜点阵在(010)上的投影和一部分倒格子点阵

利用倒格子(也叫倒易点阵)与正格子间的关系可以导出晶面间距和晶面夹角。①晶面间距公式 $d_h=2\pi/|\boldsymbol{K}_h|$ 的两边开平方，将 $\boldsymbol{K}_h=h_1\boldsymbol{b}_1+h_2\boldsymbol{b}_2+h_3\boldsymbol{b}_3$ 及正倒格子的基矢关系代入其中，经过数学运算，得到面间距公式。②利用公式 $\boldsymbol{K}_1\cdot\boldsymbol{K}_2=K_1K_2\cos\theta$，可求晶面夹角 θ。

1.1.3.3　倒格子原胞和布里渊区

由原点出发的诸倒格矢的垂直平分面完全封闭的最小的多面体就是倒格子原胞，通常称这个最小体积为第一布里渊区。

现以二维倒格子进行说明。如图 1－19 所示，构成二维倒格子第一布里渊区的垂直平分线的方程式如下：

$$k_x = \pm \pi / a$$

$$k_y = \pm \pi / a \qquad (1-17)$$

第二布里渊区的各个部分分别平移一个倒格矢,可以同第一布里渊区重合。第三布里渊区的各个部分分别平移适当的倒格矢也能同第一布里渊区重合。

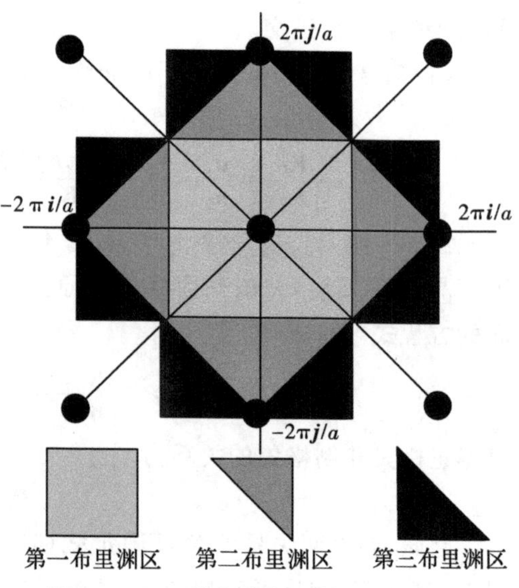

图 1-19 二维点阵布里渊区的构成

1.1.3.4 X 射线衍射

晶格的周期性决定了晶格可以作为波的光栅(大量等间距的原子平面与平面光栅上的狭缝相对应),而特征的 X 射线波长正好对应于典型的固体原子间距量级,所以可用 X 射线衍射来研究晶体的结构。以一个任意角入射在三维晶体上的单色 X 射线一般不会被反射,因此晶体要发生衍射,就得满足一定的条件(见图 1-20),这些条件由布拉格反射定律或劳厄方程来描述。X 射线衍射的条件是 X 射线源、观测点与晶体的距离都比晶体的线度大得多,入射线和衍射线可看成平行光线,散射前后的波长不变,且为单色。

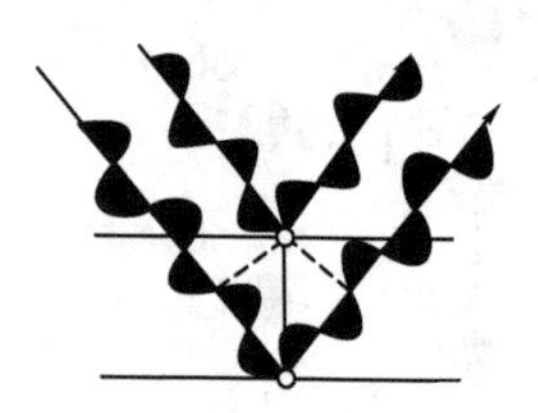

(a) 两列波位相相差4π

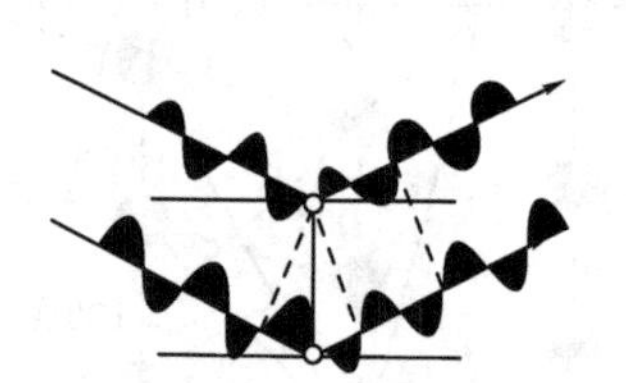

(b) 两列波位相相差2π

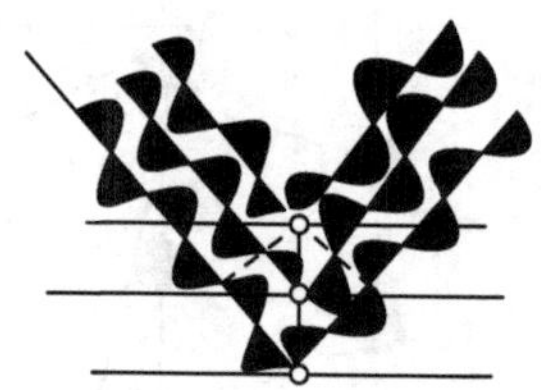

(c) 相邻两列波位相相差2π

图 1-20 X 射线衍射

1. 布拉格定律

布拉格将晶体看作由一系列间距为 d 的原子平面所组成,当波长为 λ 的入射 X 射线通过晶体时,使晶体原子内的电子产生受迫振动而成为次波的振源,这些次波合成的结果是在某一方向产生最大的干涉强度。产生最大干涉强度的条件有二:一是在任一原子平面内 X 射线应作晶面反射,二是从相邻平面上来的反射线应是加强的。如图 1-21 所示,入射线与反射线之间的光程差为

$$\delta = AC + AD = 2d_{h_1h_2h_3}\sin\theta \qquad (1-18)$$

图 1-21 布拉格反射

则此两列光产生最大干涉强度的条件是

$$2d_{h_1h_2h_3}\sin\theta = n\lambda \qquad (1-19)$$

式中,n 为反射级数,取整数。此式称为布拉格反射公式。当 $\lambda \leqslant 2d$ 时,才能发生布拉格反

射，这就是不能用可见光研究晶体结构的原因。

设 $\boldsymbol{S}_0$、$\boldsymbol{S}$ 分别为入射线和反射线的单位基矢，$\boldsymbol{k}_0$ 和 $\boldsymbol{k}$ 分别为入射波矢和反射波矢，其中 $\boldsymbol{k}_0=\frac{2\pi}{\lambda}\boldsymbol{S}_0$、$\boldsymbol{k}=\frac{2\pi}{\lambda}\boldsymbol{S}$。由反射的几何关系得

$$|\boldsymbol{k}-\boldsymbol{k}_0|=\frac{2\pi}{\lambda}|\boldsymbol{S}-\boldsymbol{S}_0|=\frac{4\pi}{\lambda}\sin\theta \tag{1-20}$$

将式(1-19)代入式(1-20)，则有

$$|\boldsymbol{k}-\boldsymbol{k}_0|=\frac{2\pi n}{d_h} \tag{1-21}$$

由于 $|\boldsymbol{K}_h|=\frac{2\pi}{d_h}$，因此

$$\boldsymbol{k}-\boldsymbol{k}_0=n\boldsymbol{K}_h \tag{1-22}$$

该式说明：当一束X光照射在晶体中的某一晶面$(h_1h_2h_3)$上，如果入射波矢和反射波矢相差一个或几个倒格子矢量 $\boldsymbol{K}_h$ 时，满足加强条件。

2. 劳厄方程

劳厄既没有将晶体设想成特殊晶面，也没有镜面反射的假设，而把晶体看作是由全同的离子或原子组成，它们的位矢为 $\boldsymbol{R}_l$，每一个离子或原子都向各方向散射入射波。现以布喇菲格子为例来讨论，如图1-22所示。格点 O 为原点，A 为晶格中任一格点。有

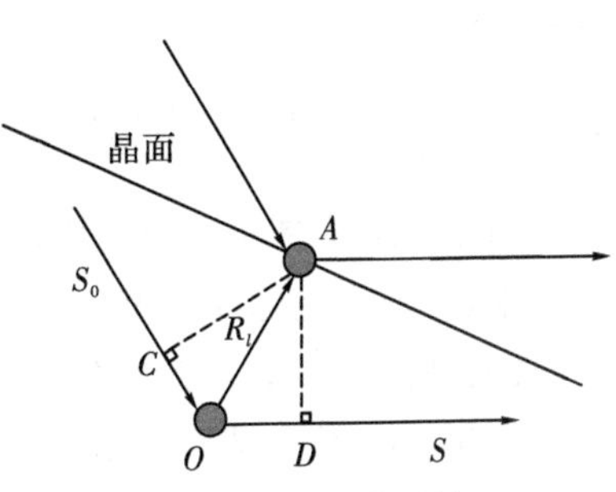

图1-22　X射线衍射

$$CO=-\boldsymbol{R}_l\cdot\boldsymbol{S}_0$$

$$OD=\boldsymbol{R}_l\cdot\boldsymbol{S}$$

则衍射加强条件为

$$\boldsymbol{R}_l\cdot(\boldsymbol{S}-\boldsymbol{S}_0)=n\lambda \tag{1-23}$$

式中，n 为衍射级数，称式(1-23)为劳厄方程。

将入射波矢与散射波矢代入式(1-23)，得

$$\boldsymbol{R}_l\cdot(\boldsymbol{k}-\boldsymbol{k}_0)=2\pi n \tag{1-24}$$

由于 $\boldsymbol{R}_l\cdot\boldsymbol{K}_h=2\pi\mu$，得

$$\boldsymbol{k}-\boldsymbol{k}_0=n\boldsymbol{K}_h$$

通过分析，由于布拉格反射公式和劳厄方程都可得出 $\boldsymbol{k}-\boldsymbol{k}_0=n\boldsymbol{K}_h$，因此二者是等价的，这样反射条件就可以转化为衍射加强条件，衍射极大的方向恰是晶面族的布拉格反射方向。

以 $\boldsymbol{k}-\boldsymbol{k}_0$ 的交点 C(不一定为倒格点)为中心，$2\pi/\lambda$ 为半径的球面上的倒格点均满足 $\boldsymbol{k}-\boldsymbol{k}_0=n\boldsymbol{K}_h$ 的条件，如图1-23所示。这些倒格点所对应的晶面族将产生反射，所以这样的球称为反射球或衍射球。

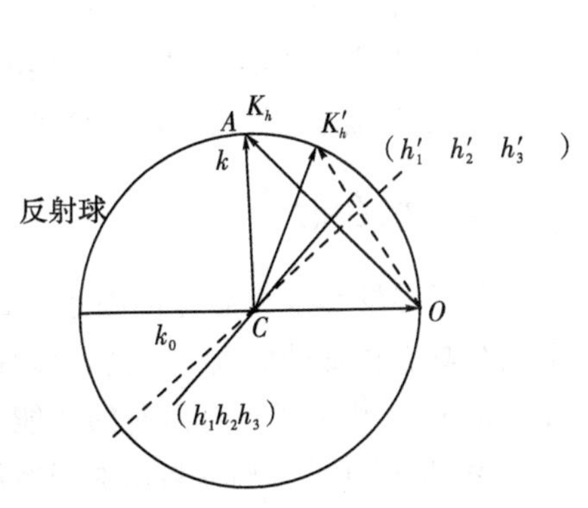

图1-23　反射球

通过反射球，把晶格的衍射条件和衍射照片上的斑点直接联系起来。利用反射球求出某一晶面族发生衍射的方向，若反射球上的 A 点是一个倒格点，则$\overrightarrow{CA}$就是以$\overrightarrow{OA}$为倒格矢的一族晶面$(h_1h_2h_3)$的衍射方向，记为 $\boldsymbol{S}$。

X 射线衍射与布里渊区的关系如图 1-19 所示，入射波矢 $\boldsymbol{k}_0$ 从倒格子原点出发终止在布里渊区边界，对应的入射波矢和反射波矢满足衍射条件：$\boldsymbol{k}-\boldsymbol{k}_0=n\boldsymbol{K}_h$。

1.2 晶体的结合

晶体中的原子(或离子、分子)之所以能结合成具有一定几何结构的稳定晶体，是由于原子间存在结合力。不同类型的原子由于电子分布的不同，具有不同性质的结合力，可概括为五种不同的基本形式。晶体结合的基本形式与晶体的几何结构、理化性质有着密切的联系。

本节将简要介绍原子间依靠怎样的相互作用凝聚在一起形成晶体，以及这些相互作用所决定的各种结合力的来源、物理本质和晶体结合的基本形式，然后讨论各类晶体的基本结构和特征。

1.2.1 结合力的一般特点

晶体的结构是稳定的结构，例如锗晶体就比自由锗原子的集合稳定，表明晶体原子间存在吸引作用，晶体又是难于压缩的，表明晶体原子间还存在排斥作用。因此，晶体原子间的相互作用包含吸引和排斥两部分。固体原子间的相互作用随原子间距发生变化，图 1-24(a)为两个原子间的相互作用力 $F(r)$与它们间距 r 的关系。在间距大时，吸引力起主要作用，在间距小时，排斥力起主要作用。当原子间距 $r\to\infty$时，互作用势能为零；$r=r_0$ 势能最低，此时吸引力和排斥力相抵消，晶体原子处在平衡位置；$r<r_0$ 时，排斥作用迅速增加到∞。这就是结合力的一般特点。原子间的相互作用实际上是短程作用，超过一定距离(10～15 Å)时，互作用势能就变为零。

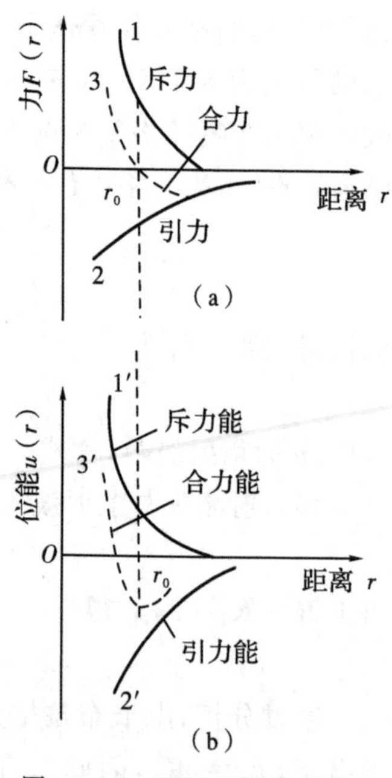

图 1-24 两原子间的相互作用力与它们间距的关系

原子间存在相互作用导致原子形成固体，原子间的这种相互作用称作键。基本的键有五种类型：离子键、共价键、金属键、范氏键和氢键，前三种是强键，后两种是弱键。

1.2.2 结合能

原子能够结合成晶体的根本原因在于原子组成固体后整个系统具有更低的能量。因此，一块晶体处于稳定状态时，它的总能量(动能和势能)比组成此晶体的 N 个原子在自由时的总能量低，两者差值被定义为晶体的结合能。换句话说，结合能 W 是把晶体分离为自由原子所需的能量，可表示为

$$W=E_N-E_0 \tag{1-25}$$

式中，E_N 是组成这个晶体的 N 个自由原子的总能量；E_0 是晶体的能量。

固体的内能就是固体的能量，它等于组成固体粒子的动能和势能的总和。在绝对零度以下，忽略其动能，则晶体能量 E_0 等于互作用势能（简称“互作用能”）$U(r)$，也可用 $U(V)$ 表示势能，这里互作用能是体积的函数。若以原子自由状态时的能量作为计算内能的标准，即令 $E_N=0$，则有

$$W=-U(r) \tag{1-26}$$

该式表明结合能等于互作用能的相反数。$U(V)$ 随 V 的变化与 $U(r)$ 随 r 的变化相同。上式表明计算结合能可归结为计算晶体互作用能。晶体互作用能的计算步骤是：设 $u(r_{ij})$ 是晶体中两原子 i 和 j 的互作用能，则它们的互作用能 $u(r)$ 与它们的间距 r 的关系如图 1-24(b)所示。则第 i 个原子与其他所有原子的互作用能为

$$U_i = \sum_{j=1}^{N'} u(r_{ij}) \tag{1-27}$$

式中，N' 表示求和（不包括 $i=j$ 一项）。总的互作用能为

$$U(V) = \frac{1}{2}\sum_{j=1}^{N} U_i \tag{1-28}$$

式中的 1/2 是因为相互作用在一对原子间发生，而求和表现出两次之故。在忽略表面效应的条件下（因为表面原子数很少），每个原子与晶体中其他原子的相互作用是相同的，因而有

$$U(V)=\frac{1}{2}NU_i \tag{1-29}$$

1.2.3 结合能函数与晶体的物理性能

若已知晶体结合能，则可计算材料的许多物理量。

1. 晶格常数的计算

原子处于平衡位置时，结合能最小，由 $\left.\frac{\partial U(V)}{\partial V}\right|_{V_0}=0$ 可求出晶体的平衡体积 V_0，然后根据晶体结构求出晶格常数 a。

2. 体积弹性模量的计算

对晶体施加一定的压力时，晶体的体积会发生变化，晶体的这种性质可以用体积弹性模量 K 来描述，其定义是：晶体所受压力的变化量 ΔP 与由此引起晶体体积的相对变化量 $-\Delta V/V$ 之比，用公式表示为

$$K=\frac{\Delta P}{-\frac{\Delta V}{V}}=-V\frac{\Delta P}{\Delta V}$$

即等于晶体压缩系数的倒数。用偏微分的形式表示，有

$$K=-V\frac{\partial P}{\partial V}$$

又因为

$$P=-\frac{\partial U}{\partial V}$$

所以

$$K=V\frac{\partial^2 U}{\partial V^2}$$

若绝对零度时晶体的平衡体积为 V_0，则

$$K = V_0 \left(\frac{\partial^2 U}{\partial V^2} \right)_{V_0}$$

3. 电负性

晶体结合的性质主要决定于原子束缚电子的能力，而原子束缚能力的强弱又起因于价电子屏蔽作用的强弱。在具有 Z 个价电子的原子中，一个价电子受到带正电的原子实的库仑吸引作用，其他 $(Z-1)$ 个价电子对它的平均作用可看作是分布在原子实周围的负电子云屏蔽原子实的作用。由于许多价电子属于同一壳层，它们的相互屏蔽只能是部分的，因而作用在一个价电子上的有效电荷在 $+e$ 和 $+Ze$ 之间，且随 Z 增大而加强，从而使原子束缚电子的能力随 Z 发生变化。

原子束缚电子能力的强弱通常是用原子电负性量度的，原子电负性定义为

$$\text{电负性} = 0.18(\text{电离能} + \text{亲和能}) \tag{1-30}$$

式中，电离能是原子失去一个电子所需的能量；亲和能是一个中性原子获得一个电子所放出的能量；系数 0.18 的选择是为了使 Li 的电负性为 1。表 1-1 给出了原子电负性的变化规律与晶体结合性质的联系。

表 1-1　原子电负性的变化规律与晶体结合性质的联系

Ⅰ	Ⅱ	Ⅲ	Ⅳ	Ⅴ	Ⅵ	Ⅶ	0
Li	Be	B	C	N	O	F	Ne
1.0	1.5	2.0	2.5	3.0	3.5	4.0	
Na	Mg	Al	Si	P	S	Cl	Ar
0.9	1.2	1.5	1.8	2.1	2.5	3.0	
K	Ca	Ga	Ge	As	Se	Br	Kr
0.8	1.0	1.5	1.8	2.0	2.4	2.8	
← 金属结合 → ← 共价结合 → 分子结合；典型离子结合							

原子电负性变化规律与元素周期表的联系表明，晶体采取何种结合方式与它的原子状态有关。

1.2.4 晶体结合的类型

1.2.4.1 离子键和离子晶体

典型的离子晶体是碱卤族元素的化合物，如氯化钠就是由 Na^+ 和 Cl^- 结合成的离子晶体。离子晶体的结合力称为离子键，这种结合力主要是正、负离子间的静电作用。

离子性结合的特点是离子以离子而非原子为结合单元，氯化钠晶体就是以 Na^+ 和 Cl^-

为单元结合的。正负离子依靠库仑吸引作用相互靠近，而电子云的重叠产生了泡利排斥又阻止离子无限地靠近，这种吸引和排斥达平衡时形成稳定的晶体。离子结合要求正负离子相间排列，以使整个晶体呈现电中性。

离子晶体的特点是配位数高。典型的离子晶体的结构有氯化钠型和氯化铯型，前者配位数是6，后者配位数是8，这是正负离子相间排列的结果。其性质是硬度大、熔点高。例如氯化钠的熔点是801 ℃，而钠晶体的熔点是97.8 ℃，这是库仑力相互作用强的结果。由于离子是满壳层结构，所以不存在自由电子，因此离子晶体导电性弱。

离子晶体的很多性质与它的结合能密切相关。以NaCl离子晶体为例对结合能进行具体分析。由于Na^+和Cl^-是满壳层结构，具有球对称，所以在计算库仑作用时可看作是点电荷。若两离子间距为r，则库仑能为$\pm e^2/r$，正号表示相同离子作用，负号表示相异离子作用；除库仑作用外，还存在电子云显著重叠的排斥作用，这种排斥作用可用b/r^n唯象地描述，b和n是常数，由实验测定。由于两离子间的互作用能为

$$u(r)=\pm\frac{e^2}{r}+\frac{b}{r^n} \tag{1-31}$$

将式(1-31)代入式(1-29)，得到晶体互作用能

$$U(r)=\frac{N}{2}\sum_j{}'\left\{\pm\frac{e^2}{r_{ij}}+\frac{b}{r_{ij}^n}\right\}=-\frac{N}{2}\sum_j{}'\left\{\mp\frac{e^2}{r_{ij}}-\frac{b}{r_{ij}^n}\right\} \tag{1-32}$$

设R为离子间最短距离，则有

$$r_{ij}=\alpha_j R \tag{1-33}$$

式中，α_j是由晶体几何结构决定的表示第i个离子到第j个离子的距离为R的多少倍的数。将式(1-33)代入式(1-32)，得到

$$U(R)=-\frac{N}{2}\left(\frac{\alpha e^2}{R}-\frac{B}{R^n}\right) \tag{1-34}$$

式中，$\alpha=\sum\limits_{j\neq 1}^{N}\left(\mp\frac{1}{\alpha_j}\right)$，称为马德隆常数；$B=\sum\limits_{j\neq 1}^{N}\frac{b}{\alpha_j^n}$，$B$和$n$是由晶格决定的常数，而且$B$和$n$不是独立的。由$\left.\frac{\partial U(R)}{\partial R}\right|_{R=R_0}=0$得到

$$B=\frac{\alpha e^2}{n}R_0^{n-1}$$

则平衡时的结合能为

$$U(R_0)=-\frac{N\alpha e^2}{2R_0}\left(1-\frac{1}{n}\right)$$

此式说明离子晶体的结合能主要来自库仑能，排斥能只占库仑能的$1/n$。表1-2给出了一些离子晶体结合能的理论值和实验值，它们符合得很好。n是通过弹性模量K来测定的。n和K有这样的关系：

$$n=1+\frac{18\beta r_0^4}{\alpha e^2}K \tag{1-35}$$

式中，β是与结构相关的常数。如NaCl的体积$V=Nr_0^3$，而其他晶体，体积$V=\beta Nr_0^3$。

表 1-2 一些离子晶体结合能的理论值和实验值

晶体	理论值/($kg \cdot mol^{-1}$)	实验值/($kg \cdot mol^{-1}$)	n
NaCl	43.54	44.26	8
KCl	39.47	40.19	9
NaBr	41.15	42.10	8.3
KBr	38.04	38.52	4.3

综上所述,把离子晶体看成由正负离子为单元,主要靠它们间的库仑作用而结合的概念是切合实际的。离子晶体的结合能计算对于验证这一理论起了重要的作用。

1.2.4.2 共价键和共价晶体

典型的共价晶体是金刚石、锗、硅等,共价晶体的结合力称为共价键。共价键是由两个原子间一对自旋相反的共有电子形成的,共价键的本质是交换互作用。交换互作用是一种依赖于自旋的库仑能,量子力学告诉我们,两电子自旋取向不同,电荷分布就不同,自旋反平行的两核间电子密度较大,如图 1-25 所示,这种交叠电子通过静电库仑引力将两个离子实结合起来,人们将这种依赖于自旋的库仑能称作交换互作用。由于壳层未填满,电子交叠无须伴随电子向更高能级激发,从而使较大的电子交叠成为可能,因此共价结合是以反平行电子的电荷交叠分布为特征的。

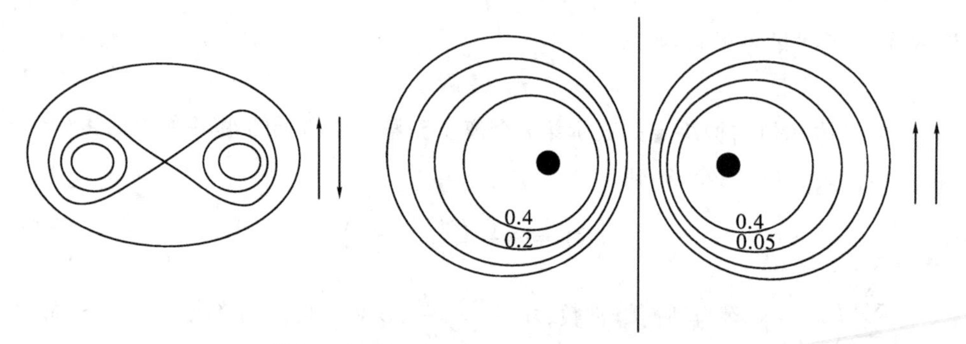

图 1-25 H_2 分子中电子云的等密度线图

1.2.4.3 金属键和金属晶体

具有代表性的金属是锂、钠、钾、铜、银、金等,金属晶体的结合力称为金属键,金属结合主要靠负电子云与正离子实间的库仑相互作用,这是因为金属键的基本特点是电子共有化,即原来属于各原子的价电子不再束缚于各原子,而在整个晶体内运动,这些自由运动着的电子为所有离子实共有。形象地说,自由电子像黏合剂一样,将正离子胶合在一起。在金属中价电子之所以采取共有化运动状态,是因为这种状态下价电子的能量比自由原子中价电子的能量有所降低。这可以从测不准关系来理解,共有化的电子在整个晶体中运动,其动能显然比自由电子中价电子的动能低,这就是金属键的本质。金属结合中的排斥作用来源有二:一是体积缩小时,共有化电子密度增加,动能增加,动能的增加则表现为斥力;二是离子实接近,它们的电子云显著重叠而产生排斥作用。正离子间的排斥作用基本上为自由电子所屏蔽,成为没有相互作用的离子。

上述模型对碱金属很合适，对过渡族金属还要考虑来自内电子壳层的附加结合能量，例如铁和镍中，3d电子具有定域的性质，它们也能形成共价键，这个共价键要附加到价电子的键中。

金属晶体的特点是，其一，由于金属键对离子实的排列方式没有特殊要求，使得金属键没有方向性和饱和性，因而金属晶体一般要求紧密排列，具有高的配位数；其二，金属具有良好的导电性和导热性，这与共有化电子在整个晶体内自由运动相联系；其三，金属具有高的硬度和高的熔点，这是金属间结合力强的结果，但金属键和离子键、共价键相比还是弱的。

1.2.4.4 范德瓦耳斯键和分子晶体

典型的分子晶体是 CO_2、SO_2、HCl、H_2、Cl_2 及惰性气体元素在低温下形成的晶体。分子晶体的结合力称范氏键。

范德瓦耳斯结合时基本上保持原来的电子结构，它往往产生于具有稳固的电子结构的原子和分子间(如惰性元素)，或产生于价电子以用于形成共价键的饱和分子之间(如氢分子)。

范德瓦耳斯结合的本质是瞬时偶极矩间的作用。在图1-26中(a)和(b)分别表示电子绕核运动的两个典型的瞬时状况，(a)的库仑能为负，(b)的库仑能为正，两种瞬时状态出现的概率不同，统计地讲，(a)情况出现的概率大于(b)情况出现的概率，因此吸引作用占优势，由于这个原因，尽管两个原子都是中性，但仍能产生一定的平均吸引作用。具体分析说明，范德瓦耳斯作用可归结为一个与距离的6次方成反比的势能：

$$\text{范德瓦耳斯作用} = -\frac{C}{r^6} \tag{1-36}$$

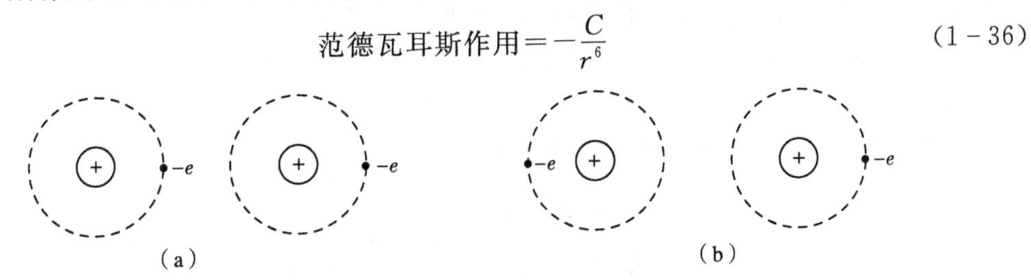

图1-26 电子绕核运动的两个典型的瞬时情况

根据对范氏键的本质的认识，这种结合力有三种：

(1)静电力，这是极性分子的永久偶极矩间的静电作用。所谓极性分子是正负电荷中心不重合的分子。

(2)诱导力，这是极性分子的永久偶极矩与其诱导产生的非极性分子的偶极矩间的静电作用。所谓非极性分子是正负电荷中心重合的分子。

(3)色散力，这是前面讨论过的非极性分子的瞬时偶极矩间的作用。

在不同分子中，三种力所占比例不同，其中色散力是主要的。

分子晶体的特点是熔点低、硬度小，这是范氏键很弱的结果。比如惰性元素He、Ne、Ar晶体的熔点只有−272.2 ℃、−248.7 ℃、−189.2 ℃。

晶体的结构按分子的几何因素排列，这是范氏键没有方向性和饱和性的结果。

1.2.4.5 氢键和氢键晶体

一个中性的氢原子通常只和一个另外的原子形成共价键。但由于氢的特殊性，它与负电性大的原子X结合后，还可以与第二个负电性大的原子Y结合，以X—H…Y表示，其中X—H基本上是共价键，H…Y则是一种很强的偶极矩相互作用，称作氢键。

氢键的产生是由于氢有两个特殊性：

(1)与同族相比，氢的第一电离能特别大，例如 Li 是 5.39 eV，Na 是 5.14 eV，K 是 4.34 eV，Rb 是 4.18 eV，Cs 是 3.89 eV，而 H 是 13.59 eV，由于这个特点，氢的行为不同于碱金属元素，难以形成离子键。

(2)氢的原子核体积小，其直径线度为 10^{-13} cm，比其他原子核体积都小，其唯一的外层电子与其他原子形成共价键后，原子核暴露在外面，从而通过库仑力作用与负电性大的原子结合成氢键。

能够形成氢键的物质很多，在生物过程中具有生命意义的基本物质(蛋白质、脂肪、糖)都含有氢键，我们就以冰为例来说明氢键的形成：每个 H_2O 中 H—O 形成共价键，但由于氧的负电性大，配对的电子更多地趋向氧原子，结果使氧原子显负电性，氢原子显正电性，这样一来，一个分子中的氢和另一个分子中的氧通过静电作用结合起来，大量的 H_2O 以氢键联结成冰晶体。

氢键和范氏键不同，它虽是弱键，但比范氏键强，且具有方向性和饱和性。方向性表现在氢键能使分子按照某种特定方向联系起来，例如 H_2O 分子是按照四面体堆积结合成冰的；饱和性表现在氢键仅能连接两个原子，若有第三个负离子和氢的原子核结合，则因同时受到已结合的两个负离子的排斥作用而不能形成氢键。图 1-27 给出冰的四面体，每个氧原子按四面体与其他四个氧原子相邻接，每两个氧原子的连线上有一个氢原子，氢原子靠近形成共价键的氧原子。

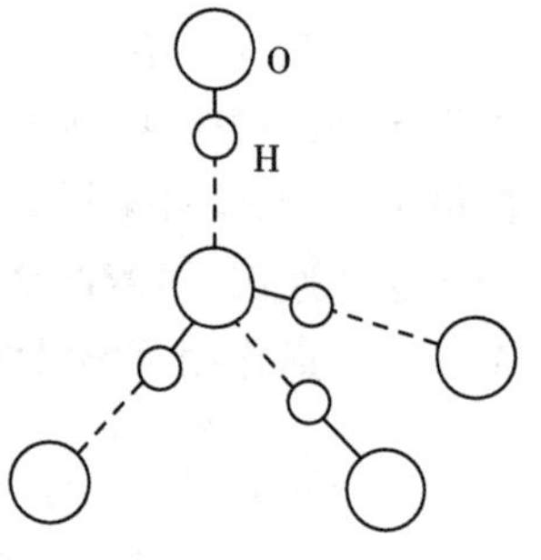

图 1-27 冰的四面体

五类晶体结合力的主要特点及特征性质列于表 1-3。

表 1-3 晶体的结合类型及性质

结合类型	结合力的性质	结构单元	特征性质	举例
离子晶体	异类荷电离子间的库仑吸引	离子	高熔点，高升华热，硬而脆，密堆积，球对称电荷分布，可溶于极性溶剂中，电解导电	卤化物，如 NaCl、LiF
共价晶体	交换力	原子	高硬度，高熔点，几乎不溶于所有溶剂，高折射率，强反射本领	金刚石、Si、Ge
金属晶体	金属离子湮没在自由电子气中	金属离子	密堆积，良导体，良导热，强反射本领，不透明，只溶于液体金属中，易于拉伸和延展	金属，如 Na、Fe
分子晶体	范德瓦耳斯互作用	分子，原子	低熔点，低沸点，易压缩，高热膨胀，低升华热，能溶于非极性有机溶剂中	惰性气体晶体 Ar，有机晶体 CH_4
氢键晶体	范德瓦耳斯互作用和交换力	含氢分子	低熔点，低沸点	冰晶体 H_2O、H_2F、H_2N

实际晶体的结合以表 1-3 中的五种基本结合为基础，可同时具有两种或两种以上的结合形式，因此实际晶体的结合比单独的这五种典型情况复杂。

1.3 晶格振动

在讨论晶体结构时,把原子看成在格点上固定不动,这种静止晶格的观点不能解释像比热、热膨胀等的平衡性质,也不能解释像电导、热导等的输运性质,更不能解释离子晶体中的红外吸收及各种辐射与晶体相互作用的过程。因为实际上原子是在平衡位置附近做微振动的。

设在立方晶体的原胞中只含有一个原子,当波沿着[100]、[110]和[111]三个方向之一传播时,整个原子平面做同位相运动,其位移方向或是平行于波矢的方向,或是垂直于波矢的方向,现引用一单个坐标 x 来描述平面 n 离开它平衡位置的位移,这样问题就成为一维的了。对应每个波矢,存在三种振动波,一种纵向振动波,两种横向振动波,如图 1-28 所示。为了讨论方便,本节主要以一维原子链为例,采用牛顿力学理论,对运动方程、边界条件进行分析,引出格波、色散关系等重要概念,并把一维结果推广到三维空间,得到晶格振动量子化的结论。

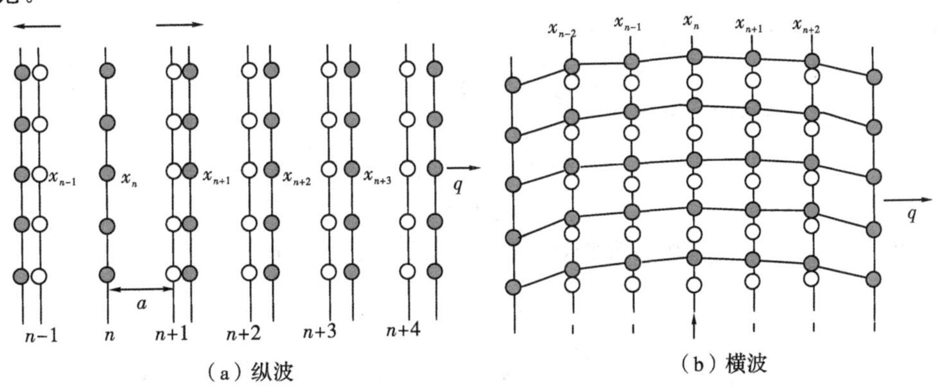

图 1-28　波通过晶体时原子面的位移

1.3.1 一维原子链的振动

1.3.1.1 一维单原子晶格的线性振动

1. 振动以格波的形式传播

设每个原子都具有相同的质量 m,晶格常数(平衡时原子间距)为 a,如图 1-29 所示,热运动使原子离开平衡位置 x。x_n 表示第 n 个原子离开平衡位置的位移,第 n 个原子相对第$n+1$个原子的位移为

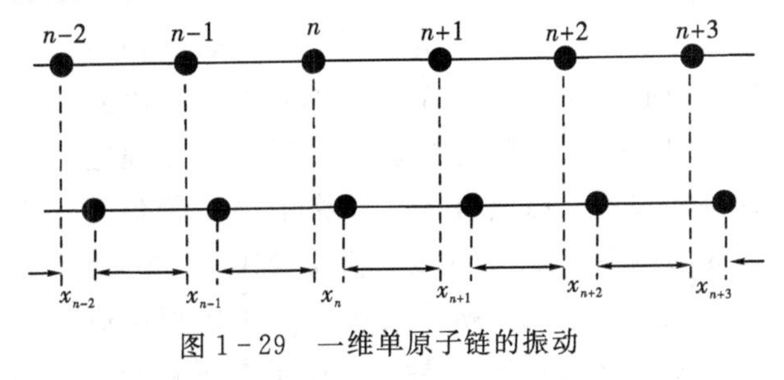

图 1-29　一维单原子链的振动

$$\delta = x_n - x_{n+1} \tag{1-37}$$

同理,第 n 个原子相对第 $n-1$ 个原子间的位移是

$$\delta=x_n-x_{n-1}$$

若两原子相对位移为δ,则两原子间势能由$U(a)$变为$U(a+\delta)$,用泰勒级数展开为

$$U(a+\delta)=U(a)+\left(\frac{\mathrm{d}U}{\mathrm{d}r}\right)_a\delta+\frac{1}{2}\left(\frac{\mathrm{d}^2U}{\mathrm{d}r^2}\right)_a\delta^2+\cdots \tag{1-38}$$

如果δ很小,则高次项可忽略。

由于$\left(\frac{\mathrm{d}U}{\mathrm{d}r}\right)_a=0$,令$\left(\frac{\mathrm{d}^2U}{\mathrm{d}r^2}\right)_a=k_s$,则$U(a+\delta)=U(a)+\frac{1}{2}k_s\delta^2$,所以,

$$F=-\frac{\mathrm{d}U}{\mathrm{d}r}=-k_s\delta \tag{1-39}$$

此式说明在原子相对位移很小时,原子间的作用力可以用弹性力描述,即原子间的作用力是和位移成正比,但方向相反的弹性力,且两个最近邻原子间才有作用力,即原子间作用是短程弹性力,可用图1-30的模型表示原子间的作用。

图1-30 原子间的振动模型

第n个原子受第$n+1$个原子的作用力为

$$F_{n,n+1}=-k_s(x_n-x_{n+1}) \tag{1-40}$$

第n个原子受第$n-1$个原子的作用力为

$$F_{n,n-1}=-k_s(x_n-x_{n-1}) \tag{1-41}$$

则第n个原子所受原子的总力为

$$F=F_{n,n+1}+F_{n,n+1}$$

或

$$F=k_s(x_{n+1}+x_{n-1}-2x_n) \tag{1-42}$$

原子间的运动服从牛顿运动方程,则第n个原子的运动方程为

$$m\frac{\mathrm{d}^2x_n}{\mathrm{d}t^2}=k_s(x_{n+1}+x_{n-1}-2x_n) \tag{1-43}$$

对于无限晶格中所有原子都可列出相似的方程,它的解是一个简谐振动方程:

$$x_n=A\cos(\omega t-qna),n\text{ 为 }1,2,3,4,\cdots,N \tag{1-44}$$

用复数表示:

$$x_n=A\exp i(\omega t-qna)\text{ 或 }x_n=Ae^{i(\omega t-qna)}$$

式中,A为振幅;ω为角频率;qa是相邻原子的位相差,$q=2\pi/\lambda$;qna是第n个原子振动的位相差。式(1-44)说明所有原子以相同的角频率ω和相同的振幅A振动。

如果第n'个和第n个原子的位相之差为$(qn'a-qna)=2\pi s$(s为整数),即$qn'-qn=2\pi s/a$时,原子因振动而产生的位移相等,因此晶格中各个原子间的振动相互间存在着固定的位相关系。由此可知在晶格中存在着角频率为ω的平面波,称此波为格波,如图1-30所示。这一格波是晶格中的所有原子以相同频率振动而形成的波,或某一个原子在平衡位置附近的振动是以波的形式在晶体中传播形成的波。因此格波的特点是晶格中原子的振动,且相邻原子间存在固定的位相。

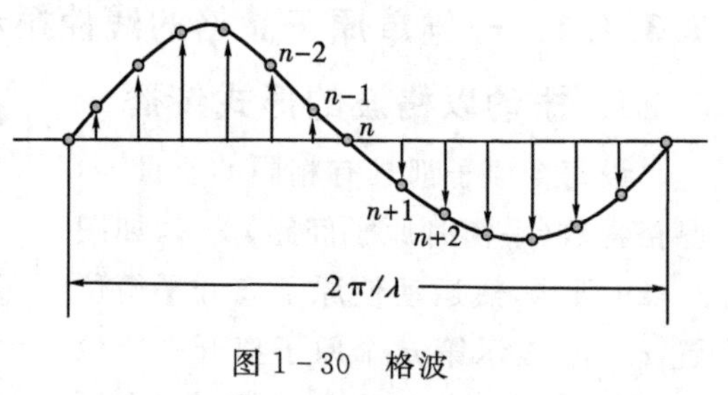

图1-30 格波

2. 色散关系

把频率和波矢的关系叫作色散关系。色散关系形成晶格的振动谱。将式(1-44)的简谐振动方程的复数形式代入式(1-43),解得

$$\omega^2=\frac{2k_s}{m}[1-\cos(qa)]$$

或

$$\omega=2\left(\frac{k_s}{m}\right)^{\frac{1}{2}}\left|\sin\left(\frac{qa}{2}\right)\right| \tag{1-45}$$

式(1-45)为一维单原子晶格中格波的色散关系。

当 $q=0$ 时,$\omega=0$;当 $\sin\left(\frac{qa}{2}\right)=\pm1$ 时,ω 有最大值,且 $\omega_{max}=2\left(\frac{k_s}{m}\right)^{\frac{1}{2}}$。色散关系如图1-31所示,此关系为一周期函数。根据周期函数的单值性及波的传播方向性可知,$|q|\leqslant\pi/a$,由于其周期为 $2\pi/a$,因此有

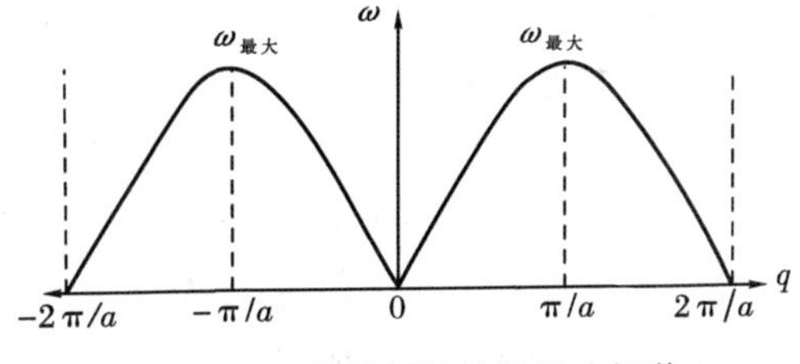

图1-31 一维单原子链的振动频谱

$$\omega(q)=\omega\left(q+\frac{2\pi}{a}\right) \tag{1-46}$$

此式说明波矢 q 空间具有平移对称性,平移的周期正好是该范围的长度,这一长度等于一维第一布里渊区的边长($2\pi/a$)。

现对 q 的正负号进行说明:正的 q 对应在某方向前进的波,负的 q 对应于相反方向进行的波。

上述对称性从物理学角度看,就是在范围$[-\pi/a,\pi/a]$之外的任何 q 给不出新的振动方式,只是重复此范围的 q 值所对应的频率。

例如:波矢 $q'=\pi/2a$ 原子的振动同样可以当作波矢 $q=5\pi/2a$ 的原子的振动,其原因是 $q-q'=2\pi/a$。二者的振动波如图1-32所示。

通过上面分析可知,格波与连续介质波有相同点也有不同点。相同点是振动方程形式类似。不同点是连续介质波中 x 表示空间任意一点,而格波只取呈周期性排列的格点的位置;一个格波解表示所有原子同时做频率为 ω 的振动,不同原子间有位相差,相邻原子间位相差为 aq;二者的重要区别在于波矢的含义,原子以 q 与 $q+2\pi s/a$ 振动的状态一样,所以同一振动状态对应多个波矢,或多个波矢为同一振动状态。

由布里渊区边界 $q=\frac{\pi}{a}=\frac{2\pi}{\lambda}$,得 $a=\frac{\lambda}{2}$,满足形成驻波的条件,$q=\pm\pi/a$ 正好是布里渊区边界,满足布拉格反射条件,反射波与入射波叠加形成驻波,如图1-33所示,由此再现了晶格色散关系的重要特点,即周期性。

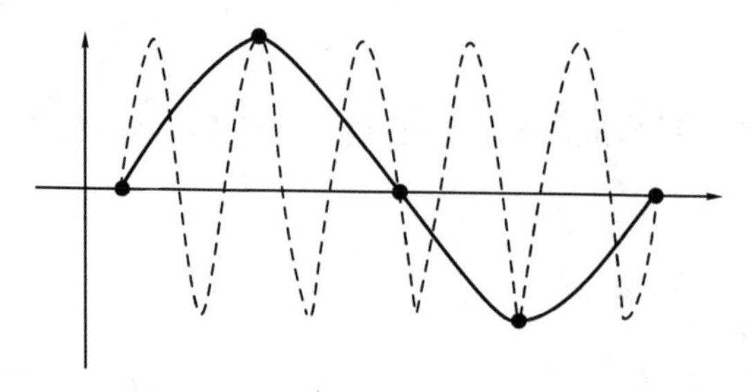

图 1-32 波长为 $4a$ 和 $4a/5$ 的格波

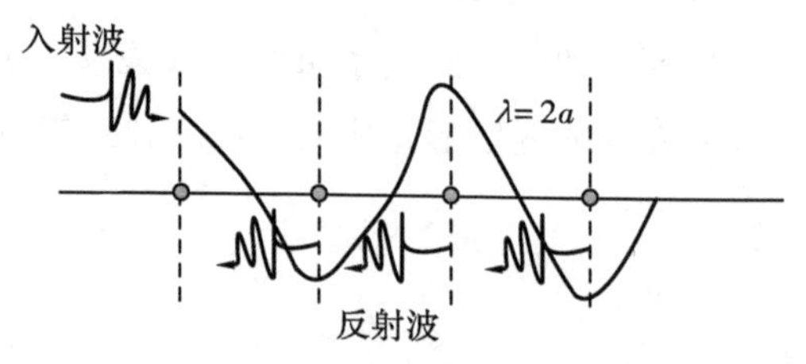

图 1-33 晶格中的布拉格反射

1.3.1.2 一维双原子晶格的线性振动

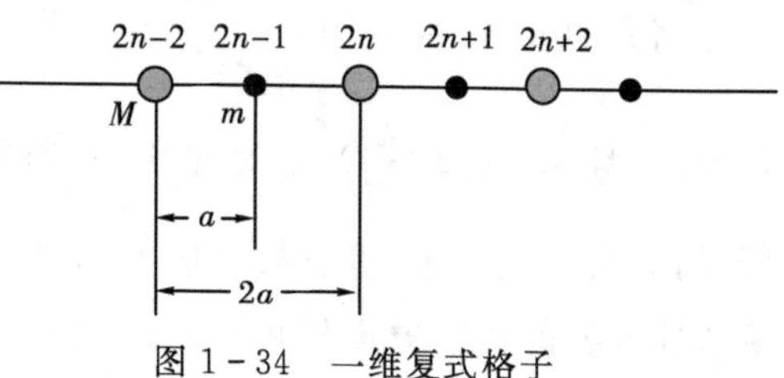

图 1-34 一维复式格子

在一维无限长直线链上周期性相间排列着两种原子，如图 1-34 所示，M 原子位于…，$2n-2, 2n, 2n+2$，…位置上，m 原子位于…，$2n-1, 2n+1, 2n+3$，…位置上，$M>m$，每个原胞由两个原子 M、m 组成，原子间距为 $2a$，同一维单原子链类似，运动方程为

$$\begin{cases} m\dfrac{\mathrm{d}^2 x_{2n+1}}{\mathrm{d}t^2}=k_s(x_{2n+2}-2x_{2n+1}+x_{2n}) \\ M\dfrac{\mathrm{d}^2 x_{2n+2}}{\mathrm{d}t^2}=k_s(x_{2n+3}+x_{2n+1}-2x_{2n+2}) \end{cases} \tag{1-47}$$

方程的解是以角频率为 ω 的简谐振动方程：

$$\begin{cases} x_{2n}=B\mathrm{e}^{\mathrm{i}[\omega t-q(2n)a]} \\ x_{2n+1}=A\mathrm{e}^{\mathrm{i}[\omega t-q(2n+1)a]} \\ x_{2n+2}=B\mathrm{e}^{\mathrm{i}[\omega t-q(2n+2)a]} \\ x_{2n+3}=A\mathrm{e}^{\mathrm{i}[\omega t-q(2n+3)a]} \end{cases} \tag{1-48}$$

这里因为两种原子的质量不同，则两种原子的振幅也不同。

由运动方程(1-47)与简谐振动方程(1-48)得

$$\begin{gathered} -m\omega^2 A=k_s(\mathrm{e}^{\mathrm{i}qa}+\mathrm{e}^{-\mathrm{i}qa})B-2k_sA \\ -M\omega^2 B=k_s(\mathrm{e}^{\mathrm{i}qa}+\mathrm{e}^{-\mathrm{i}qa})A-2k_sA \end{gathered} \tag{1-49}$$

式(1-49)可改写为

$$\begin{gathered} (2k_s-m\omega^2)A-(2k_s\cos qa)B=0 \\ -(2k_s\cos qa)A+(2k_s-M\omega^2)B=0 \end{gathered} \tag{1-50}$$

若 A、B 有异于零的解，则方程(1-50)必须等于零，得

$$\omega^2=\frac{k_s}{mM}\{(m+M)\pm[m^2+M^2+2mM\cos(2qa)]^{\frac{1}{2}}\} \tag{1-51}$$

此式说明频率与波矢之间存在着两种不同的色散关系，即对一维复式格子，可以存在两种独立的格波，而对于一维简单晶格，只能存在一种格波。两种不同的格波各有自己的色散关系，即

$$\omega_1^2=\frac{k_s}{mM}\{(m+M)-[m^2+M^2+2mM\cos(2qa)]^{\frac{1}{2}}\} \tag{1-52}$$

$$\omega_2^2=\frac{k_s}{mM}\{(m+M)+[m^2+M^2+2mM\cos(2qa)]^{\frac{1}{2}}\} \tag{1-53}$$

基于和一维单原子链相似的考虑，q 值限制在一维复式格子的第一布里渊区，即

$$-\frac{\pi}{2a}\leqslant q\leqslant\frac{\pi}{2a}$$

但振动频谱与一维单原子链不同，一个 q 值对应两个频率 ω_1 和 ω_2。

当 $2qa=\pi$（或 $-\pi$）时，由式(1-52)得

$$(\omega_1)_{\max}=\left(\frac{2k_s}{M}\right)^{\frac{1}{2}} \tag{1-54}$$

由式(1-53)得

$$(\omega_2)_{\min}=\left(\frac{2k_s}{m}\right)^{\frac{1}{2}} \tag{1-55}$$

因为 $M>m$，所以 $(\omega_2)_{\min}>(\omega_1)_{\max}$。

当 $2qa=0$ 时，由式(1-52)得 $(\omega_1)_{\min}=0$，由式(1-53)得

$$(\omega_2)_{\max}=\left(\frac{2k_s}{\mu}\right)^{\frac{1}{2}} \tag{1-56}$$

式中，$\mu=\dfrac{mM}{m+M}$ 是两种原子的折合质量。

色散关系如图1-35所示，此为双原子链复式格子的两种格波的振动频谱，ω_1 支格波的频率总比 ω_2 支格波的低。ω_1 支格波可以用超声波来激发，也叫声频支格波（简称声学波）；ω_2 支格波可以用红外光来激发，所以也叫光学支格波（简称光学波）。

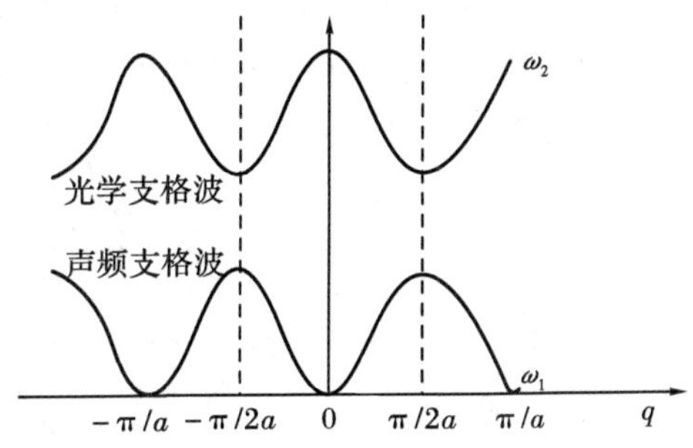

图1-35　一维双原子链复式格子的振动频谱

1.3.1.3　声学波和光学波

1. 声学波

由式(1-50)得

$$\left(\frac{A}{B}\right)_1=\frac{2k\cos qa}{2k-m\omega_1^2} \tag{1-57}$$

因为 $\omega_1^2<\dfrac{2k_s}{M}$ 和 $\cos(qa)>0$，得

$$\left(\frac{A}{B}\right)_1>0 \tag{1-58}$$

此式说明相邻两种不同原子的振幅都有相同的正号或负号，即对于声学波，相邻原子都是沿着同一方向振动，当波长很长时，即 $\omega_1\to0$、$\cos qa\to1$，有

$$\left(\frac{A}{B}\right)_1=1 \tag{1-59}$$

此式说明原胞内两种原子的运动完全一致，振幅和位相都没有差别，实际上长声学波代表原胞质心的振动。声学波的振动形式如图1-36所示。

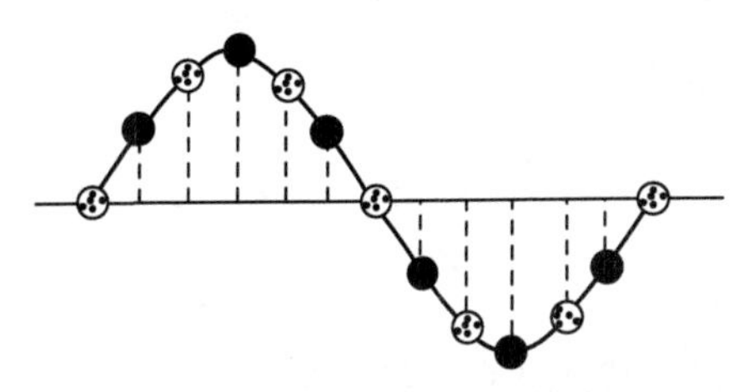

图1-36　一维双原子链的声学波

2. 光学波

由式(1-50)得

$$(\frac{A}{B})_2=\frac{2k_s-M\omega_2^2}{2k\cos(qa)} \tag{1-60}$$

因为 $\omega_2^2>\frac{2k_s}{m}$ 和 $\cos(qa)>0$,得

$$(\frac{A}{B})_2<0 \tag{1-61}$$

此式说明对于光学波,同一晶胞内相邻两种不同原子的振动方向是相反的。当 q 很小时,即为波长很长的光学波(长光学波)时,$\cos(qa)\gg1$,又 $\omega_2^2=\frac{2k_s}{\mu}$,由式(1-50)得

$$(\frac{A}{B})_2=-\frac{M}{m}\text{或 } mA+MB=0 \tag{1-62}$$

此式说明原胞的质心保持不动,由此也可以定性地看出,光学波代表原胞中两个原子的相对振动。光学波的振动形式如图 1-37 所示。

如果带异性电荷的离子间发生相对振动,则会产生一定的电偶极矩,可以和电磁波相互作用,且只和波矢相同的格波相互作用,如果有与格波相同频率的电磁波作用,则发生共振,共振点如图 1-38 所示。

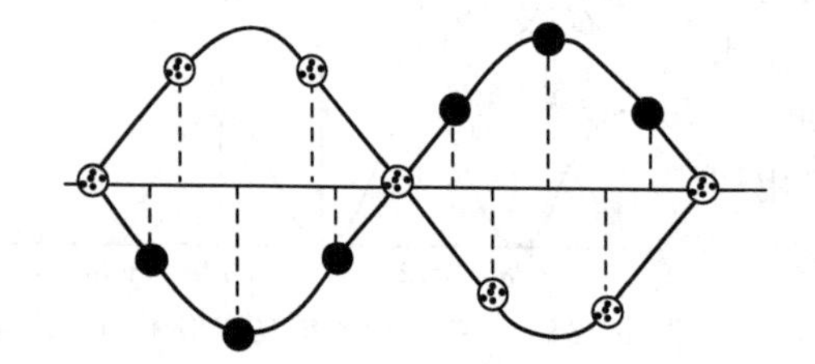

图 1-37 光学波

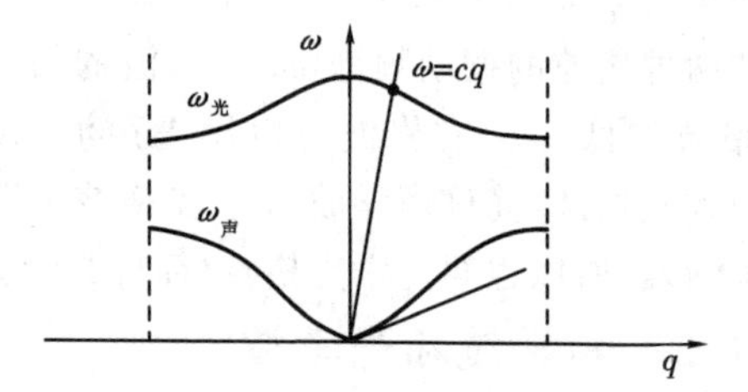

图 1-38 离子晶体中长光学波与光子的耦合

1.3.1.4 周期性边界条件

在前面推出的运动方程仅适用于无限长的链,实际上,晶格是有限的,若仍要利用上述运动方程,就需将有限晶格变成无限晶格,波恩和卡门把边界对内部原子的振动状态的影响考虑成如下面所述的周期性边界条件模型,如图 1-39所示,即包含 N 个原胞的环状链作为有限链的模型:包含有限数目的原子,保持所有原胞完全等价,如果原胞数 N 很大使环半径很大,沿环的运动仍可以看作是无限长链中原子的直线运动。和以前的区别仅是需考虑链的循环性,即原胞的标数增加 N,振动情况必须复原,即第 n 个原子的振动和第 $n+N$ 个原子的振动完全一样,即

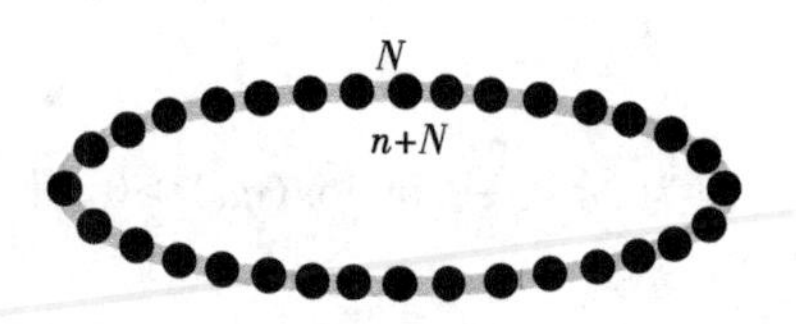

图 1-39 周期性边界条件模型

$$\begin{cases}x_n=x_{n+N}\\x_n=Ae^{i[\omega t-qna]}\end{cases} \tag{1-63}$$

有

$$x_{n+N}=Ae^{i[\omega t-q(n+N)a]}=Ae^{i[\omega t-qna]}e^{i[-qNa]}$$

将其代入式(1-63),得

$$e^{i[-qNa]}=1 \tag{1-64}$$

即 $$Nqa=2\pi s \text{ 或 } q=2\pi s/Na(s\text{ 为整数}) \quad (1-65)$$

由此式可知 q 是均匀取值的，且相邻间隔为

$$q_{s+1}-q_s=\frac{2\pi}{Na} \quad (1-66)$$

由于一维单原子链的 q 值在区间 $[-\pi/a,\pi/a]$ 内，即 q 限制在长度为 $2\pi/a$ 的第一布里渊区内，则

$$s=\frac{2\pi}{a}/\frac{2\pi}{Na}=N \quad (1-67)$$

因此，由 N 个原胞组成的链，q 可以取 N 个不同的值，每个 q 对应着一个格波，共有 N 个不同的格波，N 是一维单原子链的自由度数，即得到链的全部振动状态数或振动模。

同理：可得两种复式格子的 q 取值个数也为晶格的原胞数 N。

将上述一维结果推广到三维，若晶体有 N 个原胞，每个原胞含有 n 个原子，则晶体的自由度数为 $3nN$。由于波矢数目等于原胞数目，格波数目等于晶体自由度数，所以三维晶体的格波波矢数目等于 N，振动状态数目等于 $3nN$，$3nN$ 个格波又可归结为 $3n$ 支格波，每支含 N 个具有相同的色谱关系的格波，$3n$ 支中 3 支是声学波，其余 $3(n-1)$ 支是光学波。上述结果总结列于表 1-4。

表 1-4　格波数与晶体的维数和晶胞内原子数的关系

类型	原胞内含原子数	原胞数	自由度数	q 数	格波数	
					声学格波数	光学格波数
单原子链	1	N	N	N	N	0
双原子链	2	N	$2N$	N	N	N
三维晶体	n	N	$3nN$	N	$3N$	$3(n-1)N$

1.3.2　晶格振动的量子化——声子

1.3.2.1　声子概念的由来

晶格振动是晶体中诸原子（离子）集体在做振动，其结果表现为晶格中的格波，如图 1-41晶体中的弹性波。一般而言，格波不一定是简谐波，但可以展成为简谐平面波的线性叠加。当振动微弱时，即相当于简谐近似的情况，格波为简谐波，此时，格波之间的相互作用可以忽略，可以认为它们的存在是相互独立振动的模式。每一独立模式对应一个振动态(q)。晶格的周期性给予格波以一定的边界条件，使得独立的模式也即独立的振动态是分立的，即 q 均匀取值，因此可以用独立简谐振子的振动来表述格波的独立模式。声子就是晶格振动中的独立简谐振子的能量量子，这就是声子概念的由来。

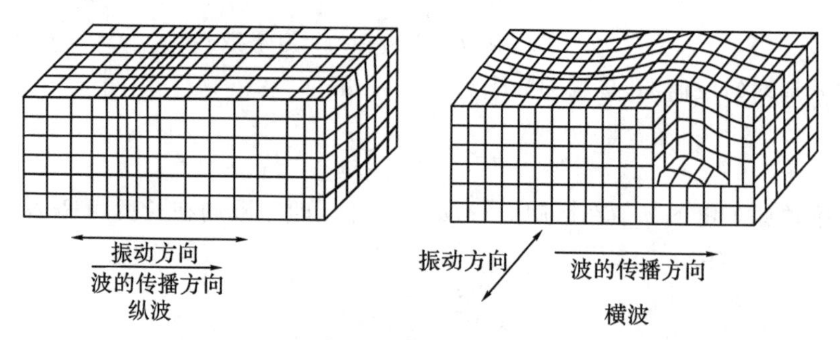

图 1-40 晶体中的弹性波

1.3.2.2 格波能量量子化

1. 三维晶格振动能量

若晶体中有 N 个原胞，每个原胞内含 1 个原子系统的三维晶格振动具有 $3N$ 个独立谐振子，由于晶体中的格波是所有原子都参与的振动，所以含 N 个原胞的晶体振动能量为 $3N$ 个格波能量之和；在简谐近似下，每个格波是一个简谐振动，晶体总振动能量等于 $3N$ 个简谐振子的能量之和。

2. 格波能量量子化

简谐振子的能量用量子力学处理时，某一个简谐振子的能量可表示为

$$E_n=(n+\frac{1}{2})\hbar\omega_i \quad (n=0,1,2,\cdots) \tag{1-68}$$

式中，ω_i 是格波的角频率；$\frac{1}{2}\hbar\omega_i$ 代表零点能量。式(1-68)说明晶格振动的能量是量子化的，振子受热激发所占的能级是分立的，晶格振动的能量量子 $\hbar\omega_i$ 称为声子。

1.3.2.3 声子的性质

1. 声子的粒子性

声子和光子相似，光子是电磁波的能量量子，电磁波可以认为是光子流，光子携带电磁波的能量和动量。同样地，弹性声波可以认为是声子流，声子携带声波的能量和动量。若格波频率为 ω，波矢为 $\boldsymbol{q}$，则声子的能量为 $\hbar\omega$，动量为 $\hbar\boldsymbol{q}$。由于声子的粒子性，声子和物质相互作用服从能量和动量守恒定律，如同具有能量 $\hbar\omega$ 和动量 $\hbar\boldsymbol{q}$ 的粒子一样。

2. 声子的准粒子性

准粒子性的具体表现：声子的动量不确定，波矢改变一个周期（倒格矢量）或倍数，代表同一振动状态，所以不是真正的动量。

准粒子性的另一表现是系统中声子的数目不守恒，一般用统计方法进行计算，用具有能量为 E_i 的状态出现的概率来表示。

3. 声子概念的意义

可以将格波与物质的互作用过程，理解为声子和物质（电子、光子、声子等）的碰撞过程，可使问题大大简化，得出的结论也正确。

利用声子的性质可以确定晶格振动谱，最重要的实验方法是中子的非弹性散射，即利用

中子的德布罗意波与格波的相互作用。其他实验方法有 X 射线衍射、光的散射等。现以中子的非弹性散射为例进行说明。

实验原理：中子与声子的相互作用过程服从能量和动量守恒定律。设中子的质量为 M_n，入射中子束的动量 $\boldsymbol{p}=\hbar\boldsymbol{k}$，而散射后中子的动量为 $\boldsymbol{p}'=\hbar\boldsymbol{k}'$，则在散射过程中能量守恒方程为

$$\frac{\hbar^2 k^2}{2M_n}=\frac{\hbar^2 k'^2}{2M_n}\pm\hbar\omega(\boldsymbol{q}) \tag{1-69}$$

式中，正号表示在相互作用过程中，产生一个声子；负号表示在相互作用过程中，吸收一个声子。动量守恒方程为

$$\hbar\boldsymbol{k}=\hbar\boldsymbol{k}'\pm\hbar\boldsymbol{q}$$

或

$$\boldsymbol{k}=\boldsymbol{k}'\pm\boldsymbol{q} \tag{1-70}$$

如果入射中子的能量很小，不足以激发声子，因此只能吸收声子，此时取负号，有

$$\frac{\hbar^2}{2M_n}(k'^2-\boldsymbol{k}^2)=-\hbar\omega(\boldsymbol{q}) \tag{1-71}$$

因此只要测出在各个方向上散射中子的能量与入射中子的能量之差，就可求出 $\omega(\boldsymbol{q})$，并根据散射中子束及入射中子束的几何关系求出 $\boldsymbol{k}'-\boldsymbol{k}$，确定 $\boldsymbol{q}$ 值。

实验过程：固定入射中子流的动量和能量，测量不同方向散射的中子流的动量和能量。实验过程如图 1-41 所示，中子源是反应堆中产生出来的慢中子流；单色器是利用单晶的布拉格反射公式 $2d_{h_1h_2h_3}\sin\theta=n\lambda$ 产生单色的中子流；两个准直器分别用来选择入射和散射中子流的动量方向；分析器用来确定散射中子流的动量大小，原理与单色器的相同。

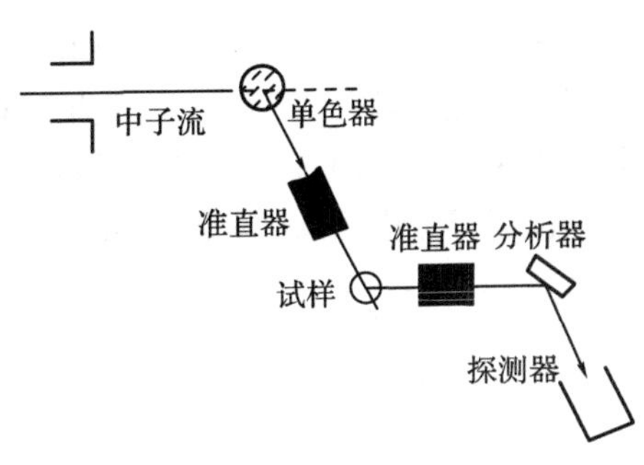

图 1-41　中子谱仪结构示意图

1.4　晶体中电子的状态和能带

晶体中电子的不同状态和分布可使晶体表现出不同的电导特性。为了研究这些特性的本质，必须了解晶体中电子所处的状态、运动规律及分布情况。

1.4.1　电子的共有化运动

单晶体是由靠得很紧密的原子周期性重复排列而成，相邻原子间距只有零点几纳米的数量级。因此，晶体中的电子状态肯定和原子中的不同，特别是外层电子会有显著的变化。但是，晶体是由分离的原子凝聚而成，两者的电子状态又必定存在着某种联系。下面以原子结合成晶体的过程定性地说明晶体中的电子状态。

原子中的电子在原子核的势场和其他电子的作用下，它们分别在不同的能级上，形成所谓电子壳层，不同支壳层的电子分别用符号 1s；2s，2p；3s，3p，3d；4s，…表示，每一支壳层对应于确定的能量。当原子相互接近形成晶体时，不同原子的内外各电子壳层就有了一定程度的交叠，相邻原子最外壳层交叠最多，内壳层交叠较少。原子组成晶体后，由于电子壳层

的交叠，电子不再完全局限在某一个原子上，可以由一个原子转移到相邻的原子上去，因而，电子将可以在整个晶体中运动，这种运动称为电子的共有化运动。但须注意，因为各原子中相似壳层上的电子才有相同的能量，电子只能在相似壳层间转移，因此，共有化的运动产生是由于不同原子的相似壳层间的交叠，例如 2p 支壳层的交叠，3s 支壳层的交叠，如图 1-42 所示。也可以说，结合成晶体后，每一个原子能引起“与之相应”的共有化运动，例如 3s 能级引起“3s”的共有化运动，2p 能级引起“2p”的共有化运动，等等。由于内外壳层交叠程度很不相同，所以，只有最外层电子的共有化运动才显著。

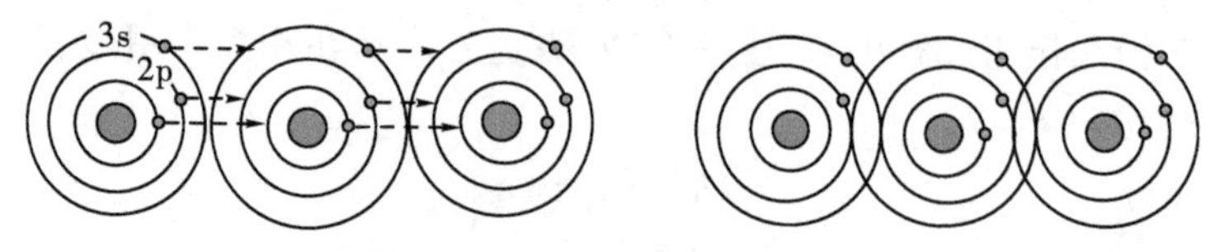

图 1-42 电子的共有化运动

晶体中电子做共有化运动时的能量是什么样的呢？先以两个原子为例来说明。当两个原子相距较远，如同两个孤立的原子时，原子的能级如图 1-43(a)所示，每个能级都有两个态与之相应，是二度简并的(暂不计原子本身的简并)。当两个原子相互靠近时，每个原子中的电子除受到本身原子的势场作用外，还要受到另一个原子势场的作用，其结果是每一个二度简并的能级都分裂为两个彼此相距很近的能级，如图 1-43(b)所示。两个原子靠得越近，分裂得越厉害。图 1-43(c)示意地画出了八个原子相互靠近时能级分裂的情况，可以看到，每个能级都分裂为八个相距很近的能级。

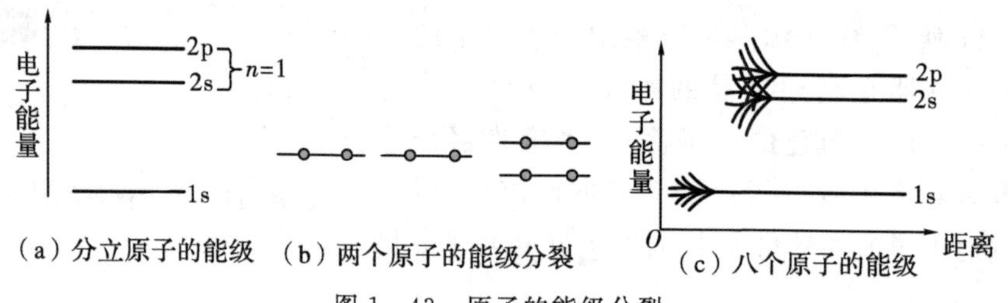

图 1-43 原子的能级分裂

两个原子相互靠近时，原来在某一能级上的电子就分别处在分裂的两个能级上，这时电子不再属于某一个原子，而为两个原子所共有。分裂的能级数须计入原子本身的简并度，例如 2s 能级分裂为二个能级；2p 能级本身是三度简并的，分裂为六个能级。

现在考虑由 N 个原子组成的晶体。晶体每立方厘米体积内约有 $10^{22}\sim10^{23}$ 个原子，所以 N 是个很大的数值。假设 N 个原子相距很远尚未结合成晶体，则每个原子的能级都和孤立原子是的一样，它们都是 N 度简并的(暂不计原子本身的简并)。当 N 个原子相互靠近结合成晶体后，每个电子都要受到周围原子势场的作用，其结果是每一个 N 度简并的能级都分裂成 N 个彼此相距很近的能级。分裂的每一个能带都称为允带，允带之间因没有能级称为禁带。图 1-44 示意地画出了原子能级分裂为能带的情况。

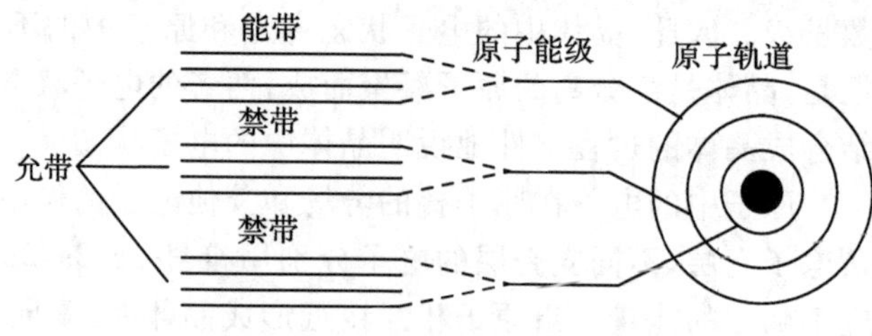

图 1-44 原子能级分裂为能带

内壳层的电子原来处于低能级，共有化运动很弱，其能级分裂得很小，能带很窄，外壳层电子原来处于高能级，特别是价电子，共有化运动很显著，如同自由运动的电子，常称为“准自由电子”，其能级分裂得很厉害，能带很宽。图1－45也示意地画出了内外层电子的这种差别。

每一个能带包含的能级数（或者说共有化状态数），与孤立原子能级的简并度有关。例如s能级没有简并（不计自旋），N个原子结合成晶体后，s能级便分裂为N个十分靠近的能级，形成一个能带，这个能带中共有N个共有化状态。p能级是三度简并的，便分裂成$3N$个十分靠近的能级，形成的能带中共有$3N$个共有化状态。实际的晶体，由于N是一个十分大的数值，能级又靠得很近，所以每一个能带中的能级基本上可视为连续的，有时称为“准连续的”。

必须指出，许多实际晶体的能带与孤立原子能级间的对应关系，并不都像上述的那样简单，因为一个能带不一定同孤立原子的某个能级相当，即不一定能区分s能级和p能级所过渡的能带。例如，金刚石和半导体硅、锗，它们的原子都有四个价电子，两个s电子，两个p电子，组成晶体后，由于轨道杂化的结果，其价电子形成的能带如图1－45所示，上下有两个能带，中间隔以禁带。两个能带并不分别与s能级分裂和p能级相对应，而是上下两个能带中都分别包含$2N$个状态，根据泡利不相容原理，各可容纳$4N$个电子。N个原子结合成的晶体，共有$4N$个电子，根据电子先填充低能这一原理，下面一个能带填满了电子，它们相应于共价键中的电子，这个带通常称为满带或价带；上面一个能带是空的，没有电子，通常称为导带；中间隔以禁带。此外，从图1－46所示的金刚石型结构能带的形成过程可知晶体的能带结构与原子间距有一定的关系。

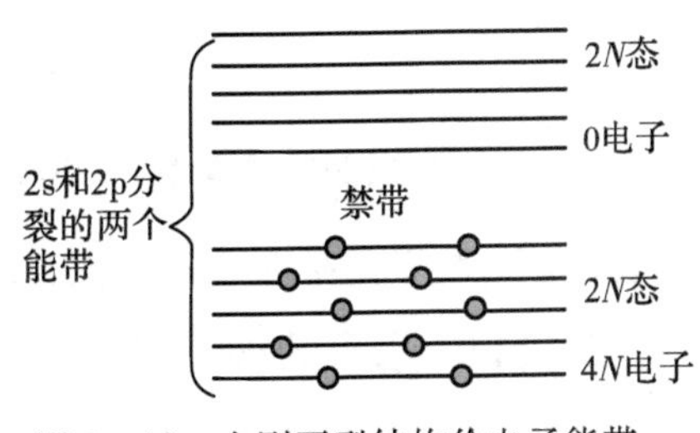

图1－45 金刚石型结构价电子能带

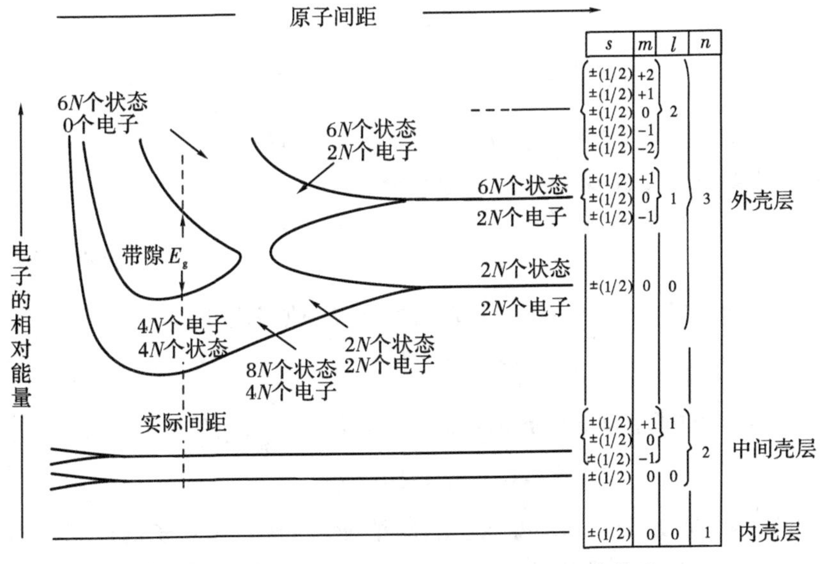

图1－46 金刚石型结构能带与原子间距的关系

1.4.2 微观粒子的运动方程——薛定谔方程

1.4.2.1 波函数

1. 德布罗意假设

一切微观粒子都具有的根本属性就是波粒二象性，德布罗意运用这一观点将不受任何外场作用的微观粒子，即自由粒子的波长 λ、频率 ν、动量 p 和能量 E 联系在一起，提出了一个有深远意义的假设：具有确定动量和确定能量的自由粒子，相当于频率为 ν 和波长为 λ 的平面波，二者之间的关系如同光子与光波的关系一样，有

$$E=h\nu=\hbar\omega \tag{1-72}$$

$$\boldsymbol{p}=\frac{h}{\lambda}\boldsymbol{n}=\hbar\boldsymbol{k} \tag{1-73}$$

式中，$\hbar=\frac{h}{2\pi}$；h 为普朗克常数；ω 为角频率；$\boldsymbol{k}$ 为波矢。上式就是著名的德布罗意关系式。这种表示自由粒子的平面波称为德布罗意波。

2. 自由粒子的波函数

在经典力学中，频率为 ν、波长为 λ 沿 x 方向传播的平面波，可以表示为

$$\Psi_\lambda=a\cos\left[2\pi\left(\frac{x}{\lambda}-\nu t\right)-\delta\right] \tag{1-74}$$

式中，δ 是初位相；a 是振幅；Ψ_λ 是以波的方式传播着的扰动的大小。例如，在弹性波中，Ψ_λ 是表示质点离开平衡位置的距离；在光波中，Ψ_λ 表示电场或磁场的某一分量。

对于沿图 1-47 所示空间任意方向传播的平面波，可以通过引入方向和 ON 一致的单位矢量 $\boldsymbol{n}$ 来表达，则根据式(1-74)可写成

$$\Psi_\lambda=a\cos\left[2\pi\left(\frac{\boldsymbol{r}\cdot\boldsymbol{n}}{\lambda}-\nu t\right)-\delta\right] \tag{1-75}$$

式中，$\boldsymbol{r}$ 是从原点指向波振面上任一点 $P(x,y,z,t)$ 的矢量。式(1-75)可写成如下的复数形式（只取实数部分）：

$$\Psi_\lambda=A\mathrm{e}^{2\pi\mathrm{i}\left(\frac{\boldsymbol{r}\cdot\boldsymbol{n}}{\lambda}-\nu t\right)} \tag{1-76}$$

式中，

$$A=a\mathrm{e}^{\mathrm{i}\delta}$$

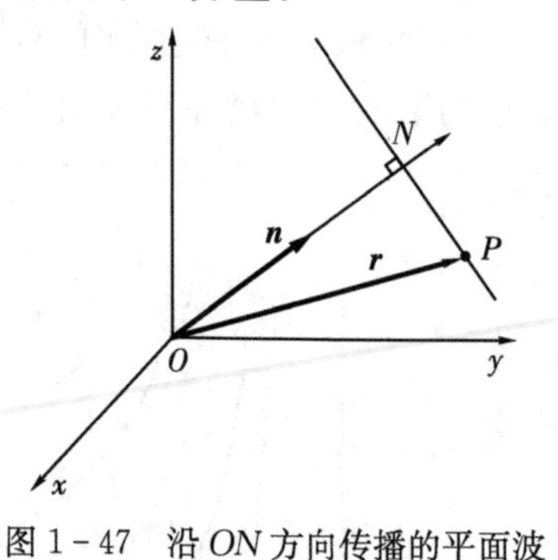

图 1-47 沿 ON 方向传播的平面波

将式(1-72)和式(1-73)代入式(1-76)，并把 Ψ_λ 改写成 Ψ_p，则

$$\Psi_p=A\mathrm{e}^{2\pi\mathrm{i}\left(\boldsymbol{r}\cdot\boldsymbol{n}\frac{p}{h}-\frac{E}{h}t\right)} \tag{1-77}$$

由于 $\boldsymbol{n}$ 的方向与粒子速度 $\boldsymbol{v}$ 或 $\boldsymbol{p}$ 的方向一致，且 $\hbar=\frac{h}{2\pi}$，式(1-77)可以写成

$$\Psi_p=A\mathrm{e}^{-\frac{\mathrm{i}}{\hbar}(Et-\boldsymbol{r}\cdot\boldsymbol{p})} \tag{1-78}$$

由此式可知，Ψ_p 是变量 x、y、z 和 t 的函数，把 Ψ_p 叫作自由粒子的波函数，它描述的是动量为 p、能量为 E 的自由粒子的运动状态。在一般情况下，微观粒子都要受到外界场的作用，不能用自由粒子的波函数来描述，但这样的粒子仍具有波粒二象性。因而，作为德布罗意假设的很自然的一个推广，这样的微观粒子运动状态可以用一个波函数来描写，这是量子

力学的基本原理之一，自然，对于处在不同情况下的微观粒子，描述其运动状态的波函数的具体形式是不一样的。

3. 波函数的统计解释

波函数的物理意义究竟是什么？我们可以通过电子干涉实验及粒子和波动的两个观点来说明。电子干涉实验如图 1-48 所示，电子束由电子枪的 S 点射出，在电子束的前方放一根极细的（半径约为 1 μm）带正电的金属丝 F，它将轻微地吸引电子，因而从金属丝的左侧通过的那一部分电子被折向右方，而从金属丝的右侧通过的那一部分电子被折向左方。在前方的交叉区域内如 M 点，收集到的电子包含了这两部分，它们好像分别来自于虚电子源 S_1 和 S_2，在图中的轴上放置一块照相底板，可显示电子的干涉条纹，说明电子具有波动性。也可以把电子枪中射出的电子流强度减弱到几乎电子是一个一个地从金属丝旁通过。如果通过的电子数目比较少时，在接受电子的照相底板上似乎是一些无规则的点，但是如果经过足够长的时间，则会出现相同的干涉条纹。因此不能把波看成是由电子组成，即使只有一个电子也具有波动性。

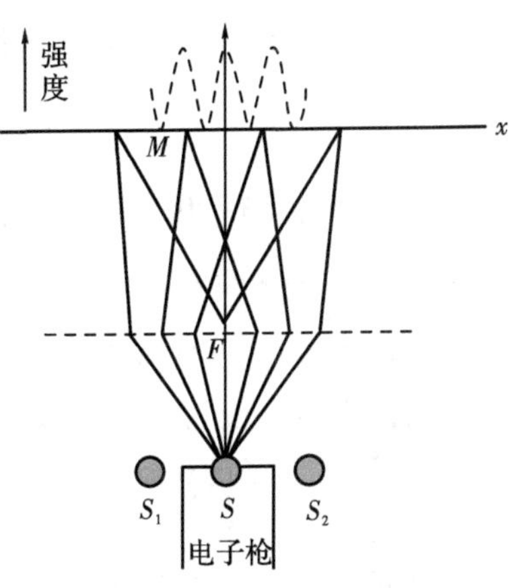

图 1-48　电子干涉实验示意图

对上述实验结果进行如下说明：粒子的观点是干涉图样中极大值处有较多的电子到达，而极小值处很少或没有电子到达；波动的观点是干涉图样中极大值处波的强度大，极小值处波的强度为极小或为零。

对比上述两种观点，可以这样使波和粒子的概念统一起来：如果用一个波函数 $\Phi(x,y,z,t)$ 描写干涉实验中电子的状态，则波函数模的平方 $|\Phi(x,y,z,t)|^2$ 与 t 时刻在空间某处 (x,y,z) 单位体积内找到粒子的数目成正比，也就是在波的强度为极大的地方找到粒子的数目为极大；在波的强度为零的地方，找到粒子的数目为零。

对于一个电子而言，尽管不能确定每一个电子一定到达照相底板的确切位置，但是它到达干涉图样极大值处的概率必定较大，而到达干涉图样极小值处的概率必定较小，甚至为零。所以对于一个粒子而言，描写其状态的波函数可以解释为：波函数模的平方 $|\Phi(x,y,z,t)|^2$ 与 t 时刻在空间某处单位体积内发现粒子的概率成正比，所以波函数又称为概率波。

波函数的上述解释首先是由波恩提出的，他成功地解释了电子的干涉实验，按照这样的解释，可以得出波函数是描写处于相同条件下一个粒子的多次重复行为或者大量粒子的一次行为的结论。

例如，对于动量和能量完全确定的自由粒子，其波函数模的平方为

$$|\Psi_p(x,y,z,t)|^2=\Psi_p\Psi_p^*=|A|^2 \tag{1-79}$$

式中，$|A|^2$ 是一个与时间、坐标无关的常数，其表示自由粒子在任何时刻、在空间任何一点附近单位体积内找到粒子的概率是相同的。由波函数的解释可以知道，只要给出波函数的具体形式，那么在任一时刻，粒子在空间各点的概率分布就可完全确定下来，此时可以说粒子的状态完全确定，这就使得波函数具有一个独特的性质，即 Φ 与 $\Phi'=C\Phi$（C 为任意常数）

描写的是同一状态。这是因为$|\Phi'|^2=C^2|\Phi|^2$处所给出的概率比$|\Phi|^2$处给出的概率大了C^2倍，但是粒子在空间各点的概率分布（相对比例）并没有变化。这一点与经典的波动不同，经典的波动如果增加了C倍，那么强度或能量就增加了C^2倍，这是完全不同的另一种波动状态。

一般规定表示，某一时刻在整个空间找到粒子的总概率为1，即

$$\int_{-\infty}^{\infty}\int_{-\infty}^{\infty}\int_{-\infty}^{\infty}|\Psi(x,y,z,t)|^2\mathrm{d}x\mathrm{d}y\mathrm{d}z=1 \tag{1-80}$$

式(1－80)称为归一化条件，由式$C^2\int|\Phi|^2\mathrm{d}\tau=1$可确定常数$C$。

1.4.2.2　薛定谔方程

波函数$\Psi(r,t)$是描述处于相同条件下大量粒子的一次行为或一个粒子的多次行为，其代表的波为概率波，它描写的是微观粒子的运动状态。微观粒子的运动状态随时间改变的规律，即微观粒子的运动规律，应当是波函数对时间的一阶微分方程。描述微观粒子运动的方程就是薛定谔方程。

现对自由粒子的运动规律进行分析，然后推广到一般条件粒子的波函数。根据德布罗意假设，一个自由粒子的平面波为

$$\Psi_p(r,t)=A\mathrm{e}^{-\frac{\mathrm{i}}{\hbar}(Et-\boldsymbol{r}\cdot\mathrm{p})} \tag{1-81}$$

将其两边对时间t求一次偏导，得

$$\frac{\partial\Psi_p}{\partial t}=-\frac{\mathrm{i}}{\hbar}E\Psi_p \tag{1-82}$$

将式(1－81)的两边对x求二次偏导，得

$$\begin{aligned}\frac{\partial^2\Psi_p}{\partial x^2}&=A\frac{\partial^2}{\partial x^2}[\mathrm{e}^{-\frac{\mathrm{i}}{\hbar}(Et-p_x\cdot x-p_y\cdot y-p_z\cdot z)}]\\&=-\frac{p_x^2}{\hbar^2}A\mathrm{e}^{-\frac{\mathrm{i}}{\hbar}(Et-p_x\cdot x-p_y\cdot y-p_z\cdot z)}\end{aligned} \tag{1-83}$$

有

$$\frac{\partial^2\Psi_p}{\partial x^2}=-\frac{p_x^2}{\hbar^2}\Psi_p$$

同理，将式(1－81)的两边分别对y和z求二次偏导，得

$$\frac{\partial^2\Psi_p}{\partial y^2}=-\frac{p_y^2}{\hbar^2}\Psi_p$$

$$\frac{\partial^2\Psi_p}{\partial z^2}=-\frac{p_z^2}{\hbar^2}\Psi_p$$

将上述三式相加，得

$$\left(\frac{\partial^2}{\partial x^2}+\frac{\partial^2}{\partial y^2}+\frac{\partial^2}{\partial z^2}\right)\Psi_p=-\frac{p^2}{\hbar^2}\Psi_p=\nabla^2\Psi_p \tag{1-84}$$

式中，$\nabla^2=\frac{\partial^2}{\partial x^2}+\frac{\partial^2}{\partial y^2}+\frac{\partial^2}{\partial z^2}$。

对于自由粒子，设其质量为μ，则其能量和动量满足关系式

$$E=E_\mathrm{k}=\frac{p^2}{2\mu}$$

式(1－84)可以写成

$$-\frac{\hbar^2}{2\mu}\nabla^2\Psi_p=E\Psi_p \tag{1-85}$$

把式(1-82)与式(1-85)比较一下，得

$$\mathrm{i}\hbar\frac{\partial\Psi_p}{\partial t}=-\frac{\hbar^2}{2\mu}\nabla^2\Psi_p \tag{1-86}$$

此式就是微观自由粒子波函数所满足的微分方程。

自由粒子仅是一种特殊情况，一般来说，微观粒子通常受到力场的作用，如果力场可以用势能 $U(r,t)$ 来表征，此时总能量为动能和势能之和，即

$$E=E_{\mathrm{k}}+U(r,t)=\frac{p^2}{2\mu}+U(r,t) \tag{1-87}$$

将式(1-85)中的 E 用动能 E_{k} 代替，有

$$-\frac{\hbar^2}{2\mu}\nabla^2\Psi=[E-U(r,t)]\Psi \tag{1-88}$$

比较式(1-82)和(1-88)，得

$$\mathrm{i}\hbar\frac{\partial\Psi}{\partial t}=-\frac{\hbar^2}{2\mu}\nabla^2\Psi+U(r,t)\Psi \tag{1-89}$$

此式就是处在以势能 $U(r,t)$ 来表征的力场中的微观粒子所满足的微分方程。

实际上在很多问题中，作用在粒子上的力场 $U(r)$ 不随时间改变，此时可以用分离变量法来求解其薛定谔方程(1-89)，会发现波函数有较简单的形式，将

$$\Psi(r,t)=\varphi(r)f(t)$$

代入薛定谔方程(1-89)，解得特解为

$$\Psi(r,t)=\varphi(r)\mathrm{e}^{-\frac{\mathrm{i}}{\hbar}Et} \tag{1-90}$$

这说明波函数为一个空间坐标的函数 $\varphi(r)$ 与一个时间函数的乘积，整个函数随时间的改变由 $\mathrm{e}^{-\frac{\mathrm{i}}{\hbar}Et}$ 因子决定，由这种形式的波函数所描写的状态称为定态，此函数为定态波函数，其模的平方为

$$|\Psi(r,t)|^2=|\varphi(r)\mathrm{e}^{-\frac{\mathrm{i}}{\hbar}Et}|^2=|\varphi(r)|^2 \tag{1-91}$$

与时间无关，即粒子的概率分布不随时间而变化，这是定态的一个很重要的特点。如果求出函数 $\varphi(r)$，则粒子处于定态，因此求出波函数的空间部分已完全够用，函数 $\varphi(r)$ 称为振幅波函数，也可将其称为定态波函数。

在许多情况下，原子中的电子、原子核中的质子和中子等粒子的运动都有一个共同特点，即粒子的运动都被限制在一个很小的空间范围内，或者说，粒子处于束缚状态，为了分析束缚状态的共同特点，提出了一个比较简单的理想化模型，即假设微观粒子被关在一个具有理想反射壁的方匣里，在匣内不受其他外力的作用，则粒子将不能穿过匣壁而只在匣内自由运动。为讨论方便，以在一维无限深势阱中运动的粒子为例，求解粒子的波函数并对结果进行分析。

1. 粒子的波函数

粒子受如图1-49所示的力场作用，粒子的总能量为

$$E=E_{\mathrm{k}}+U(x) \tag{1-92}$$

式中，E_{k} 为电子的动能；$U(x)$ 为力场的势能。其定态薛定谔方程为

$$-\frac{\hbar^2}{2\mu}\frac{\mathrm{d}^2\varphi}{\mathrm{d}x^2}+U(x)\varphi=E\varphi \tag{1-93}$$

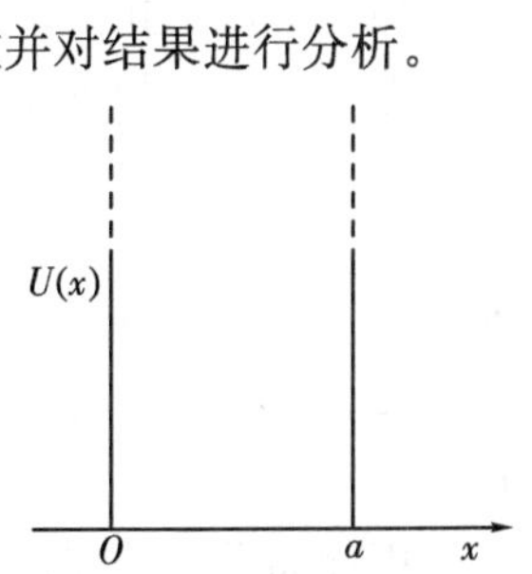

图1-49 一维无限深势阱

一维无限深势阱的势能为

$$U(x)=\begin{cases}\infty & (x\leqslant 0, x\geqslant a)\\ 0 & (0<x<a)\end{cases} \tag{1-94}$$

由于粒子被限制在匣内，有

$$\begin{cases}\varphi(x)=0 & (x\leqslant 0, x\geqslant a)\\ -\dfrac{\hbar^2}{2\mu}\dfrac{\mathrm{d}^2\varphi}{\mathrm{d}x^2}=E\varphi \text{ 或 } \dfrac{\mathrm{d}^2\varphi}{\mathrm{d}x^2}+b^2\varphi=0 & (0<x<a)\end{cases} \tag{1-95}$$

式中，$b^2=\dfrac{2\mu E}{\hbar^2}$。方程的通解为 $\varphi(x)=A\sin(bx+\delta)$（$A$、$\delta$ 为任意两个常数），波函数在势阱的边界上必须连续，即 $\varphi(x)=0$ 和 $\varphi(a)=0$，有 $A\sin\delta=0$，得 $\delta=0$，则波函数

$$\varphi(x)=A\sin bx \quad (0\leqslant x\leqslant a) \tag{1-96}$$

再用条件 $\varphi(a)=0$，得

$$A\sin ba=0$$

因此 b 必须满足

$$b_n=\frac{n\pi}{a}, n=1,2,\cdots \tag{1-97}$$

将 $b^2=\dfrac{2\mu E}{\hbar^2}$ 代入式(1-97)，得

$$E_n=\frac{n^2\pi^2\hbar^2}{2\mu a^2} \tag{1-98}$$

因此被束缚在势阱中的电子，其能量只能取一系列分立数值，即它的能量是量子化的。

能量为 E_n 的波函数为

$$\begin{cases}\varphi_n(x)=0 & (x\leqslant 0, x\geqslant a)\\ \varphi_n(x)=A\sin\dfrac{n\pi}{a}x & (0<x<a)\end{cases} \tag{1-99}$$

根据归一化条件 $\int_{-\infty}^{\infty}|\varphi_n(x)|^2\mathrm{d}x=A^2\int_0^a\sin^2\dfrac{n\pi}{a}x\,\mathrm{d}x=1$，有 $A=\sqrt{\dfrac{2}{a}}$，得归一化的波函数

$$\begin{cases}\varphi_n(x)=0 & (x\leqslant 0, x\geqslant a)\\ \varphi_n(x)=\sqrt{\dfrac{2}{a}}\sin\dfrac{n\pi}{a}x & (0<x<a)\end{cases} \tag{1-100}$$

2. 分析讨论

通过上述分析，势阱中的微观粒子的能量不能任意取值，只能是一些分立的数值，即能量是量子化的，这是一切处于束缚态的微观粒子的共同特性。

1)能量量子化

能量量子化如图 1-50 所示，相邻能级间的间隔为

$$\Delta E_n=E_{n+1}-E_n=\frac{\pi^2\hbar^2}{2\mu a^2}(2n+1)$$

如果粒子为电子，则 $\mu=9.1\times10^{-31}$ kg，设 $a=100$ nm，则 $E_n=n^2\times 0.38$ eV，$\Delta E_n\approx n\times 0.75$ eV。设 $a=1$ cm，则 $\Delta E_n=n\times 0.75\times 10^{-14}$ eV。

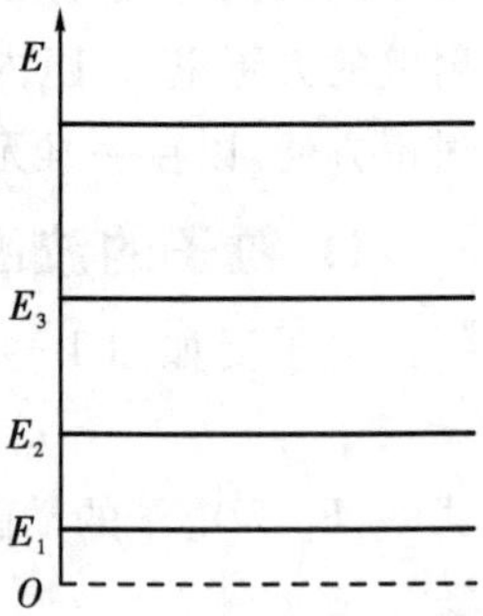

图 1-50　一维无限深势阱中粒子的能级

因此如果电子在宏观尺度的势阱中运动，由于能量间距很小，几

乎可以认为能量是连续的。但是对于微观尺度,则电子表现出量子化的特性。

2)概率分布

能量为 E_n 的粒子在 x 到 $x+\mathrm{d}x$ 内被发现的概率为

$$\mathrm{d}\omega=|\varphi_n(x)|^2\mathrm{d}x=\frac{2}{a}\sin^2\frac{n\pi}{a}x\,\mathrm{d}x \tag{1-101}$$

在图 1-51 和图 1-52 中画出了 $n=1,2,3,4$ 时的 $\varphi_n(x)$ 和 $|\varphi_n(x)|^2$ 的图形。当粒子处在基态时,在势阱中心附近发现粒子的概率最大,越接近于匣壁,概率越小,在两壁上概率为零。当粒子处于激发态($n=1$)时,在势阱中找到粒子的概率分布有起伏,而且 n 越大,起伏的次数越多。而对于宏观粒子,它在势阱内各处被找到的概率是相同的,因此其概率分布图形应当是平行于 x 轴的直线,如图 1-52 中的虚线。但如果微观粒子的能量很大,则其概率分布也接近于一平行 x 轴的直线。因此二者的差别仅仅在粒子能量较小时才比较显著。

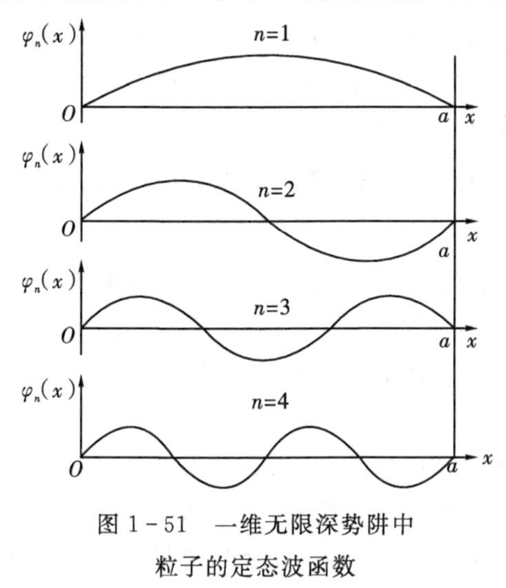

图 1-51　一维无限深势阱中粒子的定态波函数

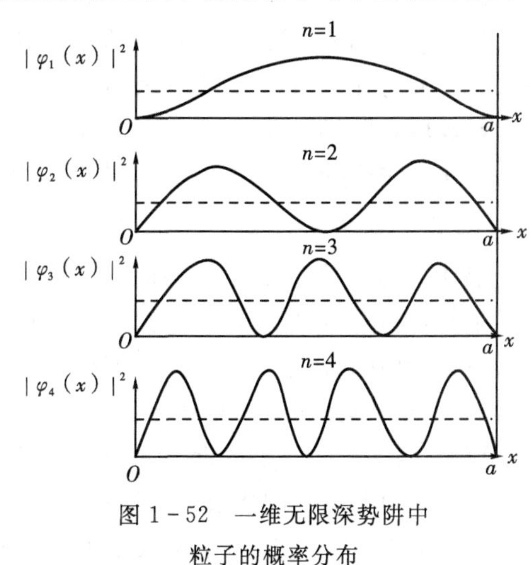

图 1-52　一维无限深势阱中粒子的概率分布

1.4.3　晶体中电子的状态和能带

1.4.3.1　晶体中薛定谔方程及其解的形式

单电子近似认为:由于晶体结构的周期性,晶体中的每个电子都处在一个完全相同的周期性势场中,它的周期与所在晶体周期相同,此势场是各固定不动的原子核的势场及其他大量电子的平均势场的叠加,晶体中位置为 $\boldsymbol{r}$ 处的电势为

$$U(\boldsymbol{r})=U(\boldsymbol{r}+\boldsymbol{R}_n) \tag{1-102}$$

式中,$\boldsymbol{R}_n=n_1\boldsymbol{a}_1+n_2\boldsymbol{a}_2+n_3\boldsymbol{a}_3$,有定态薛定谔方程

$$\nabla^2\varphi(\boldsymbol{r})+\frac{2\mu}{\hbar^2}[E-U(\boldsymbol{r})]\varphi(\boldsymbol{r})=0 \tag{1-103}$$

布洛赫在 1928 年证明了在周期性势场中,薛定谔方程的解具有的形式为

$$\varphi_{\boldsymbol{k}}(\boldsymbol{r})=u_{\boldsymbol{k}}(\boldsymbol{r})\mathrm{e}^{\mathrm{i}\boldsymbol{k}\cdot\boldsymbol{r}} \tag{1-104}$$

式中,$u_{\boldsymbol{k}}(\boldsymbol{r})=u_{\boldsymbol{k}}(\boldsymbol{r}+\boldsymbol{R}_n)$。

这一结论称为布洛赫定理,其物理意义是指数部分为平面波,描述了晶体电子的共有化运动,晶格周期函数描述了晶体中电子围绕原子核的运动。晶体中的电子具有前述两种运动形式，下面对其进行进一步分析。

将自由电子的定态波函数 $\varphi_p = Ae^{ikr}$ 与式(1－104)比较可以看出，晶体中的电子在周期性势场中运动的波函数与自由电子的波函数形式相似，代表一个波长为 $2\pi/k$ 而在 $\boldsymbol{k}$ 方向上传播的平面波，不过这个波的振幅随 $u_k(\boldsymbol{r})$ 作周期性变化，其变化周期同晶格周期相同，即晶体中的电子是以一个被调幅的平面波在晶体中传播。若令 $u_k(\boldsymbol{r})$ 为常数，则在周期性势场中运动的电子的波函数完全变成自由电子的波函数。其次根据波函数的意义，在空间某一点找到电子的概率与波函数在该点的强度成正比。对于自由电子，在空间各点波函数的强度相等，说明在空间各点找到电子的概率相等，这反映了电子在空间中的自由运动。而对于晶体中的电子，由于 $u_k(\boldsymbol{r})$ 是与晶格同周期的函数，在晶体中波函数的强度也随晶格周期性变化，所以在晶体中各点找到该电子的概率也具有周期性变化的性质。这反映了电子不再完全局限在某一原子上，而是可以从晶胞中某一点自由地运动到其他晶胞内的对应点，因而电子可以在整个晶体中运动，这种运动称为电子在晶体内的共有化运动。组成晶体的原子的外层电子共有化运动较强，其行为与自由电子相似，常称为准自由电子，而内层电子的共有化运动较弱，其行为与孤立原子中的电子相似。布洛赫波函数中的波矢 $\boldsymbol{k}$ 与自由电子波函数中的一样，它描述晶体中电子的共有化运动状态，不同的 $\boldsymbol{k}$ 标志着不同的共有化运动状态。

1.4.3.2 能带

晶体中的电子有两类：外层价电子和内层电子，对于外层价电子，它的能量高，相对于电子的能量，晶体势场较弱，电子的行为类似于自由电子，而把晶体势场对电子运动的影响看作微扰，这种从自由电子出发的近似处理，叫作近自由电子近似。对于内层电子，电子能量低，相对于电子能量，晶体势场较强，因而电子基本围绕原子核运动，而把相邻原子看作微扰，这种从自由原子出发的近似处理，叫作紧束缚近似。两种近似方法的结果都是晶体中的电子状态不再是分立的能级，而成为一系列能带。在此仅讨论近自由电子近似的结果。

晶体中的电子处在不同的 k 状态，具有的能量为 $E(k)$，求解一维单原子链(见图 1－29)中电子的薛定谔方程可得出如图 1－53 所示的 $E(k)$ 和 k 的关系曲线。图中的虚线“------”表示自由电子的 $E(k)$ 和 k 的抛物线关系，实线波线表示周期性势场中电子的 $E(k)$ 和 k 的关系。可以看到：

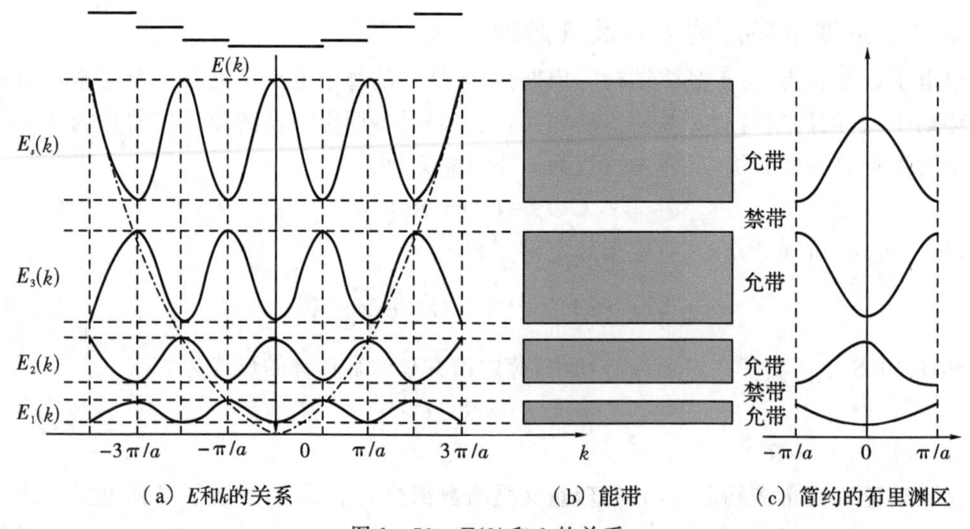

(a) E和k的关系　　(b) 能带　　(c) 简约的布里渊区

图 1－53　$E(k)$ 和 k 的关系

(1)周期性势场中的电子与自由电子的 $E(k)$ 和 k 的关系曲线相似，所不同的是前者出现了能量的不连续现象。当 $k=\frac{\pi n}{a}(n=0,\pm1,\pm2)$ 时，即在布里渊区边界产生能隙，称为禁带。连续区域分别在第一布里渊区、第二布里渊区等，称为能带。

(2)在每个能带中，有

$$E_n(k)=E_n(k+n\frac{2\pi}{a}) \tag{1-105}$$

所以对于任何能带均可在第一布里渊区 $[-\pi/a,\pi/a]$ 的波矢范围内表述，这个区间称为简约布里渊区。在简约布里渊区内，$E(k)$ 和 k 的关系为多值函数，对于不同的能带，尽管波矢相差 k_n，$E(k)$ 是不等于 $E(k+k_n)$ 的，这一点与声子不同，在声子问题中，第一布里渊区以外不存在任何新的振动方式。

(3)如同晶格振动，对于有边界的晶体，须考虑边界条件，根据周期性边界条件，波矢只能取分立的数值，在 k 空间的每个布里渊区的波矢数等于晶体的原胞数 N，因而简约布里渊区中含有 N 个简约波矢，每个能带有 N 个简约波矢标志的能态，计入自旋，每个能带可容纳 N 个电子。能量越高的能带，其能级间距越大。

由上面的分析可知，周期势场中运动的电子，其能级分布的最重要特点是形成能带，而能隙的产生又是能级分裂成能带的原因。与晶格振动相似，在布里渊区边界满足布拉格反射条件，前进波与反射波发生干涉形成驻波，按照半波损失的有无，反射波与入射波的叠加有两种情况，在布里渊区边界形成两个能量不同的驻波态。如图 1-54 所示，波函数 Ψ_-^0 使电子聚集在正离子实附近，波函数 Ψ_+^0 使电子聚集在正离子实之间的区域内，由于驻波的速度为零，动能为零，总能量等于势能，而离子实附近和离子实之间的势能不同，因此两个驻波的能量不同，结果是同一个 k 值存在两种能量，从而产生了能隙。如果波矢远离布里渊区边界，则从各原子反射的子波之间没有固定的位相关系，不会形成反射波，对原来的入射波干扰不大。

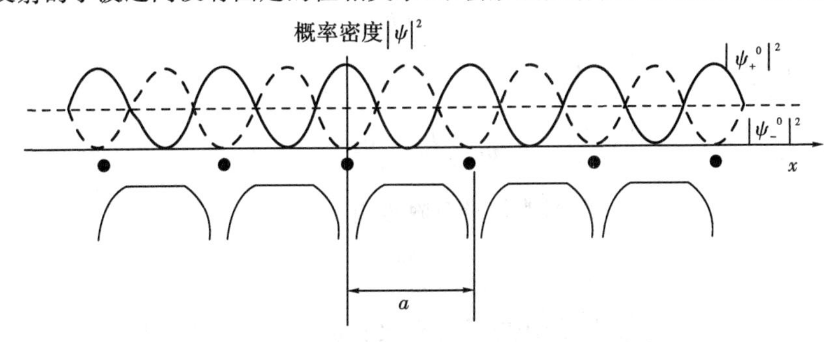

图 1-54　禁带两边外的状态的概率密度分布

1.4.4　晶体中电子的运动和有效质量

1.4.4.1　晶体中 $E(k)$ 与 k 的关系

因为求 $E(k)$ 与 k 的关系十分困难，因此图 1-54 只给出了 $E(k)$ 与 k 的定性关系，但对于半导体来说，起作用的常常是位于能带底部或能带顶部的电子，因此，只要掌握其能带底部或顶部附近的 $E(k)$ 与 k 关系就可以了。

用泰勒级数展开可以近似求出极值附近的 $E(k)$ 与 k 的关系。以一维为例，将能带底部在 $k=0$ 附近按泰勒级数展开，得

$$E(k)=E(0)+\left(\frac{\mathrm{d}E}{\mathrm{d}k}\right)_{k=0}k+\frac{1}{2}\left(\frac{\mathrm{d}^2E}{\mathrm{d}k^2}\right)_{k=0}k^2+\cdots$$

取至平方项，因为 $k=0$ 时能量极小，所以有 $(\mathrm{d}E/\mathrm{d}k)_{k=0}=0$，得

$$E(k)-E(0)=\frac{1}{2}\left(\frac{\mathrm{d}^2E}{\mathrm{d}k^2}\right)_{k=0}k^2 \tag{1-106}$$

$E(k)$ 为导带底部能量。对给定的半导体，$(\mathrm{d}^2E/\mathrm{d}k^2)_{k=0}$ 是一个常数。

令 $\frac{1}{\hbar^2}\left(\frac{\mathrm{d}^2E}{\mathrm{d}k^2}\right)_{k=0}=\frac{1}{m_e^*}$，在能带底部附近有

$$E(k)-E(0)=\frac{\hbar^2k^2}{2m_e^*} \tag{1-107}$$

由波粒二象性得自由电子的 $E(k)$ 与 k 的关系为 $E(k)=\frac{\hbar^2k^2}{2m_0}$，将其与式(1-107)比较，其中，$m_0$ 为电子的惯性质量；m_e^* 为能带底部电子的有效质量，大于零。

同理也可得出能带顶部附近的 $E(k)$ 与 k 的关系与能带底部的形式相同，区别在于电子的有效质量 m_e^* 小于零。引进有效质量后，能带极值附近 $E(k)$ 与 k 的关系便可确定。

1.4.4.2 电子的平均速度

根据量子力学概念，电子的运动可以看作是波包的运动，波包的群速就是电子运动的平均速度。设波包由许多频率相差不多的波组成，则波包中心的运动速度（即群速）为

$$v=\frac{\mathrm{d}\omega}{\mathrm{d}k} \tag{1-108}$$

将粒子能量 $E=\hbar\omega$ 代入式(1-108)，得

$$v=\frac{\mathrm{d}E}{\hbar\,\mathrm{d}k} \tag{1-109}$$

将自由电子的能量 $E=\frac{\hbar^2k^2}{2m_0}$ 代入式(1-109)，得自由电子的速度为

$$v=\frac{\mathrm{d}E}{\hbar\,\mathrm{d}k}=\frac{\hbar k}{m_0} \tag{1-110}$$

将式(1-107)代入式(1-109)，得到能带极值附近电子的速度为

$$v=\frac{\hbar k}{m_e^*} \tag{1-111}$$

将式(1-110)与式(1-111)相比，是用电子的有效质量代替了电子的惯性质量。

1.4.4.3 电子的加速度

在外加电场 ε 的作用下，外力 f 对电子做功，电子的能量变化为

$$\frac{\mathrm{d}E}{\mathrm{d}t}=fv=f\frac{\mathrm{d}E}{\hbar\,\mathrm{d}k} \tag{1-112}$$

由式(1-112)，得

$$f=\frac{\hbar\,\mathrm{d}k}{\mathrm{d}t} \tag{1-113}$$

此式说明在外力作用下，电子的波矢不断改变，其变化率与外力成正比。

电子的加速度为

$$\frac{\mathrm{d}v}{\mathrm{d}t}=\frac{\mathrm{d}}{\mathrm{d}t}\left(\frac{\mathrm{d}E}{\hbar\,\mathrm{d}k}\right)=\frac{\mathrm{d}}{\hbar\,\mathrm{d}k}\left(\frac{\mathrm{d}E}{\mathrm{d}t}\right) \tag{1-114}$$

将式(1－113)代入式(1－114)得

$$\frac{\mathrm{d}v}{\mathrm{d}t}=f\frac{\mathrm{d}}{\mathrm{d}k}\left(\frac{\mathrm{d}E}{\hbar^2\,\mathrm{d}k}\right)=\frac{\mathrm{d}^2E}{\hbar^2\,\mathrm{d}k^2}f \tag{1-115}$$

同牛顿定律比较，确定电子的有效质量的倒数为

$$\frac{1}{m_e^*}=\frac{\mathrm{d}^2E}{\hbar^2\,\mathrm{d}k^2} \tag{1-116}$$

1.4.4.4　电子有效质量的意义

半导体中的电子在外力作用下，描述电子运动规律的方程中出现的是有效质量，而不是电子的惯性质量，这是因为外力并不是电子受力的总和，晶体中的电子即使在没有外加电场作用时，它也要受到晶体内部原子及其他电子的势场作用，因此电子的加速度应是晶体中势场和外部场作用的综合效果。但要找到内部势场的具体形式并求得加速度有一定的困难，引进有效质量有以下作用：

(1)可使问题简单化，直接把外力和加速度联系起来，而内部的势场作用由有效质量概括。

(2)解决晶体中电子在外力作用下不涉及内部势场的作用，使问题简化。

(3)有效质量可以直接测定。

图1－55分别示意地画出了能量、速度和有效质量随波矢的变化曲线，可以看到，在能带底部附近，电子的有效质量为正值，在能带顶部附近，电子的有效质量为负值。

从式(1－116)还可以看出，有效质量与能量函数对于k的二次微商成反比，对宽窄不同的各个能带，$E(k)$随k的变化情况不同，能带越窄，二次微商越小，有效质量越大。内层电子的能带窄，有效质量大；外层电子的能带宽，有效质量小。因而，外层电子在外力作用下可以获得较大的加速度。

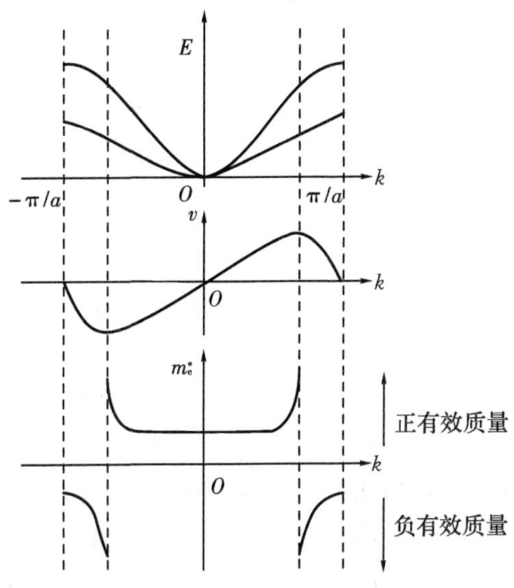

图1－55　能量、速度和有效质量与波矢的关系

1.4.4.5　恒定电场作用下电子的运动

电子在恒定电场作用下，设电场力$f=-q\varepsilon$(ε为电场强度)沿轴的正方向，根据式(1－113)，电子在k空间做匀速运动，但是作为准经典运动，电子永远保持在同一个能带内。图1－56中画出了用延展型布里渊区表示的$E(k)$函数，电子在k空间的匀速运动，意味着电子的本征能量沿$E(k)$函数曲线周期性变化，若

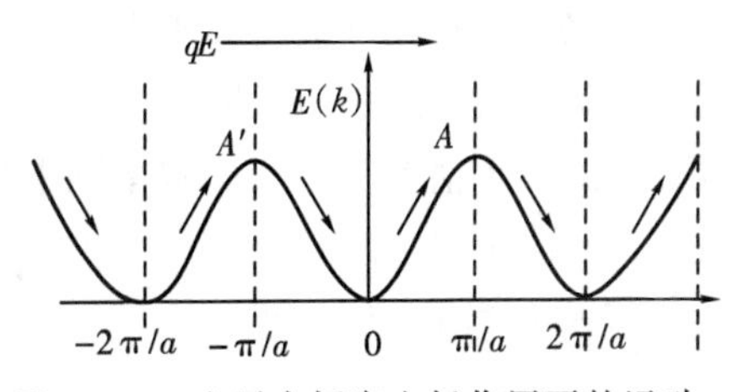

图1－56　电子在恒定电场作用下的运动

用简约布里渊区表示，当电子运动到布里渊区边界，$k=-\pi/a$，由于 $k=-\pi/a$ 与 $k=\pi/a$ 相差倒格矢 $2\pi/a$，实际代表同一状态，所以电子从 $k=\pi/a$ 移动出去实际上同时从 $k=-\pi/a$ 移进来，电子在 k 空间做循环运动。

电子在 k 空间的循环运动，表现在电子速度上是 v 随时间作振荡的变化。假设 $t=0$ 时，电子处在带底，$k=0$，$m_e^*>0$，外力作用使电子加速，v 增大；当达到 $k=\pi/2a$ 时，$m_e^*\to\infty$，速度极大；当 k 超过 $k=\pi/2a$ 时，$m_e^*<0$，开始减速，直至 $k=\pi/a$ 时速度为 0，这时电子处在带顶，$m_e^*<0$，外力作用使 $v<0$（即沿外力相反方向运动）；当 k 在 $-\pi/a$ 至 $-\pi/2a$ 之间时，速度的绝对值不断增大，在 $k=-\pi/2a$ 达到速度的极小值。当 k 超过 $-\pi/2a$ 时，$m_e^*>0$，加速运动，其效果是使速度的绝对值减小，直至 $k=0$、$v=0$。这就是在恒定外电场作用下速度的振荡。

电子速度的振荡，意味着电子在实空间（x 空间）的振荡，我们知道 $E(k)$ 表示的是电子在晶体周期场中的能量本征值，当有外电场时，附加有静电位能 $-qV$，在上面的例子中电场沿 $-x$ 方向，电位 V 随 x 增加，静电位能沿 x 轴下降，电子的总能量将随 x 变化，能带发生倾斜。图 1-57 中(a)表示未加电场的情况，(b)表示电子的静电位能，(c)表示能带的倾斜。

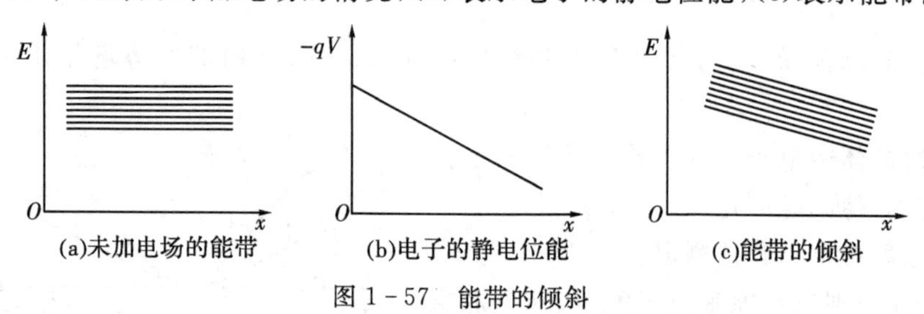

(a)未加电场的能带　(b)电子的静电位能　(c)能带的倾斜

图 1-57　能带的倾斜

在图 1-58 中画出了包含有两个能带的情况。设 $t=0$ 时电子处在较低的能带底的 A 点，电子从 A 经过 B 到达 C，对应于电子从 $k=0$ 到 $k=\pi/a$ 的运动。在 C 点，电子遇到了带隙，相当于存在有一个位垒。在准经典运动近似中，电子局限在同一能带中运动，电子在遇到位垒以后将全部被反射回来，对应于 k 空间由 $+\pi/a$ 到 $-\pi/a$，电子由 C 经过 B 返回 A，对应于电子从 $k=-\pi/a$ 到 $k=0$ 的运动，这就是电子在实空间的振荡。

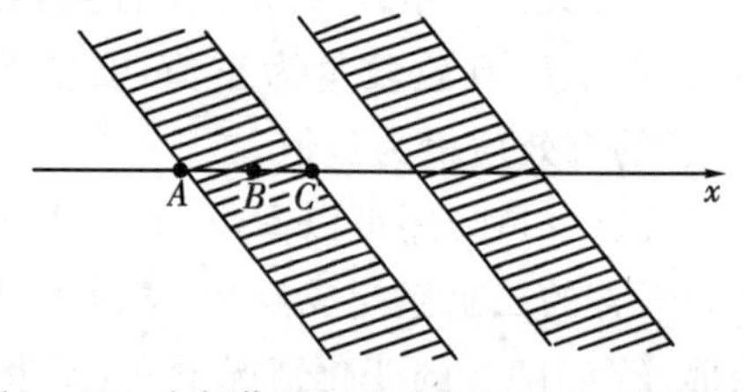

图 1-58　电场作用下电子在实空间 x 轴的运动

但是必须强调指出以下两点：

(1)上述振荡现象实际上是很难观察到的，其原因是除非填满能带，否则电子在运动中将要不断受到声子、杂质和缺陷的散射（或称碰撞），相邻两次散射之间的平均时间间隔称为电子平均自由运动时间，用 τ 表示。如果 τ 很小，电子来不及完成振荡运动就被散射破坏掉了。τ 的典型值为 10^{-13} s。观察到上述振荡现象的条件为

$$\omega\tau\gg 1$$

ω 为振荡角频率，可以用

$$\omega=2\pi\left(\frac{\text{布里渊区宽度}}{\text{电子在 } k \text{ 空间运动速度}}\right)^{-1}=\frac{q\varepsilon a}{\hbar} \tag{1-117}$$

来估算，如果取 $a\approx 3$ Å、$\tau\approx 10^{-13}$s，满足 $\omega\tau\gg 1$ 条件，需要的电场强度 ε 大于 2×10^5 V·cm^{-1}，这样高的场强在金属材料中是无法实现的，绝缘材料则早已被击穿了。所以一般在电场的作用下，电子在 k 空间只有一个小位移，而不能实现振荡。

(2)在准经典运动的框架中，当电子运动遇到带隙时将被全部反射回来，而按照量子理论，电子遇到位垒时将有部分穿透位垒，部分被反射回来，穿透位垒的概率取决于位垒的高度和长度。如图 1-59 所示，位垒高度为带隙宽 E_g，位垒长度由电场决定，因为能带倾斜的斜率为 $q\varepsilon$，所以位垒长度为 $d=\varepsilon_g/q\varepsilon$，根据近似地分析，有

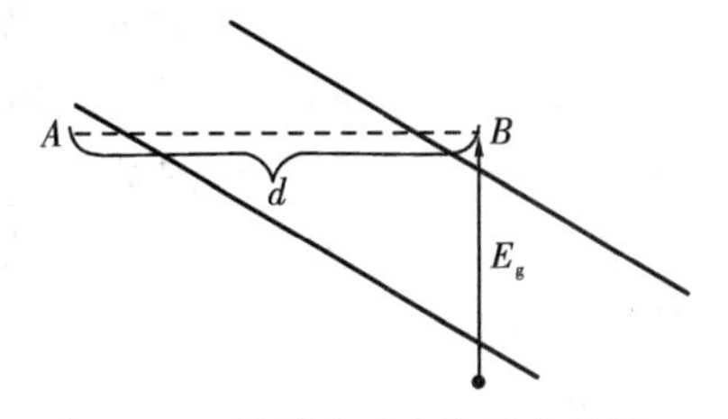

图 1-59 隧道穿透中的位垒长度

$$\text{穿透概率}\ \propto\varepsilon\exp\left[-\frac{\pi^2}{\hbar}(2mE_g)^{1/2}\frac{E_g}{qE}\right] \tag{1-118}$$

可以看出随着电场增强穿透概率急剧增加。如果下面能带是被电子填满的(或接近于填满)，电子在电场作用下很容易达到带顶；如果上面能带中没有电子(或基本上是空)，可以接纳电子。则当电场足够强时，下面能带中的电子有一定概率穿透带隙而达到导带，这种现象称为隧道效应。在准经典运动分析中，略去了这种隧道效应。但隧道效应在很多半导体器件物理中有着重要的作用。

1.4.4.6 能带论对导电性的解释

固体按其导电性分为导体、半导体、绝缘体。固体能够导电，是固体中的电子在外电场作用下做定向运动的结果。由于电场力对电子的加速作用，使电子的运动速度和能量都发生了变化。从能带论来看，电子的能量变化，是电子从一个能级跃迁到另一个能级上去。对于满带，其中的能级已为电子所占满，在外电场的作用下，满带中的电子并不形成电流，通常原子中的内层电子都是占据满带中的能级，内层电子对导电没有贡献。对于被电子部分占满的能带，在外电场作用下，电子可从外电场中吸收能量跃迁到未被电子占据的能级去，形成了电流，起导电作用，常称这种能带为导带。以下对满带、部分填充带的导电性进行分析。

能带中的所有电子贡献的电流密度由式(1-119)给出：

$$J=\frac{1}{V}(-q)\sum_k v(k) \tag{1-119}$$

式中，V 是体积；求和是对能带中所有状态求和；而

$$v(-k)=\frac{1}{\hbar}\frac{\partial E(-k)}{\partial(-k)}=-\frac{1}{\hbar}\frac{\partial E(k)}{\partial k}=-v(k) \tag{1-120}$$

1. 无外加电场

温度一定，电子从最低能级开始填充，并成对称分布，电子占据某个状态的概率只同该状态的能量有关，由于 $E(k)=E(-k)$，电子占据 k 态的概率同占据 $-k$ 态的概率一样，它们的速度方向相反、大小相等，二者的电流正好抵消，晶体中总电流为零。

2. 有外加电场

满带与不满带对电流的贡献有很大差异，对于满带，k 在布里渊区均匀分布，所有的电

子状态都按$\frac{dk}{dt}=\frac{1}{\hbar}(-q\varepsilon)$变化，$k$ 轴上的各点均以相同的速度移动，没有改变均匀填充各态的情况，如图 1－60 所示。也就是说，由于布里渊区边界 A 和 A' 实际代表同一状态，从 A 点出去的电子实际上同时从 A' 点移进来，仍保持均匀填充的情况。这样的结果是有电场存在时，仍然是 k 态和 $-k$ 态的电子流成对抵消，总电流为零，所以满带电子是不导电的。

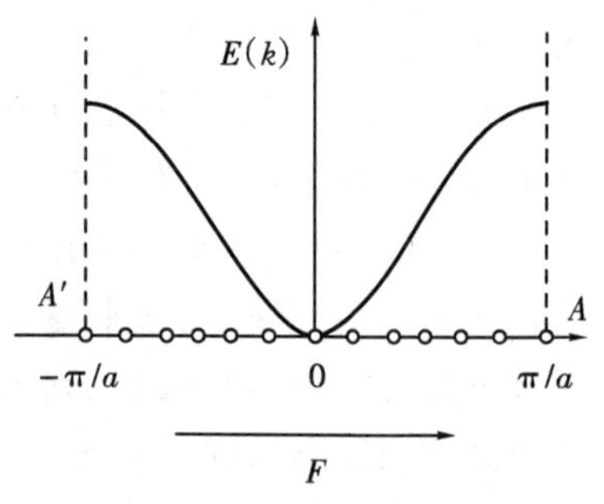

图 1－60　满带中电子的运动

相反，如果一个不满的带，由于电场的作用，电子分布将向一个方向移动，电子在布里渊区中的分布不再是对称的，如图 1－61 所示，导致电子流部分抵消，未抵消的部分构成了晶体的电流。

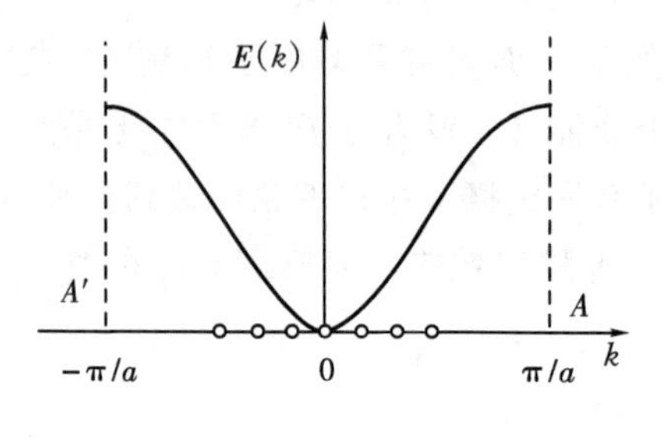

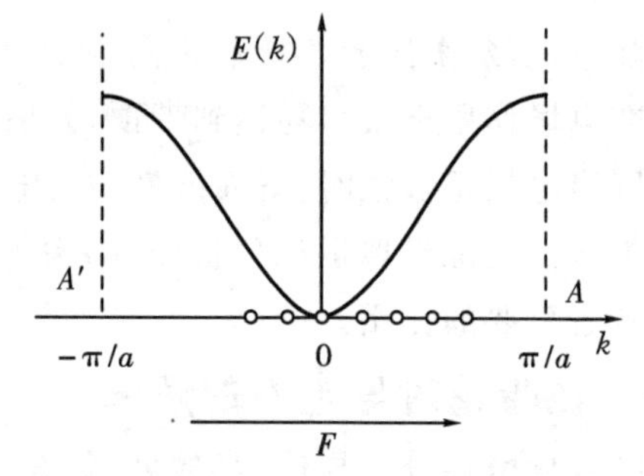

图 1－61　不满带中电子的运动

对于半导体，由于外界因素（光、热等）的影响，处于价带上的电子激发到导带上，在价带上出现了空穴。对于价带上有一个空状态的半导体，由于电流 $J=$价带电子总电流，设想有一个电子填充到空的 k 状态，如图 1－62 所示，这个电子的电流等于电子的电荷乘以 k 状态的电子速度，即

$$k\text{ 状态的电子电流}=(-q)v(k) \tag{1-121}$$

填入电子后价带又被填满，总电流应为零，即

$$J+(-q)v(k)=0 \text{ 或 } J=(+q)v(k) \tag{1-122}$$

当状态 k 是空的时，能带中的电流就像是由一个正电荷 q 所产生，而其运动的速度等于处在 k 状态的电子运动的速度 $v(k)$，这种空的状态称为空穴。

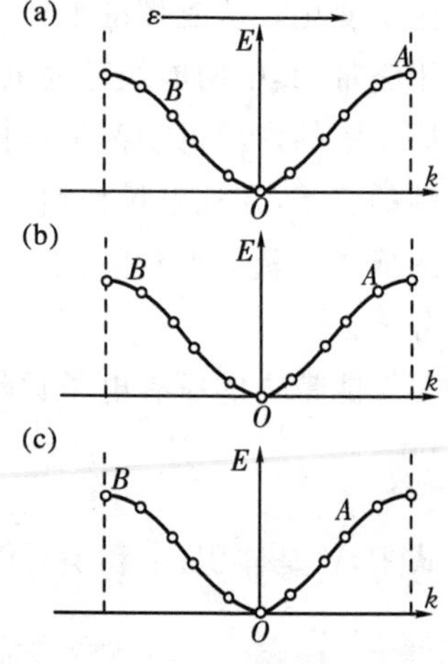

图 1－62　k 空间的空穴运动

一般价带中的空状态都出现在价带顶部附近，而价带顶部的电子的有效质量是负值，则如果引进表示空穴的有效质量 m_h^*，令 $m_h^*=-m_e^*$，实际结果正是如此，所以空穴可以看成是一个具有正电荷和正有效质量的粒子。

1.4.5　费米能级与玻尔兹曼分布函数

1.4.5.1　费米分布函数

晶体中电子的数目是非常多的，例如硅晶体每立方厘米中约有 5×10^{22} 个硅原子，仅价电子数每立方厘米中就约有 $4\times5\times10^{22}$ 个。在一定温度下，晶体中的大量电子不停地做无规则热运动，电子可以从高能量的量子态跃迁到低能量的量子态，将多余的能量释放出来成为晶格热振动的能量。因此，从一个电子来看，它所具有的能量时大时小，经常变化。但是，从大量电子的整体来看，在热平衡状态下，电子按能量大小具有一定的统计分布规律，即这时电子在不同能量的量子态上统计分布的概率是一定的。根据量子统计理论，服从泡利不相容原理的电子遵循费米统计律。对于能量为 E 的一个量子态被一个电子占据的概率 $f(E,T)$ 为

$$f(E,T)=\frac{1}{1+\exp\left(\frac{E-E_F}{k_0T}\right)} \tag{1-123}$$

式中，$f(E,T)$ 称为电子的费米分布函数，它是能量 E 和温度 T 的函数，是描写热平衡状态下，电子在允许的量子态上如何分布的一个统计分布函数。式(1-119)～式(1-123)中，k_0 是玻尔兹曼常量；T 是绝对温度；E_F 是具有能量的量纲，称为费米能级或费米能量，这是一个很重要的物理参数，它和温度、材料的导电类型、杂质的含量及能量零点的选取有关。只要知道了 E_F 的数值，在一定温度下，电子在各量子态上的统计分布就可完全确定。E_F 可以由晶体中能带内所有量子态中被电子占据的量子态数应等于电子总数 N 这一条件来决定。

假如在能量 $E\sim E+\Delta E$ 范围内的电子态数目为 ΔZ，则电子状态密度函数 $g(E)$ 定义为

$$g(E)=\lim_{\Delta E\to0}\frac{\Delta Z}{\Delta E}=\frac{\mathrm{d}Z}{\mathrm{d}E} \tag{1-124}$$

将 $f(E,T)$ 乘以能量为 E 的电子状态密度函数 $g(E)$，就得到电子密度分布函数

$$N(E,T)=f(E,T)\cdot g(E) \tag{1-125}$$

它表示在温度 T 时，分布在能量 E 附近单位能量间隔内的电子数目。显然在能量 $E\sim E+\Delta E$ 间的电子数为

$$\mathrm{d}N=N(E,T)\mathrm{d}E=f(E,T)\cdot g(E)\mathrm{d}E \tag{1-126}$$

系统中的电子总数可表示为

$$N=\int_0^{\infty}N(E,T)\mathrm{d}E=\int_0^{\infty}f(E,T)\cdot g(E)\mathrm{d}E \tag{1-127}$$

由于式(1-127)中包含了费米能级 E_F，利用这一公式可以确定系统的 E_F。

如果将晶体中大量电子的集体看成一个热力学系统，由统计理论可证明，费米能级 E_F 是系统的化学势，即

$$E_F=\mu=\left(\frac{\partial F}{\partial N}\right)_T \tag{1-128}$$

式中，μ 代表系统的化学势；F 是系统的自由能。式(1-128)的意义是：当系统处于热平衡状态，也不对外界做功的情况下，系统中增加一个电子所引起系统自由能的变化，等于系统的化学势，也就是等于系统的费米能级。而处于热平衡状态的系统有统一的化学势，所有处于热平衡状态的电子系统都有统一的费米能级。

下面讨论费米分布函数 $f(E,T)$ 的一些特性。

(1) 当 $T=0$ K 时，由式(1-123)可知

$$若\ E<E_F，则\ f(E,0)=1$$

$$若\ E>E_F，则\ f(E,0)=0$$

图 1-63 中曲线 A 是 $T=0$ K 时 $f(E,T)$ 与 E 的关系曲线。可见在绝对零度时，能量比 E_F 小的量子态被电子占据的概率是百分之百，因而这些量子态上都是有电子的；而能量比 E_F 大的量子态，被电子占据的概率是零，因而这些量子态上都没有电子，是空的。故在绝对零度时，费米能级 E_F 可看成是量子态是否被电子占据的一个界限，即为电子填充的最高能级。

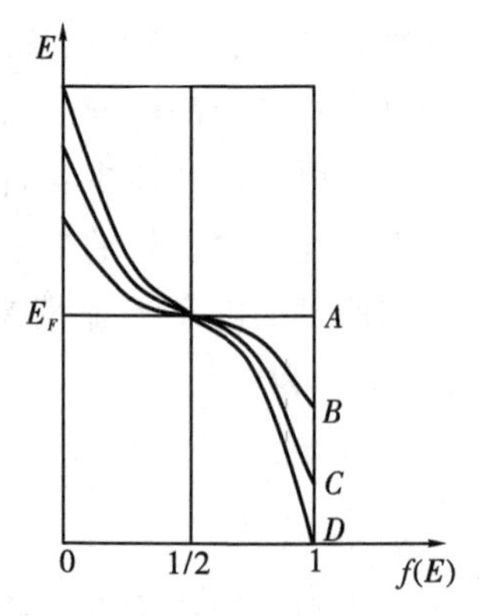

图 1-63　一定温度下费米分布函数与 E 的曲线

电子总数 N 可用下式表示：

$$N=\int_0^{\infty} f(E,0)\cdot g(E)\mathrm{d}E=\int_0^{E_F^0} g(E)\mathrm{d}E$$

自由电子系统中每个电子的平均能量可通过

$$\overline{E_0}=\frac{1}{N}\int_0^{\infty} E\mathrm{d}N=\frac{1}{N}\int_0^{E_F^0} Eg(E)\mathrm{d}E \qquad (1-129)$$

计算，结果是平均能量为 $\frac{3}{5}E_F^0$，因此即使在绝对零度，电子仍有相当大的平均能量或动能，而经典理论得出电子的平均动能为 $\frac{3}{2}k_0T$，当 $T=0$ K 时为零。这是由于根据量子理论，电子必须服从泡利原理，因此在绝对零度时不可能所有电子都填充在最低的能态，因而平均能量不为零。计算表明，当 $T=0$ K 时，电子仍有惊人的平均速度，约为 10^8 cm/s。

(2)当 $T>0$ K 时，

$$若\ E<E_F，则\ f(E)>1/2$$

$$若\ E=E_F，则\ f(E)=1/2$$

$$若\ E>E_F，则\ f(E)<1/2$$

上述结果说明，当系统的温度高于绝对零度时，如果量子态的能量比费米能级低，则该量子态被电子占据的概率大于百分之五十；若量子态的能量比费米能级高，则该量子态被电子占据的概率小于百分之五十。因此，费米能级是量子态基本上被电子占据或基本上是空的一个标志。而当量子态的能量等于费米能级时，则该量子态被电子占据的概率是百分之五十。

例如，量子态的能量比费米能级高或低 $5k_0T$ 时的情况如下：

$$当\ E-E_F>5k_0T\ 时，f(E)<0.007$$

$$当\ E-E_F<-5k_0T\ 时，f(E)>0.993$$

可见，温度高于绝对零度时，能量比费米能级高 $5k_0T$ 的量子态被电子占据的概率只有 0.7%，概率很小，量子态几乎是空的；而能量比费米能级低 $5k_0T$ 的量子态被电子占据的概率是 99.3%，概率很大，量子态上几乎总有电子。

一般可以认为，在温度不很高时，能量大于费米能级的量子态基本上没有被电子占据，而能量小于费米能级的量子态基本上为电子所占据，而电子占据费米能级的概率在各种温度下总是 1/2，所以费米能级的位置比较直观地标志了电子占据量子态的情况，通常就说费米能级标志了电子填充能级的水平。费米能级位置越高，说明有较多的能量较高的量子态上有电子。

图 1-64 中的曲线 B、C、D 分别为温度在 300 K、1000 K、1500 K 时费米分布函数 $f(E,T)$与 E 的曲线。从图中看出，随着温度的升高，电子占据能量小于费米能级的量子态的概率下降，而占据能量大于费米能级的量子态的概率增大。

1.4.5.2 玻尔兹曼分布函数

在式(1-119)～式(1-123)中，当 $E-E_F \gg k_0T$ 时，由于 $\exp\left(\frac{E-E_F}{k_0T}\right) \gg 1$，所以

$$1+\exp\left(\frac{E-E_F}{k_0T}\right) \approx \exp\left(\frac{E-E_F}{k_0T}\right)$$

这时，费米分布函数就转化为

$$f_B(E,T)=e^{-\frac{E-E_F}{k_0T}}=e^{\frac{E_F}{k_0T}}e^{-\frac{E}{k_0T}}$$

令 $A=e^{\frac{E_F}{k_0T}}$，则

$$f_B(E,T)=Ae^{-\frac{E}{k_0T}} \tag{1-130}$$

此式表明，在一定温度下，电子占据能量为 E 的量子态的概率由指数因子 $e^{-\frac{E}{k_0T}}$ 所决定。这就是熟知的玻尔兹曼统计分布函数，因此，$f_B(E,T)$ 称为电子的玻尔兹曼分布函数。由图 1-64看到，除去在 E_F 附近几个 k_0T 处的量子态外，在 $E-E_F \gg k_0T$ 处，量子态为电子占据的概率很小，这正是玻尔兹曼分布函数使用的范围。这一点是容易理解的，因为费米统计律与玻尔兹曼统计律的主要差别在于：前者受到泡利不相容原理的限制。而在 $E-E_F \gg k_0T$ 的条件下，泡利不相容原理失去作用，因而两种统计的结果变成一样的了。

$f(E,T)$表示能量为 E 的量子态被电子占据的概率，因而 $1-f(E,T)$就是能量为 E 的量子态不被电子占据的概率，也就是量子态被空穴占据的概率。故

$$1-f(E,T)=\frac{1}{1+\exp\left(\frac{E_F-E}{k_0T}\right)} \tag{1-131}$$

当 $E_F-E \gg k_0T$ 时，式(1-131)分母中的 1 可以略去，若设 $B=e^{-\frac{E_F}{k_0T}}$，则

$$1-f(E,T)=Be^{\frac{E}{k_0T}} \tag{1-132}$$

式(1-132)称为空穴的玻尔兹曼分布函数，它表明当 E 远低于 E_F 时，空穴占据能量为 E 的量子态的概率很小，即这些量子态几乎都被电子所占据了。

习 题

1. 画出下列图样的结晶学原胞、固体物理学原胞、布喇菲格子基矢。（提示：将 p、q、b、d 看作 4 种不同的原子。）

```
qp  db  qp  db  qp  db  qp  db  qp
db  qp  db  qp  db  qp  db  qp  bd
qp  db  qp  db  qp  db  qp  db  qp
db  qp  db  qp  db  qp  db  qp  bd
qp  db  qp  db  qp  db  qp  db  qp
```

2. 下列结构是什么样的格子？是不是布喇菲格子？如果不是，那是由几个子格子沿什么方向套购而成的？

底心立方　　　　面心立方　　　　侧心立方

3. Na 在 23 K 从体心立方转变到六角密堆结构，假定转变时密度保持不变，六角相的晶格(复式格子)常数 a 是多少？(立方相的 $a=4.23$ Å，六角相的 $c/a=1.633$。提示：密度等于晶胞内含的原子数/晶胞体积。)

4. 在简立方晶胞中画出下列平面和方向：

(122)，[122]；(1-12)，[1-12]

5. 在面心立方结构中，原子面密度最大的平面是什么平面？铜是面心立方结构，计算这个面密度(原子数/厘米^2)，$a=1$ Å。

6. 画出二维格子的倒格子，并将由倒格子基矢确定的原胞和第一布里渊区的画法进行比较($a_1=1.25$ Å，$a_2=2.50$ Å，$\gamma=120°$)。

7. 试证明面心立方格子和体心立方格子互为正倒格子。

8. Cu 靶发射的 X 射线 $\lambda=1.544$ Å，证明在铝中从(111)面反射的反射角是 19.2°，并计算此晶面的面间距($a=4.05$ Å)。

9. 如果晶体的体积可写成 $V=NbR^3$，式中，N 为晶体中的离子数；R 为原子间的最近距离。求出下列晶格的 b 值。

(1)氯化钠晶体；

(2)面心立方单原子；

(3)体心立方单原子。

10. 已知 $U(r)=(-A/r^m)+(B/r^n)$，令 $m=2$、$n=10$，且两原子形成一稳定的分子，其核间距为 3 Å，离解能为 4 eV，计算 A 和 B。

11. 画出一维布喇菲格子波矢分别为 $q=3\pi/2a$、$q=7\pi/2a$、$q=5\pi/2a$ 原子的振动格波，并说明它们之间具有什么关系。

12. 双原子晶格的色散曲线由声学支和光学支组成。声学支顶和光学支底间的频率范围称作频率隙，也就是说此范围的波在晶体中传输时强烈地衰减而不能透过，由此说明双原子晶格可作为带通机械滤波器。如果两原子的质量相等，频率隙还存在吗？光学波还存在吗？和单原子晶格的结果进行比较。

13. 原子能级分裂的原因是什么？

14. 概率波的物理意义是什么？

15. 比较宏观物体与微观粒子的运动速度、加速度的物理意义，其结果说明什么？

16. 电子有效质量的意义是什么？

17. 费米能级的物理意义是什么？

第2章　无机材料的受力形变

在载荷的作用下，材料内部各质点之间发生相对位移，在宏观上表现为形状和大小的变化，称为形变或变形。载荷大小可以是稳定的，可以是连续变动的；从作用时间上来看，可以是几分之一秒或更短一些，也可以是许多年；从使用环境来看，可以是不同的温度，有时甚至是腐蚀性介质。不论是哪一种载荷，其作用本质都是通过改变原子间的作用力，如同外力的作用一样，改变原子的相对位移。由于外力的大小不同，作用材料不同，其变形情况会有很大的不同，表现为弹性形变、塑性形变、断裂。因此无机材料的受力形变是其重要的力学性能，是研究无机材料断裂和强度的基础，与无机材料的制造、加工和使用都有密切的关系。因此，研究无机材料在受力情况下产生形变的规律有着很重要的实际意义。

2.1　应力和应变

材料在外力作用下都要产生内力，同时发生形变。在分析形变时，通常内力用应力描述，而形变用应变描述。应力定义为单位面积上所受的内力，即

$$\sigma=\frac{F}{S} \tag{2-1}$$

式中，F 为外力；S 为面积；σ 为应力，应力的单位为 Pa。

作用于材料某一平面上的外力，可以分解为两个相互垂直的外力，一个垂直于作用面，另一个平行于作用面，由此可以定义两种应力，分别为正应力和剪切应力（也称剪应力）。

外力方向与作用面方向垂直时的应力为正应力，如图 2-1 所示。如果材料受力前的初始面积为 S_0，则 $\sigma_0=F/S_0$，为名义应力；如果形变后的真实面积为 S，则为真实应力。实用上一般都用名义应力。对于形变总量很小的无机材料，二者数值相差不大，只在高温形变时才有显著差别。正应力作用的结果，引起了材料的伸长或缩短。

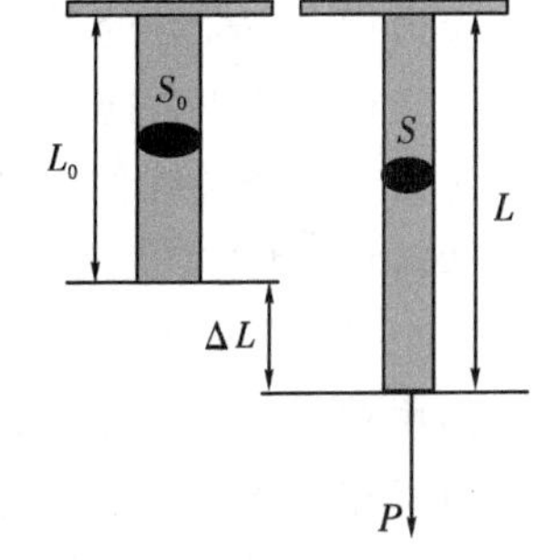

图 2-1　拉伸形变

若负荷作用到各向同性的非刚体上，由于负荷的作用，材料伸长，如果样品为细棒，正应变定义为

$$\frac{L-L_0}{L_0}\equiv\varepsilon \tag{2-2}$$

式中，L_0 为原有长度；L 为加上负荷后处于应变状态的长度。这种形式定义的应变叫作名义

应变。由于 L 随外力的作用不断发生变化，应变可以用式(2-3)来表示：

$$\text{真实应变} = \int_{L_0}^{L} \frac{1}{L} \mathrm{d}L = \ln \frac{L}{L_0} \tag{2-3}$$

这一应变为真实应变。为方便起见一般也采用名义应变。

外力方向与作用面方向平行时的应力为剪应力，如图2-2所示。剪应力引起材料的畸变，并使材料发生转动。在剪应力作用下发生剪应变。剪应变定义为材料内部一体积元上的两个面元或特征面上两个线元之间夹角的变化，表示为

$$\gamma = \frac{U}{L} = \tan\alpha = \alpha \tag{2-4}$$

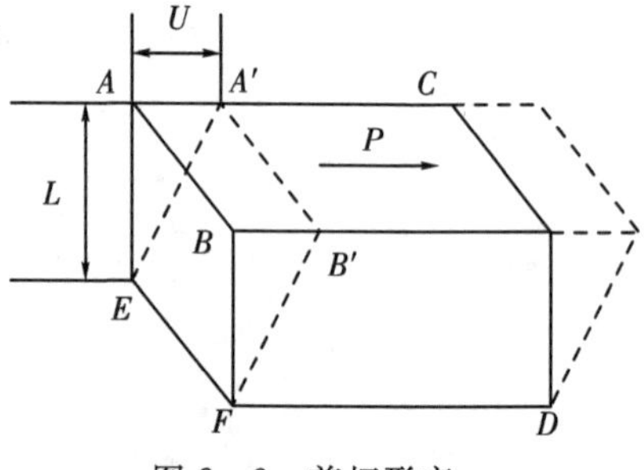

图2-2 剪切形变

有了应力和应变的概念就容易讨论任意的力作用于材料时，在其中某一点的应力、应变状态。

当外力作用于物体，力直接作用于物体表面的质点上(称为面力或接触力)，使表面质点位移。接触力虽然为短程力，但具有传递性，因此会间接通过质点间键的网络，相继作用到内部质点上去，使全部质点位移到新的位置进行相互作用，即处于所谓应力状态。由于接触力是短程力，即它的作用范围仅是分子大小数量级，宏观上力的作用可以视为物体是一层一层通过界面上的接触力相继和另一层相互作用。因此讨论材料内部某一点 P 的应力时，可以取一立方体积单元，并建立如图2-3所示的坐标系，体积元上的六个面均垂直于坐标轴 x、y、z。将作用于该立方单元表面上的接触力分解为和三个坐标轴平行的分力并除以面积，得出分应力。每个面上都有一个法向应力和两个剪应力。

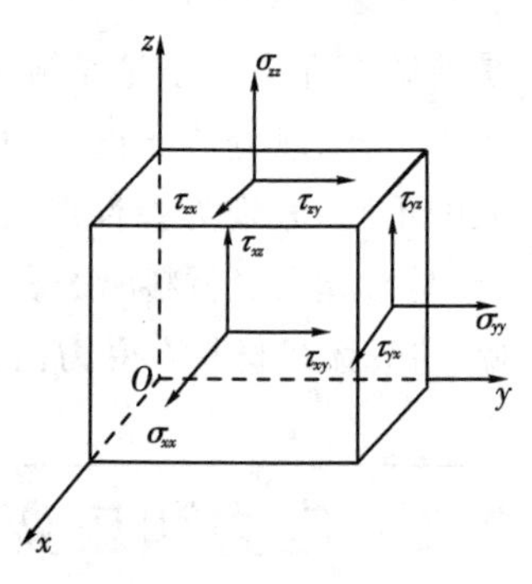

图2-3 应力分量

应力分量下标的含义是：第一个字母表示应力作用面的法线方向；第二个字母表示应力的作用方向。

应力分量的正负号规定：法向应力的正负号规定是拉应力(张应力)为正，压应力为负。剪应力的正负号规定是体积元上任意面上的法向应力与坐标轴的正方向相同，则该面上的剪应力指向坐标轴的正方向者为正；如果该面上的法向应力指向坐标轴的负方向，则剪应力指向坐标轴的正方向者为负。

由于整个系统处于平衡条件，即立方单元不发生平移和转动，因此应力间存在以下平衡关系：体积元上相对的两个平行平面上的法向应力大小相等，方向相反；剪应力作用在物体上的总力矩等于零。由此可以得出一点的应力状态由六个分量决定，即 σ_{xx}、σ_{yy}、σ_{zz}、σ_{yz}、σ_{zx}、σ_{xy}。

研究材料中一点的应变状态，也和研究应力一样，在材料内部围绕该点取出一体积元，如图2-4所示。如果该材料发生形变，O 点沿 x、y、z 方向的位移分量分别为

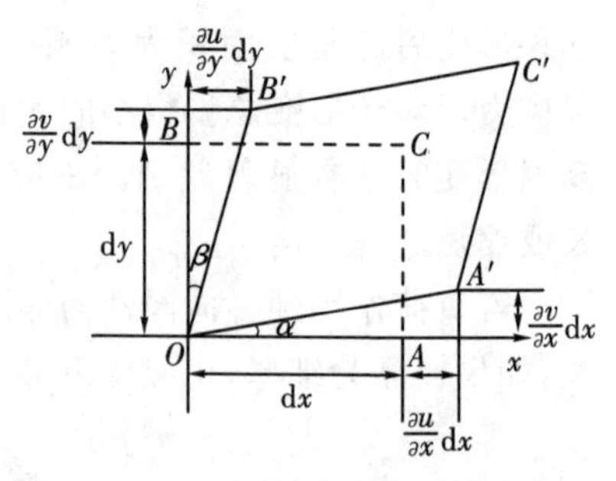

图2-4 z 面上的剪应力和剪应变

u、v、w，沿 x 方向的正应变为$\frac{u}{x}$，用偏微分形式表示为$\frac{\partial u}{\partial x}$，则在 O 点处沿 x 方向的正应变为

$$\varepsilon_{xx}=\frac{\partial u}{\partial x}$$

同理沿 y、z 方向的正应变分别为

$$\begin{cases}\varepsilon_{yy}=\dfrac{\partial v}{\partial y}\\ \varepsilon_{zz}=\dfrac{\partial w}{\partial z}\end{cases} \tag{2-5}$$

A 点在 x 方向的位移为 $u+\frac{\partial u}{\partial x}\mathrm{d}x$，$OA$ 的长度增加了$\frac{\partial u}{\partial x}\mathrm{d}x$。$O$ 点在 y 方向的应变为$\frac{\partial v}{\partial x}$，$A$ 点在 y 方向的位移为 $v+\frac{\partial v}{\partial x}\mathrm{d}x$。$A$ 点在 y 方向的相对位移为$\frac{\partial v}{\partial x}\mathrm{d}x$。

同理：B 点在 x 方向的相对位移为$\frac{\partial u}{\partial y}\mathrm{d}y$。

则 OA 与 OA'间的畸变夹角为

$$\alpha=\frac{\frac{\partial v}{\partial x}\mathrm{d}x}{\mathrm{d}x}=\frac{\partial v}{\partial x}$$

OB 与 OB'间的畸变夹角为

$$\beta=\frac{\frac{\partial u}{\partial y}\mathrm{d}y}{\mathrm{d}y}=\frac{\partial u}{\partial y}$$

在 xy 平面，线段 OA 及 OB 之间的夹角减少了$\frac{\partial v}{\partial x}+\frac{\partial u}{\partial y}$，则 xy 平面的剪应变为 $\gamma_{xy}=\alpha+\beta$，即

$$\gamma_{xy}=\frac{\partial v}{\partial x}+\frac{\partial u}{\partial y}$$

同理可以得出其他两个平面 yz、zx 的剪应变为

$$\begin{cases}\gamma_{yz}=\dfrac{\partial v}{\partial z}+\dfrac{\partial w}{\partial y}\\ \gamma_{zx}=\dfrac{\partial w}{\partial x}+\dfrac{\partial u}{\partial z}\end{cases} \tag{2-6}$$

由此可以得出：一点的应变状态可以用六个应变分量来决定，即三个剪应变分量和三个正应变分量。

材料受载荷时要变形，一般随外力的逐渐增大，相继为弹性形变、塑性形变直至最后断裂。因此通常用应力-应变曲线来反映材料的形变特征。图 2－5表示不同材料的应力与应变的关系，该关系反映了材料的变形行为。图 2－5 中的曲线(a)反映了在弹性形变后没有塑性形变或塑性形变很小，材料

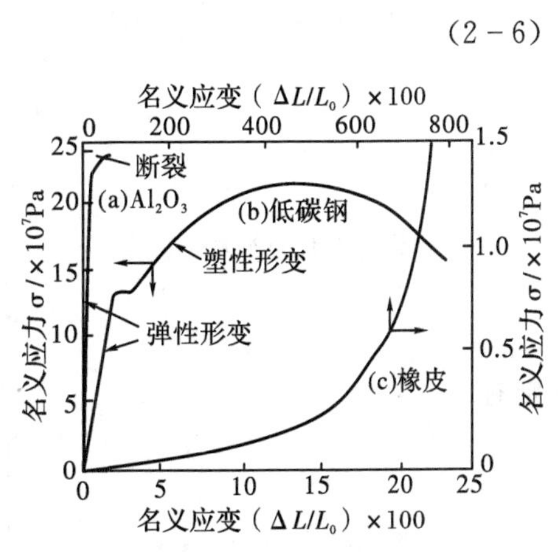

图 2－5　不同材料的拉伸应力-应变曲线

就发生了突然断裂，总弹性应变能非常小，这是所有脆性材料的特征。对于延性材料，如大多数金属和一些陶瓷单晶，开始为弹性形变，接着有一段塑性形变，然后才断裂，总变形量很大，如图中的曲线(b)所示。橡皮这类高分子材料具有极大的弹性形变，如图中的曲线(c)所示，其是没有残余形变的材料，称为弹性材料。描述这种曲线及将它和其他材料比较所需要的特性是弹性模量、屈服应力及断裂强度等。

2.2　弹性形变

对于弹性形变，直到比例极限为止，应力和应变的关系服从胡克定律。材料的许多重要应用是对作用应力下的弹性形变作出控制和操纵的结果。本节涉及胡克定律、相关的弹性常数、弹性形变的机理及影响弹性形变的因素。

2.2.1　胡克定律及弹性常数

2.2.1.1　各向同性体的胡克定律及弹性常数

设想一长方体，各棱边平行于坐标轴，在垂直于 x 轴的两个面上受有均匀分布的正应力 σ_x，如图 2-6 所示。如果长方体在轴向的相对伸长为

$$\varepsilon_x = \frac{\sigma_x}{E} \tag{2-7}$$

即应力与应变服从胡克定律。式中，E 为弹性模量，对各向同性体，弹性模量为一常数，它反映材料抵抗变形的能力，是原子间结合强度的一个标志，无机材料的弹性模量 E 约为 $10^9 \sim 10^{11}$ Pa。

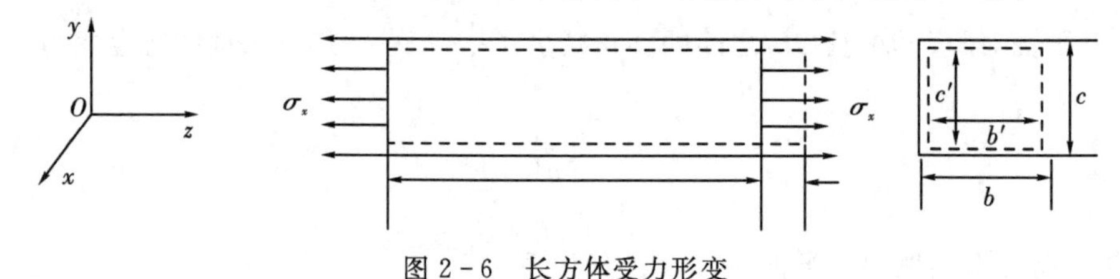

图 2-6　长方体受力形变

在长方体伸长的同时，侧向发生横向收缩：

$$\varepsilon_y = \frac{c' - c}{c} = -\frac{\Delta c}{c}$$

$$\varepsilon_z = \frac{b' - b}{b} = -\frac{\Delta b}{b}$$

横向变形系数(称为泊松比)为

$$\mu = \left|\frac{\varepsilon_y}{\varepsilon_x}\right| = \left|\frac{\varepsilon_z}{\varepsilon_x}\right| \tag{2-8}$$

则有

$$\begin{cases} \varepsilon_y = \mu\varepsilon_x = -\mu\dfrac{\sigma_x}{E} \\ \varepsilon_z = -\mu\dfrac{\sigma_x}{E} \end{cases} \tag{2-9}$$

如果长方体在σ_x、σ_y、σ_z的正应力作用下，根据应变分量叠加原理，胡克定律表示为

$$\begin{cases}\varepsilon_x=\dfrac{\sigma_x}{E}-\mu\dfrac{\sigma_y}{E}-\mu\dfrac{\sigma_z}{E}=\dfrac{\sigma_x-\mu(\sigma_y+\sigma_z)}{E}\\ \varepsilon_y=\dfrac{\sigma_y}{E}-\mu\dfrac{\sigma_x}{E}-\mu\dfrac{\sigma_z}{E}=\dfrac{\sigma_y-\mu(\sigma_x+\sigma_z)}{E}\\ \varepsilon_z=\dfrac{\sigma_z}{E}-\mu\dfrac{\sigma_x}{E}-\mu\dfrac{\sigma_y}{E}=\dfrac{\sigma_z-\mu(\sigma_x+\sigma_y)}{E}\end{cases}\tag{2-10}$$

对于剪应变，则有

$$\begin{cases}\gamma_{xy}=\dfrac{\tau_{xy}}{G}\\ \gamma_{yz}=\dfrac{\tau_{yz}}{G}\\ \gamma_{zx}=\dfrac{\tau_{zx}}{G}\end{cases}\tag{2-11}$$

式中，G为剪切模量或刚性模量。

G、E、μ参数之间存在如下关系：

$$G=\frac{E}{2(1+\mu)}\tag{2-12}$$

如果$\sigma_x=\sigma_y=\sigma_z=-P$，则由式(2-10)，得

$$\varepsilon=\varepsilon_x=\varepsilon_y=\varepsilon_z=\frac{1}{E}[-P-\mu(-2P)]=\frac{P}{E}(2\mu-1)\tag{2-13}$$

相应的体积变化率为

$$\frac{\Delta V}{V}=(1+\varepsilon)(1+\varepsilon)(1+\varepsilon)-1$$

将其展开，略去ε的二次项以上的项，得

$$\frac{\Delta V}{V}\approx 3\varepsilon=\frac{3P}{E}(2\mu-1)\tag{2-14}$$

定义各向同等的压力P除以体积变化率为材料的体积模量K，即

$$K=-\frac{P}{\left(\frac{\Delta V}{V}\right)}=\frac{E}{3(1-2\mu)}\tag{2-15}$$

材料的体积模量K又称为流体静压模量。上述各种结果是在假定材料为各向同性体的条件下得出的。大多数多晶材料由于晶粒数量很大，且随机排列，故宏观上可以当作各向同性体处理。

2.2.1.2 各向异性体的胡克定律及弹性常数

各向异性体的胡克定律的具体研究对象为单晶、具有织构的各向异性材料，这类材料具有明显的方向性，其弹性常数随方向不同而不同，即有$E_x\neq E_y\neq E_z$和$\mu_{xy}\neq\mu_{yz}\neq\mu_{zx}$。在此情况下，广义胡克定律描述了更一般的应力和应变的关系，各向同性体的胡克定律是其在特殊条件下的一种形式。对于各向同性体，在单向受力σ_x时，在y、z方向的应变为

$$\varepsilon_{yx}=-\mu_{yx}\varepsilon_x=-\frac{\mu_{yx}\sigma_x}{E_x}=-\frac{\mu_{yx}}{E_x}\sigma_x=S_{21}\sigma_x\tag{2-16}$$

$$\varepsilon_{zx}=-\mu_{zx}\varepsilon_x=-\frac{\mu_{zx}\sigma_x}{E_x}=S_{31}\sigma_x$$

式中，S_{21} 和 S_{31} 表示作用于晶体上的单位应力所产生的应变值，称为弹性柔顺系数。1、2、3分别表示 x、y、z。

如果同时受三个方向的正应力，则在 x、y、z 方向的应变分别为

$$\begin{cases}\varepsilon_x=\dfrac{\sigma_{xx}}{E_x}+S_{12}\sigma_{yy}+S_{13}\sigma_{zz}\\ \varepsilon_y=\dfrac{\sigma_{yy}}{E_y}+S_{21}\sigma_{xx}+S_{23}\sigma_{zz}\\ \varepsilon_z=\dfrac{\sigma_{zz}}{E_z}+S_{31}\sigma_{xx}+S_{32}\sigma_{yy}\end{cases} \tag{2-17}$$

令 $S_{11}=1/E_x$、$S_{22}=1/E_y$、$S_{33}=1/E_z$。根据力的叠加原理：作用在弹性体上的合力产生的位移等于各分力产生的位移之和。由于应力对 6 个应变有贡献(图 2-7 所示为正应力对剪切形变的影响)，为了统一符号，应力都用 σ 表示，而应变都用 ε 表示，则有如下关系式：

图 2-7 正应力对剪切形变的影响

$$\begin{cases}\varepsilon_x= S_{11}\sigma_{xx}+S_{12}\sigma_{yy}+S_{13}\sigma_{zz}+S_{14}\sigma_{yz}+S_{15}\sigma_{zx}+S_{16}\sigma_{xy}\\ \varepsilon_y= S_{21}\sigma_{xx}+S_{22}\sigma_{yy}+S_{23}\sigma_{zz}+S_{24}\sigma_{yz}+S_{25}\sigma_{zx}+S_{26}\sigma_{xy}\\ \varepsilon_z= S_{31}\sigma_{xx}+S_{32}\sigma_{yy}+S_{33}\sigma_{zz}+S_{34}\sigma_{yz}+S_{35}\sigma_{zx}+S_{36}\sigma_{xy}\\ \varepsilon_{yz}= S_{41}\sigma_{xx}+S_{42}\sigma_{yy}+S_{43}\sigma_{zz}+S_{44}\sigma_{yz}+S_{45}\sigma_{zx}+S_{46}\sigma_{xy}\\ \varepsilon_{zx}= S_{51}\sigma_{xx}+S_{52}\sigma_{yy}+S_{53}\sigma_{zz}+S_{54}\sigma_{yz}+S_{55}\sigma_{zx}+S_{56}\sigma_{xy}\\ \varepsilon_{xy}= S_{61}\sigma_{xx}+S_{62}\sigma_{yy}+S_{63}\sigma_{zz}+S_{64}\sigma_{yz}+S_{65}\sigma_{zx}+S_{66}\sigma_{xy}\end{cases} \tag{2-18}$$

或者 6 个如下形式的关系式：

$$\begin{cases}\sigma_{xx}= C_{11}\varepsilon_x+C_{12}\varepsilon_y+C_{13}\varepsilon_z+C_{14}\varepsilon_{yz}+C_{15}\varepsilon_{zx}+C_{16}\varepsilon_{xy}\\ \sigma_{yy}= C_{21}\varepsilon_x+C_{22}\varepsilon_y+C_{23}\varepsilon_z+C_{24}\varepsilon_{yz}+C_{25}\varepsilon_{zx}+C_{26}\varepsilon_{xy}\\ \sigma_{zz}= C_{31}\varepsilon_x+C_{32}\varepsilon_y+C_{33}\varepsilon_z+C_{34}\varepsilon_{yz}+C_{35}\varepsilon_{zx}+C_{36}\varepsilon_{xy}\\ \sigma_{yz}= C_{41}\varepsilon_x+C_{42}\varepsilon_y+C_{43}\varepsilon_z+C_{44}\varepsilon_{yz}+C_{45}\varepsilon_{zx}+C_{46}\varepsilon_{xy}\\ \sigma_{zx}= C_{51}\varepsilon_x+C_{52}\varepsilon_y+C_{53}\varepsilon_z+C_{54}\varepsilon_{yz}+C_{55}\varepsilon_{zx}+C_{56}\varepsilon_{xy}\\ \sigma_{xy}= C_{61}\varepsilon_x+C_{62}\varepsilon_y+C_{63}\varepsilon_z+C_{64}\varepsilon_{yz}+C_{65}\varepsilon_{zx}+C_{66}\varepsilon_{xy}\end{cases} \tag{2-19}$$

式中，C_{ij} 是比例常数，表示使晶体产生单位应变所需的应力，称为弹性刚度系数。

式(2-18)或式(2-19)为广义胡克定律，总共有 36 个弹性系数。实际上 36 个系数并非都是独立的，即使对于极端各向异性的单晶材料也只需要 21 个独立的系数。通常对大多数各向异性晶体，可以从弹性应变能角度证明有如下的倒顺关系：

$$C_{ij}=C_{ji} \quad 或 \quad S_{ij}=S_{ji} \quad (i\neq j)$$

由于完全弹性体的弹性形变量是可逆的，如果在绝热条件下形变，则外界对弹性体所做的功 dW 将全部转化为弹性应变能，即弹性体的内能 dU：

$$dW = dU \tag{2-20}$$

式中，

$$dW = \sigma_{xx} d\varepsilon_x + \sigma_{yy} d\varepsilon_y + \sigma_{zz} d\varepsilon_z + \sigma_{yz} d\varepsilon_{yz} + \sigma_{zx} d\varepsilon_{zx} + \sigma_{xy} d\varepsilon_{xy} \tag{2-21}$$

$$dU = \frac{\partial U}{\partial \varepsilon_x} d\varepsilon_x + \frac{\partial U}{\partial \varepsilon_y} d\varepsilon_y + \frac{\partial U}{\partial \varepsilon_z} d\varepsilon_z + \frac{\partial U}{\partial \varepsilon_{yz}} d\varepsilon_{yz} + \frac{\partial U}{\partial \varepsilon_{zx}} d\varepsilon_{zx} + \frac{\partial U}{\partial \varepsilon_{xy}} d\varepsilon_{xy} \tag{2-22}$$

比较式(2-21)和式(2-22)，有

$$\sigma_{xx} = \frac{\partial U}{\partial \varepsilon_x}, \sigma_{yy} = \frac{\partial U}{\partial \varepsilon_y}, \cdots, \sigma_{xy} = \frac{\partial U}{\partial \varepsilon_{xy}}$$

进而有

$$\frac{\partial \sigma_{xx}}{\partial \varepsilon_{yz}} = \frac{\partial}{\partial \varepsilon_{yz}} \left(\frac{\partial U}{\partial \varepsilon_x} \right) \tag{2-23}$$

$$\frac{\partial \sigma_{yz}}{\partial \varepsilon_x} = \frac{\partial}{\partial \varepsilon_x} \left(\frac{\partial U}{\partial \varepsilon_{yz}} \right) \tag{2-24}$$

比较式(2-23)和式(2-24)，得

$$\frac{\partial \sigma_{xx}}{\partial \varepsilon_{yz}} = \frac{\partial \sigma_{yz}}{\partial \varepsilon_x} \tag{2-25}$$

即有

$$C_{14} = C_{41}$$

同理可得 $C_{ij} = C_{ji}$，因此系数 C 可减少至21个。

晶体对称性的不同也会使独立弹性系数的个数发生变化。不同晶系的独立弹性系数个数如表2-1所示。例如：正交晶系，剪应力只影响与其平行的平面的应变，不影响正应变，C 的个数为9，即 C_{11}、C_{22}、C_{33}、C_{44}、C_{55}、C_{66}、$C_{12}=C_{21}$、C_{23}、C_{13}。六方晶系只有5个 C，即 C_{11}、C_{33}、C_{44}、C_{66}、C_{13}。立方晶系中沿三个轴向是等同的，这样 $C_{11}=C_{22}=C_{33}$、$C_{12}=C_{23}=C_{31}$、$C_{44}=C_{55}=C_{66}$ 为3个系数，其中 C_{44} 的物理意义是立方晶系中(100)面沿[010]方向的切变模量，各向同性体只有两个，即 $C_{11}=C_{22}=C_{33}$、$C_{44}=C_{55}=C_{66}$，其他弹性系数都可以通过这两个系数获得。如果仅对某一方向的应力组分进行研究时，只考虑该组分的有关系数。

表2-1 不同晶系的独立弹性系数个数

项目	晶系						
	三斜	单斜	正交	四方	六方	立方	各向同性
独立弹性系数个数	21	13	9	6	5	3	2

可以通过独立弹性系数计算任意方向的弹性模量和弹性刚度系数。例如MgO的柔顺系数在25 ℃时，$S_{11}=4.03\times10^{-12}\ \text{Pa}^{-1}$、$S_{12}=-0.94\times10^{-12}\ \text{Pa}^{-1}$、$S_{44}=6.47\times10^{-12}\ \text{Pa}^{-1}$。可以证明，对于立方晶系，在任一方向上，有

$$\frac{1}{E} = S_{11} - 2\left[(S_{11} - S_{12}) - \frac{1}{2}S_{44}\right](l_1^2 l_2^2 + l_2^2 l_3^2 + l_3^2 l_1^2) \tag{2-26}$$

$$\frac{1}{G} = S_{44} + 4\left[(S_{11} - S_{12}) - \frac{1}{2}S_{44}\right](l_1^2 l_2^2 + l_2^2 l_3^2 + l_3^2 l_1^2) \tag{2-27}$$

式中，l 为方向余弦，为所考虑方向与[100]三个轴之间夹角的余弦，见表2-2所示。用这些

数据及方向余弦，可算出 MgO 单晶在[100]、[110]、[111]方向上的弹性常数。由此可知，各向异性晶体的弹性常数不是均匀的。

表 2-2　MgO 晶向与[100]三个轴之间夹角的余弦

方向	l_1	l_2	l_3	E/GPa	G/GPa
[100]	1	0	0	248.2	154.6
[110]	$(1/2)^{1/2}$	$(1/2)^{1/2}$	0	316.4	121.9
[111]	$(1/3)^{1/2}$	$(1/3)^{1/2}$	$(1/3)^{1/2}$	348.9	113.8

弹性常数测定方法有许多种，现以超声波脉冲法为例进行说明。从物理学中已知，若介质能发生弹性压缩或伸长形变，则该介质能通过纵波，传播速度为 $v=(E/\rho)^{1/2}$，其中 ρ 是介质密度。若介质各层间相互切变时有弹性力发生，此弹性力使切变变回到平衡位置，则此介质能传播横波，其传播速度为 $v=(G/\rho)^{1/2}$，因此可以利用纵波和横波测定弹性常数 E 和 G。先用石英换能器产生的超声脉冲波透过被检验的晶体，并从晶体的背面反射到换能器，脉冲开始到被接受之间所经历的时间，可用标准的电子学方法测定。以经历时间除以来回所走过的距离，便得到脉冲波的速度。一般实验频率约为 15 MHz，脉冲宽度为 1 μs，波长为 3×10^{-2} 数量级，晶体试样长度约为 1 cm。立方晶体的弹性刚度为 C_{11}、C_{44}，可以用不同类型波的速度测定，沿立方体的轴向传播纵波，则从公式 $v=(C_{11}/\rho)^{1/2}$ 求出 C_{11}。其次沿立方体一个轴向传播切变波，即横波，则从公式 $v=(C_{44}/\rho)^{1/2}$ 求出 C_{44}。

2.2.2　弹性形变的机理

胡克定律表明，对于足够小的形变，应力与应变呈线性关系，系数为弹性模量 E；作用力和位移呈线性关系，系数为弹性系数 k_s。为了研究弹性常数的本质，就要从微观的角度研究原子间相互作用力、弹性系数及弹性模量间的关系。

为了方便起见，仅讨论双原子间的相互作用力和相互作用势能。如图 2-8 所示，在 $r=r_0$ 时，原子 1 和 2 处于平衡状态，其合力 $F=0$。当原子受到拉伸时，原子 2 向右位移，起初作用力与位移呈线性变化，后逐渐偏离，达到 r' 时，合力最大，此后又减小。合力的最大值相当于材料断裂时的作用力，即材料的理论断裂强度。因此断裂时的相对位移为 $r'-r_0=\delta$。当合力与相对位移呈线性变化时，弹性系数可用式(2-28)近似表示为

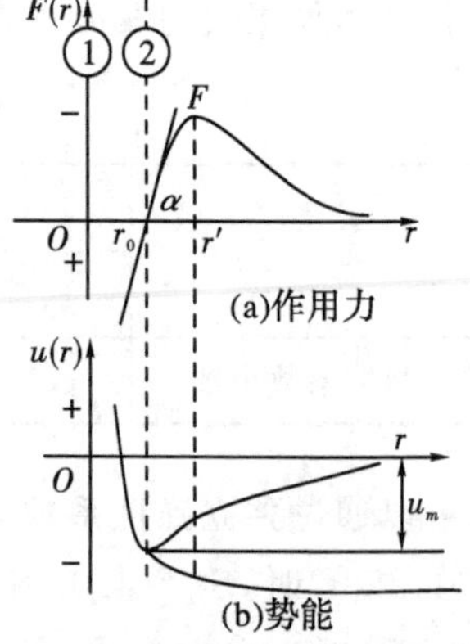

图 2-8　双原子间的作用力(a)及其势能与距离的关系(b)

$$k_s\approx\frac{F}{\delta}=\tan\alpha \tag{2-28}$$

从图 2-8 中可以看出 k_s 是在作用力曲线 $r=r_0$ 时的斜率，因此 k_s 的大小反映了原子间的作用力曲线在 $r=r_0$ 处斜率的大小。

从双原子间的势能曲线上可知势能大小是原子间距离 r 的函数 $u(r)$。当受力的作用使

原子间距离增大到 $r_0+\delta$ 时，势能为 $u(r_0+\delta)$，将其按泰勒函数展开，得

$$u(r)=u(r_0+\delta)=u(r_0)+\left(\frac{\mathrm{d}u}{\mathrm{d}r}\right)_{r_0}\delta+\frac{1}{2}\left(\frac{\mathrm{d}u}{\mathrm{d}r}\right)_{r_0}\delta^2+\text{高次项} \tag{2-29}$$

此处 $u(r_0)$ 是指 $r=r_0$ 时的势能。由于在 $r=r_0$ 时，势能曲线有一极小值，因此有 $\left(\frac{\partial u}{\partial r}\right)_{r_0}=0$，此外由于弹性形变，相对位移 δ 远小于 r_0，高次项可以忽略，于是有

$$u(r)=u(r_0+\delta)=u(r_0)+\frac{1}{2}\left(\frac{\mathrm{d}u}{\mathrm{d}r}\right)_{r_0}\delta^2$$

$$F=\frac{\mathrm{d}u(r)}{\mathrm{d}r}=\left(\frac{\mathrm{d}^2u}{\mathrm{d}r^2}\right)_{r_0}\delta \tag{2-30}$$

式中，$\left(\frac{\mathrm{d}^2u}{\mathrm{d}r^2}\right)_{r_0}$ 就是势能曲线在最小值 $u(r_0)$ 处的曲率，它是与 δ 无关的常数。将式(2-30)与胡克定律比较，有

$$k_s=\left(\frac{\mathrm{d}^2u}{\mathrm{d}r^2}\right)_{r_0} \tag{2-31}$$

因此弹性系数 k_s 的大小实质上反映了原子间势能曲线极小值尖峭度的大小。对于一定的材料 k_s 是个常数，代表了原子对间弹性位移的抗力，即原子结合力。

如果使原子间的作用力平行于 x 轴，原子上的作用力 $F=-\frac{\partial u}{\partial r}$，应力为

$$\sigma_{xx}\approx-\frac{1}{r_0^2}\left(\frac{\partial u}{\partial r}\right) \tag{2-32}$$

对式(2-32)进行微分，得

$$\mathrm{d}\sigma_{xx}\approx-\frac{1}{r_0^2}\left(\frac{\partial^2 u}{\partial r^2}\right)\mathrm{d}r \tag{2-33}$$

相应的应变为

$$\mathrm{d}\varepsilon_{xx}=\frac{\mathrm{d}r}{r_0} \tag{2-34}$$

由于

$$\mathrm{d}\sigma_{xx}=C_{11}\,\mathrm{d}\varepsilon_{xx} \tag{2-35}$$

将式(2-33)、式(2-34)代入式(2-35)，弹性刚度系数为

$$C_{11}\approx-\frac{1}{r_0}\left(\frac{\mathrm{d}^2u}{\mathrm{d}r^2}\right)_{r_0}=\frac{k_s}{r_0}=E_x(\text{或 }E_1) \tag{2-36}$$

这样，弹性刚度系数 C_{11} 和 $F(r)$ 曲线在 r_0 处的斜率成比例，等于弹性模量 E_x，其大小实质上也反映了原子间势能曲线极小值尖峭度的大小，通常也反映了材料抵抗形变的能力，是原子间结合强度的一个标志。由图 2-8 可以看出，力的曲线不是严格的线性关系，只是形变量很小时可以近似看作线性关系，弹性模量可以认为是一常数，但如果位移量较大，原子间距离不同，弹性模量也会发生变化。一般情况下，压应力使原子间距离变小，对应点曲线的斜率增大，E 将增大，张应力使原子间距离变大，E 减小。

大部分无机材料具有离子键和共价键，共价键势能 $u(r)$ 和力 $F(r)$ 曲线的峰谷比金属键和离子键的深，即共价键的 $\left(\frac{\partial F}{\partial r}\right)_{r_0}$ 和 $\left(\frac{\mathrm{d}^2u}{\mathrm{d}r^2}\right)_{r_0}$ 具有较大的数值，因此它的弹性刚度系数比离子键和金属键的大。共价键型的金刚石刚度系数最大，表 2-3 中共价键占优势的 TiC 比几

乎纯是离子键型的卤化物的刚度系数值大，而 MgO 的值处于两者之间正是由于它的键型也处于两者之间的缘故。

表 2-3 NaCl 型晶体的弹性刚度系数

单位：10^{10} N/m^2，20 ℃

晶体	C_{11}	C_{12}	C_{14}
TiC	50	11.30	17.50
MgO	28.92	8.80	15.46
LiF	11.1	4.20	6.30
NaCl	4.87	1.23	1.26
NaBr	3.87	0.97	0.97
KCl	3.98	0.62	0.62
KBr	3.46	0.58	0.51

从原子间振动模型来研究弹性常数，如图 2-9 所示，两个原子质量为 m_1、m_2，原子间平衡距离为 r_0，振动时两原子间距为 r，r_1、r_2 分别为原子离开其重心的距离，此时有

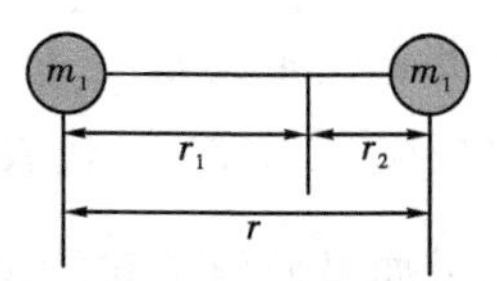

图 2-9 原子间振动模型

$$m_1 r_1 = m_2 r_2$$

两原子间距

$$r = r_1 + r_2 = r_1\left(1 + \frac{m_1}{m_2}\right) \tag{2-37}$$

外力使它们相互间产生振动时，服从牛顿定律与胡克定律，即

$$F = m_1 \frac{d^2 r_1}{dt^2} = m_2 \frac{d^2 r_2}{dt^2} = -k_s (r - r_0) \tag{2-38}$$

将式(2-37)代入式(2-38)得

$$m \frac{d^2 (r - r_0)}{dt^2} = -k_s (r - r_0)$$

或

$$m \frac{d^2 \delta}{dt^2} = -k_s \delta \tag{2-39}$$

式中，$m = \dfrac{m_1 m_2}{m_1 + m_2}$ 称为折合质量。解此方程可以得出共振频率 $\upsilon = \dfrac{\sqrt{\dfrac{k_s}{m}}}{2\pi}$，则

$$k_s = m\,(2\pi\upsilon)^2 = m\left(\frac{2\pi c}{\lambda}\right)^2 \tag{2-40}$$

式中，c 是光速；λ 是吸收波长。根据这一原理，可以利用晶体的红外吸收波长测出弹性常数。

2.2.3 弹性模量的影响因素

2.2.3.1 晶体结构的影响

既然弹性模量表示了原子间结合力的大小，那么它和材料结构的紧密联系也就不难理

解，它对材料的组织不敏感正是因为晶体结构对弹性模量值有着决定性的影响。以硅酸盐为例说明各向异性结构与弹性常数的关系，如表2-4所示，很明显，α-石英和石英玻璃的架状结构是三维空间网络，其不同方向上的键结合几乎相同，因此弹性性质各向异性相差很小，几乎各向同性。其次如辉石，含有 SiO_3 单链，角闪石含有 Si_4O_{11} 双链，弹性系数沿链方向的键结合强，沿此轴向的刚度比其他两个轴向大。绿柱石和电气石含有 Si_6O_{18} 环结构，在环平面的键较强，刚度大，另一轴向较小，但在绿宝石中，由于Be-O和Al-O键强也较大，故其各向异性小。含 Si_6O_{18} 相互连接成层状结构的云母族，沿层的二轴向刚度大而且相等，另一轴向弱，有较大的各向异性。因此弹性模量因材料的方向不同而差别很大。

表2-4　硅酸盐晶体的刚度系数

单位：10^{10} N/m^2

架状结构			
α-石英 SiO_2	$C_{11}=C_{22}=0.9$，		$C_{33}=1.0$
石英玻璃 SiO_2	$C_{11}=C_{22}=C_{33}=0.8$		
单链状硅酸盐			
霓辉石 $NaFeSi_2O_6$	$C_{11}=1.9$	$C_{22}=1.8$	$C_{33}=2.3$
普通辉石 $(CaMgFe)SiO_3$	$C_{11}=1.8$	$C_{22}=1.5$	$C_{33}=2.2$
透辉石 $CaMgSi_2O_6$	$C_{11}=2.0$	$C_{22}=1.8$	$C_{33}=2.4$
双链状硅酸盐			
普通角闪石 $(CaNaK)_{2-3}(HgFeAl)_5(SiAl)_8O_{22}(OH)_2$	$C_{11}=1.2$	$C_{22}=1.8$	$C_{33}=2.8$
环状硅酸盐			
绿柱石 $Be_3Al_2Si_6O_8$	$C_{11}=C_{22}=3.1$		$C_{33}=0.6$
电气石 $(NaCa)(LiMgAl)_3(AlFeMn)_6(OH)_4(BO_3)_3Si_6O_{18}$	$C_{11}=C_{22}=2.7$		$C_{33}=1.6$
层状硅酸盐			
黑云母 $K(Mg,Fe)_3(AlSi_3O_{10})(OH)_2$	$C_{11}=C_{22}=1.9$		$C_{33}=0.5$
白云母 $KAl_2(AlSi_3O_{10})(OH)_2$	$C_{11}=C_{22}=1.8$		$C_{33}=0.6$
金云母 $KMg_3(AlSi_3O_{10})(OH)_2$	$C_{11}=C_{22}=1.8$		$C_{33}=0.5$

2.2.3.2　温度的影响

不难理解，大部分固体材料随着温度升高发生热膨胀现象，原子间结合力减弱，受热后渐渐变软，因此弹性常数随温度升高而降低。弹性模量与温度的定量关系为

$$E=E_0-bT\exp\left(-\frac{T_0}{T}\right)$$

或

$$\frac{(E-E_0)}{T}=-b\exp\left(-\frac{T_0}{T}\right) \tag{2-41}$$

式中，E_0、b、T_0 是经验常数，对 MgO、Al_2O_3、ThO_2 等氧化物，$b=2.7\sim5.6$，$T_0=180\sim320$。

温度对弹性刚度系数的影响，通常用弹性刚度系数的温度系数 T_C 表示为

$$T_C=\frac{1}{C}\left(\frac{dC}{dT}\right) \tag{2-42}$$

这一系数对在电子仪器中的所谓延迟线和标准频率器件十分重要，因为它们需要寻求零温

度系数的材料。为此要补偿一般材料的负 T_C 值，就需要探索一种异常弹性性质的材料，即 T_C 是正的材料，这一类材料被称为温度补偿材料。表 2-5 为不同材料的 T_C 值。从表中可以看出，$\alpha-SiO_2$ 在某一方向 T_C 值为正值。现讨论 $\alpha-SiO_2$ 具有正值 T_C 的原因。从石英加热过程中的多种变体间的转化可知，同一系列的高低温变体之间的转化是 Si-O 键发生了一些扭转，键与键之间的角度稍有变动，即进行位移式相转变，如低温石英在 570 ℃通过四面体旋转，变成充分膨胀的敞旷高温型石英结构。如图 2-10 所示，(a)是三原子弯曲键连接；(b)是(a)受力伸长时，弯曲键有伸长和转动发生；(c)是三原子呈直线型的连接；(d)是(c)受力时仅有伸长发生。因此对高温石英和低温石英施加拉伸应力，前者由于 Si-O-Si键是直的，仅发生拉伸，后者除拉伸外，还有键角改变，即发生转动运动，随着温度的增加，其刚度增加，温度系数为正值。此例说明 T_C 和转动相关。

表 2-5　几种氧化物弹性刚度系数的温度系数　　单位：10^{-4}/℃

MgO	$T_{C_{11}}=-2.3$	$T_{C_{44}}=-1.0$
$SrTiO_3$	$T_{C_{11}}=-2.6$	$T_{C_{44}}=-1.1$
$\alpha-SiO_2$	$T_{C_{11}}=-0.5$ $T_{C_{44}}=-1.6$	$T_{C_{33}}=-2.1$ $T_{C_{66}}=+1.6$

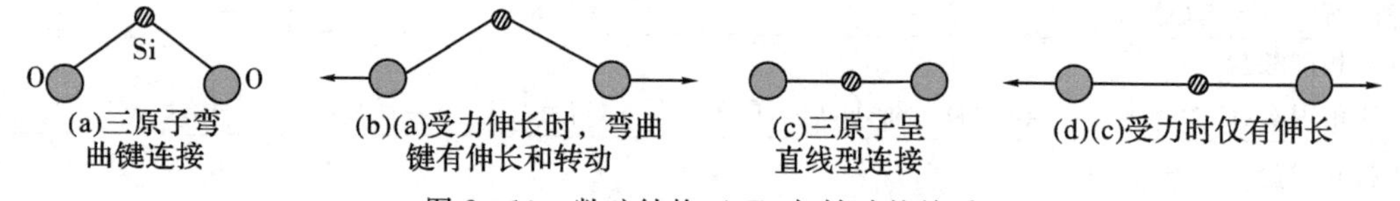

图 2-10　敞旷结构正 T_C 与转动的关系

由此可以得到启示：温度补偿材料具有敞旷的结构，并且内部结构单位能发生较大转动的特性。具有这种敞旷式结构的配位数常常是小的。一般架状结构为敞旷型结构，具有正的 T_C，如方石英、长石、沸石、白榴子石等。

2.2.3.3　复相的弹性模量

因为多晶材料中的各个晶粒取向杂乱，单成分多晶体是各向同性的，其弹性常数如同各向同性体。如果考虑较复杂的多相材料，分析难度会很大。一种分析问题的出发点是材料由弹性模量分别为 E_A 和 E_B 的各向同性的 A、B 两相材料组成。为了简便起见，在二相系统中，通过假定材料由许多层组成，这些层平行或垂直于作用单轴应力，且两相的泊松比相同，并经受同样的应变或应力，形成串联或并联模型，如图 2-11 所示，从而找出最宽的可能界限。

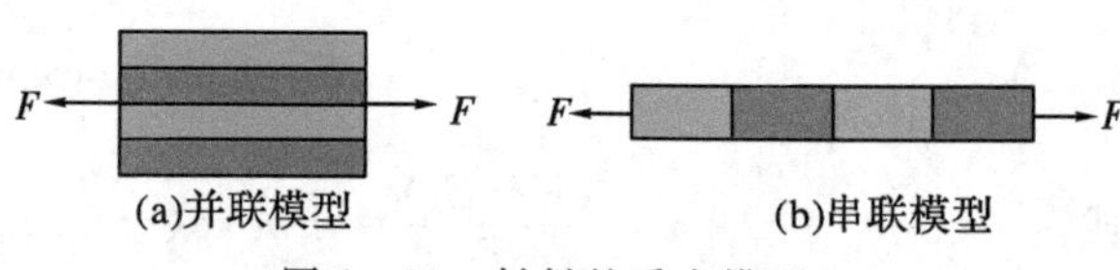

图 2-11　材料的受力模型

并联模型如图 2-11(a)所示，材料总体积为 V，两相的长度都为复相材料的长度 L，两相的横截面积分别为 S_A、S_B，两相在外力 F 作用下伸长量 ΔL 相等，则每相中的应变相同，即 $\varepsilon=\varepsilon_A=\varepsilon_B$，且有 $F=F_A+F_B$，由 $F=\sigma S=E\varepsilon S$，得

$$E\varepsilon S=E_A\varepsilon_A S_A+E_B\varepsilon_B S_B \tag{2-43}$$

上式两边分别乘以 L/V，得

$$\frac{E\varepsilon SL}{V}=\frac{E_A\varepsilon_A S_A L}{V}+\frac{E_B\varepsilon_B S_B L}{V}$$

得

$$E=\frac{E_A V_A}{V}+\frac{E_B V_B}{V} \tag{2-44}$$

式中，$v_A=V_A/V$ 与 $v_B=V_B/V$ 分别表示两相的体积分数，且 $v_A+v_B=1$，则

$$E_u=v_A E_A+(1-v_A)E_B \tag{2-45}$$

因为应变相同，所以大部分应力由高模量的相承担。

例如：含有纤维的复合材料，在平行于纤维的方向上受到张应力的作用，引起纤维和基质同样的伸长，如果基质和纤维的泊松比相同，则复合材料的弹性模量可由式(2-45)给出。因为应变相同，所以主要的应力由弹性模量大的纤维来承担。更常见的情况是二者的泊松比不同，平行于纤维轴方向的伸长相同时，黏结在一起的基质和纤维的固有横向收缩不同，与每一部分单独受应变相比，造成泊松比较高的相横向收缩降低，或者泊松比较低的成分横向收缩增加。这就在复合材料中引起应力或附加的弹性应变能，于是

$$E>v_A E_A+(1-v_A)E_B$$

由方程(2-45)确定的弹性模量为复合材料弹性模量的上限值。用式(2-45)估算金属陶瓷、玻璃纤维、增强塑料及在玻璃基体中含有晶体的半透明材料的弹性模量是比较适合的且其结果令人满意。

串联模型如图 2-11(b)所示，设各相的横截面积 S 相等，有 $F=F_A=F_B$ 和 $\Delta L=\Delta L_A+\Delta L_B$，由 $F=\sigma S=E\varepsilon S$ 和 $\varepsilon=\Delta L/L$，得

$$\frac{LF}{ES}=\frac{L_A F_A}{E_A S}+\frac{L_B F_B}{E_B S} \tag{2-46}$$

式(2-46)两边分别乘以 S/V，得

$$\frac{1}{E_L}=\frac{v_A}{E_A}+\frac{1-v_B}{E_B} \tag{2-47}$$

由式(2-47)计算的弹性模量为复合材料弹性模量的下限值 E_L。

无机材料中最常见的第二相是气孔，由式(2-47)计算的值太大。因为气孔的弹性模量近似为零，所以气孔对弹性模量的影响不能由式(2-47)来计算。其原因是气孔影响基质的应变：由于密闭气孔的存在，会在其周围引起应力集中，因此气孔周围的实际应力较外部施加负荷大，所引起的应变比内部应力和施加负荷相等时所计算的数值大。对连续基体内的密闭气孔，可用经验公式

$$E=E_0(1-1.9P+0.9P^2) \tag{2-48}$$

计算，式中，E_0 为材料无气孔时的弹性模量；P 为气孔率，此式适用于 $P\leqslant 50\%$ 的情况。如果气孔是连续相，则其对基质的影响更大。图 2-12 为氧化铝相对弹性模量与气孔率的关系。由图可以看出，在气孔率小于 50% 时，理论计算和实验结果符合得

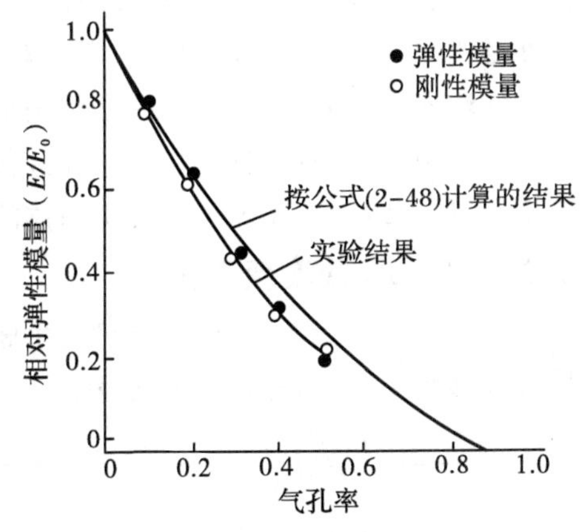

图 2-12 氧化铝相对弹性模量与气孔率的关系

较好。一些无机材料的弹性模量列于表2-6。

表2-6　一些无机材料的弹性模量

材　料	E/GPa	材　料	E/GPa
氧化铝晶体	380	烧结 TiC(P=5%)	310
烧结氧化铝(P=5%)	366	烧结 $MgAl_2O_4$(P=5%)	238
高铝瓷(P=5%)	366	密实 SiC(P=5%)	470
烧结氧化铍(P=5%)	310	烧结稳定化 ZrO_2(P=5%)	150
热压 BN(P=5%)	83	石英玻璃	72
热压 B_4C(P=5%)	290	莫来石瓷	69
石墨(P=20%)	9	滑石瓷	69
烧结 MgO(P=5%)	210	镁质耐火砖	170
烧结 $MoSi_2$(P=5%)	407		

2.3　滞弹性

前面在研究弹性应变时，假定了应变、应力与时间无关，只是服从胡克定律，即应力会立即引起弹性形变，一旦应力消除，应变也会随之立刻消除。实际上，材料在发生弹性应变时，原子的位移是在一定的时间内发生的，相应于最大应力的弹性应变滞后于引起这个应变的最大负荷，因此测得的弹性模量随时间而变化。弹性模量依赖于时间的现象称为滞弹性。滞弹性是一种非弹性行为，但与晶体范性这个意义上的非弹性现象不同，弛豫现象不留下永久变形。为了更进一步了解滞弹性，需要建立材料的流变模型。

2.3.1　流变模型

流变学是研究物体的流动和变形的科学，其综合研究物体的弹性形变、塑性形变和黏性流动。例如：研究水泥砂浆和新拌混凝土黏性、塑性、弹性的演变和硬化混凝土的徐变；金属材料高温徐变、应力松弛；高温玻璃液特性；高聚合物加工成形等。另外，流变学还研究材料内部结构和力学特性间的关系。所以对于新材料的研究和发展具有重要的意义。

在流变学领域内，常由一些参数把应力和应变的关系表示为流变方程式。这一表示物体在某一瞬间所表现的应力与应变的定量关系称为流变特性。通常采用某些理想元件组成模型，近似而定性地模拟某些真实物体的力学结构，导出物体的应力与应变的流变方程。

2.3.1.1　理想流变模型

理想流变模型有胡克固体模型、牛顿液体模型、圣维南塑性固体模型，其模型及流变特性分别如图2-13和图2-14所示。

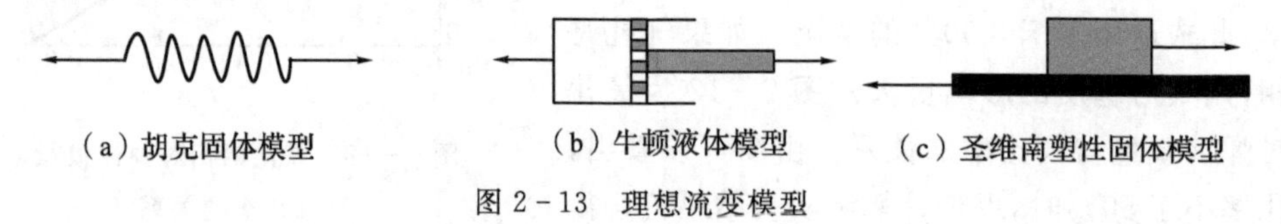

(a) 胡克固体模型　(b) 牛顿液体模型　(c) 圣维南塑性固体模型

图2-13　理想流变模型

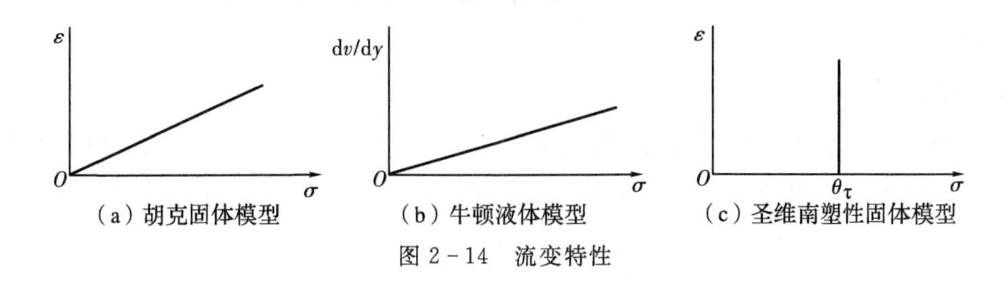

(a) 胡克固体模型　(b) 牛顿液体模型　(c) 圣维南塑性固体模型

图 2－14　流变特性

1. 胡克固体模型

胡克固体模型是一个完全弹性的弹簧，应力与应变关系服从胡克定律，流变方程为

$$\tau = G\gamma$$

或

$$\sigma = E\varepsilon$$

这种固体实际上并不存在，但大多数材料在一定的弹性限度内都近似地属于胡克固体。

2. 牛顿液体模型

牛顿液体模型是一个带孔活塞在装满黏性液体的圆柱形容器内运动。液体服从牛顿液体定律，即相邻的两层平行流动着的黏性液体，在其流速不相等时，两层流体间产生内摩擦力，即剪切应力，如图 2－15 所示，这种剪切应力与垂直于流动方向的速度梯度$\frac{dv}{dy}$成正比：

图 2－15　黏性液体流动模型

$$\tau = \eta \frac{dv}{dy} \tag{2-49}$$

式中，η 为黏度，也称黏性系数。由于

$$\frac{dv}{dy} = \frac{d\left(\frac{dx}{dt}\right)}{dy} = \frac{d\left(\frac{dx}{dy}\right)}{dt} = \frac{d\gamma}{dt} = \dot{\gamma}\text{（剪切速率）}$$

因此速度梯度与剪切速率相等。式(2－49)可表达为

$$\tau = \eta \dot{\gamma} \tag{2-50}$$

3. 圣维南塑性固体模型

圣维南塑性固体模型是有一个静置桌面上的重物，重物与桌面间存在摩擦力，当作用力稍大于静摩擦力时，重物即以匀速移动。也可这样来描述，在应力不超过某一限定值以前，物体为刚性，一旦超过限定值，则会迅速流动变形。流变方程为

$$\tau = \theta_\tau \tag{2-51}$$

式中，θ_τ 为屈服应力。

流变模型及方程说明，圣维南体是一种当剪切力增加到超过屈服应力(模型中的摩擦力)后产生塑性流动，而在塑流过程中剪切力停留在屈服应力常数值的情况下的物体。

2.3.1.2　组合模型

实际模型是将理想模型元件串联或并联起来，进行各种排列组合，模拟各种物体的力学

结构。常见的组合模型有宾厄姆体、马克斯维尔液体(液态黏弹性物体)、凯尔文体(固态黏弹性物体)。

1. 宾厄姆体

宾厄姆体是在承受较小外力时产生弹性形变,当外力超过屈服应力 θ_τ 时,按牛顿液体的规律产生黏性流动的物体。其流变模型及流变曲线见图 2-16 和 2-17。流变方程为

$$\tau-\theta_\tau=\eta\frac{\mathrm{d}v}{\mathrm{d}y}\text{或}\ \tau-\theta_\tau=\eta\dot{\gamma} \tag{2-52}$$

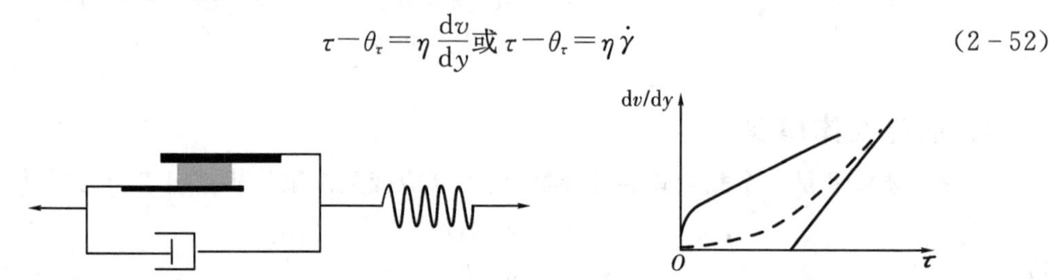

图 2-16　宾厄姆体流变模型　　图 2-17　宾厄姆体流变特性

这种物体是圣维南塑性固体和牛顿黏性液体的混合体。硅藻土、瓷土、石墨、油漆、水泥等的悬胶体具有宾汉体的流变特性。实际泥料的流变特性不完全符合这种简单的组合,常出现偏差,如实际泥料没有明显的流动极限,即从塑性体过渡到黏性体是连续的准塑性体。偏差使流动曲线变形,用下式修正:

$$\tau^n=\eta\frac{\mathrm{d}v}{\mathrm{d}y} \tag{2-53}$$

$n>1$ 时,黏度随应力增大而减小——结构黏性体;

$n<1$ 时,黏度随应力增大而增大——触绸性。

2. 马克斯维尔液体

马克斯维尔液体是一种液态黏弹性物体,是内部结构由弹性和黏性两种成分组成的聚集体。其中弹性成分不成为骨架而埋在连续的黏性成分中,因此在恒定应变下,储存于弹性体中的势能会随时间逐渐消失于黏性体中,表现为应力弛豫现象。马克斯维尔液体的流变模型为一个弹性元件和一个活塞元件的串联,如图 2-18 所示,其流变方程为

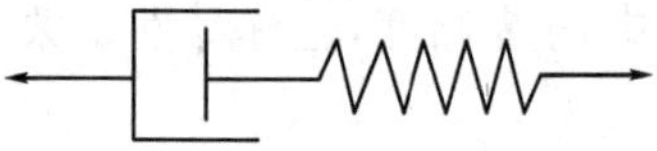

图 2-18　马克斯维尔液体流变模型

$$\dot{\gamma}=\frac{\dot{\tau}}{G}+\frac{\tau}{\eta} \tag{2-54}$$

式中,$\dot{\tau}=\frac{\mathrm{d}\tau}{\mathrm{d}t}$。这种物体虽然具有一定程度的弹性,但本质上仍是一种液体。

3. 凯尔文体

凯尔文体是一种固态黏弹性物体,是内部结构由坚硬骨架及填充于空隙的黏性液体所组成的一种多孔物体。其流变模型为一个弹性元件和一个活塞元件的并联,如图 2-19 所示,其流变方程为

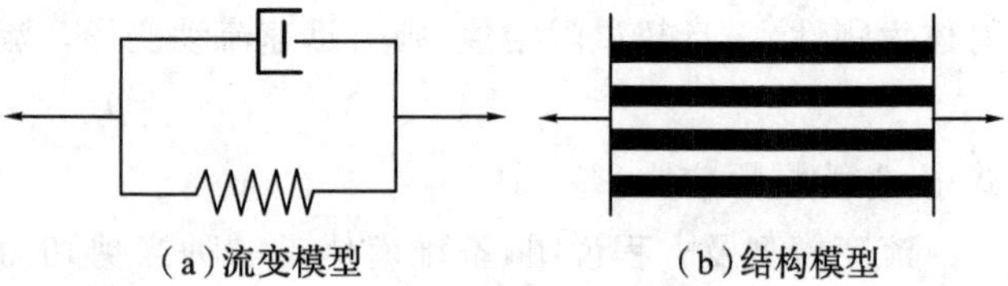

(a)流变模型　　(b)结构模型

图 2-19　凯尔文体

$$\tau=G\gamma+\eta\dot{\gamma} \tag{2-55}$$

凯尔文体受力时，变形须在一定时间后才能逐渐增加到最大弹性变形，而卸荷后变形也须在一定时间后才能消失。水泥混凝土具有此结构特征。

2.3.2　滞弹性具体分析

1. 标准线性固体

标准线性固体是曾纳提出的一种模型，如由弹簧及黏性系统组成的力学模型如图 2-20 所示。

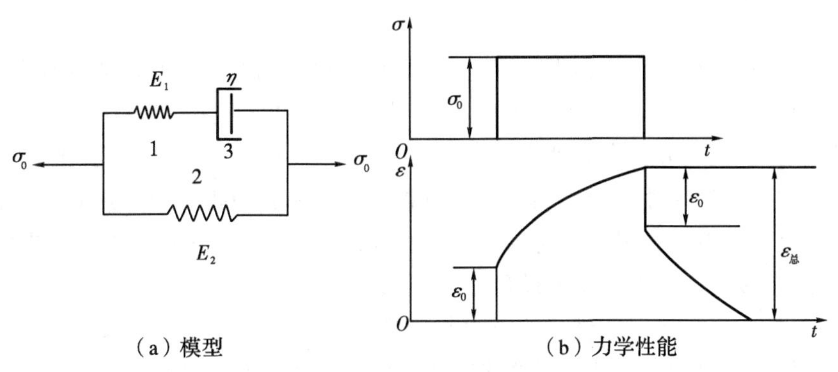

（a）模型　（b）力学性能

图 2-20　表示弛豫性状的标准线性固体

根据此模型有以下关系：

$$\dot{\varepsilon}=\dot{\varepsilon}_1+\dot{\varepsilon}_3=\dot{\varepsilon}_2,\qquad \sigma_3=\eta\dot{\varepsilon}_3,\qquad \dot{\sigma}=\dot{\sigma}_1+\dot{\sigma}_2$$

$$\sigma=\sigma_1+\sigma_2,\qquad \sigma_1=E_1\varepsilon_1,\qquad \sigma_1=\sigma_3$$

$$\sigma_2=E_2\varepsilon_2,\qquad \dot{\sigma}_2=E_2\dot{\varepsilon}_2=E_2\dot{\varepsilon},\qquad \dot{\sigma}_1=E_1\dot{\varepsilon}_1$$

消去各元件的应力和应变，可以解得标准线性固体的应力 σ 与应变 ε 的关系。

标准线性固体形变速率为

$$\frac{\mathrm{d}\varepsilon}{\mathrm{d}t}=\frac{\frac{\mathrm{d}\sigma_1}{\mathrm{d}t}}{E_1}+\frac{\sigma_3}{\eta}=\frac{\frac{\mathrm{d}\sigma_1}{\mathrm{d}t}}{E_1}+\frac{\sigma-E_2\varepsilon}{\eta}\tag{2-56}$$

由应力变化速率的关系得 $\frac{\mathrm{d}\sigma_1}{\mathrm{d}t}=\frac{\mathrm{d}\sigma}{\mathrm{d}t}-\frac{\mathrm{d}\sigma_2}{\mathrm{d}t}$，将其代入式(2-56)，得

$$\frac{\mathrm{d}\varepsilon}{\mathrm{d}t}=\frac{\frac{\mathrm{d}\sigma}{\mathrm{d}t}-\frac{\mathrm{d}\sigma_2}{\mathrm{d}t}}{E_1}+\frac{\sigma-E_2\varepsilon}{\eta}=\frac{\frac{\mathrm{d}\sigma}{\mathrm{d}t}-\frac{E_2\mathrm{d}\varepsilon}{\mathrm{d}t}}{E_1}+\frac{\sigma-E_2\varepsilon}{\eta}$$

整理，得

$$\frac{\eta(E_1+E_2)}{E_1}\dot{\varepsilon}+E_2\varepsilon=\frac{\eta}{E_1}\dot{\sigma}+\sigma$$

或

$$\frac{\eta(E_1+E_2)}{E_1E_2}\dot{\varepsilon}+\varepsilon=\frac{\eta}{E_1E_2}\dot{\sigma}+\frac{\sigma}{E_2}\tag{2-57}$$

令 $\tau_\varepsilon=\frac{\eta}{E_1}$ 和 $\tau_\sigma=\frac{\tau_\varepsilon(E_1+E_2)}{E_2}=\frac{\eta(E_1+E_2)}{E_1E_2}$，则有

$$\tau_\sigma\dot{\varepsilon}+\varepsilon=\frac{\tau_\varepsilon}{E_2}\dot{\sigma}+\frac{\sigma}{E_2}\tag{2-58}$$

定义 τ_ε 为恒定应变下的应力弛豫时间；τ_σ 为恒定应力下的应变蠕变时间。

2. 应变松弛和应力松弛

应变松弛是固体材料在恒定荷载下，变形随时间延续而缓慢增加的不平衡过程，或材料受力后内部原子由不平衡到平衡的过程，也叫蠕变或徐变。当外力除去后，徐变形变不能立即消失。例如：沥青、水泥混凝土、玻璃和各种金属等在持续外力作用下，除初始弹性形变外，都会出现不同程度的随时间延续而发展的缓慢形变。对大多数无机材料，只有在较高温度下持续受力，徐变才能显著测得。发生徐变的原因有多种，如声波速度的限制，即弹性后效、黏性流动等。

应力松弛是在持续外力作用下，发生形变着的物体，在总的形变值保持不变的情况下，由于徐变形变渐增，弹性形变相应地减小，由此使物体的内部应力随时间延续而逐渐减少的过程。现从热力学观点分析应力弛豫：物体受外力作用而产生一定的形变，如果形变保持不变，则储存在物体中的弹性势能将逐渐转变为热能。这种从势能转变为热能的过程，即能量消耗的过程，就为应力松弛现象。所以也可这样解释应力松弛：一个体系因外界原因引起的不平衡状态逐渐转变到平衡状态的过程。

应力松弛与应变松弛都是材料的应力与应变关系随时间而变化的现象，都是指在外界条件影响下，材料内部的原子从不平衡状态通过内部结构重新组合而达到平衡状态的过程。因此两者在意义上有密切的关系。

松弛过程的机理有原子的振动、弹性形变波、热消散、间隙原子的扩散、晶界的移动等。例如杂质原子可以使晶体内固有原子漂移引起的应变难以实现，只有杂质原子再扩散才能使应变成为可能。

3. 松弛时间

为了说明松弛时间的概念，考虑一种材料在 $t=0$ 时，被突然地加上负荷，如图 2-20(b) 所示，材料立即产生应变，而应变 ε_0 较可能的最大值小，ε_0 称为无弛豫应变。如果材料继续处于同样不变的外力 σ_0 的作用下，那么应变逐渐地随时间增加到 $\varepsilon_总$，即到达相应于充分弛豫状态的数值。在 $t=t_1$ 时，突然卸荷后，材料立即收缩，随时间地推移，材料恢复到原有的尺寸。

在恒定应力的作用下，式(2-58)的右边为常数，即

$$\tau_\sigma \dot{\varepsilon}+\varepsilon=\frac{\sigma_0}{E_2}=\text{常数} \tag{2-59}$$

式中，$\frac{\sigma_0}{E_2}$ 为总应变量 $\varepsilon_总$。

设 ε_a 为总应变的滞后应变部分，且 $\varepsilon=\varepsilon_0+\varepsilon_a$。当材料的应变速率趋近于 0 时，$\varepsilon_a$ 达到最终值 $\varepsilon_a^\infty=\varepsilon_总-\varepsilon_0$，因此式(2-59)可用微分方程表示如下：

$$\frac{d\varepsilon_a}{dt}=\frac{1}{\tau_\sigma}(\varepsilon_a^\infty-\varepsilon_a) \tag{2-60}$$

时间与应变分量的关系可由下式积分方程而求得：

$$\int_0^{\varepsilon_a}\frac{d\varepsilon_a}{(\varepsilon_a^\infty-\varepsilon_a)}=\frac{1}{\tau_\sigma}\int_0^t dt \tag{2-61}$$

解方程并加上瞬时弹性应变,得到材料总应变与时间的函数关系为

$$\varepsilon=\varepsilon_0+(\varepsilon_{总}-\varepsilon_0)\left[1-\exp\left(-\frac{t}{\tau_\sigma}\right)\right]=\varepsilon_{总}-(\varepsilon_{总}-\varepsilon_0)\exp\left(-\frac{t}{\tau_\sigma}\right) \tag{2-62}$$

该式说明 τ_σ 越大,应变滞后越大,因此 τ_σ 可以反映不同材料应变滞后的程度,即 τ_σ 越大,滞弹性也越大。

当 $t=\tau_\sigma$ 时,有

$$\varepsilon_{\tau_\sigma}=\varepsilon_{总}-\frac{\varepsilon_{总}-\varepsilon_0}{\mathrm{e}} \tag{2-63}$$

此式说明在恒定应力作用下,其形变量达到 $\varepsilon_{\tau_\sigma}$ 时,所需时间为应变蠕变时间。滞弹性应变为

$$\varepsilon_a=(\varepsilon_{总}-\varepsilon_0)\left[1-\exp(-t/\tau_\sigma)\right] \tag{2-64}$$

同样可以分析应力弛豫时间。在恒定应变条件下,式(2-58)右边为一常数:

$$\tau_\varepsilon\dot{\sigma}+\sigma=E_2\varepsilon_0=常数 \tag{2-65}$$

由于模型弹簧 1 的应力可以表示为 $\sigma_1=\sigma-E_2\varepsilon_0$,弹簧 2 的应力不随时间变化,因此总应力 σ 的变化速率与弹簧 1 的相同,随着时间的延长,其应力趋近于 0。对于弹簧 1 有方程 $\tau_\varepsilon\dot{\sigma}_1+\sigma_1=0$,解此方程,得

$$\sigma_1=\sigma_0\exp\left(-\frac{t}{\tau_\varepsilon}\right) \tag{2-66}$$

该式说明在恒定应变条件下,弹簧 1 的应力得到松弛,该应力随时间按指数关系逐渐消失。

当 $t=\tau_\varepsilon$ 时,有

$$\sigma_1=\frac{\sigma_0}{\mathrm{e}} \tag{2-67}$$

弛豫时间是应力从原始值松弛到 σ_0/e 所需的时间。

应力弛豫时间表达了一种材料在恒定变形下势能消失时间的长短,是材料内部结构性质的重要指标之一,对于材料形变性质有决定性的影响。从其定义上说明松弛时间对材料弹性的影响:如果材料的 η 大、E 小,则 τ_ε 和 τ_σ 都大,说明滞弹性也大。如果材料的 $\eta=0$,则 $\tau_\varepsilon=0$、$\tau_\sigma=0$,弹性模量为常数,不随时间变化,表现出真正的弹性。两种弛豫时间都表示材料在外力作用下,从不平衡状态达到平衡状态所需的时间。

4. 无弛豫模量与弛豫模量

由于滞弹性是与时间有关的弹性,所以弹性模量可以表示为时间的函数 $E(t)$。

对于蠕变,应力和应变有

$$E_c(t)=\frac{\sigma_0}{\varepsilon(t)} \tag{2-68}$$

对于弛豫,应力和应变有

$$E_r(t)=\frac{\sigma(t)}{\varepsilon_0} \tag{2-69}$$

即弹性模量随时间而变化,并不是一个常数。由式(2-62)可以得到

$$\varepsilon=\frac{\sigma_0}{E_{总}}-\left(\frac{\sigma_0}{E_{总}}-\frac{\sigma_0}{E_0}\right)\exp\left(-\frac{t}{\tau_\sigma}\right) \tag{2-70}$$

式中,E_0 为无弛豫模量;$E_{总}$ 为弛豫模量,根据此式可知,当出现滞弹性现象时,测得的弹性模量与应力作用时间和弛豫时间的比值有关。当应力作用时间很短,以致依赖时间的弹性应变未出现,可得无弛豫模量。因此无弛豫模量表示测量时间小于松弛时间,随时间的形变

还没有机会发生时的弹性模量。当测量的持续时间比材料的弛豫时间长得多时,可得到弛豫模量。弛豫模量表示测量的时间大于松弛时间,随时间的形变已发生的弹性模量。

2.4　无机材料的塑性形变

塑性形变是在超过材料的屈服应力作用下产生形变,外力移去后不能恢复的形变。材料经受此种形变而不被破坏的能力叫作延展性。此种性能对材料的加工和使用都有很大的影响,是一种重要的力学性能。图 2－21 为 KBr 和 MgO 晶体弯曲试验的应力-应变曲线。该曲线的特点是当外力超过材料的弹性极限,达到某一点时,在外力几乎不增加的情况下,形变骤然加快,此点为屈服点,达到屈服点的应力为屈服应力。严格地说,弹性极限并没有固定的值,因为开始偏离线性关系的点是由测量仪器的精度决定的。考虑到这个测量不准确问题,通常在某个规定的应变处画一条平行于曲线的弹性部分的直线来决定屈服强度。在工程上,规定在塑性范围相应残留应变为 0.05%时的应力作为指标,表明材料达到该应力时已从弹性范围转入塑性范围的状态。某些材料,如:氟化锂、高温下的氧化铝材料的应力和应变曲线类似于金属,也具有上屈服点和下屈服点,但大多数无机材料在常温下缺乏这种性能。本小节主要分析单晶塑性形变发生的条件、机理及影响因素。

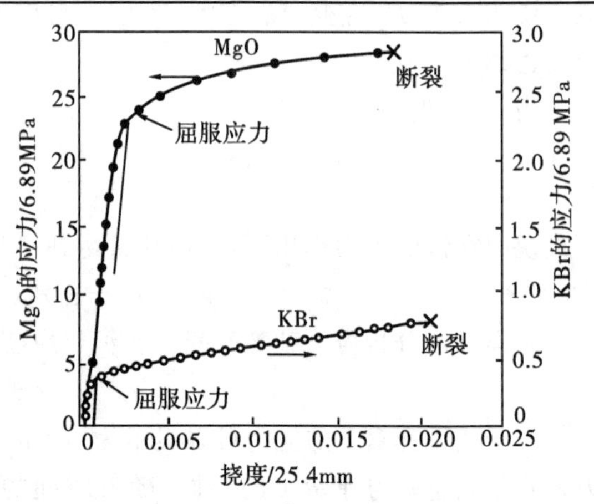

图 2－21　KBr 和 MgO 晶体弯曲试验的应力-应变曲线

2.4.1　晶体滑移

结晶学上的形变过程包括晶体单元彼此相互滑移(叫作滑动)或受到均匀孪晶(叫作剪切),如图 2－22 所示。由于滑移现象在晶体中最常见,其机理比较简单且具有很广泛的重要性,因此我们主要讨论晶体的滑移。

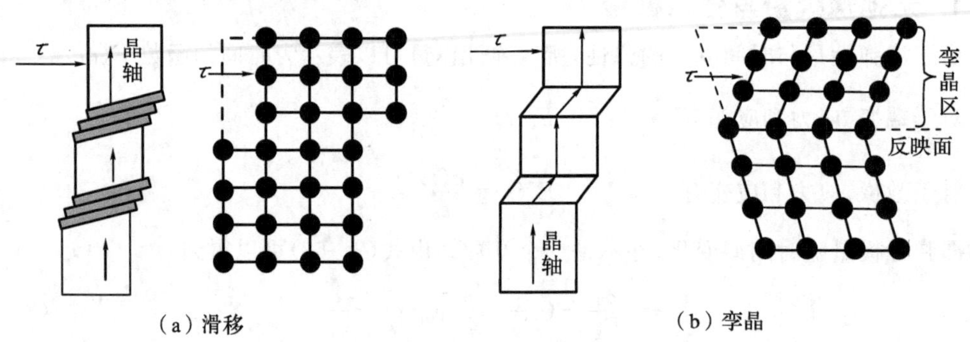

图 2－22　晶体的滑移示意图

1. 晶体滑移的条件

晶体受力时，晶体的一部分相对另一部分平移滑动，这一过程叫作滑移，如图 2－23 所示。在晶体中有许多族平行晶面，每一族平行晶面都有一定的面间距。由于晶面指数小的面，原子的面密度大，因此面间距越大，原子间的作用力越小，易产生相对滑动。滑过滑动平面使结构复原所需的位移量最小，即柏格斯矢量小，也易于产生相对滑动。另外从静电作用因素考虑，同号离子存在巨大的斥力，如果在滑移过程中相遇，滑移将无法实现，因此晶体的滑移总是发生在主要晶面和主要晶向上。滑移面和滑移方向构成晶体的滑移系统，滑移面是原子密堆积面，滑移方向与原子密堆积的方向一致。

NaCl 型结构的离子晶体，其滑移系统通常是{110}面和[1$\bar{1}$0]晶向。图 2－24 为 MgO 晶体滑移示意图。

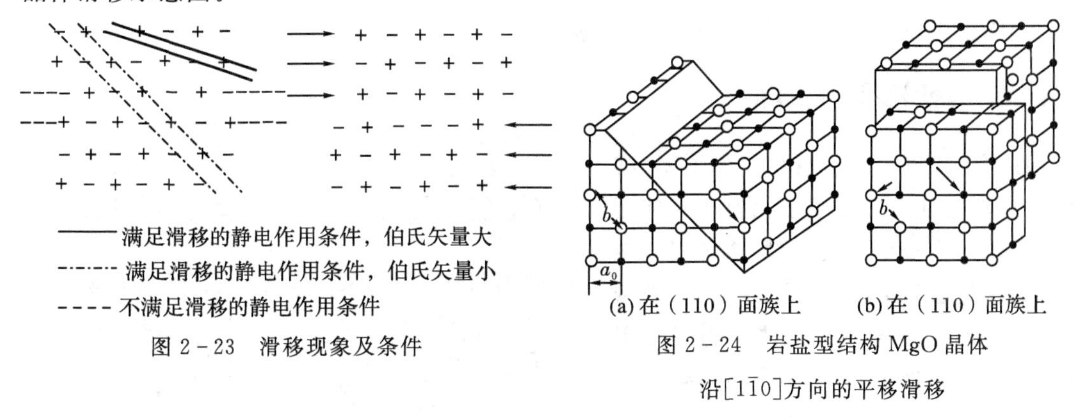

图 2－23　滑移现象及条件

图 2－24　岩盐型结构 MgO 晶体沿[1$\bar{1}$0]方向的平移滑移

2. 临界分解剪应力

对晶体施加一拉伸力或压缩力，都会在滑移面上产生剪应力。由于滑移面的取向不同，其上的剪应力也不同，现以单晶受拉为例，分析滑移面上的剪应力要多大才能引起滑移，即分析其临界分解剪应力。图 2－25 表示截面为 S 的圆柱单晶受拉力后在滑移面上滑移方向发生滑移，由图可知滑移面面积为 $S/\cos\lambda$，F 在滑移面上的分剪力为 $F\cos\phi$，此应力在滑移方向上的分剪应力为

$$\tau=\frac{F\cos\phi}{S/\cos\lambda}=\tau_0\cos\phi\ \cos\lambda \tag{2-71}$$

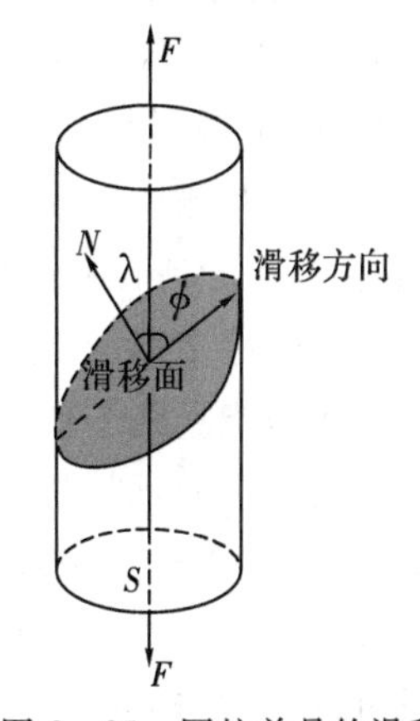

图 2－25　圆柱单晶的滑移

该式表明，不同滑移面及滑移方向的剪应力不同；同一滑移面，不同滑移方向其剪应力也不同。当 $\tau\geqslant\tau_{临}$（临界剪应力）时发生滑移。由于滑移面的法线 N 总是与滑移方向垂直，当 ϕ 角、λ 角与 F 处于同一平面时，ϕ 为最小值，即 $\phi+\lambda=90°$，有

$$\cos\phi\cos\lambda=\frac{1}{2}\cos(90-2\lambda)$$

所以 $\cos\phi\cos\lambda$ 的最大值为 0.5。可见，在外力 F 作用下，在与 N、F 处于同一平面内的滑移方向上，剪应力最大。

3. 金属与非金属晶体滑移难易的比较

如果晶体只有一个滑移系统，产生滑移的机会就很小。如果有多个滑移系统，对某一个系统来说，可能 $\cos\phi\ \cos\lambda$ 较小，但对其他系统则可能较大，达到临界剪应力的机会就大。对于金属来说，其一般为一种原子组成，结构简单，金属键无方向性，滑移系统多，如体心立方金属（铁、铜）滑移系统有 48 种之多。而无机材料由于其组成复杂、结构复杂、共价键和离子键的方向性，滑移系统很少，只有少数无机材料晶体在室温下具有延性，这些晶体都属于 NaCl 型结构的离子晶体结构，如 KCl、KBr、LiF 等。Al_2O_3 属于刚玉型结构，比较复杂，因而在室温下不能产生滑动。

对于多晶体材料，其晶粒在空间随机分布，不同方向的晶粒，其滑移面上的剪应力差别很大，即使个别晶粒已达到临界剪应力而发生滑移，也会受到周围晶粒的制约，使滑移受到阻碍而终止。所以多晶材料更不易产生滑移。

2.4.2 塑性形变的机理

在原子尺度上分析滑移。如图 2-26 所示，剪切力使整个原子层相对于相邻层产生移动。当作用力较小时，原子仅稍微离开平衡位置，当去除作用力后，原子恢复到它们的初始位置。当作用力足以引起较大的位移时，去除作用力后，整个晶体的下部分相对于上部分产生了永久位移，原子保持永久应变状态，晶体体积没有变化，仅是形状发生变化。如果滑移时，所有原子同时移动，作用力必须克服处于滑移面两侧所有原子的相互作用力，即该能量接近于所有这些键同时断裂时所需的离解能总和，按此所计算的应力值大约为 $1\times10^{10}\ N/m^2$，因此需要很大能量才出现滑移，由此推断产生塑性变形所需能量与晶格能在同一数量级。实际测试结果为：晶格能超过产生塑性变形所需能量几个数量级。也可以这样描述：假设材料所发生的宏观塑性形变是通过整体滑移而产生的，则其材料的理论形变抗力应与材料的实际形变抗力处于同一数量级。事实上，实际形变抗力远远小于整体滑移时的理论形变抗力，由此可见，材料的宏观塑性形变过程并非由整体一步形变而来，而是通过某种微观机制导致的微小形变累积而形成。这一矛盾可以用位错的产生及运动得到解释。

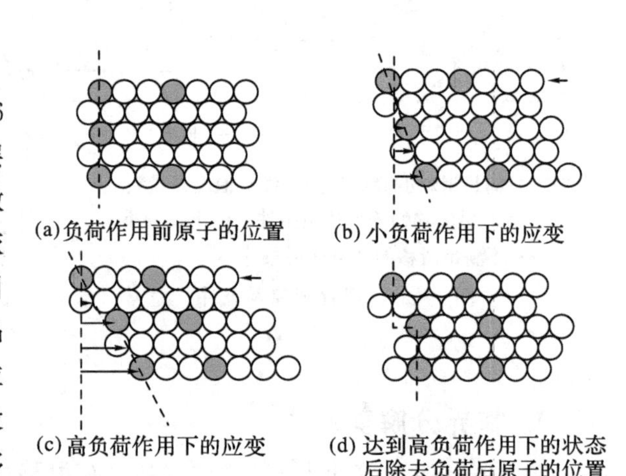

图 2-26 形变时晶体中原子的位置

1. 位错的形成及运动

剪应力作用在如图 2-27(a)所示的晶体的上半部，引起半个晶面 1′的原子从平衡位置移动到一个新位置。当力继续作用时，处于半晶面 1′上的原子产生一个小的移动，就足以使它们的位置与半晶面 2 上的原子的位置连成一线，如图 2-27(b)所示。半晶面 1′和 2 的原子形成一个新的原子面，而原来与半晶面 2 同一晶面的半晶面 2′进一步向右移动，形成一个附加半晶面，即形成了一个刃型位错，如图(c)所示。依次类推，下一步可把半晶面 2′和 3 连接起来。因此在描述上面的运动时，不是晶体中所有原子都同时移动，而仅仅是其中的小部分移动，不需很大的作用力就可使晶体的两部分相对移动。

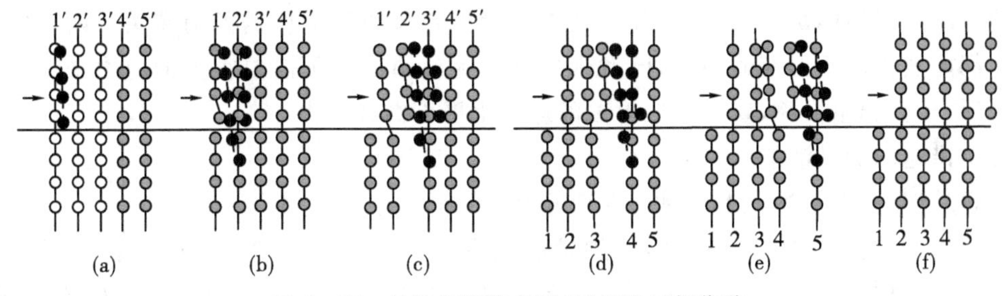

图 2-27　晶体塑性形变时，原子的局部位移

分析晶体的滑移过程，可以知道滑移是由一个有限的小面积畸变区域穿过晶体的运动而产生，这一畸变区域为刃型位错，用符号⊥表示。因此也可以这样理解滑移：滑移是刃型位错沿滑移面从晶体内部移出的过程或刃型位错沿滑移面的运动。每个位错在晶体内通过都会引起一个原子间距滑移。位错运动的特点是整个原子组态做长距离的传播，而每一参与运动的原子只做短距离（数个原子间距）的位移。

刃型位错的形式及晶体中的位错分别如图 2-28 和 2-29 所示。

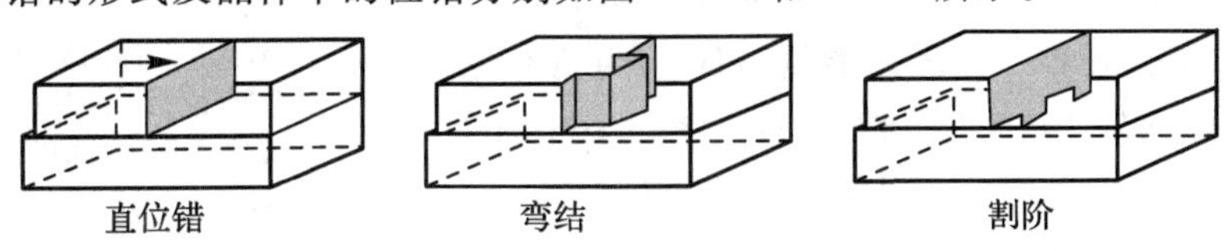

图 2-28　刃型位错线的割阶和弯结

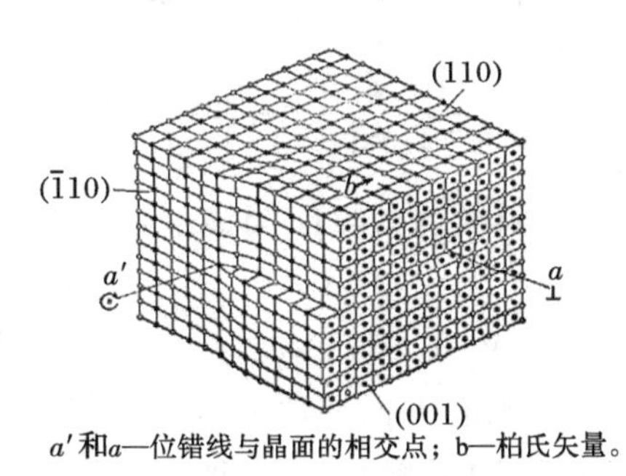

a'和a—位错线与晶面的相交点；b—柏氏矢量。

图 2-29　与晶面相交处具有纯刃型纯螺型特征，而在晶体中其他部分呈现混合特征的位错

在刚劈裂的晶体中，劈裂过程中出现的机械应力导致位错的形成并且容易滑动。化学抛光以后的试样由于消除了先前操作所形成的可移动位错，需要形成新的位错，因此表现出高的屈服应力和明确的屈服点。如果在抛光的试样上用碳化硅喷洒，由于冲击而形成许多新的位错环，又容易重新引起塑性形变。这就表明，位错的产生比它们随后的运动需要更大的力。

2. 塑性形变的位错运动理论

为使宏观形变得以发生，就需要使位错开始运动。如果不存在位错，就必须产生一些位

错;如果存在的位错被杂质钉住,就必须释放一些出来。一旦这些起始位错运动起来,它们就会加速并引起增殖和宏观屈服现象。塑性形变的特征不仅与形成位错所需的能量或使位错开始运动所需的能量有关,还和任一特定速度保持位错运动所需的力有关。两者中的任何一个都能成为塑性形变的约束,已发现纤维状无位错的晶须需要很大的应力来产生塑性形变,但是一旦起始滑移,就可在低得多的应力水平下继续下去。

1)位错运动的激活能

理想晶体内部的原子处于周期性势场中,在原子排列有缺陷的地方一般势能较高,使周期势场发生畸变。位错是一种线缺陷,也会引起周期势场畸变,如图 2-30所示,在位错处出现了空位势能,相邻原子 C_2 迁移到空位上需要克服的势垒 h' 比 h 小,克服势垒 h' 所需的能量可由热能或外力做功来提供,在外力作用下,滑移面上就有分剪应力 τ,此时势能曲线变得不对称,原子 C_2 迁移到空位上需要克服的势垒为 $H(\tau)$,且 $H(\tau)<h'$,即外力的作用使 h' 降低,原子 C_2 迁移到空位更加容易,也就是刃型位错线向右移动更加容易。τ 的作用是提供了克服势垒所需的能量。$H(\tau)$ 为位错运动的激活能,与剪应力 τ 有关,τ 越大,$H(\tau)$ 越小;τ 越小,$H(\tau)$ 越大。当 $\tau=0$ 时,$H(\tau)$ 最大,且 $H(\tau)=h'$。

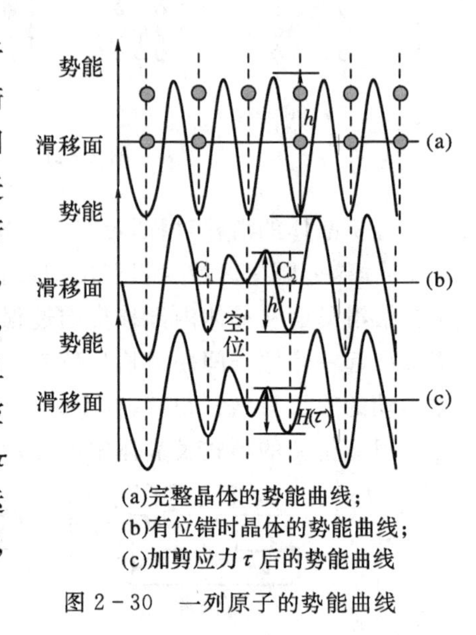

(a)完整晶体的势能曲线;
(b)有位错时晶体的势能曲线;
(c)加剪应力 τ 后的势能曲线

图 2-30 一列原子的势能曲线

2)位错运动的速度

一个原子具有激活能的概率或原子脱离平衡位置的概率与玻尔兹曼因子成正比,因此位错运动的速度与玻尔兹曼因子成正比,有

$$v=v_0\exp\left[-\frac{H(\tau)}{k_0T}\right] \tag{2-72}$$

式中,v_0 是与原子热振动固有频率有关的常数;k 为玻尔兹曼常数。

当 $\tau=0$,在 $T=300$ K 时,$k_0T=4.14\times10^{-21}$ J$=4.14\times10^{-21}\times6.24\times10^{18}$ eV$=0.026$ eV,金属材料的 h' 为 0.1~0.2 eV,而具有方向性的离子键、共价键的无机材料的 h' 为 1 eV 数量级,其 h' 远大于 kT,因此位错难以运动。如果有外应力的作用,因为 $h>h'>H(\tau)$,所以位错只能在滑移面上运动,只有滑移面上的分剪应力才能使 $H(\tau)$ 降低。无机材料中的滑移系统只有有限的几个,达到临界剪应力的机会就少,位错运动也难于实现。对于多晶体,在晶粒中的位错运动遇到晶界就会塞积下来,形不成宏观滑移,更难产生塑性形变。如果温度升高,位错运动速度加快,对于一些在常温下不会发生塑性形变的材料,在高温下会有一定的塑性。例如 Al_2O_3 在高温下具有一定的塑性形变,如图 2-31 所示。

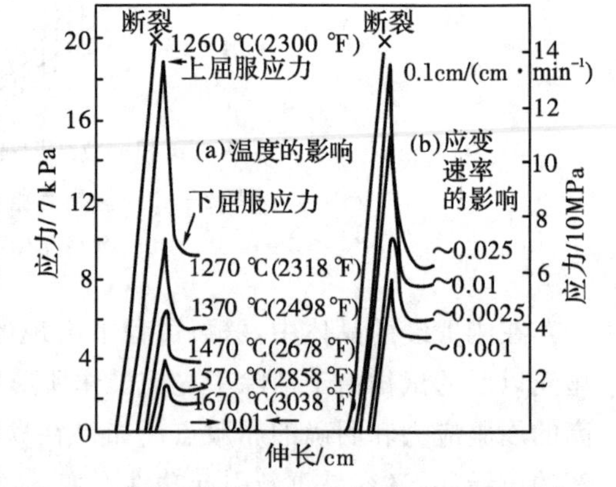

图 2-31 单晶 Al_2O_3 在不同条件下的塑性形变

氧化铝的塑性形变特征特别有意义，因为氧化铝是一种广泛使用的材料，而且这种非立方晶系、强烈的各向异性晶体可能在性状上代表一种极端的情况。这种形变特征直接和晶体结构有关。单晶在 900 ℃以上由于在(0001)[11$\bar{2}$0]系统上的基面滑移而发生塑性形变，引起各向异性形变，在较高温度下，可在一些非基面系统上产生滑移，这些非基面滑移也能在较低温度、很高的应力下发生。但即使在 1700 ℃，产生非基面滑移的应力也是产生基面滑移的十倍。氧化铝在 900 ℃以上的形变特征可概括为：①强烈的温度依赖关系；②大的应变速率依赖关系；③在恒定应变速率测试中有确定的屈服点，其应变速率 $\dot{\varepsilon}$ 与屈服强度 σ_{ys} 有 $\sigma_{ys}=(\dot{\varepsilon})^m$，$m$ 为位错运动速率的应力敏感指数。图 2-31 中的上、下屈服应力都是温度敏感而且随温度增加而表现出近似地按指数下降的规律。

实际上，由于材料位错运动难以实现，当滑移面上的分剪应力尚未使位错以足够速度运动时，此应力可能已超过微裂纹扩展所需的临界应力，最终导致材料的脆断。

3)形变速率

由于塑性形变是位错运动的结果，因此宏观上的形变速率和位错运动有关。图 2-32 的简化模型表示了这种关系。设 $L\times L$ 平面上有 n 个位错，位错密度为 $D=n/L^2$，在时间 t 内，一边的边界位错通过晶体到达另一边界，这时有 n 个位错移出晶体，位错运动平均速度为 $v=L/t$，在时间 t 内，长度为 L 的试件形变量为ΔL，应变为$\Delta L/L=\varepsilon$，则应变速率

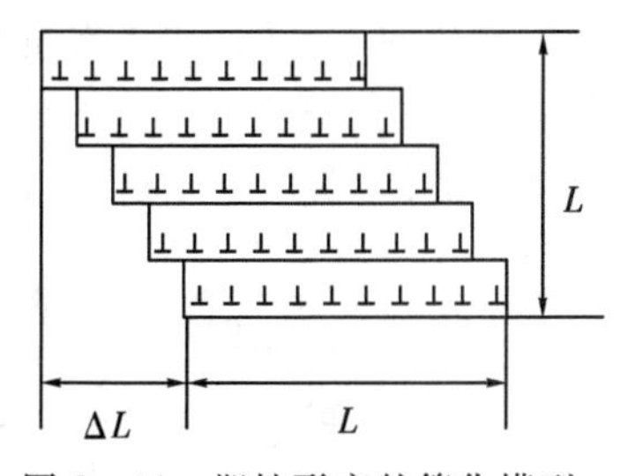

图 2-32 塑性形变的简化模型

$$\dot{\varepsilon}=\frac{\mathrm{d}\varepsilon}{\mathrm{d}t} \tag{2-73}$$

考虑位错在运动过程的增殖，移出晶体的位错数为 cn 个，c 为位错增殖系数。由于每个位错在晶体内通过都会引起一个原子间距滑移，也就是一个伯氏矢量 $\boldsymbol{b}$ 的长度，则单位时间内的滑移量为

$$\frac{cnb}{t}=\frac{\Delta L}{t} \tag{2-74}$$

应变速率为

$$\dot{\varepsilon}=\frac{\mathrm{d}\varepsilon}{\mathrm{d}t}=\frac{\Delta L}{Lt}=\frac{cnb}{Lt}=\frac{cnbL}{L^2 t}=vDbc \tag{2-75}$$

式(2-75)说明塑性形变速率取决于位错运动速度、位错密度、伯氏矢量、位错的增殖系数。位错密度是用与单位面积相交的位错线的密度来表示。仔细制备的晶体每平方厘米可能有 10^2 个位错，而几乎没有位错的大块晶体和晶须也已制备出来。在塑性形变后位错密度大为增加，对某些强烈形变的金属可达到每平方厘米有 10^{10} 到 10^{11} 个。要引起宏观塑性形变，必须：①有足够多的位错；②位错有一定的运动速度；③伯氏矢量大。但另一方面伯氏矢量与位错形成能有如下关系：

$$E=aGb^2 \tag{2-76}$$

式中，a 为几何因子，取值范围为 0.5～1.0；G 为弹性模量。伯氏矢量影响位错密度，伯氏矢量越小，位错形成越容易，位错密度越大。b 相当于晶格点阵常数。金属的点阵常数一般为 3 Å 左右，无机材料的大，如 $MgAl_2O_4$ 三元化合物为 8 Å，Al_2O_3 为 5 Å，形成位错的能量较大，因此无机材料中不易形成位错，且运动还困难，自然难于产生塑性形变。

4)位错的增殖机理

人们熟知的比较好的位错增殖机理为弗兰克-里德源引起的弗兰克-里德机理，这种位错源如图 2－33 所示。图(a)表示含有一个割阶($C-D$)的刃型位错的晶体；图(b)～(f)仅仅表示(a)所示的位错线。实际上这样的位错并非限于刃型位错，也可以是任何混合型位错。对于图中所示的位错，为了在滑移时成为一个新的位错源，它在晶体中的运动必然有限。加上剪应力后，或者是因为在半晶面线段 AB 和 CD 上不出现剪切分量，或者是因为 B 点和 C 点被杂质原子钉扎，所以半晶面线段 AB 和 CD 保持不动。剩下的线段 BC 开始在滑移面上运动，如图(c)所示。因为位错线在 B 点和 C 点被钉扎，所以使平移的 BC 线段弯曲，并以图(d)和图(e)所示的方式扩展，在这个阶段，在 1 点和 2 点形成了符号相反的螺型位错，它们彼此相互吸引和湮没，再形成理想的晶体结构。具有同样特性和符号的剩余线段，通过彼此结合可降低它们的能量，如图(f)所示，因此，位错形成闭合环线，同时，再产生原有的位错线段 BC。由于此种位错运动，滑移面上部的晶体向前运动一个原子间距。当晶体继续受到应力的作用时，上述过程多次重复，直到晶体平移部分的棱边到达 B 点和 C 点，此后位错就消失。按照这一机理，少数被钉扎的位错可以使晶体产生足够大的滑动。把位错两侧都钉扎是不必要的，只在一点钉扎就足够了，这时位错将以扇形方式扩展。

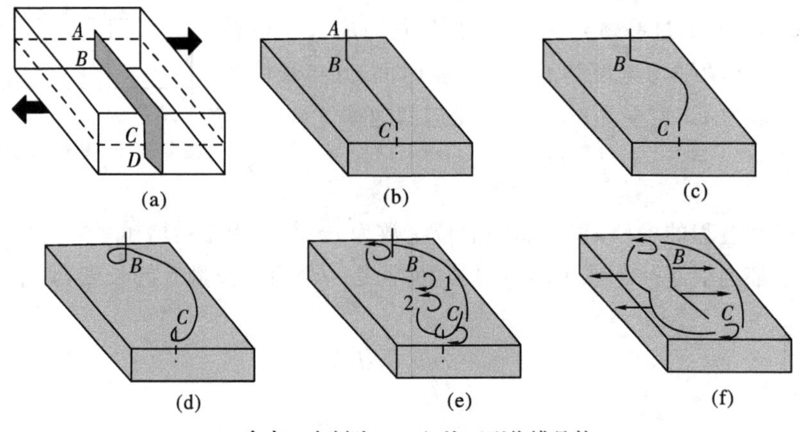

(a)—含有一个割阶($C-D$)的刃型位错晶体；

(b)、(c)、(d)、(e)、(f)—这种位错平移时的相继阶段。

图 2－33　弗兰克-里德源

对于离子晶体，比较常见的增殖机理是通过螺型位错的复交叉滑移。当位错相互缠结在一起时，产生复合交叉滑移。纠缠在一起的位错不能运动，并形成位错的不运动线段，这就像弗兰克瑞德机理中的刃型位错的钉扎线段一样以同样方式作用。

由于位错与塑性形变的关系特别重要，为了改善无机材料的形变特性，对表面进行抛光、加入不同尺寸的离子或不同电价的杂质可使固溶强化。如对氧化铝退火和进行表面火焰抛光，消除表面缺陷；固溶 Fe、Ni、Cr、Ti 和 Mg 可增加合金的压缩屈服强度。由于除 Cr 外，氧化铝中所有阳离子的溶解度都低，若固溶则可能出现固溶强化和淀析硬化。

多晶塑性形变不仅取决于构成材料的晶体本身，而且在很大程度上受晶界物质的控制。多晶塑性形变包括以下内容：晶体中的位错运动引起塑变；晶粒与晶粒间晶界的相对滑动；空位的扩散；黏性流动。相关内容参见 2.5、2.6 节。

2.5　无机材料的高温蠕变

材料在高温下长时间受到小应力作用，会出现蠕变现象，即材料具有典型的应变-时间关系。从热力学观点出发，蠕变是一种热激活过程。在高温条件下，借助于外应力和热激活的作用，形变的一些障碍物得以克服，材料内部质点发生了不可逆的微观过程。在常温下使用的材料用不着考虑蠕变，而在高温下使用的材料必须考虑蠕变。无机材料是很有前途的高温结构材料，因此对无机材料高温蠕变研究越来越受到重视。

2.5.1　典型的蠕变曲线

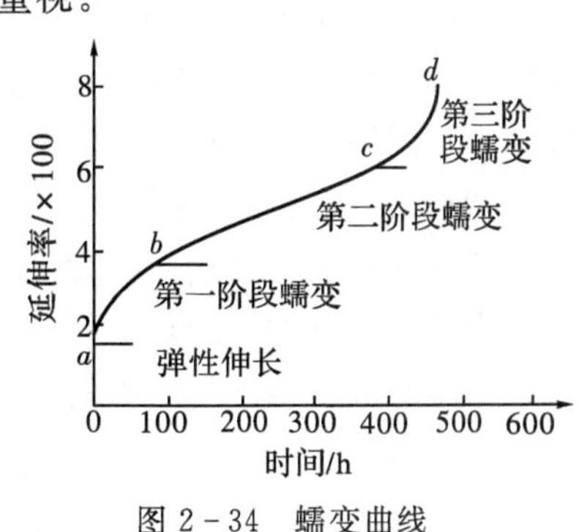

图 2-34　蠕变曲线

无机材料典型的蠕变曲线如图 2-34 所示。该曲线可分为四个阶段：

1. 起始段(弹性伸长)

在外力作用下材料发生瞬时弹性形变，即应力和应变同步。若外力超过试验温度下的弹性极限，则起始段也包括一部分塑性形变。

2. 第一阶段蠕变

此阶段也叫蠕变减速阶段或过渡阶段。其特点是应变速率随时间递减，持续时间较短，应变速率有如下关系：

$$\dot{\varepsilon}=\frac{\mathrm{d}\varepsilon}{\mathrm{d}t}=At^{-n} \tag{2-77}$$

式中，A 为常数；低温时 $n=1$，得 $\varepsilon=A\ln t$；高温时，$n=2/3$，得 $\varepsilon=Bt^{-2/3}$。此阶段类似于可逆滞弹性形变。

3. 第二阶段蠕变

此阶段的形变速率最小，且恒定，也为稳定态蠕变。形变与时间的关系近似为线性关系：

$$\varepsilon=Kt \tag{2-78}$$

4. 第三阶段蠕变

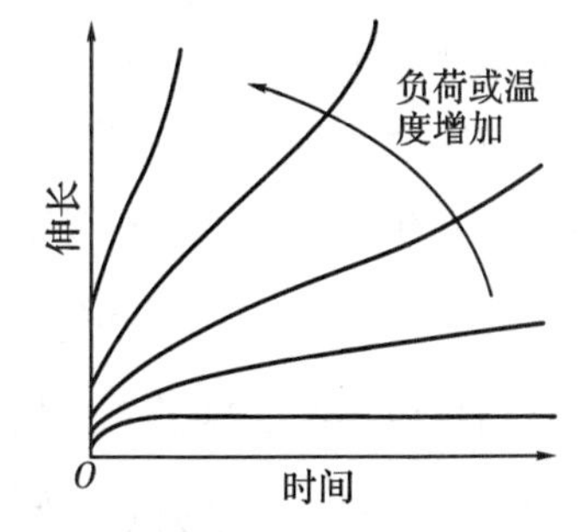

图 2-35　温度和应力对蠕变曲线的影响

此阶段也叫加速蠕变阶段，该阶段是断裂即将来临之前的最后一个阶段。其特点是曲线较陡，说明蠕变速率随时间增加而快速增加，到达 r 点，然后断裂。

温度和应力都影响恒定温度蠕变曲线的形状，如图 2-35 所示。在蠕变曲线的第一阶段蠕变，温度不同，有不同的 n 值。当温度升高时，n 值变小，形变速率加快，恒定蠕变阶段缩短。外加应力对稳态的应变速率影响很大，曲线形状的变化类似于温度。形变速率与应力有如下关系：

$$\dot{\varepsilon}=(\text{常数})\sigma^{n} \tag{2-79}$$

n 变动在 2～20 范围内，$n=4$ 最为常见。

2.5.2 蠕变机理

描述无机材料形变的机理有位错的攀移、扩散蠕变，在某些条件下晶界滑动也可能是重要的。由于位错的攀移是在晶体中发生，因此其描述机理为晶格机理。

2.5.2.1 晶格机理

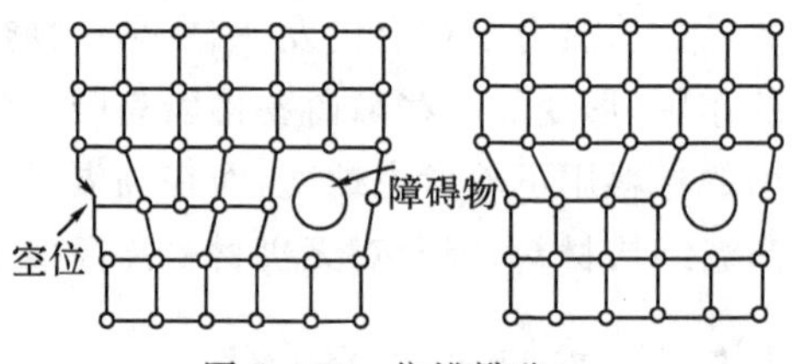

图 2-36 位错攀移

晶格机理除了位错滑移引起蠕变之外，还有一种是由于晶体内部的自扩散而使位错进行攀移的蠕变。在一定温度下，热运动的晶体中存在一定数量空位和间隙原子；位错线处一列原子由于热运动移去成为间隙原子或吸收空位而移去；位错线移上一个滑移面，或其他处的间隙原子移入而增添一列原子，使位错线向下移一个滑移面。位错在垂直滑移面方向的运动称为位错的攀移运动，如图 2-36 所示。

滑移和攀移的区别是滑移与外力有关，而攀移与晶体中的空位和间隙原子的浓度及扩散系数等有关。实际生产中利用位错的攀移运动来消除位错。位错攀移时，应变速率为

$$\dot{\varepsilon}=A\sigma^{n}\exp\left(-\frac{Q}{RT}\right)=A\sigma^{n}\exp\left(\frac{\Delta S}{R}\right)\exp\left(-\frac{\Delta H}{RT}\right) \tag{2-80}$$

式中，Q 为自扩散激活能；ΔS 为熵；ΔH 为自扩散激活焓。该方程为杜恩和魏脱迈方程。

位错攀移是第二阶段蠕变发生的机理，当温度、应力恒定时，应变速率为一常数。

对于多晶材料，晶界起着阻止位错滑动的作用。有些晶粒对应力轴取向很差，阻止其他晶粒剪切，结果使集合体没有延性。一般多晶材料需要五个独立的滑移系统才能具有延性。为满足该条件，辅助(高温)滑移系统必须起作用，形成位错滑移蠕变。

由位错滑动而形变的材料的屈服强度 σ 和晶粒尺寸 d 之间的关系为

$$\sigma=\sigma_i+B/d^{1/2} \tag{2-81}$$

式中，B 为常数；σ_i 为摩擦应力，是晶格抵抗形变的一个量度。这种强化也可能起因于亚晶粒和小角度晶界。

2.5.2.2 扩散蠕变理论——空位扩散流动

此理论也叫纳巴罗-赫润蠕变。在扩散蠕变过程中，多晶材料内部的自扩散使固体在作用应力下屈服，形变起因于每个晶粒的扩散流动。这种流动是受法向压应力的晶界上的原子朝向受法向张应力的晶界上运动。晶界在法向张应力 σ 的作用下，其空位浓度为

$$c=c_0=\exp\left(\frac{\sigma\Omega}{k_0T}\right) \tag{2-82}$$

受法向压应力的晶界上的空位浓度为

$$c=c_0\exp\left(-\frac{\sigma\Omega}{k_0T}\right) \tag{2-83}$$

式中，Ω 为空位体积；c_0 为平衡浓度；k 为玻耳兹曼常数。

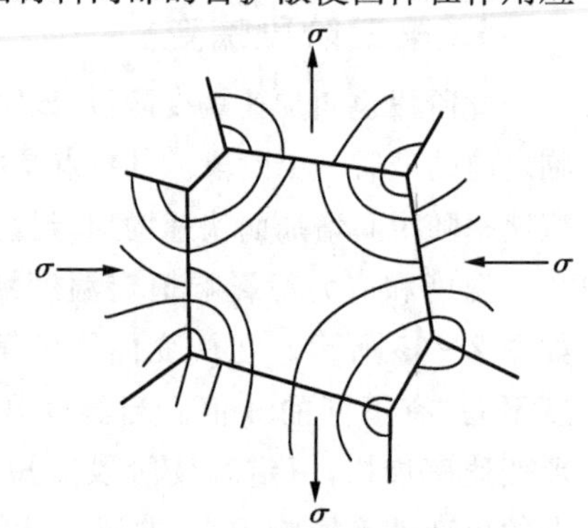

图 2-37 高温受力下晶粒中原子的扩散示意图

因此应力造成空位浓度差，质点由高浓度向低浓度扩散，导致晶粒沿受拉方向伸长，引起形变，如图 2-37

所示。在稳定态条件下，纳巴罗-赫润计算蠕变速率（蠕变率）如下：

（1）体扩散（通过晶粒内部）蠕变率为

$$\dot{\varepsilon}=\frac{13.3\sigma\Omega D_{\mathrm{V}}}{k_0Td^2} \tag{2-84}$$

（2）晶界扩散（沿晶界扩散）蠕变率为

$$\dot{\varepsilon}=\frac{47\sigma\delta\Omega D_{\mathrm{b}}}{k_0Td^3} \tag{2-85}$$

两式中，δ 为晶界的宽度；D_{V} 为体扩散系数；D_{b} 为晶界扩散系数；d 为晶粒直径。

2.5.2.3 晶界蠕变理论

晶界对蠕变速率有两种影响：第一，高温下，晶界能彼此相对滑动，使剪应力得到松弛，但却增加了晶粒内部滑动受到限制的那些地方，特别是三个晶粒相遇的三重点的应力。第二，晶界本身是位错源或阱，所以在离晶界约为一个障碍物间距内的位错会消失，而不会对应变硬化有贡献；在晶粒尺寸减小到大约与障碍物间距相当时，稳定态蠕变速率就有显著的增加。对于大角度晶界是晶格匹配差的区域，可以将其认为是晶粒之间的非晶态结构区域，可产生晶界滑动。

在高温下，晶界表现为黏滞性扩散蠕变，与晶界蠕变是互动的。如果蠕变由扩散过程产生，为了保持晶粒聚在一起，就要求晶界滑动，如图 2－38 所示；另一方面，如果蠕变起因于晶界滑动，则要求扩散过程来调整。

图 2－38 扩散蠕变与晶界滑动

对于材料蠕变机理的判断，须根据具体材料进行具体分析。例如，对于氧化镁多晶的研究表明与晶界相交的位错难于穿入相邻晶粒，因此在细晶粒材料中控制速率的机理不是守恒的位错运动。由热压或烧结制备的材料在晶界处可能有气孔或第二相，当晶界滑动时引起裂纹并在明显地呈现塑性之前就破坏。由于掺加溶质会提高扩散速率并阻止滑动，所以含有 Fe^{3+} 的 MgO 的蠕变在低应力下完全是扩散蠕变，对于气氛的影响是，由于氧分压降低，镁离子的空位浓度下降，因此降低了镁的扩散和蠕变速率，在较高的应力下，更符合位错的攀移机理。对于氧化铝，只有当非基面滑移系统受激活时，才具有可塑性，因此温度低于 2000 ℃，应力与弹性模量之比小于 10^{-3} 时必是位错运动以外的其他机理影响并控制着蠕变行为。对于晶粒尺寸为 5～70 μm 的材料，在 400～2000 ℃范围内铝离子穿过晶格的扩散是控制速率的扩散。较低温度（＜1400 ℃）和较细的晶粒尺寸（1～10 μm）下，铝离子沿晶界扩散限制着速率，但是对于大晶粒（60 μm），可能由位错机理所引起的重大作用而发生形变。

2.5.3 影响蠕变的因素

1. 温度

由前面分析可知，温度升高，蠕变增大。这是由于温度升高，位错运动和晶界滑动加快，扩散系数增大，这些都对蠕变有贡献。图 2－39 所示为 SiAlON 及 Si_3N_4 的稳态蠕变率与温度的关系。

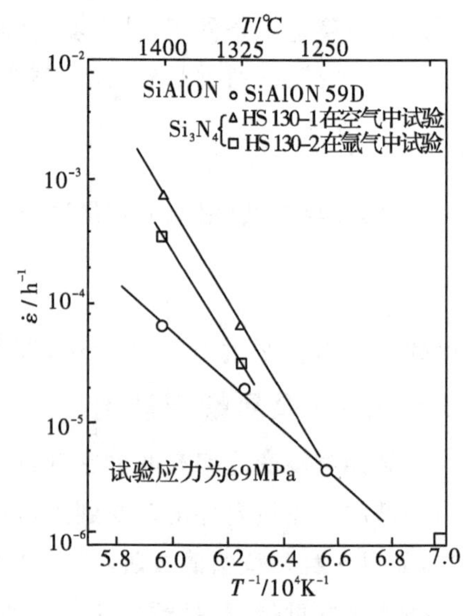

图 2－39 稳态蠕变速率和绝对温度倒数的关系

2. 应力

从式(2－84)和(2－85)可知，蠕变随应力增大而增大。若对材料施加压应力，则增加了蠕变阻力。

除了温度和应力外，影响材料蠕变行为的最重要的因素就是显微结构(晶粒尺寸和气孔率)、组成、化学配比、晶格完整性和周围环境。

3. 晶体的组成

结合力越大，越不易发生蠕变。因此随着共价键结构程度的增加，扩散和位错的运动降低。像碳化物、硼化物等共价键结构的无机材料具有良好的抗蠕变性。

4. 显微结构

蠕变是结构敏感的性能。材料中的气孔率、晶粒尺寸、玻璃相等对蠕变都有影响。

1)气孔率

由于气孔减少了抵抗蠕变的有效截面积，因此气孔率增加，蠕变率增加，如图 2－40 所示。此外，如果晶界黏性流动起主要作用时，气孔的空余体积可以容纳晶粒所发生的形变。

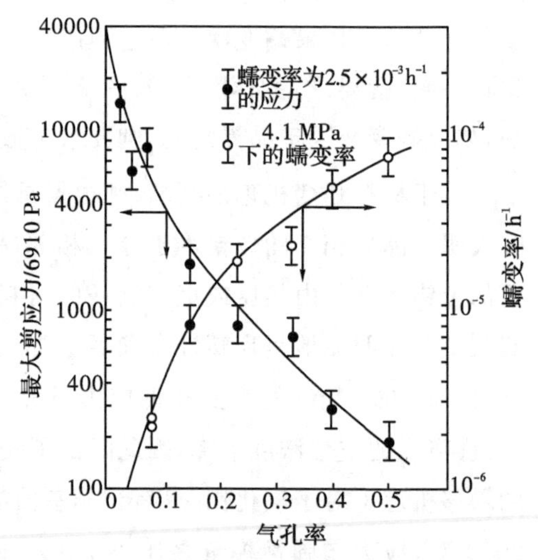

图 2－40 气孔率对多晶氧化铝蠕变的影响

2) 晶粒尺寸

由式(2－84)和(2－85)可知，晶粒越小，蠕变率越大。这是因为晶粒小，晶界的比例随晶粒的减小而大大增加，晶界扩散及晶界流动也就加强，所以晶粒越小，蠕变率越大。从表2－7的数据看出，尖晶石晶粒尺寸为 2～5 μm 时，蠕变率为 26.3×10^{-5}；当晶粒尺寸为 1～3 mm 时，蠕变率为 0.1×10^{-5}，蠕变率减小很多。单晶没有晶界，因此，抗蠕变的性能比多晶材料好。

3)玻璃相

温度升高，玻璃的黏度降低，变形速率增大，蠕变率增大。由此黏性流动对材料致密化有影响，材料在高温烧结时，晶界黏性流动，气孔容纳晶粒滑动时发生形变，即实现材料致密化。一些材料的蠕变率列于表 2－7，从中可看出，非晶态玻璃的蠕变率比结晶态要大得多。另外玻璃相对蠕变的影响还取决于玻璃相对晶相的润湿程度，如图 2－41 所示。如果玻璃相不

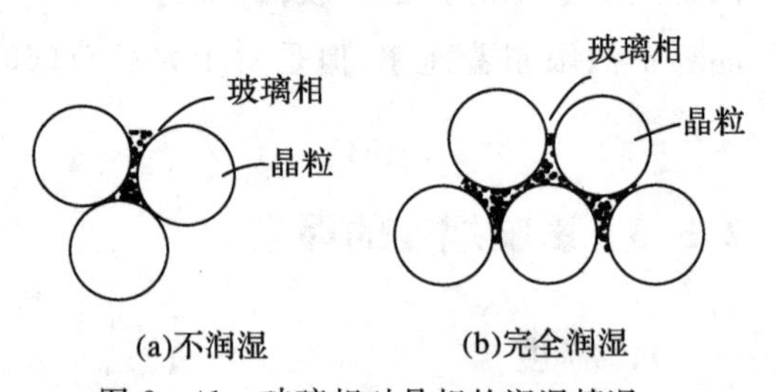

图 2－41 玻璃相对晶相的润湿情况

润湿晶相，则晶粒发生高度自结合作用，抵抗蠕变的性能就好；如果玻璃相完全润湿晶相，玻璃相穿入晶界，将晶粒包围，自结合的程度小，形成抗蠕变最弱的结果。其他材料的润湿程度介于二者之间。

大多数耐火材料中存在的玻璃相在决定变形性状中起着极重要的作用。对于高强耐火材料，需要完全消除玻璃相是不可能的，因而只能降低玻璃相的润湿性，可能的办法是在只有很少润湿发生的温度进行烧成或改变玻璃相的组成使其不润湿，但这是不容易做到的。强化耐火材料的另一种方法是通过控制温度和改变组成来改变玻璃的黏度。

除此之外，非化学配比由于可以在晶体中形成离子空位，因而对蠕变速率也有影响。

表 2-7 无机材料的蠕变率

材料	蠕变率/h^{-1} (1300 ℃，1.24×10^{7} Pa)	材料	蠕变率/h^{-1} (1300 ℃，7×10^{4} Pa)
多晶 Al_2O_3	0.13×10^{-5}	软玻璃	8
多晶 BeO	30×10^{-5}	铬砖	0.0005
多晶 MgO(注浆)	33×10^{-5}	镁砖	0.00002
多晶 MgO(等静压)	33×10^{-5}	石英玻璃	0.001
多晶 $MgAl_2O_4$ (2～5 μm) (1～3 μm)	26.3×10^{-5} 0.1×10^{-5}	隔热耐火砖	0.005
多晶 ThO_2	100×10^{-5}		
多晶 ZrO_2	3×10^{-5}		
石英玻璃	2000×10^{-5}		
隔热耐火砖	10000×10^{-5}		

2.6 黏滞流动

晶体中塑性流动强烈地决定于结晶学特性，即具有一定的滑移系统，与此相比较，液体和高温下玻璃相的黏滞形变或黏滞流动完全是各向同性的，只决定于作用应力。由于液体的黏度小，因此在小的剪应力作用下就会发生黏滞流动，通常用流动度来表示其形变的能力。流动度 φ 为黏度的倒数 $1/\eta$，黏度随温度在宽广范围内变动。例如：室温下，水和液态金属黏度值为 0.01Pa・s；液态温度下钠钙硅酸盐玻璃，其黏度值约 1000Pa・s；在退火范围的玻璃黏度值约为 10^{14}Pa・s。为了解释黏性流动的本质，研究者们曾提出过各种模型，下面简单介绍其中的几种模型，并简要分析影响黏度的因素。

2.6.1　流动模型

1. 绝对速率理论

绝对速率理论模型把黏滞流动看成是受高能量过渡状态控制的一种速率过程。

绝对速率理论的含义是液体分子从开始的平衡位置过渡到另一平衡状态，越过能垒进行传输，该能垒受到作用应力的影响发生偏移。根据绝对速率理论，如图 2-42 所示，流动速度为

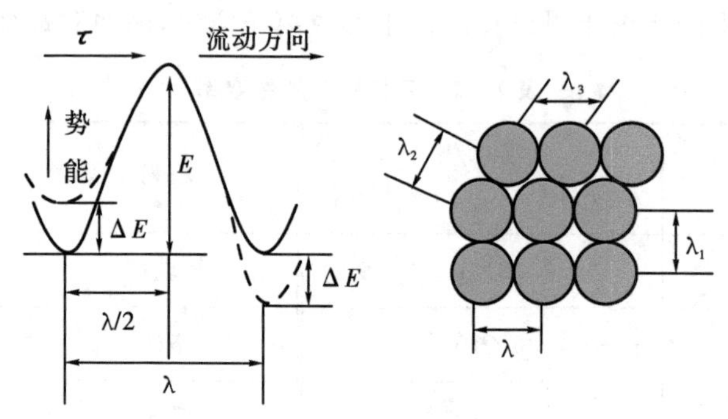

图 2-42　液体流动模型及势能曲线

$$\Delta u=2\lambda\gamma_0\exp(-\frac{E}{k_0T})\sin(\frac{\tau\lambda_1\lambda_2\lambda_3}{2k_0T}) \tag{2-86}$$

式中，γ_0 为原子的振动频率；E 为没有剪应力时的势垒高度；k_0 为玻尔兹曼常数。

根据牛顿液体定律 $\tau=\eta\frac{\mathrm{d}u}{\mathrm{d}x}=\eta\frac{\Delta u}{\lambda_1}$，得

$$\eta=\frac{\tau\lambda_1}{\Delta u}=\frac{\tau\lambda_1}{2\lambda\gamma_0\exp(-\frac{E}{k_0T})\sin(\frac{\tau\lambda_1\lambda_2\lambda_3}{2k_0T})} \tag{2-87}$$

假定 $\lambda=\lambda_1=\lambda_2=\lambda_3$，则

$$\eta=\frac{\tau\exp(\frac{E}{k_0T})}{2\gamma_0\sin(\frac{\tau V_0}{2k_0T})} \tag{2-88}$$

式中，$V_0=\lambda^3$ 为流动体积，与分子体积大小相当。

当外应力很小时，气体分子体积很小，$\tau V_0\ll kT$，得

$$\eta=\frac{k_0T}{\gamma_0V_0}\exp(\frac{E}{k_0T})=\eta_0\exp(\frac{E}{k_0T}) \tag{2-89}$$

说明在外应力很小时，黏度与应力无关，应力较大时，黏度随温度的升高而急剧下降。

2. 自由体积理论

根据此模型，流动中的临界步骤是开启具有某种临界体积的空隙以容许分子运动。这一空隙被认为是由系统中自由体积 V_f 的再分布形成的。自由体积定义为

$$V_f=V-V_0 \tag{2-90}$$

式中，V 为给定温度下分子的体积，温度越高，其值越大；V_0 为分子有效的硬核体积，其值恒

定不变。在观察到流动的大多数条件下，平均自由体积为硬核体积的一小部分。

自由体积理论的黏度表达式为

$$\eta = B\exp\left(\frac{KV_0}{V_f}\right) \tag{2-91}$$

式中，B 为一常数；K 为约等于 1 的常数。自由体积 V_f 由于提高了容许分子运动的空隙，其值越大，黏度越小。因此当温度升高，自由体积增大，黏度降低。黏度对温度的相依性在这里由自由体积对温度的相依性来表示。

3. 过剩熵理论

根据此模型，随着温度下降，液体的位形熵降低，使形变难以发生。考虑系统的最小区域的大小，此区域能变成一种新的组态而同时外部不发生组态的变化，将此和位形熵联系起来，可得过剩熵理论的表达式为

$$\eta = C\exp\left(\frac{D}{TS_0}\right) \tag{2-92}$$

式中，C 为常数；S_0 为材料的位形熵；D 与分子重新排列的势垒成比例，应接近于常数。在接近 T_g 的温度范围内，此式实际上和自由体积理论的表达式没有区别。

2.6.2　影响黏度的因素

1. 温度

不同种类的材料，黏度对温度的依赖关系有很大差别。从黏性流动的本质分析，黏度与温度有很大的关系，一般情况下，温度升高，黏度下降。玻璃黏度随温度的变化如图 2-43 所示，其特点是在玻璃转变温度 T_g 相当于黏度等于 10^{13} Pa·s 所对应的温度，玻璃的折射率、比热、热膨胀系数、黏度等物理性质发生突变，在性质与温度曲线上表现为斜率突然改变。这种黏度随温度的关系是玻璃成型工艺的重要依据。一般熔化阶段的黏度为5～50 Pa·s，加工阶段为 10^3～10^7 Pa·s，退火阶段为 $10^{11.5}$～$10^{12.5}$ Pa·s。玻璃加工的实际温度都为黏度所要求的温度，并以测定温度为准。

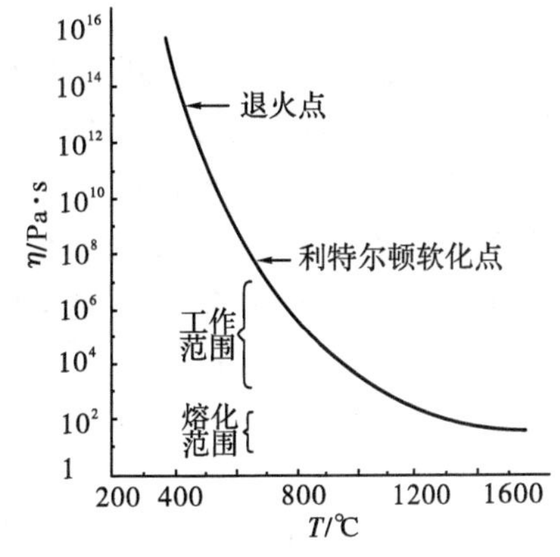

图 2-43　钠钙硅玻璃的黏度与温度的关系

2. 时间

在玻璃转变温度区域内，玻璃的黏度与时间有关。如图 2-44 所示，从高温状态冷却到退火点的试样，其黏度随时间而增加。而预先在退火温度点以下保持一定的时间，试样的黏度随时间而降低，但所需时间大大缩短。这种现象可以用自由体积理论解释。从高温先冷却到退火点，然后再加热，液体的体积减小，自由体积也减小，使黏度增大。而预先加热一定的时间，则使

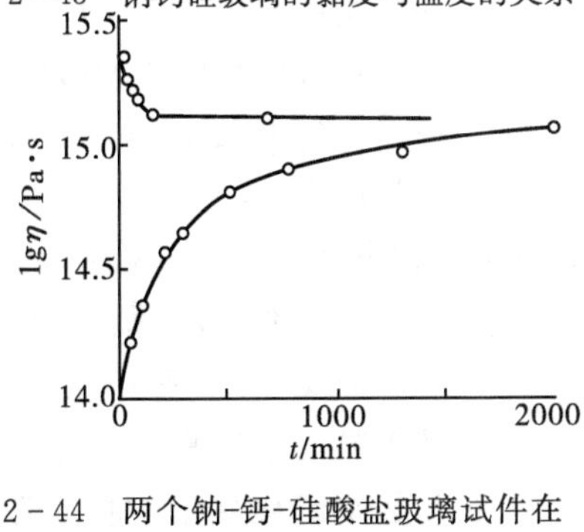

图 2-44　两个钠-钙-硅酸盐玻璃试件在 486.7 ℃的黏度-时间曲线。（上面的曲线为试件事先在 477.8 ℃下加热 64 h 的情况；下面的曲线为新拉制的试件的试验结果。）

热膨胀加大，自由体积增加，黏度下降。

3. 熔体的结构与组成

玻璃的黏度与熔体结构密切相关，而熔体结构又决定于玻璃的化学组成和温度，其结构主要由氧硅比决定。玻璃的黏度几乎总是随结构网络改变阳离子浓度的增加而下降。例如：在 1600 ℃，熔融石英的黏度因掺 2.5% molK_2O，黏度下降约四个数量级，原因是改性离子减弱了 Si－O 键。

（1）化学键的强度。在碱硅二元玻璃中，当 O/Si 值很高，接近岛状结构时，其间很大程度上依靠R—O相连接，黏度按 Li_2O，Na_2O，K_2O 顺序递减，当 O/Si 值低时，顺序相反。

（2）离子的极化。阳离子的极化力大，对氧离子极化、变形大，减弱硅氧键的作用大，表现为黏度下降。一般非惰性气体型的氧离子极化力大于惰性气体型的氧离子。例如：二价铅取代电荷相同、大小相近的二价锶离子，玻璃的黏度下降；过渡金属取代镁，黏度下降。

（3）结构的对称性。结构不对称，有可能在结构中存在缺陷，黏度下降。例如：Si—O、B—O 键强相差不大，但石英玻璃的黏度比氧化硼玻璃的黏度大得多。磷酸盐玻璃中磷氧有单键和双键，即结构不对称。

（4）配位数 **N**。氧化硼配位数对黏度的影响比较突出。开始加入的硼处于氧四面体，使结构网络聚集紧密，黏度增大，当含量增加到一定值时，硼处于三角体中，使结构疏松，黏度下降。

氧化物对玻璃黏度的影响为 SiO_2、Al_2O_3、ZrO_2 等可提高黏度。碱金属氧化物降低黏度。碱土金属氧化物对黏度的作用较复杂；一方面类似于碱金属氧化物，能使大型的四面体群解聚，降低黏度，表现在高温时，另一方面，其电价较高，离子半径不大，故键力较大，有可能夺取小型四面体群的氧离子，使黏度增大，表现在低温。PbO、CdO、Bi_2O_3、SnO 等可降低黏度。Li_2O、ZnO、B_2O_3 等可增加低温黏度，降低高温黏度。

习　题

1. 简要说明各向异性胡克定律的物理意义。

2. 弹性刚度系数与原子间相互作用势能曲线之间有什么关系？

3. 影响弹性模量的因素有哪些？

4. 某种 Al_2O_3 瓷晶相体积比为 95%（弹性模量为 E＝380 GPa），玻璃相为 5%（E＝84 GPa），两相泊松比相同，计算其上限和下限弹性模量。如果该瓷含有 5%气孔（体积比），估计其上限和下限的弹性模量。

5. 画两个曲线图，分别示出应力弛豫与时间的关系和应变蠕变与时间的关系。并注出：t＝0、t＝∞及 $t=\tau_\varepsilon$ 或 $t=\tau_\sigma$ 时的纵坐标。

6. 产生晶面滑移的条件是什么？简述其原因。

7. 什么是滑移系统？举例说明。比较金属与非金属晶体滑移的难易程度。

8. 试从晶体的势能曲线分析在外力作用下塑性形变的位错运动理论。

9. 合金类制品进行冷塑性变形时会发生强度、硬度升高的现象，为什么？如果必须进行较大塑性形变才能制备所需特殊形状的制品，应该采取怎样的中间处理工艺？为什么？

10. 玻璃是无序网络结构，不可能有滑移系统，呈脆性，但在高温时又能形变，为什么？

11. 一圆杆的直径为 2.5 mm，长度为 25 cm，受到 450 N 的轴向拉力，若直径拉细至 2.4 mm，拉伸形变后，圆柱的体积不变，求在此拉力下的真应力、真应变，名义应力和名义应变，并结合相关知识对计算结果进行讨论。

12. 何为高温蠕变？试简述材料典型高温蠕变曲线各阶段特点并讨论影响蠕变形变的因素。结合相关形变知识，比较同一材料常温及高温形变的难度并论述原因。

13. 拉制玻璃棒和玻璃纤维是可能的，但用同样的方法来处理金属时则拉制棒材过程中会发生缩颈，形成纤维过程中要发生起球现象。(1)说明为什么拉制玻璃棒不会产生缩颈现象；(2)说明为什么能制成玻璃纤维，而不能制成金属纤维。

14. 在室温条件下，一般情况金属材料的塑性比陶瓷材料的好很多，为什么？试从材料形变过程及材料微结构特点阐述。纯铜与纯铁这两种金属材料，哪个塑性更高？说明原因。

15. 给出 CaF_2 的晶体结构、解理面、主要滑移面，伯氏矢量，占优势的晶格缺陷类型和 1200 ℃时加入 YF_3、CaO、NaF 对塑性流动的影响，并讨论每种情况的机理。

16. 假定硬度特性和塑性及键强度有关，预估 SiC 的六边形变体比立方变体硬还是软？为什么？

17. 在 1750 ℃测试了氧化铝的稳定态蠕变速率，发现多晶材料以 $3\times10^{6}s^{-1}$ 的速率蠕变，而单晶的蠕变速率为 $8\times10^{-10}s^{-1}$。为什么有此差别？

第3章　无机材料的脆性断裂与强度

由于大多数无机材料常温下在外力作用时塑性形变很小或几乎没有塑性形变，易发生突然断裂，使无机材料呈现出脆性断裂的特征，此类材料的抗冲击性能也很差。脆性断裂是指断裂前宏观塑性形变很小，甚至为零，或吸收的能量较小的断裂方式，有一种观点认为脆性断裂就是材料在受力后，在低于其本身结合强度，即在安全的情况下将应力进行重新分配，如果外加应力的速率超过应力重新分配的速率时，就会发生断裂。在温度较高的环境中，当无机材料长期受载荷作用时，晶体内部位错有滑移和爬移，晶界的非晶相及玻璃等非晶相材料会产生塑性形变、蠕变和黏滞流动，随着外加应力的持续增加或作用时间的延续，形变到一定程度之后，材料发生断裂，通常将其称为延迟断裂或疲劳断裂。

材料的强度是一种抵抗外力的能力，是材料在外加载荷作用下，发生形变或断裂时的内应力，是评价材料断裂行为的一个最为主要的指标，是设计和使用材料的一项重要指标。在实际应用时，要求材料具有抵抗拉、压、弯、扭、循环荷载等不同的强度指标，如抗压强度、抗拉强度或抗张强度、抗弯强度等，因此材料的强度一直受到人们的重视。

在研究强度时，力学工作者以应用力学为基础，根据宏观现象研究材料应力-应变状况，进行力学分析，总结出经验及规律，作为设计、使用材料的依据。材料工作者也从材料的微观结构来研究材料的力学性状，也就是研究材料宏观力学性能的微观机理，从而找出改善材料性能的途径、方法，为工程设计提供理论依据。这两方面的研究往往是密切相关的。应用力学的发展较早于材料科学的发展，随着对材料的要求愈来愈高，使用环境和条件也愈来愈苛刻，迫切需要具有特殊性能的新材料及改善现有材料的性能，从而促进了材料快速发展，并提出了各种理论解决材料的强度问题。主要有从微观上的位错缺陷分析塑性形变的微观机理，发展的愈益完善的位错理论；从宏观上的微裂纹缺陷发展出一门新的学科——断裂力学。这两种缺陷在材料强度理论中扮演着主要角色。但材料的强度理论尚不完善，许多问题尚不清楚，仍在发展中，许多学者的观点也不完全一致，有待今后进一步研究。本章主要学习无机材料的断裂及强度的相关理论和内容。

3.1　断裂现象

材料在力的作用下分成若干部分的现象称之为断裂。根据断裂前发生塑性形变的情况，分为韧（塑）性断裂（延性断裂）和脆性断裂两种。

韧(塑)性断裂在断裂时伴有宏观上的塑性形变,可观察到明显的缩颈现象,断口呈盆状或杯状。金属材料的断裂多属此种。

脆性断裂是材料在应力未达到强度极限时突然断裂,断裂前没有明显的宏观塑性形变,没有明显的迹象,即没有经过塑性流变阶段而直接形成的断裂,往往表现为突发性的快速断裂过程,此种断裂发生在弹性应变状态下,断口平整,无盆状或杯状现象。脆性断裂具有极大的危险性!此种断裂没有先兆性,是突发性的、灾难性的,断裂的断口形貌如图 3-1 所示。

号称永不沉没的豪华巨轮泰坦尼克号(*Titanic*)沉没于冰海中。究竟是什么原因导致这艘巨轮沉没?1995 年 2 月美国《大众科学》(Popular Science)杂志发表了甘农(*Gannon*)的文章,标题是"What Really Sank The Titanic",回答了这个未解之谜。图 3-2 所示的冲击试验结果中,图(*a*)是取自海底的 *Titanic* 钢板试样,图(*b*)是近代船用钢板的冲击试样。由于早年的 *Titanic* 采用了含硫高的钢板,韧性很差,特别是在低温下呈现脆性,所以,冲击试样是典型的脆性断口。近代船用钢板的冲击试样则具有相当好的韧性。

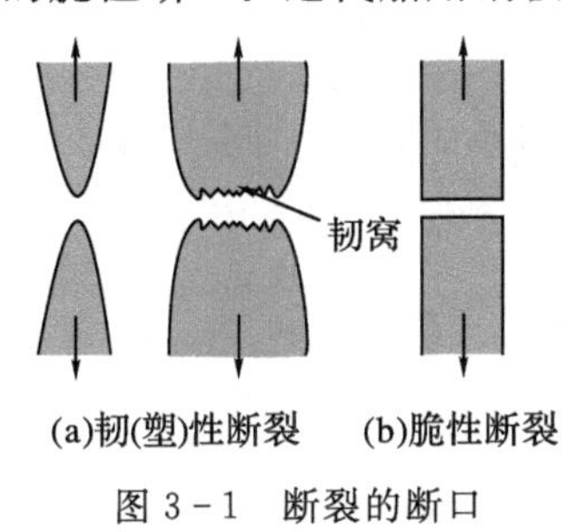

图 3-1 断裂的断口

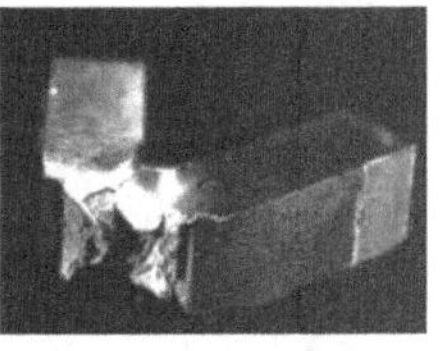

图 3-2 冲击试验

3.2 理论断裂强度

材料的理论断裂强度是其在理论上可能达到的最高值,其值取决于组成材料的分子、原子(离子)间的结合力,因此要得到理论强度的表达式,应从原子间的结合力入手。实际上,材料的断裂就是材料中外力克服了原子结合力,形成了两个新的表面。在外加应力作用下,将晶体中的两个原子面拉断分开所需的最小应力称为理论结合强度或理论断裂强度。从 1.2 节晶体结合中的原子相互作用力和位移的关系中可以获得原子间的应力-应变的关系曲线,如果已知其精确形式,就可算出理论断裂强度。也就是说材料的理论断裂强度都可以从化学组成、晶体结构与强度间的关系来计算。由于材料的组成不同、结构不同及键合方式不同,这种理论计算是十分复杂的,不同材料也不一样。

为了可以简单、粗略地估算各种情况都适用的理论断裂强度,奥罗万(*Orowan*)提出了一种办法,他将原子间作用力随距离变化的曲线近似为简单的正弦曲线形式,如图 3-3 所示,该曲线的数学表达式为

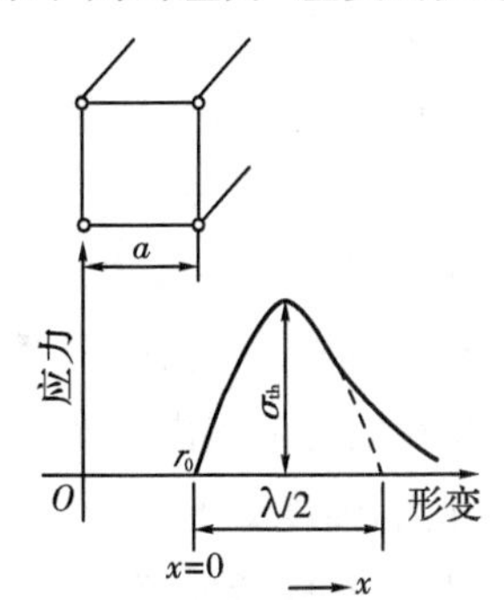

图 3-3 原子间约束力合力曲线

$$\sigma=\sigma_{th}\sin\frac{2\pi x}{\lambda} \tag{3-1}$$

式中，σ_{th}为理论断裂强度；λ为正弦曲线的波长。

由于材料在发生断裂时，形成了两个新表面，而在使单位面积的原子平面分开所做的功等于或大于新生两个单位面积所需的表面能时，材料才能断裂。设分开单位面积原子平面所做的功为W_e，则其值应等于释放出的弹性应变能，可用图3-3中曲线下所包围的面积来计算，有

$$W_e=\int_0^{\frac{\lambda}{2}}\sigma_{th}\sin\frac{2\pi x}{\lambda}dx=\frac{\lambda\sigma_{th}}{2\pi}\left[-\cos\frac{2\pi x}{\lambda}\right]_0^{\frac{\lambda}{2}}=\frac{\lambda\sigma_{th}}{\pi} \tag{3-2}$$

设材料形成新表面的表面能为γ(这里是断裂表面能，不是自由表面能)，则$W_e=2\gamma$，即$\frac{\lambda\sigma_{th}}{\pi}=2\gamma$，得

$$\sigma_{th}=\frac{2\pi\gamma}{\lambda} \tag{3-3}$$

接近平衡距离r_0的区域，曲线可以用直线代替，即x很小时，服从胡克定律：

$$\sigma=E\varepsilon=\frac{x}{r_0}E \tag{3-4}$$

x很小时

$$\sin\frac{2\pi x}{\lambda}\approx\frac{2\pi x}{\lambda} \tag{3-5}$$

将式(3-3)、式(3-4)、式(3-5)代入式(3-1)，得

$$\sigma_{th}=\sqrt{\frac{E\gamma}{r_0}} \tag{3-6}$$

式中，r_0为晶格常数a。可见理论断裂强度只与弹性模量、表面能、晶格间距等材料常数有关。式(3-6)虽是粗略的估计，但适用于所有固体材料。通常γ约为$\frac{aE}{100}$，式(3-6)可写为

$$\sigma_{th}=\frac{E}{10} \tag{3-7}$$

式(3-6)的估计比更精确的计算值稍偏高。

一般材料常数的典型数值为：$E=300$ GPa，$\gamma=1$ J/m^2，$a=3\times10^{-10}$ m，则根据式(3-6)可算出$\sigma_{th}=30$ GPa。

由式(3-6)可知要得到高的理论断裂强度的材料就要求E、γ大，而a小。实际材料中只有一些极细的纤维和晶须接近理论强度值，例如石英玻璃纤维强度可达24.1 GPa，约为$E/4$；碳化硅晶须强度为6.47 GPa，约为$E/23$；氧化铝晶须强度为15.2 GPa，约为$E/33$。但尺寸较大的材料的实际强度比理论值低得多，约在$E/100\sim E/1000$范围的，而且实际材料强度总在一定范围内波动，即使是同种材料在同样条件下制成的试件，强度值也有波动。试件尺寸大，强度就偏低。

另外，从能量守恒方面也可以得出理论强度。材料在拉伸力F的作用下，由于伸长x而储存了弹性应变能W_e，即

$$W_e = \int_0^x F\mathrm{d}(\Delta L) = \int_0^x k\Delta L\mathrm{d}(\Delta L) = \frac{1}{2}Fx \tag{3-8}$$

式中，k 为材料的弹性常数。临界断裂时，应变能提供新生断面所需的表面能，有

$$\frac{\sigma_{th}x}{2}=2\gamma \tag{3-9}$$

x 很小时，满足胡克定律：

$$\sigma_{th}=E\frac{x}{r_0} \tag{3-10}$$

由式(3－9)和式(3－10)得理论断裂强度为

$$\sigma_{th}=2\sqrt{\frac{E\gamma}{r_0}} \tag{3-11}$$

式(3－11)与式(3－6)相比，二者结果仅相差一个系数，其他都是一致的。

已知理论断裂强度 σ_{th}，可以根据理论断裂强度与理论剪切强度 τ_{th} 之比值，判断材料塑性的大小。

当 $\sigma_{th}:\tau_{th}>10$，材料为塑性，断裂前已出现显著的塑性流变；当 $\sigma_{th}:\tau_{th}\approx 1$，材料为脆性；当 $\sigma_{th}:\tau_{th}=5$，需参考其他因素作判断。如 NaCl 的 $\sigma_{th}:\tau_{th}$ 为 0.49，金刚石的为 1.16，而铜和银的为 30。

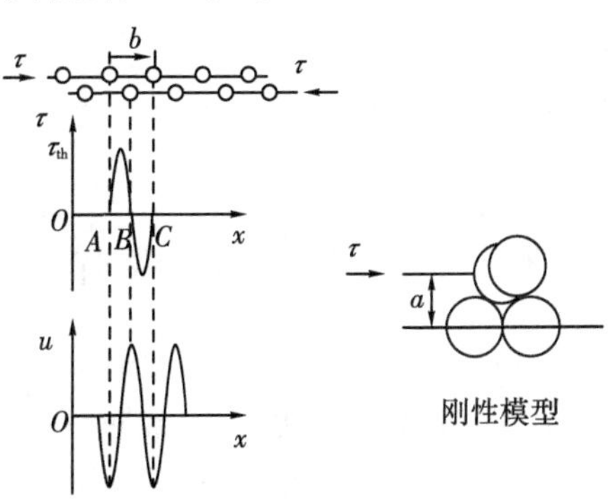

图 3－4　原子间作用力 τ、势能 u 和距离 x 的关系

理论剪切强度可通过如图 3－4 所示的原子间作用力、势能和距离的关系进行求解。类似于理论断裂强度，可用正弦函数近似写出剪应力与位移的关系：

$$\tau=\tau_{th}\sin\frac{2\pi x}{b} \tag{3-12}$$

当 $x\ll b$ 时，根据胡克定律有

$$\tau=G\frac{x}{a} \tag{3-13}$$

设 $a=b$，得

$$\tau_{th}=\frac{G}{2\pi} \tag{3-14}$$

按外力作用的性质不同，材料发生断裂时的强度应主要有屈服强度、抗拉强度、抗压强度、抗弯强度等，而无机材料在室温下一般没有屈服现象，故无屈服强度。由于材料的强度尺寸效应，材料的抗压强度大于抗张强度，抗压强度约为抗张强度的十倍。而一般情况下会研究材料最薄弱的环节方面，因此对于强度的研究大都集中在抗张强度方面，在后面的讨论中通常简称“强度”。

实际上材料的断裂强度 σ_c 和理论断裂强度相差很大，如表 3－1 所示。

表 3-1 一些材料的断裂强度理论值和测定值

材料	$\sigma_{th}/(kg\cdot mm^{-2})$	$\sigma_c/(kg\cdot mm^{-2})$	σ_{th}/σ_c	材料	$\sigma_{th}/(kg\cdot mm^{-2})$	$\sigma_c/(kg\cdot mm^{-2})$	σ_{th}/σ_c
Al_2O_3 晶须	5000	1540	3.3	Al_2O_3 宝石	5000	64.4	77.6
铁晶须	3000	1300	2.3	BeO	3570	23.8	150
奥氏型钢	2048	320	6.4	MgO	2450	30.1	81.4
硼	3480	240	14.5	Si_3N_4 热压	3850	100	38.5
硬木	—	10.5	—	SiC	4900	95	51.6
玻璃	693	10.5	66.0	Si_3N_4 烧结	3850	29.5	130
NaCl	400	10	40.0	AlN	2800	60～100	46.7～28.0
Al_2O_3 刚玉	5000	44.1	113				

3.3 微裂纹强度理论

1920 年，格里菲斯(Griffith)为了解释玻璃的理论断裂强度与实际断裂强度的差异，提出了一个微裂纹理论，后来经过许多发展和补充，逐渐成为脆性断裂的主要理论基础。格里菲斯认为实际材料中总存在许多细小的裂纹或缺陷，外力作用时，在这些裂纹和缺陷附近就会产生应力集中现象，当应力达到一定值时，裂纹就开始扩展而导致断裂。所以断裂并不是晶体两部分同时沿整个横截面被拉断，而是裂纹扩展的结果。

3.3.1 裂纹尖端应力集中理论

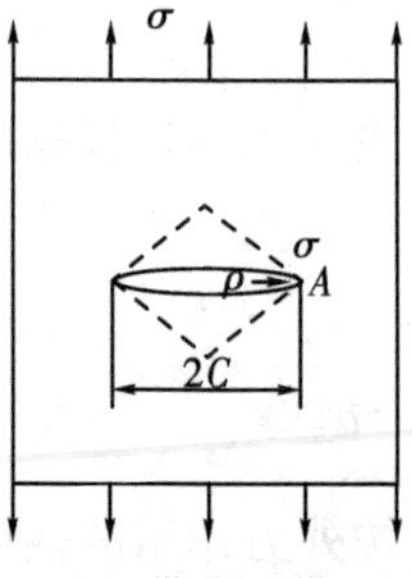

英格里斯(Inglis)于 1913 年研究了带孔洞板的应力集中问题，得到了一个主要结果：孔洞端部的应力几乎只取决于孔洞的长度和端部的曲率半径而不管孔洞的形状如何。如图3-5所示，在一大而薄的平板上，有一穿透孔洞，不管孔洞是椭圆还是菱形(虚线)，只要孔洞的长度 $2C$ 和端部曲率半径 ρ 相同，则 A 点的应力差别不大。英格里斯根据弹性理论求得 A 点的应力 σ_A。其过程如下：

图 3-5 带孔洞薄板的应力

英格里斯对均匀平板中的椭圆孔(裂纹)(见图 3-6)进行了应力分析，其中裂纹尖端的弹性应力沿 x 分布通式为

$$\sigma_{Ln}=q(C,\rho,x) \tag{3-15}$$

用弹性力学理论计算 σ_{Ln}，结果为

$$\sigma_{Ln}=\sigma\left[\frac{\left(1+\frac{\rho}{2x+\rho}\right)C^{\frac{1}{2}}}{(2x+\rho)^{\frac{1}{2}}}+\frac{\rho}{2x+\rho}\right] \tag{3-16}$$

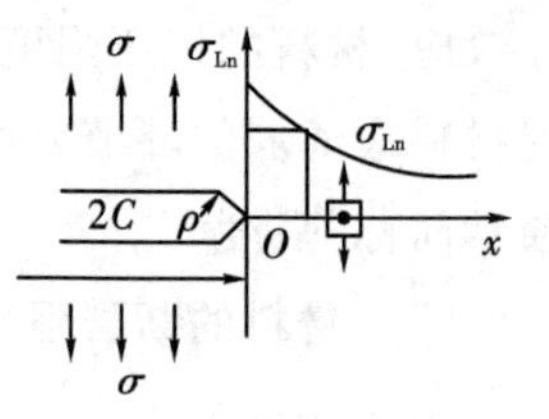

图 3-6 裂纹尖端处的应力分布

考虑裂纹端的一点应力，认为当 σ_{Ln} 等于材料的理论强度时，裂纹就会被拉开，C 随之变大，σ_{Ln} 又进一步增加……如此恶性循环，导致材料迅速断裂。

当 $x=0$，裂纹为扁平的锐裂纹（$C \gg$ 裂纹尖端的曲率半径 ρ），ρ 最小（奥罗万（Orowan）注意到 ρ 是很小的，可近似认为与原子间距 a 同数量级），如图 3-7 所示，当 ρ 小到原子间距 a 时，为最危险的裂纹尖端应力条件。当 $x=0$ 时的 σ_{Ln} 用 σ_A 表示，式(3-16)可简化为

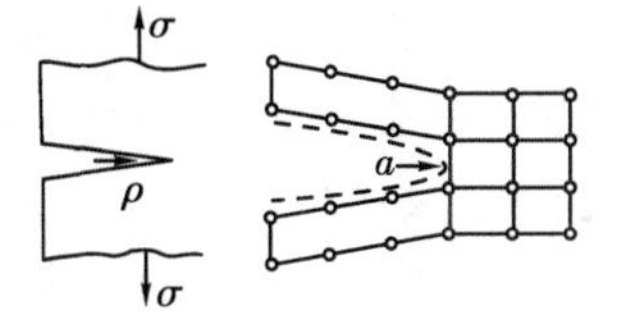

图 3-7 微裂纹端部的曲率对应于原子间距

$$\sigma_A=\sigma\left(1+2\sqrt{\frac{C}{\rho}}\right) \tag{3-17}$$

当 $C \gg \rho$，即裂纹为扁平的锐裂纹，则 C/ρ 很大，1 可以忽略，有

$$\sigma_A=2\sigma\sqrt{\frac{C}{\rho}} \tag{3-18}$$

当 ρ 最小时（为原子间距 a），式(3-18)可以写为

$$\sigma_A=2\sigma\sqrt{\frac{C}{a}} \tag{3-19}$$

当裂纹尖端的局部应力等于理论强度时，即 $\sigma_A=\sigma_{th}$，裂纹扩展，沿着横截面分为两部分，此时为断裂的临界条件，外加应力为断裂强度 σ_c。即

$$2\sigma_c\sqrt{\frac{C}{a}}=\sqrt{\frac{E\gamma}{a}}$$

得断裂强度为

$$\sigma_c=\sqrt{\frac{E\gamma}{4C}} \tag{3-20}$$

考虑裂纹尖端的曲率半径是一个变数，即不等于 a，其一般式为

$$\sigma_c=y\sqrt{\frac{E\gamma}{C}} \tag{3-21}$$

式中，y 是裂纹的几何（形状）因子。

英格里斯看到了缺陷，解释了实际强度远低于理论强度的事实，不足之处是只考虑了端部一点的应力，沿用了传统的强度理论，引用了现成的弹性力学应力集中理论，并将缺陷视为椭圆孔，未能讨论裂纹型缺陷，而实际上裂纹端部的应力状态是很复杂的。

3.3.2 格里菲斯微裂纹理论

格里菲斯借鉴了应力集中强度理论结果，从能量的角度研究了裂纹扩展的临界条件。其主导思想是裂纹失稳扩展导致材料断裂的必要条件是：在裂纹扩展中，系统的自由能 U 必须下降，而 $\Delta U=0$ 为裂纹失稳扩展的临界条件。

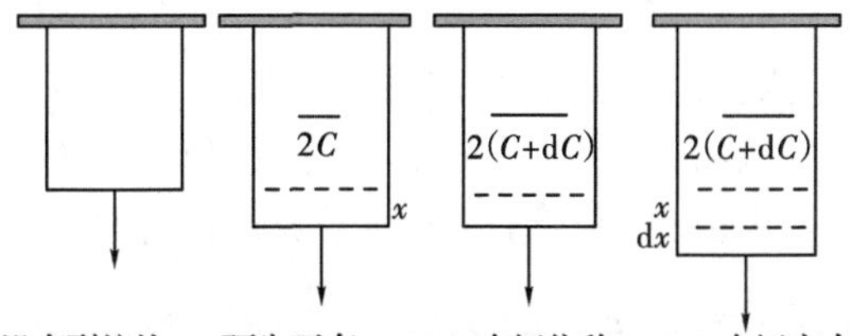

图 3-8 不同应力—应变条件下的状态

有一单位厚度的薄板，不同应力-应变条件下的状态如图 3-8 所示，(a)为没有裂纹的平板受力状态；(b)为预先开有裂纹 $2C$ 的平板受力状态；(c)为(b)在恒

位移条件下裂纹扩展了 $2dC$ 的状态；(d)为(b)在恒应力条件下裂纹扩展了 $2dC$ 的状态。(c)、(d)与(b)状态相比，自由能发生了三项变化：

(1)裂纹扩展弹性应变能的变化 dW_e；

(2)裂纹扩展新生表面所增加的表面能 $dW_s=4\gamma dC$；

(3)外力对平板做功 dW。

(c)、(d)两个状态与(b)相比自由能之差分别为

$$dU=U_{(c)}-U_{(b)}=dW_e+dW_s+dW \text{ 和 } dU=U_{(d)}-U_{(b)}=dW_e+dW_s+dW$$

在恒应力状态(d)下，外力 F 做功为

$$W=Fx \tag{3-22}$$

外力做功平板中储存的弹性应变能由式(3-8)给出为 $W_e=\frac{1}{2}Fx$，则

$$W_e=\frac{1}{2}W \tag{3-23}$$

该式说明外力做功一半被吸收成为平板的弹性应变能，剩余的另一半作为裂纹扩展新生表面所需的表面能。因此裂纹扩展的条件为

$$\frac{d(W-W_e)}{dC}=\frac{dW_s}{dC} \tag{3-24}$$

由式(3-23)和(3-24)得

$$\frac{dW_e}{dC}=\frac{dW_s}{dC} \tag{3-25}$$

该式说明在恒应力状态下，弹性应变能的增量大于扩展单位裂纹长度的表面能增量时，裂纹失稳而扩展。

在恒位移状态下，外力不做功，所以，$W=0$，由式(3-24)得裂纹扩展的条件为

$$-\frac{dW_e}{dC}=\frac{dW_s}{dC} \tag{3-26}$$

该式说明在恒位移状态下，弹性应变能释放率 $\frac{dW_e}{dC}$ 等于或大于裂纹扩展单位裂纹长度所需的表面能增量 $\frac{dW_s}{dC}$，裂纹失稳而扩展。

用图 3-9 来说明弹性应变能的降低或释放。将一单位厚度的薄板拉长到 $l+\Delta l$，然后将两端固定，此时板中储存的弹性应变能 $W_{e1}=\frac{1}{2}F\cdot\Delta l$。人为地在上述状态的板上割出一条长度为 $2C$ 的裂纹，产生两个新表面，由此原来储存的弹性应变能就要降低，有裂纹后板内储存的应变能为 $W_{e2}=\frac{1}{2}(F-\Delta F)\Delta l$，应变能降低为 $\Delta W_e=W_{e1}-W_{e2}=\frac{1}{2}\Delta F\cdot\Delta l$。欲使裂纹进一步扩展，应变能将进一步降低，降低的数量应等于形成新表面所需的表面能。

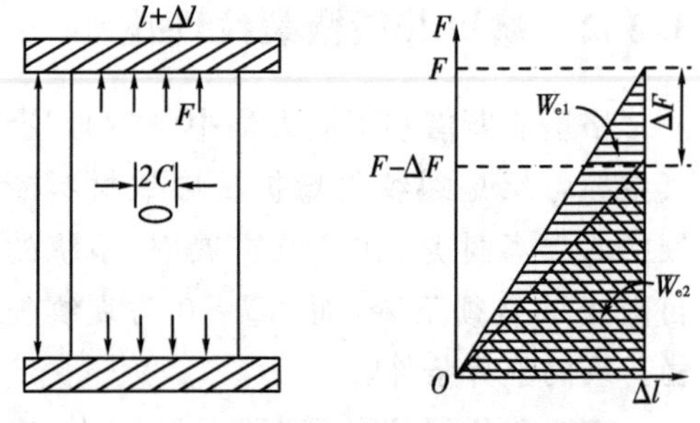

图 3-9 裂纹扩展临界条件的导出

由此格里菲斯提出了关于裂纹扩展的能量判据：弹性应变能的变化率或绝对值 $\left|\frac{dW_e}{dC}\right|$ 等于或大于裂纹扩展单位裂纹长度所需的表面能增量 $\frac{dW_s}{dC}$，裂纹失稳而扩展，即 $\left|\frac{dW_e}{dC}\right|=\frac{dW_s}{dC}$，这一判据虽然是从特殊应力和应变条件下获得的，但具有普遍的适用性，适用于任何应力和应变的关系条件下裂纹的扩展判据。

为了得到强度的表达式，格里菲斯考虑了在无限均匀拉应力场中狭窄的椭圆"裂纹"情况，当人为割开长 $2C$ 的裂纹时，根据英格里斯给出的椭圆孔端点附近区域应力场及应变场的标准解，算出裂纹周围各体积单元的应变能密度，在比裂纹尺寸大得多的范围内进行积分，在平面应力条件下可以得到具有单位厚度的弹性体的弹性应变能表达式：

$$W_e=\frac{\pi C^2\sigma^2}{E} \tag{3-27}$$

式中，C 为裂纹半长；σ 为外加应力；E 为弹性模量。如为厚板，则属平面应变状态，此时

$$W_e=(1-\mu^2)\frac{\pi C^2\sigma^2}{E} \tag{3-28}$$

式中，μ 为泊松比。

产生长度为 $2C$，厚度为 l 的两个新表面，所需的表面能为

$$W_s=4C\gamma \tag{3-29}$$

式中，γ 为断裂表面能。

扩展单位尺度裂纹弹性应变能的变化为 $\left|\frac{dW_e}{dC}\right|$，而形成单位尺度的裂纹表面能的增加为 $\frac{dW_s}{dC}$，根据能量判据：

当 $\left|\frac{dW_e}{dC}\right|<\frac{dW_s}{dC}$ 时，为稳定状态，裂纹不会扩展；

当 $\left|\frac{dW_e}{dC}\right|>\frac{dW_s}{dC}$ 时，裂纹失稳，迅速扩展；

当 $\left|\frac{dW_e}{dC}\right|=\frac{dW_s}{dC}$ 时，为临界状态，此时的外加应力 σ 就是材料的断裂强度 σ_c。

而

$$\frac{dW_e}{dC}=\frac{d}{dC}\left(\frac{\pi C^2\sigma^2}{E}\right)=\frac{2\pi\sigma^2 C}{E} \tag{3-30}$$

$$\frac{dW_s}{dC}=\frac{d}{dC}(4C\gamma)=4\gamma \tag{3-31}$$

裂纹扩展的临界条件就是

$$\frac{2\pi C\sigma_c^2}{E}=4\gamma \tag{3-32}$$

断裂程度：

$$\sigma_c=\sqrt{\frac{2E\gamma}{\pi C}} \tag{3-33}$$

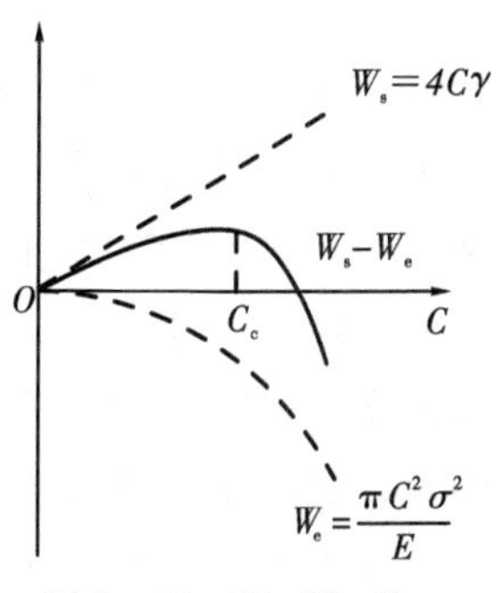

图 3-10　W_s、W_e 及 W_s-W_e 与 C 的关系

图 3-10 表示了 W_s、W_e 及 W_s-W_e 与 C 的关系。裂纹在应力 σ 的作用下，当 $\frac{d(W_s-W_e)}{dC}=0$，即 W_s-W_e 曲线达到最大值时裂纹便开始扩展。由此对应的 C 就为临界裂纹半长 C_c，其中 $C_c=\frac{2E\gamma}{\pi\sigma^2}$。

这就是格里菲斯从能量观点分析而得出的有裂纹存在下材料的理论强度。比较式(3-20)和式(3-33)，二者基本一致，而且它们和式(3-6)理论强度的公式类似，只是系数稍有差别，是后者用 $\pi C/2$ 代替了前者的 a。但裂纹半长 C 比原子间距 a 要大几个量级，从而解释了材料的实际强度为何比理论强度低 1～2 个数量级。可见如果能控制裂纹长度和原子间距在同数量级，就可使材料达到理论强度。当然，这在实际上很难做到，但格里菲斯已给出制备出高强度材料的方向，即是 E、γ 应大，而裂纹尺寸应小。应注意式(3-33)，式(3-34)是从平板模型推导出来的，物体几何条件的变化，对结果将有影响。

如果是平面应变状态，则

$$\sigma_c=\sqrt{\frac{2E\gamma}{(1-\mu^2)\pi C}} \tag{3-34}$$

格里菲斯用刚拉制的玻璃棒做实验，弯曲强度为 6 GPa，在空气中放置几小时后强度下降为 0.4 GPa，发现强度下降是由于大气腐蚀而形成玻璃棒表面裂纹。还有人用温水溶去氯化钠晶体表面的缺陷，其强度即由 5 MPa 提高到 1.6 GPa，可见表面缺陷对断裂强度影响甚大。还有人把石英玻璃纤维分成不同长度的几段并测其强度，发现当长度为 12 cm 时，强度为 275 MPa，长度为 0.6 cm 时，强度可达 760 MPa，此种结果是由于试件长含有危险裂纹的机会就多，其他形状试件也有类似规律，大试件强度偏低，这就是所谓的尺寸效应，即材料的强度随尺寸的增大而减小，随尺寸的减小而增大。其原因是格里菲斯微裂纹理论对尺寸效应的解释，即材料的强度是由材料内部的缺陷即微裂纹来控制的，在材料尺寸变大的同时其内部的微裂纹也在增多，存在大尺寸的裂纹可能性大，因此材料的强度会随之下降。反之，亦然。

非常典型的实例就是弯曲试件的强度比拉伸试件的强度高，其原因是弯曲试件的横截面上只有一小部分受到拉应力的作用，从以上实验可知，格里菲斯微裂纹理论能说明脆性断裂的本质——微裂纹扩展，且与实验相符，并能解释强度的尺寸效应。这一理论在玻璃等脆性材料中取得很大成功，但对金属与非晶态聚合物，实验得出的 σ_c 值比按式(3-33)算出的大得多。奥罗万指出延性材料受力时产生大的塑性形变，要消耗大量能量，因此 σ_c 就提高，他认为可以在格里菲斯方程中引入扩展单位面积裂纹所需的塑性功 γ_p 来描述延性材料的断裂，即

$$\sigma_c=\sqrt{\frac{2E(\gamma+\gamma_p)}{\pi C}} \tag{3-35}$$

在外加应力 σ 时，临界裂纹半长度 $C_c=\dfrac{2E(\gamma+\gamma_p)}{\pi\sigma^2}$，其原因是塑性材料在微裂纹扩展过程中裂纹尖端的局部区域要发生不可忽略的塑性形变，需要不断消耗能量，如果不能供给所需要的足够的外部能量，裂纹扩展将会停止。通常 $\gamma_p\gg\gamma$。例如高强度金属 $\gamma_p\approx10^3\gamma$，普通强度钢 $\gamma_p=(10^4\sim10^6)\gamma$。因此，对具有延性的材料，$\gamma_p$ 控制着断裂过程。典型陶瓷材料 $E=300$ GPa，$\gamma=1\ \text{J/m}^2$，如有长度 $C=1\ \mu$m 的裂纹，则按式(3-33)，$\sigma_c=0.4$ GPa。对高强度钢，假定 E 值相同，而 $\gamma_p=10\gamma=10^3\ \text{J/m}^2$，则当 $\sigma_c=0.4$ GPa 时，临界裂纹长度可达 1.25 mm。比陶瓷材料的允许裂纹尺寸大了三个数量级。由此可见，陶瓷材料存在微观尺寸的裂纹就会导致低于理论强度 σ_{th} 的低应力下断裂，而金属材料则要有宏观尺寸的裂纹才能导致低应力下断裂，因此，材料的塑性是阻止裂纹扩展的一个重要因素。

格里菲斯微裂纹理论的重要意义是首次确定了载荷、形状、裂纹尺寸和材料裂纹抵抗力

之间的关系，为断裂力学的创立奠定了理论基础。

试验结果表明断裂表面能 γ 比自由表面能大，这是因为储存的弹性应变能除消耗于形成新表面外，还有一部分要消耗于塑性形变、声能、热能等。表 3－2 为一些单晶材料的断裂表面能。对于多晶陶瓷，由于裂纹路径不规则，阻力较大，测得的断裂表面能比单晶大。

表 3－2 一些单晶材料的断裂表面能

晶 体	断裂表面能/($J \cdot m^{-2}$)	晶 体	断裂表面能/($J \cdot m^{-2}$)
云母，真空，298 K	4.5	NaCl，N_2(液)，77 K	0.3
LiF、N_2(液)，77 K	0.4	蓝宝石($10\bar{1}1$)面，298 K	6
MgO、N_2(液)，77 K	1.5	蓝宝石($10\bar{1}0$)面，298 K	7.3
CaF_2，N_2(液)，77 K	0.5	蓝宝石($11\bar{2}3$)面，77 K	32
BaF_2，N_2(液)，77 K	0.3	蓝宝石($10\bar{1}1$)面，77 K	24
$CaCO_3$，N_2(液)，77 K	0.3	蓝宝石(2243)面，77 K	16
Si，N_2(液)，77 K	1.8	蓝宝石(1123)面，293 K	24

3.4 应力强度因子和平面应变断裂韧性

格里菲斯理论提出后，一直被认为只适用于像玻璃、陶瓷类的脆性材料，其在金属材料中的应用没有受到重视。从 20 世纪 40 年代起，金属材料制成的结构接连发生了一系列重大的脆性断裂事故。例如 1940—1945 年第二次世界大战期间，美国近五千艘全焊接“自由轮”(标准船)发生了 1000 多次脆性破坏事故，其中 238 艘完全破坏，1950 年美国北极星导弹固体燃料发动机壳体在试验发射时发生爆炸，1952 年 ESSO 公司原油罐因脆性断裂而倒塌。从大量事故分析中发现，在结构件中经常不可避免地存在着宏观裂纹，正是这些宏观裂纹使结构件在低应力下发生脆性破坏。传统的强度理论对断裂问题缺乏基本分析，因此不能定量地处理这些实际问题并直接用于设计。在此背景下，一门新的力学分支迅速得到了发展，这就是断裂力学。它是研究裂纹体的强度和裂纹扩展规律的科学，也称之为裂纹力学，它说明了断裂是裂纹这种宏观缺陷扩展的结果，阐明了宏观裂纹降低断裂强度的作用，突出了缺陷对现实材料的性能的重要影响。这里主要介绍一些和材料相关的基本概念。

3.4.1 裂纹扩展方式

根据裂纹体的受载和变形情况，裂纹有三种扩展方式或类型，如图 3－11 所示，裂纹表面直接分开、两个裂纹表面在垂直于裂纹前缘的方向上相对滑动(类似刃位错的运动方式)、两个裂纹表面在平行于裂纹前缘的方向上相对滑动(类似螺位错的运动方式)，分别称为张

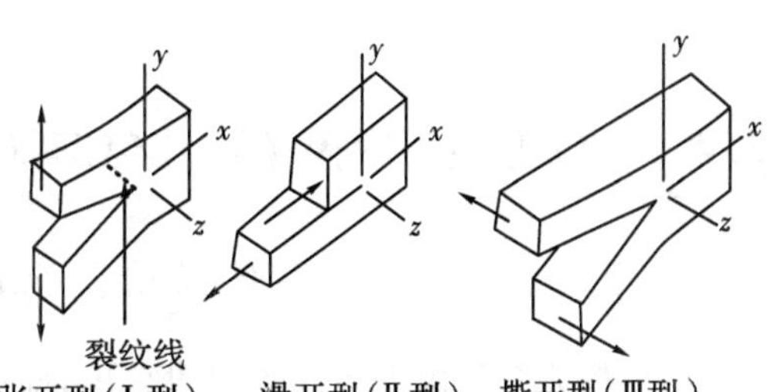

图 3－11 裂纹扩展的三种类型

开型(Ⅰ型)、滑开型(Ⅱ型)及撕开型(Ⅲ型)。其中张开型扩展是低应力条件下断裂的主要原因，也是十多年来实验和理论研究的主要对象，因此这里主要介绍这种张开型，即(Ⅰ型)裂纹的扩展。

通过用不同裂纹尺寸的试件做拉伸实验，测出断裂应力 σ_c，发现断裂应力与裂纹长度有如图 3-12 所示的关系，可表示为

$$\sigma_c = KC^{-\frac{1}{2}} \tag{3-36}$$

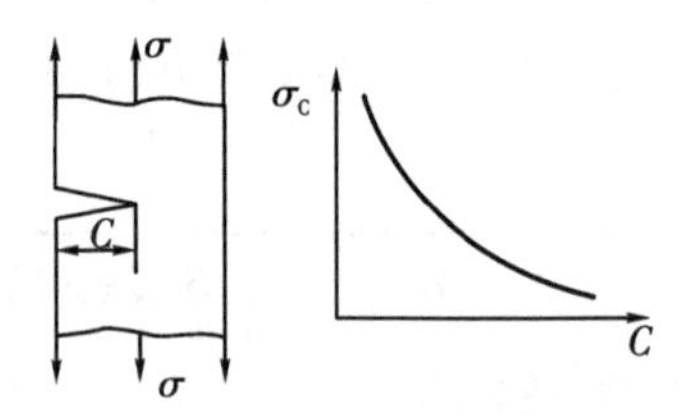

图 3-12　裂纹长度与断面应力的关系

式中，K 为与材料、试件尺寸、形状、受力状态等有关的系数。该式说明，当作用力 $\sigma=\sigma_c=\frac{K}{\sqrt{C}}$ 或 $K=\sigma_c\sqrt{C}$ 时断裂就会发生。这一结果是由大量实验总结出的规律。

3.4.2　裂纹尖端处的应力场分析

1957 年欧文(Irwin)应用弹性力学的应力场理论对裂纹端部某点 B 的应力场作了较深入的分析，对于(Ⅰ型)裂纹(图3-13)，得到如下结果

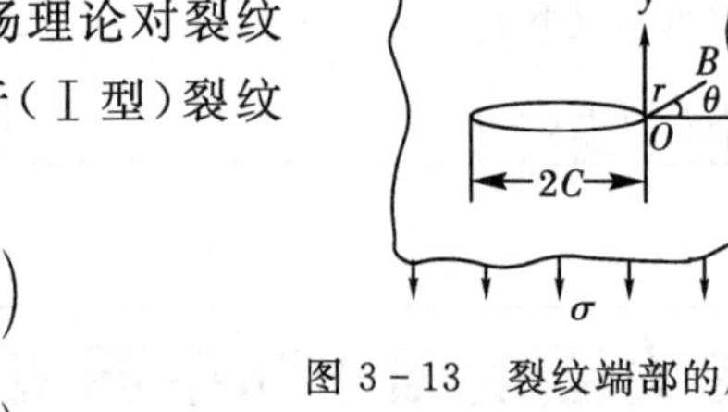

图 3-13　裂纹端部的应力场分析

$$\begin{cases} \sigma_{xx}=\dfrac{K_{\mathrm{I}}}{\sqrt{2\pi r}}\cos\dfrac{\theta}{2}\left(1-\sin\dfrac{\theta}{2}\sin\dfrac{3\theta}{2}\right) \\ \sigma_{yy}=\dfrac{K_{\mathrm{I}}}{\sqrt{2\pi r}}\cos\dfrac{\theta}{2}\left(1+\sin\dfrac{\theta}{2}\sin\dfrac{3\theta}{2}\right) \\ \tau_{xy}=\dfrac{K_{\mathrm{I}}}{\sqrt{2\pi r}}\cos\dfrac{\theta}{2}\sin\dfrac{\theta}{2}\cos\dfrac{3\theta}{2} \end{cases} \tag{3-37}$$

式中，K_{I} 为与外加应力 σ、裂纹长度 C、裂纹种类和受力状态有关的系数，称为应力强度因子，其下标系Ⅰ型扩展类型，单位为 $\mathrm{MPa\cdot m^{1/2}}$。式(3-37)也可写成

$$\sigma_{ij}=\frac{K_{\mathrm{I}}}{\sqrt{2\pi r}}f_{ij}(\theta) \tag{3-38}$$

式中，r 为半径；θ 为角坐标。

当 $r\ll C$、$\theta\to 0$ 时，即为裂纹尖端处一点，此时

$$\sigma_{xx}=\sigma_{yy}=\frac{K_{\mathrm{I}}}{\sqrt{2\pi r}} \tag{3-39}$$

由上述分析可知，裂纹端部附近一点的应力分量都和 K_{I} 这一因子有关。σ_{yy} 是裂纹扩展的主动力。

3.4.3　应力场强度因子及几何形状因子

由于 $\sigma_{ij}=f(\sigma,C,r,\theta)$，而 $\frac{1}{\sqrt{2\pi r}}f_{ij}(\theta)$ 是和位置 r 和 θ 有关的项，所以 K_{I} 是 σ 和 C 的函数，此函数关系已由上述实验规律得出，即

$$K_{\mathrm{I}}=Y\sigma\sqrt{C} \tag{3-40}$$

式中，K_{I} 是反映裂纹尖端应力场强度的一个量；Y 为几何形状因子，和裂纹类型、试件几何形状有关。求 K_{I} 的关键问题在于求 Y。求出不同条件下的 Y 即为断裂力学的研究内容，也可通过大量实验得到 Y。各种不同裂纹系统下的 Y 值计算方法已汇编成册，可供查阅，图 3－14列举了几种情况下的 Y 值，例如，图 3－14(c)中的三点弯曲试样，当 $S/W=4$ 时，几何形状因子为

$$Y=[1.93-3.07(C/W)+14.5(C/W)^2-25.07(C/W)^3+25.8(C/W)^4]$$

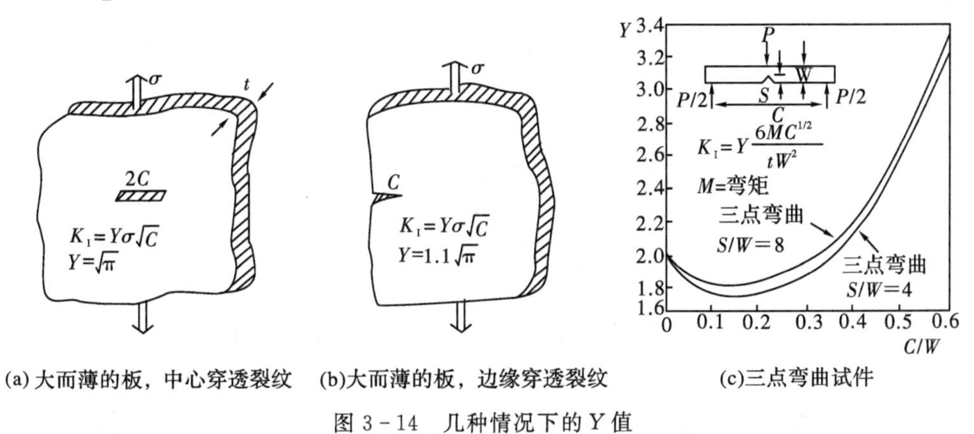

(a) 大而薄的板，中心穿透裂纹　(b)大而薄的板，边缘穿透裂纹　(c)三点弯曲试件

图 3－14　几种情况下的 Y 值

3.4.4　临界应力场强度因子及断裂韧性

在设计构件时，按照经典强度理论，断裂准则是 $\sigma\leqslant[\sigma]$，即使用应力 σ 应小于或等于许用应力$[\sigma]$，而许用应力 $[\sigma]=\frac{\sigma_{\mathrm{f}}}{n}$ 或 $\frac{\sigma_{\mathrm{ys}}}{n}$，其中：$\sigma_{\mathrm{f}}$ 为断裂应力、σ_{ys} 为屈服强度、n 为安全系数。σ_{f} 与 σ_{ys} 都是材料常数。这种设计方法和选材准则没有抓住断裂的本质，不能防止低应力下的脆性断裂。按断裂力学的观点，必须打破传统观点，提出新的设计思想和选材准则，应用一种新的表征材料特征的临界值作为判据，此临界值称为平面应变断裂韧性 K_{IC}，也是一个材料常数。这一判据就是

$$Y\sigma\sqrt{C}=K_{\mathrm{I}}\leqslant K_{\mathrm{IC}}=Y\sigma_{\mathrm{c}}\sqrt{C} \tag{3-41}$$

根据式(3－41)，可以进行如下判断：

(1)根据 $\sigma_{\mathrm{c}}=\frac{K_{\mathrm{IC}}}{Y\sqrt{C}}$，判断含裂纹构件承载的能力；

(2)根据 $K_{\mathrm{I}}\leqslant K_{\mathrm{IC}}$，判断所设计构件的安全性；

(3)根据 $C_{\mathrm{IC}}=\left(\frac{K_{\mathrm{IC}}}{Y\sigma}\right)^2$，判断材料在应力 σ 作用下的临界裂纹尺寸。

通过如下具体例子来说明上述两种设计选材方法的差异。有一构件，实际使用应力 σ 为1.30 GPa，有两种钢待选：

甲钢：$\sigma_{\mathrm{ys}}=1.95$ GPa，$K_{\mathrm{IC}}=45$ MPa·m$^{1/2}$

乙钢：$\sigma_{\mathrm{ys}}=1.56$ GPa，$K_{\mathrm{IC}}=75$ MPa·m$^{1/2}$

根据传统设计，构件的断裂准则为使用应力小于或等于允许应力（屈服强度）σ_{ys}，有：使用应力 $\sigma\times$安全系数 $n\leqslant$允许应力，即

$$甲钢：安全系数\ n=\frac{\sigma_{ys}}{\sigma}=\frac{1.95}{1.30}=1.5$$

$$乙钢：安全系数\ n=\frac{1.56}{1.30}=1.2$$

可见选甲钢比选乙钢安全。

但根据断裂力学观点，构件的脆性断裂是裂纹扩展的结果，应该计算 K_I 是否超过 K_{IC}，根据计算 $Y=1.5$，设最大裂纹尺寸为 1 mm，则由 $\sigma_c=\frac{K_{IC}}{Y\sqrt{C}}$ 可算出 σ_c：

$$甲钢：\sigma_c=\frac{45\times10^6}{1.5\sqrt{0.001}}=1.0\ \text{GPa}$$

$$乙钢：\sigma_c=\frac{75\times10^6}{1.5\sqrt{0.001}}=1.67\ \text{GPa}$$

对甲钢，$\sigma_c<1.30$ GPa，因此是不安全的，会导致低应力脆性断裂，而乙钢的 $\sigma_c>1.30$ GPa，因而是安全可靠的。可见两种设计方法得出了截然相反的结果。按断裂力学观点来设计选材方法，既安全可靠，又能充分发挥材料的强度，利于合理使用材料。而按传统观点，一味片面追求高强度（实验证明 σ_{ys} 与 K_{IC} 成反比），其结果不但不安全，而且还埋没了乙钢这种非常适合的材料。因此传统的强度理论没有反映断裂的本质，不能防止低应力下材料的脆性断裂。

从上面分析可以看到 K_{IC} 这一材料常数的重要性，有必要进一步研究其物理意义。有关断裂韧性的测试方法有单边直通切口梁法（SENB 法）、双扭法（DT 法）、Knoop 压痕三点弯曲梁法、山形切口劈裂试件法，研究较成熟且使用最多的方法是单边直通切口梁法。表 3－3 列出了几种常用材料的 K_{IC} 值。

表 3－3　几种常用材料的 K_{IC} 值

材料	$K_{IC}/(\text{MPa}\cdot\text{m}^{\frac{1}{2}})$	材料	$K_{IC}/(\text{MPa}\cdot\text{m}^{\frac{1}{2}})$
M 时效钢	100	Si_3N_4	5～6
高强度合金钢	92	Al_2O_3	4～4.5
铝合金	44	$Al_2O_3-ZrO_2$	4～4.5
NiCrMo 钢	45	氧化铝	2.7～5.0
Ti_6Al_4V	40	SiC	3.5～6
高强度硬铝合金	24	环氧树脂	0.8
$ZrO_2-Y_2O_3$	6～15	聚苯乙烯	0.7～1.1
SiAlON	5～7		

3.4.5　裂纹扩展的动力与阻力

欧文将裂纹扩展单位面积所降低的应变能(应变能释放率)定义为裂纹扩展的动力。对于有内裂(长 $2C$)的薄板,根据上节已推出的式(3-30),有

$$G \equiv \frac{dW_e}{d(2C)} = \frac{\pi C\sigma^2}{E} \tag{3-42}$$

式中,G 为使裂纹扩展的能力,如为临界状态,则加脚标 c 表示,即

$$G_c = \frac{\pi C\sigma_c^2}{E} \tag{3-43}$$

根据计算,G_c 和 K_{IC} 之间有如下的简单关系:

$$G_c = \frac{K_{IC}^2}{E}\text{(平面应力状态)} \tag{3-44}$$

$$G_c = \frac{(1-\mu^2)K_{IC}^2}{E}\text{(平面应变状态)} \tag{3-45}$$

G_c 为裂纹扩展的阻力,对于脆性材料,$G_c=2\gamma$,由此得

$$K_{IC} = \sqrt{2E\gamma}\text{(平面应力状态)} \tag{3-46}$$

$$K_{IC} = \sqrt{\frac{2E\gamma}{1-\mu^2}}\text{(平面应变状态)} \tag{3-47}$$

可见 K_{IC} 并不神秘,就是由 E、γ、μ 所决定的物理量(主要是 E 和 γ,因为一般材料的 μ 在 0.2~0.3,对式(3-47)的影响不大),为材料的一个力学性能指标。K_{IC} 反映具有裂纹的材料对外界作用的一种抵抗能力,也可以说是阻止裂纹扩展的能力,是材料固有的性质。在传统材料强度研究中,材料的塑性指标(如形变 δ)和材料强度(σ_f,σ_{ys})是分不开的,其最大缺陷是塑性指标反映不到断裂计算中去,而 K_{IC} 就不同,它既反映材料的强度也反映了材料塑性(即包含了 G_c 和 γ),使塑性性能进入断裂计算,它是反映材料强度与塑性的综合指标。E、μ 是非结构敏感的,而 γ 与材料微观结构有很大关系,所以 K_{IC} 也是结构敏感的,它决定于材料的成分、组织结构等内在因素。

3.5　裂纹的起源与扩展

3.5.1　裂纹的起源

在实际材料结构中存在许多缺陷,从结构的周期性排列方面考虑可以将这些缺陷定义为结构不连续区域,材料中任何结构不连续性都会使局部能量处于高能量状态,即应力状态,其特点是:外力作用下,能量高的不连续区域首先发生运动,在能量较低的不连续区域使其能量降低或得到释放;结构不连续区域在可能情况下总是降低其能量;结构不连续区域在运动过程中,遇到势垒,会发生塞积,引起高度的应力集中,此应力又会激活其他结构不连续区域。如果高度的应力集中超过理论强度,就有可能引起裂纹成核、长大,形成裂纹。具体可以归纳为下列几种:

(1)晶体微观结构中存在缺陷,如杂质、位错等结构不连续区域。当受到外力作用时,在这些缺陷处就会引起应力集中,导致裂纹成核。例如:位错在材料中运动会受到各种阻碍。

①由于晶粒取向不同,位错运动会受到晶界的障碍,而在晶界产生位错塞积。

②材料中的杂质原子引起应力集中而成为位错运动的障碍。由于位错处原子没有按照周期性排列,处于能量较高的状态,使原子易于移动,而杂质原子的存在改变了这种状态,导致位错运动激活能 h' 提高,使位错运动困难,而且由于杂质原子引起了应力集中,就抵消了外界剪应力 τ 的作用,使降低激活能 $H(\tau)$ 的作用减弱,位错运动就比较困难。

③热缺陷、位错组合、位错交截等都使位错运动受到阻碍。当位错运动受到各阻碍时,就会在阻碍前塞积起来,导致微裂纹形成。图 3-15 就是位错形成微裂纹的几种情形。从位错形成裂纹的机理来看,在多晶陶瓷中,穿过晶粒的微裂纹的尺寸不会超过晶粒的大小。

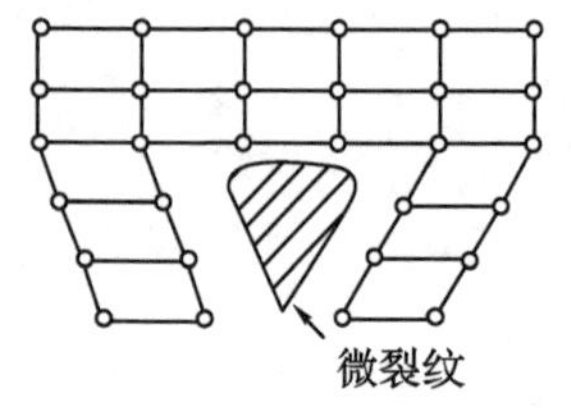

微裂纹

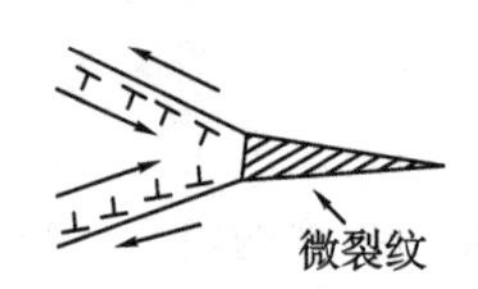

(a)位错组合而形成的微裂纹　(b)位错在晶界前塞积形成的微裂纹　(c)位错交截形成的微裂纹

图 3-15　位错形成微裂纹示意图

(2)材料表面的机械损伤与化学腐蚀形成表面裂纹,如图 3-16 所示,这也是结构不连续区域,这种表面裂纹最危险,裂纹的扩展常常由表面裂纹开始。有人研究过新制备的材料表面,用手触摸就能使强度降低约一个数量级。从几十厘米高度落下一粒砂子就能在玻璃表面形成微裂纹,对直径为 6.4 mm 的玻璃棒,在不同的表面情况下,测得的强度值见表 3-4。大气腐蚀造成表面裂纹的情况前已述及,如果材料处于其他腐蚀性环境中,情况更加严重。此外,在加工、搬运及使用过程中也较易造成表面裂纹。

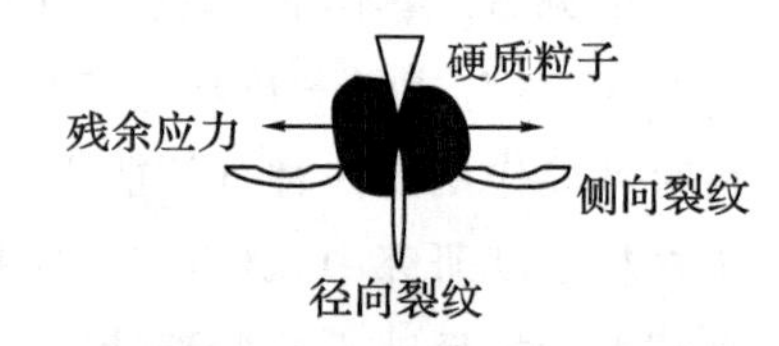

图 3-16　材料表面机械损伤形成的裂纹

(3)由于热应力而形成裂纹。大多数无机材料是多晶多相体,晶粒在材料内部取向不同,不同相的热膨胀系数也不同,这样就会因各方向膨胀(或收缩)不同而在晶界或相界等结构不连续性区域出现更高的应力集中,导致裂纹生成,如图 3-17 所示。

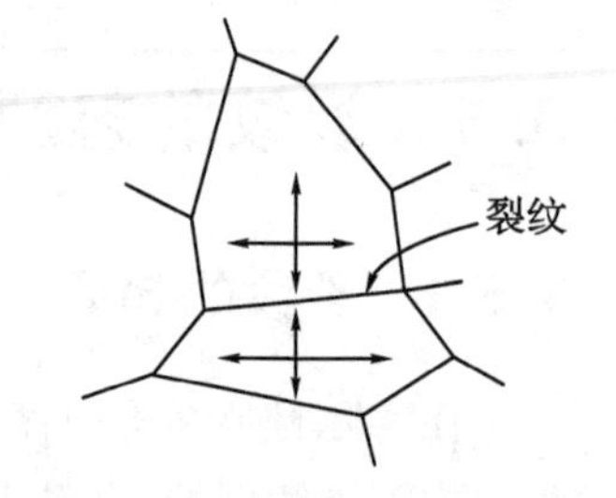

图 3-17　由于晶粒取向不同,各方向膨胀(或收缩)不一致出现边界应力而形成裂纹

在制造或使用材料过程中,当由高温迅速冷却时,由于内部和表面的温度差,造成了两者收缩不同,会在此间形成结构不均匀,从而使材料处于应力状态,这种应力是由温差引起的,称为热应力,可导致裂纹生成。此外,在高温烧结过程中的气体逸出、晶体生长或无定形向晶相转变的材料发生体积变化等也会引起裂纹。

总之,裂纹的成因很多,要制造没有裂纹的材料是极困难的,因此假定实际材料都是裂纹体是符合实际情况的。

表 3－4　不同表面情况对玻璃强度的影响

表面情况	强度/MPa
工厂刚制备	455
受砂子严重冲刷后	140
用酸腐蚀除去表面缺陷后	175

3.5.2　裂纹的快速扩展

由材料强度的尺寸效应可知，材料的尺寸越大，存在裂纹的概率及大尺寸的裂纹概率则越大。按照格里菲斯微裂纹理论，材料的断裂强度不是取决于裂纹的数量，而是决定于裂纹的尺寸，即是由最危险的裂纹尺寸（临界裂纹尺寸）决定材料的断裂强度。裂纹扩展的动力 $G=\frac{\pi C\sigma^2}{E}$，当 C 增加时，G 也变大，而 $\frac{dW_s}{dC}=4\gamma$ 是常数，因此，一旦达到临界尺寸而开始扩展，G 就愈来愈大于 4γ，直到材料破坏。因为脆性材料基本上没有吸收大量能量的塑性形变，所以对于脆性材料，裂纹的起始扩展就是破坏过程的临界阶段。

由于随着裂纹的不断扩展，扩展动力 G 愈来愈大于 4γ，释放出的多余的能量也愈来愈多，这个多余能量既可以使裂纹运动加速，变成动能（裂纹扩展的速度一般可达到材料中声速的 40%～60%），也可以使裂纹增殖，产生分枝，从而形成更多的新表面。图 3－18 所示是四块玻璃板在不同负荷下用高速照相机拍摄的裂纹增殖现象。多余的能量也有可能不表现出裂纹增殖现象，而是形成了复杂形状的断裂表面，如条纹、波纹、梳刷状等，这种表面因极不平整，表面积很大，因此消耗较多的能量。因此对于断裂表面的深入研究，有助于了解裂纹的成因及其扩展的特点，也能提供关于裂纹扩展速度的情况、断裂过程中最大应力的方向变化及缺陷在断裂中的作用等知识。“断裂形貌学”就是专门研究断裂表面特征的学科。

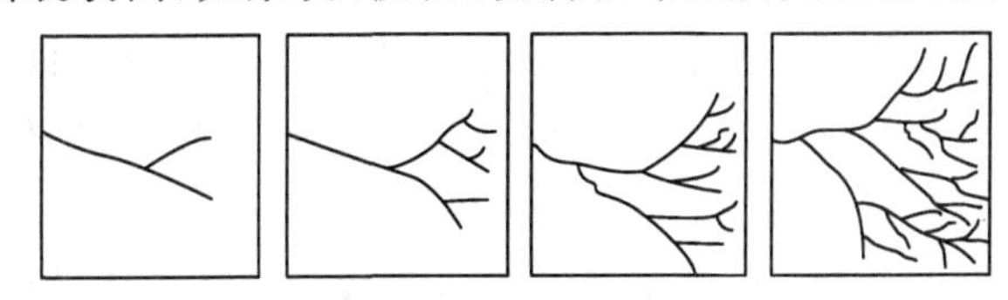

图 3－18　玻璃板在不同负荷下裂纹增殖示意图

3.5.3　防止裂纹扩展的方法

首先应使作用应力不超过临界应力或者断裂强度 σ_c，这样裂纹就不会扩展，其次，由式（3－33）可知，提高材料的断裂能或减小应力集中等也是阻止裂纹扩展的重要方法。在无机材料中设置吸收能量的机构，例如在陶瓷材料基体中加入塑性的粒子或纤维而制成金属陶瓷和复合材料就是利用这一原理的突出例子。此外人为地在无机材料中造成大量极微细的裂纹（小于临界尺寸）也能吸收能量，阻止裂纹扩展。近年来出现的所谓“韧性陶瓷”就是在氧化铝中加入部分稳定的或稳定的氧化锆，利用氧化锆的相变产生体积变化，就在基体中形成大量微裂纹，从而大大提高了材料的韧性。

3.6 静态疲劳

裂纹除了发生上述快速扩展失稳外，还会在受到低于临界应力的作用状态下（或在使用应力作用下），使材料处于稳态，但随着时间的推移裂纹产生缓慢扩展。这种缓慢扩展也叫亚临界扩展，或称为静态疲劳（材料在循环应力作用下的破坏为动态疲劳）。随着裂纹缓慢扩展，裂纹尺寸不断增大，一旦达到临界尺寸 C_c 就会失稳而扩展直至破坏。就是说材料在一定的时间内可以承受给定的使用应力，如果负荷时间足够长，就会在低应力下遭到破坏，材料的断裂强度会随时间而发生变化，例如对于同种材料，负荷时间较长时，断裂强度为 σ_{c_1}；负荷时间较短时，断裂强度为 σ_{c_2}；负荷时间再缩短，断裂强度为 σ_{c_3}。一般规律为 $\sigma_{c_3}>\sigma_{c_2}>\sigma_{c_1}$。这一结果在生产上有重大意义。一个构件开始在使用应力作用下不会破坏，而在一定时间后就会突然断裂，没有先兆。因此提出了构件的使用寿命问题，如果能事先获得构件的寿命，就可以限制使用应力来延长寿命，或使用到一定时间后进行检修，或撤换构件。

关于无机材料裂纹缓慢扩展的本质至今尚无统一完整的理论，但有关脆性材料的裂纹扩展与温度、应力和环境介质相关已有研究。这里介绍几种观点和理论。

1. 应力腐蚀裂纹扩展理论

这种理论的实质在于：在一定的环境温度 T 和应力场强度因子（如 K_I）作用下，材料中关键裂纹尖端处，对裂纹扩展动力和裂纹扩展阻力的大小进行比较，可以判断裂纹开裂或止裂。裂纹扩展动力与裂纹阻力的相对大小，构成裂纹生长或不生长的必要充分条件。

应力腐蚀理论考虑的是无机材料长期暴露于腐蚀性环境介质中。例如：玻璃的主要成分是 SiO_2，陶瓷中也含各种硅酸盐或游离的 SiO_2，如果环境中含有水或水蒸汽，特别是 pH 值大于 8 的碱溶液，在毛细管力的作用下，这类液体就会进入裂纹尖端并与此处的 SiO_2 发生化学反应，使裂纹进一步扩展，引起裂纹尖端处的高度的应力集中，此结果导致较大的裂纹扩展动力。

从物理化学角度分析，在裂纹尖端处的离子键受到破坏，形成新表面，新形成的表面具有高的能量，容易吸附表面活性物质（H_2O、OH^- 及极性液体和气体），降低了玻璃的自由表面能 γ_s，从而降低了裂纹扩展的阻力。如果此值降低到小于裂纹扩展的动力，就会导致在低应力水平下的开裂。新开裂的表面，因为还没有来得及被介质腐蚀，其表面能 γ_s 大于裂纹扩展动力，裂纹立即止裂。接着进行下一个腐蚀-开裂循环，周而复始，形成宏观上的裂纹的缓慢生长。应力腐蚀-开裂循环示意图如图 3－19所示，其中的动力为 $G=\dfrac{\pi C\sigma^2}{E}$，阻力为 2γ。

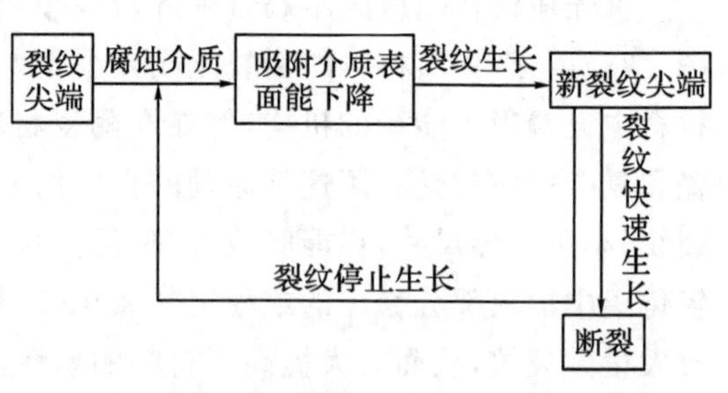

图 3－19　应力腐蚀-开裂循环示意图

维德霍恩（Wiederhorn）系统地做了水蒸气分压对应力腐蚀的影响实验。布拉德（Bradt）认为即使将一般陶瓷放置于真空环境中进行受力实验，也可以观察到亚临界裂纹生长的现象。他解释产生这种现象的原因是陶瓷中本身存在气孔、微裂纹等缺陷。在实验之前这些缺陷中已预先吸附了水蒸气、水溶液等介质，因此虽然在真空环境下进行受力实验，仍然出现应力腐蚀现象。

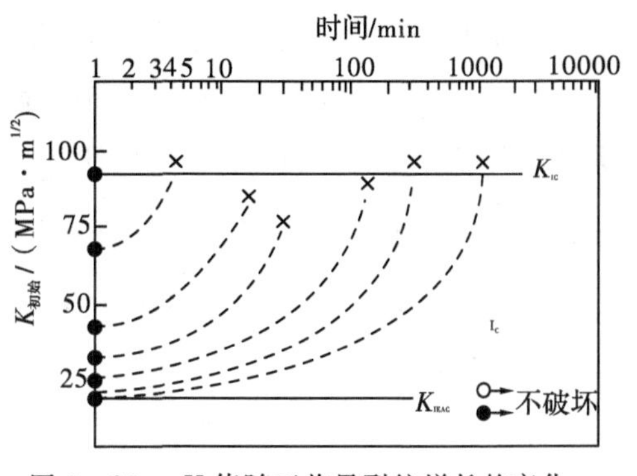

图 3 - 20　K 值随亚临界裂纹增长的变化

由于裂纹的尺寸缓慢地增加，使得应力强度因子也随之慢慢增大，一旦达到 K_{IC} 值，立即发生快速扩展而断裂。从图 3 - 20 中可以看出，尽管初始的应力强度因子 K 的初始大小不同，但每个试件均在 $K=K_{IC}$时发生断裂。(图中 $K=K_{IEAC}$表示应力强度因子低限值)

2. 塑性效应引起裂纹的扩展

在高温、无害介质环境中，无机材料的亚临界裂纹扩展，是裂纹尖端的塑性效应或黏滞流动的结果。

(1)高温下裂纹尖端的应力空腔作用。多晶多相材料在高温下长期受力作用时，晶界玻璃相的结构黏度下降，形成了毛细管的作用，毛细管力在此处引起局部的拉应力，使晶界处于高的应力状态，玻璃相则会发生蠕变或黏性流动，这种情况往往发生在气孔、夹杂、晶界层，甚至结构缺陷中，玻璃相流动的结果使这些缺陷逐渐长大，形成空腔，裂纹尖端附近空腔的形成，如图 3 - 21 所示。

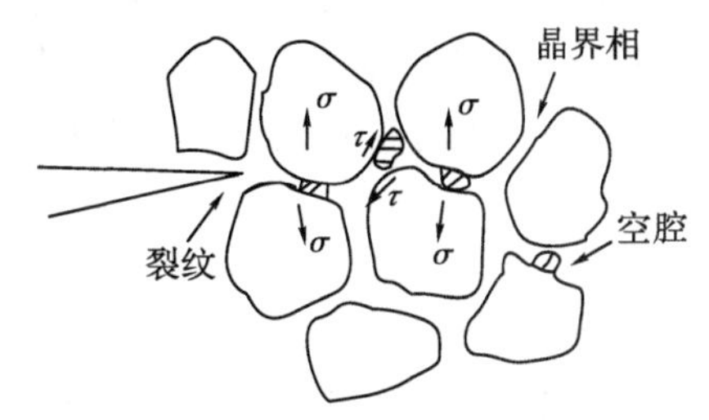

图 3 - 21　裂纹尖端附近空腔的形成

这些空腔进一步沿晶界方向长大、连通形成次裂纹，与主裂纹汇合就形成了裂纹的缓慢扩展。

(2)晶体中的位错在大于临界剪应力作用下，一些位错源开始滑移并发射位错，在其露出晶面之前，发生交滑移，交滑移源发出的位错被送回到裂纹尖端，位错应力场的作用使裂纹尖端的应力提高，结果发生了亚临界裂纹扩展，类似于位错形成微裂纹的过程。

(3)裂纹尖端附近切应变有可能被激活。由于多晶体中，晶界既可是位错的发源地，也可是位错前进的障碍，因此位错有可能从晶界处的源出发，在滑移面取向合适的情况下，位错在晶粒内部运动直到在另一侧晶界处发生塞积，引起裂纹成核，并有可能发生缓慢的亚临界裂纹扩展，如图 3 - 22 所示。

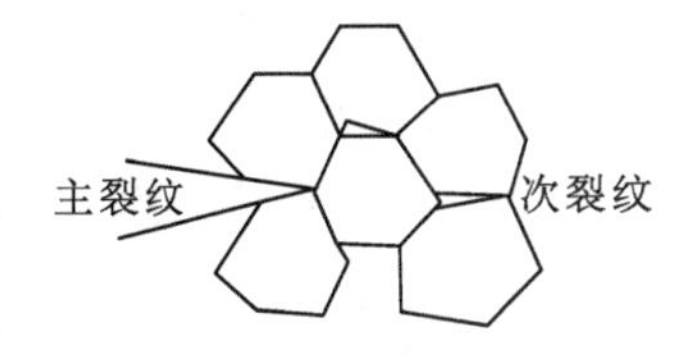

图 3 - 22　晶界处的裂纹

除了上述几种塑性机理，还有可能存在扩散过程和热激活键撕裂作用。扩散过程就是裂纹尖端区域点缺陷扩散对裂纹的扩展起着一定的作用。在无外加应力作用条件下，材料内部的自扩散随着温度的提高而加速，导致裂纹的愈合和材料的烧结及致密化，但当有外加张应力作用时，裂纹愈合速度很快消失，随着应力的提高，空位从裂纹尖端扩散离去的速率下降，在较大的应力作用下，出现裂纹扩展。热激活键撕裂作用的发生是由于裂纹尖端晶格点阵的非连续性，即有高能量的点阵，借助于热激活作用，裂纹尖端有可能产生移动。

与常温或不太高温度下亚临界裂纹的扩展不同，高温下的亚临界裂纹扩展机理，一般情况下，常见的是应力腐蚀理论和高温下裂纹尖端的应力空腔作用理论。

3. 亚临界裂纹生长速率 v 与应力场强度因子 K_{I} 的关系

从图 3-20 可以看出，起始不同的应力强度因子 K_{I}，随着时间的推移，会由于裂纹的不断增长而缓慢增大，其轨迹如图中虚线所示。虚线的斜率近似地反映裂纹生长的速率 $v=\frac{\mathrm{d}C}{\mathrm{d}t}$。起始 K_{I} 不同，v 不同，v 随 K_{I} 的增大而增大。从大量的实验中可获得 v 与 K_{I} 的关系，其表达通式为

$$v=\frac{\mathrm{d}C}{\mathrm{d}t}=AK_{\mathrm{I}}^{n} \tag{3-48}$$

式中，C 为裂纹的瞬时长度。或者

$$\ln v=A+BK_{\mathrm{I}} \tag{3-49}$$

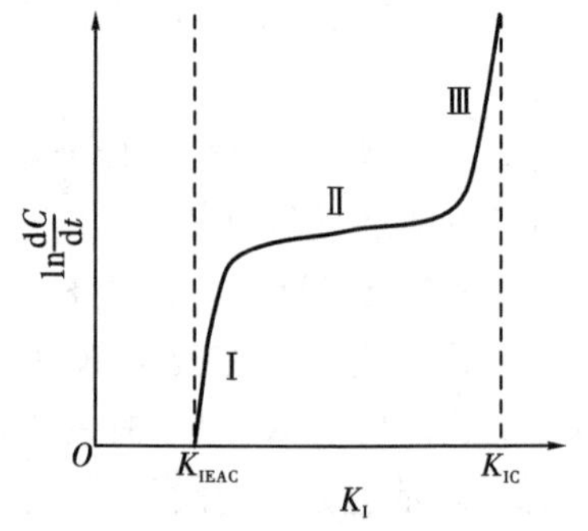

图 3-23 亚临界裂纹扩展的三个阶段示意图

式中，A、B、n 是由材料本质及环境条件决定的常数。$\ln v$ 与 K_{I} 的关系如图 3-23 所示。该曲线可分为三个区域：第Ⅰ区 $\ln v$ 与 K_{I} 成直线关系；第Ⅱ区 $\ln v$ 基本和 K_{I} 无关；第Ⅲ区 $\ln v$ 与 K_{I} 成直线关系，但比第一区曲线更陡，斜率更大。结合上述关于疲劳本质的理论，可以对 $\ln v-K_{\mathrm{I}}$ 关系加以解释。式(3-49)用玻尔兹曼因子表示为

$$v=v_0\exp\left[-\frac{Q^{*}-nK_{\mathrm{I}}}{RT}\right] \tag{3-50}$$

式中，v_0 为频率因子；Q^{*} 为断裂激活能，是裂纹扩展的阻力，与作用应力无关，与环境和温度有关；n 为常数，与应力集中状态下受到活化的区域大小有关；R 为气体常数(8.314J/mol · K)；T 为热力学温度。

从式(3-50)可知，$\ln v$ 与 $\frac{nK_{\mathrm{I}}-Q^{*}}{RT}$ 成比例，第Ⅰ区，随着 K_{I} 增加，引起裂纹扩展的速率 v 不断增加，而断裂激活能 Q^{*} 将因环境介质的应力腐蚀影响而下降，在一定的环境和温度下为常数，因此 $\ln v$ 与 K_{I} 呈直线关系；第Ⅱ区，由于在第一区的断裂激活能 Q^{*} 降低，使得裂纹扩展阻力小于扩展动力，裂纹继续扩展，即原子和空位的扩散速度达到了腐蚀介质的扩散速度，使得新开裂的裂纹端部没有腐蚀介质，提高了裂纹扩展的阻力，即增大了断裂激活能 Q^{*}，结果抵消了 K_{I} 增加对 $\ln v$ 的影响，$nK_{\mathrm{I}}-Q^{*}\approx$常数，表现为 $\ln v$ 基本上不随 K_{I} 变化；第Ⅲ区，Q^{*} 增加到一定值时就不再增加(此值相当于真空中裂纹扩展的 Q^{*} 值)。这样，$nK_{\mathrm{I}}-Q^{*}$ 将愈来愈大，$\ln v$ 又迅速增加。

大多数氧化物陶瓷由于含有碱性硅酸盐玻璃相，通常也有疲劳现象。此外，疲劳过程还受加载速率的影响。加载速率愈慢，裂纹缓慢扩展的时间愈长，在较低的应力下就能达到临界尺寸。这种关系已得到实验证实。

作为亚临界裂纹扩展的一个重要实例，埃文斯(Evans)及维德霍恩(Wiederhorn)曾进行过高温下 Si_3N_4 陶瓷的裂纹生长速率与起始应力场

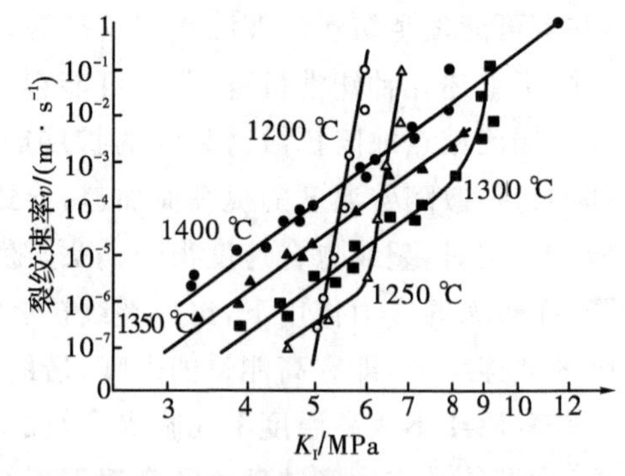

图 3-24 Si_3N_4 材料的 $v-K_{\mathrm{I}}$ 关系(双扭法)

强度因子关系的研究，其结果如图 3-24 所示。不同温度下的 $v-K_{\mathrm{I}}$ 直线有两种斜率，温度为 1200 ℃时求出的斜率 $n\approx50$，高于 1350 ℃，斜率 $n\approx1$。在 1200～1350 ℃温度范围内有明显的过渡阶段：$n\approx1$ 对应低的应力强度因子 K_{I}，$n\approx50$ 对应高的应力强度因子 K_{I}。这种现象可解释如下：温度不太高时（≤1200 ℃），K_{I} 稍有增加，裂纹扩展速率 v 提高很快，斜率很大，Ⅱ区相对较短，可以忽略，Ⅰ区和Ⅲ区几乎相连，说明温度不太高时的亚临界裂纹扩展属于应力腐蚀机理。由 $v=v_0\exp\left[-\dfrac{Q^*-nK_{\mathrm{I}}}{RT}\right]$，通过直线求出 Si_3N_4 的 Q^* 值为 836 kJ/mol。此值远远大于典型玻璃相中的离子扩散激活能（裂纹扩展的阻力），或化学反应激活能（裂纹扩展的阻力），说明还应有其他的裂纹扩展阻力，如断裂表面能等。

当温度再高时，晶界玻璃相的结构黏度随温度的升高而锐减。在此情况下，除了晶相的蠕变变形加大之外，占主导作用的是晶界玻璃相的黏滞流动。在高度应力集中的裂纹尖端，虽然所加 K_{I} 不大，但可引起该处附近空腔的生成，并随之长大、连通，引起裂纹的缓慢扩展。虽然 K_{I} 稍有增大，但上述空腔开裂机制不会使 v 增大很多，从而解释了 $n=1$。同样温度下，随着 K_{I} 值的进一步增加，黏滞体成空腔连通的速度赶不上 K_{I} 的增长，这一过程符合应力腐蚀机理，此时 Q^* 逐步达到真空中裂纹扩展的激活能，为一常数。$\ln v$ 与 $\ln K_{\mathrm{I}}$ 呈正比，n 值较大。

如果温度继续升高（≥1350 ℃），则因晶界玻璃相的结构黏度进一步降低，空腔连通机理贯穿到整个 K_{I} 的数值范围。

描述一种材料在某一特定温度下的亚临界裂纹生长特性的参数，是以 $v-K_{\mathrm{I}}$ 曲线上的第Ⅰ区为准，在此区 $\ln v$ 与 $\ln K_{\mathrm{I}}$ 呈线性关系。在式（3-48）中的 A、n 有固定值，它们描述了该温度下材料的裂纹缓慢扩展（SCG）特性。

用双扭法、紧凑拉伸法试件直接测量不同时间的裂纹长度 C 值以求 v 及 K_{I} 的变化关系曲线，该直接法需要采用含有人工裂纹的断裂力学试样，要求试件尺寸足够大，而且还需要具备在高温下直接观测试件表面开裂情况的技术。

除了用上述直接法外，还有两种间接法。其一为静态疲劳法，即在规定温度下，测量受不同弯曲应力 σ_a 试件的断裂时间 t_f，经拟合而得 $t_c=B\sigma_a^{-n}$，继而可得应力场强度指数 n，因此此法也称为应力疲劳法。为了使缓慢断裂沿着一个固定位置开裂，在弯曲试件受拉区中点，用 knoop 压头制造一条人工裂纹以减少随机误差，研究证明，此法与自然先天裂纹的亚临界扩展行为并无区别。另一法称为动态疲劳法，即在上述试件上，用不同的加载速率 $\dot{\sigma}_a$ 加载，然后测定各自的断裂应力 σ_f。由 $\sigma_c=B'\dot{\sigma}_a^{1/(n+1)}$，求出应力场强度指数 n。

4. 根据亚临界裂纹扩展预测材料寿命

无机材料制品在使用温度下，经受长期应力 σ_a 的作用，其上典型受力区的最长裂纹将会由亚临界裂纹缓慢扩展，最后断裂。因此研究此扩展的起止时间，可预测制品的寿命。

因瞬时裂纹的生长速率 $v=\dfrac{dC}{dt}$，所以 $dt=\dfrac{dC}{v}=\dfrac{dC}{AK_{\mathrm{I}}^n}$，积分得

$$t_c=\int dt=\int_{C_0}^{C_c}\frac{dC}{AK_{\mathrm{I}}^n} \tag{3-51}$$

式中，C_0 为起始裂纹长度，C_0 为临界裂纹长度。将 $K_{\mathrm{I}}=Y\sigma_a C^{1/2}$ 代入式（3-51），得

$$t_c=\int_{C_0}^{C_c}\frac{dC}{AY^n\sigma_a^n C^{n/2}}=\frac{2\left[K_{\mathrm{IC}}^{(2-n)}-K_{\mathrm{I0}}^{(2-n)}\right]}{(2-n)AY^2\sigma_a^2} \tag{3-52}$$

由于 n 值比较大，例如钠钙硅酸盐玻璃的 $n=16\sim17$，而且 $K_{I0}^{(2-n)} \gg K_{IC}^{(2-n)}$，则式(3-52)变成

$$t_c=\frac{2K_{I0}^{(2-n)}}{(n-2)AY^2\sigma_a^2} \tag{3-53}$$

由式(3-53)可计算由起始裂纹状态经受力后缓慢扩展直到临界裂纹长度所经历的时间，此即为制品受力后的寿命。

对于某一种无机材料制品，实测不同 K_{I0} 下的裂纹缓慢扩展速率 v，通过式(3-53)计算出常数 A、n，则可按以下两种方法求得制品的预计寿命。

(1)无损探伤法。例如 γ 射线法或超声显微镜法。用这种方法只能探测出那些比较长的表面裂纹，设可以测出的最小裂纹长为 C_0，则用这种方法可以在逐一检测整批制品之后，淘汰那些裂纹尺寸明显大于允许长度 C_{all} 的不合格制品。剩余制品上的最大裂纹长度，显然等于 C_{all}。按照 C_{all} 计算出的 K_{I0} 值代入式(3-53)，可计算出在 σ_a 应力下的制品使用寿命。当然，对于小于 C_{all} 的天然裂纹的试件，其使用寿命要超过这种计算值。

但是，现有的各种先进的检测仪器，所能探测出的最小 C_0 值，尚远远大于无机材料所允许的 C_{all} 值。这正是无损探伤目前的攻关课题和方向。

如果检测出来的最长裂纹长度 $(C_0)_{max}$ 已知时，预测一批制品的寿命，也可以将式(3-52)改写成

$$t_c=\frac{2Y^{(2-n)}\sigma_a^{(2-n)}C_0^{(2-n)/2}}{(n-2)AY^2\sigma_a^2}=\frac{2Y^{-n}}{A(n-2)}\sigma_a^{-n}C_0^{(2-n)/2}$$

式中，A、n、Y 均为常数，以 σ_a 为变量，可得不同 C_0 时的寿命 t_f，如图 3-25 所示。

如果制品尺寸较小，或者对制品裂纹长度的要求严格，以满足力学、电学等性能需要，则制品上允许的最长裂纹只有十几微米或几十微米，用一般无损探伤技术是检查不出来的。在这种情况下，可用保证试验法间接求得寿命。

(2)保证试验法。该法的原理是在一批制品中，每个制品均按实际工作时的受力方式施加一个检验应力 σ_p。σ_p 应超过该制品实际要求的工作应力 σ_a，但 σ_p 不应达到临界应力 σ_c，否则制品会即刻断裂，无寿命可言，即 $\sigma_a<\sigma_p<\sigma_c$。对于同样的 C_0 及 Y，$K_{I0}<K_{Ip}<K_{IC}$，式中 K_{Ip} 为检验应力下的应力场强度因子，$K_{Ip}=\sigma_p YC_0^{1/2}$。实际工作应力 σ_a 时的 $K_{I0}=\sigma_a YC_0^{1/2}$，将两式联立，得

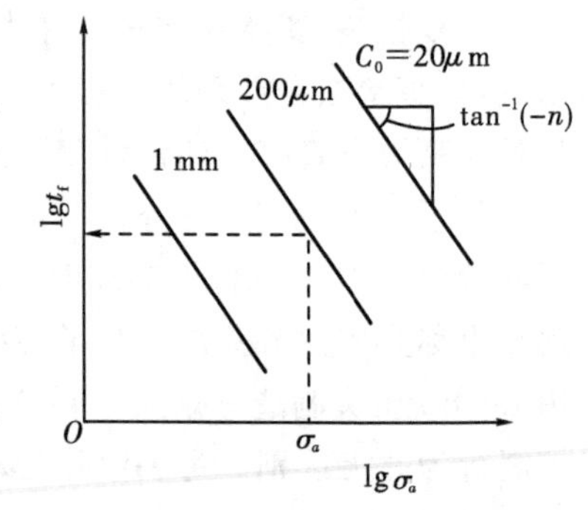

图 3-25 不同 C_0 下 $t_f-\sigma_a$ 关系图

$$K_{I0}=\sigma_a\times\frac{K_{Ip}}{\sigma_p}<\frac{\sigma_a}{\sigma_p}\times K_{IC} \tag{3-54}$$

如果用 $\frac{\sigma_a}{\sigma_p}\cdot K_{IC}$ 代替 K_{I0} 值，将使 K_{I0} 值偏大，从而使算出的寿命 t_c 偏小。对制品来说这样处理比较安全，即

$$t_c=\frac{2K_{IC}^{(2-n)}\left(\frac{\sigma_a}{\sigma_p}\right)^{(2-n)}}{(n-2)AY^2\sigma_a^2}<t_f \tag{3-55}$$

式中，A、n、Y、σ_a、K_{IC} 均为已知数，只要选择 σ_p 为检验应力施加于每一制品上，淘汰那些已达

临界状态以及明显出现裂纹亚临界扩展的制品，则其余的制品均符合式(3－55)所算出来的寿命值 t_c。选择的 σ_p 愈大，算出的 t_c 也愈大，但淘汰率也愈大。

Y 值的选用视受力方式而定，对存在浅表面损伤的陶瓷、玻璃、耐火材料，可近似为$\sqrt{\pi}$，即认为与单边缺口的受拉试件相似。

用作图法可将式(3－55)表现得更明显，如图 3－26 所示。对具体的无机材料制品，且 A、n、Y、K_{IC}一定时，则可事先画出图 3－27，然后根据 σ_a 和 t_c 的要求，从图上选择出 σ_p 值，逐一进行受力检验，淘汰不合格的，剩下的制品可满足 σ_a 及 t_c 的要求。

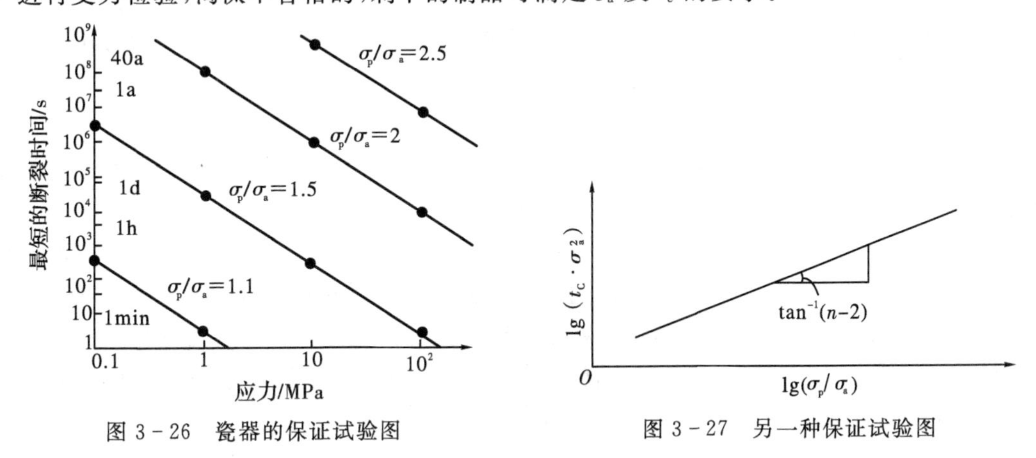

图 3－26　瓷器的保证试验图　　　　图 3－27　另一种保证试验图

一种更为直观的表示方法是，根据该材料的 A、n、Y、K_{IC}，画出图 3－27，然后根据要求的 σ_a 及 t_c 选用 σ_p。

3.7　蠕变断裂

多晶材料在高温条件下，受到一个低于其自身断裂强度的外力作用时，由于形变不断增加而导致的断裂称为蠕变断裂。高温下形变的主要原因是晶界滑动，因此蠕变断裂的主要形式是沿晶断裂。蠕变断裂的黏性流动理论认为，高温下晶界发生黏性流动，在晶界交界处产生应力集中，如果应力集中使得相邻晶粒发生塑性形变而滑移，则将使应力弛豫或松弛，如果不能使邻近晶粒塑性形变，则应力集中将会使晶界交界处产生裂纹(见图 3－28)。这种裂纹逐步扩展导致断裂。

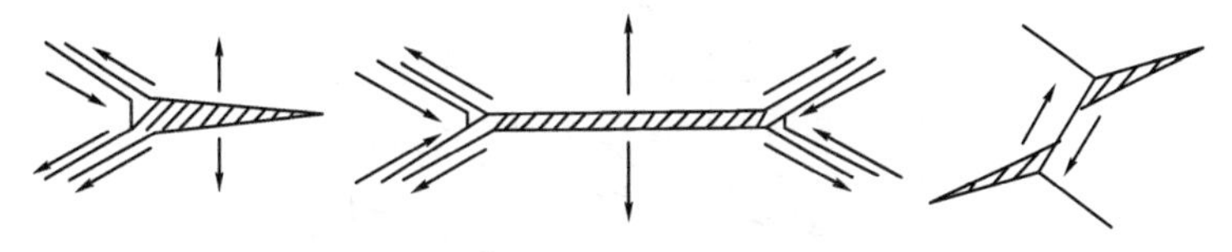

图 3－28　沿晶界断裂的几种形式

蠕变断裂的另一种观点是空位聚积理论，这种理论认为在应力及热波动的作用下，受拉的晶界上空位浓度大大增加(回忆扩散蠕变理论)，这些空位大量聚积，可形成可观的裂纹，这种裂纹逐步扩展最终导致断裂。

从上述两种理论可知，蠕变断裂明显地取决于温度和外加应力。温度愈低，应力愈小，则蠕变断裂所需的时间愈长。蠕变断裂过程中裂纹的扩展属于亚临界扩展。

3.8 显微结构对材料断裂强度的影响

由于断裂现象极为复杂，许多细节尚不完全清楚。因此不可能对显微组织的影响作完整而满意的说明，下面简单介绍几种影响因素。

1. 晶粒尺寸的影响

多晶材料的断裂强度与晶粒度的关系，与金属材料相似，均符合霍尔-佩奇(Hall-Pitch)公式，即断裂强度 σ_f 与晶粒直径 d 的平方根成反比：

$$\sigma_f = \sigma_0 + k_1 d^{-\frac{1}{2}} \tag{3-56}$$

式中，σ_0、k_1 为材料常数。如果起始裂纹受晶粒限制，其尺度与晶粒相当，则脆性断裂与晶粒尺寸的关系为

$$\sigma_f = k_2 d^{-\frac{1}{2}} \tag{3-57}$$

晶粒愈小，强度愈高，因此微晶材料成为材料发展的一个重要方向。近来已出现许多晶粒度小于 1 μm、气孔率近于 0 的高强度高致密无机材料，表 3-5 所示为几种材料的断裂强度。图 3-29 为氧化镁的断裂强度与晶粒直径的关系，也进一步说明了随着晶粒尺寸的减小，断裂强度大为提高。

表 3-5 几种材料的断裂强度

材　　料	晶粒尺寸/μm	气孔率/%	断裂强度/MPa
高铝砖(99.2%Al_2O_3)	—	24	13.5
烧结 Al_2O_3(99.8%Al_2O_3)	48	～0	266
热压 Al_2O_3(99.9%Al_2O_3)	3	<0.15	500
热压 Al_2O_3(99.9%Al_2O_3)	<1	～0	900
单晶 Al_2O_3(99.9%Al_2O_3)	—	0	2000
热压 MgO	<1	～0	340
烧结 MgO	20	1.1	70
单晶 MgO	—	0	1300

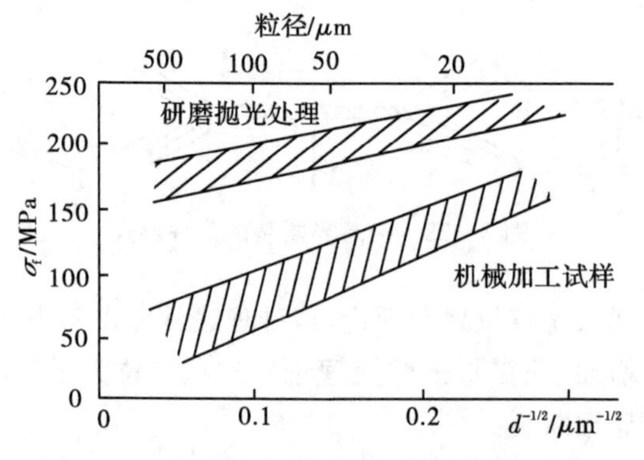

图 3-29 氧化镁断裂强度与晶粒直径的关系

对这一关系的解释如下：由于晶界间的结合一般比晶粒内部原子间的结合弱得多，所以多晶材料破坏多是在晶界处开始。细晶材料晶界比例大，沿晶界破坏时，裂纹的扩展要走迂回曲折的道路，晶粒愈细，此路程愈长，需要消耗的能量愈大。此外，多晶材料中初始裂纹尺寸与晶粒尺寸相当，晶粒愈细，初始裂纹尺寸就愈小，相应地，材料的断裂强度就越高。

2. 气孔的影响

大多数多晶材料的断裂强度和弹性模量都随气孔率的增加而降低，这是因为气孔不仅减小了负荷面积，而且在气孔邻近区域产生了应力集中，减弱了材料的负荷能力。

断裂强度 σ_f 与气孔率 P 的关系可由式(3－58)表示：

$$\sigma_f=\sigma_0 \cdot \exp(-nP) \tag{3-58}$$

式中，n 为常数，一般为 4～7；σ_0 为没有气孔时的断裂强度。

从式(3－58)可知，当气孔率约为 10% 时，断裂强度将下降为与没有气孔时的强度的一半，这样大小的气孔率在一般材料中是常见的。透明氧化铝陶瓷的断裂强度与气孔率的关系示于图 3－30，与式(3－58)的规律比较符合。

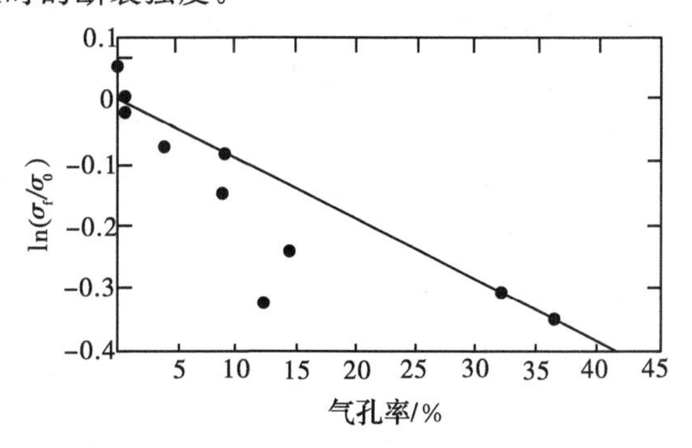

图 3－30　透明氧化铝陶瓷断裂强度与气孔率的关系

可以将晶粒尺寸和气孔率的影响结合起来考虑，即表示为

$$\sigma_f=(\sigma_0+k_1 d^{-\alpha})e^{-nP} \tag{3-59}$$

除气孔率外，气孔的形状及分布也很重要。通常气孔多存在于晶界上，这是特别有害的，它往往成为裂纹源。气孔除有有害的一面外，在特定情况下也有有利的一面，就是当存在高的应力梯度时(例如由热震引起的应力)，气孔能起到阻止裂纹扩展的作用。

除晶粒尺寸、气孔对断裂强度有重要影响外，其他如杂质的存在，也会由于应力集中而降低断裂强度，当存在弹性模量较低的第二相时也会使断裂强度(以下简称“强度”)降低。

3.9　断裂统计学

由于材料中含有不同尺寸和不同类型的缺陷，因而使得同一批试样的强度在一个较大范围内变化或波动。强度的这种变化通常需借助于断裂概率来表述。描述强度的分布至少需要两个参数，即分别用于表征分布的宽度和量级。而问题是这种分布的形式不能预先知道，鉴于此，韦布尔(Weibull)在 1951 首先提出了一个经验分布并得到了普遍的应用。如果将材料的强度数据按这一分布进行拟合，对于任意的外加应力分布情况都可以预测出断裂概率。如果预测的断裂概率过高，则安全性就会偏低，就需要改变之前的设计或者改善材料性能。因此，理想的情况就是使断裂概率不断降低直到它可以忽略不计，但是这么做可能会导致重复多次操作，存在一个安全性和经济性的相互影响问题，从而影响到成本。

3.9.1 韦布尔(Weibull)方法

韦布尔(Weibull)方法是描述脆性材料强度分布的一个通用经验方法。这是一种“最弱环”方法,在这个方法中,物体的强度与一系列独立体积单元的幸存概率有关。这类似于一条链子的强度,链子的强度取决于最弱的那个环。在链子断裂后,链子剩余部分的强度就由下一个最弱环决定,依此类推。韦布尔方法中假定了一个简单的幂函数形式的应力函数,并通过这个函数对整个物体体积的积分来描述单元体的幸存概率。例如,在拉应力作用下一个物体断裂行为的三参数韦布尔分布可以写成

$$F = 1 - \exp\left[-\int_V \left(\frac{\sigma - \sigma_{\min}}{\sigma_0}\right)^m \mathrm{d}V\right] \tag{3-60}$$

式中,F 为断裂概率;m 为韦布尔模数;σ_0 为特征强度;$\sigma_{\min}$ 为最低强度。韦布尔模数 m 确定了强度分布的宽度,而特征强度 σ_0 则给出了分布在应力空间中的位置。韦布尔模数越大,则强度值的波动就越小。材料的 m 值通常在 5 到 20 之间。最近,研究人员在降低强度离散性(也即提高 m)的研究方面取得了一些进展,更高的 m 值目前已经有所报道。

在许多场合中采用的是令 $\sigma_{\min}=0$ 而得到的两参数的韦布尔分布。在这种情况下,式(3-60)可以简化为

$$\ln\left(\frac{1}{1-F}\right) = L_F V \left(\frac{\sigma_{\max}}{\sigma_0}\right)^m = \left(\frac{\sigma_{\max}}{\sigma_0^*}\right)^m \tag{3-61}$$

式中,$\sigma_{\max}$ 为最大外加应力,V 为承载的体积,L_F 为承载因子。承载因子反映的是物体内部的应力分布状态,在单轴拉伸条件下其值为 1。由式(3-61),σ_0 可以解释为具有单位体积的物体在断裂概率为 0.632 时所具有的单轴强度。使用参数 $\sigma_0^* = \sigma_0 (L_F V)^{1/m}$ 更为方便一些,这一参数表示了对于特定的 V 和 L_F 在 $F=0.632$ 时的比特征强度。承载因子是与单轴拉伸情况相比较所获得的物体承载效率的一个量度。乘积($L_F V$)通常称为有效体积,因为它说明了物体是如何“有效地”承受应力作用的。表 3-6 给出了一些常用的试验构型的承载因子。上述分析是假定裂纹分布在整个材料体积内的。通过用面积项取代体积项,类似的分析也适用于只含有表面裂纹的物体。

在分析强度数据时,式(3-61)通常写成

$$\ln\ln\left(\frac{1}{1-F}\right) = m\ln\sigma_{\max} - m\ln\sigma_0^* \tag{3-62}$$

表 3-6 承载因子举例(体积裂纹)

几何构型	承载因子 L_F	
单轴拉伸	1	
弯曲试验	纯弯曲	$\frac{1}{2(m+1)}$
	三点弯曲	$\frac{1}{2(m+1)^2}$
	四点弯曲(L_i 为内跨距,L_0 为外跨距)	$\frac{mL_i+L_0}{2L_0(m+1)^2}$

由此，将式(3－62)左边的项对强度的自然对数作图将得到一条直线。在这一处理过程中，需要对每一个试样给出一个断裂概率。这个断裂概率通常由式(3－63)估计得到：

$$F=\frac{n-0.5}{N} \tag{3-63}$$

将 N 个试样的强度数据从最小值到最大值排列，给出一个序数 n，其中 $n=1$ 为强度最低的试样。式(3－63)考虑的是试样数量有限的情况。也提出了这一公式的其他一些形式，如 $F=n/(N+1)$，但目前还是式(3－63)的应用比较广泛。以式(3－62)为基础得到的图形，其斜率为韦布尔模数 m，由截距项($=-m\ln\sigma_0^*$)则可以确定 σ_0^*。直线的拟合通常采用线性回归方法。但是一些作者认为采用其他的回归方法如极大似然法可能效果会更好一些。参数 σ_0^* 与平均强度 σ_{av} 之间的关系为 $\sigma_{av}=\sigma_0^*\Gamma(1+1/m)$，其中 $\Gamma()$ 为 Γ 函数，其值可以在数学中查表得到。

上述强度分析方法的一个重要特征是需要破坏大量的试样才能获得具有一定精度的韦布尔参数。例如为了获得精度为 20%的 m 和精度为 5%的 σ_0^*，通常需要破坏至少 30 个试样。因此，在强度测试过程中需要 30 到 50 个试样是常见的事情。

3.9.2　试样(部件)尺寸和承载模式的影响

韦布尔方法的一个重要特征是脆性材料的强度取决于部件的尺寸及其承载构型(式(3－61))。例如，图 3－31(a)给出了两组具有不同体积但在同样的加载方式下发生破坏的物体的强度值。根据强度的尺寸效应，在大试样中“发现”较大裂纹的概率将会增大，可以预期具有较大体积的试样将表现出较低的强度。在试样体积相同的情况下，承载方式对试验结果将会有重要影响。由表 3－6 和相关的应力分布可以看出，弯曲试验中应力对物体的作用不如拉伸试验中那么有效。因此在试样尺寸相同的情况下，弯曲试验得到的强度值应该大于单轴拉伸的结果(如图 3－31(b)所示)。

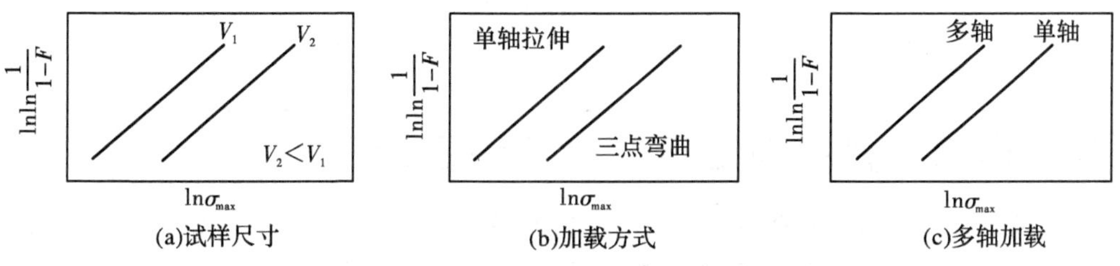

图 3－31　不同因素对强度分布的影响

为了描述一种承载构型(L_{1F})对一种尺寸(V_1)的试样测得的强度(σ_1)与另一种情况(σ_2、L_{2F}、V_2)之间的关系，可以在一个固定的断裂概率下将式(3－61)写成

$$\left(\frac{\sigma_1}{\sigma_2}\right)=\left(\frac{L_{2F}V_2}{L_{1F}V_1}\right)^{1/m} \tag{3-64}$$

在多轴加载时，某些情况下会加速断裂的发生，因而式(3－60)的形式会发生改变。在双轴应力场中，只要其他主应力(σ_2^*)不超过 $0.8\sigma_1^*$，就可以用最大主应力 σ_1^* 代替外加应力继续使用式(3－60)。在三轴场中，只要$(\sigma_2^*/\sigma_1^*)(\sigma_3^*/\sigma_1^*)<0.5$，就可作同样的处理。而大于这一值时，场的多轴性就会导致强度的显著降低(如图 3－31(c)所示)。随着韦布尔模数

的提高，这一效应将更加明显。换句话说，多轴应力场的作用可使更多的裂纹处在一个有可能导致断裂发生的方向上，从而提高断裂概率，降低强度。在多轴应力问题中，通常假定在各个主应力方向上的幸存概率或可靠性 R 是相互独立的，因此总的幸存概率 R_T 就等于各个主应力方向上幸存概率的乘积($R=R_1R_2R_3$)。由式(3-60)和式(3-61)可以获得承载因子的表达式：

$$L_F=\int_V\left(\frac{\sigma}{\sigma_0}\right)^m\frac{dV}{V} \tag{3-65}$$

如果知道了应力分布的分析解，就可以计算出对应于各个主应力的承载因子。在这一过程中压应力通常可以忽略。在许多实际的部件构型中，需要通过一些数值方法如有限元分析来计算应力。由式(3-60)和 $\sigma_{min}=0$，一个单一的单元体在单一主应力作用下的幸存概率 R_{ij} 可以写成

$$R_{ij}=\exp\left[-\left(\frac{\sigma_{ij}}{\sigma_0}\right)^m V_j\right] \tag{3-66}$$

式中，i 和 j 分别为主应力和单元体的编号。通过所有单元体和三个主应力的表达式的乘积就可以获得总的幸存概率。这一处理方法现在已经被编入了一个特殊的软件包(CARES，由美国国家航空航天局(NASA)发布)，这是一个非常有用的工具，可以用来分析设计方面的变化是如何影响断裂概率的。

在进行强度试验时必须保证试样中导致断裂的缺陷与实际使用时导致断裂的缺陷一致。例如，如果在试样的机械加工过程中引进了缺陷就可能得到不真实的数据。此外，部件中的缺陷会在服役过程中形成(例如氧化或者冲蚀)，这些缺陷就可能与试样中的缺陷不一样。在某些情况下，在同一试样中可能会存在不同类型的裂纹，这会导致韦布尔曲线表现出非线性的特征。已有学者提出了一些方法从这样的非线性曲线中获得韦布尔参数。在许多场合，需要将韦布尔曲线外推到远低于实验室所能获得的断裂概率水平，这就会导致较大的不可靠性。应该记住的是，韦布尔分析是经验性的，因此不能保证它是一个最好的处理方法。

3.10 提高无机材料强度及改善脆性的途径

材料的理论强度的本质是内部质点(原子、离子、分子)间的结合力。而无机材料的实际强度远低于理论强度，通过微裂纹强度理论分析可知，控制材料强度主要有三方面的因素，即弹性模量、断裂能及微裂纹尺寸。其中，弹性模量取决于材料的组分、晶体的结构、气孔，而对其他显微结构较不敏感；而断裂能不仅取决于组分、结构，在很大程度上受到微观缺陷、显微结构的影响，是一种织构敏感参数，起着断裂过程的阻力作用，但对于单相材料，微观结构对 γ 的影响不大；而微裂纹的作用在于导致材料内部的局部应力集中，是断裂的动力因素，是使材料实际强度提高到理论强度需要控制的主要因素。工程材料的发展应是沿着既提高断裂韧性，又降低裂纹缺陷尺寸的途径，大幅度

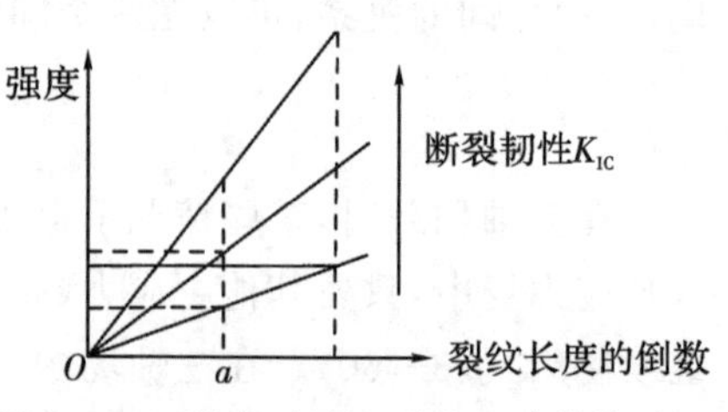

图 3-32 强度、韧性、裂纹尺寸的关系

地提高材料的强度，图 3－32 为强度、韧性、裂纹尺寸的关系。影响材料强度的因素是多方面的，近年来的强化措施大多从消除缺陷、阻止其发展或提高其断裂时需要克服的阻力着手，已经取得效果并值得提出的有下列几方面。

3.10.1　微晶、高密度与高纯度

为了消除缺陷，控制微裂纹，提高晶体的完整性，细、密、匀、纯是当今陶瓷发展的一个重要方向。近年来，已研究和制备出许多微晶、高密度、高纯度陶瓷，例如用热压工艺制造的 Si_3N_4 陶瓷密度接近理论值，几乎没有气孔。特别值得提出的是各种纤维材料及晶须。表 3－7列出了一些纤维晶须的特性，从表中可以看出，将块体材料制成细纤维，抗张强度大约提高一个数量级，而制成晶须则提高两个数量级，与理论抗张强度的大小同数量级。晶须提高抗张强度的主要原因是提高了晶体的完整性，控制了微裂纹尺寸。实验指出，晶须抗张强度随晶须截面直径的增加而降低。

表 3－7　几种陶瓷材料的块体、纤维及晶须的抗张强度

材　料	抗　张　强　度/MPa		
	块　体	纤　维	晶　须
Al_2O_3	280	2100	21000
BeO	140（稳定化）	—	13333
ZrO_2	140（稳定化）	2100	—
Si_3N_4	120～140（反应烧结）	—	14000

3.10.2　预加应力

人为地预加应力，在材料表面造成一层预加压应力层，就可提高材料的抗张强度。脆性断裂通常是在张应力作用下，自表面开始，如果在表面形成一层残余压应力层，则在材料使用过程中表面受到拉伸破坏之前首先要克服表面上的残余压应力。可以通过一定加热、冷却操作在表面人为地引入残余压应力，这一过程叫作热韧化。这种技术已被广泛用于制造安全玻璃（钢化玻璃），如汽车飞机门窗、眼镜用玻璃等。该方法是将玻璃加热到转变温度以上但低于熔点，然后淬冷，这样，表面立即冷却变成刚性的，而内部仍处于软化状态，不存在应力。在以后继续冷却的过程中，内部将比表面以更大速率收缩，此时是表面受压，内部受拉，结果在表面形成残留压应力。图 3－33 是热韧化玻璃板受横向弯曲时，残余应力、作用应力及合成应力分布的情形。这种热韧化技术近年来发展到用于其他结构陶瓷材料。淬冷不仅在表面造成压应力，而且还可使晶粒细化。除此之外，还可以利用表面层与内部的热膨胀系数不同，给表面施加压应力获得增韧效果。

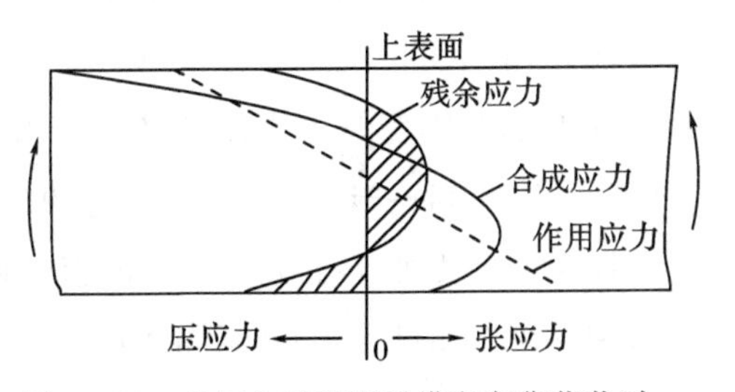

图 3－33　热韧化玻璃板受横向弯曲荷载时，残余应力、作用应力及合成应力的分布

3.10.3 化学强化

如果要求表面残余压应力更高，则利用热韧化的办法就难以实现，此时就需要采用化学强化（离子交换）的方法。这种技术是通过改变表面的化学组成，使表面的摩尔体积比内部的大，由于表面体积变大受到内部材料的限制，从而产生一种两向状态的压应力。可以认为这种表面压力和体积变化率的关系近似服从胡克定律，即

$$\sigma=K\frac{\Delta V}{V}=\frac{E}{3(1-2\mu)}\cdot\frac{\Delta V}{V} \tag{3-67}$$

如果体积变化率为 2%，$E=70$ GPa，$\mu=0.25$，则表面压应力可高达 930 MPa。

由于表面体积要变大，因此通常是用一种半径大的离子置换半径小的离子，又由于受扩散限制及受带电离子的影响，实际上，压力层的厚度不能很大，而被限制在数百微米范围内。

在化学强化的玻璃板中，应力分布情况不同于热韧化玻璃，在热韧化玻璃中应力分布形状接近抛物线，且最大的表面压应力接近内部最大张应力的两倍。但在化学强化中，其形状通常不是抛物线形，而是在内部存在一个接近平直的小的张应力区，到化学强化区突然变为压应力，表面压应力与内部张应力之比可达数百倍，如果内部张应力很小，则化学强化的玻璃可以切割和钻孔，但如果压应力层较薄而内部张应力较大，内部裂纹能自发扩展，破坏时可能裂成碎块。化学强化方法目前尚在发展中，相信会得到更广泛的应用。

此外，将表面抛光及化学处理以消除表面缺陷也能提高强度。强化材料的一个重要发展是复合材料的出现。复合材料是近年来迅速发展的领域之一。

3.10.4 相变增韧

利用多晶多相陶瓷中某些相在不同温度时发生的相转变实现增韧，统称为相变增韧。例如，利用 ZrO_2 的马氏体相变来改善陶瓷材料的力学性能，是目前引人注目的研究领域。有学者研究了多种 ZrO_2 的相变增韧，由四方相转变成单斜相，体积增大 3%～5%，如部分稳定 ZrO_2(PSZ)，四方 ZrO_2 多晶陶瓷(TZP)，ZrO_2 增韧 Al_2O_3 陶瓷(ZTA)，ZrO_2 增韧莫来石陶瓷(ZTM)，ZrO_2 增韧尖晶石陶瓷，ZrO_2 增韧钛酸铝陶瓷，ZrO_2 增韧 Si_3N_4 陶瓷、增韧 SiC、增韧 SiAlON 等。

其中 PSZ 陶瓷较为成熟，TZP、ZTA、ZTM 研究得也较多。PSZ、TZP、ZTA 等的断裂韧性 K_{IC}已达 11～15 MPa·$m^{1/2}$，有的高达 20 MPa·$m^{1/2}$，但温度升高时，相变增韧失效。

韧化的主要机理有应力诱导相变增韧、相变诱发微裂纹增韧、残余应力增韧等。几种增韧机理并不互相排斥，但在不同条件下有一种或几种机理起主要作用。

1. 相变增韧

当部分稳定 ZrO_2 增韧陶瓷烧结致密后，四方相 ZrO_2 颗粒弥散分布于其他陶瓷基体中

（包括 ZrO_2 本身），冷却时亚稳四方相颗粒受到基体的抑制而处于压应力状态，这时基体沿颗粒连线方向也处于压应力状态。材料在外力作用下所产生的裂纹尖端附近由于应力集中的作用，存在张应力场，从而减轻了对四方相颗粒的束缚，在应力的诱发作用下会发生向单斜相的转变并发生体积膨胀，相变和体积膨胀的过程除消耗能量外，还将在主裂纹作用区产生压应力，二者均阻止裂纹的扩展，只有增加外力做功才能使裂纹继续扩展，于是材料强度和断裂韧性大幅度提高，应力诱发相变增韧如图 3-34 所示。

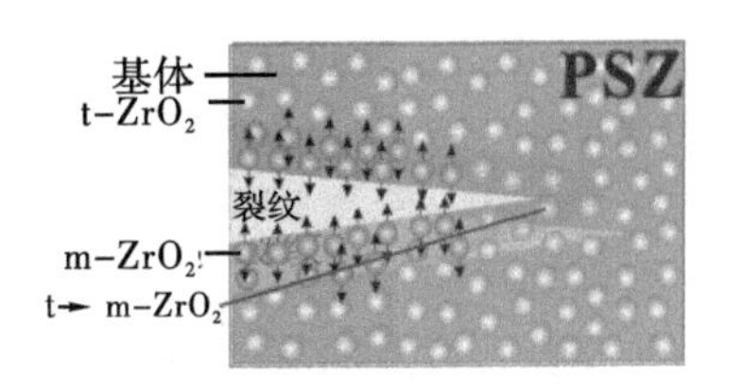

图 3-34　应力诱发相变增韧

2. 微裂纹增韧

部分稳定 ZrO_2 增韧陶瓷在烧结冷却过程中，存在较粗的四方相向单斜相的转变，引起体积膨胀，在基体中产生弥散分布的裂纹或者主裂纹扩展过程中在其尖端过程区内形成的应力诱发相变导致的微裂纹，这些尺寸很小的微裂纹在主裂纹尖端扩展过程中会导致主裂纹分叉或改变方向，增加了主裂纹扩展过程中的有效表面能。此外，裂纹尖端应力集中区内微裂纹本身的扩展也起着分散主裂纹尖端能量的作用，从而抑制了主裂纹的快速扩展，提高了材料的韧性。

3. 表面残余压应力增韧

陶瓷材料可以通过引入残余压应力达到强韧化的目的。控制含弥散四方 ZrO_2 颗粒的陶瓷在表层发生四方相向单斜相转变，引起表面体积膨胀而获得表面残余压应力。由于陶瓷断裂往往起始于表面裂纹，表面残余压应力有利于阻止表面裂纹的扩展，从而起到了增强增韧的作用。

3.10.5　弥散增韧

在基体中渗入具有一定颗粒尺寸的微细粉料，达到增韧的效果，这称为弥散增韧。这种细粉料可能是金属粉末，加入陶瓷基体之后，以其塑性形变来吸收弹性应变能的释放量，从而增加了断裂表面能，改善了韧性。细粉料也可能是非金属颗粒，在与基体生料颗粒均匀混合之后，在烧结或热压时，多半存在于晶界相中，以其高弹性模量和高温强度增加了整体的断裂表面能，特别是高温断裂韧性。

当基体的第二相为弥散颗粒时，增韧机制可能是裂纹受阻或裂纹偏转、相变增韧和弥散增韧。影响第二相颗粒增韧效果的主要因素是基体与第二相颗粒的弹性模量和热膨胀系数之差及两相之间的化学相容性。其中，化学相容性要求既不出现过量的相间化学反应，同时又能保证较高的界面结合强度，这是颗粒产生有效增韧效果的前提条件。

当陶瓷基体中加入的颗粒具有高弹性模量时会产生弥散增韧。其机制为：复合材料受拉伸时，高弹性模量第二相颗粒阻止基体横向收缩。为达到横向收缩协调，必须增大外加纵向拉伸应力，即消耗更多外界能量，从而起到增韧作用。颗粒弥散增韧与温度无关，因此可以作为高温增韧机制。纤维增强增韧复合材料，将在下节陈述。

3.11 复合材料

在一种基体材料中加入另一种粉体材料或纤维材料而制成复合材料是提高陶瓷材料强度和改善其脆性的有效措施，并在许多方面已得到广泛应用。粒子强化的机理在于粒子可以防止基体内的位错运动，或通过粒子的塑性形变而吸收一部分能量，从而达到强化的目的。例如，以 70% Al_2O_3～30%Cr 重量百分比制成的金属陶瓷，在 297 K 下，弯曲强度为 380 MPa，以 70%TiC～30%Ni 重量百分比制成的金属陶瓷，弯曲强度达 1340 MPa。这类复合材料受到外力作用时，负荷主要由基体承担。纤维强化的作用在于负荷主要由纤维承担，而基体将负荷传递、分散给纤维，此外，纤维还可阻止基体内的裂纹扩展。为了评价强化效果，可定义强化率 F：

$$F=\frac{\text{粒子或纤维强化材料的强度}}{\text{未加粒子或纤维的材料的强度}}$$

对于粒子强化复合材料来说，F 为粒子体积含有率 V_P、粒子分布、粒子直径 d_P 和粒子间距离 λ_P的函数。一般来说，粒子愈小，阻止位错运动的效果就愈大，因此 F 也大。当粒子直径 d_P 在 0.01～0.1 μm 范围内时，F 约为 4～15。比这更细小的粒子更易形成固溶体，F 可达 10～30，例如一些超级合金。如 $d_P=0.1\sim10$ μm，则 F 只有 1～3，金属陶瓷一般在此范围内。大的粒子容易成为应力集中源，使复合材料的力学性能破坏。对于纤维强化复合材料，强化率 F 和纤维体积含有率 V_f、纤维直径 d_f、纤维抗拉强度 σ_f、纤维长度 l、纤维长细比 l/d_f、纤维与基体的接着强度 τ_m、基体拉张强度有关。根据纤维和基体的特点，F 变化范围较大。这类材料中可用纤维材料来强化韧性基体(如橡胶、树脂、金属)，也可用来强化脆性基体(如玻璃及陶瓷材料)。例如用钨芯碳化硅纤维强化氮化硅，断裂功从 1 J/m^2 提高到 9×10^2 J/m^2，用碳纤维增强石英玻璃，抗弯强度为纯石英玻璃的 12 倍，抗冲击强度提高 4 倍，断裂功提高 2～3 个数量级。下面重点介绍一些纤维强化材料的基本概念。

纤维的强化作用取决于纤维与基体的性质，如二者的结合强度，纤维在基体中的排列方式。为了达到强化目的，必须注意下列几个原则：①使纤维尽可能多地承担外加负荷。为此，应选用强度及弹性模量比基体高的纤维。因为在受力情况下，当二者应变相同时，纤维与基体所承受的应力之比等于二者弹性模量之比，E 大则承担的力大。②二者的结合强度不能太差，否则基体中所承受的应力无法传递到纤维上，极端的情况是二者结合强度为零，这时纤维毫无作用，有如基体中存在大量气孔群一样，强度反而降低。如果结合太强，虽可分担大部分应力，但在断裂过程中没有纤维自基体中拔出这种吸收能量的作用，复合材料将表现为脆性断裂，因此，结合强度以适当为宜。③应力作用的方向应与纤维平行，才能发挥纤维的作用，因此应注意纤维在基体中的排列。排列方向可以是单向、十字交叉或按一定角度交错及三维空间编织。④纤维与基体的热膨胀系数应匹配，二者的热膨胀系数以相近为宜，最好是纤维的热膨胀系数略大于基体的，这样复合材料在烧成、冷却后纤维处于受拉状态而基体处于受压状态，起到预加应力作用。⑤还要考虑二者在高温下的化学相容性。必须保证二者在高温下不致发生引起纤维性能降低的化学反应。

3.11.1 连续纤维单向强化复合材料的强度

连续纤维单向强化复合材料的纤维排列及受力情况示于图 3-35。设纤维与基体的应变相同，即 $\varepsilon_c=\varepsilon_f=\varepsilon_m$，则可得出：

$$E_c=E_fV_f+E_mV_m \tag{3-68}$$

$$\sigma_c=\sigma_fV_f+\sigma_mV_m \tag{3-69}$$

$$V_f+V_m=1 \tag{3-70}$$

式中，E_c、σ_c 分别为复合材料的弹性模量及强度，E_f、σ_f、V_f 分别为纤维的弹性模量、强度及体积百分数；E_m、σ_m、V_m 分别为基体的弹性模量、强度及体积百分数。

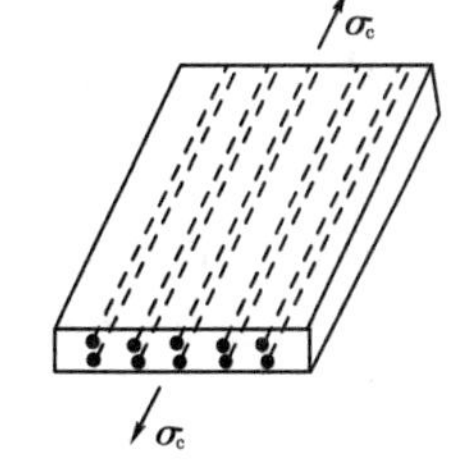

图 3-35　连续纤维单向强化复合材料的纤维排列及受力情况

式(3-68)、式(3-69)是理想状态，也是对复合材料弹性模量和强度的最高估计，叫作上限模量和上限强度。

由于复合材料中的纤维和基体的应变相同，即

$$\varepsilon_m=\varepsilon_f=\frac{\sigma_m}{E_m}=\frac{\sigma_f}{E_f} \tag{3-71}$$

设 ε_m 超过基体的临界应变时，复合材料发生破坏，但此时纤维还未充分发挥作用。根据这一条件，将式(3-71)代入式(3-69)即可求得复合材料的下限强度，即复合材料强度的最低值：

$$\sigma_c=\sigma_m\left[1+V_f\left(\frac{E_f}{E_m}-1\right)\right] \tag{3-72}$$

对于以玻璃、硼等脆性破坏的材料为纤维，以聚酯、环氧树脂、铝等延性材料为基体的复合材料，其应力应变曲线如图 3-36 所示。曲线的第Ⅰ区域为弹性区，此时

$$E_c=E_fV_f+E_mV_m,\quad 0\leqslant\varepsilon\leqslant\varepsilon_{my} \tag{3-73}$$

$$\sigma_c=\sigma_fV_f+\sigma_mV_m \tag{3-74}$$

式中，ε_{my} 为基体屈服点应变。基体屈服后进入第Ⅱ区，此时基体弹性模量已不是常数，因此复合材料的弹性模量可写成

$$E_c(\varepsilon)=E_fV_f+\left[\frac{\mathrm{d}\sigma_m(\varepsilon)}{\mathrm{d}\varepsilon}\right]\cdot V_m \tag{3-75}$$

在第Ⅱ区域末尾，设复合材料的破坏由纤维断裂引起，此时 $\varepsilon=\varepsilon_{fu}$，则

$$\sigma_{cu}=\sigma_{fu}V_f+\sigma_m^*V_m=\sigma_{fu}V_f+\sigma_m^*(1-V_f) \tag{3-76}$$

式中，σ_{cu}、σ_{fu} 分别为复合材料与纤维的断裂应力；σ_m^* 为与纤维断裂时的应变 ε_{fu} 相对应的基体应力。基体断裂时的应变为 ε_{mu}，参看图 3-36。

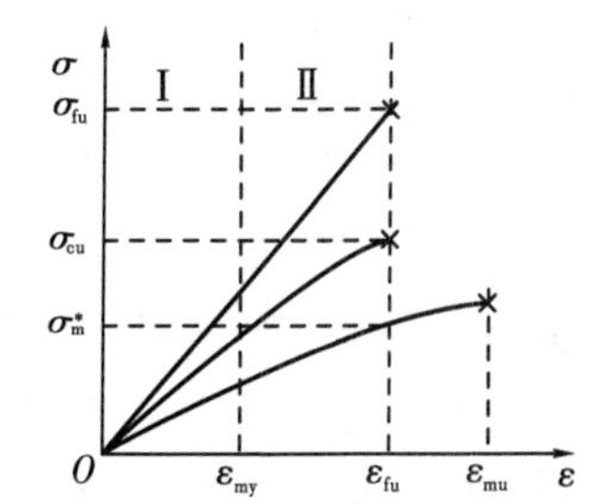

图 3-36　纤维、基体及复合材料的应力应变曲线

图 3-37 中 ABC 线是根据式(3-76)绘出的 σ_{cu}-V_f 关系曲线，为一直线，说明纤维含量愈多，强度愈大，理论上 $V_f=1$，则 $\sigma_{cu}=\sigma_{fu}$。实际上，圆形纤维排在一起，当中有空隙，V_f 不可能等于 1。由于 σ_m^* 通常比基体断裂应力 σ_{mu} 小，而 $\sigma_{cu}=\sigma_{mu}$ 的点 B 叫等破坏点，和此点对应的纤维体积含有率叫作临界体积含

有率 $V_{f临界}$，故令式(3－76)的左边等于 σ_{mu} 即可求出 $V_{f临界}$：

$$\sigma_{mu}=\sigma_{fu}V_{f临界}+\sigma_m^*V_m \tag{3-77}$$

$$V_{f临界}=\frac{\sigma_{mu}-\sigma_m^*}{\sigma_{fu}-\sigma_m^*} \tag{3-78}$$

只有 $V_f>V_{f临界}$，才能起到强化的效果。

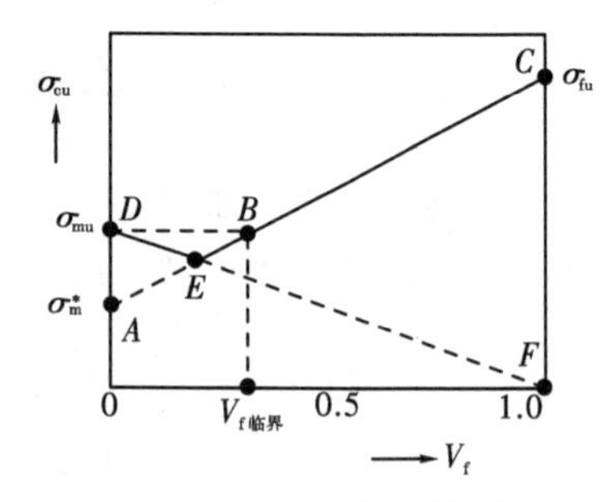

图 3－37 σ_{cu} 与 V_f 的关系

为了改善陶瓷的脆性，可以在陶瓷中加入延性纤维，此时基体是脆性材料，且 $\varepsilon_{mu}<\varepsilon_{fu}$，则当 $\varepsilon_c=\varepsilon_{mu}$ 时，基体就开裂，此时负荷由纤维承担，则加给纤维的平均附加应力为

$$\Delta\sigma_f=\frac{\sigma_{mu}(1-V_f)}{V_f} \tag{3-79}$$

如果 $\Delta\sigma_f<\sigma_{fu}-\sigma_f'$，$\sigma_f'$ 为基体即将开裂时纤维的应力，则纤维将使复合材料保持在一起而不致断开。由式(3－79)可得

$$V_f=\frac{\sigma_{mu}}{\sigma_{mu}+\Delta\sigma_f} \tag{3-80}$$

临界情况为 $\Delta\sigma_f=\sigma_{fu}-\sigma_f'$，故

$$V_{f临界}=\frac{\sigma_{mu}}{\sigma_{mu}+\sigma_{fu}-\sigma_f'} \tag{3-81}$$

如果 $\sigma_{fu}\gg\sigma_f'\gg\sigma_{mu}$，则 $V_{f临界}$ 近似为

$$V_{f临界}\approx\frac{\sigma_{mu}}{\sigma_{fu}} \tag{3-82}$$

3.11.2 短纤维单向强化复合材料

如果采用短纤维来强化，则纤维长度必须大于一个临界长度 l_c 才能起到增强作用，此临界长度可以根据力的平衡条件求得。研究基体中只有一根短纤维 AB 的情况，当基体受均匀应力 σ_m 时，纤维表面就作用有由基体引起的剪应力 τ，纤维横截面上作用有张应力 σ_f，如图 3－38 所示。图中(b)为纤维与基体接触面上的剪应力，二者大小相等，方向相反。纤维表面上的剪应力 τ 被横截面上的张应力 σ_f 平衡。(c)、(d)为纤维表面剪应力及截面张应力沿纤维长度的分布。剪应力在 A、B 两端最大，中间接近于零；而横截面张应力正好相反，中间最大，A、B 两端为零。

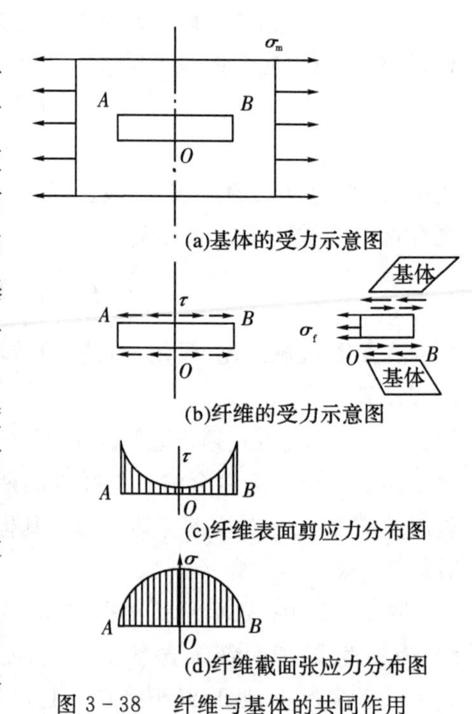

图 3－38 纤维与基体的共同作用

随着作用应力 σ_m 的增加，剪应力沿纤维全长达到界面的结合强度或基体处的屈服强度为 τ_{my}。由 τ_{my} 引起的纤维横截面张应力恰好等于纤维的拉伸屈服应力 σ_{fy} 时所必须的纤维长度即是临界长度 l_c，根据力的平衡条件，有

$$\tau_{my} \cdot \pi d \cdot \frac{l_c}{2} = \sigma_{fy} \cdot \frac{\pi d^2}{4} \quad (3-83)$$

由此得

$$l_c = \frac{\sigma_{fy}}{2\tau_{my}} \cdot d \quad (3-84)$$

式中,d 为纤维直径;$\frac{l_c}{d}$为临界长径比。$l>l_c$ 时,才有强化效果。设 $\tau_{my}=20$ MPa、$\sigma_{fy}=2000$ MPa,则$\frac{l_c}{d}=50$,如 $d=5$ μm,则 $l_c=0.25$ mm。

当 $l \gg l_c$ 时,其效果接近连续纤维,当 $l=10l_c$ 时即可达连续纤维强化效果的95%。短纤维复合材料的强度可写为

$$\sigma_c = \sigma_{fu}\left(1-\frac{l_c}{2l}\right)V_f + \sigma_m(1-V_f) \quad (3-85)$$

式中,σ_m 为应变与纤维屈服应变相同时的基体的应力。

由于对纤维及晶须的研究仍在进行中,且目前可供选择的品种不多,所以复合材料的发展受到一定限制,但随着纤维及晶须品种的不断扩大和性能的不断提高,复合材料将有更广阔的前景。

3.12　陶瓷材料的硬度

硬度是材料的一种重要力学性能,在实际应用中由于测量方法不同,测得的硬度所代表的材料性能也各异。例如金属材料常用的硬度测量方法是在静荷载下将一种硬的物体压入材料,这样测得的硬度主要反映材料抵抗塑性形变的能力,而陶瓷、矿物材料使用的划痕硬度却反映材料抵抗破坏的能力。所以硬度没有统一的定义,各种硬度单位也不同,彼此间没有固定的换算关系。硬度的实验测量方法可进行如下分类:

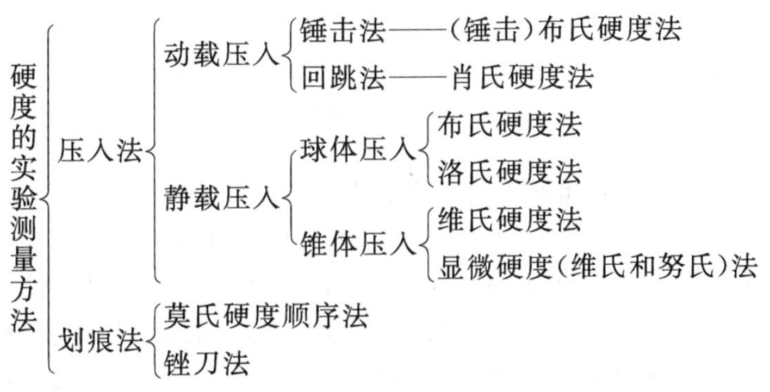

选择什么测量方法,由材料的本征硬度和测量方法的合适范围决定。

陶瓷及矿物材料常用的划痕硬度叫作莫氏硬度,它只表示硬度由小到大的顺序,不表示硬度的程度,后面的矿物可划破前面的矿物表面。一般莫氏硬度分为十级,后来因为有一些人工合成的硬度大的材料出现,又将莫氏硬度分为十五级以便比较,表3-8为莫氏硬度两种分级的顺序。

表 3-8 莫氏硬度顺序

顺序	材料	顺序	材料	顺序	材料
1	滑石	6	正长石	11	熔融氧化锆
2	石膏	7	SiO_2 玻璃	12	刚玉
3	方解石	8	石英	13	碳化硅
4	萤石	9	黄玉	14	碳化硼
5	磷灰石	10	方解石	15	金刚石

金刚石是自然界中存在的最硬的材料，因此想要切割金刚石只能通过激光和钻石粉，而金刚石也常被用作切割工具。

用静载压入的硬度测量实验法种类很多，常用的有布氏硬度法、维氏硬度法及洛氏硬度法，这些方法的原理都是将一硬的物体在静载下压入被测物体表面，表面上被压入一凹面，以凹面单位面积上的荷载表示被测物体的硬度。图 3-39 为几种常用硬度的原理及计算方法。

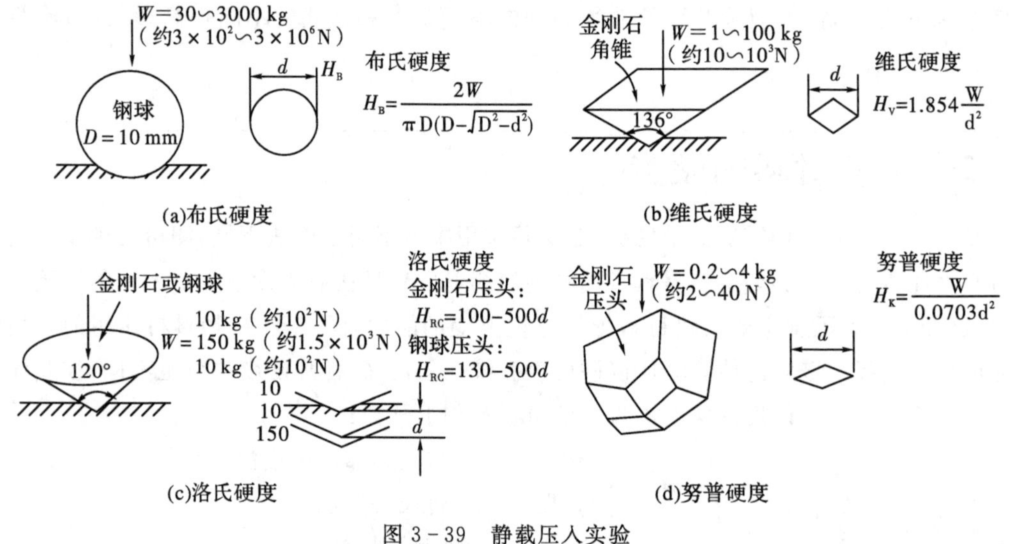

图 3-39 静载压入实验

布氏硬度法主要用来测定金属材料中较软及中等硬度的材料，很少用于陶瓷；维氏硬度法及努普硬度法都适于较硬的材料，也用于测量陶瓷的硬度；洛氏硬度法测量的范围较广，采用不同的压头和负荷可以得到 15 种标准洛氏硬度，此外还有 15 种表面洛氏硬度，其中 HRA、HRC 都能用来测量陶瓷的硬度。陶瓷材料也常用显微硬度法来测量，其原理和维氏硬度法一样，但是把硬度试验的对象缩小到显微尺度以内，它能测定在显微观察时所评定的某一组织组成物或某一组成相的硬度。显微硬度实验常用金刚石正四棱锥为压头，并在显微镜下测其硬度，实验所用公式和维氏硬度所用的相同，即

$$H_M = 1.854\frac{P}{d^2} \tag{3-86}$$

式中的负荷 P 以 g 为单位；d 以 μm 为单位。仪器有效负荷为 2～200 g。显微硬度实验法比较适于测定硬而脆的材料的硬度，所以也适用于测量陶瓷材料的硬度。一些材料的硬度

值列于表3-9。

表3-9 一些材料的硬度

材料		条件	硬度	
金属	99.5%铝	退火	H_v	20
		冷轧		40
	铝合金(Al-Zn-Mg-Cu)	退火		60
		沉淀硬化		170
	软钢(0.2%C)	正火		120
		冷轧		200
	轴承钢	正火		200
		淬火1103K		900
		回火423K		750
陶瓷	碳化钨(WC)	烧结	H_k	1500～2400
	金属陶瓷(WC-6%Co)	293 K(实验温度)		1500
		1023 K(实验温度)		1000
	氧化铝(Al_2O_3)			～1500
	碳化硼(B_4C)			2500～3700
	氮化硼(BN(立方))			7500
	金刚石			6000～10000
玻璃	石英玻璃		H_v	700～750
	钠钙玻璃			540～580
	光学玻璃			550～600

矿物、晶体和陶瓷材料的硬度取决于其组成和结构。离子半径越小,离子电价越高,配位数愈大,极化能就愈大,抵抗外力摩擦、刻划和压入的能力也就愈强,所以硬度就较大。陶瓷材料的显微组织、裂纹、杂质等对硬度有影响。当温度升高时,硬度将下降。

习题

1. 求熔融石英的结合强度,设估计的表面能为1.75 J/m^2;Si—O的平衡原子间距为1.6×10^{-8} cm,弹性模量值为60～75 GPa。

2. 熔融石英玻璃的性能参数为:$E=73$ GPa,$\gamma=1.56$ J/m^2,理论强度$\sigma_{th}=28$ GPa。如材料中存在最大长度为2 μm的内裂,且此内裂垂直于作用力的方向,计算由此而导致的强度折减系数。

3. 比较测定静抗折强度的三点弯曲法和四点弯曲法,哪一种方法更可靠?为什么?

4. A 陶瓷材料的强度为 450 MPa，B 陶瓷材料的强度为 320 MPa，可否据此判断两陶瓷材料哪种具有相对较高的断裂韧性？为什么？

5. 为什么复合材料内部总存在微应力？

6. 热压 Al_2O_3(晶粒尺寸小于 1 μm，气孔率约为 0)、烧结 Al_2O_3(晶粒尺寸约 15 μm，气孔率约为 1.3%)以及 Al_2O_3 单晶(气孔率为 0)三种材料中，哪一种强度最高？哪一种强度最低？为什么？

7. 某陶瓷试样进行强度测试时采用三点弯曲法，已知试样断裂时的力 P=50 kg，试样尺寸为 $b\times h\times L=2.5\times5\times25\ mm^3$，跨距 $l=20$ mm，求强度为多少 MPa？

8. 如何防止低应力下的脆性断裂？

9. 一陶瓷三点弯曲试件，在受拉面上于跨度中间有一竖向切口如图 3-40 所示。如果 $E=380$ GPa，$\mu=0.24$，求 K_{IC}值，设极限荷载达 50 kg，并计算此材料的断裂表面能。

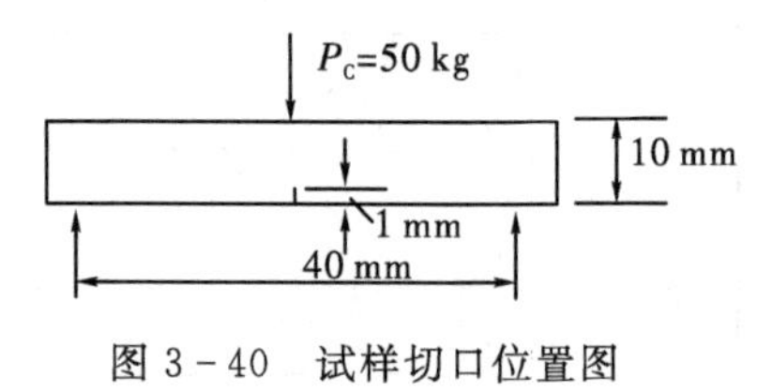

图 3-40 试样切口位置图

10. 一钢板受有长度方向拉应力 350 MPa，如在材料中有一垂直于拉应力方向的中心穿透缺陷，长 8 mm(=2C)。此钢材的屈服强度为1400 MPa，计算塑性区尺寸 r_0 及其与裂缝半长 C 的比值。讨论用此试件来求 K_{IC}值的可能性。

11. 有一构件，有两种材料待选：

A：弹性模量为 200 GPa，表面能为 7 J/m^2，最大裂纹尺寸为 1 mm，断裂韧性为 3 $MPa\cdot m^{1/2}$；

B：弹性模量为 300 GPa，表面能为 8 J/m^2，最大裂纹尺寸为 0.1 mm，断裂韧性为 1 $MPa\cdot m^{1/2}$。

(1)根据格里菲斯微裂纹理论，当使用应力为 100 MPa 时，应选择哪种材料？并说明理由。

(2)从断裂韧性角度分析，计算 A、B 两种材料允许使用的最大应力。

(3)结合(1)、(2)的计算结果，谈谈如何提高 A、B 两种材料的使用应力。

12. 一陶瓷零件上有一垂直于拉应力的边裂，如边裂长度为①2 mm；②0.049 mm；③2 μm。分别求上述三种情况下的临界应力。设此材料的断裂韧性为 1.62 $MPa\cdot m^{1/2}$。讨论诸结果。

13. 弯曲强度数据为 782、784、866、876、884、884、890、915、922、922、927、942、944、1012 及 1023 MPa。求两参数韦伯模数和求三参数韦伯模数。

14. 一块带切口的 Al_2O_3 厚板，含有一条贯穿厚度的内部裂纹，在均匀拉伸条件(Ⅰ型)下破坏。断裂应力为 12 MPa，临界裂纹尺寸(2C)为 60 mm。Al_2O_3 的杨氏模量和泊松比分别为 400 GPa 和 0.26。

(1)确定断裂表面能、断裂韧性和裂纹扩展阻力。

(2)画出在断裂时系统的总能量与裂纹长度之间的关系曲线。

(3)一个破坏了的 Al_2O_3 部件具有一个半径为 1 mm 的分叉区。如果相关的分叉常数为 20 MPa・$m^{1/2}$，计算断裂应力和临界裂纹尺寸。试提出两个理由说明为什么初始裂纹尺寸会小于临界裂纹尺寸。

15. Al_2O_3 的断裂韧性(4.0 MPa・$m^{1/2}$)可以通过添加体积分数为 30%的以下材料得到提高：

A：ZrO_2 颗粒。利用相变增韧机制。(相变区尺寸为 $2h=100\ \mu m$)

B：SiC 晶须。利用裂纹桥接。(假定晶须强度为 10 GPa，脱附长度近似等于晶须直径(5 μm)，没有发生拔出)

C：Al 颗粒。利用裂纹桥接。(假定铝桥接体的直径为 50 μm)

估算在各种机制下断裂韧性的提高幅度。说明在你的分析中采用的所有假定条件(尽量是合理的假定)。对于 C 部分，估计一下使拔出的贡献等效于桥接的贡献所需要的拔出长度。

数据：ZrO_2 的杨氏模量和泊松比分别为 200 GPa 和 0.31；Al_2O_3 的杨氏模量和泊松比分别为 400 GPa 和 0.23；SiC 的杨氏模量和泊松比分别为 430 GPa 和 0.20；Al 的屈服强度为 100 MPa。

16. 玻璃圆盘被认为是计算机硬盘驱动器基板的主要候选材料。关键的问题是驱动器是否是机械可靠的。如果你参与了这一设计的材料部分的研究，而厂商卖给你含有一个中心孔洞(用于安装目的)的圆形玻璃板(密度为 2200 kg/m^3)，玻璃板的外径为 130 mm，内径为 40 mm，板的厚度为 1.9 mm。厂商同时也提供了根据旋转试验得到的惰性强度分布数据：平均强度 83.2 MPa；韦布尔模数 $m=14.0$；测试所用的试样数 100。完成以下任务，并清楚地说明假设条件、试验条件、参考文献等。

(1)估算一批共 100 个圆盘中的最弱的和最强的试样的惰性强度。如果玻璃的 K_{IC} 为 0.8 MPa・$m^{1/2}$，估算与这两个强度相对应的临界裂纹尺寸。

(2)计算在惰性强度水平的转速为 20000 r/min 时的断裂概率。

(3)设计一个保证试验，使你能够将 20000 r/min 时的断裂概率降低到原来的十分之一。

第 4 章　无机材料的热学性能

由于无机材料和制品都是在一定温度环境下使用的，并在使用过程中会对温度的变化做出反应，从而表现出不同的热物理性能，这些热物理性能称为材料的热学性能。它是无机材料重要的基本性能之一。

无机材料的热学性能，主要包括热容、热膨胀、热传导、热稳定性等，不仅在无机材料制备方面有重要意义，还直接决定着材料在工程上的应用。制备材料进行热处理或烧成时，材料的热容、热导率、热膨胀系数等是确定抗热应力的基础，同时也决定操作温度和温度梯度。对于用作隔热体的材料，低的热导率是必需的性能；而用于精密仪器的材料，低的热膨胀系数是必需的性能。无机材料基体或组织中的不同组分由于温度变化而产生不均匀膨胀，能够引起相当大的应力。无机材料承受温度骤变而不至于破坏的能力即抗热震性，这一性能的高低是关系到无机材料优异的高温性能能否得到充分发挥的关键。有关材料热学性能的研究成果已在空间科学技术、能源科学技术、电子技术和计算机技术中得到重要的应用。

热学性能的物理基础实质上是晶格质点的振动(晶格振动的详细内容在第 1 章 1.3 节已介绍)。以往在讨论晶体结构时，往往是把晶体点阵中的粒子看作是静止在结点上的，实际上晶体点阵中的质点(原子、离子)总是围绕着各自的平衡位置附近做微小振动，这就是晶体的点阵振动或称晶格振动。材料温度的高低反映了晶格振动的强烈程度，所以也称为热振动，这种热振动也是固体中离子或分子的主要运动形式。由于热振动在一定程度上破坏了晶格的周期性，因此对晶体力学、电学、热学等各种物理性能有着一定的影响。

本章主要针对无机材料热学性能的宏观、微观本质及变化规律进行分析讨论。

4.1　无机材料的热容

材料在温度变化时且无相变及化学反应条件下，温度升高 1 K 时所吸收的热量称作该材料的热容，它反映了材料从周围环境中吸收热量的能力及升温难易的程度。在温度 T 时材料的热容可表示为

$$C_T=\left(\frac{\partial Q}{\partial T}\right)_T (\mathrm{J/K}) \tag{4-1}$$

显然物体的质量不同，热容值不同，对于 1 g 物质的热容又称之为“比热”，单位是(J/(g · K))，1 mol 物质的热容即称为“摩尔热容”，单位是 J/(mol · K)。同一物质在不同

温度时的热容也往往不同，通常工程上所用的平均热容是指物体从温度 T_1 到 T_2 所吸收的热量的平均值：

$$C_{均}=\frac{Q}{T_2-T_1} \tag{4-2}$$

平均热容是比较粗略的，$T_1\sim T_2$ 的范围愈大，精确性愈差，而且应用时还需特别注意它的适用温度范围（$T_1\sim T_2$）。

另外材料的热容还与其热过程有关，如果加热过程是恒压条件下进行的，所测定的热容称为恒压热容（C_P）。如果加热过程是在保持物体容积不变的条件下进行的，则所测定的热容称为恒容热容（C_V）。由于恒压加热过程中，物体除温度升高外，还要对外界做功（膨胀功），所以温度每提高 1 K 需要吸收更多的热量，即 $C_P>C_V$，热容可表达为

$$C_P=\left(\frac{\partial Q}{\partial T}\right)_P=\left(\frac{\partial H}{\partial T}\right)_P$$

$$C_V=\left(\frac{\partial Q}{\partial T}\right)_V=\left(\frac{\partial E}{\partial T}\right)_V$$

式中，Q 为热量；E 为内能；H 为焓。

从实验的观点来看，C_P 测定更方便，常用于工程技术中。但从理论上讲，C_V 更有意义，因为它可以直接从系统的能量增量来计算，常用于科学研究中。根据热力学第二定律还可以导出 C_P 和 C_V 的关系：

$$C_P-C_V=\alpha^2V_0T/\beta \tag{4-3}$$

式中，$\alpha=\frac{\mathrm{d}V}{V\mathrm{d}T}$为体积热膨胀系数；$\beta=\frac{-\mathrm{d}V}{V\mathrm{d}P}$为三向静力压缩系数；$V_0$ 为摩尔体积。

对于凝聚态物质，加热过程的体积变化甚微，实际上 C_P 和 C_V 的差异可以忽略，但在高温时两者的差别就增大了（见图 4-1）。

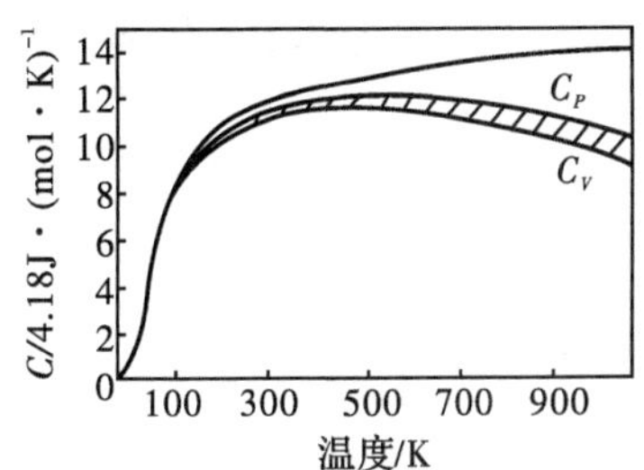

图 4-1　NaCl 的热容-温度曲线

对于不同物质，升高相同温度所需的热量不等，即表现为升温难易程度不同。

4.1.1　晶态固体热容的经验定律和经典理论

对于晶体的热容，早在 19 世纪已发现了两个经验定律：①元素的热容定律——杜隆-珀蒂定律：恒压下元素的原子热容等于 25 J/(mol·K)。②化合物热容定律——科普定律：化合物分子热容等于构成此化合物各元素原子热容之和。实际上大部分元素的原子热容都接近 25 J/(mol·K)，特别是在高温时符合得更好，但轻元素的原子热容不能用 25 J/(mol·K)，需采用表4-1中的值。

表 4-1　轻元素的原子热容

热容	H	B	C	O	F	Si	P	S	Cl
$C_P/((\mathrm{J\cdot mol\cdot K})^{-1})$	9.6	11.3	7.5	16.7	20.9	15.9	22.5	22.6	20.4

热容的经验定律可用经典的热容理论解释。

根据晶格振动理论，在固体中可以用谐振子来代表每个原子在一个自由度的振动，由于经典理论能量按自由度均分，每一振动自由度的平均动能和平均势能都为$\frac{1}{2}k_0T$，一个原子有三个振动自由度，平均动能和势能的总和就等于$3k_0T$，1 mol 固体中有N个原子，总能量为

$$E=3Nk_0T=3RT \tag{4-4}$$

式中，N为阿伏加德罗常数；T为绝对温度(K)；k_0为玻尔兹曼常量；$R=8.314$ J/(mol · K)为普适气体常数。

按热容定义：

$$C_V=\left(\frac{\partial E}{\partial T}\right)_V=\left[\frac{\partial(3Nk_0T)}{\partial T}\right]_V=3Nk_0=3R\approx 25\ \text{J/(mol · K)} \tag{4-5}$$

由式(4-5)可知，热容是与温度无关的常数，这就是杜隆-珀蒂定律。对于双原子的固态化合物，1 mol 物质中的原子数为$2N$，故摩尔热容为$C_V=2\times25$ J/(mol · K)。三原子的固态化合物的摩尔热容$C_V=3\times25$ J/(mol · K)，以此类推。杜隆-珀蒂定律在高温时与实验结果是很符合的，但在低温时，热容的实验值并不是一个恒量，其值随温度降低而减小，在接近绝对零度时，热容值一般按T^3的规律趋于零，这一低温下热容减小的现象使经典理论遇到了困难，而需要用量子理论来解释。

4.1.2 晶态固体热容的量子理论

由1.3.2.2小节可知，根据量子理论，某一角频率为ω_i的谐振子振动能量可以表示为

$$E_n=\left(\frac{1}{2}+n\right)\hbar\omega_i \tag{4-6}$$

其中，$n=0,1,2,\cdots$为量子数，振子受热激发所占的能级是分立的，如图4-2所示，它的能级在0 K时为$E_0=\frac{1}{2}\hbar\omega_i$，也为零点能。依次的能级是每隔$\hbar\omega_i$升高一级，一般忽略零点能。

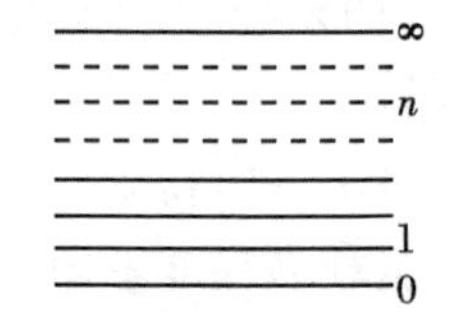

图4-2 振子能量量子化

按照玻尔兹曼统计理论，以频率ω_i振动的谐振子在不同能级的分布服从玻尔兹曼能量分布规律，具有能量为E_n的振子数目为$N(E_n)=Ce^{\frac{-E_n}{k_0T}}$，其中$C$为比例常数；$e^{\frac{-E_n}{k_0T}}$为玻尔兹曼因子，即谐振子具有能量为$E_n$的概率。在温度$T$时以频率$\omega_i$振动振子的平均能量为

$$\bar{E}(\omega_i)=\frac{\sum_{n=0}^{\infty}\left(n+\frac{1}{2}\right)\hbar\omega_i\cdot Ce^{\frac{-\left(n+\frac{1}{2}\right)\hbar\omega_i}{k_0T}}}{\sum_{n=0}^{\infty}Ce^{\frac{-\left(n+\frac{1}{2}\right)\hbar\omega_i}{k_0T}}} \tag{4-7}$$

化简：

$$\bar{E}(\omega_i)=\frac{\hbar\omega_i}{e^{\frac{\hbar\omega_i}{k_0T}}-1}+\frac{1}{2}\hbar\omega_i \tag{4-8}$$

如果忽略零点能，式(4-8)可表示为 $\bar{E}(\omega_i)=\frac{\hbar\omega_i}{e^{\frac{\hbar\omega_i}{k_0T}}-1}$

频率为 ω_i 的平均声子数为：　　$n_{av}=\dfrac{\bar{E}(\omega_i)}{\hbar\omega_i}=\dfrac{1}{e^{\frac{\hbar\omega_i}{k_0T}}-1}$

由此可知，受热晶体的温度升高，以频率为 ω_i 振动振子的平均能量升高，实质上是晶体中热激发产生的声子数目在增加。

谐振子是以不同频率格波叠加起来的合波进行运动，晶体中的振子（振动频率）不止是一种，而是一个频谱。1 mol 晶体中有 N 个原子，每个原子的振动自由度是 3，所以晶体的振动可看作是 $3N$ 个谐振子振动，振动的总能量为

$$\bar{E}=\sum_{i=1}^{3N}\bar{E}(\omega_i)=\sum_{i=1}^{3N}\left(\frac{\hbar\omega_i}{e^{\frac{\hbar\omega_i}{k_0T}}-1}+\frac{1}{2}\hbar\omega_i\right)\tag{4-9}$$

则等容热容：

$$C_V=\left(\frac{\partial\bar{E}}{\partial T}\right)_V=\sum_{i=1}^{3N}k_0\left(\frac{\hbar\omega_i}{k_0T}\right)^2\frac{e^{\frac{\hbar\omega_i}{k_0T}}}{\left(e^{\frac{\hbar\omega_i}{k_0T}}-1\right)^2}\tag{4-10}$$

但是如果由式(4－10)来计算 C_V 值，就必须知道谐振子系统的频谱，而严格地寻求该频谱却是非常困难的。

用积分函数表示式(4－10)的类加函数。设 $\rho(\omega)\mathrm{d}\omega$ 表示角频率 ω 在 ω 和 $\omega+\mathrm{d}\omega$ 之间的格波数，而且 $\int_0^{\omega_m}\rho(\omega)\mathrm{d}\omega=3N$，则

$$\bar{E}=\int_0^{\omega_m}\frac{\hbar\omega}{e^{\frac{\hbar\omega}{k_0T}}-1}\rho(\omega)\mathrm{d}\omega$$

$$C_V=\left(\frac{\partial\bar{E}}{\partial T}\right)_V=\int_0^{\omega_m}k_0\left(\frac{\hbar\omega}{k_0T}\right)^2\frac{e^{\frac{\hbar\omega}{kT}}}{\left(e^{\frac{\hbar\omega}{k_0T}}-1\right)^2}\rho(\omega)\mathrm{d}\omega\tag{4-11}$$

因此，用量子理论求热容时，关键是求角频率的分布函数 $\rho(\omega)$。一般讨论时常采用爱因斯坦模型和德拜模型。

4.1.2.1　爱因斯坦模型

爱因斯坦提出的假设是：晶体点阵上每个原子都是一个独立的振子，原子间振动相互独立，且都以相同的角频率 ω 振动。

因此晶格振动的总能量为：$\bar{E}=3N\times\left(\dfrac{\hbar\omega}{e^{\frac{\hbar\omega}{k_0T}}-1}+\dfrac{1}{2}\hbar\omega\right)$

等容热容：

$$C_V=\left(\frac{\partial\bar{E}}{\partial T}\right)_V=3Nk_0\left(\frac{\hbar\omega}{k_0T}\right)^2\frac{e^{\frac{\hbar\omega}{k_0T}}}{\left(e^{\frac{\hbar\omega}{k_0T}}-1\right)^2}=3Nkf_B\left(\frac{\hbar\omega}{k_0T}\right)\tag{4-12}$$

令 $\theta_E=\dfrac{\hbar\omega}{k}$ 为爱因斯坦特征温度，则式(4－12)可改写为

$$C_V=3R\left(\frac{\theta_E}{T}\right)^2\frac{e^{\frac{\theta_E}{T}}}{(e^{\frac{\theta}{T}}-1)^2}=3Rf_E\left(\frac{\theta_E}{T}\right)\tag{4-13}$$

其中，$f_E\left(\dfrac{\theta_E}{T}\right)=\left(\dfrac{\theta_E}{T}\right)^2\dfrac{e^{\frac{\theta_E}{T}}}{(e^{\frac{\theta_E}{T}}-1)^2}$ 为爱因斯坦比热函数。

θ_E 值的选取规则:选取合适的值,使得在热容显著改变的广大温度范围内,理论曲线和实验数据能相当好地符合,图4-3为热容的实验值和计算值的比较,大多数固体的 θ_E 的值在 100～300 K 的范围内。爱因斯坦方程讨论如下:

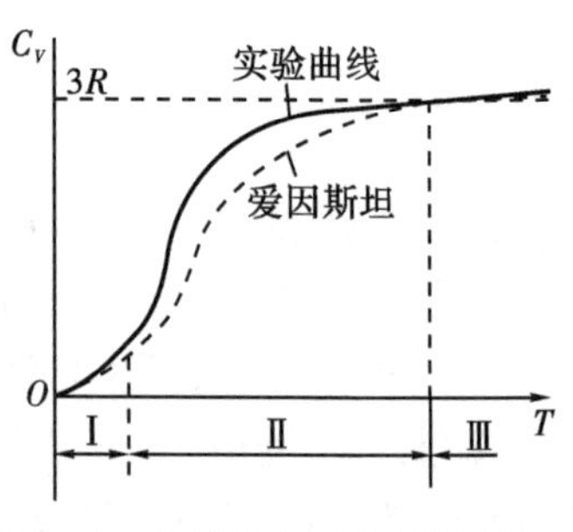

图 4-3　热容的实验值和计算比较

(1)当温度较高时,$T \gg \theta_E$,则可将 $e^{\frac{\theta_E}{T}}$ 展开成

$$e^{\frac{\theta_E}{T}}=1+\frac{\theta_E}{T}+\frac{1}{2!}\left(\frac{\theta_E}{T}\right)^2+\frac{1}{3!}\left(\frac{\theta_E}{T}\right)^3+\cdots$$

略去 $e^{\frac{\theta_E}{T}}$ 的高次项,式(4-13)可化为

$$C_V=3R\left(\frac{\theta_E}{T}\right)^2\frac{e^{\frac{\theta_E}{T}}}{(e^{\frac{\theta_E}{T}}-1)^2}=3Re^{\frac{\theta_E}{T}}\approx 3R \tag{4-14}$$

这与经典的杜隆-珀蒂定律相同。

(2)温度较低时,$T \ll \theta_E$,$e^{\frac{\theta_E}{T}} \gg 1$,由式(4-13)得到如下形式:

$$C_V=3R\left(\frac{\theta_E}{T}\right)^2 e^{-\frac{\theta_E}{T}} \tag{4-15}$$

这样 C_V 依指数律随温度而变化,这比实验测定的曲线下降得更快了些,比 T^3 更快地趋于零。

(3)当 T 趋于零时,C_V 逐渐减小,当 $T=0$ 时,$C_V=0$,又与实验相符了,这就是爱因斯坦模型与实验相符之处。

导致差异的原因是爱因斯坦采用了过于简化的假设,实际晶体中各原子的振动不是彼此独立地以单一的频率振动着的,原子间的振动有着耦合作用,而当温度很低时,这一效应尤其显著。因此,忽略振动之间频率的差别也就给理论结果带来缺陷。德拜模型在这一方面作了改进,故能得到更好的结果。

4.1.2.2　德拜模型

德拜考虑到了晶体中原子的相互作用。由于晶体中对热容的主要贡献是波长较长的声频支,低温下尤其如此。由于声频波的波长远大于晶体的晶格常数,就可以把晶体近似视为连续介质,所以声频支的振动也近似地看作是连续的,具有频率从 0 到截止频率 ω_{max} 的谱带,高于 ω_{max} 的振动不在声频支范围内而在光频支范围内,对热容贡献很小,可以略而不计。ω_{max} 可由分子密度及声速决定,由此假设导出了热容的表达式为

$$C_V=3Rf_D\left(\frac{\theta_D}{T}\right) \tag{4-16}$$

式中,$\theta_D=\frac{\hbar\omega_{max}}{k_0}\approx 0.76\times 10^{-11}\omega_{max}$,为德拜特征温度;$f_D\left(\frac{\theta_D}{T}\right)=3\left(\frac{T}{\theta_D}\right)^3\int_0^{\frac{\theta_D}{T}}\frac{e^x x^4}{(e^x-1)^2}dx$,为德拜比热函数,其中 $x=\frac{\hbar\omega}{k_0 T}$。

根据式(4-16)还可以得到如下的结论:

(1) 当温度较高时,即 $T \gg \theta_D$,$C_V \approx 3R$,和杜隆-珀蒂定律相同。

(2) 当温度很低时,即 $T \ll \theta_D$,则经计算:

$$C_V = \frac{12}{5}\pi^4 R\left(\frac{T}{\theta_D}\right)^3 \tag{4-17}$$

此式表明当 $T \to 0$ K 时，C_V 与 T^3 成比例地趋于零，这也就是著名的德拜立方定律，与实验的结果十分符合，温度越低德拜近似越好，因为在极低温度下只有长波的激发是主要的，对于长波，晶体可以看作是连续介质。

在德拜模型中，德拜温度 θ_D 是非常重要的：

由 $n_{av} = \dfrac{1}{e^{\frac{\hbar\omega_{max}}{k_0 T}} - 1}$ 可知，当 $e^{\frac{\hbar\omega_{max}}{k_0 T}} - 1 < 1$ 时，平均声子数 n_{av} 大于 1，能量最大的声子被激发出来，因 $\theta_D = \dfrac{\hbar\omega_{max}}{k_0}$，则有 $e^{\frac{\theta_D}{T}} < 2$，因此，当 $T > \theta_D$ 时，能量最大的声子，即最大频率 ω_{max} 的格波被激发出来，即德拜温度是最大能量声子被激发出来的温度。当 $T \gg \theta_D$ 时，$n_{av} = \dfrac{k_0 T}{\hbar\omega_{max}}$，通过对德拜温度的讨论，说明温度越低，只能激发出较低频声子，而且声子的数目也随着减少，即长波(低频)的格波是主要的。在 $T \gg \theta_D$ 时，声子的数目随温度成正比地增加。

由 $\omega_{max} = \left(\dfrac{2k_s}{m}\right)^{\frac{1}{2}}$ 知：原子越轻、原子间的作用力越大，ω_{max} 越大，θ_D 越高。因此 θ_D 取决于材料的键强度、弹性模量和熔点。金属材料的 θ_D 和熔点 T_m 有如下关系：

$$\omega_{max} = 1.76 \times 10^{13}\sqrt{\frac{T_m}{MV^{2/3}}}$$

$$\theta_D = 137\sqrt{\frac{T_m}{MV^{2/3}}}$$

式中，T_m 为熔点；V 为摩尔体积；M 为元素的相对原子量。

一些物质的德拜温度 θ_D(K)如表 4-2 所示。

表 4-2 物质的德拜温度 θ_D

物质	金刚石	CaF_2	Al_2O_3	Fe	Cd	Pb
θ_D/K	2000	475	923	470	168	100
物质	石墨	Mg	Ca	Ti	Zr	W
θ_D/K	1970	400	230	420	291	400

随着科学和技术的发展，实验技术和测量仪器的不断完善，人们发现德拜理论在低温下还不能完全符合事实，如图 4-4 所示，显然这是因为晶体毕竟不是一个连续体，但是在一般的场合下，德拜模型已是足够精确了。

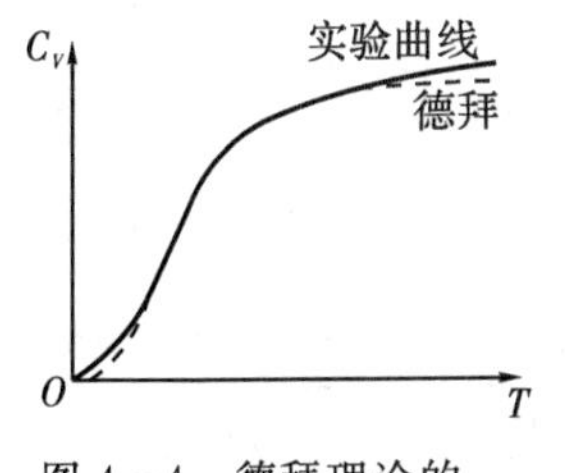

图 4-4 德拜理论的热容与温度曲线

最后要说明的是，上面仅讨论了晶格振动能的变化与热容的关系，实际上电子运动能量的变化对热容也存在贡献，只是在温度不太低时，这一部分的影响远小于晶格振动能量的影响，一般可以略去，只有当温度极低时，才不可忽略，这一方面的内容在此就不讨论了。

4.1.2.3 无机材料的热容

根据德拜热容理论可知，在高于德拜温度 θ_D 时，热容趋于常数 25 J/(mol·K)，而低于 θ_D 时与 T^3 成正比地变化。图 4-5 所示是几种陶瓷材料的热容-温度曲线，这些材料的 θ_D 约为熔点(K)的 0.2～0.5 倍，对于绝大多数氧化物、碳化物的热容都是从低温时一个低的数值，增加到 1300 K 左右的近于 25 J/(mol·K)的数值，温度进一步增加，热容基本上没有什么变化，而且这几条曲线不仅形状、趋向相同，数值也很接近。陶瓷材料的热容与材料结构的关系是不大的，如图 4-6 所示 CaO 和 SiO_2(石英)为 1∶1 的混合物与 $CaSiO_3$(硅灰石)的热容-温度曲线基本重合。

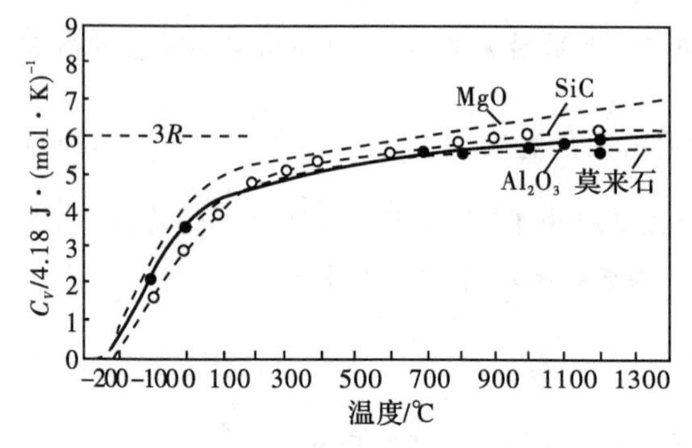

图 4-5 几种陶瓷材料的热容-温度曲线

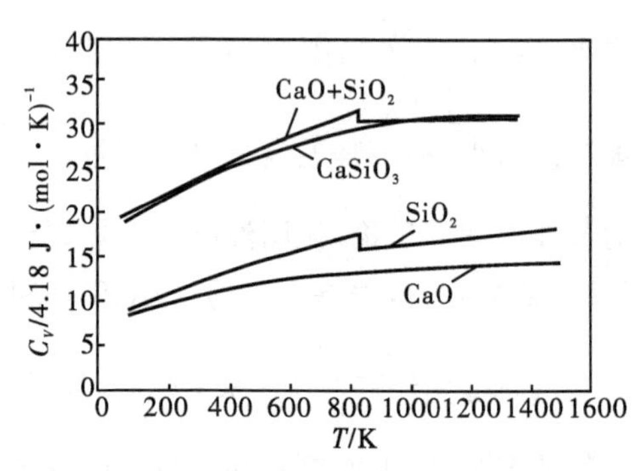

图 4-6 混合物与 $CaSiO_3$ 的热容-温度曲线

发生相变时，由于热量的不连续变化，所以热容也出现了突变，如图 4-6 中石英(SiO_2)由 α 型转化为 β 型时所出现的明显变化，其他所有晶体在多晶转化、铁电转变、铁磁转变、有序-无序转变等相变情况下都会发生类似的情况。

虽然固体材料的摩尔热容不是结构敏感的，但是单位体积的热容却与气孔率有关。多孔材料因为质量轻，所以热容小，因此提高轻质隔热砖的温度所需要的热量远低于致密的耐火砖。

无机材料热容与温度的关系应由实验来精确测定，根据某些实验结果加以整理可得经验公式[(单位为 4.18 J/(mol·K)]：

$$C_P = a + bT + cT^{-2} + \cdots \qquad (4-18)$$

表 4-3 列出了某些陶瓷材料的 a、b、c 系数，以及它们的适用温度范围。

表 4-3 某些陶瓷材料的热容-温度关系经验方程式中的系数

名　称	$a/10^{-3}$	$b/10^{3}$	$c/10^{-5}$	适用的温度范围/K
氮化铝 AlN	5.47	7.80	—	293～900
刚玉 α-Al_2O_3	27.43	3.06	8.47	298～1800
莫来石 $3Al_2O_3 \cdot 2SiO_2$	87.55	14.96	26.68	298～1100
碳化硼 B_4C	22.99	5.40	10.72	298～1373
氧化铍 BeO	8.45	4.00	3.17	298～1200

续表

名 称	a	$b/10^3$	$c/10^{-5}$	适用的温度范围/K
氧化铋 Bi_2O_3	24.74	8.00	—	298～800
氮化硼 α-BN	1.82	3.62	—	273～1173
硅灰石 $CaSiO_3$	26.64	3.60	6.52	298～1450
氧化铬 Cr_2O_3	28.53	2.20	3.74	298～1800
钾长石 $K_2O \cdot Al_2O_3 \cdot 6SiO_2$	63.83	12.90	17.05	298～1400
碳化硅 SiC	8.93	3.09	3.07	298～1700
α-石英 SiO_2	11.20	8.20	2.70	298～848
β-石英 SiO_2	14.41	1.94	—	848～2000
石英玻璃 SiO_2	13.38	3.68	3.45	298～2000
碳化钛 TiC	11.83	0.80	3.58	298～1800
金红石 TiO_2	17.97	0.28	4.35	298～1800
氧化镁 MgO	10.18	1.74	1.48	298～2100

实验还证明，在较高温度下固体的热容具有加和性；即物质的摩尔热容等于构成该化合物各元素原子热容的总和（见前面的科普定律），即

$$C = \sum n_i c_i \tag{4-19}$$

式中，n_i 为化合物中元素 i 的原子数；c_i 为化合物中元素 i 的摩尔热容。

式(4－19)对于计算大多数氧化物和硅酸盐化合物，在 573 K 以上的热容时能有较好的结果，同样对于多相复合材料可有如下的计算式：

$$C = \sum g_i c_i \tag{4-20}$$

式中，g_i 为材料中第 i 种组成的质量百分数；c_i 为材料中第 i 种组成的热容。

4.2 无机材料的热膨胀

4.2.1 热膨胀系数

物体的体积或长度随着温度的升高而增大的现象称为热膨胀。假设物体原来的长度为 l_0，温度升高 ΔT 后长度增量为 Δl，由实验得出它们之间存在式(4－21)的关系：

$$\frac{\Delta l}{l} = \alpha \Delta T \tag{4-21}$$

式中，α 为线膨胀系数，也就是温度升高 1 K 时物体的相对伸长。因此物体在 T K 时的长度 l_T 为

$$l_T = l_0 + \Delta l = l_0(1+\alpha\Delta T) \tag{4-22}$$

实际上固体材料的 α 值并不是一个常数，而是随温度的不同稍有变化，通常随温度升高而加大，陶瓷材料的线膨胀系数一般都是不大的，数量级约为 $10^{-5} \sim 10^{-6}$/K。

类似上述的情况，物体体积随温度的增长可表示为

$$V_T = V_0(1+\beta\Delta T) \tag{4-23}$$

式中，β 为体膨胀系数，相当于温度升高 1 K 时物体体积的相对变化。

假如物体是立方体，则可以得到

$$V_T = l_T^3 = l_0^3(1+\alpha\Delta T)^3 = V_0(1+\alpha\Delta T)^3$$

由于 α 值很小，可略去 α^2 以上的高次项，则

$$V_T = V_0(1+3\alpha\Delta T) \tag{4-24}$$

与式(4-23)比较，就有了 $\beta = 3\alpha$ 的近似关系。

对于各向异性的晶体，各晶轴方向的线膨胀系数不同，假如分别设为 α_a、α_b、α_c，则

$$V_T = l_{aT} \cdot l_{bT} \cdot l_{cT} = l_{a_0} \cdot l_{b_0} \cdot l_{c_0}(1+\alpha_a\Delta T)(1+\alpha_b\Delta T)(1+\alpha_c\Delta T)$$

同样忽略 α 二次方以上的项，得

$$V_T = V_0[1+(\alpha_a+\alpha_b+\alpha_c)\Delta T]$$

所以

$$\beta = \alpha_a + \alpha_b + \alpha_c \tag{4-25}$$

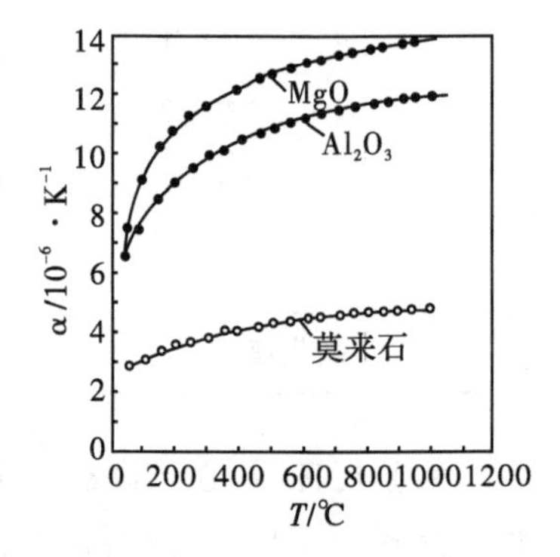

图 4-7 固体材料的线膨胀系数与温度的关系

必须指出，由于膨胀系数实际并不是一个恒定值，而是随温度而变化，如图 4-7 所示，所以上述的 α、β 都是具有在指定的温度范围 ΔT 内的平均值的概念，因此与平均热容一样，应用时还要注意它适用的温度范围。它们的精确值应表达为

$$\alpha = \frac{\partial l}{l\partial T},\ \beta = \frac{\partial V}{V\partial T} \tag{4-26}$$

4.2.2 固体材料的热膨胀机理

固体材料的热膨胀的本质是点阵结构中的质点间的平均距离随温度升高而增大。按照简谐振动理论解释：温度变化只能改变振幅的大小，不能改变平衡点的位置，质点间平均距离也不会因温度升高而变化，因此热量变化不能改变晶体的大小和形状，也就不会产生热膨胀。显然这样的结论是不正确的，实际上，材料的热膨胀来自原子的非简谐振动，偏离简谐振动越大，就越容易发生膨胀。因此热膨胀机理需要用非简谐振动理论来解释。由图 4-8 可以看出，质点在平衡位置两侧时受力的情况并不对称，在质点平衡位置 r_0 的两侧，合力曲线的斜率是不相等的，当 $r<r_0$ 时，曲线的斜率较大，$r>r_0$ 时，斜率较小，所以 $r<r_0$ 时，斥力随位移增大得很快，$r>r_0$ 时，引力随位移的增大要慢些，在这样的受力情况下，质点振动时的平均位置就不在 r_0 处而要向右移，因此相邻质点间平均距离增加，温度越高，振幅越大，质点在 r_0 两侧受力不对称情况越显著，平衡位置向右移动得越多，相邻质点间平均距离也就增加得越多，以致晶胞参数增大，晶体膨胀。

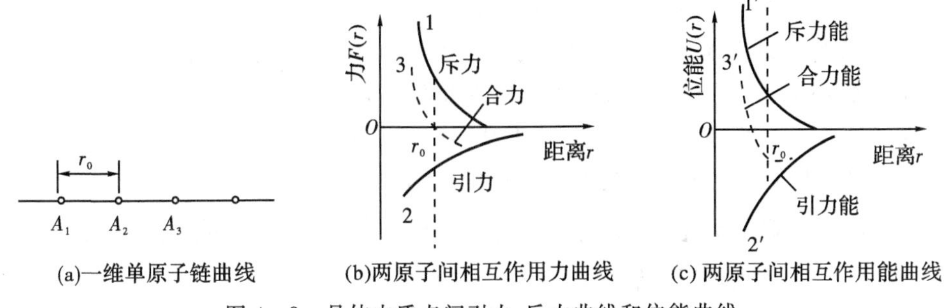

(a)一维单原子链曲线　(b)两原子间相互作用力曲线　(c)两原子间相互作用能曲线

图 4-8 晶体中质点间引力-斥力曲线和位能曲线

从原子间相互作用势能曲线的非对称性同样可以得到较具体的解释，如图 4-9 所示，作平行横轴的平行线 E_1，E_2，…则它们与横轴间距离分别代表了在温度 T_1，T_2，…下质点振动的总能量。当温度为 T_1 时，质点的振动位置相当于在 E_1 线的 a、b 间变化，相应的位能变化是按弧线 aAb 的曲线变化，位置在 A 时，即 $r=r_0$，势能最小，动能最大。在 $r=r_a$ 和 $r=r_b$ 时，动能为零，势能等于总能量，而弧线 aA 和弧线 Ab 的非对称性，使得平均位置不在 r_0 处，而是在 $r=r_1$ 处。当温度升高到 T_2 时，同理，平均位置移到了 $r=r_2$ 处。结果是平均位置随温度的不同沿 AB 曲线变化，所以温度愈高，平均位置移得愈远，晶体就愈膨胀。

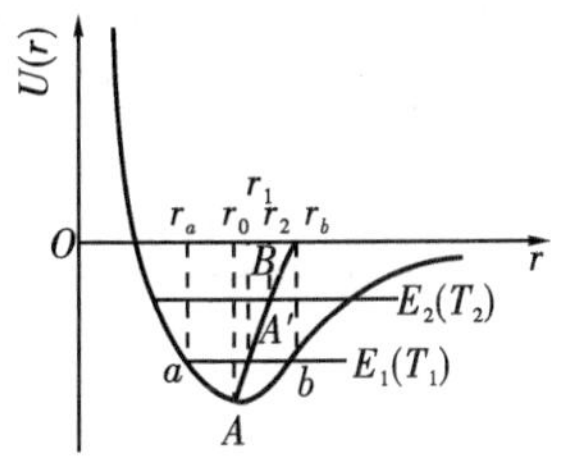

图 4-9 晶体中质点振动非对称性的示意图

振动质点的势能公式已由势能的泰勒级数展开式（第 1 章 1.3.1.1）给出，并在略去 δ^3 等高次项后，可认为质点间相互作用力为弹性力，假如保留 δ^3 次项，就可计算出平均位置偏离的平均值 $\bar{\delta}$，并可证明膨胀系数 $\alpha=\dfrac{1}{r_0}\dfrac{\mathrm{d}\bar{\delta}}{\mathrm{d}T}$是一个常数，如计入 δ 的更高次项，就可得到 α 将随温度而稍有变化。

以上所讨论的是导致热膨胀的主要原因，此外晶体中各种热缺陷的形成将造成局部晶格的畸变和膨胀，这虽然是次要的因素，但随温度升高热缺陷浓度按指数关系增加，所以在高温时这方面的影响对某些晶体来讲也就变得重要了。

4.2.3 热膨胀和其他物理性能及结构的关系

4.2.3.1 热膨胀与热容的关系

格林艾森定律：热膨胀系数与等容热容成正比，它们有相似的温度依赖关系，在低温下随温度升高急剧增大，而到高温则趋于平缓。这一定律解释如下：热膨胀是固体材料受热以后晶格振动加剧而引起的容积膨胀，而晶格振动的激化就是热运动能量的增大。升高单位温度时能量的增量也就是热容的定义，所以热膨胀系数显然与热容密切相关而有着相似的规律。热膨胀系数与 C_V 有如下关系：

$$\alpha=\frac{rC_V}{3K_0V},\ \beta=\frac{rC_V}{K_0V} \tag{4-27}$$

式中，r 为格林艾森常数；K_0 为体积弹性模量。

图 4-10 表示 Al_2O_3 的热膨胀系数和热容对温度的关系曲线，可以看出这两条曲线近于平行、变化趋势相同，即两者的比值接近于恒值，其他的物质也有类似的规律。在 0 K 时，α 与 C 都趋于零。通常由于高温时，有显著的热缺陷等原因，使 α 仍可以看到有一个连续的增加。

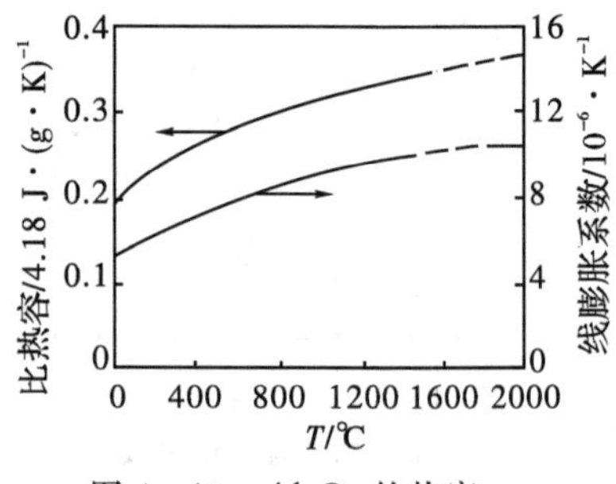

图 4-10 Al_2O_3 的热容、热膨胀系数与温度的关系

4.2.3.2 热膨胀和结合能、熔点的关系

由于固体材料的热膨胀与晶体点阵中质点的势能性质有关，而质点的势能性质是由质点间的结合力特性所决定的。质点间结合力越强，则势阱深而狭，升高同样的温度差 ΔT，质点振幅增加得较少，故平均位置的位移量增加得较少，因此热膨胀系数较小。

一般晶体的结构类型相同时，结合能大的熔点也较高，所以通常熔点高的膨胀系数也小。根据实验还得出某些晶体热膨胀系数 α 与熔点 $T_{熔}$ 间的经验关系式为

$$\alpha=\frac{0.038}{T_{熔}}-7.0\times10^{-6} \tag{4-28}$$

几种 NaCl 型晶体化合物的离子距离、晶格能、熔点及体膨胀系数如表 4-4 所示。

表 4-4 几种 NaCl 型晶体化合物的离子距离、晶格能、熔点及体膨胀系数

晶体	离子距离 $r_0/(10^{-10}\,m)$	晶格能 $/(kJ\cdot mol^{-1})$	熔点 /K	体膨胀系数 $/(10^{-6}\cdot K^{-1})$
NaF	2.31	890	1265	108
NaCl	2.82	764	1074	120
NaBr	2.89	731	1020	129
NaI	3.32	686	935	145
MgO	2.10	3920	3073	40
CaO	2.40	3475	2843	63

4.2.3.3 热膨胀和键强的关系

离子键势能曲线的对称性比共价键的势能曲线差，所以随着物质中离子键性的增加，热膨胀系数也增加。此外，化学键的键强越大，热膨胀系数越小。如：简单立方晶系 AB 型晶体，异号离子间距越短，电荷越大，相应的键强 q(电价/配位数)越大，热膨胀系数就小。可用下式估计：$\beta=$常数$\times$(配位数/电价)^2，表 4-5 为其一系列物质的相关数据。

表 4-5 简单立方晶系 AB 型晶体的热膨胀系数及键强

晶体	q	$\alpha/10^{-6}K^{-1}$	αq^2(常数)$/10^{-6}$
NaCl	1/6	40	1.10
CaF_2	2/8	19	1.19
MgO	2/6	10	1.11
ZrO_2	4/8	4.5	1.12

从表 4-5 中可知，α 主要依赖于键强，但在同型构造的化合物中热膨胀系数变化范围很大。例如：NaF(34×10^{-6}/K)→LiI(56×10^{-6}/K)，其中 LiI、LiCl、NaI 和 NaBr 的 α 比较大，这是由于它们的正负离子半径比大，使负离子-负离子团相互排斥，导致结构松弛，易于膨胀。

4.2.3.4 热膨胀和结构的关系

对于相同组成的物质，由于结构不同，膨胀系数也不同。通常结构紧密的晶体，膨胀系数都较大，而类似于无定形的玻璃，则往往有较小的膨胀系数。最明显的例子是 SiO_2，多晶石英的膨胀系数为 12×10^{-6}/K，而石英玻璃则只有 0.5×10^{-6}/K。结构紧密的多晶二元化合物都具有比玻璃大的膨胀系数，这是由于玻璃的结构较松弛，结构内部的空隙较多，所以当温度升高，原子振幅加大而原子间距离增加时，部分地被结构内部的空隙所容纳，整个物体宏观的膨胀量就会小些。

一些硅酸盐物质为敞旷式的网状结构，常具有较低的密度，例如，石英、锂霞石、锂辉石等，它们是由硅氧四面体形成的架状结构，其中存在较大的空洞，热振动比较复杂，有两个额外效应可能发生：首先，原子可以向结构中空旷处振动，导致膨胀系数小，锂霞石 $LiAlSiO_4$ 的热膨胀系数是 2×10^{-6}/K；其次，四面体协同旋转效应具有异常大或小的膨胀。正因为它们的结构特性，所以它们的热膨胀系数也会出现低得多的数值。

氧离子紧密堆积的结构有高的原子堆积密度，其热膨胀系数的典型数据是从室温附近的$(6\sim8)\times10^{-6}$/K 增加到德拜温度$(10\sim15)\times10^{-6}$/K 附近的。如：MgO、BeO、Al_2O_3、$MgAl_2O_4$、$BeAl_2O_4$ 都具有相当大的膨胀系数。表 4-6 列出了一些陶瓷材料的平均线膨胀系数。

表 4-6 几种陶瓷材料的平均线膨胀系数

材料名称	$\alpha/(10^{-6}\cdot K^{-1})$ (273～1273 K)	材料名称	$\alpha/(10^{-6}\cdot K^{-1})$ (273～1273 K)
Al_2O_3	8.8	石英玻璃	0.5
BeO	9.0	钠钙硅玻璃	9.0
MgO	13.5	电瓷	3.5～4.0
莫来石	5.3	刚玉瓷	5～5.5
尖晶石	7.6	硬质瓷	6
SiC	4.7	滑石瓷	7～9
ZrO_2	10.0	金红石瓷	7～8
TiC	7.4	钛酸钡瓷	10
B_4C	4.5	堇青石瓷	1.1～2.0
TiC 金属陶瓷	9.0	黏土质耐火砖	5.5

对于非等轴晶系的晶体，各晶轴方向的膨胀系数不等，最显著的是层状结构的物质，如石墨，因为层内有牢固的联系，而层间的联系要弱得多，所以垂直 c 轴的层向膨胀系数为 $1\times$

$10^{-6}/K$，而平行 c 轴垂直层向的膨胀系数达 $27\times10^{-6}/K$。对于某些晶体物质，在一个方向上的膨胀系数还可能出现负值，体积膨胀系数极小。对于 β-锂霞石甚至出现负的体积膨胀系数，这些都是由于存在着很大的各向异性结构的缘故，因此这些材料往往存在着高的内应力。某些各相异性晶体的主膨胀系数见表 4－7 。

表 4－7　某些各相异性晶体的主膨胀系数

晶　体	$\alpha/(10^{-6}\cdot K^{-1})$		晶　体	$\alpha/(10^{-6}\cdot K^{-1})$	
	垂直 c 轴	平行 c 轴		垂直 c 轴	平行 c 轴
Al_2O_3(刚玉)	8.3	9.0	$CaCO_3$(方解石)	－6	25
Al_2TiO_5	－2.6	11.5	SiO_2(石英)	14	9
$3Al_2O_3\cdot2SiO_2$(莫来石)	4.5	5.7	$NaAlSi_3O_8$(钠长石)	4	13
TiO_2(金红石)	6.8	8.3	ZnO(红锌矿)	6	5
$ZrSiO_4$(锆英石)	3.7	6.2	C(石墨)	1	27

4.2.4　多晶体和复合材料的热膨胀

陶瓷材料都是一些多晶体或是由几种晶体和玻璃相组成的复合体。对于各向同性晶体组成的多晶体(致密且无液相)，它的热膨胀系数与单晶体相同，假如晶体是各向异性的，或复合材料中各相的膨胀系数是不相同的，则它们在烧成后的冷却过程中会产生内应力，微观内应力的存在牵制了热膨胀。

假如有一复合材料，它的所有组成部分都是各向同性的相，而且各相都是均匀分布的，但是由于各组成相的热膨胀系数不同，在复合材料内部存在着内应力：

$$\sigma_i=K_i(\bar{\beta}-\beta_i)\Delta T \tag{4-29}$$

式中，σ_i 为第 i 相所受到的应力；$\bar{\beta}$ 为复合体的平均体积膨胀系数；β_i 为第 i 相组成的体膨胀系数；K_i 为第 i 相的体积模量；ΔT 为从应力松弛状态算起的温度变化。

由于复合材料的内应力之和为零，所以

$$\sum\sigma_iV_i=\sum K_i(\bar{\beta}-\beta_i)V_i\Delta T=0 \tag{4-30}$$

式中，V_i 为第 i 相的体积，为

$$V_i=\frac{W_i\bar{\rho}V}{\rho_i}$$

$$\bar{\beta}=\frac{\sum\beta_iK_iW_i/\rho_i}{\sum K_iW_i/\rho_i} \tag{4-31}$$

式中，W_i 为第 i 相的质量分数；$\bar{\rho}$ 为复合体的平均密度；V 为复合体的体积$=\sum V_i$；ρ_i 为第 i 相的密度。这就是特诺(Turner)计算热膨胀系数的公式，相应的线膨胀系数为

$$\bar{\alpha}=\frac{\sum\alpha_iK_iW_i/\rho_i}{3\sum K_iW_i/\rho_i}$$

以上是把微观的内应力都看成是纯的张应力和压应力，而忽略了交界面上可能存在的剪应力。而实际材料中的内应力状况比这要复杂得多，在考虑了剪应力的影响之后，二相材料的情况有如式(4－32)的近似式：

$$\bar{\beta}=\beta_1+V_2(\beta_2-\beta_1)\frac{K_1(3K_2+4G_1)^2+(K_2-K_1)(16G_1^2+12G_1K_2)}{(4G_1+3K_2)[4V_2G_1(K_2-K_1)+3K_1K_2+4G_1K_1]} \quad (4-32)$$

式中，$G_i(i=1、2)$为第 i 相的剪切模量。此公式为克尔纳公式。

图 4－11 中曲线 1 是按式(4－32)绘出的。曲线 2 是按式(4－31)绘出的。实验表明，一般在第二相含量不是太多的两相材料，式(4－31)和(4－32)与实验结果是比较符合的。

对于复合体中有晶型转变的组分时，因晶型转变导致体积的不均匀变化将同时导致复合材料热膨胀系数的不均匀变化。图 4－12 中是含有方石英的坯体 A 和含有 β 石英的坯体 B 的两种材料的热膨胀曲线。坯体 A 在 200 ℃(180～270 ℃)附近因有方石英的多晶转变，所以膨胀系数出现不均匀的变化，坯体 B 因 β 石英在 573 ℃的晶型转变，所以在 500～600 ℃有一个膨胀系数较大的变化。

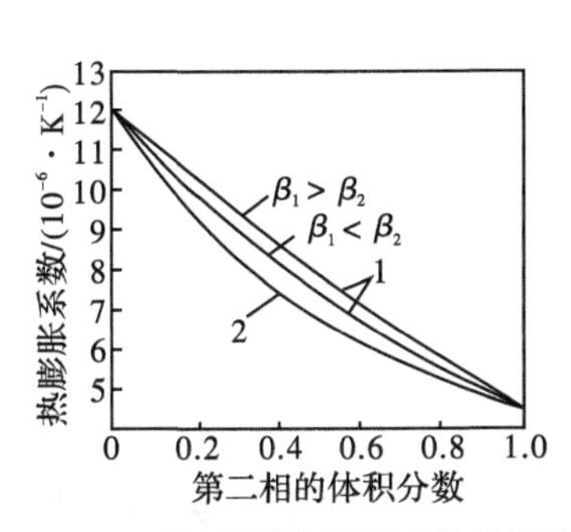

图 4－11　两相材料热膨胀系数的计算值

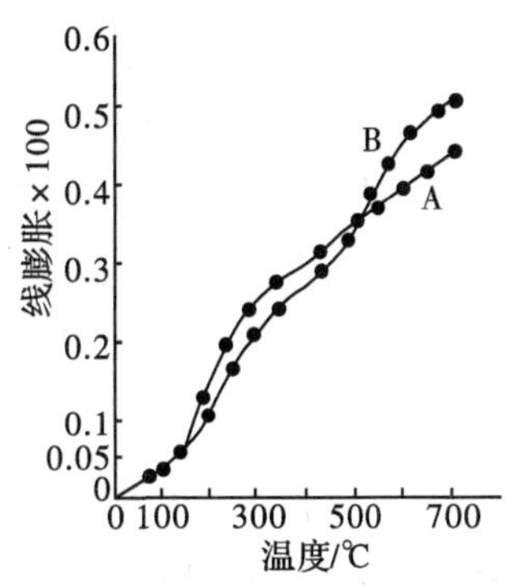

图 4－12　含不同晶型石英的两种瓷坯的热膨胀曲线

对于复合体中不同相间或晶粒的不同方向上膨胀系数差别很大时，则内应力甚至会发展到使坯体产生微裂纹，因此有时会测得一个多晶聚集体或复合体出现热膨胀的滞后现象。例如某些含有 TiO_2 的复合体和多晶氧化钛，因从烧成后的冷却过程中，坯体内存在了微裂纹，这样再加热时，这些裂纹又趋于密合，所以在不太高的温度时，可观察到反常的低膨胀系数，只有到达高温时(1300 K 以上)，由于微裂纹已基本闭合，因此膨胀系数与单晶时的数值又一致了。微裂纹带来的影响，突出的例子是石墨，它垂直于 c 轴的膨胀系数约为 1×10^{-6}/K，平行于 c 轴的为 27×10^{-6}/K，而对于多晶样品在较低温度下观察到的线膨胀系数只有$(1\sim3)\times10^{-6}$/K。

晶体内的微裂纹可以发生在晶粒内和晶界上，但最常见的还是在晶界上，晶界上应力的发展是与晶粒大小有关的，因而晶界裂纹和热膨胀系数滞后主要发生在大晶粒样品中。

材料中均匀分布的气孔亦可以看作是复合体中的一个相，由于空气体积模数 K 非常小，它对膨胀系数的影响可以忽略。

4.2.5　热膨胀分析实例——坯釉适应性

陶瓷材料在与其他材料复合使用时，例如在电子管生产中，最常见的是与金属材料相封接，为了封接得严密可靠，除了必须考虑陶瓷材料与焊料的结合性能外，还应该使陶瓷和金属的膨胀系数尽可能接近。但对一般陶瓷制品，考虑表面釉层的膨胀系数，并不一定按照上述原则，这是因为实践证明，当选择釉的膨胀系数适当地小于坯体的膨胀系数时，制品的机械强度得到提高，反之会使强度减弱。釉的膨胀系数比坯小，则烧成后的制品在冷却过程中，表面釉层的收缩比坯小，所以使釉层中存在着一个压应力，而均匀分布的预压应力，能明显地提高脆性材料的机械强度。同时还认为这一压应力也抑制了釉层微裂纹的发生并阻碍其发展，因而使强度提高。反之，当釉层的膨胀系数比坯的大，则在釉层中形成张应力，对强度不利，而且过大的张应力还会使釉层龟裂。同样釉层的膨胀系数也不能比坯的小得太多，否则会使釉层剥落而造成缺陷。

对于一无限大平板状上釉的陶瓷样品，当其釉层对坯体的厚度比是 j，应力松弛状态温度为 T_0（在釉的软化温度范围内），则它的釉层和坯体内的应力，可以按下式计算（通常习惯以正应力表示张力）：

$$\sigma_{釉}=E(T_0-T)(\alpha_{釉}-\alpha_{坯})(1-3j+6j^2) \tag{4-33}$$

$$\sigma_{坯}=E(T_0-T)(\alpha_{坯}-\alpha_{釉})(1-3j+6j^2) \tag{4-34}$$

以上两式对一般陶瓷材料都有较好的近似性。

对于圆柱体的样品，相应地具有如下的表达式：

$$\sigma_{釉}=\frac{E}{1-\mu}(T_0-T)(\sigma_{釉}-\sigma_{坯})\frac{A_{坯}}{A} \tag{4-35}$$

$$\sigma_{坯}=\frac{E}{1-\mu}(T_0-T)(\sigma_{坯}-\sigma_{釉})\frac{A_{釉}}{A} \tag{4-36}$$

两式中，A、$A_{坯}$、$A_{釉}$ 分别为圆柱体总的横截面积和坯、釉层的横截面积。

陶瓷制品的坯体吸湿会趋于体积膨胀而降低釉层中的压应力，某些不够致密的制品，在足够的时间后还会使釉层的压应力转化为张应力，甚至造成釉层的龟裂，这在某些精陶产品中是最易见到的现象。

4.3 无机材料的热传导

不同的材料在导热性能上可以有很悬殊的差别，因此有些材料是极为优良的绝热材料，而有些又会是热的良导体。用材料来作为绝热或导热体是经常遇见的，这也是材料的主要用途之一。

4.3.1 固体材料热传导的宏观规律

当固体材料一端的温度比另一端高时，热量就会从热端自动地传向冷端，这个现象就称为热传导。因此热传导过程是材料内部能量的传输过程。假如固体材料垂直于 x 轴方向的截面积为 S，沿 x 轴方向材料内的温度梯度为 $\frac{\Delta T}{\Delta x}$，在 t 时间内沿 x 轴正方向传过 S 截面上的热量为 Q，则对于各向同性的物质具有如下的关系式：

$$Q=-\lambda St\frac{\Delta T}{\Delta x}\text{或}\frac{dQ}{dt}=-\lambda S\frac{dT}{dx} \tag{4-37}$$

式中，比例常数 λ 称为热导率(或导热系数)；$\frac{dT}{dx}$也称作 x 方向上的温度梯度。式中负号表示传递的热量 Q 与温度梯度$\frac{dT}{dx}$具有相反的符号，即：$\frac{dT}{dx}<0$ 时，$Q>0$，热量沿 x 轴正方向传递；$\frac{dT}{dx}>0$ 时，$Q<0$，热量沿 x 轴负方向进行传递。

热导率 λ 的物理意义是指单位温度梯度下，单位时间内通过单位横截面积的热量，它的单位为 W/(m·K)或 J/(m·s·K)。

式(4-35)也称为傅里叶定律，它只适用于稳定传热的条件下，即传热过程中，材料在 x 方向上各处的温度 T 是恒定的，与时间无关，即$\frac{dQ}{dt}$是一个常数。

假如是不稳定传热过程，则物体内各处的温度随时间是变化的。例如一个与外界无热交换、本身存在温度梯度的物体，当随着时间的改变，温度梯度趋于零的过程，就存在热端处温度的不断降低和冷端处温度的不断升高，以致最终达到一致的平衡温度，此时物体内单位面积上温度随时间的变化率为

$$\frac{\partial T}{\partial t}=\frac{\lambda}{\rho C_P}\cdot\frac{\partial^2 T}{\partial x^2} \tag{4-38}$$

式中，ρ 为密度；C_P 为等压热容。

材料的热导率反映了材料的导热能力。金属材料的热导率为 50～415 W/(m·K)，合金的热导率为 12～120 W/(m·K)，绝热材料的热导率为 0.03～0.17 W/(m·K)，气体的热导率为 0.007～0.17 W/(m·K)。与金属相比，一般非金属材料的导热能力差，而气体的就更差，一般为热的绝缘体。

4.3.2　固体材料热传导的微观机理

众所周知，气体的传热是依靠分子的碰撞来实现的，液体的传热是依靠对流和分子或离子碰撞来实现的。在固体中组成晶体的质点都处在一定的固定位置，相互间有着一恒定的距离，质点只能在平衡位置附近微振动，而不像气体、液体分子那样杂乱地自由运动，所以也不能像气体、液体那样依靠质点间的直接碰撞来传递热能。固体中的导热主要是由晶格振动的格波(声子)、自由电子运动及电磁波辐射(光子)来实现，在金属中有大量的自由电子，可视为自由电子气，由于电子的质量很轻，所以能迅速地实现热量的传递，因此金属一般都具有较高的热导率(晶格振动对金属导热也有贡献，只是相比起来是很次要的)，而对于半导体材料，电子导热和晶格振动是主要导热机制。但在非金属晶体(如一般离子晶体)的晶格中，自由电子极少，所以晶格振动是它们的主要导热机制。

假设晶格中一质点处于较高的温度状态下，它的热振动较强烈，而它的邻近质点所处的温度较低，热振动较弱。由于质点间存在互作用力，振动较弱的质点在振动较强的质点的影响下，振动就会加剧，热运动能量也就增加，所以热量就能转移和传递，使整个晶体中热量从温度较高处传向温度较低处，产生热传导现象。假如系统对周围是热绝缘的，振动较强的质点也要受到邻近振动较弱的质点的牵制，振动会减弱下来，使整个晶体最终趋于一平衡状态。

在上述的过程中可以看到热量是以晶格振动的格波来传递的，已知格波分为声频支和光频支两类，下面就这两类格波的影响分别进行讨论。

4.3.2.1 声子热导

由于光频支格波的频率较高，需要高的能量激发，在温度不太高时，光频支的能量是很微弱的，因此在讨论热容时就可以忽略它的影响。同样，在导热过程中，温度不太高时，主要也只是声频支格波有贡献。

根据量子理论，格波振动能量是量子化的，一个量子所具有的能量为 $\hbar\omega_i$。对于声频支格波来讲，我们把它看成一种弹性波，类似在固体中传播的声波，因此，就把声频波的"量子"称为"声子"，它所具有的能量为 $\hbar\omega_i$。

声子概念的引入，对讨论晶格振动传热带来了很大的方便，就可以把格波的传播看成是声子-物质的碰撞，是声子从高浓度区域到低浓度区域的扩散过程。也正因为如此，我们可以借用理想气体热导率的公式来处理声子的热传导问题。它们的热导率也就应该具有相同形式的数学表达式。

根据气体分子运动理论，理想气体的热导率为

$$\lambda=\frac{1}{3}Cvl \tag{4-39}$$

式中，C 为气体容积热容；v 为气体分子平均速度；l 为气体分子平均自由程。

对于晶体就可以看成：C 为声子的热容；v 为声子的运动速度；l 为声子的平均自由程。

对于声频支来讲，声子的速度可以看作是仅与晶体的密度 ρ 和弹性力学性质有关，即有 $v=\sqrt{\dfrac{E}{\rho}}$，E 为弹性模量，它与角频率 ω 无关。但是热容 C 和自由程 l 都是声子振动频率 ω 的函数。所以固体热导率的普遍形式可写为

$$\lambda = \frac{1}{3}\int C(\omega)vl(\omega)\mathrm{d}\omega \tag{4-40}$$

对于热容 C，在 4.1 节中已作过讨论，热容 C 在高温时接近常数，在低温时随 T^3 变化；声子速度 v 与材料本身有关，可视为一常数。在此主要讨论影响声子的自由程 l 的因素。

如果把晶格热振动看成是严格的线性振动，则晶格上各质点是按各自频率独立地做简谐振动，也就是说格波间没有相互作用，各种频率的声子间不相干扰，没有声子同声子碰撞，没有能量交换，在晶体中某种声子一旦被激发出来，它的数目就一直保持不变，它既不能把能量传递给其他频率的声子，也不能使自己处于热平衡分布。这样的结果使声子在晶格中畅通无阻，晶体中的热阻也应该为零(仅在到达晶体表面时受边界效应的影响)，这样热量就以声子的速度(声波的速度)在晶体中得到传递，然而这与实验结果是不符合的。实际上在很多晶体中热量传递速度是很迟缓的，这就是因为晶格热振动并非是线性的，而是非简谐振动，格波间有着一定的耦合作用，如果开始时只存在某种频率的声子，由于声子间的互作用，这种频率的声子转换成另一种频率的声子，即一种频率的声子要湮灭，另一种频率的声子会产生，经过一定的驰豫时间后，各种声子的分布达到平衡，即热平衡。例如：一个频率为 9.20 GHz的纵声子束，和与之相平行的频率为 9.18 GHz 的另一纵声子束在晶体中相互作用，产生频率为 9.20+9.18=18.38 GHz 的第三个纵声子束。声子相互作用的物理过程简

述如下:一个声子的存在引起周期性弹性应变,周期性弹性应变通过非谐相互作用对晶体的弹性常数产生空间和时间的调制,第二个声子感受到这种弹性常数的调制(与其不一致),受到散射,产生第三个声子。

由于非简谐效应的作用,声子在传递能量过程中会受到声子的碰撞或散射,使声子的平均自由程 l 减小,热导率也就降低。另外,晶体中的各种缺陷、杂质及晶粒界面都会引起格波的散射,也等效于声子平均自由程的减小而降低热导率。影响热传导性质的声子散射主要有如下四种。

1. 声子碰撞过程的散射

声子间碰撞概率越大,平均自由程越小,热导率就越低。声子碰撞形成新声子的动量方向和原来两个声子的方向相一致,此时无多大的热阻,此过程为正规过程;碰撞后,发生方向反转,从而破坏了热流方向产生了较大的热阻,这一过程为翻转过程(声子碰撞),声子的这种碰撞概率$\propto e^{\frac{-\theta_D}{2T}}$,即温度越高,声子间的碰撞频率越高,则声子的平均自由程越短。这种声子间碰撞引起的散射是晶体中热阻的主要来源。

2. 点缺陷的散射

散射强弱与点缺陷的大小和声子的波长相对大小有关。由于点缺陷的尺寸 d 和原子的大小相当,在低温时,格波为长波,波长比点缺陷大得多,则估计 :波长$\approx\frac{a\theta_D}{T}$,其中 a 为晶胞参数。由于 $d\ll\lambda$,犹如光线照射微粒一样,其散射时的概率$\propto\frac{1}{\lambda^4}\propto T^4$,因此平均自由程 l 与 T^4 成反比。平均自由程 l 为一常数。

在高温时,声子的波长(随温度变化很小)和点缺陷大小相近似,点缺陷引起的热阻与温度无关。

3. 晶界散射

声子的平均自由程随温度降低而增长,增大到晶粒大小时为止,即被晶粒大小所限制,为一常数。晶界散射和晶粒的直径 d 成反比,平均自由程 l 与 d 成正比。

4. 位错的散射

在位错附近有应力场存在,引起声子的散射,其散射与 T^2 成正比。平均自由程 l 与 T^2 成反比。

如果材料中有多种散射机构存在时,总的散射概率 $P=P_1+P_2+P_3+\cdots$。如果同时有几种散射存在时,就要尽量找出起主要作用的散射,它的平均自由程最短,散射概率最大。例如:在常温下,金刚石晶体由于其结构非常稳定,主要散射为声子间的散射。

4.3.2.2 光子热导

固体中除了声子热传导外还有光子的热传导作用。这是因为固体中分子、原子和电子的振动、转动等运动状态的改变,会辐射出频率较高的电磁波。这类电磁波覆盖了一较宽的频谱,其中具有较强热效应的是波长在 0.4~40 μm 范围内的可见光与部分红外光的区域,这部分辐射线就称为热射线,热射线的传递过程称为热辐射。由于它们都在光频范围内,所以在讨论它们的导热过程时，可以看作是光子的导热过程。

在温度不太高时，固体中电磁波辐射能很微弱，但是在高温时，它的效应就明显了，因为其辐射能量与温度的四次方成正比，例如在温度 T 时单位容积黑体的辐射能 E_T 为

$$E_T=\frac{4\sigma n^3 T^4}{c} \tag{4-41}$$

式中，σ 为斯特藩-玻尔兹曼常数($5.67\times10^{-8}\,W/cm^2\cdot K^4$)；$n$ 为折射率；c 为光速。

由于辐射传热中容积热容 C_r 相当于提高辐射温度所需的能量，即

$$C_r=\left(\frac{\partial E}{\partial T}\right)=\frac{16\sigma n^3 T^3}{c} \tag{4-42}$$

同时将辐射线在介质中的速度 $v_r=\frac{c}{n}$，以及式(4-42)代入式(4-39)可得到辐射能的传导率 λ_r：

$$\lambda_r=\frac{16}{3}\sigma n^2 T^3 l_r \tag{4-43}$$

式中，l_r 是辐射线光子的平均自由程。

实际上光子传导的 C_r 和平均自由程 l_r 都依赖于频率，所以更一般的形式仍应是式(4-40)的形式。

对于介质中辐射传热过程可以定性地解释为：任何温度下的物体既能辐射出一定频率范围的射线，同样也能吸收类似外界而来的射线，在热稳定状态(平衡状态)时，介质中任一体积元平均辐射的能量与平均吸收的能量是相等的。当介质中存在温度梯度时，两相邻体积间温度高的体积元辐射的能量大，而吸收到的能量较小。温度较低的体积元情况正相反，吸收的能量大于辐射的能量，因此产生能量的转移，以致整个介质中热量会从高温处向低温处传递。λ_r 就是描述介质中这种辐射能的传递能力的物理量，它极关键地取决于辐射能传播过程中光子的平均自由程 l_r。对于辐射线是透明的介质，热阻很小，l_r 较大。对于辐射线不透明的介质，l_r 就很小。对于完全不透明的介质，$l_r=0$，在这种介质中，辐射传热可以忽略。一般单晶和玻璃，对于热射线是比较透明的，因此在 800～1300 K 左右辐射传热已很明显。而大多数烧结陶瓷材料是半透明或透明度很差，l_r 要比单晶、玻璃小得多，因此对于一些耐火氧化物在 1800 K 高温下，辐射传热才明显地起作用。

4.3.3 影响热导率的因素

由于在陶瓷材料中热传导机构和过程是很复杂的，对于热导率的定量分析显得十分困难，下面就影响无机材料热导率的一些主要因素进行定性的讨论。

1. 温度的影响

在温度不太高的范围内，主要是声子传导，v 可认为是一常数。只有在温度较高时，由于介质的结构松弛和蠕变，使介质的弹性模量迅速下降，以致 v 减小，如对一些多晶氧化物测得在温度高于1000～1300 K 时就出现这一效应。

热容 C 与温度的关系是已经知道的，在低温下它与 T^3 成比例，在超过德拜温度以后的较高温度下趋于一恒定值。

声子平均自由程 l 随温度的变化有类似气体分子运动中的情况，随着温度升高 l 值降低。实验指出，l 值随温度的变化规律是：低温下 l 值的上限为晶粒的线度，高温下 l 值的下限为晶格间距。不同组成的材料，具体的变化速率不一，但随温度升高 l 减小的规律是一致的。图 4－13 所示是几种氧化物晶体的 $\frac{1}{l}$ 与 T 的关系曲线，对于 Al_2O_3、BeO 和 MgO 在低于德拜温度下，$\frac{1}{l}$ 随温度的变化比线性关系更强烈；对于 TiO_2、ThO_2、

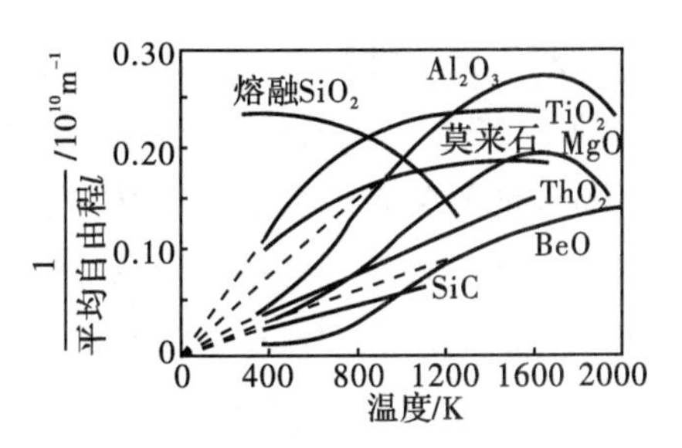

图 4－13　几种氧化物晶体的声子平均自由程与温度的关系

MgO 等在接近和超过德拜温度的一个较宽的温度范围内，$\frac{1}{l}$ 随温度有线性的变化；对 TiO_2、莫来石可以看到在高温时，l 值趋于恒定，与温度无关。而图中 Al_2O_3、MgO 在 1600 K 以上出现了 $\frac{1}{l}$ 的减小，这是由于光子传导效应，使得综合的实际平均自由程增大了（假如不是多晶而是单晶的情况下，超过 500 K 就能观察到这一效应）。

图 4－14 所示是氧化铝单晶的热导率与温度的关系曲线，在很低温度下声子的平均自由程 l 增大到晶粒的大小（此时边界效应是主要的），达到了上限，因此 l 值基本上无多大变化，而热容 C_V 在低温下是与温度的三次方成正比，因此 λ 也近似与温度 T^3 成比例地变化。随着温度的升高，λ 迅速增大，然而随着温度继续升高，由于平均自由程 $\propto e^{\frac{\theta_D}{2T}}$，温度的指数项的影响远超过温度 T^3 的影响，因此 l 值就要减小，随后逐渐缓和，并在德拜温度以后，C_V 趋于一恒定值，而 l 值因温度升高而减小，成为主要影响因素。因此 λ 值随温度升高而迅速减小，这样在某个低温处（～40 K）λ 值出现了极大值。更高温度之后，由于 C_V 已基本上无变化，l 值也逐渐趋于它的下限——晶格的线度，所以温度的变化又变得缓和了。在达到 1600 K 的高温后 λ 值又有少许回升，这就是高温辐射传热带来的影响。

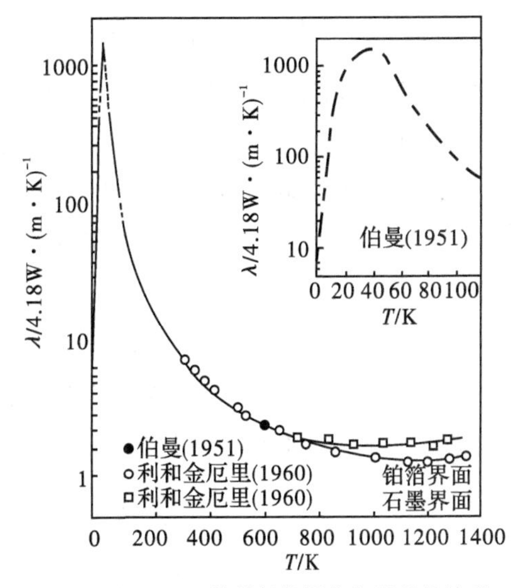

图 4－14　Al_2O_3 单晶的热导率与温度的关系

2. 结构的影响

声子传导是与晶格振动的非谐性有关，晶体结构愈复杂，晶格振动的非谐性程度愈大，格波受到的散射愈大，因此声子平均自由程 l 较小，热导率较低。例如镁铝尖晶石的热导率比 Al_2O_3 和 MgO 的热导率都低。莫来石的结构更复杂，所以热导率比尖晶石还低得多。

对于非等轴晶系的晶体，热导率也存在着各向异性的性质。例如石英、金红石、石墨等都是在膨胀系数低的方向热导率最大。温度升高时不同方向的热导率差异趋于减小，这是因为当温度升高，晶体的结构总是趋于更高的对称性。

对于同一种物质，多晶体的热导率总是比单晶的小，图 4 - 15 表示了几种单晶和多晶体热导率与温度的关系。由于多晶体中晶粒尺寸小、晶界多、缺陷多、晶界处杂质也多，声子更易受到散射，它的平均自由程就要小得多，所以热导率就小。另外还可以看到低温时多晶的热导率是与单晶的平均热导率相一致，而随着温度升高，差异就迅速变大，这也说明了晶界、缺陷、杂质等在较高温度时对声子传导有更大的阻碍作用，同时也说明了单晶在温度升高后比多晶在光子传导方面有更明显的效应。

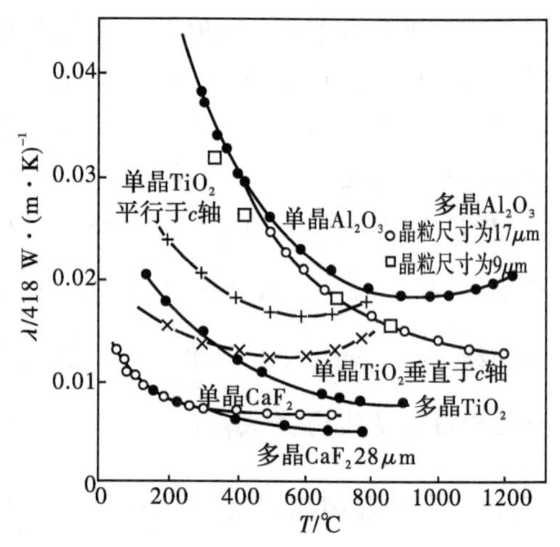

图 4 - 15 几种陶瓷材料热导率与温度的关系

通常玻璃的热导率较小，图 4 - 16 表示石英和石英玻璃的热导率与温度的变化，石英玻璃的热导率可以比石英晶体低三个数量级。随着温度的升高，玻璃热导率稍有增大，这是因为玻璃具有近程有序、远程无序的结构，近似地把它看成是极细晶粒(接近晶格间距)组成的晶体，可以用声子导热的机构来描述玻璃的导热行为和规律。声子的平均自由程由低温下的晶粒直径大小变化到高温下的几个晶格间距的大小，因此，对于晶粒极细的玻璃来说，它的声子平均自由程在不同温度将基本上是常数，其值近似等于几个晶格间距，所以玻璃的热导率就较小。而且玻璃的热导率主要由热容与温度的关系决定，在较高温度以上则需要考虑光子导热的贡献。因此玻璃的热导率随温度变化分为三个阶段，如图 4 - 17 所示：第一阶段，在中低温(400～600 K)，光子导热可以忽略。温度升高，热容增大，玻璃的热导率不断上升。第二阶段，从中温到较高温度(600～900 K)，随温度升高，声子热容不再增大，逐渐为一常数，此时光子导热开始明显增加，热导率随温度变化较快，$\lambda - T$ 曲线开始上扬。第三阶段，在高温(＞900 K)时，光子导热随温度升高急剧增大，玻璃的热导率随着也急剧增大，因此 $\lambda - T$ 曲线急剧上扬。

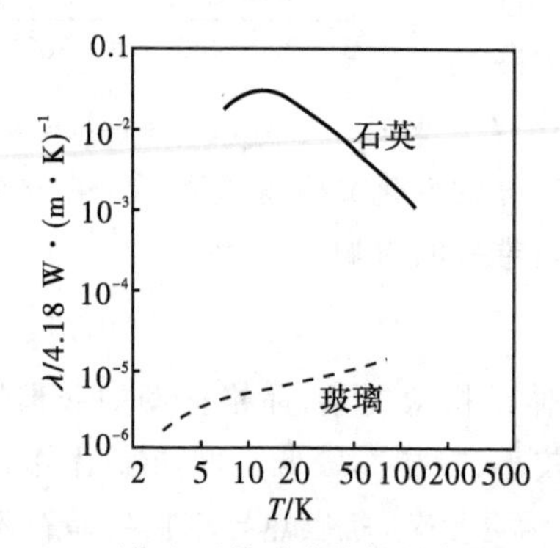

图 4 - 16 石英和石英玻璃的热导率与温度关系

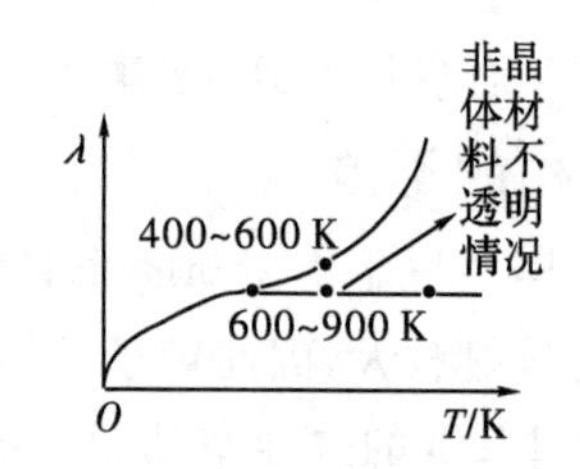

图 4 - 17 非晶体热导率曲线

许多无机材料中往往都是晶体和非晶体同时存在的。对于这种材料，热导率随温度变化的规律仍然可以用上面讨论的晶体和非晶体材料热导率变化的规律进行预测和解释。在一般情况下，这种晶体和非晶体共存材料的热导率曲线往往介于晶体和非晶体热导率曲线之间。

3. 化学组成的影响

不同组成的晶体，热导率往往有很大的差异。这是因为构成晶体质点的大小、性质不同，它们的晶格振动状态不同，传导热量的能力也就不同。一般说来，凡是质点的原子量愈小、晶体的密度愈小、杨氏模量愈大、德拜温度愈高的材料热导率愈大，这样，凡是轻的元素的固体或有大的结合能的固体的热导率较大。如金刚石的 $\lambda=1.7\times10^{-2}$ W/(m・K)，而较重的硅、锗的热导率则分别为 1.0×10^{-2} W/(m・k)和 0.5×10^{-2} W/(m・K)。图 4－18 表示出某些氧化物和碳化物中阳离子的原子量与热导率的关系。可以看到，凡是阳离子的原子量较小的，即与氧及碳的原子量相近的氧化物和碳化物，其热导率比阳离子原子量较大的要大些，因此在氧化物陶瓷中 BeO 具有最大的热导率。

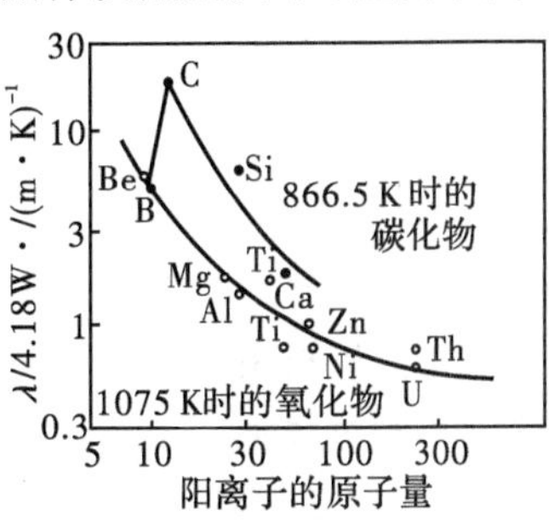

图 4－18　氧化物和碳化物中阳离子的原子量与热导率的关系

晶体中存在的各种缺陷和杂质，会导致声子的散射，降低声子的平均自由程，使热导率变小。固溶体的形成同样也降低热导率，同时取代元素的质量、大小，与原来基质元素相差愈大，以及取代后结合力方面改变愈大，则对热导率的影响愈大，这种影响在低温时出现“固溶体降低热导率”的现象，并随着温度的升高而加剧，但当温度大约比德拜温度的一半更高时，热导率开始与温度无关。这是因为极低温度下声子传导的平均波长远大于点缺陷的线度，所以并不引起散射，随着温度升高，平均波长减小，散射增加，在接近点缺陷线度后散射达到了最大值，此后温度再升高，散射效应已无多少变化，此时与温度就无关了。

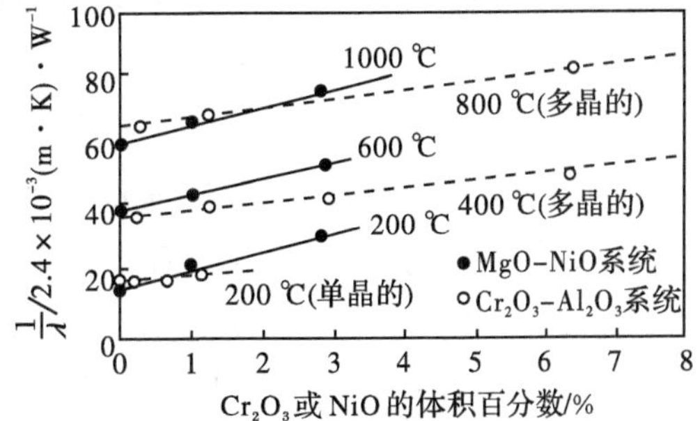

图 4－19　MgO－NiO 系固溶体和 Cr_2O_3－Al_2O_3 系固溶体组成与热阻的关系

图 4－19 表示了 MgO－NiO 系固溶体和 Cr_2O_3－Al_2O_3 系固溶体在不同温度下 $1/\lambda$ 随组成的变化，在取代元素浓度较低时，$1/\lambda$ 与取代元素的体积百分数成直线关系，即杂质对 λ 的影响很显著。而图中不同温度下的直线是平行的，这说明了在较高温度下，杂质效应与温度无关。

图 4－20 表示了 MgO－NiO 系固溶体在不同温度下热导率与组成的关系。可以看到在杂质浓度很低时，杂质效应十分显著，所以在接近纯 MgO 或纯 NiO 处，杂质含量稍有增加，λ 值迅速下降，随着杂质含量的不断增加，此效应也不断缓和。另外从图中可以看到杂质效应在 473 K 的情况下比 1273 K 时要强，若低于室温，杂质效应会更强烈。

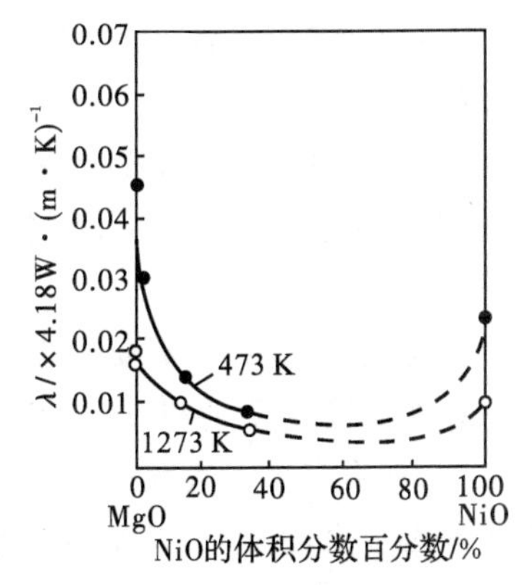

图 4－20　MgO－NiO 系固溶体的热导率

4. 复相陶瓷的热导率

陶瓷材料常见的典型微观结构类型是有一分散相均匀地分散在一连续相中，对于这些类型的陶瓷材料的热导率可按下式计算：

$$\lambda=\lambda_0\frac{1+2V_d\left(1-\frac{\lambda_c}{\lambda_d}\right)\left(\frac{2\lambda_c}{\lambda_d}+1\right)}{1-V_d\left(1-\frac{\lambda_c}{\lambda_d}\right)\left(\frac{2\lambda_c}{\lambda_d}+1\right)} \tag{4-44}$$

式中，λ_c、λ_d 分别为连续相和分散相物质的热导率；V_d 为分散相的体积分数。

在无机材料中，一般玻璃相是连续相，因此普通瓷和黏土制品的热导率更接近其成分中玻璃相的热导率。

图 4-21 表示了 $MgO-Mg_2SiO_4$ 系统实测的热导率曲线（粗实线），其中细实线是按式(4-41)的计算值，可以看到在含 MgO 或 Mg_2SiO_4 较高的两端，计算值与实测值是很吻合的，这是由于在 MgO 体积含量高于 80%或 Mg_2SiO_4 体积含量高于 60%时，它们都成为连续相，而在这两者的中间组成时，连续相和分散相的区别就不明确。这种结构上的过渡状态，反映到热导率的变化曲线上也是过渡状态，所以实际曲线呈 S 形。

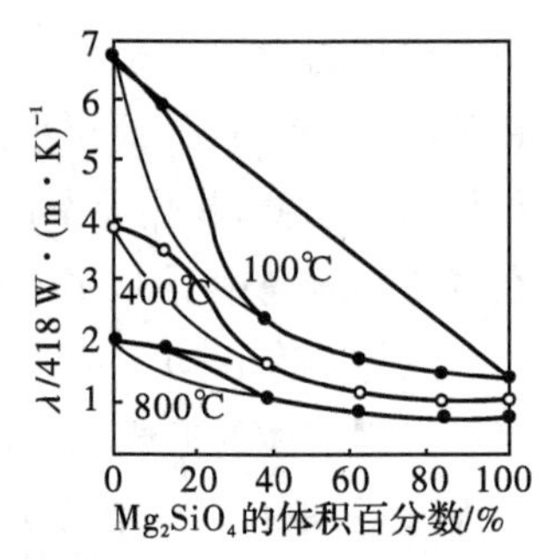

图 4-21　两相镁质材料的热导率与组成的关系

在陶瓷材料中，一般玻璃相是连续相，因此普通的陶瓷和黏土制品的热导率与其中所含的晶相和玻璃相的热导率相比较是更接近于其中玻璃相的热导率。

5. 气孔的影响

通常的陶瓷材料常含有一定量的气孔，气孔对热导率的影响较复杂。在温度不是很高（一般<500 ℃，此温度条件下气孔的热辐射传热可以不予考虑），而且气孔率也不大，气孔尺寸很小，又均匀地分散在陶瓷介质中时，这样的气孔就可看作为分散相（封闭气孔）。陶瓷材料的热导率仍然可以按式(4-44)计算，只是因为气孔的热导率很小，与固体的热导率相比，可近似为零，因此可得到

$$\lambda=\lambda_s(1-P) \tag{4-45}$$

式中，λ_s 为固相的热导率；P 为气孔的体积分数。

图 4-22 表示了不同气孔率时 Al_2O_3 的热导率对温度的关系曲线，可以看到在不改变结构的条件下（孔径相似），随着气孔率的增大，热导率按比例减小。这就是多孔、泡沫、纤维、粉末及空心球状等轻质陶瓷制品的保温原理。

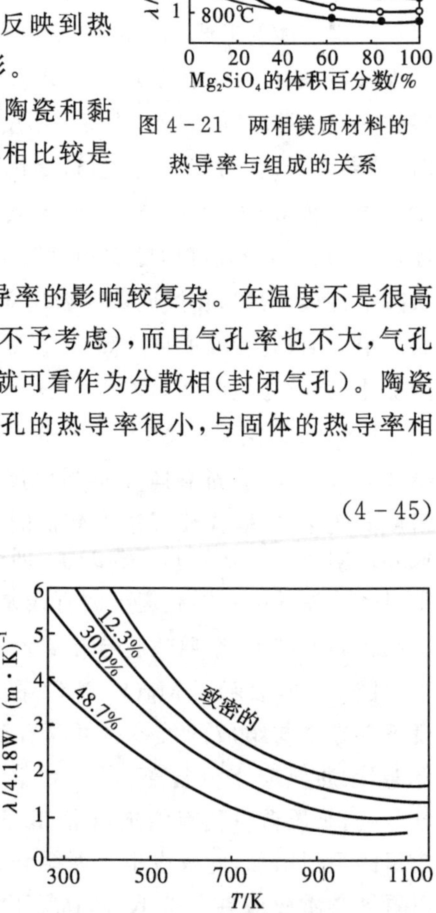

图 4-22　气孔率对 Al_2O_3 瓷热导率的影响

随着温度的升高，就需要考虑气孔的辐射传热。对于热射线高度透明的材料，它们的光子传导效应是较大的，如果有微小气孔存在时，由于气孔与固体的折射率有很大的差异，从而使这些微气孔形成了散射中心，导致透明度大幅降低，往往仅存在 0.5%气孔率的微气孔，就能显著地降低射线的

传播(见图 4-23),这样光子自由程显著减小,因此大多数烧结陶瓷材料的光子传导率要比单晶和玻璃小 1～3 个数量级。因此烧结材料的光子传导效应,只有在很高温度下(>1800 K)才是重要的。但少量的大的气孔,对透明度的影响就小,而且当气孔尺寸增大,特别是具有一定贯穿性时,气孔内气体会因对流而加强传热,且当温度升高时,热辐射的作用也增强,并与气孔的大小和 T^3 成比例。而这一效应在温度较高时,随温度的升高迅速加剧,这样气孔对热导率的贡献就不可忽略,式(4-45)也就不再适用。

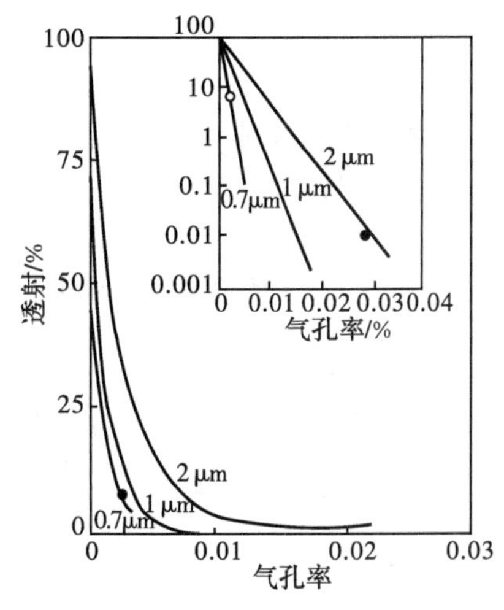

图 4-23 气孔率对 Al_2O_3 透射率的影响

对于粉末和纤维材料,其热导率比烧结状态低得多,这是因为其内部的气孔形成了连续相,因此材料的热导率就在很大程度上受气孔相的热导率影响。这也是通常粉末、多孔和纤维类材料能有良好的热绝缘性能的原因。

对于一些具有显著的各向异性的材料和膨胀系数相差较大的多相复合物,由于存在大的内应力易于形成微裂纹,气孔以扁平微裂纹出现进而沿着晶界发展,使热流受到严重的阻碍,这样即使总气孔率很小,材料的热导率也会有明显地减小。因此对于复合材料热导率的实验测定值也就比按式(4-45)计算的值要小。

4.3.4 某些无机材料的热导率

根据以上的讨论可以看到影响陶瓷材料热导率的因素还是比较复杂的,因此实际材料的热导率一般还得依靠实验测定。图 4-24 表示了某些材料的热导率,其中石墨和 BeO 具有较高的热导率,低温时接近金属铂的热导率。良好的高温耐火材料之一的致密的稳定的 ZrO_2 的热导率相当低,气孔率大的耐火砖具有更低的热导率,而粉状材料的热导率则极低,具有最好的保温性能。

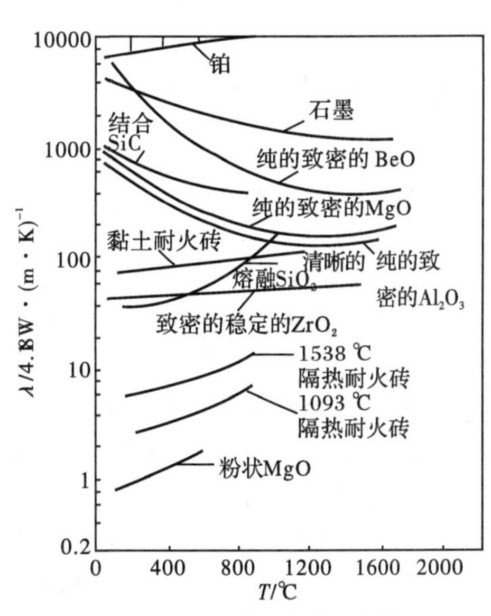

图 4-24 几种硅酸盐材料的热导率

通常在低温时有较高热导率的材料,随着温度升高热导率降低,而低热导率的材料正相反。前者如 Al_2O_3、BeO 和 MgO 等的热导率随温度变化的规律相似,根据实验结果,有经验公式:

$$\lambda=\frac{A}{T-125}+8.5\times10^{-36}\cdot T^{10} \tag{4-46}$$

式中,T 为绝对温度;A 为常数,对于 Al_2O_3、MgO、BeO 分别为 16.2、18.8、55.4。

式(4-46)的适用范围对 Al_2O_3 和 MgO 是室温到 2000 K,对于 BeO 是 1300～2000 K。

玻璃体的热导率如前所述,随温度的升高而缓慢增大,800 K 后由于辐射传热的效应使热导率有较快的上升,它的热导率具有如下经验方程式:

$$\lambda=cT+d \tag{4-47}$$

式中，c、d 为常数。

某些建筑材料、黏土质耐火砖及保温砖等的热导率随温度升高有线性的增大，因此一般的经验方程式为

$$\lambda=\lambda_0(1+bt) \tag{4-48}$$

式中，λ_0 为 0 ℃时材料的热导率；b 为与材料性质有关的常数。

4.4 无机材料的抗热震性

所谓抗热震性，是指材料承受温度的急剧变化而不致破坏的能力，所以也称之为耐温度急变抵抗性和热稳定性等。由于无机材料在加工和使用过程中，经常会受到环境温度起伏的热冲击，有时这样的温度变化还是十分急剧的，在这样的温度剧变（即热震作用）的环境下，材料的强度会大幅度下降，发生剥落甚至脆断，这将大大损害它使用期间的安全可靠性。因此抗热震性能成为陶瓷优异的高温性能能否得到充分发挥的制约因素。

陶瓷材料的抗热震性的研究从 20 世纪 50 年代开始发展至今，已初步形成了脆性材料抗热震性的评价理论的框架，其中有的以弹性力学为基础，把热应力和材料强度之间的平衡条件作为热震破坏的判据；有的则以断裂力学为依据，将热弹性应变能和材料断裂能之间的平衡条件作为热震破坏判据。它们分别对应材料的两种破坏形式，即抗热震断裂和热震损伤。前者是材料发生的瞬时断裂，一般一次热冲击就可以发生断裂；后者是在热冲击循环作用下，材料表面开裂、剥落，并不断发展，以致在经历多次热冲击后最终碎裂或变质而损坏。

4.4.1 抗热震性的表示方法

无机材料应用于不同的场合，往往对材料的抗热震性要求也大不同。例如对于一般日用瓷器，通常只要求具有承受温差为 200 K 左右热冲击的能力，而高温结构件（如火箭燃气喷嘴、发动机燃烧室、航天飞机陶瓷隔热瓦等）就要求瞬时能承受高达 3000～4000 K 的热冲击，而且还要经受高速气流的机械冲刷和化学作用，因此对这两类材料的抗热震性要求显然就有很大的差异。虽然目前对于抗热震性已作出了一定的理论解释，但尚不完善，因此实际上对材料或制品的抗热震性评定，一般还是采用比较直观的测定方法。例如日用瓷通常是以一定规格的试样，加热到一定温度，然后立即置于室温的流动水中急冷，并逐次提高温度和重复到水中急冷直至试样被观察到发生龟裂，则以开始产生龟裂的前一次加热温度来表征瓷的抗热震性。对于一般普通耐火材料则常是将试样的一端加热到 1123 K 并保温 40 min，然后置于 283～303 K 的流动水中 3 min 或在空气中 5～10 min，并重复这样的操作，直至试样失重 20%为止，并以这样操作的次数来表征材料的抗热震性。某些高温陶瓷材料是以加热到一定温度再用水急冷，然后测其抗折强度的损失率来评定它的抗热震性。若制品具有较复杂的形状，则在可能的情况下，可直接用制品进行测定，这样就免除了形状和尺寸带来的影响。总之，对于陶瓷材料尤其是制品的抗热震性，在工业应用中目前一般还是根据使用情况进行模拟测定为主，因此如何更科学更本质地反映材料的抗热震性，是当前技

术和理论工作中的一个重要任务。

4.4.2 热应力

材料在不改变外力作用状态下，仅因热冲击而损坏，造成开裂或断裂，这是由于材料在热冲击温度 ΔT 的作用下产生了很大的内应力，达到并超过了材料的机械强度 σ_f 所导致的。对于这种内应力的产生和计算，可先从下述的一个简单情况来讨论。假如有一各向同性的均质杆件其长为 l，当它的温度 T_0 升到 T' 时，杆件膨胀了 Δl，倘若杆件能够完全自由膨胀，则杆件内不会因热膨胀而产生应力，若杆件的两端是完全刚性约束的（如图 4-25 所示），则这样的杆件不能实现热膨胀，而杆件与支撑体之间就会产生很大的应力，这一应力就相当于把样品自由膨胀为长度 $(l+\Delta l)$ 时又压缩为 l 所需要的压应力，因此杆件所承受的压应力 σ 为

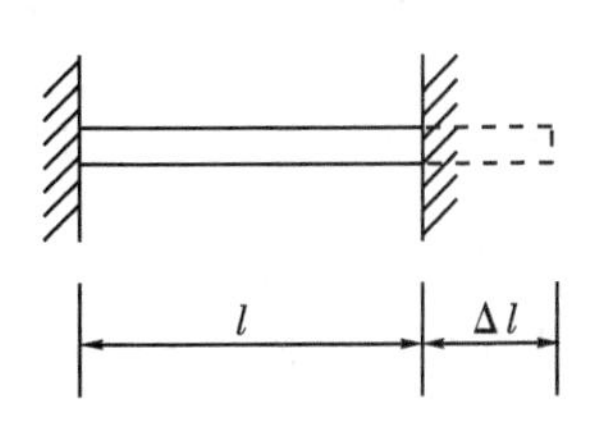

图 4-25 两端固定杆示意图

$$\sigma=E\left(-\frac{\Delta l}{l}\right)=-E\alpha(T'-T_0) \tag{4-49}$$

式中的负号是由于习惯上常把这一类张应力定为正值，压应力定为负值的缘故。

若上述情况在冷却状态下，即 $T_0>T'$ 时出现，则材料中内应力为张应力。

这种由于材料热膨胀或收缩引起的内应力称为热应力。

实际上，热应力不一定完全是在有机械约束的情况下才可产生。对于具有不同膨胀系数的多相复合材料中，也可以由于结构中各相间膨胀收缩的相互牵制而产生热应力，例如上釉陶瓷制品中坯、釉间产生的应力。即使各向同性的材料，当材料中存在温度梯度时亦会产生热应力。例如一块玻璃平板从 373 K 的沸水中掉入 273 K 的冰水中，假设表面层在瞬间就降到 273 K，则表面层要趋于 $\alpha\Delta T=100\alpha$ 的收缩，然而，此时内层仍保留在 373 K，所以并无收缩，因此表面层就承受了张应力，而内层承受了压应力，其后随着内层温度不断下降，材料中热应力也逐渐减小。若一厚度为 x，侧面为无限大的平板，在两侧均匀加热（或冷却）时，平板内任意点的温度 T 是时间 t 和距离 x 的函数 $T=f(t,x)$。而在某一时刻任意点处的应力则决定于该点温度 T 和制品在该时刻的平均温度 T_{av} 之间的差别，根据广义胡克定律不难得到 $\sigma_x=0$，而在垂直厚度方向上的两个应力为

$$\sigma_y=\sigma_z=\frac{E\alpha}{1-\mu}(T_{av}-T) \tag{4-50}$$

式中，μ 为材料的泊松比；在 $t=0$ 的瞬间，$\sigma_y=\sigma_z=\sigma_{max}$。

除了表面温度的突然改变外，当表面温度平稳改变时，也能导致温度梯度和热应力。如图 4-26 所示。

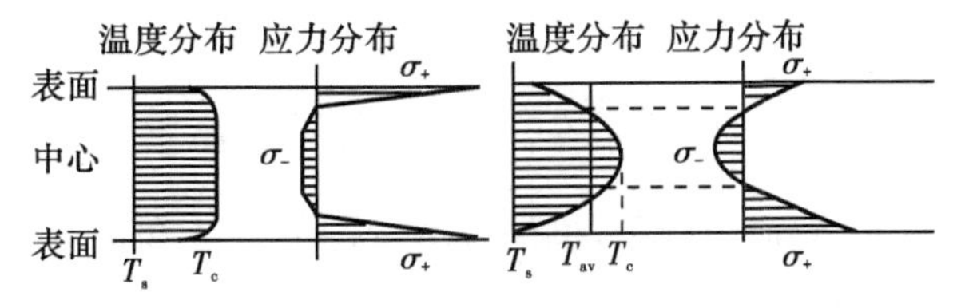

图 4-26 玻璃平板冷却时温度和应力分布示意图

当平板表面以恒定速率冷却时，温度分布曲线是抛物线形式的，表面温度 T_{av} 比平均温度 T_{av} 低，表面产生张应力 σ_{+}，中心温度 T_c 比 T_{av} 高，所以中心是压应力 σ_{-}。假如样品是被加热，则这些情况正好相反。

4.4.3 抗热震断裂性

抗热震断裂性的代表理论是金厄里(Kingery)的临界应力断裂理论。以引起材料中的最大热应力的临界温度函数作为抗热震断裂的量度，并将其定义为抗热震参数，它因热震条件不同而不同。

1. 第一热应力断裂抵抗因子 R

只要材料中最大热应力值 σ_{max}(一般在表面及中心部位)不超过材料的强度极限 σ_f(对于脆性材料显然应取其抗张强度限)，则材料不致损坏。因此根据式(4-50)可得到材料中允许存在的最大温差 ΔT_{max} 为

$$\Delta T_{max}=\frac{\sigma_f(1-\mu)}{\alpha E} \tag{4-51}$$

显然 ΔT_{max} 值愈大，说明材料能承受的温度变化愈大，即抗热震性愈好，所以定义 $R\equiv\frac{\sigma_f(1-\mu)}{\alpha E}$ 为表征材料抗热震性的因子，也称为第一热应力因子。这一热应力因子适用于急剧受热或冷却条件下使用的材料抗热震性表征。

2. 第二热应力断裂抵抗因子 R'

实际情况比1中的情况复杂得多，材料是否出现热应力断裂，除了与热应力 σ_{max} 的大小有着密切的关系，还与材料中的应力分布，产生的速率和持续时间，材料的特性(塑性、均匀性、弛豫性)及原先存在的裂纹、缺陷、散热等情况有关。因此，R 虽能在一定程度反映材料抗热冲击性的优劣，但并不能简单地认为就是材料允许承受的最大温度差，而只能看作 ΔT_{max} 与 R 有一定的关系：

$$\Delta T_{max}=f(R) \tag{4-52}$$

实际上制品中的热应力尚与材料的热导率、形状、大小、材料表面对环境进行热传递的能力等有关，即材料一般受热或冷却有一定的速率。例如热导率 λ 大，传热越快，热应力持续一定时间后很快缓解，对热稳定性有利；制品半厚 b 小，材料或制品传热途径短，易使温度均匀；表面对环境的传热系数 h(定义：如果材料表面温度比周围环境温度高1 K，在单位面积上，单位时间带走的热量)大，表面向外散热快(如吹风)，材料内外温差大，热应力大(如窑内进风会使降温的制品炸裂)。因此，式(4-51)是不完整的，根据实验的结果可以整理出如下的形式：

$$\Delta T_{max}=f(R)+f'\left[\frac{\sigma_f(1-\mu)}{\alpha E}\cdot\frac{\lambda}{bh}\right] \tag{4-53}$$

定义 $R'\equiv\frac{\sigma_f(1-\mu)\lambda}{\alpha E}$ 为第二热应力因子，单位为 W/m。由于 b 和 h 不属于材料本身的特性，因此不计入 R' 中。另外可以将 b、h 及 λ 综合为毕奥数 $\beta=\frac{bh}{\lambda}$，无量纲，β 越大对热稳定性越

不利，$\beta \geqslant 20$ 近乎骤冷。

制品的 b(或半径 r)和 h 很大而 λ 很小时，式(4－53)中 $f'\left(\frac{R'}{bh}\right)$项就很小，可以略去，此时材料的抗热冲击断裂性可由 R 来评定。相反，如 b(或 r)和 h 都很小，而 λ 很大时，则相比较的结果是 $f(R)$项可以忽略，而由 R'来评定。只有在适中的情况下，必须同时结合 R 和 R' 来考虑。某些材料的 R、R'值见于表 4－8，由于不同研究者提供的数据不尽相同，因此表 4－8 中所列的数据亦仅供作参考。

表 4－8　某些材料的 R 和 R'值

材　料	σ_f /(10^{-1} · kg · m^{-2})	E /(10^2 · kg · m^{-2})	α /(10^{-6} · K^{-1})	R/K	λ/(10^{-2} W · (m · K)$^{-1}$)			R'/(10^{-2} W · m^{-1})		
					373 K	673 K	1273 K	373 K	673 K	1273 K
Al_2O_3	1.47	3.58	8.8	47	0.31	0.13	0.63	14.2	6.27	2.93
BeO	1.47	3.09	9.0	53	2.2	0.93	0.21	121	50.2	10.9
MgO	0.98	2.11	13.6	34	0.36	0.16	0.07	12.1	5.4	2.4
$MgAl_2O_4$	0.84	2.39	7.6	47	0.15	0.10	0.06	6.3	4.6	2.2
ThO_2	0.84	1.48	9.2	62	0.10	0.06	0.03	6.3	3.9	2.1
ZrO_2	1.40	1.48	10.0	106	0.02	0.021	0.023	1.8	1.9	2.1
莫来石	0.84	1.48	5.3	107	0.06	0.046	0.042	6.7	5.0	4.6
瓷器	0.70	0.70	6.0	167	0.017	0.018	0.019	2.8	2.9	3.1
堇青石	0.35	1.48	2.6	90	0.022	0.021	0.021	1.97	1.88	1.88
锂辉石	0.31	1.05	1.6	208	0.011	0.012	0.014	—	—	2.93
钠钙玻璃	0.70	0.67	9.0	117	0.017	0.019	—	1.97	2.16	—
石英玻璃	1.09	0.74	0.5	3000	0.016	0.019	—	47.7	56.5	—
Si_3N_4	1.105	2.5	2.25	157	—	0.184	—	—	29.9	—
B_4C	1.573	4.56	5.5	498	—	0.829	—	—	41.2	—
$MoSi_2$	2.80	2.53	8.51	77.8	—	0.192	—	—	14.9	—
Al_2O_3－Cr	3.86	3.66	8.65	27	0.09	—	—	2.8	—	—
石墨	0.24	0.11	3.0	735	1.79	1.12	0.62	1300	825	456

由于表面传热系数 h(W/(m^2 · K))是表示材料表面与环境介质间，在单位温度差下，材料的单位面积上、单位时间里能传递给环境介质的热量或从环境介质所吸收的热量，显然 h 与环境介质的性质及状态有极大关系。例如在平静的空气中 h 值就小，而材料表面如接触的是高速气流，则气体能迅速地带走材料表面热量，一些 h 实测值如表 4－9 所示：

表 4-9 h 实测值

条件		$h/(\mathrm{W\cdot(cm^2\cdot K)^{-1}})$
空气流过圆柱体	流速 287 kg/(s·m²)	0.109
	流速 120 kg/(s·m²)	0.050
	流速 12 kg/(s·m²)	0.0113
	流速 0.12 kg/(s·m²)	0.0011
从 1000 ℃向 0 ℃辐射		0.0147
从 500 ℃向 0 ℃辐射		0.00398
水淬		0.4～4.1
喷气涡轮机叶片		0.021～0.08

对于尺寸因素 b 的影响是容易理解的。图 4-27 表示了某些材料在 673 K，$\Delta T_{max}-bh$ 的计算值曲线。从图中可以看到一般材料在 bh 值较小时，ΔT_{max} 与 bh 成反比。当 bh 值较大时 ΔT_{max} 趋于一恒定值。另外要特别注意的是图中几种材料的曲线是交叉的，其中 BeO 就很突出，它在 bh 很小时具有很大的 ΔT_{max}，即抗热震性很好，仅次于石英玻璃和 TiC 金属陶瓷，而在 bh 很大时(如大于 1)，抗热震性就显得很差(由于强度低，热膨胀系数大)，而仅优于 MgO。因此，实际上并不能简单地排列出各种材料的抗热冲击断裂性能的顺序来。

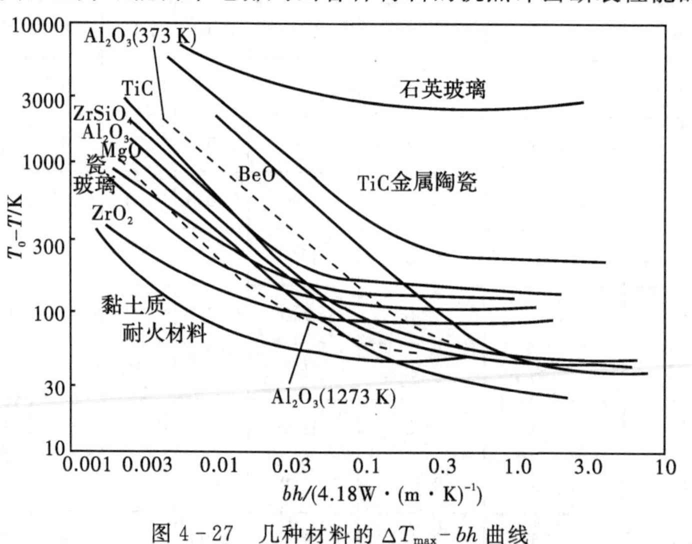

图 4-27 几种材料的 $\Delta T_{max}-bh$ 曲线

由于无机材料在实际应用中，不会像理想骤冷那样，瞬时产生最大应力 σ_{max}，而是由于散热等因素，使达到最大热应力 σ_{max} 须经过一定时间，即滞后，且数值也折减。可以用无因次表面应力 $\sigma^*=\dfrac{\sigma}{\sigma_{max}}$ 来表示，σ^* 越大，即折减后实测的最大应力 σ 越大，σ 越接近 σ_{max}，折减越小。不同 β 值下最大应力的折减程度也不同，β 越小的折减越多，即可能达到的实际最大应力要小得多，实际最大应力的滞后也越厉害。具有不同 β 值的无限平板无因次应力 σ^* 随时间的变化如图 4－28 所示。

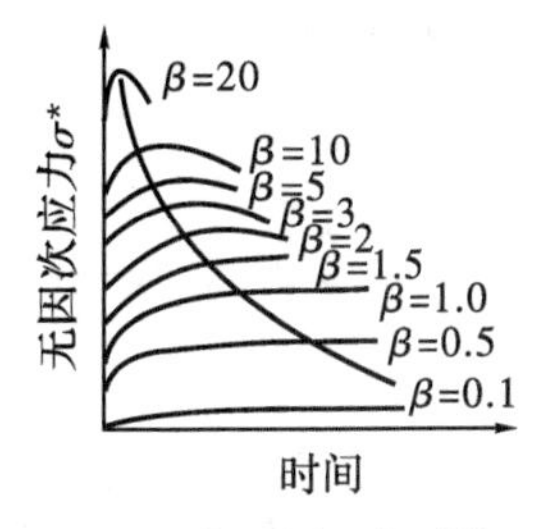

图 4－28 具有不同 β 的无限平板无因次应力 σ^* 随时间的变化

骤冷时的最大温差只适用于 $\beta \geqslant 20$ 的情况。水淬玻璃：$\lambda = 0.017\ \mathrm{J/(cm \cdot s \cdot K)}$，$h = 1.67\ \mathrm{J/(cm^2 \cdot s \cdot K)}$，$\beta \geqslant 20$，由 $\beta = \dfrac{bh}{\lambda}$ 得：$b > 0.2$ cm，才可以用 $\Delta T_{max} = \dfrac{\sigma_f(1-\mu)}{\alpha E}$，即玻璃的厚度小于 4 mm时，最大热应力随玻璃的厚度减小而减小。曼森(Manson)发现，在表面传热系数比较低的对流和辐射传热时：

$$[\sigma^*]_{max} = \frac{0.31bh}{\lambda} \tag{4-54}$$

承受的最大温差：$\Delta T_{max} = \dfrac{\sigma_{max}(1-\mu)}{\alpha E}$，由 $[\sigma^*]_{max} = \dfrac{\sigma}{\sigma_{max}}$ 得

$$\Delta T_{max} = \frac{\sigma_f(1-\mu)}{\alpha E} \cdot \frac{\lambda}{0.31bh} \tag{4-55}$$

如果考虑非无限平板形状因子 S 时：

$$\Delta T_{max} = SR' \cdot \frac{1}{0.31bh} \tag{4-56}$$

3. 冷却速率引起材料中的温度梯度及热应力

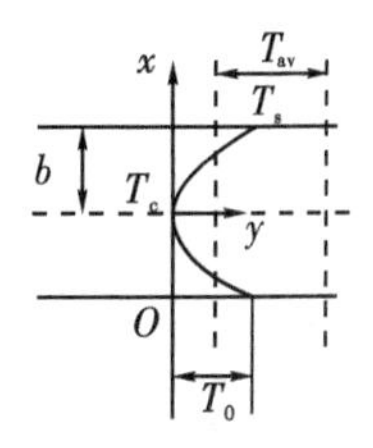

图 4－29 平板材料冷却温度分布

以上主要是从材料中允许存在的最大温度差的角度来讨论的，在一些实际场合中往往关心的是材料所允许的最大冷却(或加热)速率 $\dfrac{dT}{dt}$。对于厚度为 $2b$ 的平板(如玻璃)，冷却速率引起了材料中的温度梯度及热应力。平板材料冷却温度分布如图 4－29 所示，表面温度 T_s 与中心温度 T_c 之间的温度分布呈抛物线形，即有

$$T_c - T = kx^2$$

则

$$-\frac{d^2T}{dt^2} = 2k \tag{4-57}$$

在平板的表面：

$$T_c - T_s = kb^2 = T_0 \tag{4-58}$$

由式(4－57)和式(4－58)消去 k，得

$$-\frac{d^2T}{dt^2} = \frac{2T_0}{b^2} \tag{4-59}$$

根据不稳定传热过程(物体内各处的温度随时间而变化)，将式(4－58)代入式(4－38)，得物体内单位面积上温度随时间的变化率为

$$\frac{dT}{dt} = -\frac{2T_0\lambda}{\rho C_p b^2} \tag{4-60}$$

则有

$$T_0 = T_c - T_s = \frac{dT}{dt} b^2 \times 0.5 \frac{\rho C_p}{\lambda} \tag{4-61}$$

说明：式(4－61)为无限平板上中心与表面温差，对于其他形状的材料，只是系数不是 0.5。

由无限平板的平均温度：$T_{av} = \displaystyle\int_0^b \frac{T_c - kx^2}{b} dx = T_c - \frac{1}{3}T_0 = T_0 + T_s - \frac{1}{3}T_0 = T_s + \frac{2}{3}T_0$

得临界温差：

$$T_{av} - T_s = \frac{2}{3}T_0 \tag{4-62}$$

由表面温度 T_s 与中心温度 T_c 差引起的表面张应力 σ，与表面温度和平均温度之差成正

比，根据式(4-51)，有

$$T_{av}-T_s=\frac{\sigma_f(1-\mu)}{\alpha E} \tag{4-63}$$

结合式(4-61)、式(4-62)和式(4-63)，得允许的最大冷却速率为

$$\left(\frac{dT}{dt}\right)_{max}=\frac{\sigma_f(1-\mu)}{\alpha E}\cdot\frac{\lambda}{\rho C_p}\cdot\frac{3}{b^2} \tag{4-64}$$

在这种不稳定热传导过程中，材料内经历着热传导的同时，还有温度场随时间的变化，通常定义 $a\equiv\frac{\lambda}{\rho C_p}$ 为导温系数，也叫热扩散率。正是这个物理量把两者联系起来，该物理量表征材料在温度变化时，材料内部各点温度趋于均匀的能力。在相同加热或冷却条件下，a 越大，物体各处的温差就越小，也就是 λ 愈大，ρ、C_p 愈小，即热量在材料内部传递得愈快，材料内部温差就愈小，这显然对抗热震性有利。因此又定义 $R''\equiv\frac{\sigma_f(1-\mu)}{\alpha E}\cdot\frac{\lambda}{\rho C_p}=\frac{R'}{\rho C_p}=Ra$ 为第三热应力因子，这样式(4-64)就具有如下形式：

$$\left(\frac{dT}{dt}\right)_{max}=R''\frac{3}{b^2} \tag{4-65}$$

有人计算了 ZrO_2 的 $R''=0.4\times10^{-4}\ m^2\cdot K/s$，当平板厚 10 cm 时只能承受 $\left(\frac{dT}{dt}\right)_{max}=0.0483\ K/s$ 的温度(172 K/h)。

4.4.4　抗热震损伤性

在上面所讨论的抗热应力断裂性中，实际上是从热弹性力学的观点出发，以强度-应力为判据，认为材料中热应力达到抗张强度极限后，材料产生开裂，而一旦有裂纹产生就会导致材料完全破坏。对于一般的玻璃、瓷器和电子陶瓷等适宜于用这些抗热震断裂参数来评价，但是对于一些含有微孔的材料(如黏土质耐火制品等)和非均质的金属陶瓷等却不适用，研究发现，这些材料在热冲击下产生裂纹时，即使裂纹是从表面开始，在裂纹的瞬时扩展过程中也可能被微孔、晶界或金属相所中止，而不致引起材料的完全破坏。明显的例子是在一些筑炉用的耐火砖中，往往在含有一定的气孔率时(如 10%～20%)反而具有较好的抗热冲击损伤性。而气孔的存在是降低材料的强度和热导率的，会使 R 和 R' 值减小，因此这一现象按强度-应力理论就不能得到解释。实际上凡是以热冲击损伤为主的热震破坏情况都是如此。因此，对抗热震性问题就发展了第二种处理方式，这就是从断裂力学观点出发以应变-断裂能为判据的热震损伤理论。

在强度-应力理论中，对热应力的计算是假设了材料的外形是完全刚性约束的，所以整个坯体中各处的内应力都处在最大热应力值的状态，这实际上只是一个条件最恶劣的力学模型。它假设了材料是完全刚性的，而任何应力释放(松弛)，例如位错运动或黏滞流动等都是不存在的，裂纹产生和扩展过程中的应力释放也不予考虑，因此按此计算的热应力破坏会比实际情况更严重。按照断裂力学的观点，对于材料的损坏，不仅要考虑材料中裂纹的产生情况(包括材料中原先就已有的裂纹状况)，还要考虑在应力作用下裂纹的扩展、蔓延情况。

如果裂纹的扩展、蔓延能抑制在一个小的范围内,才可能不致使材料完全破坏。

通常在实际材料中都存在一定大小、数量的微裂纹,在热冲击条件下,这些裂纹产生、扩展以及蔓延的程度,与材料储存的弹性应变能和裂纹扩展的断裂表面能有关。当材料中可能储存的弹性应变能较小时,原先裂纹的扩展可能性就小,裂纹蔓延时断裂表面能大,则裂纹蔓延的程度就小,材料抗热震性就好。因此,抗热应力损伤性正比于断裂表面能、反比于弹性应变能,由此提出了两个抗热应力损伤因子 R''' 和 R'''',定义为

$$R''' \equiv \frac{E}{\sigma_f^{\ 2}(1-\mu)} \tag{4-66}$$

$$R'''' \equiv \frac{2\gamma E}{\sigma_f^{\ 2}(1-\mu)} \tag{4-67}$$

式中,γ 为断裂表面能(J/m^2);R''' 实际上是材料中储存的弹性应变能的倒数,它可用来比较具有相同断裂表面能材料的抗热震损伤性;R'''' 是用来比较具有不同断裂表面能材料的抗热震损伤性。R''' 或 R'''' 值高的材料抗热应力损伤性好。从 R''' 和 R'''' 可以看到抗热震性好的材料应有低的 σ_f 和高的 E 值,这与 R 和 R' 的情况正好相反。其原因是二者判断的依据不同,在抗热应力损伤性中,认为强度高的材料,原先裂纹在热应力作用下,容易产生过度的扩展蔓延,对抗热震性不利,尤其是在一些晶粒较大的样品中经常会遇到这样的情况。

海塞曼(Hasselman)基于断裂力学理论,从能量观点出发,提出了抗热冲击理论,分析材料在温度变化下裂纹成核、扩展的动态过程,并以弹性应变能的释放率与断裂表面能之间的平衡条件作为抗热震损伤判据,导出抗热震损伤参数。他认为材料中原先存在裂纹产生破裂扩展的驱动力,应该是材料中裂纹处储存的弹性应变能,当这些裂纹一旦开始扩展,则由于断裂表面增大,所以要吸收能量而转化为断裂表面能,在此过程弹性应变能不断降低而得到释放,直至全部弹性应变能都转化为新增加总断裂表面能时裂纹扩展终止。

对于原先裂纹抗破裂的能力,他结合了金厄里的工作,提出"热应力裂纹安定性因子(R_{st})":

$$R_{st} = \left[\frac{\lambda^2 G_c}{\alpha^2 E_0}\right]^{\frac{1}{2}} \tag{4-68}$$

式中,E_0 为材料无裂纹时的弹性模量。

R_{st} 值越大裂纹越不易扩展,抗热震性就越好,这实际上与 R 和 R' 的考虑是一致的,只是把强度 σ_f 的因素用临界应变能的释放率 G_c(对于脆性材料,则为 2ν)来考虑。

而一定长度的初始裂纹,在热应力作用下,将刚开始扩展时材料中的温差称为该长度裂纹不稳定的临界温度差,在临界温差作用下,该长度的裂纹扩展到不再蔓延时的长度,称为裂纹的最终长度,海塞曼提出了初始长度裂纹 l 变为不稳定时所需的临界温差 ΔT_c:

$$\Delta T_c = \left[\frac{\pi G_c(1-2\mu^2)}{2E_0\alpha^2(1-\mu^2)}\right]^{\frac{1}{2}}\left[1+\frac{16(1-\mu^2)Nl^3}{9(1-2\mu)}\right]l^{-\frac{1}{2}} \tag{4-69}$$

式中,N 为单位体积中的裂纹数,他假设 N 条裂纹是同时扩展的,并对相邻裂纹间应力场的互作用给予忽略(在 l 和 N 较小的情况下是允许的)。对于 $\mu=0.25$ 的材料,以 $f(\Delta T_c)=$

$\Delta T\left[\frac{7.5\alpha^2 E_0}{\pi G_c}\right]^{\frac{1}{2}}$为纵坐标，$\frac{1}{2}l$为横坐标，按式(4-69)得到图(4-30)中粗实线曲线。对于同一材料仅考虑其ΔT的变化，则l从很小值增长时，所对应的ΔT_c不断减小，ΔT_c达到最小值后，随l的增长ΔT_c又增大，因此对应于一定的ΔT_c有两个裂纹不稳定的临界长度，在此两个长度之间的裂纹对应于该ΔT_c都是不稳定的。

假设$N=1$，图4-30中l'_0和l'_1对应的临界温差为$\Delta T'_c$，若裂纹长度$l<l'_0$，在材料中$\Delta T=\Delta T'_c$时，该裂纹是稳定的。而当裂纹长度介于l'_0和l'_1之间，即$l'_0<l<l'_1$时，裂纹则会破裂而扩展。开始扩展时应变能的释放超过了断裂表面能，超过的能量成为裂纹扩展所需的动能。当l扩展到$l=l'_1$时，因裂纹仍具有动能，所以仍将继续扩展，直至全部储存的应变能完全释放，此时l达到最终裂纹长度l'_f。

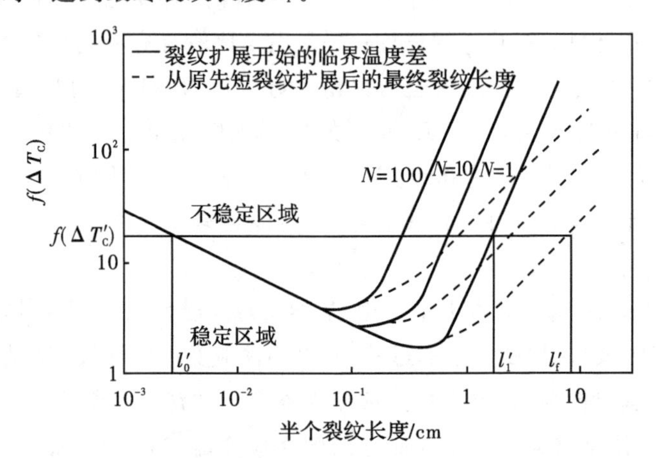

图4-30　裂纹开始扩展的最小温度差和裂纹长度及密度N的关系(泊松比$\mu=0.25$)

因此l'_1对应于$\Delta T'_c$，只是静态时的临界状态，而l'_f对应于$\Delta T'_c$是亚临界状态，只有$\Delta T'_c$增大后，裂纹才会超过l'_f而继续扩展。对于最终裂纹长度l_f的关系式为

$$\frac{3(\alpha\Delta T_c)^2 E_0}{2(1-2\mu)}\left\{\left[1+\frac{16(1-\mu^2)Nl_0^3}{9(1-2\mu)}\right]^{-1}-\left[1+\frac{16(1-\mu^2)Nl_f^3}{9(1-2\mu)}\right]^{-1}\right\}=2\pi NG_c(l_f^2-l_0^2) \tag{4-70}$$

式中，l_0为原先裂纹长度；l_f为最终裂纹长度。此式在图4-30中为虚线所示的曲线。

按此理论预期原先存在的微小裂纹，一旦略高于临界温差时，开始发生扩展，且瞬时扩展到最终裂纹长度，只有继续提高ΔT，裂纹才会再扩展，它是随ΔT的增大连续地准静态地扩展。图4-31为理论上预期的裂纹长度及材料强度随ΔT的变化。假如原先裂纹长度为l_0，相应的强度为σ_0，在$\Delta T<\Delta T_c$时裂纹是稳定的。当$\Delta T=\Delta T_c$时，裂纹迅速地从l_0扩展到l_f，这时在强度关系上相应地也出现了从σ_0迅速地降低到σ_f。由于l_f对ΔT_c是亚临界的，只有ΔT增长到一个新值$\Delta T'_c$后，裂纹才准静态地又连续扩展，因此在$\Delta T_c<\Delta T<\Delta T'_c$时裂纹长度无变化，相应地强度也不变。在$\Delta T>\Delta T'_c$时，强度则出现连续地降低，这一结论已为一些实验所证实。

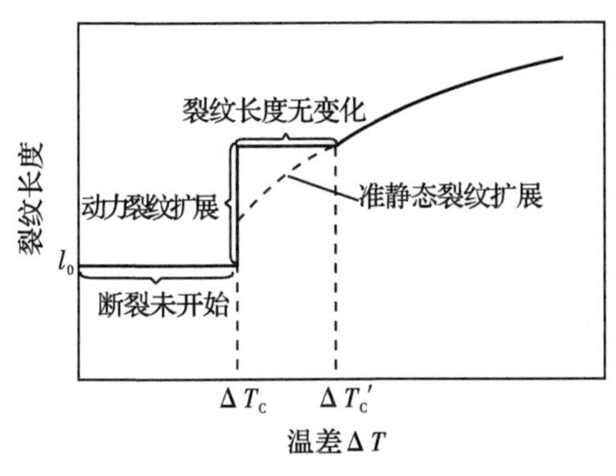

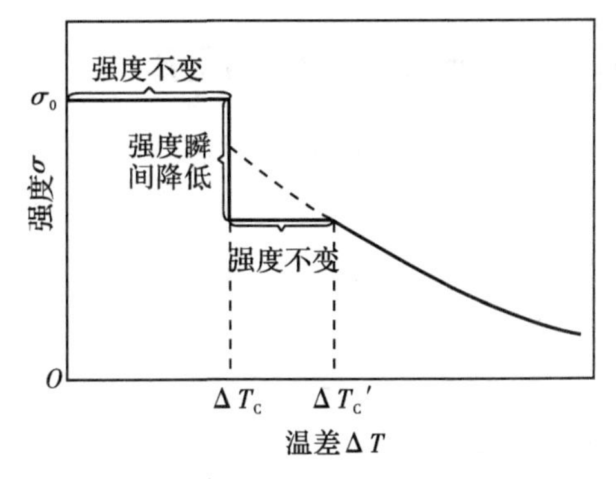

图 4-31 裂纹长度及强度与温差的关系

图 4-32 是直径 5 mm 的氧化铝杆在加热到不同温度时又投入水中急冷后，在室温下测得的强度曲线，可以看到与理论预期结果是符合的。

对于一些多孔的低强度材料，例如保温耐火砖，由于原先裂纹尺寸较大，其裂纹长度及强度与温差的关系如图 4-33 所示，图中并不显示出裂纹的动力扩展过程，而只有准静态的扩展过程，这同样也得到了一些实验的证实。

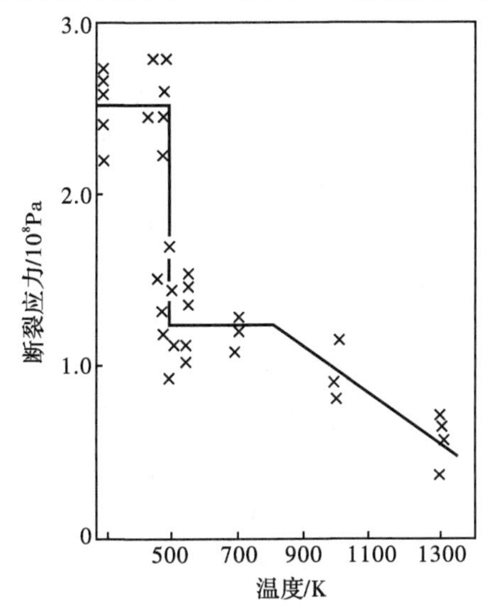

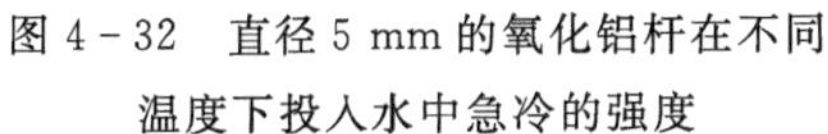
图 4-32 直径 5 mm 的氧化铝杆在不同温度下投入水中急冷的强度

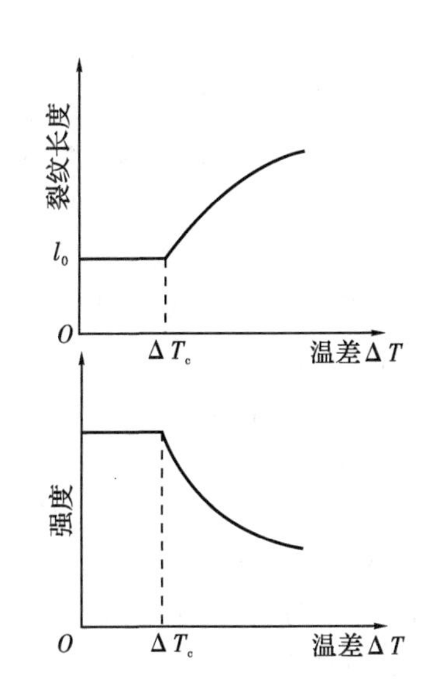

图 4-33 裂纹长度及强度与温差的关系

然而还必须说明，由于材料中微小裂纹及其分布和陶瓷材料中裂纹扩展过程的精确测定，目前在技术上还遇到不少困难，因此不能对此理论作出直接的验证。另外材料中原先裂纹的大小远非是一致的，实际情况要复杂得多，而且影响抗热震性的因素是多方面的，还关系到热冲击的方式、条件和材料中热应力的分布等。而材料的一些物理性能在不同的条件下也是有变化的，因此强度 σ_f 与 ΔT 的关系也完全有不同于图 4-31 和图 4-33 所示的形式，所以此理论还有待于进一步的发展。

4.4.5 影响抗热震性的因素

实际上,通过以上对几种抗热应力因子的介绍已经提到了影响抗热震性的各种因素,现扼要地总结一下各种因素影响的实质,以便于进一步了解各个因子的物理意义。

1. 影响抗热震断裂性的主要因素

从 R 和 R' 因子可以知道,它们所包含的材料性能指标主要是强度 σ_f、弹性模量 E、热膨胀系数 α 和热导率 λ,现分述如下:

1)强度 σ_f

高的强度可使材料抵抗热应力而不致破坏的能力增强,从而改善其抗热震性。对于脆性材料,由于抗张强度小于抗压强度,因此提高抗张强度能起到明显的影响,例如金属陶瓷因有较高的抗张强度(同时又有较高的热导率),所以 R 和 R' 值都很大,抗热震性较好。烧结致密的细晶粒状态一般比缺陷裂纹较多的粗晶粒状态要有更高的强度,而使抗热震性较好。然而一般陶瓷材料提高 σ_f 时,往往对应了较高的 E 值,所以并不能简单地认为 σ_f 高抗热震性就好。

2)弹性模量 E

E 的大小是表征材料产生弹性形变难易程度的指标,其值越大,刚性越强,越不易形变,因此在热冲击作用下材料难以通过形变来部分地抵消热应力,使材料中存在的热应力较大,而对抗热震性不利。例如石墨强度很低,但因 E 值极小,同时膨胀系数也不大,所以有很高的 R 值,又因热导率高而 R' 也仍很高,所以抗热震性良好。材料中气孔的存在会降低 E 值,但又会降低强度、热导率等,因此必须综合地进行比较,某种瓷料曾以增加熟料量、加大熟料粒度、提高气孔率等手段降低 E 值而使抗热震性有所改进。

3)热膨胀系数 α

热膨胀现象是材料中产生热应力的本质。同样条件下如果 α 值小,材料中热应力也就小,因此对抗热震性来讲总是希望 α 值愈小愈好。石英玻璃具有极优良的抗热震性,突出的一点就是它具有很小的 α 值。通常陶瓷工厂在匣钵料中添加一些滑石就是为了能得到一些 α 值很小的堇青石以改善抗热震性。材料的热膨胀性能可以参看前面的介绍,特别要提出的是具有多晶转化的材料,由于在转化温度下有膨胀系数的突然变化,因此在选用材料或控制热条件时都必须注意。

4)热导率 λ

热导率 λ 越大,材料中温度越趋于均匀,温差形成的应力就小,所以利于改善材料的抗热震性。如 BeO 与 Al_2O_3 的 R 值相近,但 BeO 因 λ 值大所以 R' 值比 Al_2O_3 的高得多,抗热震性就更优良。石墨、碳化硼、氮化硼等有良好的抗热震性都与它们有着高的 λ 值密切相关。

其他如 μ、ρ、C 等的影响也已在前面给予了介绍,所以抗热震性的影响因素还是较复杂的,对各因素的影响不能片面地单一考虑,而必须综合考虑它们的影响,这也是提出一些热应力因子来进行评定材料抗热震性的基本思想。

2. 影响抗热震损伤性的主要因素

1)抗热应力损伤因子 R''' 和 R''''

它们都要求有小的 σ_f 值和大的 E 值,与 R 和 R' 正相反,实际上 R'''' 还正比于断裂表面能 ν,而一般材料高的 ν 值也往往对应于高的 σ_f 值,所以尚不能过于片面地看待其影响。

2)微观结构的影响

由前面对图 4-30 的分析中可以看到,微小的裂纹破裂时,有明显的动力扩展,瞬时裂纹长度变化很大,容易引起严重的损坏。假如原先裂纹长度能控制在图 4-30 中 V 形曲线的最低值附近,则可以有最小的动力扩展,使材料的抗热震性得到改善,因此对多晶质材料往往因具有一定数量、大小的裂纹会使其抗热震性得到改善。同时,任何不均匀微观结构的引入,都会形成局部的应力集中,这样,在材料中虽然局部范围内可能产生破裂,但整个材料中的平均应力是不大的,因此反而可以避免严重的损坏。近年来的研究工作更确认了微观结构在热冲击损伤方面的重要性,特别是晶粒间收缩开裂引起的钝裂纹,显著地提高了材料抵抗严重损坏的能力。相对地,原先的尖锐裂纹,会在不太严重的热应力条件下,就导致材料的损坏。在 $Al_2O_3-TiO_2$ 瓷中晶粒间收缩的开裂,会使原先的尖裂纹钝化并阻止裂纹的扩展;在 Al_2O_3 瓷中添加 ZrO_2 以抑制微裂纹,也可明显地改进其抗热震性。利用各向异性的热膨胀所引起的裂纹,也为改善抗热冲击损坏提供了一个有益的途径。

3)热膨胀系数 α 和热导率 λ

它们对抗热震损伤性的影响与其在抗应力断裂性中的情况一致。但是正如前述,各向异性的热膨胀在此有可能得以利用。又在短时间的热冲击情况下,可以允许有小的 λ 值,它使热应力主要分布在表层,对整个制品来讲还是安全的。

最后还必须指出,制品的形状、尺寸因素虽非材料的本质属性,但对制品的抗热震性有着重要影响,不良的结构会导致制品中严重的温度不均匀和应力集中,恶化抗热震性。而良好的结构设计又能有效地弥补材料性能的不足,因此在实际工作中这是必须注意的。

由于抗热震性问题的复杂性,至今还未能建立起一个十分完善的理论,因此任何试图改进材料抗热震性的措施,必须结合具体的使用要求和条件,综合考虑各种因素的影响,同时必须和实际经验相结合。

习　题

1. 计算室温(298 K)及高温(1273 K)时莫来石瓷的摩尔热容值,并与按杜隆-珀蒂规律计算的结果比较。

2. 证明固体材料的热膨胀系数不因内含均匀分散的气孔而改变。

3. 对于组成范围为 0～50% K_2O、50%～100% SiO_2 的玻璃,推断其热膨胀变化。试通过(a)各组成的熔点及(b)玻璃的结构来解释所得的结果。

4. 试解释为什么玻璃的热导率常常低于晶态固体几个数量级。

5. 掺杂固溶体瓷与两相陶瓷的热导率随成分体积分数而变化的规律有何不同。

6. 根据你对 $Al_2O_3-Cr_2O_3$ 系统的知识,推断单晶体及多晶体的热导率对组成的关系曲线的性质。

7. 康宁 1723 玻璃(硅酸铝玻璃)具有下列性能参数:$\lambda=0.021$ J/(cm·s·℃);$\alpha=4.6\times10^{-6}$/℃;$\sigma_f=7.0$ kg/mm^2,$E=6\ 700$ kg/mm^2,$u=0.25$。求第一及第二热冲击断裂抵抗因子。

8. 一热机部件由反应烧结氮化硅制成,其热导率 $\lambda=0.184$ J/(cm·s·℃),最大厚度=120 mm。如果表面热传递系数 $h=0.05$ J/(cm^2·s·℃),假设形状因子 $S=1$,估算可以应用的热冲击最大允许温差。

9. 组成为 25%石英(-200 目(-0.074 mm))、25%钾长石(-325 目(-0.0374 mm))、15%球土(空气浮选的)以及 35%高岭土(水洗的)的瓷料,用注浆法制成试件并分为三组。每组在下述三个温度中的一个温度下煅烧了一小时(1200 ℃,1300 ℃,1400 ℃),但是没有加上任何标志,而学生却遗失了他的记录,但他能利用记录膨胀仪测量热膨胀。请问他如何区别每一组是在哪一个温度下煅烧的?

10. (1)某钠-钙-硅酸盐玻璃精心地在 HF 溶液中处理,以便去掉所有的格里菲斯裂纹。此玻璃的杨氏模量为 $E=7\times10^4$ MPa(假设不随温度而变,实际上不是这样),泊松比为 0.35,线膨胀系数为 10^{-6}/℃。热导率为 1.046 W/(m·K)。玻璃的表面张力估计为 30 MPa。如果玻璃被投入冰水而淬冷,则在淬冷前玻璃可能加热到不致因热震而断裂的最高温度是多少?

(2)如果玻璃并未经过腐蚀,并已知在表面上存在 1 μm 的格里菲斯裂纹,则玻璃能淬冷的最高温度是多少?

第 5 章　无机材料的声学性能

人们无时无刻不在接受和利用材料的声学性能。物体的振动时刻存在，让我们时刻准备接受声音，甚至是噪声。当这种接受无法忍受时，或者材料的声学性能产生负面作用时，我们就需要改造其声学性能。应该明确，无机材料的声学性能，主要是为了吸声、隔声、隔振而准备的，比如，城市道路的声屏障可以消除汽车通过时发出的噪声，从而减轻城市噪声污染，提高人们的生活质量；地铁内的吸声壁以降低机车运行时的噪声来增加乘客乘车时的舒适度；生产车间的吸声设备以降低噪声对工人和周边居民的危害。本章从固体中声波的传播入手，分别介绍声波的基本属性、基本概念，隔声、隔振的基本规律，推导出声波方程，进而分别讨论声波的吸收及对应的有效无机材料。需要说明的是，有机高分子材料实际上在声学性能的调控上非常重要，可惜不在本书的讨论范围内，读者们可查阅相关文献进行学习。

5.1　固体中声波的传播

5.1.1　声波及声压

声波是机械波，伴随物体的振动而产生，在介质中传播。问题的关键在于，物体的振动是如何在介质中传播的，这个介质包括人体，特别是听觉器官。物体的振动在弹性介质的某局部激发起扰动，使此局域的介质质点偏离平衡位置开始运动，该质点的运动必然带动相邻介质质点。由于介质的弹性作用，相邻介质被压缩时，产生反抗压缩的力，这个力作用于原始质点并使之恢复至原平衡位置。因为质点具有质量也就是具有惯性，这样便又压缩了另一侧面的相邻介质，该相邻介质中也会产生反抗压缩的力，使质点又趋向平衡位置。可见由于介质的弹性和惯性作用，最初被扰动的质点就在平衡位置附近来回振动。由于同样的原因，被原来质点推动了的相邻质点及更远的质点也在平衡位置附近振动起来，但是依次滞后了一段时间。这种介质质点的机械振动及传播称为声振动的传播或称为声波。

弹性介质中质点振动的传播过程，十分类似于多个振子相互耦合形成的质量→弹簧→质量→弹簧……即一个振子的运动会影响其他振子跟着运动的过程，其余振子也都在平衡位置附近做类似的振动，只是依次滞后一定时间。因此，弹性介质的存在是声波传播的必要条件。这个弹性介质认为是“连续介质”，即认为它由无限多连续分布的质点所组成。

大家都知道，连续介质可以看作是由许多紧密相连的微小体积元 dV 组成的物质系统，因此，可看成体积元内的介质集中于一点，也即质量等于 ρdV 的“质点”来处理，ρ 是介质的密度，但需注意 ρ 随时间和位置变化。本章主要讨论平衡态下的物质系统内的声学现象，在平衡时系统可用体积 V_0（或密度 ρ_0）、压强 P_0 及温度 T_0 等状态参数来描述，在这种状态下，组成介质的分子等微粒虽然不断地运动，但就任意体积元而言，在一定时间内流入的质量等于流出的质量，因此体积元内的质量不变。如有声波作用时，在组成介质的微粒的杂乱运动中外加一有规律的运动，使得体积元内流入的质量多于流出的质量，反之亦然。所以声波的传播实际上也就是介质稠密和稀疏的交替过程，变化过程可以用体积元内的压强、密度、温度、质点速度等的变化量来描述。

设体积元受声波扰动后压强由 P_0 变为 P_1，则由声波扰动产生的压强变化为 $p=P_1-P_0$，称为声压。注意声压为标量，不是矢量。因为声波传播过程中，在任意时刻，在不同体积元内的压强 p 都不同；对同一体积元，其压强 p 又随时间而变化，所以声压 p 应该是空间和时间的函数，写成 $p=p(x,y,z,t)$。同样，由声波扰动引起的密度变化量 $\rho'=\rho-\rho_0$ 也是时间和空间的函数，写成 $\rho'=\rho(x,y,z,t)$。此外，声波是介质质点振动的传播，那么也可用介质质点的振动速度描述声波。但是由于声压容易测量，通过声压的测量也可以间接求得质点速度等其他物理量，所以声压目前已经成为普适物理量。

将存在声压的空间称为声场。声场中任意时刻的声压值称为瞬时声压。在一定时间间隔中最大的瞬时声压值称为峰值声压。如果声压随时间的变化规律可用简谐振动类似的数学关系描述，则峰值声压也可算作声压的振幅。在一定时间间隔 $0\sim T$ 中，瞬时声压对时间取均方根值，称为有效声压：

$$p_e=\sqrt{\frac{1}{T}\int_0^T p^2\,dt}$$

式中，下角符号“e”代表有效值，为“effective”（有效的）的头字母；T 代表时间间隔，它可以是一个周期，也可以比一个周期大得多。一般用电子仪表测得的往往就是有效声压。声压的大小反映了声波的强弱，声压的单位为 Pa（帕）：

$$1\ \text{Pa}=1\ \text{N/m}^2$$

5.1.2 声场中的能量关系

声波传到原先静止的介质中，促使介质质点在平衡位置振动，同时在介质中产生压缩和膨胀，振动使介质具有了振动动能，而压缩和膨胀使介质具有了形变势能，两部分之和就是由于声波扰动使介质具有的声能量。扰动变化，声能量也跟着变化，因此声波的传播过程实质上就是声振动能量的传播过程。

1. 声能量与声能量密度

在声场中取足够小量的体积元（取足够小量与连续介质有关），其原先的体积为 V_0，压强为 P_0，密度为 ρ_0，由于声波扰动，该体积元动能的增量为

$$\Delta E_k=\frac{1}{2}(\rho_0 V_0)v^2 \tag{5-1}$$

此外，由于声波扰动，该体积元压强从 P_0 增加为 P_0+p，该体积元势能的增量为

$$\Delta E_p = -\int_0^p p \mathrm{d}V \tag{5-2}$$

式中，负号表示在该体积元内压强和体积的变化方向相反，例如压强增加时体积将缩小，此时外力对体积元做功，使它的势能增加，即压缩过程使系统贮存能量；反之，当体积元对外力做功时，体积元里的势能就会减小，即膨胀过程使系统能量减小。

现在，将介质体积的变化与压强的变化联立，我们只要微分物态方程 $p=c_0^2\rho'$ 的两边即可得

$$\mathrm{d}p = c_0^2 \mathrm{d}\rho' \tag{5-3}$$

压缩或膨胀的过程中，因体积元的质量保持不变，则体积元体积的变化和密度的变化之间可以写成$\frac{\mathrm{d}\rho}{\rho}=-\frac{\mathrm{d}V}{V}$，也就是$\frac{\mathrm{d}\rho'}{\rho}=-\frac{\mathrm{d}V}{V}$，对小振幅声波，则可简化为$\frac{\mathrm{d}\rho'}{\rho_0}=-\frac{\mathrm{d}V}{V_0}$，代入式(5-3)，可得

$$\mathrm{d}p = -\frac{\rho_0 c_0^2}{V_0}\mathrm{d}V$$

由此解出 $\mathrm{d}V$，代入式(5-2)，再对 p 积分，得

$$\Delta E_p = \frac{V_0}{\rho_0 c_0^2}\int_0^p p \mathrm{d}p = \frac{V_0}{2\rho_0 c_0^2}p^2$$

将动能与势能相加，则体积元内总的声能量为

$$\Delta E = \Delta E_k + \Delta E_p = \frac{V_0}{2}\rho_0\left(v^2 + \frac{1}{\rho_0^2 c_0^2}p^2\right) \tag{5-4}$$

将式(5-4)分配到单位体积内，则得到单位体积里的声能量，称为声能量密度 ε，即

$$\varepsilon = \frac{\Delta E}{V_0} = \frac{1}{2}\rho_0\left(v^2 + \frac{1}{\rho_0^2 c_0^2}p^2\right) \tag{5-5}$$

以平面波为例，将平面波的声压 $p(t,x)=p_a e^{j(\omega t-kx)}$ 及质点速度 $v(t,x)=v_a e^{j(\omega t-kx)}$ 取实部，然后代入式(5-4)即可得到

$$\begin{aligned}\Delta E &= \frac{V_0}{2}\rho_0\left[\frac{p_a^2}{\rho_0^2 c_0^2}\cos^2(\omega t-kx) + \frac{p_a^2}{\rho_0^2 c_0^2}\cos^2(\omega t-kx)\right] \\ &= V_0\,\frac{p_a^2}{\rho_0 c_0^2}\cos^2(\omega t-kx)\end{aligned} \tag{5-6}$$

可以看出，平面声场中，任何位置上动能与势能的变量是同位相的，也就是说，动能达到最大值时势能也同时达到最大值，因而总声能量随时间由零值变到最大值 $V_0\,\frac{p_a^2}{\rho_0 c_0^2}$，它是动能或势能最大值的两倍。可以直观看到，这种能量随时间变化的规律与质点自由振动情形不同，为什么呢？这是因为该系统中的能量不是储存在系统中不变，而是具有传递规律的。

式(5-6)代表体积元内声能量的瞬时值，在一个周期内，考察它的平均值，可得到

$$\overline{\Delta E} = \frac{1}{T}\int_0^T \Delta E \mathrm{d}t = \frac{1}{2}V_0\,\frac{p_a^2}{\rho_0 c_0^2}$$

单位体积内的平均声能量称为平均声能量密度 $\bar{\varepsilon}$，即

$$\bar{\varepsilon} = \frac{\overline{\Delta E}}{V_0} = \frac{p_a^2}{2\rho_0 c_0^2} = \frac{p_e^2}{\rho_0 c_0^2} \tag{5-7}$$

这里 $p_e=\dfrac{p_a}{\sqrt{2}}$为有效声压，有意思的是，这样处理很简单，将常数值去掉了。因为在理想介质平面声场中，声压幅值是不随距离改变的常数，所以平均声能量密度 $\bar{\varepsilon}$ 处处相等。

2. 声功率与声强

单位时间内通过一定面积 S 的平均声能量就称为平均声功率。声能量是以声速 c_0 传播的，因此平均声能量等于声场中面积为 S、高度为 c_0 的柱体所包括的平均声能量，即

$$\overline{W}=\bar{\varepsilon}c_0 S \tag{5-8}$$

平均声能量的单位为 W(瓦)，1 W=1 J/s。

单位面积上通过垂直于声波方向的平均声能量称为平均声能量密度或称为声强，即

$$I=\frac{\overline{W}}{S}=\bar{\varepsilon}c_0 \tag{5-9}$$

根据声强的定义，还可以用单位时间内、单位面积的声波在传播方向相邻介质内所做的功来表达，写作

$$I=\frac{1}{T}\int_0^T \mathrm{Re}(p)\mathrm{Re}(v)\mathrm{d}t \tag{5-10}$$

式中，Re 代表实部，声强的单位是$\mathrm{W/m^2}$。

对沿 x 方向传播的声平面波，将式(5-7)代入式(5-9)，也可将 $p(t,x)=p_a e^{j(\omega t-kx)}$ 及 $v(t,x)=v_a e^{j(\omega t-kx)}$ 代入式(5-10)，均可得到

$$I=\frac{p_a^2}{2\rho_0 c_0}=\frac{p_e^2}{\rho_0 c_0}=\frac{1}{2}\rho_0 c_0 v_a^2=\rho_0 c_0 v_e^2=\frac{1}{2}p_a v_a=p_e v_e \tag{5-11}$$

式中，v_e 为有效质点速度，$v_e=\dfrac{v_a}{\sqrt{2}}$，下标“e”为“effective”(有效的)的头字母。

对沿负 x 方向传播的反射波情形，可求得

$$I=-\bar{\varepsilon}c_0=-\frac{p_a^2}{2\rho_0 c_0}=-\frac{1}{2}\rho_0 c_0 v_a^2 \tag{5-12}$$

上式中，声强是负值，这表明声能量向负 x 方向传递。可见声强具有方向性，它的方向就是声传播的方向。可以预料，当同时存在行进波与反射波时，总声强应为 $I=I_+ + I_-$，如果行进波与反射波大小相等，则 $I=0$，因而当声场中存在反射波时，声强不能反映其能量关系，这时必须用平均声能量密度 $\bar{\varepsilon}$ 来描述。由式(5-11)及式(5-12)可见，声强与声压幅值或质点速度幅值的平方成正比；此外在相同质点速度幅值的情况下，声强还与介质的特性阻抗成正比。

3. 声压级与声强级

声压和声强如何度量呢？因为声振动的能量范围非常宽，比如我们讲话的声功率约只有10^{-5} W，而强力火箭的噪声声功率可高达10^9 W，两者相差十几个数量级。数学上，常会想到用对数标度来处理宽范围量。有意思的是，人耳接收到声振动以后，主观上产生的“感觉”并不正比于强度的绝对值，而是统计正比于强度的对数。所以，在声学中普遍使用对数标度来度量声压和声强，称为声压级和声强级，其单位常用分贝(dB)表达，分贝是极其重要的声学量单位，也是日常中最常用的声学量单位。

1)声压级

声压级以符号 SPL 表达，单位为 dB，其定义式为

$$SPL=20\lg\frac{p_e}{p_{ref}}(dB) \tag{5-13}$$

式中，p_e 为待测声压的有效值；p_{ref}为参考声压。

在空气中，参考声压 p_{ref}通常取为 2×10^{-5} Pa，这个数值是正常人耳刚刚能觉察 1 kHz 声音的声压值，也就是是 1 kHz 声音的可听阈声压。一般讲，声压低于 2×10^{-5} Pa，人耳就不能觉察到声音。根据对数的简单性质，该 2×10^{-5} Pa 的声压级即为零分贝。

2)声强级

声强级用符号 SIL 表达，单位为 dB，其定义为

$$SIL=10\lg\frac{I}{I_{ref}}(dB) \tag{5-14}$$

式中，I 为目标声强；I_{ref}为参考声强。

在空气中，参考声强 I_{ref}通常取10^{-12} W/m²，这一数值与参考声压 2×10^{-5} Pa 相对应(计算时取空气的特性阻抗为 400 N·s/m)，也称为 1 kHz 声音的可听阈声强。

声压级与声强级数值上近于相等，因为由式(5-11)知

$$SIL=10\lg\frac{I}{I_{ref}}=10\lg\left(\frac{p_e^2}{\rho_0 c_0}\cdot\frac{400}{p_{ref}^2}\right)=SPL+10\lg\frac{400}{\rho_0 c_0}$$

如果测量条件恰好是 $\rho_0 c_0=400$，则 SIL＝SPL；对一般情况，声强级与声压级将相差一个修正项 $10\lg\frac{400}{\rho_0 c_0}$，由于此项是小量，处理时需要注意什么场合下能忽略，什么场合下不能忽略。

举一些典型生活中的例子如下：人耳对频率为 1 kHz 声音的可听阈为 0 dB，微风轻轻吹动树叶的声音约 14 dB，在房间中高声谈话声(相距 1 m 处)约 68 dB～74 dB，交响乐队演奏声(相距 5 m 处)约 84 dB，飞机强力发动机的声音(相距 5 m 处)约 140 dB，一声音比另一声音声压大一倍时声音大 6 dB，人耳对声音强弱的分辨能力约为 0.5 dB。

5.1.3 固体中的声波方程

1. 声波方程的推导

以各向同性介质为例，为了便于推导固体中的声波运动方程，我们再来观察一下第 2 章图 2-3 所示的小体元。先来研究一下该小体元在 x 方向的受力情况，由图可知，作用在该小体元 x 方向的分力由如下三部分组成：

(1)作用于垂直 x 轴的表面上 x 方向的分力：

$$F_x'=\left(\sigma_{xx}+\frac{\partial\sigma_{xx}}{\partial x}dx-\sigma_{xx}\right)dydz$$

(2)作用于垂直 y 轴的表面上 x 方向的分力：

$$F_x''=\left(\tau_{yx}+\frac{\partial\tau_{yx}}{\partial y}dy-\tau_{yx}\right)dxdz$$

(3)作用于垂直 z 轴的表面上 x 方向的分力：

$$F'''_x=\left(\tau_{zx}+\frac{\partial\tau_{zx}}{\partial z}\mathrm{d}z-\tau_{zx}\right)\mathrm{d}x\mathrm{d}y$$

三部分的分力相加，便可得作用在小体元上 x 方向的合力：

$$F_x=\left(\frac{\partial\sigma_{xx}}{\partial x}+\frac{\partial\tau_{yx}}{\partial y}+\frac{\partial\tau_{zx}}{\partial z}\right)\mathrm{d}x\mathrm{d}y\mathrm{d}z$$

设 ρ 为介质密度，根据牛顿第二定律，该小体元在 x 方向、y 方向、z 方向的运动方程可写为

$$\begin{cases}\rho\dfrac{\partial^2\xi}{\partial t^2}=\dfrac{\partial\sigma_{xx}}{\partial x}+\dfrac{\partial\tau_{yx}}{\partial y}+\dfrac{\partial\tau_{zx}}{\partial z}\\[2ex]\rho\dfrac{\partial^2\eta}{\partial t^2}=\dfrac{\partial\tau_{xy}}{\partial x}+\dfrac{\partial\sigma_{yy}}{\partial y}+\dfrac{\partial\tau_{zy}}{\partial z}\\[2ex]\rho\dfrac{\partial^2\zeta}{\partial t^2}=\dfrac{\partial\tau_{xz}}{\partial x}+\dfrac{\partial\tau_{yz}}{\partial y}+\dfrac{\partial\sigma_{zz}}{\partial z}\end{cases}\tag{5-15}$$

将各向同性的广义胡克定律代入式(5－15)，再根据应变分量关系式，就可得到如下方程组(5－16)：

$$\begin{cases}\rho\dfrac{\partial^2\xi}{\partial t^2}=(\lambda+\mu)\dfrac{\partial\Delta}{\partial x}+\mu\nabla^2\xi\\[2ex]\rho\dfrac{\partial^2\eta}{\partial t^2}=(\lambda+\mu)\dfrac{\partial\Delta}{\partial y}+\mu\nabla^2\eta\\[2ex]\rho\dfrac{\partial^2\zeta}{\partial t^2}=(\lambda+\mu)\dfrac{\partial\Delta}{\partial z}+\mu\nabla^2\zeta\end{cases}\tag{5-16}$$

式中，$\Delta=\dfrac{\partial\xi}{\partial x}+\dfrac{\partial\eta}{\partial y}+\dfrac{\partial\zeta}{\partial z}$，$\nabla^2=\dfrac{\partial^2}{\partial x^2}+\dfrac{\partial^2}{\partial y^2}+\dfrac{\partial^2}{\partial z^2}$。用 $\boldsymbol{s}=\xi\boldsymbol{i}+\eta\boldsymbol{j}+\zeta\boldsymbol{k}$ 来表达质点位移矢量，以及用 $\boldsymbol{v}=v_x\boldsymbol{i}+v_y\boldsymbol{j}+v_z\boldsymbol{k}$ 来表达质点速度矢量，而 $v_x=\dfrac{\partial\xi}{\partial t}$，$v_y=\dfrac{\partial\eta}{\partial t}$，$v_z=\dfrac{\partial\zeta}{\partial t}$。式(5－16)可以写为矢量形式：

$$\rho\frac{\partial^2\boldsymbol{s}}{\partial t^2}=(\lambda+\mu)\mathrm{grad}\Delta+\mu\nabla^2\boldsymbol{s}\tag{5-17}$$

由于 $\Delta=\mathrm{div}\ \boldsymbol{s}$，故上式又可以写作

$$\rho\frac{\partial^2\boldsymbol{s}}{\partial t^2}=(\lambda+\mu)\mathrm{grad}(\mathrm{div}\ \boldsymbol{s})+\mu\nabla^2\boldsymbol{s}\tag{5-18}$$

根据矢量分析关系

$$\mathrm{grad}(\mathrm{div}\ \boldsymbol{s})=\nabla^2\boldsymbol{s}+\mathrm{rot}(\mathrm{rot}\ \boldsymbol{s})$$

上式可改写为

$$\rho\frac{\partial^2\boldsymbol{s}}{\partial t^2}=(\lambda+2\mu)\mathrm{grad}(\mathrm{div}\ \boldsymbol{s})-\mu\mathrm{rot}(\mathrm{rot}\ \boldsymbol{s})\tag{5-19}$$

式(5－19)也可以用速度矢量 $\boldsymbol{v}$ 来表达：

$$\rho\frac{\partial^2\boldsymbol{v}}{\partial t^2}=(\lambda+2\mu)\mathrm{grad}(\mathrm{div}\ \boldsymbol{v})-\mu\mathrm{rot}(\mathrm{rot}\ \boldsymbol{v})\tag{5-20}$$

上面各式都是以矢量形式表达的固体中的声波方程。对于流体而言，$\mu=0$，式(5－20)可简化为

$$\nabla^2\boldsymbol{v}=\frac{1}{c^2}\frac{\partial^2\boldsymbol{v}}{\partial t^2}\tag{5-21}$$

式中，$c^2=\frac{\lambda}{\rho}=\frac{1}{\beta_s\rho_0}$，对于流体，可用 ρ_0 代替 ρ。式(5-21)是用速度矢量来表达的流体中的声波方程。

根据矢量分析可知，对于一般矢量场而言，速度矢量可以表达成标量梯度与矢量旋度之和的形式，令

$$\begin{cases} \boldsymbol{v}=\mathrm{grad}\Phi+\mathrm{rot}\ \boldsymbol{\psi} \\ \mathrm{div}\boldsymbol{\psi}=0 \end{cases} \tag{5-22}$$

式中，Φ 成为标量势；$\boldsymbol{\psi}=\varphi_x\boldsymbol{i}+\varphi_y\boldsymbol{j}+\varphi_z\boldsymbol{k}$ 称为矢量势。对于流体，自然有 $\boldsymbol{\psi}=0$。式(5-22)可用速度分量表达为

$$\begin{cases} v_x=\frac{\partial\Phi}{\partial x}+\frac{\partial\varphi_z}{\partial y}-\frac{\partial\varphi_y}{\partial z} \\ v_y=\frac{\partial\Phi}{\partial y}+\frac{\partial\varphi_x}{\partial z}-\frac{\partial\varphi_z}{\partial x} \\ v_z=\frac{\partial\Phi}{\partial z}+\frac{\partial\varphi_y}{\partial x}-\frac{\partial\varphi_x}{\partial y} \end{cases} \tag{5-23}$$

将式(5-22)代入方程(5-20)，可以分离标量势 Φ 和矢量势 $\boldsymbol{\psi}$ 从而得到两个独立的方程：

$$\begin{cases} \rho\frac{\partial^2\Phi}{\partial t^2}=(\lambda+2\mu)\nabla^2\Phi \\ \rho\frac{\partial^2\boldsymbol{\psi}}{\partial t^2}=\mu\nabla^2\boldsymbol{\psi} \end{cases} \tag{5-24}$$

对于矢量势还可用其分量来表达：

$$\rho\frac{\partial^2\varphi_i}{\partial t^2}=\mu\nabla^2\varphi_i\ (i=x,y,z)$$

由此可见，在各向同性的固体中引入两个势函数，可以简化波动方程，若已知势函数的具体形式，代入式(5-23)就可确定介质的质点速度。对于直角坐标系，式(5-24)对应的这些方程是描述在某一方向传播的平面波。对于式(5-24)中的 $\rho\frac{\partial^2\Phi}{\partial t^2}=(\lambda+2\mu)\nabla^2\Phi$，该类平面波的传播速度为 $c_{\mathrm{L}}=\sqrt{\frac{\lambda+2\mu}{\rho}}$；对于 $\rho\frac{\partial^2\boldsymbol{\psi}}{\partial t^2}=\mu\nabla^2\boldsymbol{\psi}$，该类平面波的传播速度为 $c_{\mathrm{T}}=\sqrt{\frac{\mu}{\rho}}$。由此可见，在固体中声波的类型要比流体中的复杂。在流体中只有一种纵波，其传播速度自然只有一种。而固体中，除了纵波外还有横波，因此传播速度有 c_{L} 和 c_{T} 两种。因为实际上标量势 Φ 描述的就是纵波，而矢量势描述的就是横波，所以 c_{L} 即固体中的纵波传播速度，而 c_{T} 即其中的横波传播速度。下面讨论两种特殊情况：

(1)假设介质中 $\varphi=0$，而 $\Phi=\Phi_a\mathrm{e}^{\mathrm{j}(\omega t-k_{\mathrm{L}}x)}$，$k_{\mathrm{L}}=\frac{\omega}{c_{\mathrm{L}}}$。从式(5-23)可求得介质质点速度为

$$v_x=-\mathrm{j}k_{\mathrm{L}}\Phi_a\mathrm{e}^{\mathrm{j}(\omega t-k_{\mathrm{L}}x)}$$

$$v_y=v_z=0$$

很明显，此式描述纵波的规律，因为它表达了介质质点速度与波的传播方向是一致的，都是 x 方向。固体中的纵波与流体中的一样，它仅反映介质稀疏与稠密的交替过程，因而也常称为压缩波或膨胀波。

(2)假设介质中 $\Phi=0$，而 $\varphi_z=\varphi_a e^{j(\omega t-k_T x)}$，$\varphi_x=\varphi_y=0$，$k_T=\dfrac{\omega}{c_T}$。于是从式(5-23)可求得介质质点速度为

$$v_x=v_z=0$$

$$v_y=jk_T\varphi_a e^{j(\omega t-k_T x)}$$

此式描述了横波的规律，因为它表达了介质的质点速度(y 方向)与波的传播方向(x 方向)是相垂直的。注意上式中 j 的使用，即表达垂直关系。请大家注意实部、虚部的几何关系。固体中横波仅反映介质的纯剪切形变，而不发生体积的压缩与膨胀，因此也常称为剪切变波或等体积波。这里举的例子是质点在 y 方向运动，而波的传播在 x 方向，也可能产生质点在 z 方向运动而传播方向是 x 方向的横波，因此横波还有两种不同的偏振方式。如果 x、y 坐标轴构成一个水平面，那么前述的一种横波就是水平偏振式横波，而后述的一种称为垂直偏振式横波。

一般情形是在固体中纵波与横波都可能同时存在，这时介质的质点速度应是它们的矢量相加。

2. 声波的反射与折射

固体中会产生两种不同类型的波——纵波与横波。当这些波从一种介质向另一种不同介质入射时，也必然会产生反射与折射。隔声就是合理利用了声波的反射和折射。

1)介质的声势函数

假设有一平面声波从流体介质Ⅰ出发，它以入射角 θ_i 向无限大平表面的固体介质Ⅱ入射，由于介质Ⅰ是流体，传来的波必定是纵波，它在遇到固体表面时会产生反射，反射波也是纵波。介质Ⅱ是固体，它能产生纵波外还能产生横波，因而折射波就可能有两种类型，一是以 θ_{tL} 角折射的纵波，另一是以 θ_{tT} 角折射的横波，如图 5-1所示，一般可以在这两种介质中分别求解波动方程(5-24)。设介质仅在 xOz 平面中运动，这时它的质点位移与速度仅是 x、z 的函数，并在 y 方向的分量为零，即 $\eta=0$、$v_y=0$。省略时间因子 $e^{j\omega t}$，可以写出第Ⅰ介质中的声势为

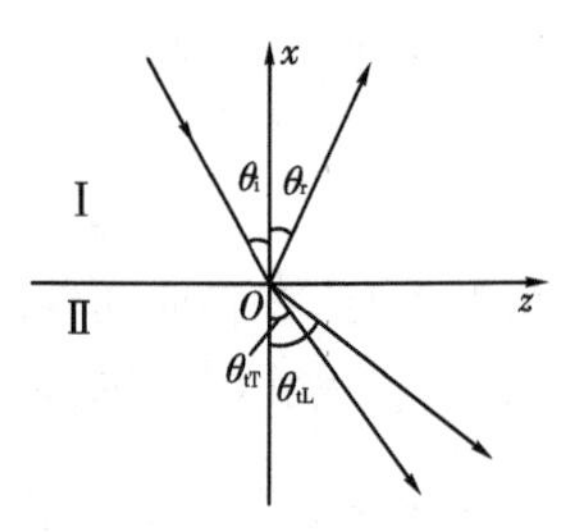

图 5-1 平面波入射经过第Ⅰ、Ⅱ介质示意图

$$\Phi_1=\Phi_i e^{-j(k_{1L}\cos\theta_i x+k_{1L}\sin\theta_i z)}+\Phi_r e^{-j(-k_{1L}\cos\theta_r x+k_{1L}\sin\theta_r z)} \tag{5-25}$$

式中，$k_{1L}=\dfrac{\omega}{c_{1L}}$；$c_{1L}$ 为第Ⅰ介质中纵波的传播速度。

在介质Ⅱ中标量声势可以写作

$$\Phi_2=\Phi_t e^{-j(k_{2L}\cos\theta_{tL} x+k_{2L}\sin\theta_{tL} z)} \tag{5-26}$$

式中，$k_{2L}=\dfrac{\omega}{c_{2L}}$；$c_{2L}$ 为介质Ⅱ中的纵波传播速度。对于矢量声势，由于已假设 $v_y=0$，并且势函数与 y 无关，所以应该仅出现矢量声势在 y 方向的分量 φ_y，由于 $\varphi_x=\varphi_z=0$，因此有

$$\varphi_2=\varphi_y=\varphi_t e^{-j(k_{2T}\cos\theta_{tL} x+k_{2T}\sin\theta_{tL} z)} \tag{5-27}$$

式中，$k_{2T}=\dfrac{\omega}{c_{2T}}$；$c_{2T}$ 为介质Ⅱ中横波的传播速度。

2)边界条件

在流体与固体的界面处,应该符合如下边界条件:

(1)法向速度连续。设第Ⅰ介质与第Ⅱ介质中质点速度的 x 方向分量分别写成 v_{1x} 和 v_{2x},在 $x=0$ 处应满足如下条件:

$$(v_{1x})_{(x=0)}=(v_{2x})_{(x=0)} \tag{5-28}$$

将式(5-23)代入上式可表达成

$$\left(\frac{\partial \Phi_1}{\partial x}\right)_{(x=0)}=\left(\frac{\partial \Phi_2}{\partial x}-\frac{\partial \varphi_2}{\partial z}\right)_{(x=0)} \tag{5-29}$$

(2)应力平衡,即在 $x=0$ 处有

$$\begin{cases} T_{1xx}=T_{2xx} \\ T_{1xz}=T_{2xz} \end{cases} \tag{5-30}$$

式中,下标 1 和 2 分别表示介质Ⅰ和介质Ⅱ中的应力。根据应力与应变的关系,以及质点速度与势函数的关系式(5-23)可以将法向应力表达成

$$\begin{aligned} \sigma_{xx}&=\lambda\left(\frac{\partial \xi}{\partial x}+\frac{\partial \zeta}{\partial z}\right)+2\mu\frac{\partial \xi}{\partial x} \\ &=\frac{\lambda+2\mu}{\mathrm{j}\omega}\left(\frac{\partial^2 \Phi}{\partial x^2}+\frac{\partial^2 \Phi}{\partial z^2}\right)-\frac{2\mu}{\mathrm{j}\omega}\left(\frac{\partial^2 \varphi}{\partial x\partial z}+\frac{\partial^2 \Phi}{\partial z^2}\right) \end{aligned} \tag{5-31}$$

根据 $c_{\mathrm{L}}=\sqrt{\dfrac{\lambda+2\mu}{\rho}}$、$c_{\mathrm{T}}=\sqrt{\dfrac{\mu}{\rho}}$,上式还可表达成

$$\sigma_{xx}=\frac{\rho}{\mathrm{j}\omega}\left[c_{\mathrm{L}}^2\ \nabla^2\Phi-2c_{\mathrm{T}}^2\left(\frac{\partial^2 \varphi}{\partial x\partial z}+\frac{\partial^2 \Phi}{\partial z^2}\right)\right] \tag{5-32}$$

式中,$\nabla^2=\dfrac{\partial^2}{\partial x^2}+\dfrac{\partial^2}{\partial z^2}$。考虑声波方程(5-24)的关系,式(5-32)还可写成

$$\sigma_{xx}=\frac{\rho}{j\omega}\left[\frac{\partial^2 \Phi}{\partial t^2}-2c_{\mathrm{T}}^2\left(\frac{\partial^2 \varphi}{\partial x\partial z}+\frac{\partial \Phi}{\partial z^2}\right)\right] \tag{5-33}$$

而切应力可表达成

$$\sigma_{xz}=\mu\left(\frac{\partial \xi}{\partial z}+\frac{\partial \zeta}{\partial x}\right)=\frac{c_{\mathrm{T}}^2}{\mathrm{j}\omega}\left(\frac{\partial^2 \varphi}{\partial x^2}-\frac{\partial^2 \varphi}{\partial z^2}+2\frac{\partial^2 \Phi}{\partial x\partial z}\right) \tag{5-34}$$

根据式(5-33)与式(5-34)可知,可以用势函数来表达应力平衡的边界条件。

在介质Ⅰ中,由于 $\mu=0$、$c_{1\mathrm{T}}=0$,所以应力的表达式可简化成

$$\sigma_{1xx}=\frac{\rho_1}{\mathrm{j}\omega}\frac{\partial^2 \Phi_1}{\partial t^2}=\mathrm{j}\rho_1\omega\Phi_1,\ \tau_{1xz}=0$$

在介质Ⅱ中,应力表达式为

$$\sigma_{2xx}=\frac{\rho_2}{\mathrm{j}\omega}\left[-\omega^2\Phi_2-2c_{2\mathrm{T}}^2\left(\frac{\partial \varphi_2}{\partial x\partial z}+\frac{\partial^2 \Phi_2}{\partial z^2}\right)\right]$$

$$\sigma_{2xz}=\frac{c_{2\mathrm{T}}^2}{\mathrm{j}\omega}\left(\frac{\partial^2 \varphi_2}{\partial x^2}-\frac{\partial^2 \varphi_2}{\partial z^2}+2\frac{\partial^2 \Phi_2}{\partial x\partial z}\right)$$

因此应力平衡边界条件式(5-30)可写成

$$\begin{cases} (-\rho_1\omega^2\Phi_1)_{x=0}=\rho_2\left[-\omega^2\Phi_2-2c_{2\mathrm{T}}^2\left(\dfrac{\partial^2 \varphi_2}{\partial x\partial z}+\dfrac{\partial^2 \Phi_2}{\partial z^2}\right)\right]_{x=0} \\ \left(\dfrac{\partial^2 \varphi_2}{\partial x^2}-\dfrac{\partial^2 \varphi_2}{\partial z^2}+2\dfrac{\partial^2 \Phi_2}{\partial x\partial z}\right)_{x=0}=0 \end{cases} \tag{5-35}$$

＋＋3)反射与折射定律

将式(5－25)、式(5－26)与式(5－27)代入式(5－29)可得

$$-\Phi_i k_{1L}\cos\theta_i e^{-jk_{1L}\sin\theta_i z}+\Phi_r k_{1L}\cos\theta_r e^{-jk_{1L}\sin\theta_r z}=-\Phi_t k_{2L}\cos\theta_{tL} e^{-jk_{2L}\sin\theta_{tL} z}-\varphi_t k_{2T}\cos\theta_{Te}{}^{-jk_{2T}\sin\theta_{tL} z} \tag{5-36}$$

式(5－36)对所有的 z 都成立，因而式中指数因子部分必然应该恒等，即

$$k_{1L}\sin\theta_i=k_{1L}\sin\theta_r=k_{2L}\sin\theta_{tL}=k_{2T}\sin\theta_{tT} \tag{5-37}$$

这样即可得到反射定律

$$\theta_i=\theta_r \tag{5-38}$$

与折射定律

$$\left.\begin{aligned}\frac{\sin\theta_i}{\sin\theta_{tL}}=\frac{k_{2L}}{k_{1L}}=\frac{c_{1L}}{c_{2L}}\\ \frac{\sin\theta_i}{\sin\theta_{tT}}=\frac{k_{2T}}{k_{1L}}=\frac{c_{1L}}{c_{2T}}\end{aligned}\right\} \tag{5-39}$$

从反射定律式(5－38)可以看出，流体中的声波入射到固体界面与入射到其他流体界面类似，比如光波、声波的反射角仍等于入射角，并不因为它所遇到的介质的弹性性质变化而有所不同。

从折射定律式(5－39)可以得出，折射定律也与流体界面情形相似，所不同的是，在固体中能产生两种不同类型的波(纵波和横波)，而这两种不同类型波的传播速度不同，以致它们的折射角也有所不同，这就是说，尽管入射的只是一种纵波，但是，固体界面上除了产生折射纵波外，还会激发出折射横波，并且这两种折射波的折射角不同。

对于一般固体，纵波传播速度要比一般流体大，即有 $c_{2L}>c_{1L}$。例如，空气中的声速为 344 m/s，而钢中的纵波声速约为 6000 m/s，砖墙的纵波声速约为 3000 m/s。因此对于从流体向固体入射的情形，固体中的纵波折射角常大于入射角，即 $\theta_{tT}>\theta_i$。此外由于固体中纵波传播速度总要比横波大，即固体中总有 $\theta_{2L}>\theta_{2T}$，所以对于从流体向固体入射的情形，总有 $\theta_{tL}>\theta_{tT}$。

4)反射系数与折射系数

将式(5－25)、式(5－26)与式(5－27)代入式(5－35)，联立式(5－38)与式(5－39)可得

$$\begin{cases}\dfrac{\rho_2}{\rho_1}(\Phi_t\cos2\theta_{tT}-\varphi_t\sin2\theta_{tT})=\Phi_i+\Phi_r\\ \Phi_t k_{2L}^2\sin2\theta_{tL}+\varphi_t k_{2T}^2\cos2\theta_{tT}=0\end{cases} \tag{5-40}$$

式(5－36)可简化为

$$(\Phi_i-\Phi_r)k_{1L}\cos\theta_i=\Phi_t k_{2L}\cos\theta_{tL}-\varphi_t k_{2T}\cos\theta_{tT} \tag{5-41}$$

联立式(5－40)与式(5－41)可分别解得纵波反射系数 $|r_\Phi|$、纵波折射系数 $|t_\Phi|$ 与横波折射系数 $|t_\varphi|$：

$$|r_\Phi|=\left|\frac{\Phi_r}{\Phi_i}\right|=\left|\frac{z_{2L}\cos^2 2\theta_{tT}+z_{2T}\sin^2 2\theta_{tT}-z_{1L}}{z_{2L}\cos^2 2\theta_{tT}+z_{2T}\sin^2 2\theta_{tT}+z_{1L}}\right| \tag{5-42}$$

$$|t_\Phi|=\left|\frac{\Phi_t}{\Phi_i}\right|=\left|\left(\frac{\rho_1}{\rho_2}\right)\frac{2z_{2L}\cos2\theta_{tT}}{z_{2L}\cos^2 2\theta_{tT}+z_{2T}\sin^2 2\theta_{tT}+z_{1L}}\right| \tag{5-43}$$

$$|t_\varphi|=\left|\frac{\varphi_t}{\Phi_i}\right|=\left|\left(-\frac{\rho_1}{\rho_2}\right)\frac{2z_{2T}\cos2\theta_{tT}}{z_{2L}\cos^2 2\theta_{tT}+z_{2T}\sin^2 2\theta_{tT}+z_{1L}}\right| \tag{5-44}$$

式中，

$$z_{1L}=\frac{\rho_1 c_{1L}}{\cos\theta_i},\ z_{2L}=\frac{\rho_2 c_{2L}}{\cos\theta_{tL}},\ z_{2T}=\frac{\rho_2 c_{2T}}{\cos\theta_{tT}}$$

分别表示斜入射时相应的法向声阻抗率。

从上面各式可以得出，反射系数与折射系数除了与两种介质的固有参数，如纵波与横波的声速、介质的密度等有关外，还同声波的入射角 θ_i 有关。设声波是垂直入射的，$\theta_i=0$，则 $\theta_r=\theta_{tL}=\theta_{tT}=0$，因此有

$$|r_\Phi|=\left|\frac{z_{2L}-z_{1L}}{z_{2L}+z_{1L}}\right|=\left|\frac{\rho_2 c_{2L}-\rho_1 c_{1L}}{\rho_2 c_{2L}+\rho_1 c_{1L}}\right|$$

$$|t_\Phi|=\left(\frac{\rho_1}{\rho_2}\right)\frac{2\rho_2 c_{2L}}{\rho_2 c_{2L}+\rho_1 c_{1L}}$$

$$|t_\varphi|=0$$

此结果表明，当声波从流体垂直入射到固体时，在固体中将仅出现纵波而不出现横波，这时纵波的反射系数和透射系数与声波从流体到流体的情况相同。

5.2 声波的吸收及无机吸声材料

5.2.1 声波的吸收

理想的介质中完全不存在任何能量的耗散过程，即对声波不具有吸收作用。但是，实际介质总是非理想的，比如各种缺陷的存在。声波在非理想介质中传播时，会出现声波随着距离而逐渐衰减的物理现象，也即能量将发生耗散，产生将声能转变为热能的耗散过程，称为介质中的声波的吸收。

引起介质对声波吸收的原因很多，在纯介质中产生声波吸收的原因是介质的黏滞、热传导及介质的微观过程引起的弛豫效应等。非纯介质就是混合物，例如空气中有灰尘粒子，在江海中有气泡、泥沙等悬浮微粒子，非纯介质中的悬浮微粒对介质做相对运动的摩擦损耗，以及声波对粒子的散射引起了附加的能量耗散，是非纯介质中声波吸收的主要原因。本节仅讨论在纯介质中由于黏滞、热传导及弛豫效应引起的声波吸收的基本原理。

1. 黏滞吸收

理想介质中的波动方程为

$$\frac{\partial^2 p}{\partial x^2}=\frac{1}{c_0^2}\frac{\partial^2 p}{\partial t^2} \tag{5-45}$$

也可用质点速度和位移表达为

$$\frac{\partial^2 v}{\partial x^2}=\frac{1}{c_0^2}\frac{\partial^2 v}{\partial t^2} \tag{5-46}$$

$$\frac{\partial^2 \xi}{\partial x^2}=\frac{1}{c_0^2}\frac{\partial^2 \xi}{\partial t^2} \tag{5-47}$$

式中

$$c_0=\sqrt{\frac{\mathrm{d}p}{\mathrm{d}\rho}}=\sqrt{\frac{K_s}{\rho_0}} \tag{5-48}$$

是理想流体(适用于液体和气体)声速的普遍表达式。如为理想气体,可得 $c_0^2=\frac{\gamma P_0}{\rho_0}$。

根据 $K_s=-V\frac{dP}{dV}$的定义,可得

$$dP=-K_s\frac{dV}{V}$$

将压强的增量用声压 p 表达,即得

$$p=-K_s\frac{dV}{V}=-K_s\Delta$$

式中,Δ 为由于声波扰动引起的体积的相对变化。相对于平面波的情况有

$$\Delta=\frac{dV}{V}=-\frac{d\rho}{\rho}=\frac{\partial\xi}{\partial x}$$

所以

$$p=-K_s\frac{\partial\xi}{\partial x} \tag{5-49}$$

如果流体介质具有黏滞性时,介质对声波产生吸收,介质的黏滞性是声波衰减的主要原因之一。当黏滞介质中相邻质点的运动速度不相同时,它们之间产生相对运动时会产生内摩擦力,也称黏滞力。因此,黏滞力是速度梯度的函数。对于一维问题(即对于平面声波的传播问题),单位面积上的黏滞力可表达成与速度梯度成正比的关系式:

$$T'=\eta\frac{\partial v}{\partial x}$$

式中,比例系数 η 称为黏滞系数。一般说,它应有两部分组成,一部分是切变黏滞系数 η';另一部分是容变黏滞系数 η''。在一般流体力学中,η''常被忽略,但在声传播的问题中不可忽视,一般 η 应表达为 $\eta=\frac{4}{3}\eta'+\eta''$。这样,对于黏滞流体介质在运动方程

$$\rho_0\frac{\partial v}{\partial t}=-\frac{\partial p}{\partial x} \tag{5-50}$$

中还需计及黏滞应力的部分,即

$$p'=-T'=-\eta\frac{\partial v}{\partial x} \tag{5-51}$$

式中负号表示压强的增量与黏滞应力的方向相反。将式(5－49)及式(5－51)代入式(5－50),即可得到黏滞流体介质中的波动方程为

$$\rho_0\frac{\partial^2\xi}{\partial t^2}=K_s\frac{\partial^2\xi}{\partial x^2}+\eta\frac{\partial^3\xi}{\partial x^2\partial t}$$

如果 $\eta=0$,则可退化到式(5－46)。

对于简谐声波的情形,可令

$$\xi(x,t)=\xi_1(x)e^{j\omega t}$$

代入波动方程就可得

$$-\rho_0\omega^2\xi 1=(K_s+j\omega\eta)\frac{\partial^2\xi_1}{\partial x^2}$$

令 $K=K_s+j\omega\eta$,则上式可写作

$$-\rho_0\omega^2\xi 1=K\frac{\partial^2\xi_1}{\partial x^2}$$

或

$$-k'^2\xi_1=\frac{\partial^2\xi_1}{\partial x^2} \tag{5-52}$$

式中的 k' 为

$$k'=\omega\sqrt{\frac{\rho_0}{K}} \tag{5-53}$$

称为波数。由于 K 是复数，因而波数 k' 也为复数，它可表达成如下形式：

$$k'=\frac{\omega}{c}-\mathrm{j}\alpha_\eta \tag{5-54}$$

可以看到，式(5－52)与理想介质的波动方程(5－47)具有完全类似的形式，因而波动方程可解为

$$\xi=(A\mathrm{e}^{-\mathrm{j}k'x}+B\mathrm{e}^{\mathrm{j}k'x})\mathrm{e}^{\mathrm{j}\omega t} \tag{5-55}$$

将式(5－54)代入上式中，可确切复波数 k' 的实数部分和虚数部分的物理意义，可得

$$\xi=A\mathrm{e}^{-\alpha_\eta x}\mathrm{e}^{\mathrm{j}\omega(t-\frac{x}{c})}+B\mathrm{e}^{\alpha_\eta x}\mathrm{e}^{\mathrm{j}\omega(t+\frac{x}{c})} \tag{5-56}$$

显然，式(5－56)的第一项代表以传播速度为 c、圆频率为 ω 向正 x 方向传播的简谐声波，其振幅为 $A\mathrm{e}^{-\alpha_\eta x}$，在传播过程中波的振幅随距离呈指数衰减，因而 k' 的实数部分 $\mathrm{Re}(k')=\frac{\omega}{c}$，此即为一般的波数，而 k' 的虚数部分 $\mathrm{Im}(k')=\alpha_\eta$ 称为声波的吸收系数。声波的吸收系数是基础物理量。式(5－56)中的第二项代表 x 的负方向传播的波，当考虑沿正方向传播的行波时，第二项则可以不考虑。

2. 声速及吸收系数

1)声波和吸收系数的一般表达式

为计算黏滞介质中声波的传播速度 c 及吸收系数 α_η，考虑

$$K=K_s(1+\mathrm{j}\omega H) \tag{5-57}$$

式中，$H=\eta/K_s$。将式(5－54)及式(5－57)代入式(5－53)后，两边各自平方，并取其实部和虚部分别相等，便可得到包括 c 及 α_η 的方程组：

$$\begin{cases}\dfrac{\omega^2}{c^2}-\alpha_\eta^2=\dfrac{\omega^2\rho_0}{K_s}\dfrac{1}{1+\omega^2H^2}\\ 2\alpha_\eta\dfrac{\omega}{c}=\dfrac{\omega^2\rho_0}{K_s}\dfrac{\omega H}{1+\omega^2H^2}\end{cases} \tag{5-58}$$

解该方程组可得

$$c=\sqrt{\frac{K_s}{\rho_0}}\sqrt{\frac{2(1+\omega^2H^2)(\sqrt{1+\omega^2H^2}-1)}{\omega^2H^2}} \tag{5-59}$$

$$\alpha_\eta=\omega\sqrt{\frac{\rho_0}{K_s}}\sqrt{\frac{\sqrt{1+\omega^2H^2}-1}{2(1+\omega^2H^2)}} \tag{5-60}$$

方程组(5－58)应有四个解，α_η 取正值时声波振幅随距离的增加而减小，符合能量守恒定律。方程组(5－58)的第二个解为 $\alpha_\eta<0$、$c<0$，代表反射波。

2)声波和吸收系数在 $\omega H \ll 1$ 时的近似表达式

从式(5-59)及式(5-60)可知,c 和 α_η 对频率 ω、黏滞系数 η 的依赖关系复杂,考虑黏滞力与弹性力相比为很小的情形,即 $\frac{\omega\eta}{K}=\omega H \ll 1$,则可以忽略 $\omega^2 H^2$ 项,因而式(5-59)和式(5-60)则可以改写成

$$c=\sqrt{\frac{K_s}{\rho_0}}=\sqrt{\frac{1}{\rho_0 \beta_s}} \tag{5-61}$$

$$\alpha_\eta=\frac{\omega^2 \eta}{2\rho_0 c^3}=\frac{\omega^2}{2\rho_0 c^3}\left(\frac{4}{3}\eta'+\eta''\right) \tag{5-62}$$

若认为流体不可压缩,忽略容变黏滞系数 η'' 的部分,此时

$$\alpha_\eta=\frac{2\omega^2}{3\rho_0 c^3}\eta'$$

这表示当黏滞不太大及频率不太高,即满足 $\omega H \ll 1$ 时,声速与频率无关,其值等于理想介质中的声速,而吸收系数 α_η 则与频率的平方成正比。

下面讨论近似的意义及合理性。从式(5-59)及式(5-60)可得到

$$\alpha\lambda=2\pi\frac{\alpha c}{\omega}=2\pi\frac{\sqrt{1+\omega^2 H^2}-1}{\omega H}$$

当 $\omega H \ll 1$ 时,

$$\alpha\lambda=\pi\omega H$$

由此可见,$\omega H \ll 1$ 的条件也等价于 $\alpha\lambda \ll \pi$,它的物理意义是:当黏滞力与弹性力相比很小时,在一个波长距离上,声波的吸收系数很小,可得到声速和吸收系数的近似表达式(5-61)和式(5-62)。因为

$$\omega H=\frac{4}{3}\frac{\eta'}{K_s}\omega=\frac{4}{3}\frac{\eta'}{\rho_0 c^2}\omega$$

对于空气,在 20 ℃时,$\eta'=1.81\times10^{-5}\ \mathrm{N\cdot s/m^2}$、$\rho_0=1.21\ \mathrm{kg/m^3}$、$c=344\ \mathrm{m/s}$,代入上式则得

$$\omega H \approx 1.7\times10^{-10}\omega$$

对于水,在 20 ℃时,$\eta'=0.001\ \mathrm{N\cdot s/m^2}$、$\rho_0=998\ \mathrm{kg/m^3}$、$c=1481\ \mathrm{m/s}$,代入上式则得

$$\omega H \approx 6\times10^{-13}\omega$$

由此可见,对于一般频率直至几兆赫(MHz)(1 MHz=10^6 Hz)及几十兆赫的超声频段,都可以认为 $\omega H \ll 1$ 的条件是满足的。以上讨论表明,在一个波长的距离上声波的吸收为很小的条件对于一般情况是合理的。但是,如果不满足 $\omega H \ll 1$,那么以往一切处理声学问题的方法将无效。例如,对于气体的情形,从分子运动论中知道,理想气体的黏滞系数 $\eta'=0.499\rho\bar{v}\bar{\lambda}$,其中 $\bar{v}$、$\bar{\lambda}$ 分别为分子的平均速度和平均自由程,已知气体的绝热弹性系数等于 γP_0,因而

$$\omega H=\frac{4}{3}\frac{\eta'}{K_s}\omega\approx\frac{2}{3}\frac{\rho_0}{\gamma P_0}\bar{v}\bar{\lambda}=\frac{2}{3}\frac{\mu}{\gamma RT}\omega\bar{v}\bar{\lambda} \tag{5-63}$$

考虑到

$$c=\sqrt{\frac{\gamma RT}{\mu}},\quad \bar{v}=\sqrt{\frac{8RT}{\pi\mu}}$$

式中,μ 为气体的摩尔数;R 为气体常数。对于单原子气体 $\gamma=1.67$,代入式(5-63),得

$$\omega H\approx\frac{2}{3}\sqrt{\frac{8}{\pi\gamma}}\frac{\omega}{c}\bar{\lambda}\approx 5\ \frac{\bar{\lambda}}{\lambda}$$

可以看出,ωH 与 $\frac{\bar{\lambda}}{\lambda}$ 具有相同数量级,因而如果不满足 $\omega H\ll 1$,这就表示分子的平均自由程 $\bar{\lambda}$ 将与声波的波长 λ 具有相同的数量级,在这种情况下介质不能视为连续介质,不宜以介质为连续的前提来处理声学问题。

至于液体的情况,不可能像气体一样作上述的讨论,但可以指出,在推导声波方程时,实际上采用了可逆热力学的关系式,这只有在热耗散过程很小即声吸收很小时才可处理,如声吸收较大,将出现不可逆地从声能转为热能过程,因而可逆热力学关系也就不再适用。

3)容变黏滞系数的导出和意义

实际上流体中单位面积的黏滞力与速度梯度的一般关系,可以仿照各向同性固体中弹性应力与弹性应变之间的广义关系,由广义的胡克定律导出:

$$\begin{aligned}\sigma'_{xx}&=\lambda'\dot{\Delta}+2\eta'\frac{\partial v_x}{\partial x}\\ \sigma'_{yy}&=\lambda'\dot{\Delta}+2\eta'\frac{\partial v_y}{\partial x}\\ \sigma'_{zz}&=\lambda'\dot{\Delta}+2\eta'\frac{\partial v_z}{\partial x}\end{aligned}\tag{5-64}$$

这里 σ'_{jj} 等表示垂直于 j 轴的面上指向 j 方向的单位表面的黏滞分量($j=x,y,z$)。$\dot{\Delta}=\frac{\partial}{\partial t}\Delta=\frac{\partial v_x}{\partial x}+\frac{\partial v_y}{\partial y}+\frac{\partial v_z}{\partial z}$ 表示流体质点单位时间内的体积膨胀率。将式(5-64)三式相加可得

$$\frac{\sigma'_{xx}+\sigma'_{yy}+\sigma'_{zz}}{3}=(\lambda'+\frac{2\eta'}{3})\dot{\Delta}\tag{5-65}$$

上式表示流体质点的平均黏滞力与总的体膨胀时间率成正比,其比例系数可称为容变黏滞系数,即

$$\eta''=(\lambda'+\frac{2}{3}\eta')\tag{5-66}$$

物理学家斯托克斯曾认为,流体中体积变化不应产生黏滞作用,因此取 $\eta''=\lambda'+\frac{2}{3}\eta'=0$ 或 $\lambda'=-\frac{2}{3}\eta'$。然而大量实验表明,当流体中声波或者质点以涨缩交替方式传播时,不仅切变黏滞系数 η' 有贡献,容变黏滞系数也不可忽略,而且有些情况还起主要作用,因而 η'' 是不能取为零的。这样,如果仅考虑沿 x 方向的平面波,则由式(5-64),得

$$-p'=\sigma'_{xx}=(\lambda'+2\eta')\frac{\partial v_x}{\partial x}=(\frac{4}{3}\eta'+\eta'')\frac{\partial v_x}{\partial x}\tag{5-67}$$

也即流体中的黏滞系数 η 一般应由切变与容变黏滞系数两部分同时组成。

现在解释为何在纵波中除容变黏滞外,还有切变黏滞。这个问题的物理原因是纵波中的形变不是纯粹的体积形变。实际上,如果所研究的体积元是正方形的,如图 5-2(a)所示,假设图中虚线为平行于波前的等距离的平面,则在压缩形变时这些平面互相靠近,正方形就

变成矩形，如图 5-2(b)所示，因此介质中每一质点不仅承受体积的改变，而且还有形状的变化，这就是切变，这一现象在图 5-2(c)和(d)中更为明显，因为该图中所画的体元在压缩形变时由正方形变成了菱形。

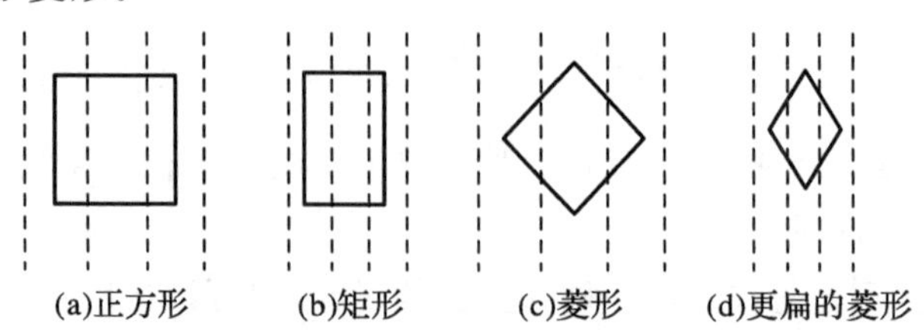

图 5-2 体积元的变化过程

3. 介质的热传导声吸收

引起介质中声波吸收的另一物理原因是介质的热传导吸收。声波过程是绝热的，当介质中有声波通过时，介质产生压缩和膨胀的变化，导致温度增加和降低。对于理想流体来说，温度的变化完全能跟得上体积的变化，也即体积达极小时温度达极大值，反之亦然，因而这种过程是可逆的。但对非理想介质，即当介质中存在热传导时则不然，这时相邻的压缩区和膨胀区之间的温度梯度，导致一部分热量从温度高的部分流向温度较低的介质中去，也就是说，热量的交换即热传导，这个过程是不可逆的，而在不可逆过程中就会发生上述机械能转化为热能的现象，这样引起的声波吸收就是介质的热传导吸收。

理论计算表明，介质的热传导吸收系数为

$$\alpha_\chi=\frac{\chi(\gamma-1)\omega^2}{2\rho_0 c_p c^3}=\frac{\omega^2\chi}{2\rho_0 c^3}\left(\frac{1}{C_V}-\frac{1}{C_P}\right) \tag{5-68}$$

式中，χ 为热传导系数；C_V 和 C_P 为定容热容和定压热容。由此可知，介质的热传导吸收系数与频率的平方成正比，与声速的三次方成反比。

4. 声吸收经典公式的讨论

考虑介质的黏滞和热传导效应，总的声吸收系数用以下公式表示：

$$\alpha=\frac{\omega^2}{2\rho_0 c^3}\left[\frac{4}{3}\eta'+\chi\left(\frac{1}{C_V}-\frac{1}{C_P}\right)\right] \tag{5-69}$$

此即斯托克斯-克希霍夫公式，是声吸收系数的经典公式。

从式(5-69)可以得到，吸收系数 α 与频率的平方成正比。当频率增加 10 倍，吸收系数就增大 100 倍，即频率愈高，吸收愈大，因而声波的传播距离愈小；反之，频率愈低，吸收愈小，因而声波的传播距离愈大。所以低频声波在空气中可以传很远的距离，而高频声波在空气中很快就衰减。

由于吸收系数正比于频率的平方，因此常将式(5-69)改写成

$$A_s=\frac{\alpha}{f^2}=\frac{8\pi^2\eta'}{3\rho_0 c^3}+\frac{2\pi^2}{\rho_0 c^3}\left[\chi\left(\frac{1}{C_V}-\frac{1}{C_P}\right)\right]=A_{\eta'}+A_\chi \tag{5-70}$$

可见，总的吸收是由切变黏滞引起的声吸收 $A_{\eta'}$ 和由热传导引起的声吸收 A_χ 这两部分所组成，而且 A_s 是一个与频率无关的常数，其值取决于介质的黏滞和热传导等物理性质。几乎在所有气体中，$A_{\eta'}$ 与 A_χ 具有相同数量级，但黏滞吸收总要比热传导吸收大。例如，对于二

氧化碳，$A_{\eta'}=4A_{\chi}$；而对于丙烷这两种吸收之间的差距更大，即 $A_{\eta'}=7A_{\chi}$；至于液体，这种差别就更大，几乎在所有液体中(除水银外)均有 $A_{\eta'}\gg A_{\chi}$，因此一般在液体中，与黏滞引起的声吸收相比较，热传导的吸收系数贡献很小，常可以忽略。

需要说明的是，在实验中进一步发现，吸收系数不仅在数值上与理论值不符，而且在频率的依赖关系上也不同。曾发现在多原子气体中，以及很多液体中，不遵从式(5－70)给出的吸收系数与频率的平方关系，即$\frac{\alpha}{f^2}$不是常数，而是随频率的增加而减小，同时还发现有声速随频率的增加而显著增大的现象。这种声速随频率而变化的现象称为频散或色散。例如，在二氧化碳中，当频率小于 10^5 Hz 时声速为一常数，以后随着频率的增加声速也增大，而到 10^6 Hz 时声速又等于另一常数。吸收系数和声速对频率的这种反常规律，不仅说明了大多数气体和液体中必须考虑容变黏滞 η''的存在，而且说明由于容变黏滞系数 η''与介质内部微观结构的弛豫过程有关，因而 η''与频率具有较复杂的关系。因此，由经典吸收理论推导出的吸收系数公式必须计及容变黏滞而加以修正。

5. 分子弛豫吸收简单理论

声波吸收系数与经典理论值的偏离完全可以用弛豫理论来解释，称为分子弛豫理论。这一理论的实质是分子的移动和转动的能量和振动能量之间的重新分配。当介质静止时，可用物理参数 P、V、T 来描述平衡状态，此时分子的外自由度和内自由度能量也应具有一定的平衡分配。当介质中有声波通过时，介质会压缩和膨胀，介质的物理参数及其相应的平衡状态也将随着声波过程而发生简谐的变化，而任何状态的变化都伴有内外自由度能量的重新分配，并向着一个具有新的平衡能量的状态过渡。然而建立一个新的平衡不是瞬时就能发生的，而是需要一个有限的时间，这样的过程称为弛豫过程，建立新的平衡状态所需要的时间称为弛豫时间。在弛豫过程中产生了有规则声振动转变为无规则热运动的附加能量耗散，即引起了声波的附加吸收，也称弛豫吸收。当声振动的周期和弛豫时间具有相同数量级时，这种与经典理论偏离的反常吸收会很大。显然，分子内过程的弛豫吸收是由于介质的压缩与膨胀过程即体积形变所引起的，因此表现在宏观方面就自然与容变黏滞相关。

我们知道，处于某一平衡状态的气体的内能应是分配给各自由度能量之和。对于单原子气体只有三个自由度，因此单原子气体的内能就是分子的平均动能。多原子气体一般具有移动、转动和振动自由度。以双原子气体为例，双原子气体分子具有六个自由度，三个移动、两个转动和一个振动自由度，在某一温度 T 时，每一自由度应有相应的能量分配，每一移动和转动自由度的能量为$\frac{1}{2}kT$，每一振动自由度的能量为 kT，其中，k 为玻尔兹曼常数。当声波通过时，介质的体积发生周期性变化，因而压强和温度也产生周期性变化，每个自由度所具有的平衡能量值也将发生相应变化，但并不是每个自由度的平衡能量都能跟得上声波的变化。当介质受压缩时，首先移动自由度的能量增加，通过分子间的相互碰撞，移动自由度的部分能量将传递给转动和振动自由度，但由于转动能级间的距离较小，因此在一般温度下激发转动自由度的概率很大，激发所需时间短，而由移动能量传递给振动自由度的过程所需的时间较长，因为振动量子一般比分子平均动能要大。根据能量激发的程度可将自由度分为两种：对于移动和转动自由度，建立平衡的时间较短，称为外自由度；而振动自由度的弛豫时间较长，称为内自由度。这样，把气体的内能 U 分为内自由度能量 U_i 和外自由度能量 U_a 之和，即

$$U=U_i+U_a$$

同样，对定容热容 C_V 也可由相应的两部分组成：

$$\begin{cases}\dfrac{\partial U}{\partial T}=\dfrac{\partial U_i}{\partial T}+\dfrac{\partial U_a}{\partial T}\\ C_V=C_{V_i}+C_{V_a}\end{cases}\tag{5-71}$$

为方便讨论，假设只有一个振动自由度，当气体不处于平衡状态时，内自由度能量 U_i 将随时间变化并竭力向新的平衡值 U_{i0} 接近，当愈接近平衡状态时，U_i-U_{i0} 愈小，因此 U_i 的变化（即 $\dfrac{dU_i}{dt}$）可以认为是正比于 U_i-U_{i0}，即

$$\frac{dU_i}{dt}=-\frac{1}{\tau}(U_i-U_{i0})\tag{5-72}$$

式中，负号表示 U_i 的变化与平均值的偏离符号相反，而比例系数 $\dfrac{1}{\tau}$ 具有时间的量纲，它的倒数称为弛豫时间。

式(5-72)具有指数形式的解：

$$U_i-U_{i0}=Ae^{-\frac{t}{\tau}}$$

这里的 A 为积分常数。如当 $t=0$ 时，$U_i=U_{i0}^*$，U_{i0}^* 为初始的平衡值，故有

$$U_i-U_{i0}=(U_{i0}^*-U_{i0})e^{-\frac{t}{\tau}}$$

当 $t=\tau$ 时，有

$$U_i-U_{i0}=\frac{U_{i0}^*-U_{i0}}{e}$$

这表示弛豫时间 τ 就是从初始平衡状态到达新的平衡状态所需要时间的量度。

当声波通过时，气体经受周期性的压缩和膨胀，气体中的密度和温度也将发生周期性的变化，但随着温度的变化，内自由度能量的平衡值也将发生周期性变化：

$$U_{i0}=\bar{U}_{i0}+U'_{i0}e^{j\omega t}\tag{5-73}$$

式中，$\bar{U}_{i0}$ 为声波不存在时的内能平均值，$U'_{i0}e^{j\omega t}$ 为内自由度能量的周期性变化部分。

因此，任意时刻的内自由度能量值可写成

$$U_i=\bar{U}_{i0}+U'_i e^{j\omega t}\tag{5-74}$$

由式(5-72)、式(5-73)和式(5-74)可以得到

$$U'_i=\frac{U'_{i0}}{1+j\omega\tau}\tag{5-75}$$

于是，内自由度能量对热容的贡献为

$$C'_{Vi}=\frac{\partial U'_i}{\partial T}=\frac{\left(\dfrac{\partial U'_{i0}}{\partial T}\right)}{(1+j\omega\tau)}=\frac{C_{Vi}}{1+j\omega\tau}$$

式中，U'_{i0} 为平衡时内自由度能量的幅值。由于 C'_{Vi} 为复数，因而式(5-71)所表示的总比热容也为复值：

$$C'_V=\frac{C_{Vi}}{1+j\omega\tau}+C_{Va} \tag{5-76}$$

因为 $c^2=P_0\gamma/\rho_0$，而 $\gamma=C_p/C_V=1+\frac{R}{C_V}$，其中 $R=C_p-C_V$ 为比热容之差，因而

$$c^2=\frac{P_0}{\rho_0}\left(1+\frac{R}{C_V}\right)$$

将式(5-76)的 C'_V 值代入，可得复声速平方：

$$c'^2=\frac{P_0}{\rho_0}\left[1+\frac{R}{\frac{C_{Vi}}{1+j\omega\tau}+C_{Va}}\right] \tag{5-77}$$

根据式(5-54)有 $k'=k-j\alpha_R$，则有

$$c'^2=\frac{\omega^2}{k'^2}\approx\frac{\omega^2}{k^2-2jk\alpha_R}\approx\frac{\omega^2}{k^2}\left(1+j\,\frac{2\alpha_R}{k}\right)$$

$$=\frac{\omega^2}{k^2}+j\,\frac{2\alpha_R\omega^2}{k^3} \tag{5-78}$$

比较式(5-77)和式(5-78)，并使其实部和虚部分别相等，可得

$$c^2=\frac{P_0}{\rho_0}\left(1+R\,\frac{C_V+\omega^2\tau^2C_{Va}}{C_V^2+\omega^2\tau^2C_{Va}^2}\right) \tag{5-79}$$

$$\alpha_R=\frac{P_0}{2\rho_0c^3}\left(R\,\frac{C_{Vi}\omega^2\tau}{C_V^2+\omega^2\tau^2C_{Va}^2}\right) \tag{5-80}$$

由此可见，当考虑了分子的弛豫过程后，声速和吸收系数对频率具有较复杂的依赖关系。

式(5-79)给出了声速的平方与频率的依赖关系，可知，当 $\omega\tau\ll1$(即 ω 很小)时，有

$$c^2=\frac{P_0}{\rho_0}\left(1+\frac{R}{C_V}\right)=\frac{P_0\gamma}{\rho_0}=c_0^2 \tag{5-81}$$

此即理想气体中的声速值，它是理想气体的一个低频近似；当 $\omega\tau\gg1$(即 ω 很大)时，有

$$c^2=\frac{P_0}{\rho_0}\left(1+\frac{R}{C_{Va}}\right)=c_\infty^2 \tag{5-82}$$

因为 $C_V>C_{Va}$，所以 $c_\infty^2>c_0^2$，这表示由于分子弛豫过程引起了速度随频率而变化的频散现象。图 5-3 表示了声速随频率的依赖关系，当频率很低时，为 c_0^2；当频率很高时，为 c_∞^2；而 $\bar{\omega}=\frac{1}{\tau}\frac{C_V}{C_{Va}}$ 为曲线的拐点。关于式(5-80)所涉及的弛豫吸收系数的讨论，可参考相关论著。

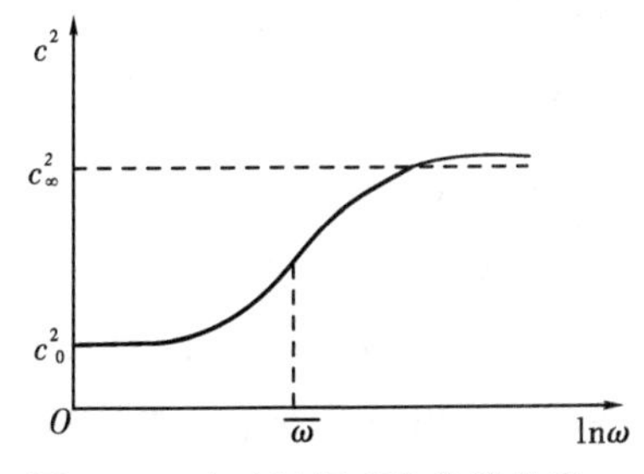

图 5-3 声速随频率的依赖关系

5.2.2 无机吸声材料

吸声材料的吸声性能好坏，主要通过其吸声系数的高低来表达。吸声系数是指声波在物体表面反射时，其能量被吸收的百分率。中国混响室法吸声系数测量规定的测试频率范围为 100～5000 Hz。对于室内音质设计和噪声控制所用的吸声材料，我国已制定吸声性能等级划分的国家标准 GB/T16731—1997，即《建筑吸声产

品的吸声性能分级》。该标准规定了采用降噪系数的大小来评定材料的吸声性能等级。大多数材料都有一定的吸声能力,一般把平均吸声系数大于 0.2 的材料称为吸声材料,平均吸声系数大于 0.56 的材料称为高效吸声材料。

1. 多孔性吸声材料

我们首先谈谈玻璃棉材料。常见的玻璃棉是一种吸声性能很好的无机声学材料。玻璃棉属于玻璃纤维中的一个类别,是一种人造无机纤维,通常采用石英砂、石灰石、白云石等天然矿石为主要原料,配合一些纯碱、硼砂等化工原料熔成玻璃,在融化状态下,借助外力吹制式甩成絮状细纤维,纤维和纤维之间为立体交叉,互相缠绕在一起,呈现出许多细小的间隙。因为材料要对声波有吸收作用,需要具备两个条件:其一是声波能穿透到材料中去;其二是材料中的空隙使声波的振动转化成热能被消耗。玻璃棉之所以是一种好的吸声材料,是因为一般用于吸声的玻璃棉的纤维直径在几微米至几十微米,材料的空隙率(材料内空气所占的体积与材料体积之比)约为 90%以上,所以声波能传入玻璃棉内,而玻璃纤维间空隙的有效直径在微米和几十微米的数量级,并声波传播到了细管或毛细管中,并在细管中产生内摩擦而转化成热能被消耗。

不仅是玻璃棉,像气孔连通的海绵、金属纤维等,都称之为多孔性吸声材料,都可以有高的吸声系数。但用于实际场所,还要考虑防潮、防霉、防火等其他因素,所以以往总是把玻璃棉作为主要的吸声材料。多孔性吸声材料具备明显的吸声频率特性,就是低频吸声差,高频吸声好,并且与材料厚度有关。如图 5-4 所示,图中 α 为吸声系数,如果材料厚度为 t,波长为 λ,在紧贴刚性壁的情况下,f_0 是该材料的吸声系数最大值的频率下限。所以若要使高吸声系数向低频移动,材料的厚度必须增加。若 $t_2=2t_1$,则 $f_2=f_1/2$,即低频吸声系数的频率特性向低频方向移一个倍频程。但是厚度不能无限增加,因为材料本身有流阻,如玻璃棉,一般使用 50 mm 的厚度,很少超过 100 mm 的,因为会超过它的有效厚度。以离心玻璃棉为例,对于厚度超过 50 mm,容重为 16 kg/m^3 的离心玻璃棉,低频 125 Hz 的吸声系数约为 0.2,中高频(>500 Hz)的吸声系数已经接近于 1 了。当厚度由 50 mm 继续增大时,低频的吸声系数逐渐提高,当厚度大于 1 m 时,低频 125 Hz 的吸声系数也将接近于 1。当厚度不变,容重增大时,离心玻璃棉的低频吸声系数也将不断提高,50 mm 厚、频率 125 Hz 处,当容重接近 110 kg/m^3 时吸声性能达到最大值,接近 0.6~0.7。容重超过 120 kg/m^3 时,吸声性能反而下降,是因为材料变得致密,中高频吸声性能受到很大影响,当容重超过 300 kg/m^3 时,吸声性能减小很多。建筑声学中常用的吸声玻璃棉的厚度有 25 mm、50 mm、100 mm,容重有 16 kg/m^3、24 kg/m^3、32 kg/m^3、48 kg/m^3、80 kg/m^3、96 kg/m^3、112 kg/m^3,通常使用50 mm 厚,12~48 kg/m^3 的离心玻璃棉。

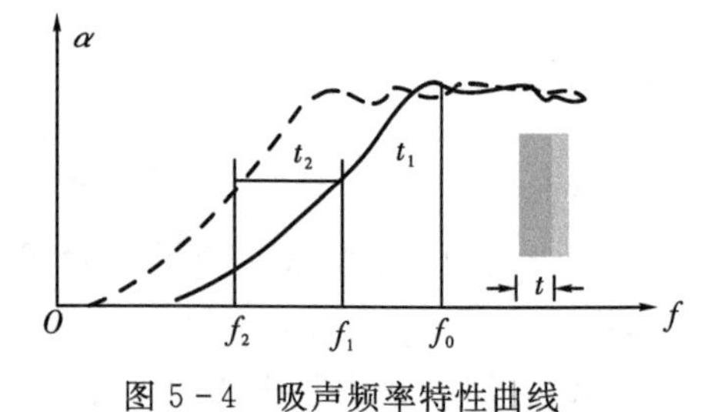

图 5-4 吸声频率特性曲线

要使高吸声系数延伸到低频,可将材料做成尖劈形状,使空气与材料的截面比例逐渐改变,声波才能传播到尖劈结构深部。

1)纤维类吸声材料

玻璃棉、岩棉、矿棉被誉为吸声材料中的“三大棉”,工艺和产品性能类似,均为无机纤维类。这三种棉起步于 20 世纪 50 年代,经过由火焰喷吹法到离心喷吹法的工艺改进,产品质量有了很大提高,材料经过特殊处理可以加工成棉毡、棉板,具有无毒、无腐、质轻、A 级不燃的优势,在吸声领域有着广泛应用。

2)颗粒类吸声材料

颗粒类吸声材料分烧结型和冷态型两种。烧结型吸声材料主要有:多孔陶瓷、陶粒烧结砖、微晶玻璃板等。烧结温度对产品的性能至关重要,主要取决于原料、添加剂的性质。烧结温度过低,材料的强度不高;烧结温度过高,会造成部分气孔封闭或者消失,吸声系数降低。如以煤矸石为主要原料,辅助造孔剂烧制成的莫来石相吸声材料,虽然成本大大降低,但是平均吸声系数只有 0.42。冷态型吸声材料多以膨胀珍珠岩、陶粒、砂岩为骨料以胶凝材料为胶结物复合而成。如根据水泥水化初期可塑特性的特点,使高性能水泥基吸声材料形成多孔且在一定集域中连通的类絮状结构,从而使其具有良好的吸声性能。此类材料主要优点是防火性能好、安装方便,缺点为力学性能差、耐久性差、存在颗粒脱落现象。

3)复合类吸声材料

复合类吸声材料多为有机材料和无机材料的复合,木屑水泥复合吸声板具有良好的吸声效果,但其制作粗造、产品笨重,运输成本大大提高,同时施工过程也会有太多不便。近年来通过研究,各国也改进了材料孔隙结构、导热性能、抗化学侵蚀性、防火性、抗冻性、收缩性及徐变等性能,使得材料降噪效果和可靠性得到很大提升。

2. 共振吸声结构

要增加低频吸声量,常采用某种类型的共振吸声结构。常用的是穿孔板共振吸声结构,有时也采用挂片式多孔材料的共振吸声结构。

如果片式多孔材料与玻璃有一定距离 d,如图 5-5 所示,则当 $d=\lambda/4$ 时所对应的频率,就有较大的吸声值,因为片式多孔材料处于玻璃(近似为刚性界面)前 $\lambda/4$ 处,是声压驻波的节面位置,但却是声波振动的速度波腹(极大值)处,使在片式多孔材料的空气隙内消耗振动能量而达到吸声的极大值。因为声波在厅堂内不一定是垂直入射,如果入射角是 θ,则 $L/\cos\theta$ 相当于 $\lambda/4$ 的频率,就有吸声的极大值,所以会在一个频率范围内有较大的吸声值。不仅如此,凡 $L/\cos\theta$ 是某频率波长的 1/4 的奇数倍时,都有较大的吸声值。不仅片式多孔材料有此吸声特点,如果将 50 mm 厚的玻璃棉置于刚性界面前 100～200 mm 处,则其吸声特性相比紧贴刚性界面处的要向低频显著地延伸。

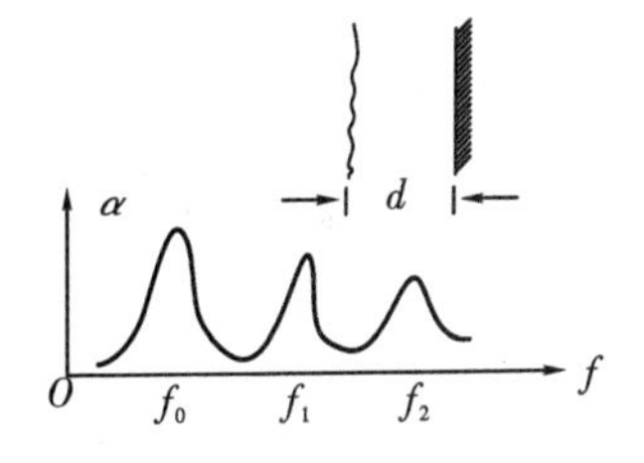

图 5-5 片式多孔材料的共振吸声特性

如果将啤酒瓶或酒坛子之类容器嵌在墙上,将它绘成如图 5-6 所示的模型——亥姆霍兹共鸣器,它是一种利用共振现象进行声学测量的装置。这种共鸣器是以德国科学家亥姆霍兹的姓氏命名的,他首次利用这种共鸣器对声音作频率成分的分析。亥姆霍兹共鸣器的原始形状是一个有细颈或小开口的容器,当受声波的作用时,颈内

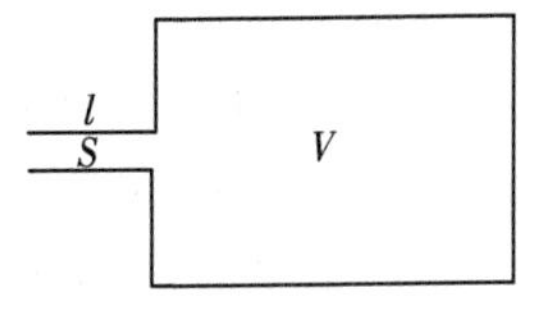

图 5-6 亥姆霍兹共鸣器示意图

的空气振动，而容器内的空气对之产生恢复力。在声波波长远大于共鸣器几何尺寸的情形下，可以认为共鸣器内空气振动的动能集中于颈内空气的运动，势能仅与容器内空气的弹性形变有关。

该共鸣器是由颈内空气有效质量和容器内空气弹性组成的一维振动系统，因而对作用声波有共振现象。体积为 V、颈长为 l、颈的截面积为 S 的共鸣器，在共振频率 f_r 时产生共振吸收或散射，约化后的共振频率为

$$f_r=\frac{c_0}{2\pi}\sqrt{\frac{S}{lV}} \tag{5-83}$$

式中，c_0 为自由空气中的声速。现在常设计如图 5-7 所示的穿孔板共振吸声结构，其是由钢板、铝板或者其他非金属的胶合板、塑料板、草纸板、石膏板等，以一定的孔径和穿孔率打上孔，背后留有一定厚度的空腔所形成的结构。穿孔板共振吸声结构依靠系统的共振而吸声，于穿孔板上每个孔口的背后都包含了相应的空腔，该空腔实际上是无数个连续的单个亥姆霍兹共振器的并联组合。穿孔板共振器的小孔空气柱连接空腔可以看作质量块弹簧组成的一个单自由度振动系统，当声波垂直入射到穿孔板表面时，孔内及周围的空气随声波一起来回振动，相当于一个“活塞”，该“活塞”反抗体积速度的变化；穿孔板与壁面间的空气层相当于一个“弹簧”，它阻止声压的变化；此外，由于空气在穿孔附近来回振动存在摩擦阻尼，可以消耗声能。不同频率的声波入射时，这种共振系统会产生不同的响应。

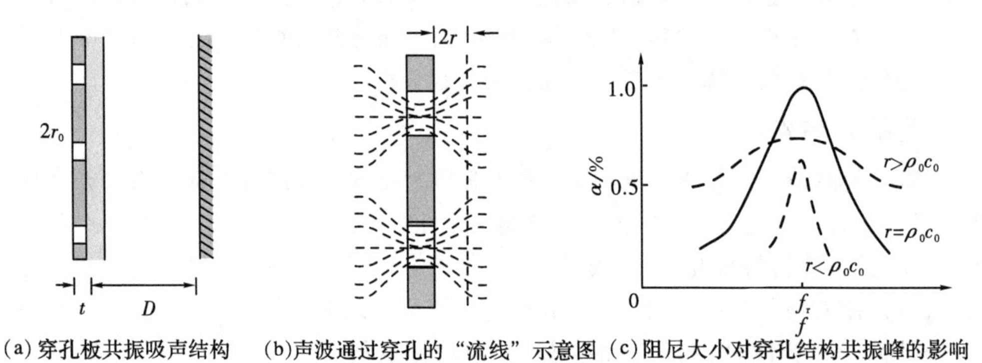

(a) 穿孔板共振吸声结构 (b)声波通过穿孔的“流线”示意图 (c)阻尼大小对穿孔结构共振峰的影响

图 5-7 穿孔板共振吸声结构

如图 5-7 所示，穿孔板的板厚为 t，穿孔的半径为 r_0，板与刚性壁的距离为 D，l_e 为穿孔的等效长度，如果穿孔率(穿孔的面积与板的面积之比)为 P，则穿孔板共振吸声结构的共振频率为 f_r：

$$f_r=\frac{c_0}{2\pi}\sqrt{\frac{P}{l_e D}} \tag{5-84}$$

式中，$l_e=(t+1.6r_0)$。根据式(5-84)计算的共振频率值与实际能很好地符合，主要问题是共振峰的高度与宽度的控制，这与该系统结构的阻尼有关。板的厚度与孔的直径决定阻尼的大小。微穿孔板的阻尼比较大；而一般孔径在 6～10 mm 左右的穿孔结构，特别是板厚为毫米量级的，阻尼比较小，这时往往需要在穿孔板厚贴一层多孔性材料，以增加该系统的阻尼，这层材料厚度大约与孔的直径相当，过厚则发挥不了它的作用。如图 5-7(b)所示，声波通过穿孔时，“流线”会集中，从集中到分散的距离大约为孔直径的大小，在此范围

内，“流速”大，即声波振动的质点振动速度大，材料在此范围内的阻尼大，消耗声能多。图5-7(c)表示阻尼大小对共振峰形状的影响，一般取阻尼大些为好，使声吸收的频率特性较为平缓。这里也可知道要做穿孔结构吸声设计，由于阻尼大小不易计算，所以实际测量是很重要的。

需要说明，穿孔吸声结构一般用于低频，所以穿孔率一般在0.5%～5%左右。如果穿孔率大于25%，则穿孔板只是作为板后多孔吸声材料的“护面板”，基本上是板后多孔性材料起主要的吸声作用。

5.3 隔声基本规律及无机隔声材料

5.3.1 隔声的基本规律

从前面的讨论已经看到，加入中间层一般可以隔掉部分声波，但有时却并不妨碍声的传播。在有些声学问题中要求透声良好，有些则要求隔声良好。例如，建筑物的隔墙就要求有满意的隔声能力，以使住户免受室外噪声的干扰；再如骨导式传声器的外壳要求能隔掉较多的气导噪声等。所以对于这些问题，更有意义的是材料隔声的本领。

在讨论隔声的问题时，绝大多数情况中间层都是固体。理论证明，当声波垂直入射，或者中间层比较薄甚至是斜入射，都可以认为层中只有纵波传播，因而这里关于流体中间层的讨论可以推广到固体中间层去。

1. 单层墙的隔声

描述隔声的本领，通常不再用投射系数 t_I，而是用它的倒数 $\eta_I=\dfrac{1}{t_I}$来表示，实用中常用分贝来度量。用分贝表示的隔声大小的量称为隔声量或称传声损失，用符号 TL 表达，定义为

$$\mathrm{TL}=10\ \lg\eta_I=10\ \lg\frac{1}{t_I}\ (\mathrm{dB})$$

对于一般建筑物，由于采用的隔墙特性阻抗总要比空气大得多，所以有 $R_{21}\ll1$，同时如果隔墙厚度满足 $k_2D=\dfrac{2\pi D}{\lambda_2}<0.5$，根据声强透射系数，并根据近似 $\sin k_2D\approx k_2D$、$\cos k_2D\approx1$，可得

$$\mathrm{TL}=10\ \lg\left[1+\frac{1}{4}R_{12}^2(k_2D)^2\right]=10\lg\left[1+\left(\frac{\omega M_2}{2R_1}\right)^2\right]\ (\mathrm{dB})$$

式中，$M_2=\rho_2D$ 为单位面积隔墙的质量，单位为 $\mathrm{kg/m^2}$。对于一般的所谓重隔墙，例如砖墙，常能满足$\dfrac{\omega M_2}{2R_1}\gg1$，于是上式还可简化为

$$\mathrm{TL}=10\ \lg\left(\frac{\omega M_2}{2R_1}\right)^2=-42+20\ \lg f+20\ \lg M_2\ (\mathrm{dB}) \tag{5-85}$$

这就是建筑声学中常用的质量定律。例如，有一垛砖墙，厚度 $D=0.1$ m、$\rho_2=2000\ \mathrm{kg/m^3}$，则对于 $f=1000$ Hz 的声波可求得 TL≈64 dB。

由质量定律式(5-85)看到，对于一定频率的声波，一个密实单层墙的隔声量，唯一的决定因素是单位面积的质量。也就是说，为了提高墙的隔音能力，当墙的材料已经决定时就只

有采用增加隔墙厚度的办法。此外由质量定律还可以看出，同一堵墙对不同频率的声波隔声量不一样，一般来讲，低频的隔声比高频的隔声要困难。

式(5-85)计算的是平面声波垂直入射时的隔声量。如果声波是斜入射，并假设隔墙的特性阻抗也比较大，隔墙厚度比其中声波波长小很多，即有 $R_{21}\approx 0, k_2' D=\frac{2\pi\cos\theta_{2t}}{\lambda_2}D<0.5$，此外还假设满足重隔墙条件，即$\frac{\omega M_2\cos\theta_i}{2R_1}\gg 1$，这时由声强透射系数可求得入射角为 θ_i 时的隔声量为

$$(\mathrm{TL})_{\theta_i}=10\lg\left(\frac{\omega M_2\cos\theta_i}{2R_1}\right)^2 \tag{5-86}$$

可见隔声量与入射角有关，以 $\theta_i=0$ 即垂直入射时的隔声量为最大。在实际的房间中，声波不可能全是垂直入射的，而是从各个方向向墙壁入射，即漫入射，这时实际隔声量比式(5-85)的计算结果要低。

2. 双层墙的隔声

对于隔声要求比较高的情况，例如供声学测试用的消音室、录音室等，常希望室内的本底噪音尽量低，这就要求房间的隔音效果尽量好。但是从质量定律式(5-85)可知，如果使用相同的材料，墙的厚度增加一倍，隔音量增加 6 dB；厚度再增加一倍，隔音量还是只增加 6 dB，显然越是到后来，为了得到 6 dB 的隔音量付出的代价就越大，自然也愈不经济，所以如何能用较少的材料获得足够的隔声能力是问题的关键。我们先讨论双层墙隔声，然后在下一节提出更简单的结构和方法。

关于双层墙隔声的讨论，原则上可以按照与单层墙相同的方法进行，但这时声波要穿过四个分界面，运用声学边界条件就得到八个方程，所以求解过程比较繁琐。但如果假设隔墙的厚度相对于波长来讲足够薄，也就是认为墙像活塞一样做整体振动，那么讨论就可以得到简化，当然结果具有局限性。

设两墙相距为 D，墙单位面积的质量均为 M。根据前几节的讨论可知，在区间Ⅰ中存在着平面入射波和反射波，记为 p_i 和 p_{1r}；在区间Ⅱ中一般也存在着沿 x 正方向和 x 负方向传播的波，分别记为 p_{2t}和 p_{2r}；在区间Ⅲ中只存在沿正 x 方向传播的波，记为 p_{3t}。如图 5-8 所示选取坐标，则各列波可分别表达为

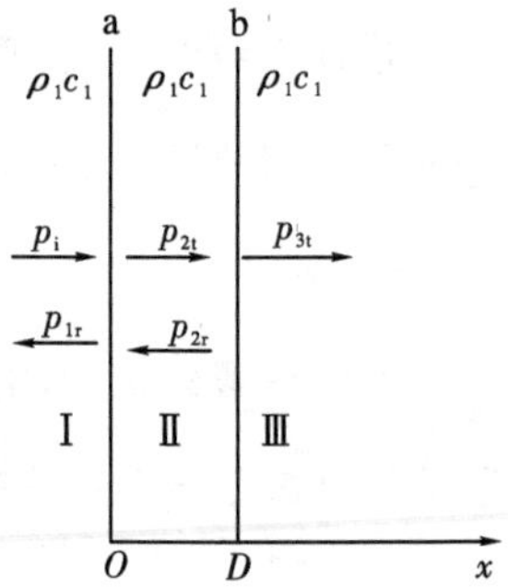

图 5-8 双层墙示意图

$$\begin{cases} p_i=p_{ia}e^{-jkx} \\ p_{1r}=p_{1ra}e^{+jkx} \\ p_{2t}=p_{2ta}e^{-jkx} \\ p_{2r}=p_{2ra}e^{+jkx} \\ p_{3t}=p_{3ta}e^{-jk(x-D)} \end{cases} \tag{5-87}$$

考虑到各列波的时间因子都是简谐变化，故因子 $e^{j\omega t}$ 均已略。

a 墙左界面处的声压为 $p_{1ia}+p_{1ra}$，a 墙右界面处的声压为 $p_{2ta}+p_{2ra}$，b 墙左界面处的声压为 $p_{2ta}e^{-jkD}+p_{2ra}e^{jkD}$，b 墙右界面处声压为 p_{3ta}。

先讨论 $x=0$ 处 a 墙的运动方程。由于作用在墙左界面和右界面的声压不相等，使墙得到加速度$\frac{\mathrm{d}v_1}{\mathrm{d}t}$，因此单位面积墙的运动方程为

$$M\frac{\mathrm{d}v_1}{\mathrm{d}t}=(p_{1\mathrm{ia}}+p_{1\mathrm{ra}})-(p_{2\mathrm{ta}}+p_{2\mathrm{ra}}) \tag{5-88}$$

在墙的左界面上与右界面上都有法向质点速度连续条件，区间Ⅰ和Ⅱ在 $x=0$ 处的质点速度都等于 a 墙运动速度 v_1，即

$$\frac{p_{1\mathrm{ia}}-p_{1\mathrm{ra}}}{R_1}=v_1=\frac{p_{2\mathrm{ta}}-p_{2\mathrm{ra}}}{R_1} \tag{5-89}$$

合并式(5-88)及式(5-89)，并考虑到$\frac{\mathrm{d}v_1}{\mathrm{d}t}=\mathrm{j}\omega v_1$，则

$$\frac{\mathrm{j}\omega M}{R_1}(p_{1\mathrm{ia}}-p_{1\mathrm{ra}})=\frac{\mathrm{j}\omega M}{R_1}(p_{2\mathrm{ta}}-p_{2\mathrm{ra}})=(p_{1\mathrm{ia}}+p_{1\mathrm{ra}})+(p_{2\mathrm{ta}}+p_{2\mathrm{ra}}) \tag{5-90}$$

类似地考虑 $x=D$ 处 b 墙的运动，可得到

$$\frac{\mathrm{j}\omega M}{R_1}(p_{2\mathrm{ta}}\mathrm{e},^{-\mathrm{j}kD}-p_{2\mathrm{ra}}\mathrm{e}^{\mathrm{j}kD})=\frac{\mathrm{j}\omega M}{R_1}p_{3\mathrm{ta}}=(p_{2\mathrm{ta}}\mathrm{e}^{-\mathrm{j}kD}+p_{2\mathrm{ra}}\mathrm{e}^{\mathrm{j}kD})-p_{3\mathrm{ta}} \tag{5-91}$$

联立式(5-90)和式(5-91)，例如由式(5-91)，得

$$\begin{cases}p_{2\mathrm{ta}}\mathrm{e}^{-\mathrm{j}kD}=\left(1+\frac{\mathrm{j}\omega M}{2R_1}\right)p_{3\mathrm{ta}}\\ p_{2\mathrm{ra}}\mathrm{e}^{\mathrm{j}kD}=\frac{\mathrm{j}\omega M}{2R_1}p_{3\mathrm{ta}}\end{cases} \tag{5-92}$$

将式(5-92)代入式(5-90)，即可得到 $p_{1\mathrm{ia}}$ 和 $p_{3\mathrm{ta}}$ 之比为

$$\frac{1}{t_p}=\frac{p_{1\mathrm{ia}}}{p_{3\mathrm{ta}}}=\left(1+\frac{\mathrm{j}\omega M}{R_1}\right)\cos kD+\mathrm{j}\left[\left(1+\frac{\mathrm{j}\omega M}{R_1}\right)-\frac{1}{2}\left(\frac{\omega M}{R_1}\right)^2\right]\sin kD \tag{5-93}$$

因而双层墙的隔声量为

$$\mathrm{TL}=10\lg\left|\frac{p_{1\mathrm{ia}}}{p_{3\mathrm{ta}}}\right|^2=10\lg\left|\left(1+\frac{\mathrm{j}\omega M}{R_1}\right)\cos kD+\mathrm{j}\left[\left(1+\frac{\mathrm{j}\omega M}{R_1}\right)-\frac{1}{2}\left(\frac{\omega M}{R_1}\right)^2\right]\sin kD\right|^2 \tag{5-94}$$

当频率很低时，有 $\cos kD\approx1$、$\sin kD\approx0$，则式(5-94)可简化为

$$\mathrm{TL}\approx10\lg\left(1+\frac{\omega^2M^2}{R_1^2}\right) \tag{5-95}$$

比较式(5-95)与质量定律式(5-85)可以看出，这相当于将两垛墙合并成一垛墙的隔声量，也就是说在频率很低时，双层墙不比同样材料合成在一起的单层墙性能优越。

对于中等频率情况，有 $\sin kD\approx kD$、$\cos kD\approx1$，则式(5-94)可简化为

$$\mathrm{TL}\approx10\lg\left|1-\frac{\omega MkD}{R_1}+\mathrm{j}\left[\frac{\omega M}{R_1}+kD-\frac{1}{2}kD\left(\frac{\omega M}{R_1}\right)^2\right]\right|^2 \tag{5-96}$$

如果墙是重隔墙，即$\frac{\omega M}{R_1}\gg1$，上式可简化为

$$\mathrm{TL}\approx20\lg\frac{1}{2}kD\left(\frac{\omega M}{R_1}\right)^2=20\lg\frac{\omega M}{R_1}+20\lg\frac{\omega M}{2R_1}kD \tag{5-97}$$

由质量定律知，式(5-97)第一项相当于用相同材料双层墙合并单层墙时的隔声量，可见分

成双层墙砌时隔声量得到一定的提高。实际上，两墙间的距离越大，隔声量就愈大，深入一步的理论证明，两墙的距离有一个最佳值。

由式(5-96)可见，当虚数项为零，也就是当

$$\omega_r=\rho_1 c_1\sqrt{\frac{2}{M\rho_1 D}} \tag{5-98}$$

时隔音量最小，这意味着墙中间的空气作为弹簧与墙的质量发生共振，使隔音量随频率的关系出现一个谷，在两墙中间加填多孔柔性介质可以适当地抑制这种共振。这与长期隔声实践的结果是一致的。

5.3.2 常用隔声结构及简化模型

前已述及单层墙的隔声，多孔材料有较好的吸声特性，那么是否可直接用来隔声呢？当然不可以。多孔材料一般空隙率大于90%，它的特性阻抗与空气的特性阻 $\rho_0 c_0$（ρ_0 是空气密度，c_0 是自由空气中的声速）相差不大，因而声波能较易地传入材料中，也能较易地从材料中传出。假定用多孔材料将空间一隔为二，则声波从一个空间通过多孔材料传入相邻空间，又假定通过多孔材料时声能被耗损掉99%（这几乎是不可能达到的高吸收），传入相邻空间的声能只是入射声能的1%，那么这个传递损失也仅仅是20 dB。如果透过多孔性材料时被吸收50%的声能，则传递损失只有3 dB，远远达不到隔声要求。

再简化讨论一下质量定律。图5-9为单位面积质量为 m 的无限大隔层，两边均为空气介质，其特性阻抗为 $\rho_0 c_0$。入射声压为 p_i、反射声压为 p_r、透射声压为 p_t，考虑隔层是不透气的材料，声波传来时引起隔层振动，隔层振动再向另一空间辐射，产生透射声压 p_t。隔声量TL为

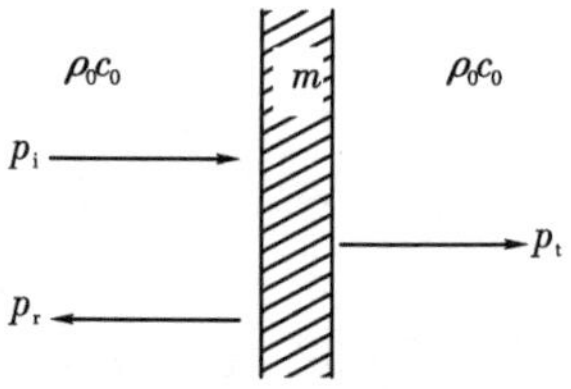

图5-9 单层隔声结构

$$\text{TL}\approx 20\lg\frac{\omega m}{2\rho_0 c_0} \tag{5-99}$$

式中，$\omega=2\pi f$ 是圆频率。式(5-99)再次表明，隔层的单位面积质量越大，传声损失越高，质量加一倍，传声损失增大6 dB；频率提高一倍，传声损失也增大6 dB。

总之，隔声要靠质量，且不能透气，这是与吸声材料的本质区别。不能只靠增加单位面积质量来提高传声损失。采用双层隔声结构乃至多层轻隔声结构是提高隔声效果的有效方法。双层隔声结构的效果大致如图5-10所示，图中虚线是相当于将两个隔层合并在一起时的质量定律，而实线是两个隔层分开时的隔声效果。除了在低频端有一个因两个隔层与中间空气层产生共振引起的隔声低效外，双层时总的隔声效果显著提高。要实现双层隔声效果，必须在设计和施工时要使这两个隔层之间不能有任何刚性连接。

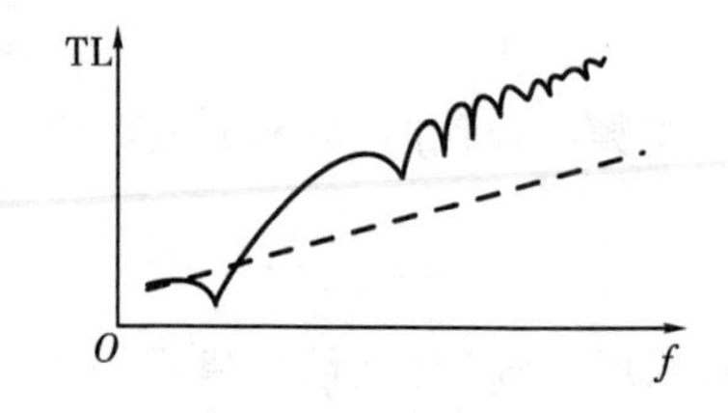

图5-10 双层隔声结构的传声损失

5.4 隔振结构及无机隔振、减振材料

谈到隔振，橡胶材料是不可或缺的。本书虽侧重于无机材料，即便如此，本节仍然会涉

及橡胶材料。本节介绍隔振的基础结构,拟用力学模型区别隔振与减振。为了减小隔振支座的传递率,通过力学模型阐述了对隔振材料提出的性能要求和实际使用的隔振材料的动态性能。关于减振问题,讨论了损耗系数的变化。此外,还分析了用橡胶对钢板进行减振处理后的损耗系数。

5.4.1 隔振基础结构

为了不使机器(如冲床、发电机、鼓风机、打桩机等)的振动通过基础沿地层向各个方向传递,亦或是为了使地面的振动不影响台架上精密仪器的正常操作,都要进行隔振设计。前者称为积极隔振,后者称为消极隔振。

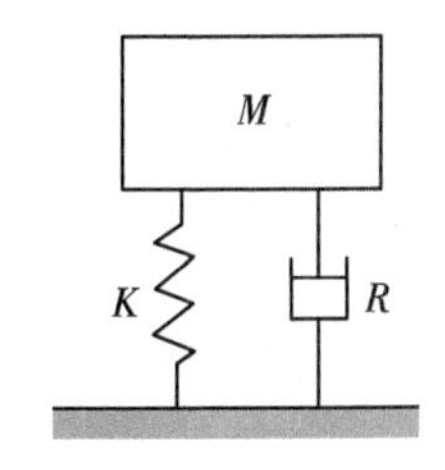

图5-11 隔振结构模型

隔振结构的基础模型如图5-11所示,物体(机器、仪器设备、消声室等)的质量为M(假定只做上下振动),弹性体劲度为K,系统的阻尼为R,则该隔振结构的固有频率ω_0可以表示为

$$\omega_0=\frac{1}{2\pi}\sqrt{\frac{K}{M}} \tag{5-100}$$

阻尼比β为

$$\beta=\frac{R}{4\pi\omega_0 M} \tag{5-101}$$

5.4.2 隔振支座模型

我们再进一步拓展5.4.1节的内容。把图5-12所示的模型,称为隔振支座模型,其中,机器的质量为m;隔振材料的复数动刚度为K^*,是用于评价橡胶等黏弹性体减振元件减振性能的关键指标。动载荷下抵抗形变的能力称为动刚度,即引起单位振幅所需要的动态力。区别于静刚度,其指的是静载荷下抵抗变形的能力。静刚度一般用结构在静载荷作用下形变的多少来衡量,动刚度则是用结构的固有频率来衡量。

隔振支座的功能有两种:①不让发动机之类的机械设备产生的激发力传递到设备的基础上;②不让设备的变位振动传递到精密仪器上。两者的力学模型分别如图5-12(a)和(b)所示。

据此,可以定义其力的传递率和移位的传递率。如表5-1所示,两种模型表达稳定振动的方程式、固定解、复数振幅及传递率的定义各不相同,但各模型的传递率却可用同一方程式求得。当然,可用这种传递率来评价隔振效果。

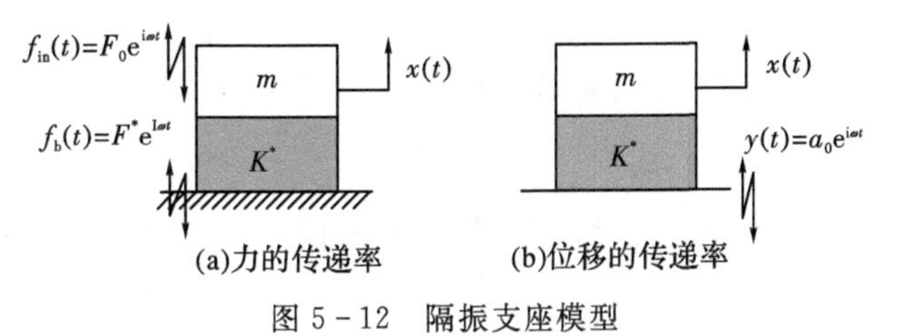

图5-12 隔振支座模型

表 5 - 1 两种模型的对比分析表

项目	力学模型(a)	力学模型(b)
运动方程式	$m\ddot{x}+K^{*}x+F_{0}e^{j\omega t}$	$m\ddot{x}+K^{*}(x-y)=0$
固定解	$x=x_{0}^{*}e^{j\omega t}$	$x=x_{0}^{*}e^{j\omega t}$
复数振幅 x_0^*	$x_{0}^{*}=\dfrac{F_{0}}{K^{*}-m\omega^{2}}$	$x_{0}^{*}=\dfrac{a_{0}K^{*}}{K^{*}-m\omega}$
传递率定义	$T=\lvert K^{*}x_{0}^{*}/F_{0}\rvert$	$T=\lvert x_{0}^{*}/a_{0}\rvert$
传递率 T	$T=\dfrac{\sqrt{1+l^{2}}}{\sqrt{\left\{1-\left(\dfrac{\omega}{\omega_{0}}\right)^{2}\right\}^{2}+l^{2}}}$	
式中：$\omega_0=\sqrt{K'/m}$；$K'=\lambda E'$；$l=E''/E'$		

K^* 为复数动刚度($K^*=\lambda E^*$，$E^*=E'+iE''$为复数弹性模量)；E'为储能弹性模量；E''为损耗弹性模量；λ 为与隔振材料相关的系数；ω 为强制振动时的频率；ω_0 为隔振支座的固有频率。另外，复数刚度的实部和虚部分别称为储能刚度和损耗刚度，分别用符号 K'和 K''表示，可写成 $K'=\lambda E'$和 $K''=\lambda E''$。另外，虚部除以实部的商称为损耗系数 l，$l=E''/E'=K''/K'$。

实际上，相对于频率而言，隔振橡胶的动态性能并不固定，它与频率有相关性，可写成

$$K'=\lambda E'(\omega),\ l=l(\omega) \tag{5-102}$$

传递率可以写成

$$T=\frac{\sqrt{1+l^{2}(\omega)}}{\sqrt{[1-(\omega/\omega_{0})^{2}(E'_{0}/E'(\omega))]^{2}+l^{2}(\omega)}} \tag{5-103}$$

式中，E'_0为 ω_0 中的动态弹性模量，结合式(5 - 100)，可用下式表达：

$$E'_{0}=E'(\omega_{0}) \tag{5-104}$$

$$\omega_{0}=\sqrt{\frac{\lambda E'(\omega_{0})}{m}} \tag{5-105}$$

以橡胶材料为例，$E'(\omega)$为频率的增函数，所以式(5 - 103)中的 $E'_0/E'(\omega)$项随着频率增大而增大，传递率也增大。

隔振的目的就是使得隔振支座在设备常用频率范围内将传递率控制在 1 以下。如果 $E'(\omega)=E'_0$，则有效隔振的频率范围为隔振支座固有频率的$\sqrt{2}$倍以上的频率范围。通常，固有频率 ω_0 可设定为能绝缘振动频率范围的下限 ω_L 的 1/2.5～1/3。因此，可以设定隔振支座的固有频率，结合式(5 - 103)即可评价隔振效果。

1. 损耗系数特性

在储能弹性模量与频率无关的情况下，传递率方程式(5 - 103)中的 $E'_0/E'(\omega)=1$，损耗系数 $l(\omega)$可改写为

$$l(\omega)=\omega_{0}\tau(\omega/\omega_{0}) \tag{5-106}$$

式中，ω/ω_0 为无量纲频率；$\omega_0\tau$ 称为衰减系数。图 5-13(a)中用实线表示所求得的传递率。隔振支座固有频率在$\sqrt{2}$以上的振动频率范围内，可以实现隔振，在其以下则为共振。当机器启动和停止工作时，在隔振范围内，衰减系数越小，隔振效果越大，而且在损耗系数与频率的弱相关的隔振区域，传递率受到了非常有限的抑制。通常，将抑制共振称为减振。而对于隔振来说，减振和隔振这两方面缺一不可，但是，减振和隔振的衰减特性却相反。损耗系数 $l(\omega)$作为频率(线性)的增大函数，将使隔振区域的传递率增大。实际上，损耗系数与频率无关。如图 5-13(a)的虚线所示，$l_0=0.5$，共振区域的传递率和与频率有关的衰减系数 $\omega_0\tau=0.5$ 时的传递率相同，只不过隔振领域的传递率更小。将兼具减振和隔振的体系称为防振。作为防振材料，损耗系数要大，与频率的相关性要小。

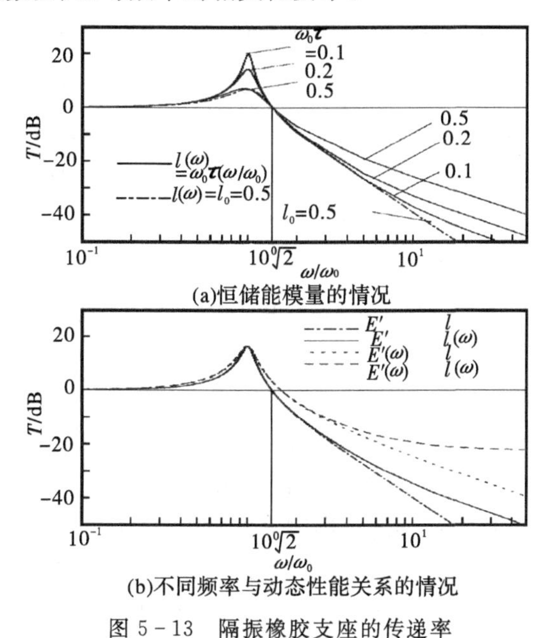

(a)恒储能模量的情况

(b)不同频率与动态性能关系的情况

图 5-13　隔振橡胶支座的传递率

2. 损耗系数和储能弹性模量的影响

储能弹性模量会影响频率特性。如果确定其他各个参数，使固有频率的传递率相同，则如图 5-13(b)所示那样，隔振区域的下限频率为隔振支座固有频率的$\sqrt{2}$倍以上时，传递率增大，隔振效果下降。这是传递率方程式(5-103)中的 $E'/E'(\omega)$项减小，导致隔振效果下降的原因之一。

为了尽量减小 $\omega_\alpha \leqslant \omega$ 区域里的传递率，有必要选择 $E'(\omega_\alpha)/E'$小的聚合物。如果考虑把共振频率以下的情况也包括在内，则减小与静态剪切弹性模量 E'_s的比例，即动态放大率 $E'(\omega_\alpha)/E'_s$，也很必要。

此外，储能弹性模量和静挠度χ_{st}与固有频率有关。如果忽略对频率的依赖关系，那么，固有频率确定后，静挠度也必然会固定下来，有

$$\chi_{st}=\frac{g}{\omega_0^2} \tag{5-107}$$

式中，g 为重力加速度。假设固有频率为 15 Hz，则静挠度就固定在 1.1 mm 左右。

5.4.3 减　振

横梁和平板等部分结构构件由于外力作用产生的表面外(弯曲)的共振往往会成为噪声源,为抑制这种共振而采用的黏弹性材料通常称为减振材料。减振材料随着被弯曲而产生的基本形变,主要包括了伴随着伸缩产生的弯曲形变和剪切形变。图 5-14 所示为经减振处理后的构件承受弯曲形变时的断面示意图。图中的细线斜格为减振材料,其他为构件的显微部分。图 5-14(a)为减振材料的自由表面受到拉伸,粘接面承受压缩后产生的伸缩弯曲形变情况;图 5-14(b)所示为由于含有约束层,所以其表面的自由形变受到约束,主要产生剪切形变时的情况。前者为非约束式减振处理;后者则称为约束式减振处理。对衰减的评价结果,因减振处理方法的不同而有很大的差异,现以前一种为例,讲解减振机理。

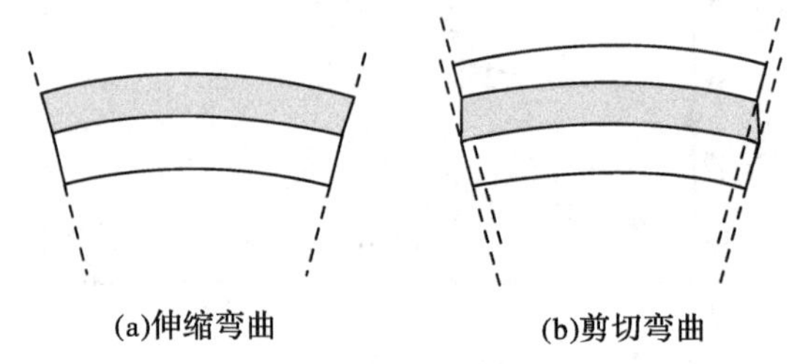

图 5-14　经减振处理的横梁的弯曲形变

1. 非约束式减振处理

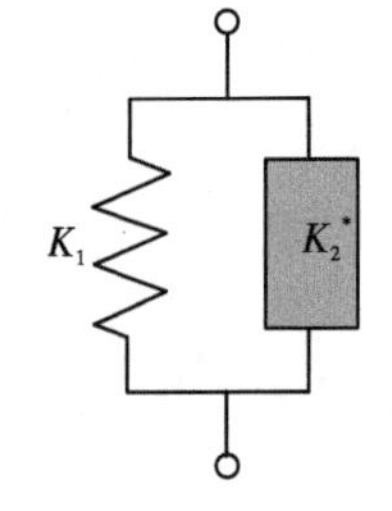

图 5-15　经减振处理的横梁的弯曲刚度等效模型

减振处理是将减振材料平行地粘贴在构件上,所以可直接计算出刚度。如图 5-15 所示,刚度为 k_1 的构件与复数动刚度为 $k_2^* = k_2(1+\mathrm{i}\eta_2)$ 的减振材料并联,经减振处理的构件的动态刚度 k^* 由下式给出:

$$k^* = k_1 + k_2(1+\mathrm{i}\eta_2) \tag{5-108}$$

由于储能刚度为 $k_1 + k_2$,损耗刚度为 $k_2\eta_2$,所以损耗系数 l 由式(5-109)计算:

$$l = \frac{\eta_2}{1+k_1/k_2} \tag{5-109}$$

经减振处理的构件的损耗系数 l 跟减振材料的损耗系数 η_2 和刚性比(k_1/k_2)有关联。为了获得大的 l,要求减振材料要具有高的弹性模量和大损耗系数,因此,在设计时要使减振构件的共振频率位于减振材料损耗系数最大的区域内。

如果设作用于横梁或平板构件上的外力为 $F_0 e^{\mathrm{i}\omega t}$,等效质量为 m,变位为 x,则其运动与表 5-1 的力学模型(a)相对应,稳态振动的振幅 X 为

$$X = \left| \frac{F_0}{k_1 + k_2 + \mathrm{i}k_2\eta_2 - m\omega^2} \right| = \frac{x_{st}}{\sqrt{\left(1-\frac{\omega^2}{\omega_0^2}\right)+l}} \tag{5-110}$$

式中,

$$\omega_0 = \sqrt{\frac{k_1+k_2}{m}},\quad x_{st} = \frac{F_0}{k_1+k_2} \tag{5-111}$$

考虑到减振材料复数动刚度与频率的相关性 $K^*(\omega)=k_1+k_2(\omega)[1+i\eta_2(\omega)]$，采用 $k'(\omega)=k_1+k_2(\omega)$，则振幅方程式(5-110)可改写成

$$X=\frac{x_{st}(\omega)}{\sqrt{[1-(\omega/\omega_0)^2(k'(\omega_0)/k'(\omega))]^2+l^2(\omega)}} \tag{5-112}$$

式中的 ω_0、$x_{st}(\omega)$ 和 $\eta(\omega)$ 分别由如下方程式给出：

$$\omega_0=\sqrt{\frac{k'(\omega_0)}{m}},\ x_{st}(\omega)=\frac{F_0}{k'(\omega)},\ l(\omega)=\frac{\eta_2(\omega_0)}{1+k_1/k_2(\omega)} \tag{5-113}$$

减振支座的使用温度极限为减振材料的玻璃化转变温度，希望把损耗系数设计在 $\eta(\omega)$ 最大时的频率 ω_g(接近 ω_0)附近。为了不降低在 ω_g 附近的使用效果，有必要增大减振材料的储能刚度 $k_2(\omega_g)$，以减小对频率的依赖性。

2. Oberst 横梁

经过减振处理的非约束式横梁(复合横梁)称为 Oberst 横梁。承受弯曲变形的 Oberst 横梁如图 5-16(a)所示。图中的影线斜格部分为复数弹性模量为 E^*、厚度为 t 的减振材料；影线部分以下是弹性模量为 E、厚度为 h 的减振处理前的横梁(减振对象)。如果横梁产生形变，则上表面被伸长，下表面被压缩，图 5-16 中用点划线表示接触区域，在具有矩形横断面的单件横梁中，其明显处于 $h/2$ 处，而在复合横梁中，其处于横断面的总应力为 0 的位置。假设接触区域处于与横梁上表面距离为 mh 的位置，如图 5-16(a)所示，则应力可用下式表示：

$$\int_{-(1-m)h}^{mh}\frac{E_z}{R}dz+\int_{-(1-m)h}^{(m+n)h}\frac{E_z}{R}dz=0 \tag{5-114}$$

对其进行积分，则可用下式求取 m：

$$m=\frac{1-en^2}{2(1-en)} \tag{5-115}$$

式中，$n=t/h$；$e=\xi(E^*/E)$；$E^*=E_u(1+i\eta_u)$。

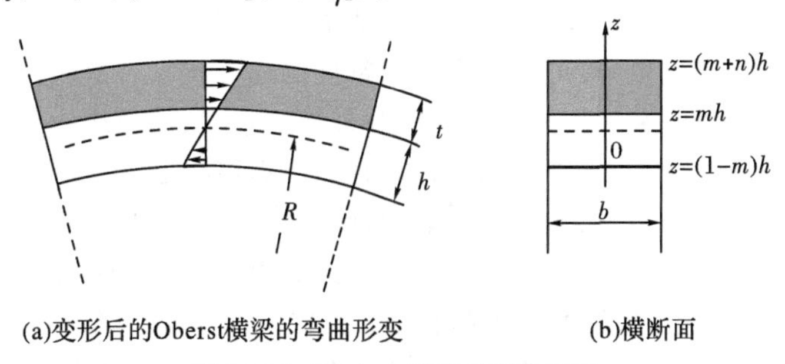

(a)变形后的Oberst横梁的弯曲形变　(b)横断面

图 5-16　Oberst 横梁的弯曲形变

此处用弯曲刚度取代弹簧常数。复合横梁的弯曲刚度 $(EI)^*$ 用横梁的弯曲刚度与减振材料的弯曲刚度的总和表示，即

$$(EI)^*=E\int_{-(1-m)h}^{mh}z^2dz+E\int_{-(1-m)h}^{(m+n)h}z^2dz \tag{5-116}$$

积分后将式(5-115)代入，设 $I=bh^3/12$，则得

$$\frac{(EI)^*}{EI}=1+en^3+3(1+n)^2\frac{en}{1+en} \tag{5-117}$$

式(5－116)的实部为减振对象的弯曲刚度与减振材料的弯曲刚度的总和,所以与式(5－108)相对应。另外,损耗系数是用式(5－117)的实部除以虚部所得的值,所以,它与式(5－109)相对应,最终得到下式:

$$l=\frac{ne}{1+ne}\frac{3+6n+4n^2+2en^3+e^2n^4}{1+2en(2+3n+2n^2)+e^2n^4}l_u \tag{5-118}$$

减振材料的厚度比与弹性模量比的关系相当复杂。如果仅仅加大减振材料的损耗系数,则不能使 Oberst 横梁也具有大的损耗系数,必须同时加大与减振对象的杨氏模量相对应的储能弹性模量比 E_u/E。如果加大 E_u/E,则既可提高弯曲刚度,又可提高固有频率。

如采用丙烯酸酯(ACM)橡胶作为减振材料,则在约 1 kHz 附近损耗系数 l 的最大值约为 2.2。假如减振对象的材质是钢,由于其弹性模量比 $e\approx3\times3.8$ MPa/200 GPa,约为 5.7×10^{-4},假如 ACM 的厚度不到钢板厚度的 10 倍以上,则可以推断出不能获得减振效果。ACM 的损耗系数 l 虽然大,但由于储能弹性模量低,所以如果实用的厚度 $n\leqslant1$,则仍不能期望获得减振效果。

简单做个讨论。安装隔振支座的主要目的是绝缘振动。安装了隔振支座必然要产生固有频率,既然安装了,就要克服,因此在固有频率附近的损耗系数应尽可能大。在隔振的设计中,要尽可能地减小动态性能与频率的相关性。从力学模型的角度看隔振材料的设计目标,应该是降低储能弹性模量和损耗系数与频率的相关性。另外,使用隔振材料的目的是抑制减振对象的共振,因此要求隔振材料要有大损耗系数,同时必须具有高的储能弹性模量。仅损耗系数大的高分子材料不能说是良好的隔振材料。对于隔振材料来说,必须要具有接近隔振支座弹性模量值的储能弹性模量。

5.4.4 无机隔振、减振材料

1. 阻尼合金技术及应用

阻尼材料是指在一定的使用环境中,通过吸收能量使其具有可以减振、降噪等阻尼效应的材料。阻尼合金中,借助电镜,可以观察到高密度的亚结构——孪晶,在外部应力的作用下,由于显微孪晶界的移动和磁矩的偏转而吸收外部能量,从而使应力松弛,起到较好的减振、降噪效应。在兵器工业中,坦克变速箱、传动箱中,运用阻尼材料,可显著减轻主战坦克传动部分产生的振动和噪声;航天、航空工业中,阻尼材料主要用于制造火箭、导弹、喷气机等控制盘或陀螺仪的外壳,阻尼材料的使用,可以提高卫星、航天飞船发回信息的准确性和导弹命中的精确性;在舰船领域中,阻尼材料用于制造推进器、传动部件和舱室隔板,有效地降低了来自于机械零件啮合过程中表面碰撞产生的振动和噪声,阻尼材料可在不改变舰船原有设计和设备的条件下进行有效减振降噪,从而可使舰船有效避开雷达和声呐的远程探测,从根本上提高舰船的隐身化水平。

具有阻尼效应的铜合金主要是锰铜合金,属于孪晶型合金材料。其组成以 Mn－Cu 二元合金为基,加入 Al、Ni、Fe 等合金元素;铸态组织由韧性的亚稳相 γ 强韧相所组成,界面阻尼来源于孪晶界面和相界面的运动及反铁磁性磁矩(畴)转向运动;当温度高于 M 点时,丧失阻尼性能,因合金的成分不同,M 点在 70～100 ℃;温度低,阻尼性能高。锰铜阻尼合金可以起到减振、降噪和提高疲劳寿命的作用,在制作防振和消声设备方面具有重要作用,主要用于防振设备的紧固件、泵体、机座、减速器上的齿轮等。其最典型的用途是潜艇用螺旋桨。

为了提高结构的阻尼性能，还可以可将结构材料和阻尼材料制成复合材料，即由结构材料承受应力，阻尼材料产生阻尼作用，以达到控制振动和降低噪声的目的。

2. 新型泡沫金属材料

泡沫金属是由金属基体和气孔组成的新型结构功能材料。泡沫金属材料综合了低密度、高刚度、冲击吸能性好、低热导率和磁导率、良好阻尼等特性，具有其他材料无法比拟的优势。

泡沫铝合金是在纯铝或铝合金中加入添加剂后，经过发泡工艺而成，是一类内部存在大量气泡、且气泡分布在连续金属相中形成孔隙结构的复合材料，它同时兼有金属和气泡的特征。泡沫铝具有优异的物理性能、化学性能、力学性能及可回收性。泡沫铝是由基体和孔洞组成，应变强烈滞后于应力，压缩应力-应变曲线上有较长的屈服平台，是一种具有良好吸能特性的材料。进入孔洞的声波会发生漫反射，消耗声音能量，所以泡沫铝又是很好的吸声材料。

泡沫铝可用于交通运输工业、航天事业和建筑结构工业等方面。泡沫铝合金可用于城市轻轨、高架公路、地下隧道、机械设备的噪声治理及声学室、多功能厅和其他室内声响效果的改善。吸声的泡沫铝粘贴到混凝土或钢结构上，竖在高架桥、轻轨两旁作为大型吸音墙，可以减轻城市交通噪声。隔声的泡沫铝可用于工厂机房、机器设备、户外建筑工地的噪声隔离，解决了广泛应用的玻璃棉、石棉等吸声材料的许多局限性。研究表明，泡沫铝合金的阻尼性能为金属铝的5～10倍。孔隙率为84%的泡沫铝发生50%形变时，可吸收2.5 MJ/m^3 以上的能量。声波频率为800～4000 Hz时，闭孔泡沫铝的隔声系数达0.9以上。声波频率为125～4000 Hz时，通孔泡沫铝的吸声系数最大可达0.8，其倍频程平均吸声系数超过0.4。

镁合金是以镁为基础加入其他元素组成的合金。其特点是：密度小、强度高、弹性模量大、散热好、消振性好、承受冲击载荷能力比铝合金大、耐有机物和碱的腐蚀性能好。主要合金元素有铝、锌、锰、铈、钍及少量锆或镉等。目前使用最广的是镁铝合金，其次是镁锰合金和镁锌锆合金。在声学领域，镁合金凭借其低密度、高延伸率、高比强度、高比刚度、突出的减振性能、优异的电磁屏蔽性和比阻尼系数最大等优异性能，对降低声学设备功率、提高设备稳定性、提高声学灵敏度、实现音质的高保真度传输等方面有着突出的表现，因而是制造轻量化、灵敏要求高和有减振需求的零部件产品的最佳材料，尤其在手机、耳机、家用音响、汽车音响、笔记本壳体等产品中应用越来越广泛。

习　题

1. 在20 ℃的空气里，频率为1000 Hz、声压级为0 dB的平面声波的质点位移幅值、质点速度幅值、声压幅值及平均能量密度各为多少？如果声压级为120 dB，上述各量又为多少？为了使空气质点速度有效值达到与声速相同的数值，借用线性声学结果估计需要多大的声压级？

2. 在20 ℃的空气里，有一平面声波，已知其声压级为74 dB，试求其有效声压、平均声能量密度与声强。

3. 设有一纵波从各向同性固体以入射角 θ_i 入射于无限液体中。

(1)求该纵波的反射系数。

(2)问在固体介质中会出现反射横波吗？它的反射系数由什么决定？

4. 设有一横波从各向同性固体以入射角 θ_i 入射于无限液体中，该横波质点振动位于 xOz 平面内(如图 5-1 所示)，试导出反射及透射系数。

5. 实验测得，当频率为 10 kHz 时，在淡水及海水(5 ℃，35%的盐度)中的吸收系数 α 分别为 7×10^{-5}(dB/m)与 10^{-3}(dB/m)。假设在声源处的声压相同，而声波以平面波方式向各自介质中传播 1000 m，试问在这两种不同水中的声压将差多少分贝？

6. 空气中有一木质板壁，厚为 1 cm，试问其对 1000 Hz 声波的隔声量有多少？如果换成 1 cm 厚的铝板，试问隔声量将提高多少？

7. 房间隔墙厚度为 20 cm，密度 $\rho=2000\ kg/m^3$，试求 100 Hz 及 1000 Hz 声波的隔声量分别为多少？如墙的厚度增加 1 倍，100 Hz 声波的隔声量为多少？如不是增加厚度，而是用相同材料砌成双层墙，间距 10 cm，这时 100 Hz 声波的隔声量为多少？

第6章 无机材料的电导

在无机材料性能的许多应用中，电导性能是非常重要的。材料的电导性能是材料电学性能的主要指标之一，不同材料电导性能差异很大，这是由电导的微观机理所决定的，电导性与材料的结构、组织、成分等因素有关。由于电导性能的差异，材料被应用在不同的领域。半导体材料已作为电子元件被广泛地用于电子、光电子等领域，成为现代电子学、光电子学等的一个重要部分。如电阻发热元件，在高温（>1500 ℃）下能维持其力学性能不变；各种半导体敏感材料，如压敏材料、热敏材料、光敏材料、快离子导电材料、气敏材料等是制作各类传感器的重要材料之一，由于它们与信息和微机等高新技术的发展密切相关，因而获得了迅猛发展，成为功能材料的一个重要分支。利用具有零阻电导现象的超导材料制作的新型电子器件也已获得应用。此外还有性能几乎不受温度和电压影响的欧姆电阻。这些材料的应用都是利用了材料的电导特性。

6.1 电导的基本性能

6.1.1 电阻率和电导率

在一个长为 L，横截面积为 S 的导电体的两端加上电压 V，导体内就形成了电流，根据欧姆定律，有

$$I = \frac{V}{R} \tag{6-1}$$

导体的电阻 R 与导线的长度 L 成正比，与横截面积 S 成反比，即

$$R=\rho\frac{L}{S} \tag{6-2}$$

式中，ρ 为导体的电阻率，单位为欧[姆]米（$\Omega\cdot\mathrm{m}$），习惯上用 $\Omega\cdot\mathrm{cm}$。电阻率只与材料的本性有关，而与其几何尺寸无关，它表征了材料的导电能力。电阻率的倒数定义为电导率 σ，即

$$\sigma = 1/\rho \tag{6-3}$$

电导率的单位为西[门子]每米（S/m）。

根据电导性能的好坏，常把材料分为导体、半导体、绝缘体，其中 $\rho<10^{-5}\ \Omega\cdot\mathrm{m}$ 的为导体；ρ 值在 $10^{-5}\sim10^{9}\ \Omega\cdot\mathrm{m}$ 的为半导体；$\rho>10^{9}\ \Omega\cdot\mathrm{m}$ 的为绝缘体。

式（6－1）表示的欧姆定律不能说明导体内部各处电流的分布情况，特别是在半导体中，

常遇到电流分布不均匀的情况，即流过不同截面的电流强度不一定相同，因此常采用电流密度的概念。

电流密度是指通过垂直于电流方向的单位面积的电流，即

$$J = \Delta I/\Delta S \quad (6-4)$$

电流密度的单位为 A/m^2 或 A/cm^2。

如果上述导体为均匀导体，则导体内部各处都建立了电场，如图 6－1 所示，则电场强度为

$$\varepsilon = V/L \quad (6-5)$$

单位为 V/m 或 V/cm。对这一均匀导体来说，电流密度

$$J = I/S \quad (6-6)$$

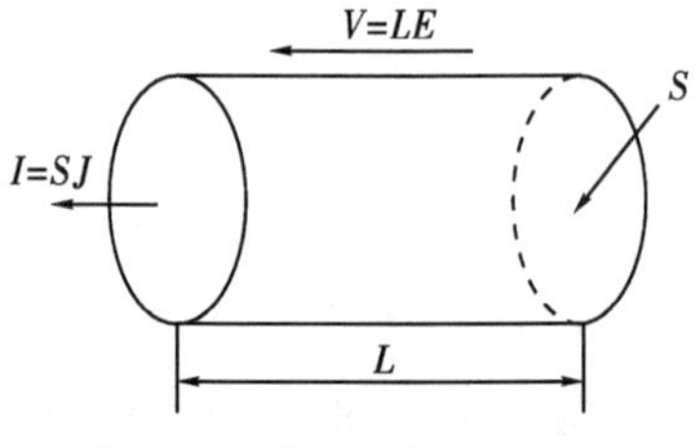

图 6－1 欧姆定律示意图

结合式(6－1)、式(6－2)、式(6－5)和式(6－6)，得电流密度为

$$J = \sigma\varepsilon \quad (6-7)$$

因此外电场与电流密度为线性关系，比例系数为电导率 σ。这就是欧姆定律的微分形式，适用于非均匀导体，它把通过导体中某一点的电流密度和该处的电导率及电场强度直接联系起来。σ 只决定于材料的性质，所以电流密度 J 与几何因子无关，这就给讨论电导的物理本质带来了方便。不同种类的材料其电导率或电阻率相差很大。几类典型材料的电阻率列于表 6－1 中。

表 6－1 一些材料的电阻率(25℃)

导电材料	电阻率 /(Ω·cm)	半导体材料	电阻率 /(Ω·cm)	绝缘材料	电阻率 /(Ω·cm)
铜	1.7×10^{-6}	致密碳化硅	10	SiO_2 玻璃	$>10^{14}$
铁	10×10^{-6}	碳化硼	0.5	滑石瓷	$>10^{14}$
钼	5.2×10^{-6}	纯锗	40	黏土耐火砖	10^{8}
钨	5.5×10^{-6}	Fe_3O_4	10^{-2}	低压瓷	$10^{12}\sim10^{14}$

6.1.2 体积电阻率和表面电阻率

在金属材料中，由金属表面传导的电流与金属内部传导的电流相比较，可以忽略，而无机材料则不然，必须将其区分开来。可以用图 6－2 对材料的传导电流进行说明。图 6－2(a)中的虚线箭头表示的是沿试样表面流过的电流 I_S，实线箭头表示的是穿过试样体积的电流 I_V。因此总电流包括体积电流和表面电流两部分，即

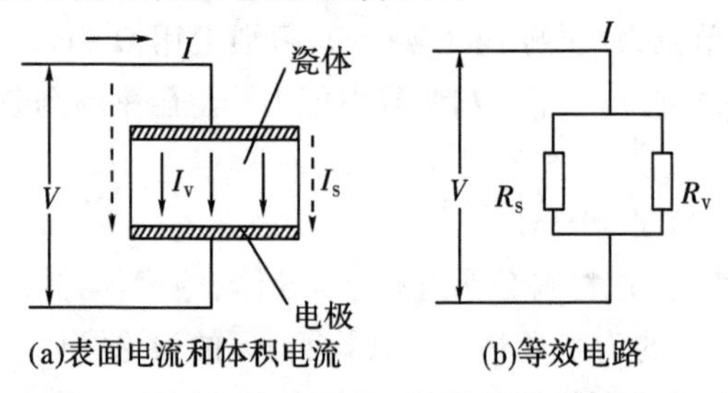

图 6－2 表面电流和体积电流及其等效电路

$$I=I_V+I_S \tag{6-8}$$

图 6－2(b)为其等效电路，R_S 为表面电阻，是施加在试样上的直流电压 V 与电极间表面传导电流之比；R_V 为体积电阻，是施加在试样上的直流电压 V 与电极间的体积传导电流之比。因而定义体积电阻 R_V 及表面电阻 R_S 如下：

$$R_V=V/I_V \tag{6-9}$$

$$R_S=V/I_S \tag{6-10}$$

将式(6－9)和式(6－10)分别代入式(6－8)，可得

$$\frac{1}{R}=\frac{1}{R_V}+\frac{1}{R_S} \tag{6-11}$$

该式表示了总电阻、体积电阻和表面电阻之间的关系。表面电阻与样品的表面环境有关，而体积电阻只与材料本身有关，因而只有体积电阻反映材料的电导能力。

1. 体积电阻率ρ_V

体积电阻 R_V 与材料性质及样品几何尺寸有关，对于板状试样，有

$$R_V=\rho_V\times\frac{h}{S} \tag{6-12}$$

式中，h 为板状样品厚度(cm)；S 为板状样品的电极面积(cm^2)；R_V 为体积电阻(Ω)；ρ_V 为体积电阻率(Ω・cm)，是描写材料电阻性能的参数，它表示当电流从边长为 1 cm 的正方体的相对两面通过时，立方体电阻的大小。

对于管状试样，如图 6－3 所示，其体积电阻可用下列微分形式表示

$$dR_V=\rho_V\times\frac{dx}{2\pi xl}$$

对其在 $r_1\sim r_2$ 进行积分，得体积电阻为

$$R_V=\int_{r_1}^{r_2}\frac{\rho_V}{2\pi l}\times\frac{dx}{x}=\frac{\rho_V}{2\pi l}\ln\frac{r_2}{r_1} \tag{6-13}$$

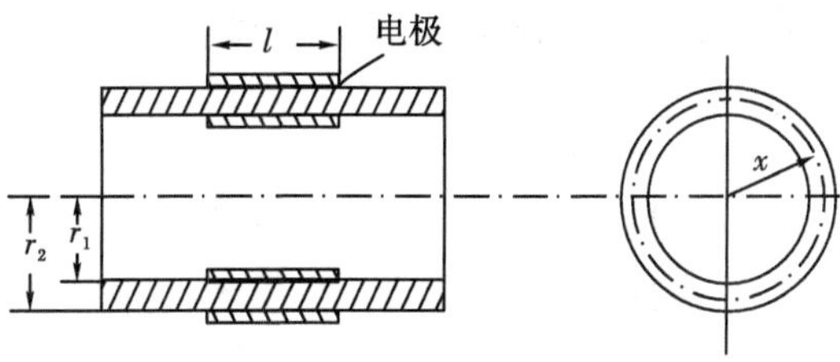

图 6－3　管状试样

对于圆片试样，如图 6－4 所示，两环形电极 a、g 间为等电位，其表面电阻可以忽略。设主电极 a 的有效面积为 S，则

$$S=\pi r_1^2 \tag{6-14}$$

体积电阻为

$$R_V=\frac{V}{I}=\rho_V\times\frac{h}{S}=\rho_V\times\frac{h}{\pi r_1^2} \tag{6-15}$$

由式(6－15)可以得到体积电阻率为

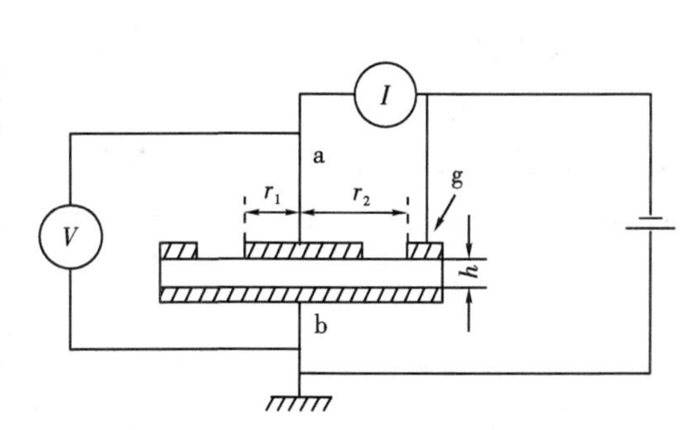

图 6－4　圆片试样体积电阻率的测量

$$\rho_V=\left(\frac{\pi r_1^2}{h}\times\frac{V}{I}\right) \tag{6-16}$$

如果要得到更精确的测定结果，可以采用经验公式：

$$S=\frac{\pi}{4}(r_1+r_2)^2 \tag{6-17}$$

$$R_V = \rho_V \times \frac{4h}{\pi (r_1 + r_2)^2} \tag{6-18}$$

$$\rho_V = \frac{\pi (r_1 + r_2)^2}{4h} \times \frac{V}{I} \tag{6-19}$$

2. 表面电阻率$\boldsymbol{\rho}_S$

在一材料试样表面放置两块长条电极，如图 6－5 所示，两电极间的表面电阻 R_S 由下式决定：

$$R_S = \rho_S \times \frac{l}{b} \tag{6-20}$$

式中，l 为电极间的距离；b 为电极的长度；ρ_S 为样品的表面电阻率，ρ_S 和 R_S 的单位相同，均为 Ω。表面电阻率表示在材料表面上，电流从任意大小的正方形相对两边通过时，正方形电阻的大小。由于该正方形可以是任意大小，习惯上把表面电阻又称为方阻（例如在集成电路中），单位为 Ω。

对于圆片试样，设环形电极内外半径分别为 r_1、r_2（如图 6－6 所示），则两环形电极间的表面电阻 R_S 为

$$R_S = \int_{r_1}^{r_2} \rho_S \times \frac{dx}{2\pi x} = \rho_S \times \frac{\ln \frac{r_2}{r_1}}{2\pi} \tag{6-21}$$

ρ_S 不反映材料的性质，它决定于样品表面状态，可由实验得出。

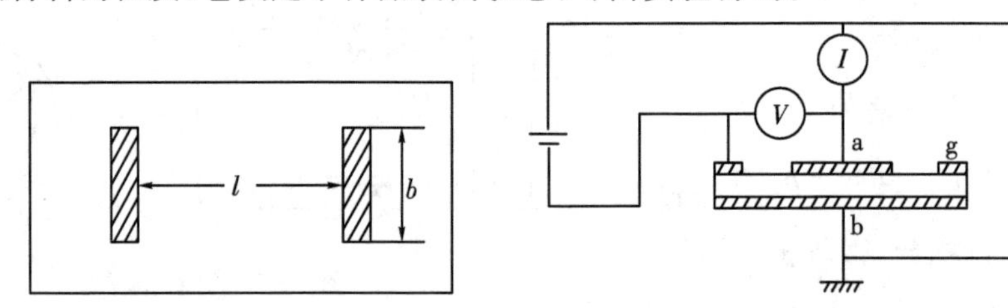

图 6－5　板状试样

图 6－6　圆片试样表面电阻率的测量

3. 直流四端电极法测试电导率

对于具有中、高电导率的材料，为消除电极非欧姆接触对测量结果的影响，通常采用直流四端电极法测量试样的电导率。图 6－7 为用直流四端电极法测量试样电导率的示意图。若内侧两电极间的电压为 V，电极间距离为 l，试样截面积为 S，则其电导率为

$$\sigma = \frac{l}{S} \times \frac{I}{V} \tag{6-22}$$

在室温下测量电导率通常采用简单的四探针法。如图 6－8 所示，四根探针直线排列，并以一定的载荷压附于试样表面。若流经 1、4 探针间的电流为 I，探针 2、3 间的测量电压为 V，探针间的距离分别为 l_1、l_2、l_3，则其电导率为

$$\sigma = \frac{I}{2\pi V}\left(\frac{1}{l_1} + \frac{1}{l_3} - \frac{1}{l_1 + l_2} - \frac{1}{l_2 + l_3}\right) \tag{6-23}$$

如果 $l_1 = l_2 = l_3 = l$，则

$$\sigma = \frac{I}{2\pi l V} \tag{6-24}$$

应该指出，式(6－22)和式(6－24)在试样尺寸比探针间距近似无限大的情况下成立。若测量薄膜等试样，其结果必须进行修正。

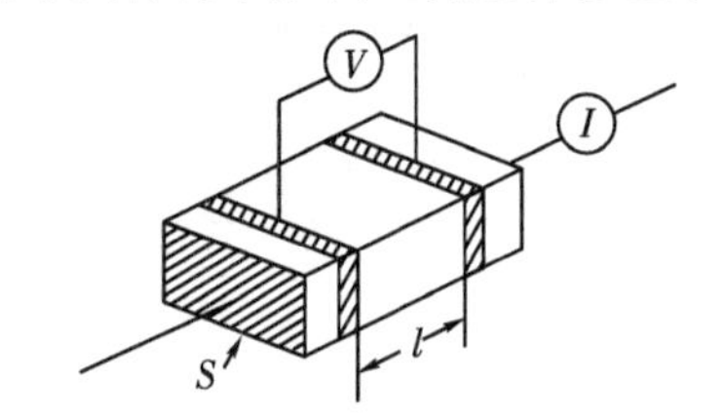

图 6－7 直流四端电极法测量试样电导率

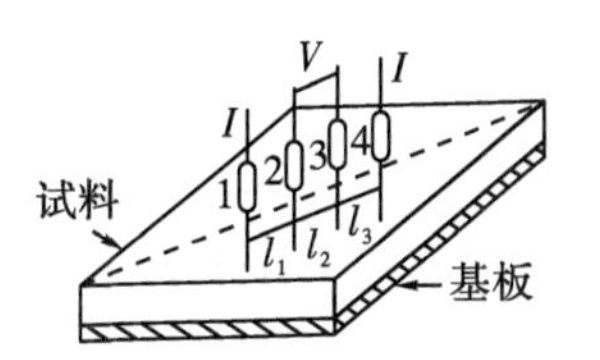

图 6－8 四探针法测量试样电导率

6.1.3 迁移率和迁移数

材料电导现象的微观本质是可以自由移动的荷电粒子(即载流子)在电场作用下的定向迁移。如图 6－9 所示，设单位截面积为 S(1 cm^2)，载流子的浓度为 n(cm^{-3})，每一载流子的荷电量为 q，则参加电导的自由电荷的浓度为 nq，当电场 ε 作用于材料时，则作用于每一个载流子的电场力为 $q\varepsilon$。在这个力的作用下，每一载流子在所受力的方向发生漂移，其平均速度为 v(cm/s)，则电流密度

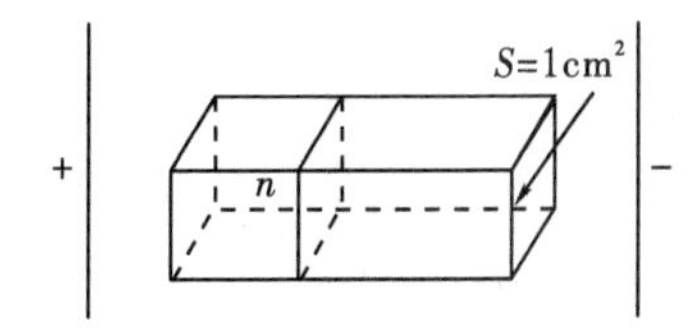

图 6－9 材料的电导现象

$$J=nqv \tag{6-25}$$

根据欧姆定律的微分形式，得电导率为

$$\sigma=J/\varepsilon=nqv/\varepsilon \tag{6-26}$$

令 $\mu=v/E$，并定义为载流子的迁移率，表示单位电场下载流子的平均漂移速度，单位是 m^2/V·s或 cm^2/V·s。因此电导率是载流子浓度和迁移率的乘积：

$$\sigma=nq\mu \tag{6-27}$$

如果载流子为离子，则需要考虑原子价态 z，则上式可以写成

$$\sigma=nzq\mu \tag{6-28}$$

在一种材料中对电导率有贡献的载流子常常不止一种，在这种情况下，第 i 种粒子的电导率为

$$\sigma_i=n_i z_i q_i \mu_i$$

于是总的电导率为

$$\sigma=\sum\sigma_i=\sum_i n_i q_i \mu_i \tag{6-29}$$

式(6－29)反映了电导率的微观本质，即宏观电导率 σ 与微观载流子的浓度 n、每一种载流子的电荷量 q 及每种载流子的迁移率的关系。因此从本质上阐明并控制材料中的电导问题，就包括每种可能的载流子浓度和迁移率，然后把这些贡献加起来，得到总电导率。每种载流子对总电导贡献的分数为

$$t_i=\sigma_i/\sigma \tag{6-30}$$

式中，t_i 称为迁移数。显然各迁移数的总和必等于 1。表 6－2 中给出了几种无机材料的迁移数。

表 6-2 化合物中阳离子、阴离子、电子或空穴的迁移数

化合物	温度/℃	阳离子迁移数 t_+	阴离子迁移数 t_-	电子或空穴的迁移数 $t_{e,h}$
NaCl	400	1.00	0.00	
	600	0.95	0.05	
KCl	435	0.96	0.04	
	600	0.88	0.12	
$KCl+0.02\%CaCl_2$	430	0.99	0.01	
	600	0.99	0.01	
AgCl	20～350	1.00		
AgBr	20～300	1.00		
BaF_2	500		1.00	
PbF_2	200		1.00	
CuCl	20	0.00		1.00
	366	1.00		0.00
$ZrO_2+7\%CaO$	>700	0	1.00	10^{-4}
$Na_2O\cdot11Al_2O_3$	<800	1.00(Na^+)		$<10^{-6}$
FeO	800	10^{-4}		1.00
$ZrO_2+18\%CeO_2$	1500		0.52	0.48
$ZrO_2+50\%CeO_2$	1500		0.15	0.85
$Na_2O\cdot CaO\cdot SiO_2$ 玻璃		1.00(Na^+)		
$15\%(FeO\cdot Fe_2O_3)\cdot CaO\cdot SiO_2\cdot Al_2O_3$ 玻璃	1500	0.1(Ca^{2+})		0.9

6.1.4 电导的物理特征

无机材料中的载流子可以是电子(负电子、空穴)、离子(正、负离子,空位)。载流子为离子的电导称为离子电导,载流子为电子或空穴的电导称为电子电导。

电子电导和离子电导具有不同的物理效应,由此可以确定材料的电导性质。

电子电导的特征是具有霍尔效应。霍尔效应的产生是电子在磁场作用下产生横向移动的结果。由于离子的质量比电子大得多,磁场作用力不足以使它产生横向位移,因此纯离子电导不呈现霍尔效应。利用霍尔效应可检查材料是否存在电子电导。

离子电导的特征是存在电解效应。离子的迁移伴随着一定的质量变化,离子在电极附

近发生电子得失,产生新的物质,这就是电解效应。可以利用电解效应检验材料是否存在离子电导,并且可以判定载流子是正离子还是负离子。

6.2 离子电导

离子晶体中的电导主要为离子电导。晶体的离子电导可以分为两类:第一类源于晶体点阵的基本离子的热振动形成的两种热缺陷,一种是弗仑克尔缺陷,另一种是肖特基缺陷。由于所形成的缺陷都是带电的,因而都可作为离子电导的载流子,这种载流子的电导称为固有离子电导或本征导电。第二类是由固溶的杂质离子引起,杂质离子是弱联系离子,所以在较低温度下杂质电导表现得特别显著。离子型导体统称为电解质,从状态上分为液态和固态。本节主要讨论固体电解质的电导特性。具有离子电导特性的固体称为固体电解质,它们既保持其固体特点,又具有高的离子电导率,因此这类材料的结构特点将不同于一般的离子固体。对于非晶态固体,由于结构比晶体疏松造成大量的弱联系离子,因而表现为较大的离子电导。

6.2.1 载流子的浓度

在本征导电时,载流子由晶体本身热缺陷提供。对于弗仑克尔缺陷,同时形成了填隙离子和空位,而且浓度相等,如果这种缺陷的形成能为 E_f,根据玻尔兹曼分布,其浓度可表示为

$$N_f = N\exp\left(-\frac{E_f}{2k_0T}\right) \tag{6-31}$$

式中,N_f 为单位体积内离子的格点数或结点数。同样的,肖特基缺陷空位的浓度在离子晶体中可表示为

$$N_s = N\exp\left(-\frac{E_s}{2k_0T}\right) \tag{6-32}$$

式中,N_s 为单位体积内正负离子对数目;E_s 为离解一个阴离子和一个阳离子并达到表面所需要的能量,即肖特基缺陷形成能。

由式(6-31)和式(6-32)可以看出热缺陷的浓度取决于温度 T 和形成能。常温下的 kT 比缺陷的形成能小得多,因而只有在高温下,热缺陷的浓度才显著增大,即离子本征导电在高温下显著。形成能和晶体结构有关,在离子晶体中,一般肖特基缺陷形成能比弗仑克尔缺陷形成能低许多,只有在结构很松、离子半径很小的情况下,才易形成弗仑克尔缺陷,如 AgCl 晶体,易生成间隙离子 Ag_i。

杂质离子载流子的浓度决定于杂质的数量和种类。因为杂质离子的存在,不仅增加了载流子数目,而且使点阵发生畸变,杂质离子离解活化能变小。和本征导电不同,在低温下,离子晶体的电导主要由杂质载流子浓度决定。

6.2.2 离子的迁移率

离子电导的微观机构为载流子(离子)在电场的驱动下穿过晶格而移动,即离子在晶体中扩散或迁移。下面主要以间隙离子在晶格中的扩散现象为例讨论离子的迁移。处于间隙

位置的离子，受周围离子的作用，处于一定的平衡位置，由于该位置的能量高于格点离子的能量，所以也称此为半稳定位置。如同晶体中格点的原子处于周期性势场中一样，间隙离子同样也处于周期性势场中，如图 6-10 所示。因此，一个离子要穿过晶格而移动，就必须具有足够的热能以越过势垒 U_0，此势垒处于晶格结点之间，离子完成一次跃迁，又处于新的平衡位置，这种扩散过程就完成了宏观离子的迁移。

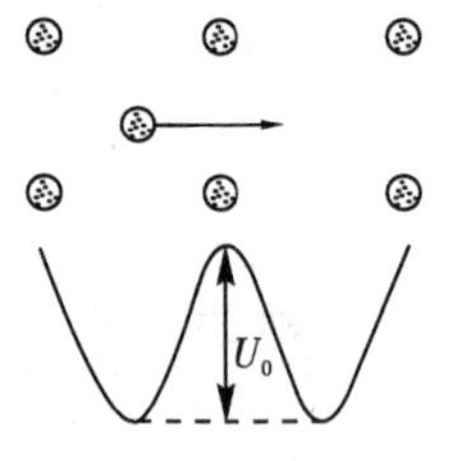

图 6-10 间隙离子扩散势垒

根据玻尔兹曼统计分布，在温度 T 时，一个粒子具有能量 U_0 的概率与 $\exp(-U_0/kT)$ 成正比。如果间隙原子在间隙位置的热振动频率为 γ_0，即单位时间内填隙原子试图越过势垒的次数，则填隙原子在单位时间内从一个间隙位置跳到相邻间隙位置的概率或单位时间内填隙原子越过势垒的次数为

$$P=\gamma_0\exp\left(-\frac{U_0}{k_0T}\right) \tag{6-33}$$

由于间隙离子向六个方向跃迁的概率相同，单位时间沿某一方向跃迁的次数为

$$P=\frac{\gamma_0}{6}\exp\left(-\frac{U_0}{k_0T}\right) \tag{6-34}$$

无外加电场时，间隙离子在晶体中各方向的迁移次数相同，宏观上无电荷定向运动，故晶体中无电导现象。

当有外电场 ε 存在时，外电场对间隙离子做功，间隙离子的势垒发生变化，如图 6-11 所示。每跃迁一次，间隙离子移动距离 a，a 为相邻半稳定位置间的距离，等于晶格常数。对于电荷数为 q 的正离子，受电场力 $F=q\varepsilon$ 的作用，F 与 ε 同方向，电场在 $a/2$ 距离上造成的位势差为

$$\Delta U=\frac{a}{2}q\varepsilon \tag{6-35}$$

其使顺电场方向运动的势垒降低，逆电场方向运动的势垒升高。因而正离子顺电场方向迁移容易，反电场方向迁移困难。

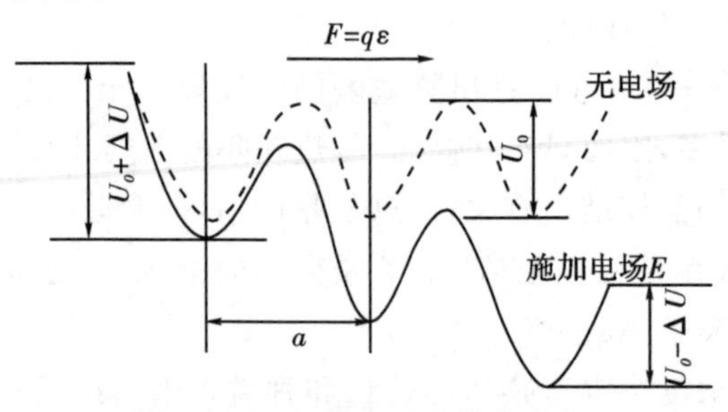

图 6-11 间隙离子的势垒变化

顺电场方向填隙离子单位时间内跃迁的次数为

$$P_{顺}=\frac{\gamma_0}{6}\exp\left(-\frac{U_0-\Delta U}{k_0T}\right) \tag{6-36}$$

逆电场方向填隙离子单位时间内跃迁的次数为

$$P_{逆}=\frac{\gamma_0}{6}\exp\left(-\frac{U_0+\Delta U}{k_0T}\right) \tag{6-37}$$

单位时间内每一间隙离子沿电场方向的净跃迁次数为

$$\Delta P=P_{顺}-P_{逆}=\frac{\gamma_0}{6}\exp\left(-\frac{U_0}{k_0T}\right)\left[\exp\left(\frac{\Delta U}{k_0T}\right)-\exp\left(-\frac{\Delta U}{k_0T}\right)\right] \tag{6-38}$$

每跃迁一次的距离为 a，则间隙离子沿电场方向的迁移速率为

$$v=\Delta Pa=\frac{\gamma_0 a}{6}\exp\left(-\frac{U_0}{k_0T}\right)\left[\exp\left(\frac{\Delta U}{k_0T}\right)-\exp\left(-\frac{\Delta U}{k_0T}\right)\right] \tag{6-39}$$

当电场强度不太大时，$\Delta U \ll k_0T$，有 $\exp\left(\frac{\Delta U}{k_0T}\right)\approx 1+\frac{\Delta U}{k_0T}$ 和 $\exp\left(-\frac{\Delta U}{k_0T}\right)\approx 1-\frac{\Delta U}{k_0T}$，则式(6－39)可简化为

$$v=\frac{\gamma_0 a}{6}\times\frac{qa\varepsilon}{k_0T}\exp\left(-\frac{U_0}{k_0T}\right) \tag{6-40}$$

载流子沿电场力方向的迁移率为

$$\mu=\frac{v}{\varepsilon}=\frac{a^2\gamma_0 q}{6k_0T}\exp\left(-\frac{U_0}{k_0T}\right) \tag{6-41}$$

对于不同类型的载流子，在不同的晶体中，所需克服的势垒都不同，由表 6－3 可知，间隙离子的扩散能远大于空位的扩散能，因此碱卤晶体的电导主要为空位电导。

表 6－3　碱卤晶体内的作用能　　单位：eV

能量类型	NaCl	KCl	KBr
离解正离子的能量	4.62	4.49	4.23
离解负离子的能量	5.18	4.79	4.60
一对离子的晶格能	7.94	7.18	6.91
阴离子空位扩散能	0.56		
阳离子空位扩散能	0.51		
间隙离子的扩散能	2.9		
一对离子的扩散能	0.38	0.44	

一般离子的迁移率为 $10^{-13}\sim10^{-16}$ $m^2/(s\cdot V)$。例如：某晶体的晶格常数为 5×10^{-8} cm，振动频率为 10^{12} Hz，势垒 $U_0=0.5$ eV，在 $T=300$ K 下，根据式(6－41)计算估计离子的迁移率为 6.19×10^{-11} $cm^2/(s\cdot V)$。

6.2.3　离子的电导率

6.2.3.1　电导率的表达式

根据电导率的公式 $\sigma=nq\mu$，间隙离子的电导率可写为

$$\sigma_s=N\exp\left(-\frac{E_s}{2k_0T}\right)\times q\times\frac{a^2\gamma_0 q}{6k_0T}\exp\left(-\frac{U_0}{k_0T}\right)$$

$$=A_s\exp\left(-\frac{U_0+\frac{E_s}{2}}{k_0T}\right)=A_s\exp\left(-\frac{W_s}{k_0T}\right) \tag{6-42}$$

式中，W_s 为电导的活化能，它包括缺陷的形成能和迁移时越过的势能(也称迁移能)；$A_s=$

$Nq^2a^2\gamma_0/6k_0T$，在温度不大的范围内，可认为 A_s 是常数，因而电导率主要由指数项决定。

本征离子电导率的一般式为

$$\sigma = A_1 \exp\left(-\frac{B_1}{T}\right) \tag{6-43}$$

式中，$B_1 = W_s/k_0$；A_1 为常数。

对于杂质离子也可仿照上式写出

$$\sigma = A_2 \exp\left(-\frac{B_2}{T}\right) \tag{6-44}$$

式中，$A_2 = N_2q^2a^2\gamma_0/6k_0T$，$N_2$ 为杂质离子浓度。虽然一般格点的数目比杂质的数目大得多，即 $N \gg N_2$，但因为杂质离子的活化能小于热缺陷的活化能，即有 $B_2 < B_1$，所以杂质电导率比本征电导率仍然大得多，在低温下，离子晶体的电导主要为杂质电导。

对于只有一种载流子的材料，可用对数关系表示电导率，即

$$\ln\sigma = \ln\sigma_0 - B/T \tag{6-45}$$

利用这一关系，通过在不同的温度下测量其电导率可得出其活化能。非碱卤晶体的离子电导主要来源于杂质离子，其 B 的数值已由实验测得，如表 6-4 所示。

表 6-4　某些非碱卤晶体的活化能数据

晶体	B	活化能 $W=Bk$	
		$W/10^{-19}$J	W/eV
石英(//c 轴)	21000	2.88	1.81
方镁石	13500	1.85	1.16
白云母	8750	1.2	0.75

对于碱卤晶体，电导率大多满足二项式，即

$$\sigma = A_1 \exp\left(-\frac{B_1}{T}\right) + A_2 \exp\left(-\frac{B_2}{T}\right) \tag{6-46}$$

第一项由本征缺陷决定，第二项由杂质决定，其实验数据见表 6-5。

表 6-5　卤化物的实验数据

卤化物	$A_1/(\Omega^{-1}\cdot m^{-1})$	$W_1/(kJ\cdot mol^{-1})$	$A_2/(\Omega^{-1}\cdot m^{-1})$	$W_2/(kJ\cdot mol^{-1})$
NaF	2×10^8	216		
NaCl	5×10^7	169	50	82
NaBr	2×10^7	168	20	77
NaI	1×10^6	118	6	59

如果晶体中存在多种载流子，则晶体的电导率为所有载流子电导率之和。总电导率为

$$\sigma = \sum_i A_i \exp\left(-\frac{B_i}{T}\right) \tag{6-47}$$

6.2.3.2　扩散系数与离子电导率

离子在电场作用下的扩散主要有空位扩散、间隙扩散、亚晶格间隙扩散等。一般间隙扩

散比空位扩散需要更大的能量。而亚晶格间隙扩散一般在间隙离子较大的晶格中发生，即由于间隙离子较大，在进行间隙扩散时要产生较大的晶格畸变，因此扩散难以发生，往往通过某一间隙离子取代附近的晶格离子，被取代的晶格离子进入间隙，从而产生离子移动。

在材料内部如果存在载流子浓度梯度$\partial n/\partial x$，由此引起载流子的定向运动，所形成电流密度（单位面积流过的电流强度）为

$$J_1=-Dq\frac{\partial n}{\partial x} \tag{6-48}$$

式中，n 为载流子单位体积浓度；x 为扩散方向；q 为离子的电荷量；D 为扩散系数。外电场引起的电流密度可表示为

$$J_2=\sigma\frac{\partial V}{\partial x} \tag{6-49}$$

式中，V 为电位。因此总电流密度可表示为

$$J_t=-Dq\frac{\partial n}{\partial x}-\sigma\frac{\partial V}{\partial x} \tag{6-50}$$

在热平衡状态下，可以认为总电流 J_t 为零。根据玻尔兹曼能量分布，载流子的浓度与电势能有以下关系：

$$n=n_0\exp\left(-\frac{qV}{k_0 T}\right) \tag{6-51}$$

对上式进行微分，得浓度梯度为

$$\frac{\partial n}{\partial x}=-\frac{qn}{k_0 T}\frac{\partial V}{\partial x} \tag{6-52}$$

将式(6-52)代入式(6-50)，得

$$\sigma=D\frac{nq^2}{k_0 T} \tag{6-53}$$

该式为能斯特-爱因斯坦方程。此方程建立了离子电导率与扩散系数的联系。该方程与电导率 $\sigma=nq\mu$ 还可以建立扩散系数与离子迁移率的关系：

$$D=\frac{\mu}{q}k_0 T=Bk_0 T \tag{6-54}$$

式中，B 为离子绝对迁移率。

将式(6-41)代入式(6-54)，得

$$D=\frac{a^2\gamma_0}{6}\exp\left(-\frac{U_0}{k_0 T}\right) \tag{6-55}$$

因此扩散系数按指数规律随温度变化，也可表示为

$$D=D_0\exp(-W/k_0 T) \tag{6-56}$$

式中，W 也称为扩散活化能。扩散系数可由实验测得。

6.2.3.3 影响电导率的因素

1. 温度

图6-12表示含有杂质的电解质的电导率随温度的变化曲线。由于杂质活化能比晶格点阵离子的活化能小许多，在低温下杂质电导

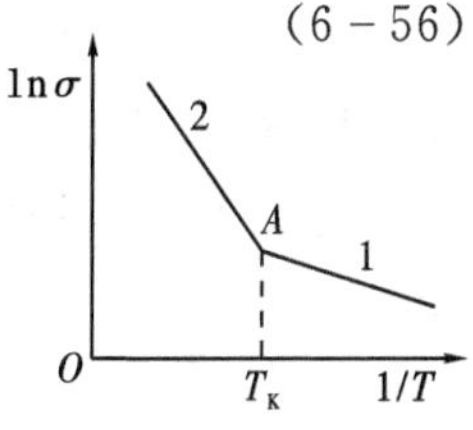

图6-12 杂质离子电导与温度的关系

占主要地位，在高温下，因为热运动能量增高，使本征电导的载流子数显著增多，因此本征电导起主要作用。这两种不同的电导机构，使曲线出现了转折点。

但是温度曲线中的转折点并不一定都是由两种不同的离子导电机构引起的。有时会出现电子电导。例如，刚玉瓷在低温下发生杂质离子电导，高温下则发生电子电导。

2. 晶体结构

晶体中的离子电导活化能与晶体结构有很大的关系。随着晶体结合力的增大，相应的活化能也高，电导率降低。对于碱卤化合物，随着负离子半径增大，晶体的结合力减小，正离子活化能显著降低。这一结果可以从表 6-5 中看出。

离子电荷的高低对活化能也有影响。一价正离子尺寸小、电荷少、活化能小；高价正离子键强，所以活化能大，故迁移率较低。图 6-13(a)、(b)分别表示离子电荷、半径与电导(扩散)的关系。

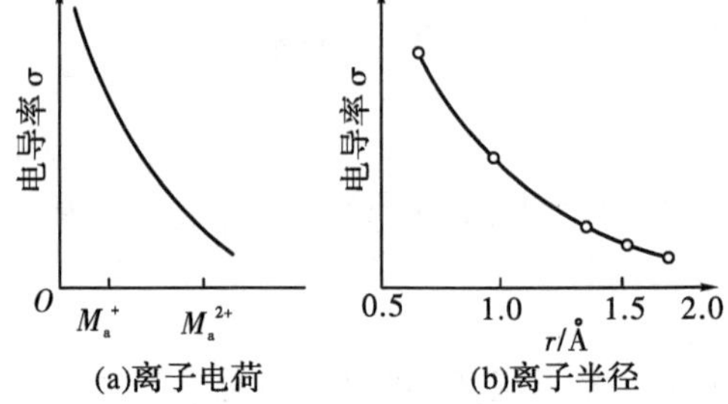

图 6-13　离子晶体中阳离子电荷和半径对电导的影响

除了离子的状态以外，晶体结构状态对离子活化能也有影响。结构紧密的离子晶体，由于可供移动的间隙小，则间隙离子迁移困难，即其活化能高，因而电导率小。

3. 晶格缺陷

在晶体中，由于热激励、不等价固溶掺杂及气氛的变化等形成了多种类型的载流子，因此大多数情况下，材料的电导率为所有载流子电导率的总和。因此离子性晶格缺陷的生成及其浓度大小是决定离子电导的关键。

固体电解质的总电导率 σ 为离子电导率 σ_i 和电子电导率 σ_e 之和，即

$$\sigma=\sigma_i+\sigma_e \tag{6-57}$$

$$\sigma_i=\sum_j n_j|Z_j e|\mu_j$$

$$\sigma_e=n_e e\mu_e+n_h e\mu_h$$

式中，n_j、n_e 和 n_h 分别为离子性缺陷、电子和空穴的浓度；Z_j 为离子缺陷的有效价数；μ_j、μ_e 和 μ_h 为离子缺陷、电子和空穴的迁移率；e 为电子电荷(1.6×10^{-9}库仑)。

6.2.4 固体电解质

离子型固体导体统称为固体电解质。良好的固体电解质材料应具有非常低的电子电导率。基于这一特点，固体电解质在能源储备领域获得了广泛的应用。固体电解质按传导离子种类分有银离子、铜离子、钠离子、锂离子、氢离子、氟离子、氧离子等导体；按材料的结构分为晶体、多晶体和玻璃；按应用来分，则可以归纳成储能类和传感器类；按呈现离子电导性的温度来分有高温固体电解质和低温固体电解质。离子导体一般有如下特征数据：①离子电导率应在 $10^{-2}\sim10^{2}$ S/m 范围内；②传导离子在晶格中的活化能很低，约在 0.01～0.1 eV。对于氧离子导体，研究最早的是氧化锆基固溶体，虽然 $ZrO_2(CaO)$材料的离子活化能在 1 eV 左右，不能视为典型的快离子导体，但它在高温下(1000 ℃)，具有较高的 O^{2-} 电导率(5 S/m)，并且远低于其熔点，因此常将它归为快离子导体的一种。在固体电解质材料中受人们重视的

主要是第Ⅳ族副族的金属或四价稀土金属氧化物。下面主要介绍氧离子固体电解质的结构特点及应用。

1. 氧离子导体的结构特点

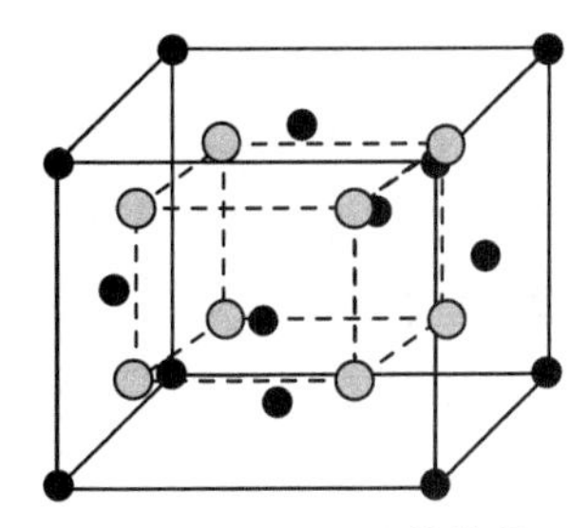

图 6-14 萤石型晶体结构

实用的氧离子导体多为萤石型晶体结构，如图 6-14 所示。萤石晶胞中的阳离子按面心立方点阵排列。阴离子占据所有的四面体位置，每个金属离子被 8 个氧包围。在这样的结构中有许多八面体空位，因此有时称为敞型结构。敞型结构允许快离子扩散，ThO_2 和 ZrO_2 在高温下正好是这种结构。

2. 掺杂对电导的影响

具有萤石型结构的氧离子导体主要有：ZrO_2、ThO_2、HfO_2 和 CeO_2 基固溶体，其中 ZrO_2 和 ThO_2 基固体电解质表现出较高的离子电导率。这些材料处于纯态时，由于稳定性或结构特点的关系，并不表现出快离子电导性，而必须掺入一些二价或三价金属元素的氧化物，诸如 Y_2O_3、CaO、Sc_2O_3、La_2O_3 等添加剂，才能具有离子电导功能。一般杂质的掺入量限制在 8～20 mol%。表 6-6 列出了几种添加剂对材料电导率的影响。

表 6-6 几种添加剂对材料电导率的影响

基体	ZrO_2				ThO_2		CeO_2	
掺杂物及量/mol%	12CaO	$9Y_2O_3$	$8Yb_2O_3$	$10Sc_2O_3$	$8Y_2O_3$	5CaO	$11La_2O_3$	15CaO
1000 ℃时离子电导率 $/10^2(S\cdot m^{-1})$	0.055	0.12	0.088	0.25	0.0048	0.0047	0.08	0.025
激活能/eV	1.1	0.8	0.75	0.65	1.1	1.1	0.91	0.75

以氧化锆基固溶体为例说明掺杂时电导率的变化。在 ZrO_2 中固溶 CaO、Y_2O_3 等可以获得稳定型 ZrO_2。固溶过程中形成氧空位，反应如下：

$$CaO \xrightarrow{ZrO_2} Ca_{Zr}'' + V_O^{\cdot\cdot} + O_O^{\times}$$

$$Y_2O_3 \xrightarrow{ZrO_2} 2Y_{Zr}' + V_O^{\cdot\cdot} + 3O_O^{\times}$$

ZrO_2 中 $V_O^{\cdot\cdot}$ 的大量产生，使 O^{2-} 在高温下容易移动。当 $V_O^{\cdot\cdot}$ 浓度比较小时，离子电导率 σ_i 与 $[V_O^{\cdot\cdot}]$ 成正比，但是在 $V_O^{\cdot\cdot}$ 浓度比较大时，σ_i 达到最大，然后，随 $V_O^{\cdot\cdot}$ 浓度进一步增大，电导率反而下降。这是因为 $V_O^{\cdot\cdot}$ 与固溶阳离子发生综合作用，生成 $(V_O^{\cdot\cdot}\cdot Ca_{Zr}'')$ 所造成的。实验结果是，在 1000 ℃下，在 ZrO_2 中固溶 13 mol%CaO 和 8 mol% Y_2O_3，其电导率呈现极大值。

除萤石型结构材料具有氧离子传导特性外，钙钛矿型稀土氧化物也呈现出明显的氧离子电导率。

3. 应用

ZrO_2 和 ThO_2 基固溶体是两类最重要的氧离子导体，这两个系统具有不同的离子电导率和应用场所。氧化锆基电解质的离子电导率较大，因而已被应用于高温燃料电池、测氧计、高温氧气氛中使用的加热元件及氧泵中。图 6－15 为 ZrO_2 氧敏感元件的构造。

$P_{O_2}(C)$: Pt ‖ 稳定型 ZrO_2 ‖ Pt : $P_{O_2}(A)$

当 $P_{O_2}(C)>P_{O_2}(A)$，氧离子从高氧分压侧 $P_{O_2}(C)$ 向低氧分压侧 $P_{O_2}(A)$ 移动，结果在高氧分压侧产生正电荷积累，在低氧分压侧产生负电荷积累，即

在阳极侧：$1/2O_2[P_{O_2}(C)]+2e'\rightarrow O^{2-}$

在阴极侧：$O^{2-}\rightarrow 1/2O_2[P_{O_2}(A)]+2e'$

按照能斯特理论，产生的电动势为

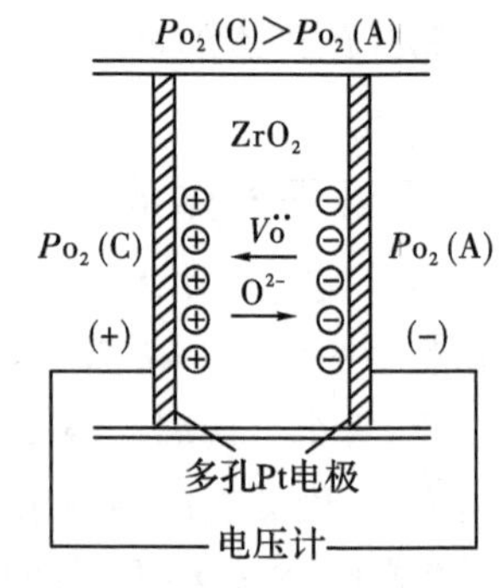

图 6－15　稳定型 ZrO_2 氧敏感元件

$$E=(RT/4F)\ln[P_{O_2}(C)/P_{O_2}(A)] \quad (6-58)$$

式中，R 为气体常数；F 为法拉第常数；T 为热力学温度。

当一侧氧分压已知时，可以通过式(6－58)检测另一侧的氧分压值。ZrO_2 氧敏元件广泛应用于汽车锅炉燃烧空燃比的控制、冶炼金属中氧浓度及氧化物热力学数据的测量等。若从外部施加电压，还可以用作控制氧浓度的化学泵。

氧化锆基固体电解质作为高温燃料电池，不污染环境、无噪声、无腐蚀性，工作温度在 800～1000 ℃，使用的燃料为氢气和氧气或天然气，它可提供较大的电流密度和功率密度，界面不存在极化，因而不必考虑极化损失。这种电池还具有可逆性，通过供给电能和热能，把水蒸气电解为氢和氧，所需的电功或电能消耗都低于传统的低温电解法。

高温燃料电池的结构通常由管状的烧结氧化锆基固溶体电解质制成，管内壁涂覆一层多孔导电电极，把氢等气态燃料引入内电极，把氧或空气引到外电极，由于氧在电解质处有 20 个数量级的浓度差，因此产生一个电势。燃料电池的开路电压可以从电化学反应中的阴极与阳极的氧分压 $P_{O_2}(C)$ 和 $P_{O_2}(A)$ 计算出来。

一般的电炉通常都是用金属或合金丝作为加热元件，在高温应用下(高于 1500 ℃)，许多金属发生强烈氧化或熔化，因而选择高温加热元件材料是一件很重要的事情。钼、钨等高熔点加热材料需在真空或还原气氛下工作。而氧化锆基固体电解质，它的熔点高达 2600 ℃，高温下具有氧离子电导性能，利用这种电导特性可以实现高温加热。ZrO_2 (10 mol% Y_2O_3)材料在 700 ℃、1000 ℃和 2000 ℃时离子的电导率分别为 1 S/m、10^2 S/m、10^4 S/m，2000 ℃下已达到非常高的电导水平，该材料呈现出正温特性，在加热电路中应采取适当的措施预防熔化。目前已利用高温氧离子导体制成了 1500 ℃以上的加热炉，受离子传导性能的约束只能采用交流电源，这是这类电炉存在的缺点之一。

6.3 电子电导

当材料存在可以移动的电子或空穴时，由于它们有较高的迁移率，比离子的迁移率大几个数量级，即使浓度很小，对电导也有显著的贡献，在某些情况下，可达金属的电导水平，而在另一些情况下，电子电导的贡献很小，几乎趋近于零。本节仍从载流子的浓度及迁移率两方面讨论电子的电导问题。

6.3.1 载流子的浓度

根据能带理论，晶体中并非所有电子，也并非所有价电子都具有电导，只有导带中的电子或价带顶部的空穴才具有电导。从金属、半导体和绝缘体的能带结构图6-16可以看出，导带的能带图有两种情况，一种是由于价带和导带重叠，在0 K时，电子部分的填充在导带上，许多金属的优良电导特性来自于价带和导带的重叠，因此有大量的电子可以运动。对于其他一些金属，出现了部分地填充在导带，但没有能带重叠。在绝缘体中价带和导带隔着一个宽的禁带，电子从价带到导带需要外部供给能量，使电子激发，实现电子从价带到导带的跃迁，因而通常导带中的电导电子浓度很小。半导体和绝缘体有类似的能带结构，只是半导体的禁带较小，电子比较容易跃迁。一般绝缘体禁带宽度约为6～12 eV，半导体禁带宽度小于2 eV。表6-7列出了一些化合物的禁带宽度。

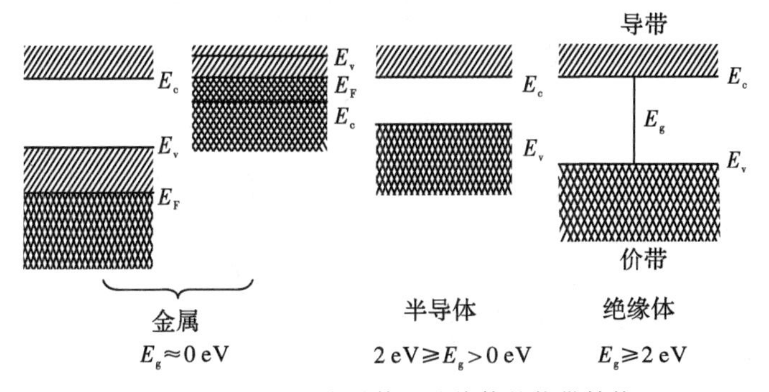

图6-16 金属、半导体和绝缘体的能带结构

表6-7 本征半导体室温下的禁带宽度

晶体	E_g/eV	晶体	E_g/eV
$BaTiO_3$	2.5～3.2	TiO_2	3.05～3.8
C(金刚石)	5.2～5.6	CaF_2	12
Si	1.1	PN	4.8
α-SiO_2	2.8～3	LiF	12
PbSe	0.27～0.5	CoO	4
PbTe	0.25～0.30	CdS	2.42
Fe_2O_3	3.1	GaAs	1.4
KCl	7	ZnSe	2.6
MgO	>7.8	Te	1.45
α-Al_2O_3	>8	γ-Al_2O_3	2.5

无机材料中电子电导比较显著的材料主要是半导体材料。下面以半导体为例，讨论载流子的浓度。

6.3.1.1 导带中的电子浓度和价带中的空穴浓度

在半导体的导带和价带中，有很多能级存在，但相邻能级间隔很小，约为 10^{-22} eV 数量级，可以近似认为能级是连续的。假定能带中的能量 E 到 $E+\mathrm{d}E$ 之间有 $\mathrm{d}Z$ 个量子态，则状态密度 $g(E)$为

$$g(E)=\frac{\mathrm{d}Z}{\mathrm{d}E} \tag{6-59}$$

也就是说，状态密度 $g(E)$就是能带中能量 E 附近每单位能量间隔内的量子态数。计入自旋，每个量子态最多只能容纳一个量子。由半导体物理分析可知，如果导带底的能量为 E_c，则导带底附近能量为 E 的状态密度 $g_c(E)$：

$$g_c(E)=4\pi V(\frac{2m_e^*}{h^2})^{3/2}(E-E_c)^{1/2} \tag{6-60}$$

式中，V 为晶体的体积；m_e^* 为电子的有效质量；h 为普朗克常数。

根据费米分布函数，电子在量子态上存在的概率 $f_e(E)$为

$$f_e(E)=\frac{1}{1+\exp[(E-E_F)/k_0T]} \tag{6-61}$$

在室温下($k_0T=0.025$ eV)，当 $E-E_F\gg k_0T$ 时，电子分布函数近似为

$$f_e(E)\approx\exp\left(-\frac{E-E_F}{k_0T}\right) \tag{6-62}$$

即电子在量子态上满足玻尔兹曼分布函数。满足这一分布的电子系统称为非简并性系统，而满足费米分布的系统称为简并性系统。

在非简并的情况下，导带中的电子可计算如下：在能量 E 到 $E+\mathrm{d}E$ 间的电子数 $\mathrm{d}N$ 为

$$\mathrm{d}N=f_e(E)g_c(E)\mathrm{d}E \tag{6-63}$$

在能量 E_1 和 E_2 之间，电子的浓度可表示为

$$n_e=\frac{1}{V}\int_{E_1}^{E_2}g(E)f_e(E)\mathrm{d}E \tag{6-64}$$

则导带中的电子浓度为

$$n_e=\frac{1}{V}\int_{E_c}^{\infty}g_c(E)f_e(E)\mathrm{d}E \tag{6-65}$$

将式(6-60)和式(6-62)代入式(6-65)，经过积分，得导带中的电导电子的浓度为

$$n_e=2\frac{(2\pi m_e^*k_0T)^{\frac{3}{2}}}{h^3}\exp\left(-\frac{E_c-E_F}{k_0T}\right) \tag{6-66}$$

令

$$N_c=2\frac{(2\pi m_e^*k_0T)^{\frac{3}{2}}}{h^3}$$

则

$$n_e=N_c\exp\left(-\frac{E_c-E_F}{k_0T}\right) \tag{6-67}$$

N_c 称为导带的有效状态密度，显然，$N_c\propto T^{3/2}$，其是温度的函数。而

$$f(E_c)=\exp\left(-\frac{E_c-E_F}{k_0T}\right)$$

是电子占据能量为 E_c 的量子态的概率，因此式(6-67)可以理解为把导带中所有量子态都集中在导带底 E_c，而它的状态密度为 N_c，则导带中电子浓度是 N_c 中所有电子占据的量子

态数。

$f_e(E)$表示能量为E的量子态被电子占据的概率，因而$1-f_e(E)$就是不被电子占据的概率，即量子态被空穴占据的概率，所以空穴的分布函数f_h和电子的分布函数f_e之间的关系为$f_h(E)=1-f_e(E)$，在$E_F-E \gg k_0T$条件下，同理可得价带中空穴的浓度为

$$n_h = \frac{1}{V}\int_{-\infty}^{E_v} g_v(E)[1-f_e(E)]\mathrm{d}E \tag{6-68}$$

通过计算化简，得

$$n_h = 2\frac{(2\pi m_h^* k_0 T)^{\frac{3}{2}}}{h^3}\exp\left(-\frac{E_F-E_v}{k_0T}\right) \tag{6-69}$$

式中，m_h^*为空穴的有效质量；E_v为价带顶部的能量。令

$$N_h = 2\frac{(2\pi m_h^* k_0 T)^{\frac{3}{2}}}{h^3}$$

则

$$n_h = N_h\exp\left(-\frac{E_F-E_v}{k_0T}\right) \tag{6-70}$$

N_h称为价带的有效状态密度，显然，$N_h \propto T^{3/2}$，其是温度的函数。而

$$f(E_v) = \exp\left(-\frac{E_F-E_v}{k_0T}\right)$$

是空穴占据能量为E_v的量子态的概率，因此式(6-69)可以理解为把价带中所有量子态都集中在价带顶E_v，而它的状态密度为N_v，则价带中的空穴浓度是N_v中所有空穴占据的量子态数。

从式(6-66)和式(6-69)看到，导带中电子浓度和价带中空穴浓度随温度和费米能级的不同而变化，其中温度的影响，一方面来源于N_c和N_v；另一方面，也是更主要的来源，是由于玻尔兹曼分布函数中的指数随温度迅速变化。另外费米能级也与温度及半导体中所含杂质密切相关。

将式(6-67)和式(6-70)相乘，得到载流子浓度乘积：

$$n_e n_h = N_c N_v \exp\left(-\frac{E_g}{k_0T}\right) \tag{6-71}$$

将N_c和N_v的表达式代入式(6-71)，得

$$n_e n_h = 4\left(\frac{2\pi k_0}{h^2}\right)^3 (m_e^* m_h^*)^{3/2} T^3 \exp\left(-\frac{E_g}{k_0T}\right) \tag{6-72}$$

可见，电子和空穴的浓度乘积和费米能级无关。对一定的半导体材料，乘积$n_e n_h$只决定于温度，与所含杂质无关。而在一定的温度下，对不同的材料，因禁带宽度E_g不同，乘积$n_e n_h$也将不同。这个关系式不论是本征半导体还是杂质半导体，只要是热平衡状态下的非简并半导体，都普遍适用。式(6-72)还说明，对一定的半导体材料，在一定的温度下，乘积$n_e n_h$是一定的。即当半导体处于热平衡状态时，乘积$n_e n_h$保持恒定，如果因其他条件电子的浓度增加，则空穴的浓度就要减少；反之如果空穴的浓度增加，则电子的浓度必然减少。

6.3.1.2　本征半导体中的载流子浓度

所谓本征半导体就是一块没有杂质和缺陷的半导体。从其能带图中分析可知，在$T=0$时，价带中的全部量子态都被电子占据，而导带中的量子态都是空的。在$T>0$时，电子可以

从价带激发到导带，同时在价带中出现了空穴，这就是所谓的本征激发。由于电子热激发而使电导率大大地增加，因此，在外电场的作用下，存在电子电导和空穴电导，称为本征电导。本征电导的载流子电子和空穴浓度相等，这类载流子只由半导体晶格本身提供，其浓度与温度有很大的关系。

在本征半导体中，由于 $n_e = n_h$，由式(6－67)和式(6－70)可以求出费米能级 E_F：

$$E_F = \frac{1}{2}(E_c + E_v) - \frac{1}{2}k_0 T \ln \frac{N_c}{N_v} \tag{6-73}$$

或

$$E_F = \frac{1}{2}(E_c + E_v) + \frac{3}{4}k_0 T \ln \frac{m_h^*}{m_e^*}$$

对于硅和锗，m_h^*/m_e^* 的值分别为 0.55 和 0.66，而砷化镓的 $m_h^*/m_e^* \approx 7.0$，因此这三种半导体材料的 $\ln(m_h^*/m_e^*)$ 约在 2 以下，因此 E_F 约在禁带中线附近 1.5 kT 范围内。在室温(300 K)下，$k_0 T \approx 0.026$ eV，而硅、锗、砷化镓的禁带宽度约为 1 eV，因而式(6－73)中的第二项小得多，所以它们的本征半导体的费米能级基本上在禁带中线处。但也有例外，对于禁带宽度小的材料，如锑化铟室温时禁带宽度为 0.17 eV，而 m_h^*/m_e^* 之值约为 32，通过计算可知费米能级远在禁带中线之上。

将式(6－73)代入式(6－67)和式(6－70)，得到本征载流子浓度为

$$n_i = n_e = n_h = (N_c N_v)^{1/2} \exp\left(-\frac{E_g}{2k_0 T}\right) \tag{6-74}$$

式中，$(N_c N_v)^{1/2} = 2(2\pi k_0 T/h^2)^{3/2}(m_e^* m_h^*)^{3/4}$，可用 N 表示，为等效状态密度。从式(6－74)可以看出，一定的半导体材料，其本征载流子浓度随温度升高而迅速增大；不同的半导体材料，在同一温度时，禁带宽度越大，本征载流子浓度越小。将 n_e 和 n_h 相乘，得

$$n_e \cdot n_h = n_i^2$$

此式说明在一定温度下，任何非简并半导体的热平衡载流子浓度的乘积等于该温度时的本征载流子浓度的平方，与所含杂质无关。

表 6－8 列出了锗、硅、砷化镓在室温时由式(6－74)计算得到的本征载流子浓度和测量值，表中的计算结果与实验结果两者基本符合。

表 6－8　300 K 下锗、硅、砷化镓的本征载流子浓度

材料	E_g/eV	m_e^*	m_h^*	N_c/cm^{-3}	N_v/cm^{-3}	n_i/cm^{-3}	n_i/cm^{-3}
Ge	0.67	$0.56m_0$	$0.37m_0$	1.05×10^{19}	5.7×10^{18}	2.0×10^{13}	2.4×10^{13}
Si	1.12	$1.08m_0$	$0.59m_0$	2.8×10^{19}	1.1×10^{19}	7.8×10^{9}	1.5×10^{10}
GaAs	1.428	$0.068m_0$	$0.47m_0$	4.5×10^{17}	8.1×10^{18}	2.3×10^{6}	1.1×10^{7}

6.3.1.3　杂质半导体中的载流子浓度

在实际应用的半导体材料晶格中，为了实现 n 型半导化或 p 型半导化，总是在材料中引入微量的杂质，或者材料并不纯净，而是含有若干杂质。由于杂质的存在，有可能在禁带中引入允许电子存在的状态，即杂质能级，由此改变半导体中的载流子浓度。正因为如此，才使它们对半导体性质产生了决定性的影响。

1. 晶体中杂质能级

杂质原子进入晶体后，只可能以两种方式存在。一种方式是杂质原子位于晶格原子间的间隙位置，常称为间隙式杂质；另一种方式是杂质原子取代晶格原子而位于晶格点处，常称为替位式杂质。现讨论硅晶体中替位式杂质能级。

1)施主杂质和施主能级

Ⅲ、Ⅴ族元素在硅晶体中是替位式杂质。下面以硅中掺磷(P)为例进行分析。一个磷原子占据了硅原子的位置。磷原子有五个价电子，其中四个价电子与周围的四个硅原子形成共价键，还剩余一个价电子。同时磷原子所在处也多余了一个正电荷($+q$)，称这个正电荷为正电中心磷离子(P^+)。所以磷原子替代硅原子后，其效果是形成一个正电中心 P^+ 和一个多余的价电子，这个多余的价电子就束缚在正电中心 P^+ 的周围。但是，这种束缚作用比共价键的束缚作用弱得多，只要很少的能量就可以使它挣脱束缚，成为导电电子在晶格中自由运动，这时磷原子就成为少了一个价电子的磷离子(P^+)，它是一个不能移动的正电中心。这种电子脱离杂质原子的束缚成为导电电子的过程称为杂质电离，用 ΔE_D 表示，其值为0.044 eV。

Ⅴ族杂质在硅中电离时，能够释放电子而产生导电电子并形成正电中心，称它们为施主杂质或 n 型杂质。它释放电子的过程叫作施主电离。施主杂质未电离时是中性的，称为束缚态或中性态，电离后成为正电中心，称为离化态。

施主杂质电离过程可以用能带图表示，如图 6-17 所示，当电子得到能量 ΔE_D 后，就从施主的束缚态跃迁到导带成为导电电子，所以电子被施主杂质束缚时的能量比导带底 E_c 低 ΔE_D。将被施主杂质束缚的电子的能量状态称为施主能级，记为 E_D。因为 $\Delta E_D \ll E_g$，所以施主能级位于离导带底很近的禁带中。一般情况下，施主杂质是比较少的，杂质原子间的相互作用可以忽略，因此，某一种杂质的施主能级是一些具有相同能量的孤立能级，在能带图中，施主能级用离导带底 E_c 为 ΔE_D 处的短线段表示，每一条短线段对应一个施主杂质原子。在施主能级 E_D 上画一个小黑点，表示被施主杂质束缚的电子，这时施主杂质处于束缚状态。图中的箭头表示被束缚的电子得到能量 ΔE_D 后，从施主能级跃迁到导带成为导电电子的电离过程。在导带中的小黑点表示进入导带中的电子，施主能级处的符号表示施主杂质电离后带正电荷。

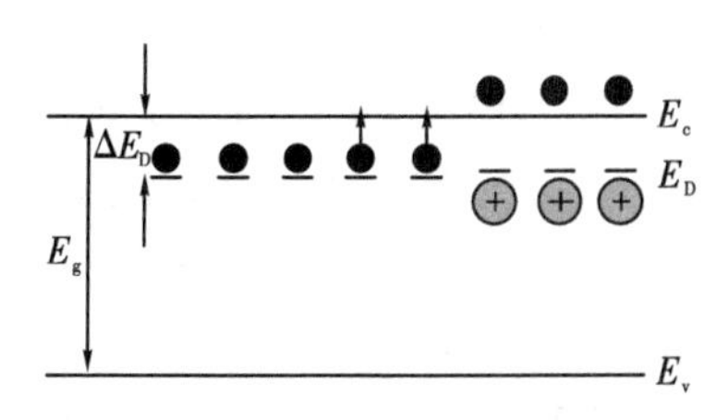

图 6-17 施主能级和施主电离

在晶体中掺入施主杂质，杂质电离后，导带中的导电电子增多，增强了材料的导电能力，通常把主要依靠导带电子导电的半导体称为电子型或 n 型半导体。

2)受主杂质和受主能级

以硅中掺硼为例进行分析。一个硼原子占据了硅原子的位置，硼原子有三个价电子，当它与周围的四个硅原子形成共价键，还缺少一个电子，必须从别处的硅原子中夺取一个价电子，于是在硅晶体的共价键中产生了一个空穴，而硼原子接受一个电子后成为带负电的硼离子(B^-)，称为负电中心。带负电的硼离子和带正电的空穴之间有静电引力作用，所以这个空穴受到硼离子的束缚，在硼离子附近运动，硼离子对这个空穴的束缚很弱，只要很少的能量就可以使它挣脱束缚，成为在晶体的共价键中自由运动的导电空穴。这时硼原子就成为多了一个价电子的硼离子(B^-),它是一个不能移动的负电中心。因这种杂质能够在晶体中接受电子而产生导电空穴,并形成负电中心,称它们为受主杂质或 p 型杂质。空穴挣脱受主杂质束缚的过程称为受主电离。受主杂质未电离时是中性的,称为束缚态或中性态,电离后成为负电中心,称为离化态。使空穴挣脱受主杂质束缚成为导电空穴所需的能量,称为受主杂质的电离能,用ΔE_A 表示,其值为 0.045 eV。

受主杂质电离过程可以用能带图表示,如图 6 - 18 所示,当空穴得到能量 ΔE_A 后,就从受主的束缚态跃迁到价带成为导电空穴,在能带图中空穴的能量是越向下越高,所以空穴被受主杂质束缚时的能量比价带顶 E_v 低 ΔE_A。把空穴被受主杂质所束缚的能量状态称为受主能级,记为 E_A。因为 $\Delta E_A \ll E_g$,所以受主能级位于离价带顶很近的禁带中。一般情况下,受主能级也是孤立能级,在能带图中,受主能级用离价带顶 E_v 为 ΔE_A 处的短线段表示,每一条短线段对应一个受主杂质原子。在受主能级上画一个小圆圈,表示被受主杂质束缚的空穴,这时受主杂质处于束缚状态。图中的箭头表示受主杂质的电离过程。在价带中的小圆圈表示进入价带中的空穴,受主能级处的符号表示受主杂质电离后带正电荷。

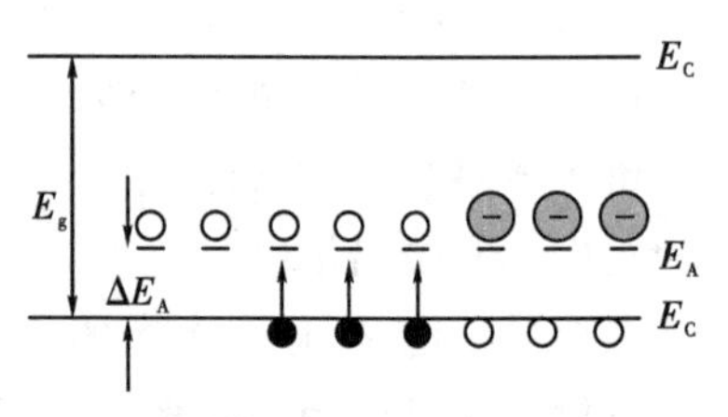

图 6 - 18　受主能级和受主电离

在晶体中掺入受主杂质,杂质电离后,价带中的导电空穴增多,增强了材料的导电能力,通常把主要依靠价带空穴导电的半导体称为空穴型或 p 型半导体。

无论施主杂质还是受主杂质,它们在禁带中都引入了杂质能级,这些杂质处于两种状态,即离化态和束缚态。实验证明,硅中掺入Ⅲ、Ⅴ族的杂质的电离能都很小,通常将电离能很小的杂质引入的杂质能级称为浅能级,将产生浅能级的杂质称为浅能级杂质。在室温下,晶格原子热振动的能量就可使浅能级杂质全部电离。相对应,非Ⅲ、Ⅴ族杂质在硅晶体中的电离能大,受主杂质引入的杂质能级远离价带顶部,施主杂质引入的施主能级远离导带底部,这种杂质能级为深能级,将产生深能级的杂质称为深能级杂质。

2. 载流子浓度

杂质对半导体的电导性能影响极大,由于杂质的引入,在禁带中出现了施主能级或受主能级,施主能级离导带近,而受主能级离价带很近。当杂质只是部分电离的情况下,在一些杂质能级上就有电子占据着。杂质能级和能带中的能级是有区别的,在能带中的能级可以容纳自旋方向相反的两个电子;而对于施主杂质能级只能是被一个有任一自旋方向的电子所占据,或者不接受电子。施主能级不允许同时被自旋方向相反的两个电子所占据,所以不能用费米分布来表示电子占据杂质能级的概率。可以证明电子占据施主能级的概率是

$$f_D(E)=\frac{1}{1+\frac{1}{2}\exp\left(\frac{E_D-E_F}{k_0T}\right)} \tag{6-75}$$

空穴占据受主能级的概率是

$$f_A(E)=\frac{1}{1+\frac{1}{2}\exp\left(\frac{E_F-E_A}{k_0T}\right)} \tag{6-76}$$

由于施主浓度 N_D 和受主浓度 N_A 就是杂质的量子态密度,因此施主能级上电子的浓

度为

$$n_D = N_D f_D(E) \tag{6-77}$$

这也是没有电离的施主浓度。而电离施主浓度为

$$n_D^+ = N_D[1 - f_D(E)] = \frac{N_D}{1 + 2\exp\left(-\frac{E_D - E_F}{k_0 T}\right)} \tag{6-78}$$

受主能级上的空穴浓度为

$$n_A = N_A f_A(E) \tag{6-79}$$

这也是没有电离的受主浓度。而电离受主浓度为

$$p_A^- = N_A[1 - f_A(E)] = \frac{N_A}{1 + 2\exp\left(-\frac{E_F - E_A}{k_0 T}\right)} \tag{6-80}$$

实际上，杂质半导体的情况比本征半导体复杂得多，随着温度不同，具有不同的电中性条件。对于 n 型半导体，单位体积有 N_D 个施主原子，施主能级为 E_D，电离能 $E_i = E_C - E_D$。当温度不很高时，大部分施主杂质能级仍为电子所占据，只有很少量的施主杂质发生电离，这种情况称为弱电离。从价带中通过本征热激发跃迁至导带的电子数就更少了，可以忽略，因此导带中的电子几乎全部由施主能级提供。根据电中性条件，有 $n_e = n_D^+$，因此

$$n_D^+ = n_e = N_c \exp\left(-\frac{E_c - E_F}{k_0 T}\right) = \frac{N_D}{1 + 2\exp\left(-\frac{E_D - E_F}{k_0 T}\right)} \tag{6-81}$$

因 $n_D^+ \ll N_D$，所以 $\exp\left(-\frac{E_D - E_F}{k_0 T}\right) \gg 1$，则由式(6-81)可得费米能级为

$$E_F = \frac{1}{2}(E_c + E_D) + \frac{1}{2} k_0 T \ln \frac{N_D}{2N_c} \tag{6-82}$$

上式就是低温弱电离区费米能级的表达式，它与温度、杂质浓度及掺何种杂质原子有关。

将式(6-82)代入式(6-67)得 n 型半导体导带中的电子浓度为

$$n_e = (N_c N_D)^{\frac{1}{2}} \exp\left(-\frac{E_c - E_D}{2k_0 T}\right) \tag{6-83}$$

该公式与公式 $n_e = n_h = (N_c N_v)^{\frac{1}{2}} \exp(-\frac{E_g}{2k_0 T})$ 很相似，$N_v N_D$ 和 $N_c N_D$ 都是两个能级上的状态密度，E_g 和 $E_C - E_D$ 都为这两个状态能级的间隔。

p 型半导体的载流子主要为价带中的空穴，在温度不很高时，仿照上式，有

$$n_h = (N_v N_A)^{1/2} \exp\left(-\frac{E_A - E_v}{2k_0 T}\right) \tag{6-84}$$

$$E_F = \frac{1}{2}(E_v + E_A) - \frac{1}{2} k_0 T \ln \frac{N_A}{2N_v} \tag{6-85}$$

式中，N_A 为受主杂质浓度；E_A 为受主能级。

由此可见，杂质半导体的载流子浓度和费米能级由温度和杂质浓度所决定。对于杂质一定的半导体，随着温度升高，载流子则是以杂质电离为主要来源过渡到以本征激发为主要来源的过程。相应地，费米能级则从位于杂质能级附近逐渐移向本征半导体。当温度一定时，费米能级的位置由杂质所决定。对于 n 型半导体，随着施主浓度的增加，费米能级从本

征半导体的位置逐渐移向导带底，而 p 型半导体的费米能级则随着受主浓度的增加逐渐移向价带的顶部。这说明，在杂质半导体中，费米能级的位置不但反映了半导体的导电类型，而且还反映了半导体的掺杂水平。由于费米能级随着杂质浓度的提高，向上或向下移动，超过一定值时，就会不满足条件 $E_c-E_F \gg k_0T$ 或 $E_F-E_v \gg k_0T$，这时导带电子浓度和价带空穴浓度必须用费米分布函数计算，即需要考虑电子系统的简并性。

6.3.2　电子的迁移率

能带理论指出，在具有严格周期性势场的理想晶体中的载流子，在绝对零度下的运动像理想气体分子在真空中的运动一样，不受阻力，迁移率为无限大。当周期性势场受到破坏，载流子的运动才受到阻力的作用，其原因是载流子在运动过程中受到了各种因素的散射。本小节以散射的概念为基础分析讨论电子迁移率的本质。

6.3.2.1　载流子的散射

1. 载流子散射的概念

在有外加电场时，载流子在电场力的作用下做加速运动，漂移速度应该不断增加，电流密度将无限增大。但从欧姆定律知，在恒定电场作用下，电流密度应该是恒定的。其原因是，在一定温度下，材料内部的大量载流子，即使没有电场作用，它们也不是静止不动，而是永不停息地做着无规则的、杂乱无章的运动，即热运动。同时晶格上的原子也在不停地围绕格点做热振动。对于半导体，其中还掺入了一定的杂质，它们一般是电离了的，也带有电荷。载流子在材料中运动时，便会不断地与热振动着的晶格原子或电离了的杂质离子发生作用，或者说发生碰撞，碰撞后载流子速度的大小与方向发生改变。用波的概念，可以认为电子波在材料中传播时遭到了散射。载流子无规则的热运动也正是由于它们不断地遭到散射的结果。所谓自由载流子，实质上只在两次散射之间才真正是自由运动，其连续两次散射间自由运动的平均路程称为平均自由程，而平均时间称为平均自由时间。图 6－19 所示为载流子热运动示意图，在无外电场时，电子虽然永不停息地做热运动，但宏观上没有沿着一定方向流动，所以并不构成电流。

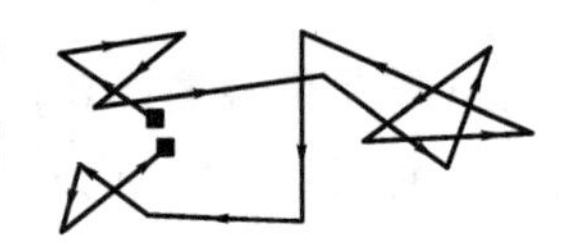
图 6－19　载流子热运动

当有外加电场作用时，载流子存在着相互矛盾的两种运动。一方面，载流子受到电场力的作用，沿电场方向（空穴）或反电场方向（电子）定向运动；另一方面，载流子仍不断地遭到散射，使载流子的运动方向不断改变。这样，由于电场作用获得漂移速度，不断地散射到各个方向上去，使漂移速度不能无限地积累起来，载流子在电场力的作用下的加速运动，也只有在两次散射之间才存在，经过散射后，它们又失去了获得的附加速度。从而在外力和散射的双重影响下，使得载流子以一定的平均速度沿力的方向漂移，这个平均速度就是恒定的平均漂移速度。载流子在外电场作用下的运动轨迹实际上是热运动和漂移运动的叠加，如图 6－20 所示。因此在外电场的作用下，虽然载流子仍不断地遭到散射，但由于有外电场的作用，载流子会沿着电场方向或反方向有一定的漂移运动，形成电流，而且在恒定电场作用下，电流密度是恒定的。

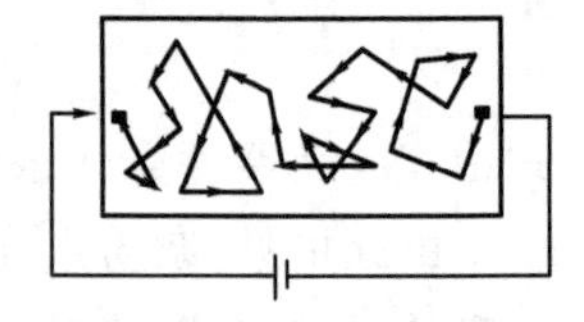
图 6－20　外电场作用下电子的漂移运动

2. 主要散射机构

载流子在运动过程中不断遭受到散射的根本原因是周期性势场的破坏，因此只要能引起周期性势场改变的因素都会对载流子有散射作用。周期性势场被破坏，则在其中产生一个附加势场ΔV。附加势场使能带中的电子在不同 k 状态间跃迁，也即原来沿某一个方向以 $v(k)$运动的电子，附加势场可以使它散射到其他各个方向，以速度 $v(k')$运动。晶体中的主要散射(附加势场)机构有以下几种。

1)中性杂质的散射

中性杂质的散射是低温下没有充分电离的杂质散射，中性杂质通过对周期性势场的微扰作用引起散射。一般在低温情况下起作用。

2)位错散射

在刃型位错处，刃口上的原子共价键不饱和，易于俘获电子成为受主中心，在 n 型材料中，如果位错线俘获了电子，成为一串负电中心，在其周围由电离了的施主杂质形成一个圆柱体的正空间电荷区，这些正电荷是电离了的施主杂质。圆柱体总电荷是中性的，但是在圆柱体内部存在电场，这个圆柱体的空间电荷区就是引起载流子散射的附加势场，如图 6－21 所示。位错散射是各向异性的，主要对垂直该电场方向运动的载流子有散射。散射概率与位错密度有关。

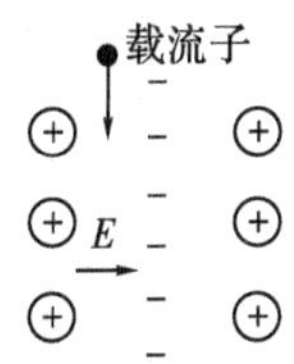

图 6－21 n 型材料中的位错散射

3)电离杂质的散射

在晶体中，施主杂质电离后是一个带正电的离子，受主杂质电离后是一个带负电的离子，因此在电离施主或受主周围形成一个库仑势场，这一库仑势场局部地破坏了杂质附近的周期性势场，它就是使载流子散射的附加势场，如图 6－22 所示。

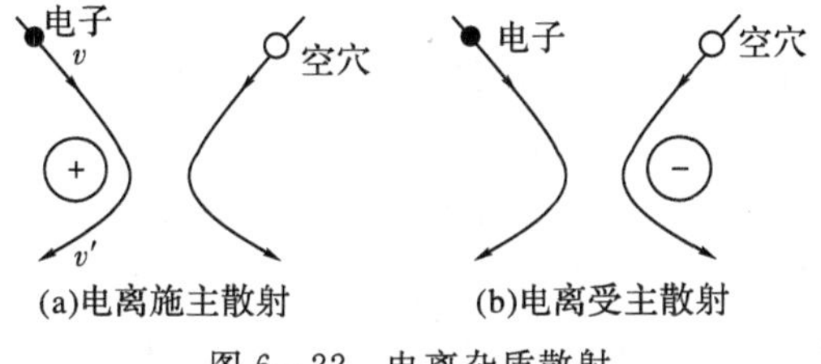

图 6－22 电离杂质散射

常以散射概率 P 来描述散射的强弱，它代表单位时间内一个载流子受到散射的次数。具体地分析发现，浓度为 N_i 的电离杂质对载流子的散射概率 P_i 与温度的关系为 v

$$P_i \propto N_i T^{-3/2} \tag{6-86}$$

N_i 越大，载流子遭受散射的机会越多，温度越高，载流子运动的平均速度越大，可以较快地掠过杂质离子，偏转就小，所以不易被散射。

4)晶格振动的散射

在一定温度下，晶格中原子都各自在其平衡位置附近做微振动。由晶格振动理论可知，晶格是以格波形式振动，由其特点将其分为声学波和光学波，并引入了声子的概念。这一概念的引入给分析晶格与物质的相互作用带来了很大的方便。如电子在晶体中被格波散射可以看作是电子与声子的碰撞，遵循准动量守恒和能量守恒。

对于声学波的散射，在室温下，电子的热运动速度约为 10^5 m/s，由 $\hbar k = m_e^* V$ 可估计电子波波长约为 $\lambda = 10^{-8}$ m。当电子与声子相互作用时，根据准动量守恒，声子动量应和电子动量具同数量级，即格波波长范围也应是 10^{-8} m。晶体中原子间距数量级为 10^{-10} m，因而起主要散射作用的是波长在几十个原子间距以上的长波。

在长声学波中，只有纵波在散射中起主要作用。长纵声学波传播时，和气体中的声波类似，会造成原子分布的疏密变化，产生体变，即疏处体积膨胀，密处压缩，如图 6-23 (a)所示。在一个波长中一半处于压缩状态，一半处于膨胀状态，这种体变引起原子间距的减小或增大。由于禁带宽度随原子间距变化，因此疏处禁带宽度减小，密处增大，使能带结构发生如图 6-24 所示的波形起伏。禁带宽度的改变反映了导带底 E_c 和价带顶 E_v 的升高或降低，引起能带极值的改变，改变了 ΔE_c 或 ΔE_v，由此产生了一个附加势场。这一附加电场破坏了原来的周期性势场，使电子从状态 k 散射到状态 k'。

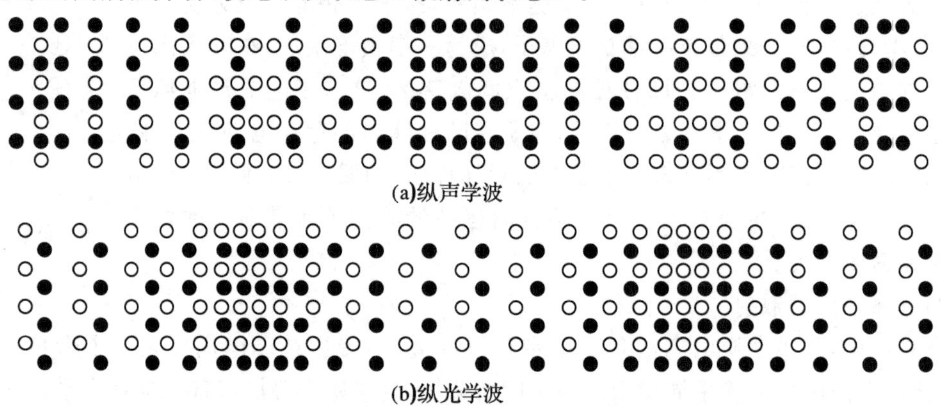

图 6-23　纵声学波和纵光学波示意图(○和●代表原胞中两类原子或离子)

对于光学波，在离子晶体中，每个原胞内有正负两个离子，长纵光学波传播时，振动位移相反，如果只看一种离子，它们和纵声学波一样，形成疏密相间的区域。由于正负离子位移相反，所以正离子的密区和负离子的疏区相合，正离子的疏区和负离子的密区相合，从而造成在一半波长区域内带正电，另一半波长区域内带负电，带正负电的区域将产生电场，对载流子起增加了一个势场的作用，这个势场是引起载流子散射的附加势场。

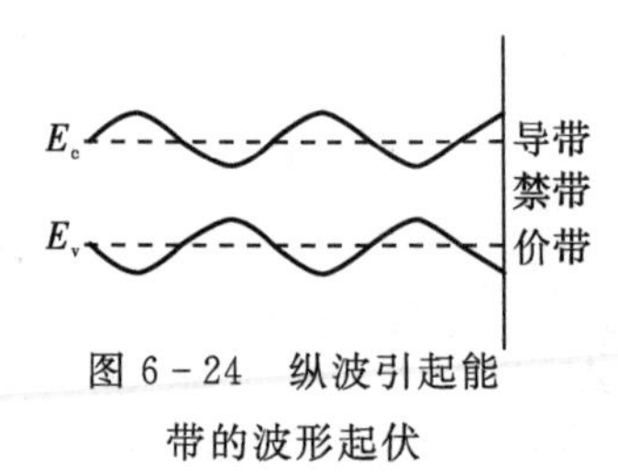

图 6-24　纵波引起能带的波形起伏

另外，载流子与载流子间也存在散射的作用。

6.3.2.2　平均自由时间和散射概率

载流子在电场的作用下做漂移运动时，只有在连续两次散射之间的时间内才做加速运动，这段时间称为自由时间。若取多次求其平均值则称为载流子的平均自由时间，常用 τ 来表示。

设有 N 个电子以速度 v 沿某方向运动，$N(t)$表示在 t 时刻尚未遭到散射的电子数，按散射概率的定义，则在 t 到 $t+\Delta t$ 时间内被散射的电子数为 $N(t)P\Delta t$，所以 $N(t)$应比在 $t+\Delta t$ 时刻尚未遭到散射的电子数 $N(t+\Delta t)$多 $N(t)P\Delta t$，即

$$N(t) - N(t+\Delta t) = N(t)P\Delta t \tag{6-87}$$

当 Δt 很小时，可以写为

$$\frac{\mathrm{d}N(t)}{\mathrm{d}t}=\lim_{\Delta t\to 0}\frac{N(t+\Delta t)-N(t)}{\Delta t}=-PN(t) \tag{6-88}$$

上式的解为

$$N(t)=N_0\mathrm{e}^{-Pt} \tag{6-89}$$

N_0 是 $t=0$ 时未遭散射的电子数。将解代入式 $N(t)P\Delta t$ 中，得到在 t 到 $t+\mathrm{d}t$ 时间内被散射的电子数为

$$N_0P\mathrm{e}^{-Pt}\mathrm{d}t$$

在 t 到 $t+\mathrm{d}t$ 时间内遭到散射的所有电子的自由时间均为 t，$tN_0P\mathrm{e}^{-Pt}\mathrm{d}t$ 是这些电子自由时间的总和，对所有时间积分，就得到 N_0 个电子自由时间的总和，再除以 N_0 便得到平均自由时间，即

$$\tau=\frac{1}{N_0}\int_0^{\infty}tN_0P\mathrm{e}^{-Pt}\mathrm{d}t=\frac{1}{P} \tag{6-90}$$

即平均自由时间的数值等于散射概率的倒数。

如果有几种散射机构同时存在，需要把各种散射机构的散射概率相加，得到总散射概率 P，即 $P=P_1+P_2+P_3+\cdots$。则平均自由时间的倒数为

$$\frac{1}{\tau}=P_1+P_2+P_3+\cdots=\frac{1}{\tau_1}+\frac{1}{\tau_2}+\frac{1}{\tau_2}+\cdots \tag{6-91}$$

6.3.2.3 迁移率与平均自由时间

沿 x 方向施加强度为 $|\varepsilon|$ 的电场，考虑电子的有效质量 m_e^*，如在 $t=0$ 时，某个电子恰好遭到散射，散射后沿 x 方向的速度为 v_{x_0}，经过时间 t 后又遭到散射，在此期间做加速运动，则再次散射前的速度 v_x 为

$$v_x=v_{x_0}-\frac{q}{m_e^*}|\varepsilon|t \tag{6-92}$$

假定每次散射后 v_0 的方向完全无规则，即散射后向各个方向运动的概率相等，所以多次散射后，v_0 在 x 方向分量的平均值应为零。因此只要计算多次散射后第二项的平均值即可得到平均漂移速度。

在 t 到 $t+\mathrm{d}t$ 时间内遭到散射的电子数为 $N_0P\mathrm{e}^{-Pt}\mathrm{d}t$，每个电子获得的速度为

$$-(q/m_e^*)|\varepsilon|t$$

两者相乘再对所有时间积分就得到 N_0 个电子漂移速度的总和，除以 N_0 得到平均漂移速度，即

$$\bar{v}_x=\bar{v}_{x_0}-\int_0^{\infty}\frac{q}{m_e^*}|\varepsilon|tP\mathrm{e}^{-Pt}\mathrm{d}t \tag{6-93}$$

因为 $\bar{v}_{x_0}=0$，所以

$$\bar{v}_x=-\frac{q|\varepsilon|}{m_e^*}\tau_e$$

根据电子的迁移率的定义

$$\mu_e=\frac{|\bar{v}_x|}{|\varepsilon|}$$

得到电子迁移速率为

$$\mu_e=\frac{q\tau_e}{m_e^*} \tag{6-94}$$

同理可得空穴迁移率为

$$\mu_h = \frac{q\tau_h}{m_h^*} \tag{6-95}$$

如果有几种散射机构同时存在，将不同的散射平均自由时间代入式(6-91)，得总迁移率为

$$\frac{1}{\mu} = \frac{1}{\mu_1} + \frac{1}{\mu_2} + \frac{1}{\mu_3} + \cdots \tag{6-96}$$

6.3.3 电子电导率

1. 电导率的一般表达式

和离子电导率一样，电子电导率仍可按公式$\sigma = nq\mu$计算，但在电子电导中，载流子电子和空穴浓度、迁移率常常不一样，计算时应分别考虑。对本征半导体，其电导率为

$$\sigma = n_e q\mu_e + n_h q\mu_h = Nq(\mu_e + \mu_h)\exp^{-\frac{E_g}{2k_0T}} \tag{6-97}$$

n型半导体的电导率为

$$\sigma = Nq(\mu_e + \mu_h)\exp\left(-\frac{E_g}{2k_0T}\right) + (N_c N_D)^{1/2}\mu_e q\exp\left(-\frac{E_c - E_D}{k_0T}\right) \tag{6-98}$$

第一项与杂质无关，第二项与杂质浓度有关，因为$E_g > E_i$，故在低温时，上式第二项起主要作用；高温时，杂质能级上的有关电子已全部离解激发，温度继续升高时，电导率增加是属于本征电导性。本征半导体或高温时的杂质半导体的电导率与温度的关系可简写为

$$\sigma = \sigma_0\exp\left(-\frac{E_g}{2k_0T}\right) \tag{6-99}$$

σ与温度的变化关系不太显著，故在温度变化范围不太大时，σ_0可视为常数，因此$\ln\sigma$与$1/T$成直线关系，由直线斜率可求出禁带宽度。取上式倒数，可得电阻率与温度的关系为

$$\rho = \rho_0\exp\left(\frac{E_g}{2k_0T}\right) \tag{6-100}$$

$$\ln\rho = \ln\rho_0 + \frac{E_g}{2k_0T} \tag{6-101}$$

同样也可以求出p型半导体的电导率为

$$\delta = Nq(\mu_e + \mu_h)\exp\left(-\frac{E_g}{2k_0T}\right) + (N_v N_A)^{1/2}\mu_h q\exp\left(-\frac{E_D - E_v}{k_0T}\right) \tag{6-102}$$

图6-25为实验测得的一些本征半导体的电阻率与温度的关系。

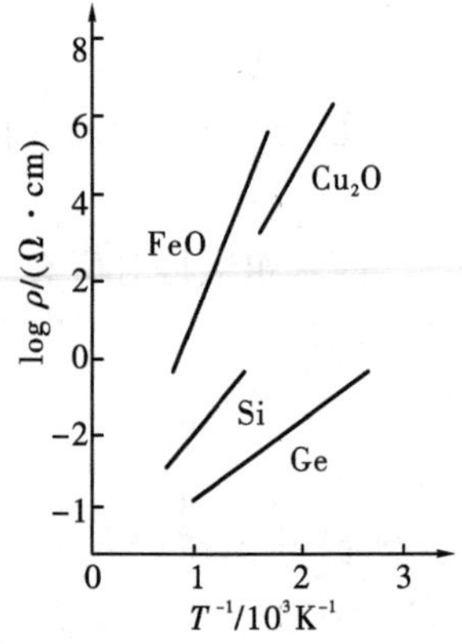

图6-25 本征半导体的$\log\rho$与$1/T$的关系

实际晶体具有比较复杂的导电机构。图6-26为电子电导率与温度关系的典型曲线。(a)具有线性特性，表示该温度区间具有始终如一的电子跃迁机构；(b)和(c)都在T_K处出现明显的曲折，其中(b)表示低温区主要是杂质电子导电，高温区以本征电子电导为主，(c)表示在同一晶体中同时存在两种杂质时的电导特性。

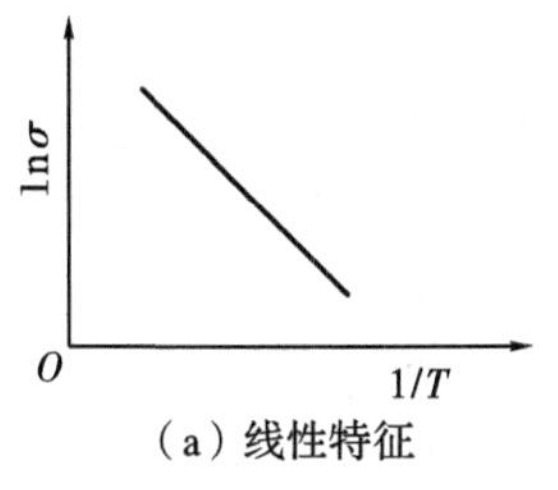

(a) 线性特征

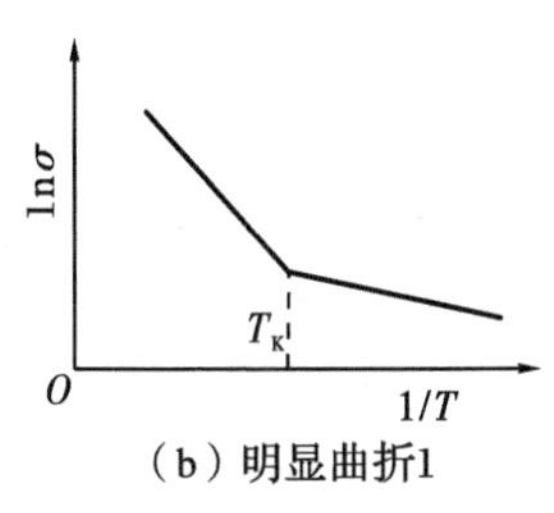

(b) 明显曲折1

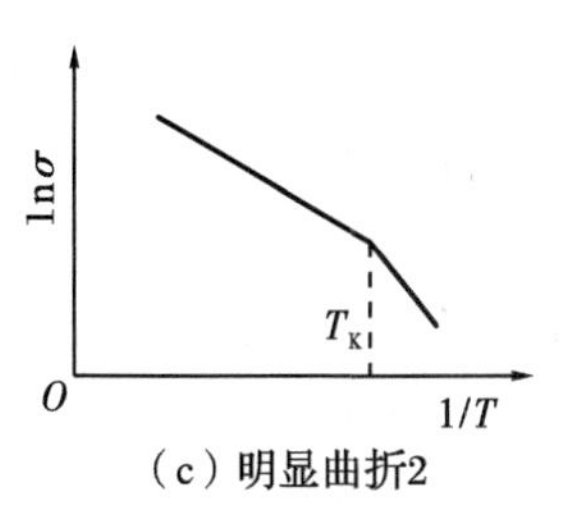

(c) 明显曲折2

图 6-26 电导率与温度关系的典型曲线

2. 影响电子电导的因素

从电导率的公式和迁移率的公式 $\mu=e\tau/m^*$ 中可知，晶体中电子电导率主要由电子的浓度和电子的平均自由时间 τ 决定，因此可以从影响这两个参量的因素来讨论影响电子迁移率的因素。一般有温度、杂质及缺陷。

1)温度的影响

对于晶体来说，总的迁移率受散射的控制，主要包括以下两大部分：

(1)声子对迁移率的影响可写成 $\mu_L=aT^{-3/2}$；

(2) 杂质离子对迁移率的影响可写成 $\mu_I=bT^{3/2}$。

a 和 b 为常数，决定于材料的性质。

总迁移率的倒数等于两部分迁移率的倒数之和，即 $1/\mu=1/\mu_L+1/\mu_I$。

图 6-27 表示了 μ 与 T 的关系。可以看出，在低温下，杂质离子对电子的散射起主要作用；在高温下，声子对电子的散射起主要作用。

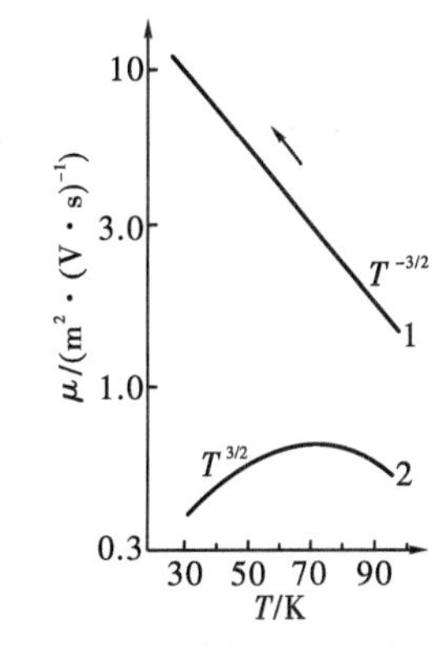

图 6-27 迁移率与温度的关系

温度对载流子浓度的影响很大，它们符合指数关系，图 6-28 表示了 ln$n$ 与 T^{-1}的关系。图中的低温阶段为杂质电导，高温阶段为本征电导，中间出现了饱和区，此时杂质全部电离，载流子浓度与温度无关。

一般 μ 受 T 的影响比载流子浓度 n 受 T 的影响要小得多，因此电导率对温度的依赖关系主要取决于浓度项。

综合迁移率、浓度两个方面，实际材料 lnσ 与 T^{-1}的关系曲线是非线性的(如图 6-29 所示)。

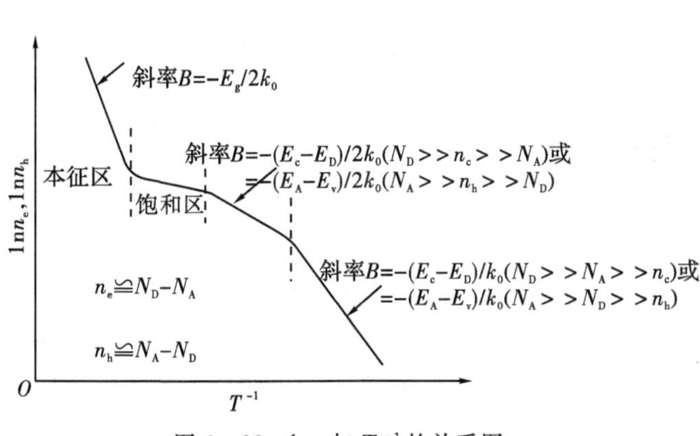

图 6-28 ln$n$ 与 T^{-1} 的关系图

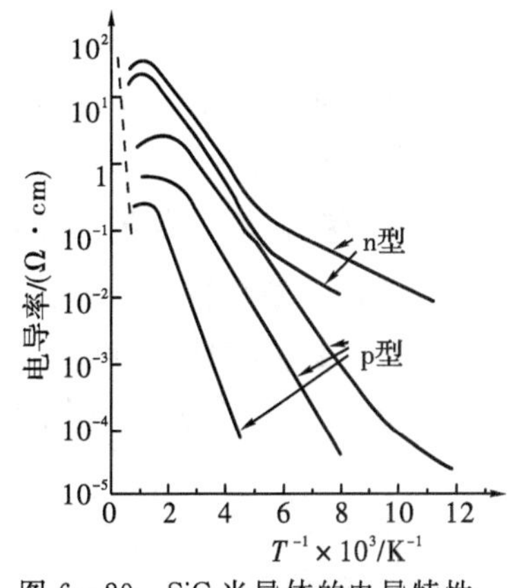

图 6-29 SiC 半导体的电导特性

2)杂质的影响

在共价键半导体中用不等价原子取代格点上的原子，在禁带中形成了杂质能级。同样，在离子晶体中，大多数半导体氧化物材料，由于掺杂产生非本征的缺陷，即杂质缺陷，或者由于烧成气氛使它们成为非计量化合物而形成组分缺陷，即离子空位和间隙离子，这些缺陷都会在禁带中形成缺陷能级，这些能级距导带或价带很近，当受热激发时，杂质能级中的电子或空穴可跃迁到导带中或价带中，因而具有导电能力，形成 n 或 p 型半导体，对材料的电子电导有一定的影响。

6.3.4 晶格缺陷与电子电导

在实际晶体中，温度、杂质、气氛等产生的一些晶格缺陷的结构是比较复杂的，为了简化问题，在分析这些缺陷时，把材料中的晶格缺陷看作化学实物，并用化学热力学的原理来研究缺陷的产生、平衡及浓度等问题。因此在研究缺陷的平衡过程中，缺陷的生成反应被看作化学反应，而且质量定律适用于缺陷化学反应。

下面以离子晶体 MO 为例，研究晶体中缺陷的种类、浓度与温度、氧分压和杂质的关系。设在 MO 晶体中存在着 V_M''、$V_O^{\cdot\cdot}$、e'、$h^{\cdot}$ 四种点缺陷。其浓度分别为$[V_M'']$、$[V_O^{\cdot\cdot}]$、n 和 p。当缺陷浓度较小时，缺陷之间的相互作用可以忽略。当 MO 与周围氧分压处于平衡状态，有以下三种缺陷反应，分别为

肖特基缺陷形成反应：$O^* = V_M'' + V_O^{\cdot\cdot}$

电子空穴对或电子缺陷的形成反应：$O = h^{\cdot} + e'$

在氧化性气氛中形成阳离子空位和空穴的反应：

$$\frac{1}{2}O_2 = V_M'' + 2h^{\cdot} + O_O^{\times}$$

缺陷的平衡常数分别为

$$K_S = [V_M''][V_O^{\cdot\cdot}] \tag{6-103}$$

$$K_i = pn \tag{6-104}$$

$$K = \frac{[V_M'']p^2}{P_{O_2}^{\frac{1}{2}}} \tag{6-105}$$

P_{O_2} 为氧分压。

电中性条件为
$$2[V_M''] + n = 2[V_O^{\cdot\cdot}] + p \tag{6-106}$$

下面根据电中性条件，采用最初由布劳威尔(Brouwer)提出，并由克罗格-文克(Kröger - Vink)进一步完善的近似方法来分析氧分压、温度和各种缺陷浓度的关系。

1. 在温度一定的条件下氧分压的影响

当电子缺陷较肖特基缺陷容易生成时，$K_i > K_S$，氧分压的影响可以分成三个区来讨论：

1)高氧分压区(Ⅰ)

有 $p \gg 2[V_O^{\cdot\cdot}]$、$2[V_M''] \gg n$，此时的电中性条件式(6-106)简化为

$$2[V_M''] = p \tag{6-107}$$

由式(6-103)、式(6-104)、式(6-105)可以得到空穴浓度、电子浓度、氧离子空位浓度与氧分压的对数关系如下：

$$\lg p=\lg(2[V_M''])=\frac{1}{6}\lg P_{O_2}+\lg\sqrt[3]{2K}$$

$$\lg n=-\frac{1}{6}\lg P_{O_2}+\lg\frac{K_i}{\sqrt[3]{2K}}$$

$$\lg[V_O^{\cdot\cdot}]=-\frac{1}{6}\lg P_{O_2}+\lg\left(\frac{2K_s}{\sqrt[3]{2K}}\right)$$

各种缺陷浓度随氧分压的变化曲线如图 6－30(Ⅰ)所示。

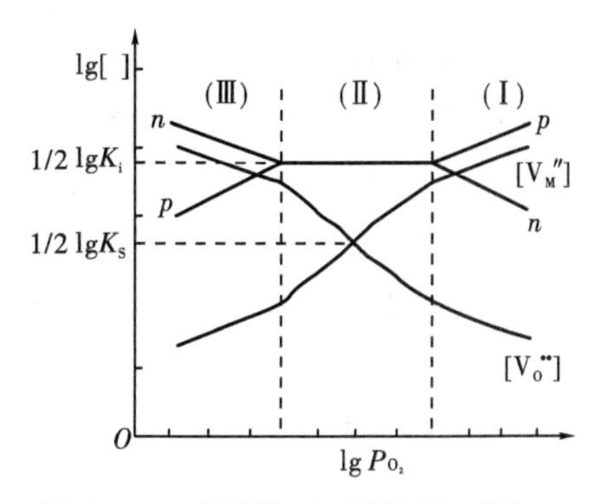

图 6－30 克罗格-文克图($K_i>K_s$)

2)中氧分压区(Ⅱ)

随着氧分压的降低，空穴浓度 p 降低，而电子浓度 n 升高，进入中氧分压区，此时，$p\gg2[V_O^{\cdot\cdot}]$、$n\gg2[V_M'']$，电中性条件式(6－106)简化为

$$n=p \tag{6-108}$$

从而可得空穴浓度、阳离子空位浓度、氧离子空位浓度与氧分压的对数关系如下：

$$\lg p=\lg n=\lg\sqrt{K_i}$$

$$\lg[V_M'']=\frac{1}{2}\lg P_{O_2}+\lg\frac{K}{K_i}$$

$$\lg[V_O^{\cdot\cdot}]=-\frac{1}{2}\lg P_{O_2}+\lg\frac{K_iK_S}{K}$$

各种缺陷浓度随氧分压的变化曲线如图 6－30(Ⅱ)所示。

3)低氧分压区(Ⅲ)

随着氧分压浓度的降低，空穴浓度进一步降低，电子浓度继续升高，与此同时，阳离子空位浓度下降，阴离子空位浓度升高(见图 6－30(Ⅲ))。当进入低氧分压区时，有 $2[V_O^{\cdot\cdot}]\gg p$、$n\gg2[V_M'']$，此时电中性条件式(6－106)变为

$$n=2[V_O^{\cdot\cdot}] \tag{6-109}$$

可以得到如下关系：

$$\lg n=\lg(2[V_O^{\cdot\cdot}])=-\frac{1}{6}P_{O_2}+\lg\sqrt[3]{2K_SK_i^2/K}$$

$$\lg p=\frac{1}{6}\lg P_{O_2}+\lg\sqrt[3]{KK_i/2K_S}$$

$$\lg[V_M'']=\frac{1}{6}\lg P_{O_2}+\lg\sqrt[3]{4K_S^2K/K_i^2}$$

同样可以讨论，当 $K_S>K_i$ 时，在不同氧分压区中的各种缺陷浓度与氧分压的关系。此时，电中性条件分别可以近似简化如下：

(Ⅰ)区：$2[V_M'']=p$

(Ⅱ)区：$[V_O^{\cdot\cdot}]=[V_M'']$

(Ⅲ)区：$n=2[V_O^{\cdot\cdot}]$

克罗格-文克图，如图 6－31 所示。

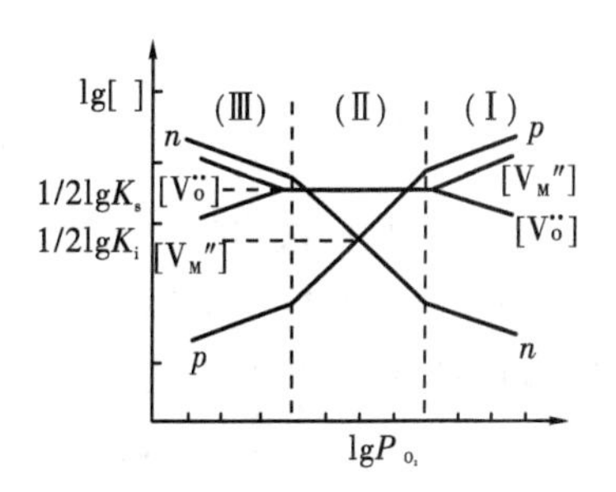

图 6－31 克罗格-文克图($K_s>K_i$)

2. 杂质的影响

如果在晶体中含有杂质或有目的地掺杂后，缺陷浓度将发生怎样的变化？当 $K_i > K_s$ 时，如果杂质含量极微，即远小于 ${K_i}^{1/2}$ 的情况下，杂质的影响可以忽略。若杂质含量大于 ${K_i}^{1/2}$，且缺陷之间没有相互作用，那么杂质将对缺陷的生成产生影响。

若三价阳离子 N 取代 M 时，则形成 $N_M^{\cdot}$ 的缺陷，此时，电中性条件式(6-106)变为

$$2[V_M''] + n = [N_M^{\cdot}] + 2[V_O^{\cdot\cdot}] + p \tag{6-110}$$

若一价阳离子 L 取代 M 时，则形成 L_M' 的缺陷，电中性条件为

$$[L_M'] + 2[V_M''] + n = 2[V_O^{\cdot\cdot}] + p \tag{6-111}$$

下面讨论三价阳离子的影响。三价阳离子的影响可以划分为四个区域来讨论。

1)高氧分压区(Ⅰ)

电中性条件式(6-110)近似为 $2[V_M''] = p$

因此各缺陷浓度与氧分压的关系与前面的(Ⅰ)区相同，有

$$\lg p = \lg(2[V_M'']) = \frac{1}{6}\lg P_{O_2} + \lg \sqrt[3]{2K}$$

2)次高氧分压区(Ⅱ)

随着氧分压的降低，$[V_M'']$减小，于是进入次高氧分压区。

电中性条件为

$$2[V_M''] = [N_M^{\cdot}] \tag{6-112}$$

在该区内

$$\lg p = \frac{1}{4}\lg P_{O_2} + \lg\left(\frac{2K}{[N_M^{\cdot}]}\right)^{\frac{1}{2}}$$

$$\lg n = -\frac{1}{4}\lg P_{O_2} + \lg\left(\frac{{K_i}^2[N_M^{\cdot}]}{2K}\right)^{\frac{1}{2}}$$

$$[V_O^{\cdot\cdot}] = 2K_S/[N_M^{\cdot}]$$

氧分压进一步降低，n 将增加，从而进入(Ⅲ)区。

3)中氧分压区(Ⅲ)

电中性条件式(6-111)为

$$n = [N_M^{\cdot}] \tag{6-113}$$

各缺陷浓度与氧分压的关系为

$$p = K_i/[N_M^{\cdot}]$$

$$\lg[V_M''] = \frac{1}{2}\lg P_{O_2} + \lg\left(\frac{K[N_M^{\cdot}]^2}{K_i^2}\right)$$

$$\lg[V_O^{\cdot\cdot}] = -\frac{1}{2}\lg P_{O_2} + \lg\left(\frac{K_S {K_i}^2}{K[N_M^{\cdot}]^2}\right)^{\frac{1}{2}}$$

4)低氧分压区(Ⅳ)

由 $p = K_i/[N_M^{\cdot}]$可知，$[N_M^{\cdot}]$很小，可忽略不计，电中性条件式(6-111)为

$$n = 2[V_O^{\cdot\cdot}]$$

因此与前面的(Ⅲ)区相同。三价阳离子杂质对缺陷浓度和氧分压关系的影响示于图 6-32。

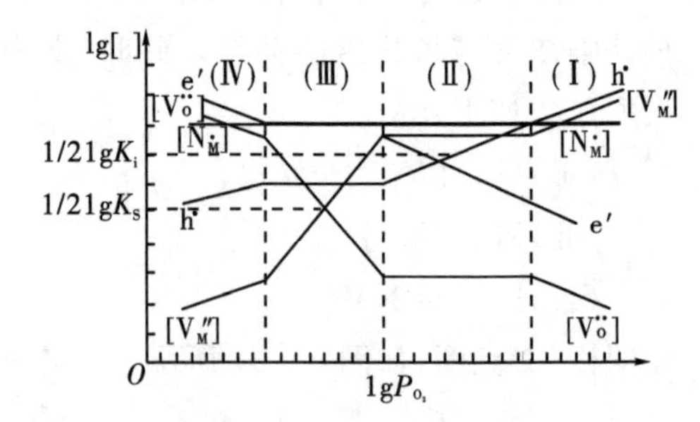

图 6-32 掺三价阳离子的克罗格-文克图($K_i > K_S$)

同理，也可以用四个区域来分析掺入一价阳离子对缺陷浓度和氧分压关系的影响。

3. 温度的影响

如果氧分压一定时，改变温度，缺陷浓度随温度将会发生怎样的变化呢？

缺陷生成反应的平衡常数包括熵变和焓变两部分。熵变若不随温度变化，则平衡常数的对数一般表达式为

$$\ln K=\ln K^0-\frac{\Delta H}{RT} \tag{6-114}$$

式中，K^0 包括熵变项，且为不随温度变化的常数，因此，焓变 ΔH 的大小与符号都直接影响缺陷浓度随温度的变化。

对于图 6－30 中的 $K_i>K_S$ 的情况，若在中氧分压区，电中性条件为 $n=p$，则有

$$\ln n=\ln p=\ln\sqrt{K_i}=\ln\sqrt{K_i^0}-\frac{\Delta H_i}{2RT} \tag{6-115}$$

在式(6－115)成立的温度范围内，有

$$\ln[V_M'']=\ln\frac{K}{p^2}=\ln\left(\frac{K^0}{K_i^0}\right)-\frac{\Delta H-\Delta H_i}{RT}$$

$$\ln[V_O^{\cdot\cdot}]=\ln\frac{K_s}{[V_M'']}=\ln\left(\frac{K_s^0K_i^0}{K^0}\right)-\frac{\Delta H_s-\Delta H+\Delta H_i}{RT}$$

若令 $\Delta H:\Delta H_i:\Delta H_s=1:2:3$，那么 $\ln n-\frac{1}{T}$、$\ln p-\frac{1}{T}$、$\ln[V_M'']-\frac{1}{T}$、$\ln[V_O^{\cdot\cdot}]-\frac{1}{T}$图的斜率分别是$-\Delta H/R$、$-\Delta H/R$、$\Delta H/R$、$-4\Delta H/R$。因此，当温度升高，$[V_O^{\cdot\cdot}]$的浓度激增，电中性条件将进入 $n=2[V_O^{\cdot\cdot}]$ 的温度范围内；相反，若温度降低，$[V_M'']$的浓度增大，电中性条件将变为

$$2[V_M'']=p \tag{6-116}$$

由此可得到图 6－33 所示的温度对缺陷的影响结果。图 6－30的低氧分压区和高氧分压区内，温度对缺陷浓度的影响结果基本上同图 6－33 类似，只是实际温度范围有差别而已。

以上分析了氧分压、杂质和温度对缺陷的种类和浓度的影响。根据电导率的一般公式

$$\sigma=\sum n_iq\mu_i$$

可知在一定温度范围内，迁移率 μ 通常可视为常数，因此电导率的变化趋势将同载流子浓度的变化趋势相似。而载流子浓度决定于主缺陷的浓度，因此晶格缺陷和缺陷化学理论是研究材料电导的基础。

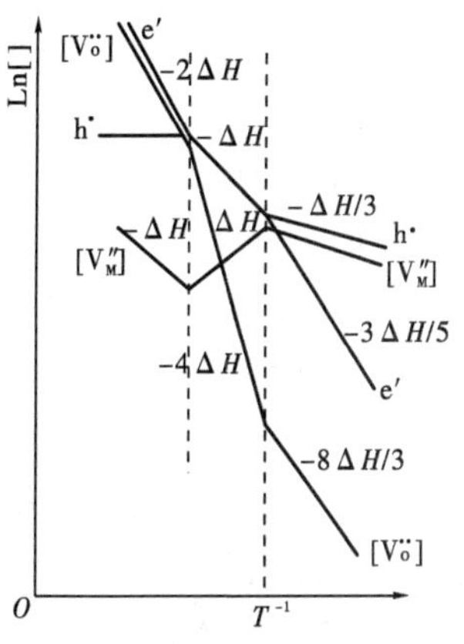

图 6－33　缺陷浓度与温度的关系

6.4　无机材料的电导

6.4.1　非晶态玻璃材料的电导

1. 离子电导

在含有碱金属离子尤其是钠离子的玻璃中，由于非晶态玻璃体的结构比晶体疏松，碱金

属离子不能与两个氧原子联系以延长点阵网络，从而造成弱联系离子。与晶体不同，玻璃中碱金属离子的能阱不存在单一的数值，通常有一些相邻的低能位置，其间只有小的能垒，而大的势垒则发生于偶然出现的相邻位置之间，这与玻璃结构的随机性质是一致的，如图 6 - 34 所示，这些势垒的体积平均值就是载流子的活化能。因此在所有温度范围内碱金属离子的迁移率远大于网络形成体离子的迁移率，电流几乎完全由碱金属离子负载，基本上表现为离子电导。

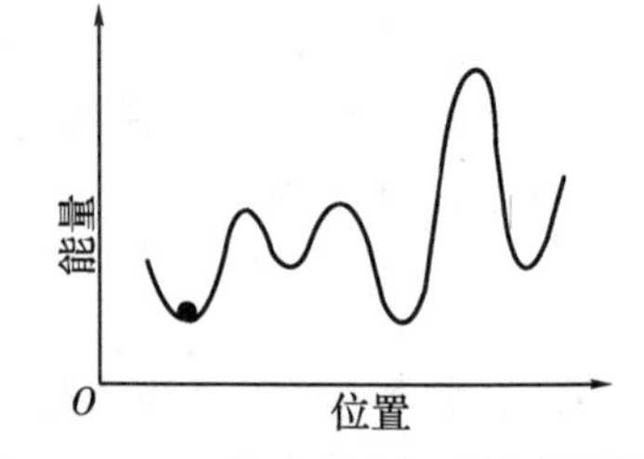

图 6 - 34　一价正离子在玻璃中的位垒

在碱金属氧化物含量不大的情况下，因为碱金属离子首先填充在玻璃结构的松散处，此时碱金属离子的增加只是增加电导载流子数，电导率 σ 与碱金属离子浓度有直接关系。当碱金属氧化物含量达到一定限度值时，继续增加的碱金属离子，就开始破坏原来结构紧密的部位，使整个玻璃体结构进一步松散，因而活化能降低，导电率呈指数式上升。

影响玻璃离子电导的因素主要有温度和组成的影响。温度对电导率的影响，在相当大的范围内可以用下式表示：

$$\sigma=\sigma_0 \exp(-W/k_0 T) \tag{6-117}$$

式中，W 为电导的活化能。活化能和电导率的关系在玻璃的转变范围内表示出不连续性，因此随着温度的上升，玻璃电导率迅速增加。

组成对玻璃电导率的影响主要与网络变形体离子的类型和数量有关，特别是碱金属离子。在硅酸钠玻璃中电导率的增加正比于钠离子浓度，但是，当有其他一价碱金属或二价离子氧化物取代部分二氧化硅而形成三元系统时，其电导率却减小。表现为双碱效应和压碱效应。

双碱效应是指当玻璃中碱金属离子总浓度较大时（占玻璃组成 25％～30％），在碱金属离子总浓度相同的情况下，含两种碱金属离子比含一种碱金属离子的玻璃电导率要小。当两种碱金属浓度比例适当时，电导率可以降到很低（见图 6 - 35）。以 K^+ 取代部分 Li^+ 为例进行说明。由于 $r_{K^+}>r_{Li^+}$，在外电场作用下，一价金属离子 Li^+ 移动时，留下的空位比 K^+ 留下的空位小，这样 K^+ 只能通过本身的空位。Li^+ 进入体积大的 K^+ 空位中，产生应力，不稳定，因而也是进入同种离子空位较为稳定。这样互相干扰的结果使电导率大大下降。此外由于大离子 K^+ 不能进入小空位，使通路堵塞，妨碍小离子的运动，迁移率也降低。

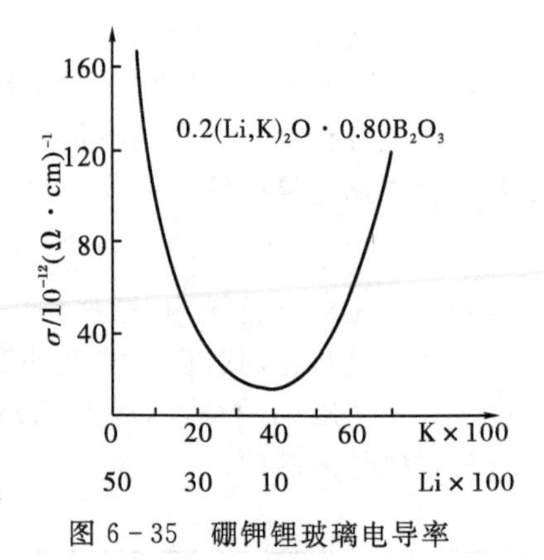

图 6 - 35　硼钾锂玻璃电导率与钾、锂含量的关系

压碱效应是指含碱金属玻璃中加入二价金属氧化物，特别是重金属氧化物，使玻璃的电导率降低。相应的阳离子半径越大，这种效应越强。这是由于二价离子与玻璃中氧离子的结合比较牢固，能嵌入玻璃网络结构，以致堵住了迁移通道，使碱金属离子移动困难，因而电导率降低。当然，如用二价离子取代碱金属离子，也得到同样效果。图 6 - 36 所示为 0.18 Na_2O - 0.82 SiO_2 玻璃中 SiO_2 被其他氧化物置换的效应。

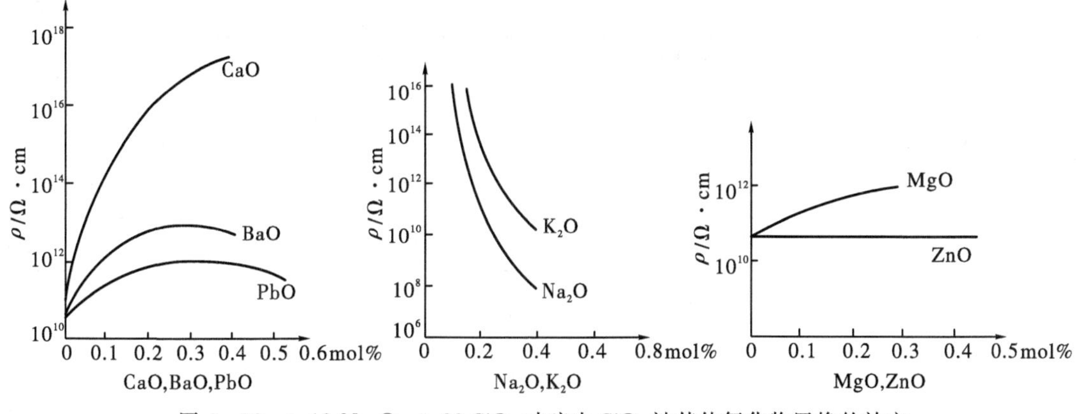

图 6－36　0.18 Na_2O－0.82 SiO_2 玻璃中 SiO_2 被其他氧化物置换的效应

在生产实际中，常利用双碱效应减少玻璃的电导率，并可以使玻璃的电导率降低 4～5 个数量级。

玻璃中，通过对各种氧化物置换 SiO_2 后的电阻率变化情况的研究，发现 CaO 提高电阻率的作用最显著。

在需要高电阻率的玻璃时，碱金属含量应当保持最小值，并且应当用铅、钡这类二价离子作为变体离子。这些玻璃兼有高电阻率、良好的工作特性（黏度与温度关系）、合理的工作温度和没有反玻璃化的问题。可以制成电阻率更高的钙-铝-硅玻璃，但是它们很难被广泛应用并有反玻璃化的倾向。

无机材料中的玻璃相，往往也含有复杂组成的玻璃相，一般玻璃相的电导率比晶体相高，因此介质材料应尽量减少玻璃相。上述规律对多晶多相材料中的玻璃相也是适用的。

2. 电子电导

某些含有多价过渡金属离子的氧化物玻璃中表现出电子电导特性。最著名的是磷酸钒和磷酸铁玻璃。然而在磷酸盐、硼酸盐或硅酸盐基制中加入钒、铁、钴或锰也可以制备出电子电导玻璃。

近年来，半导体玻璃作为新型电子材料非常引人注目。半导体玻璃按其组成可分为：①金属氧化物玻璃（SiO_2 等）；②硫属化物玻璃，这类玻璃或单独以硫（S）、硒（Se）和碲（Te）为基础或再与磷（P）、砷（As）、锑（Sb）或铋（Bi）相结合；③锗（Ge）、Si、Se 等元素的非晶态半导体。表 6－9 列出了具有代表性的硫属化物半导体玻璃的组成与性能。

表 6－9　硫属化物半导体玻璃的组成与性能

材料组成	透光范围 /μm	折射率 n	软化点 /℃	热膨胀系数 α /($10^{-6} \cdot K^{-1}$)	努氏硬度	弹性模量 /GPa
$Si_{25}As_{25}Te_{50}$	2～9	2.93	317	13	167	—
$Ge_{10}As_{20}Te_{70}$	2～20	3.55	178	18	111	—
$Si_{15}Ge_{10}As_{25}Al_{50}$	2～12.5	3.06	320	10	179	—
$Ge_{30}P_{10}S_{60}$	2～8	2.15	520	15	185	—

续表

材料组成	透光范围 /μm	折射率 n	软化点 /℃	热膨胀系数 α /(10^{-6}/K^{-1})	努氏硬度	弹性模量 /GPa
$Ge_{40}S_{60}$	0.9～12	2.30	420	14	179	—
$Ge_{28}Sb_{12}Se_{60}$	1～15	2.62	326	15	154	29
$As_{50}S_{20}Se_{60}$	1～13	2.53	218	20	121	14
$As_{50}S_{20}Se_{20}Te_{10}$	1～13	2.51	195	27	94	10
$As_{35}S_{10}Se_{35}Te_{20}$	1～12	2.70	176	25	106	17
$As_{38.7}Se_{61.3}$	1～15	2.79	202	19	114	17
$As_{8}Se_{92}$	1～19	2.48	70	34	—	
$As_{40}S_{60}$(As_2S_3)	1～11	2.41	210	25	109	16

硫属化物多成分系玻璃由于成分不同,具有特有的玻璃化区域和物理状态。其中以Si－As－Te系玻璃研究较多。该系材料在其玻璃化区域内呈现出半导体性质;在玻璃化区域以外,存在着结晶化状态,形成多晶体,表现出金属电导性。大多数硫属化物玻璃的电导过程为热激活过程,与本征半导体的电导相似,这是因为非晶态的半导体玻璃存在很多悬空键和定域化的电荷位置,从能带结构来看,在价带和导带之间存在很多局部能级,因此熔体淬冷的或从气相沉积成膜的硫属化合物最显著的特征是它们的电导率对杂质不敏感,从而难以进行价控,难以形成 p－n 结。采用 SiH_4 的辉光放电法所形成的非晶态,由于悬空键被 H 所补偿成为 α－Si∶H,能实现价控,并在太阳能电池上获得应用。

非晶态半导体的禁带稍微小于与其晶态对应物,但大多数情况下晶态材料的本征电导率高于非晶态,其原因之一是非晶态中的载流子迁移率 μ 通常较低($<0.1\ cm^2/(V\cdot s)$)。

非晶态材料的电子电导率与温度的关系和晶态材料是相似的。在磷酸钒和磷酸铁玻璃中电导率随着过渡金属离子浓度的增加而增加,对于低浓度的过渡金属离子,电导率对于邻近不同价的离子数是非常敏感的,但当浓度约在 10%以上时,平均说来,每个离子有一个相邻的过渡金属离子。对于更高的浓度,电导率的变化更是过渡金属离子价态的函数。例如,在磷酸钒玻璃中,电导率与 5 价和 4 价的钒离子的相对数量有关,电导率的最大值出现在 $V^{4+}/V_{总}$ 约为 0.1～0.2 时。在磷酸铁玻璃中不论同时存在的第三种成分如何,当 $Fe^{3+}/Fe_{总}$ 的比值约为 0.4～0.6 时,电导率达到最大值,而且随着三价铁含量的增加,也出现了从 p 型电导到 n 型电导的变化。对于电导有贡献的电子或空穴数虽是高的,但它们的迁移率 μ 是低的($\ll 0.1\ cm^2/(V\cdot s)$),因此不会引起很大的电导值。

6.4.2 多晶多相固体材料的电导

多晶多相材料具有较复杂的显微结构,含有晶粒、晶界、气孔等,因此,它的电导比单晶和均质材料要复杂得多。本小节主要介绍多晶多相材料电导的一般原理。

多晶多相系统的电导特性通常是几个存在相的共同贡献结果,这些相包括气孔、半导体、玻璃相和绝缘晶体。其中，气孔为低电导率相；半导体具有可观的电导率；玻璃相由于结构松弛，活化能比较低，因而电导率较高，特别是在高温时具有可观的电导率；绝缘晶体是低电导相。因此多晶多相系统材料的情况比较复杂，而且其导电机构有电子电导又有离子电导。在这类材料中，相组成和相排列是最重要的，相排列与热学性能的热导率相似，主要差别在于各个相变动范围对电性能来说要比热性能大得多。

气孔对电导率的影响与其对热导率的影响类似，对等体积均匀分布的低气孔率来说，随着气孔率的增加，电导率几乎按比例减小。气孔率大时气孔的影响更显著，如果气孔量很大，形成连续相，电导主要受气相控制，这些气孔形成通道，使环境中的潮气、杂质很容易进入，对电导有很大的影响。因此提高材料的密度仍是很重要。

晶界对多晶材料的电导影响与离子运动的自由程及电子运动的自由程有关。对离子电导，离子运动的自由程的数量级为原子间距；对电子电导，电子运动的自由程为100～150 Å。因此，除了薄膜或极细的晶粒（$<0.1\ \mu m$）以外，晶界的散射效应比晶格小得多，因而均匀材料的晶粒大小对电导的影响很小。

然而，对材料电导显著的影响可能是由于杂质浓度和晶界中组成变化而引起的。特别是氧化物材料在颗粒间的边界有形成硅酸盐玻璃的趋势，这种结构相当于二相系统，数量较少相为连续相，系统的电导率取决于各相电导率的相对值，随温度升高，玻璃相的电导率比晶相显著，结果系统的电导率随温度增加得更为迅速。

对冷却时在晶界上达到低温平衡的半导体材料来说，情况正好相反。这种半导体材料的晶界比晶粒内部有较高的电阻率。由于晶界包围晶粒，所以整个材料有很高的直流电阻。例如 SiC 电热元件，二氧化硅在半导体颗粒间形成，随着氧化物相数量的增加，晶界中 SiO_2 越多，电阻率逐渐增加。

对于氧化物半导体材料，非化学配比组成和气氛的平衡在很大程度上决定着材料的电导率，其性质上的重大变化可能基于不同的烧成条件和冷却时高温组成被保存的程度。快速冷却有利于保存高温、高电导的结构。

材料的电导在很大程度上取决于电子电导。这是因为①半束缚状态的电子离解能比弱束缚离子的离解能小很多，容易被激发，因而载流子的浓度 n 可随温度剧增；②电子或空穴的迁移率比离子迁移率要大许多个数量级。

例如岩盐中钠离子活化能为 1.75 eV，而半导体硅的施主能级只有 0.04 eV，二者迁移率相差更大；二氧化钛中电子迁移率约为 0.2 $cm^2/(s \cdot V)$，而铝硅酸盐陶瓷中离子迁移率只有 $10^{-9} \sim 10^{-12}\ cm^2/(s \cdot V)$，因此材料中电子载流子的浓度只要是离子载流子浓度的（$10^9 \sim 10^{12}$）分之一，就可以达到相同的电导率。这就对绝缘材料工艺提出了一个很重要的要求，即严格控制烧成气氛，以便减少电子电导。

因此，对于多晶多相固体材料来说，其电导是各种电导机制的综合作用，既具有电子电导又具有离子电导。

陶瓷材料多晶多相材料，一般由晶粒、晶界、气孔等组成，因此影响陶瓷材料的电导理论计算因素很复杂。为了简化模型，设陶瓷材料由晶粒和晶界组成，并且其界面的影响和局部电场的变化等因素可以忽略，则总电导率为

$$\sigma_T^n = V_G \sigma_G^n + V_B \sigma_B^n \tag{6-118}$$

式中，σ_G、σ_B 分别为晶粒、晶界的电导率；V_G、V_B 分别为晶粒、晶界的体积分数。$n=-1$，相当于图 6-37(a)所示的串联状态，$n=1$ 为图 6-37(b)所示的并联状态。对于如图 6-37(c)所示的晶粒均匀分散在基体中的混合状态，可以认为 n 趋近于零。对式(6-118)进行微分，得

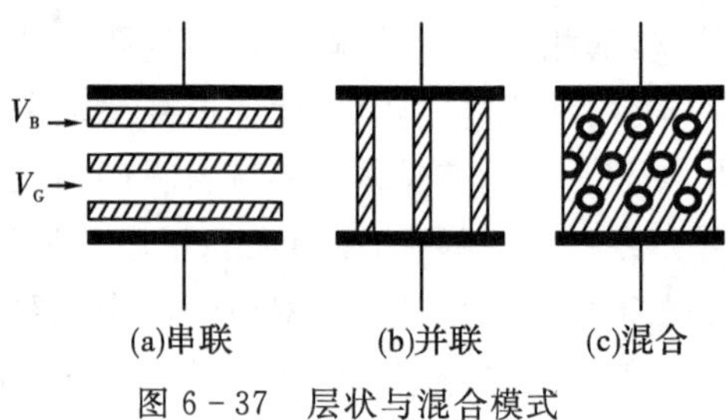

图 6-37　层状与混合模式

$$n\sigma_T^{n-1}d\sigma_T=nV_G\sigma_G^{n-1}d\sigma_G+nV_B\sigma_B^{n-1}d\sigma_B$$

因为 $n\to0$，则

$$\frac{d\sigma_T}{\sigma_T}=V_G\frac{d\sigma_G}{\sigma_G}+V_B\frac{d\sigma_B}{\sigma_B}$$

即

$$\ln\sigma_T=V_G\ln\sigma_G+V_B\ln\sigma_B \tag{6-119}$$

这就是陶瓷材料电导的对数混合法则。图 6-38 表示了当 $\sigma_B/\sigma_G=0.1$ 及 $\sigma_B/\sigma_G=0.01$ 时，总电导率 σ_T 和 V_B 的关系。通常由于陶瓷烧结体中 V_B 的值非常小，所以总电导率 σ_T 随 σ_B 和 V_B 值的变化较大。

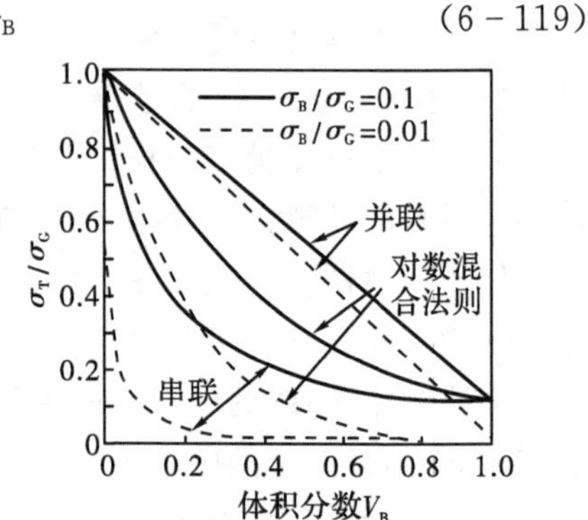

图 6-38　各种模式的 σ_T/σ_G 和 V_B 的关系

对于由晶粒和晶界组成的材料，对组成和烧成工艺的控制，可以使晶粒和晶界的电导率、介电常数、多数载流子有很大的差异，由此引起各种陶瓷材料特有的晶界效应，例如 $ZnO-Bi_2O_3$ 系陶瓷的压敏效应、半导体 $BaTiO_3$ 的 PTC 效应、晶界层电容器的高介电特性等。

6.5　多晶半导体材料的物理效应

多晶半导体材料是由晶粒、晶界、气孔组成的多相系统，通过微量杂质的掺入，控制烧结气氛及其微观结构，可以使传统的绝缘材料半导化，并使其具备一定的性能。还可以通过微量杂质的引入，造成晶粒表面组分偏离，在晶粒表面层产生固溶、偏析及晶格缺陷；在晶界处产生异质相的析出、杂质的聚集、晶格缺陷及晶格各向异性等。这些晶粒边界层的组成、结构变化，显著地改变了晶界的电学性能，并使其具有单晶材料所不具有的物理效应，如晶界效应。因此多晶半导体材料是继单晶半导体材料之后，又一类新型的半导体电子材料，是某些传感器中的关键材料之一，用于制作敏感元件。

6.5.1　材料半导化

多晶半导体大部分是由各种氧化物组成的，由于这些氧化物多数具有比较宽的禁带，通常 $E_g\gg3$ eV，在室温下它们都是绝缘体，要使它们成为半导体，需要一个半导化过程，并在禁带中形成附加能级，即缺陷能级。

1. 掺杂

用不同于晶格离子价态的杂质取代晶格离子，形成局部能级，使绝缘体实现半导化而成为导电体。

例如：$BaTiO_3$ 的半导化是通过添加阳离子半径与 Ba^{2+}、Ti^{4+} 相近，价态不同的微量的稀土元素去置换固溶 Ba^{2+}、Ti^{4+} 的位置，在其禁带间形成杂质能级，实现半导化。添加 La^{3+} 的 $BaTiO_3$ 原料在空气中烧成，反应式如下：

$$Ba^{2+}Ti^{4+}O_3^{2-}+xLa^{3+}=Ba_{1-x}^{2+}La_x^{3+}(Ti_{1-x}^{4+}Ti_x^{3+})O_3^{2-}+xBa^{2+}$$

缺陷反应为

$$La_2O_3=La_{Ba}^{\cdot}+2e'+2O_o^{\times}+\frac{1}{2}O_2(g)$$

类似的 Pr^{3+}、Nd^{3+}、Nd^{3+}、Gd^{3+}、Y^{3+} 等三价阳离子也可以实现 $BaTiO_3$ 的 n 型半导化。

添加 Nb^{5+} 实现 $BaTiO_3$ 的半导化，反应式如下：

$$Ba^{2+}Ti^{4+}O_3^{2-}+yNb^{5+}=Ba^{2+}[Nb_y^{5+}(Ti_{1-2y}^{4+}Ti_y^{3+})]O_3^{2-}+yBa^{2+}$$

缺陷反应为

$$Nb_2O_5=2Nb_{Ti}^{\cdot}+2e'+4O_o^{\times}+\frac{1}{2}O_2(g)$$

同样，Sb^{5+}、Ta^{5+} 等五价阳离子也可实现 $BaTiO_3$ 的 p 型半导化。

在氧化镍中加入氧化锂，在空气中烧结，反应式如下：

$$\frac{x}{2}Li_2O+(1-x)NiO+\frac{x}{4}O_2=(Li_x^{+}Ni_{1-2x}^{2+}Ni_x^{2+})O^{2-}$$

缺陷反应为

$$Li_2O+\frac{1}{2}O_2(g)=2Li_{Ni}'+2h^{\cdot}+2O_o^{\times}$$

在上述的三个反应中，都存在变价离子及电子或空穴，其中的电子或空穴被这些变价离子所捕获，处于半束缚状态，容易激发，参与导电。此过程提供施主能级或受主能级，使原材料成为 n 型半导体或 p 型半导体。表 6-10 列出了一些典型的价控半导体陶瓷。

表 6-10 价控半导体陶瓷

基体	掺杂	生成缺陷种类	半导体类型	应用
NiO	Li_2O	Li_{Ni}' $Ni_{Ni}^{\cdot}$	p	热敏电阻
CoO	Li_2O	Li_{Co}' $Co_{Co}^{\cdot}$	p	热敏电阻
FeO	Li_2O	Li_{Fe}' $Fe_{Fe}^{\cdot}$	p	热敏电阻
MnO	Li_2O	Li_{Mn}' $Mn_{Mn}^{\cdot}$	p	热敏电阻
ZnO	Al_2O_3	$Al_{Zn}^{\cdot}$ Zn_{Zn}'	n	气敏电阻
TiO_2	Ta_2O_5	$Ta_{Ti}^{\cdot}$ Ti_{Ti}'	n	气敏电阻
Bi_2O_3	BaO	Ba_{Bi}' $Bi_{Bi}^{\cdot}$	p	高阻压敏材料组分
Cr_2O_3	MgO	Mg_{Cr}' $Cr_{Cr}^{\cdot}$	p	高阻压敏材料组分
Fe_2O_3	TiO_2	$Ti_{Fe}^{\cdot}$ Fe_{Fe}'	n	—
$BaTiO_3$	La_2O_3	$La_{Ba}^{\cdot}$ Ti_{Ti}'	n	PTC

续表

基体	掺杂	生成缺陷种类	半导体类型	应用
$BaTiO_3$	Ta_2O_5	$Ta_{Ti}^{\cdot}$　Ti_{Ti}'	n	PTC
$LaCrO_3$	CaO	Ca_{La}'　$Cr_{Cr}^{\cdot}$	p	高温电阻发热体
$LaMnO_3$	SrO	Sr_{La}'　$Mn_{Mn}^{\cdot}$	p	高温电阻发热体
$K_2O\cdot 11Fe_2O_3$	TiO_2	$Ti_{Fe}^{\cdot}$　Fe_{Fe}'	n	离子-电子混合电导
SnO_2	Sb_2O_3	$Sb_{Sn}^{\cdot}$　Sn_{Sn}'	n	透明电极

2. 组分缺陷

非化学计量配比的化合物中，由于晶体化学组成的偏离，形成了离子空位或间隙离子等晶格缺陷，即组分缺陷。这些晶格缺陷的种类、浓度将给材料的电导带来很大的影响。下面以阳离子空位和间隙阳离子为例进行说明。

1）阳离子空位

化学计量配比的化合物分子式为 MO，有阳离子空位的氧化物分子式为 $M_{1-x}O$，平衡状态下，缺陷反应如下：

$$\frac{1}{2}O_2(g)=V_M^{\times}+2O_o^{\times}$$

$$V_M^{\times}=V_M'+h^{\cdot}$$

$$V_M'=V_M''+h^{\cdot}$$

出现此类缺陷的阳离子往往具有正二价，一旦氧过剩，为了保持电中性，一部分阳离子变为正三价，这可视为二价阳离子俘获一个空穴，形成弱束缚的空穴，通过热激活，极易放出空穴而参与电导，成为 p 型半导体材料。从能带图 6－39 可看出，在能级间隙形成了受主能级。如果在一定的温度下，阳离子空位全部电离成 V_M''，根据质量定律，平衡常数为

$$K_p=[V_M''][O_O^{\times}][h^{\cdot}]^2/P_{O_2}^{1/6}$$

得

$$[h^{\cdot}]=2[V_M'']\propto P_{O_2}{}^{1/6} \tag{6-120}$$

因此在一定温度下，空穴浓度与氧分压的 1/6 次方成正比。若迁移率不随氧分压变化，则电导率与氧分压的 1/6 次方成正比，图 6－40 为 NiO 单晶高温电导与氧分压关系的实测结果。

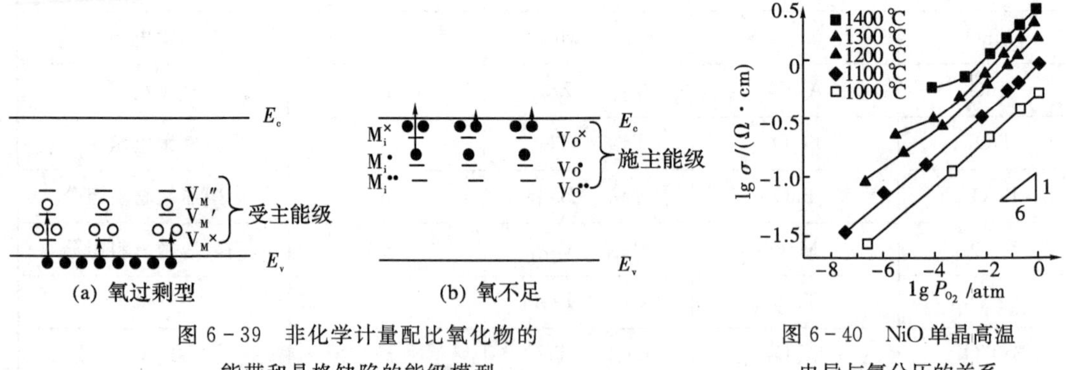

图 6－39　非化学计量配比氧化物的能带和晶格缺陷的能级模型

图 6－40　NiO 单晶高温电导与氧分压的关系

2)间隙离子缺陷

化学计量配比的化合物分子式为 MO,有间隙离子的分子式为 $M_{1+x}O$,平衡状态下,缺陷反应为

$$ZnO = Zn_i^{\times} + \frac{1}{2}O_2(g)$$

$$Zn_i^{\times} = Zn_i^{\cdot} + e'$$

$$Zn_i^{\cdot} = Zn_i^{\cdot\cdot} + e'$$

出现此类缺陷的阳离子往往具有较低的化学价。同样利用质量定律,当生成的主要缺陷为 $Zn_i^{\cdot}$ 时,其电子浓度为

$$[e'] = [Zn_i^{\cdot}] \propto P_{O_2}^{-1/4} \tag{6-121}$$

当主要缺陷为 $Zn_i^{\cdot\cdot}$ 时,

$$[e'] = 2[Zn_i^{\cdot\cdot}] \propto P_{O_2}^{-1/6} \tag{6-122}$$

间隙离子缺陷在能带间隙内,形成施主中心如图 6-39(b)所示,其施主能级离导带底部很近,例如 $Zn_i^{\times}$ 的能级离导带底部约为 0.05 eV,$Zn_i^{\cdot}$ 的能级离导带底部约为 2.2 eV,因此较易吸收外界能量而电离。电子跃迁到导带,从而参与电导,形成 n 型半导体。

某一材料属于 n 型半导体还是 p 型的半导体,可以用霍尔效应或温差电动势效应来判断。表 6-11 为一些实际材料所属半导体的类型。

表 6-11 部分半导体材料类型

n-型											
TiO_2	Nb_2O_5	CdS	$BaTiO_3$	WO_3	CdO	SnO_2	BaO	Fe_3O_4	V_2O_5	ZnO	Ag_2S
p-型											
Ag_2O	CoO	Cu_2O	SnO	SnS	MoO_2	Bi_2Te	Se	Pr_2O_3	MnO	CuI	Hg_2O
两性											
Al_2O_3	SiC	UO_2	PbS	Si	Co_3O_4	Mn_3O_4	PbSe	PbTe	Ti_2S	Ge	

6.5.2 半导体的敏感效应

6.5.2.1 表面空间电荷层

表面和界面的电子状态和输运,对材料的电性能、光学性能和磁学性能都有非常重要的影响。表面有各种表面态和空间电荷层,层间有一定数量的载流子。在平行于表面某一个方向的外电场下,载流子将做定向运动,从而对电导有贡献,在分析材料有关现象和工作机理时,应当充分考虑到这种表面态的电导作用。

通常固体材料的表面不像内部那样具有晶格格点形成的周期性势场,表面的能带结构也与内部不同。对于离子晶体而言,表面离子的朝外一端,由于没有异性离子的屏蔽作用,对电子具有不同的吸引力。表面正离子具有较大的电子亲和力,因而在能带图上,略低于导带底处出现受主能级 R,如图 6-41(a)所示。同时,表面负离子比内部负离子对电子有较小的亲和力,因而在略高于价带顶处出现表面施主能级 P,这种施主能级和受主能级必然成对

出现，这就是离子晶体的本征表面态。除此之外，杂质、空位、吸附、偏析及应变都能产生附加能级。类似于 n 型半导体与 p 型半导体的接触，这些表面能级将作为施主或受主和半导体内部产生电子授受关系，引起电子的转移，这种电子的转移一直持续到表面能级中电子的平均自由能与半导体内部的费米能级相等时为止，在表面层形成表面空间电荷层，平衡状态下表面附近的能带发生弯曲。例如 p 型半导体，当其表面能级高于半导体的费米能级即为施主能级时，从半导体内部俘获空穴而带正电，层内带负电，在表面层形成表面空间电荷层，平衡状态下表面附近的能带向下弯曲，如图 6－41 (b)所示。而 n 型半导体，当其表面能级低于半导体的费米能级即为受主表面能级时，从半导体内部俘获电子而带负电，层内带正电，在表面层形成表面空间电荷层，平衡状态下表面附近的能带向上弯曲，如图 6－41(c)所示。这两种授受关系都使空间电荷层中的多数载流子浓度比内部小，这种空间电荷层称为多数载流子的耗尽层。

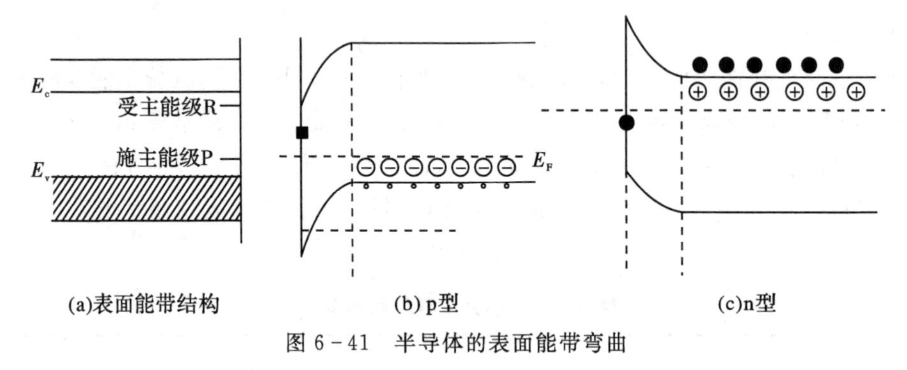

图 6－41　半导体的表面能带弯曲

表面空间电荷层内的电荷分布随外界条件的变化而变化，即根据表面能级所俘获的电荷和数量大小，可以形成积累层、耗尽层、反型层三种空间电荷层，材料的电导率也会随之发生变化。利用这一特性可以制作许多敏感元件。

6.5.2.2　气敏效应

半导体表面吸附气体时，即使电子的转移不那么显著，半导体和吸附气体分子(或气体分子分解后所形成的基团)之间也会产生电荷的偏离。如果吸附分子的电子亲和力 α 比半导体的功函数 W 大，则吸附分子从半导体捕获电子而带负电；相反，吸附分子的电离势 I 比半导体的电子亲和力χ小，则吸附分子向半导体供给电子而带正电。因此如果知道吸附分子的(或基团)α 和 I 及半导体的χ和 W，那么就可以判断半导体的类型和吸附状态。当 n 型半导体负电吸附，p 型半导体正电吸附时，表面均形成耗尽层，因此表面电导率减少而功函数增加。当 n 型半导体正电吸附，p 型半导体负电吸附时，表面形成积累层，因此表面电导率增加。比如氧分子对 n 型和 p 型半导体都捕获电子而带负电：

$$\frac{1}{2}O_2(g)+ne^- \longrightarrow O_{ad}^{n-}$$

式中，O_{ad}表示吸附分子。而 H_2、CO 和酒精等，往往产生正电吸附，但是它们对半导体表面电导率的影响则是使同一类型的半导体也会因氧化物的不同而不同。

半导体气敏元件的表面与空气接触时，氧常以 O^{n-} 的形式被吸附。实验表明，温度不同，吸附氧离子的形态也不一样。随着温度的升高，氧的吸附形态变化如下：

低温⟶高温

$$O_2 \longrightarrow \frac{1}{2}O_4^- \longrightarrow O_2^- \longrightarrow 2O^- \longrightarrow 2O^{2-}$$

O∷O　˙O∶O∶O∶O∶　O∶O∶　˙O∶　∶O∶

由于表面效应,可以利用气敏陶瓷元件表面电导率变化的信号检测各种气体的存在和浓度。

以 SnO_2 为例说明气敏效应。其制备是利用金红石型的 SnO_2 粉料,由于金红石型晶体粉料难于烧结,制品呈多孔状,对气体吸附能力强,用其制成的多晶半导体是优良的气敏材料。

为了解释气敏效应,建立了两种模型:势垒模型和吸附效应模型。

势垒模型认为 SnO_2 半导体是 n 型半导体,当放在空气中时,吸附氧,氧与电子的亲和力大,从半导体表面夺取电子,产生空间电荷层,使能带向上弯曲,电导率下降,电阻上升。在吸附还原气体时,还原性气体与氧结合,氧放出电子并回至导带,使势垒下降,元件电导率上升,电阻值下降。图 6 - 42 给出了能带势垒和晶界势垒吸附气体后势垒的变化情况。

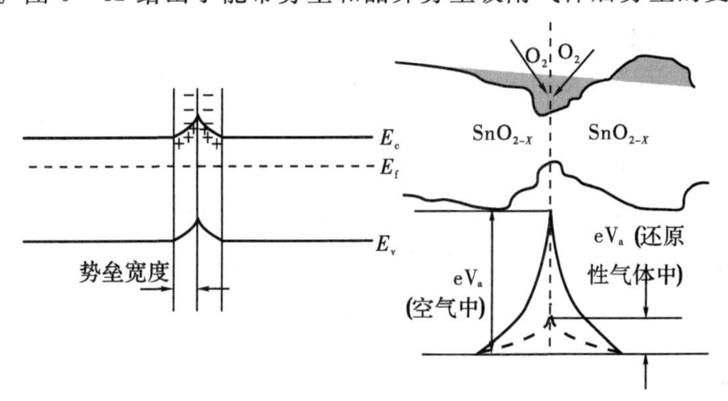

图 6 - 42　SnO_2 n 型半导体气敏材料的势垒模型

吸附效应模型认为 SnO_2 半导体是表面具有受主态的 n 型半导体,其烧结体的晶粒中的剖面部分是导电电子均匀分布的 n 型区;表面附近的空白区是导电电子的耗尽层。晶粒内部和颈部的能带图如图 6 - 43 所示,当颈部半径小于空间电荷区宽度时,整个颈部厚度都直接参与和吸附气体之间的电子平衡,因而表现出吸附气体对颈部电导率较强的影响,即电导率变化最大;但是当颈部半径大于空间电荷区宽度时,吸附气体和半导体之间的电子转移仅仅发生在相当于空间电荷层的表面层内,不影响内部的能带构造。用等效电路表示如图 6 - 44所示,图中 R_n 为颈部等效电阻,R_b 为晶粒等效电阻,R_s 为晶粒表面等效电阻。其中 R_b 和 R_s 并联,R_b 是恒值低阻,而 R_s 和 R_n 是由吸附气体所形成的空间电荷层控制的表面电阻。当吸附氧后 $R_n \gg R_b$、$R_s \gg R_b$,而 R_s 被 R_b 短路,所以等效电路就变成了颈部电阻 R_n 串联的等效电路。当吸附还原性或可燃性气体时,阻值 R_n 将发生变化,这就是吸附效应模型的原理。通过分析,可以认为半导体气敏元件晶粒大小、接触部的形状等对气敏元件的性能有很大的影响。

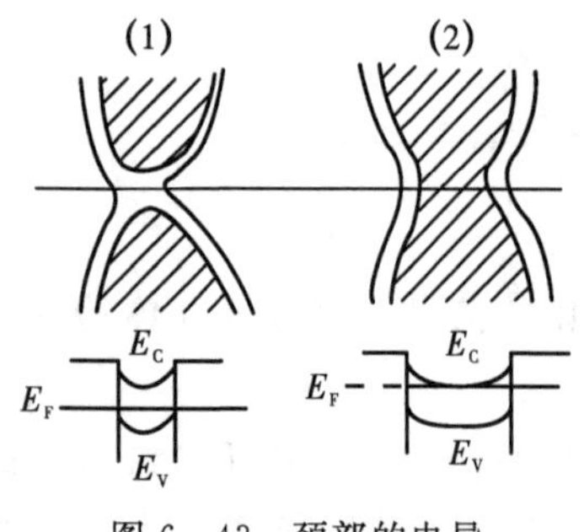

图 6-43 颈部的电导

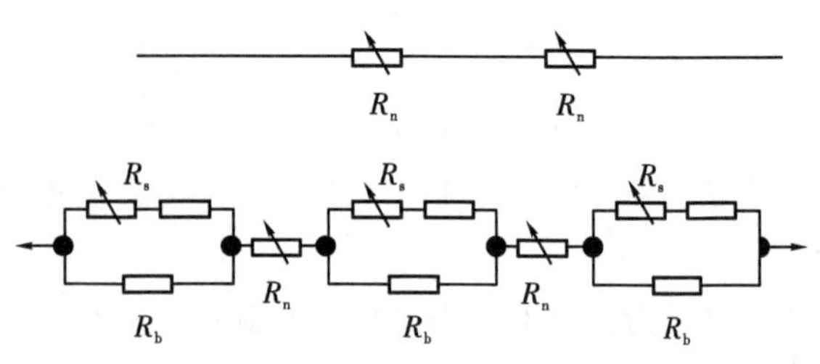

图 6-44 气敏半导体陶瓷的等效电路

6.5.2.3 湿敏效应

湿敏效应有两种机理:表面电子电导和表面离子电导。在此仅分析表面电子电导。

对于 n 型半导体,表面受主能级俘获被激发到导带中的电子,形成表面负空间电荷,继而形成电子的表面势垒,能带在近表面处相应地上弯,使近表面处电子减少,形成耗尽层,表面电阻因此增大。对于 p 型半导体,由于被激发的是空穴,形成正空间电荷,引起能带向下弯曲,形成空穴的耗尽层,同样使表面电阻增大。

由于在半导体表面形成空间电荷层,成为正电吸附或负电吸附,因而表面对外界杂质有极强的吸引力。对于 p 型湿敏半导体,主要表现为表面氧离子与水分子中的氢原子的吸引。氢原子具有很强的正电场,必然会从半导体表面俘获电子,形成表面束缚态的负空间电荷,而在表面内层形成自由态的正电荷,高正电荷被氧的施主能级俘获,使氧的施主能级密度下降,使原来下弯的能带变平,耗尽层变薄,表面载流子密度增加。随着湿度的增大,水分子在表面的附着量增加,表面束缚的负空间电荷增加,为了平衡这种表面负空间电荷,在近表面处集积更多的空穴,形成空穴积累层,使已变平缓的能带上弯,空穴极易通过,载流子密度大大增加,电阻值进一步下降。

对于 n 型半导体,水分子附着后同样形成表面束缚的负空间电荷,使原来已上弯的能带进一步向上弯。当表面价带顶的能级比表面导带底的能级更接近费米能级时,表面层中的空穴浓度将超过电子的浓度,出现反型层。因此空穴很容易在表面迁移,使表面电导增加。

对于多孔半导体陶瓷,其晶粒之间的晶界或相界附近,同样由于空间电荷的积累,形成耗尽层,水汽的浸入,同样也使耗尽层变薄或反型,使电导增大。属于这一类的湿敏陶瓷有:ZnO、CuO、CoO、Fe_2O_3、Cr_2O_3、TiO_2、V_2O_5、SnO_2、$ZnCr_2O_4$、$BaTiO_3$ 等。

6.5.2.4 压敏效应

对电压变化敏感的非线性电阻效应称为压敏效应。即在某一临界电压以下,电阻值非常高,可以认为是绝缘体,当超过临界电压(敏感电压),电阻迅速降低,让电流通过。电压与电流是非线性关系,如图 6-45 所示。压敏效应是陶瓷的一种晶界效应。

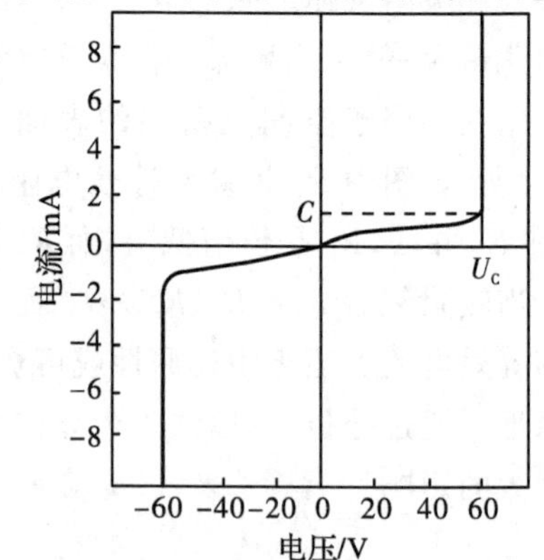

图 6-45 ZnO 压敏电阻器的电压-电流特性

利用溶液化学腐蚀方法得到氧化锌陶瓷的显微结构是由晶粒和包围它的三维富相或等固溶体骨架

构成，其显微结构如图6-46所示。

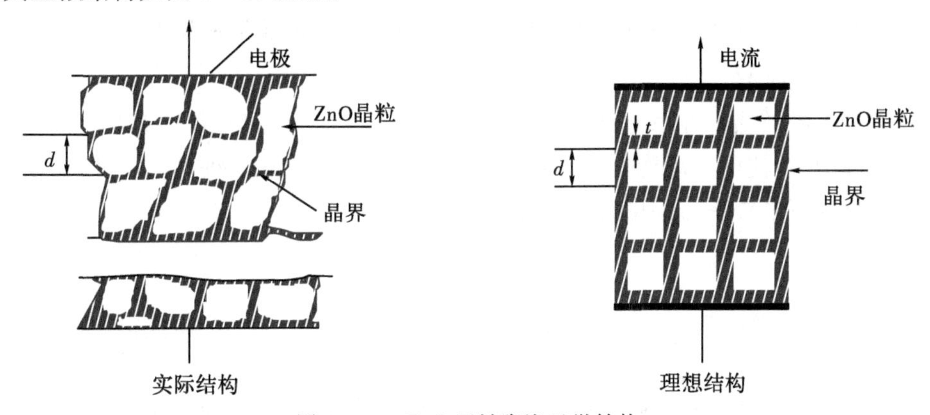

图6-46 ZnO压敏陶瓷显微结构

晶界势垒模型认为分凝进入晶界极薄的富Bi的吸附层带有负电荷，使n型半导化的ZnO晶粒表面处的能带向上弯曲，形成电子的肖特基势垒，两晶粒的肖特基势垒被富Bi层隔开，形成分离的双肖特基势垒，b为耗尽层的宽度，其值为$10^2 \sim 10^3$ Å，富Bi层厚度只有20 Å，与耗尽层相比，可以近似地看成平面，把富Bi层中所带的电荷看成面电荷，耗尽层中的正电荷量与面电荷量是相等的，随着外加电压的变化，电荷量会发生变化。

上述势垒模型是建立在富Bi层的基础上，但有一些根本不含Bi，而仍具有很强的非线性，如在ZnO中只添加稀土氧化物Pr_2O_3、La_2O_3，晶粒之间是$Pr_2O_3-La_2O_3$六方固溶体，这是由于稀土金属氧化物能增加表面态密度。由此可见只要在晶界有深能级陷阱(深表面态能级)，就能形成肖特基势垒。通常由于化学组成偏离化学计量比，晶格结构的不完整和一些杂质在晶界富集，都会导致晶界处的深能级陷阱出现。

津田考一等介绍了另一种情况，根据扫描透射电子显微镜(STEM)等分析研究晶界处构造的结果指出，晶界处不存在析出层，而是单纯的耗尽层，构成图6-47(a)所示的双肖特基势垒。

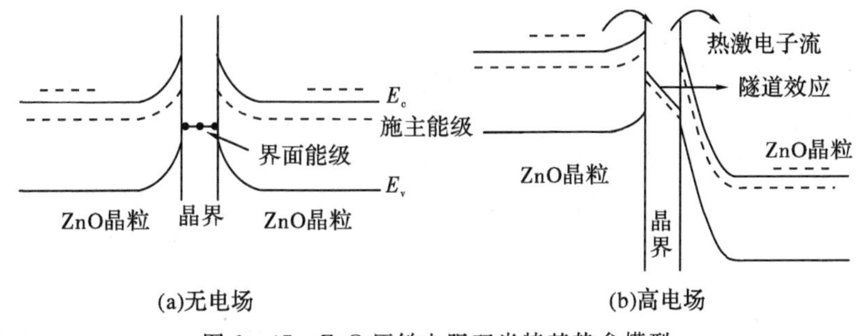

图6-47 ZnO压敏电阻双肖特基势垒模型

在压敏电阻器上施加电压后，肖特基势垒发生倾斜，设右边的势垒施以反向偏压，则右边的势垒将受到正向偏压的影响，在偏压的作用下，反向偏压作用下的一边耗尽层加厚了许多，而正向偏压一边的耗尽层则有所减薄，因此反向偏压一边的势垒高度ϕ_R比无电压时的势垒ϕ_0高得多，而正向偏压一边的势垒高度ϕ_L比ϕ_0要小一些，势垒变化情况如图6-47(b)所示。当电压较低时，仅有热激励的电子流越过肖特基势垒；而当电压高到某一值时，晶界面上所捕获的电子，由于隧道效应通过势垒，造成电流急剧增大，从而表现出异常的非线性关系。

6.5.2.5 热敏效应

在种类繁多的敏感组件中，热敏电阻瓷应用最广。半导体的导电，主要是由电子和空穴造成的。温度增加，使电子动能增大，造成晶体中自由电子和空穴数目增加，因而使电导率升高。通常情况下电导率与温度的关系为

$$\sigma=\sigma_0\exp\left(-\frac{B}{T}\right)$$

式中，B 为与材料有关的常数，表示材料的电导活化能。某些材料的 B 值很大，它在感受微弱温度变化时电阻率的变化十分明显。

有一类半导体陶瓷材料，在特定的温度附近电阻率变化显著。如“掺杂”的 $BaTiO_3$（添加稀土金属氧化物）在其居里点附近，当发生相变时电阻率剧增 3～6 个数量级。

利用半导体陶瓷的电阻值对温度的敏感特性制成的一种对温度敏感的元件，如热敏电阻器或热敏元件，它是温度传感器中的一种。根据热敏电阻器的电阻-温度特性，热敏半导体陶瓷可分为 PTC（正温度系数）热敏陶瓷和 NTC（负温度系数）热敏陶瓷等。

1. PTC 效应

PTC 效应是指电阻率随温度上升发生突变，增大了 3～4 个数量级，如图 6-48 所示。此效应是价控型钛酸钡半导体特有的。电阻率突变温度在相变（四方相与立方相转变）温度或居里点。而钛酸钡单晶和还原型半导体都不具有这种特性。关于 PTC 效应的研究已经进行了几十年，各种理论不断推出，目前能较好解释 PTC 效应的理论主要为 Heywang晶界模型。

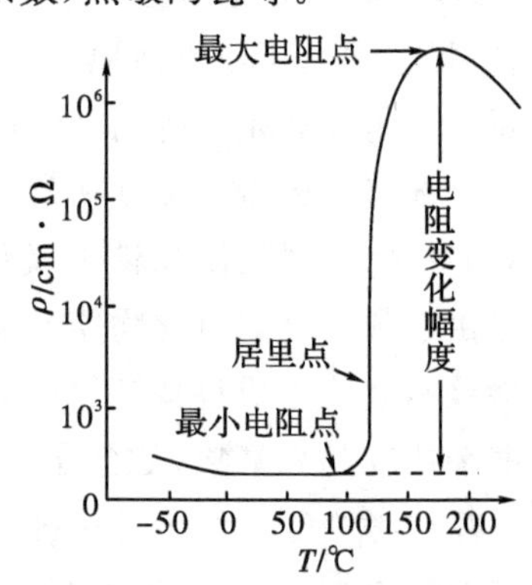

图 6-48 PTC 电阻率-温度特性

海望（Heywang）晶界模型如图 6-49 所示。n 型半导体陶瓷晶界具有表面能级，表面能级可以捕获载流子，产生电子耗尽层，形成肖特基势垒。肖特基势垒高度与介电常数有关，在铁电相范围内，介电常数越大，势垒越低。当温度超过居里点，根据居里-外斯定律，材料的介电常数急剧减小，势垒增高，电阻率急剧增加。由泊松方程得势垒的高度 ϕ_0 为

$$\phi_0=\frac{qN_D}{2\varepsilon\varepsilon_0}r^2 \tag{6-123}$$

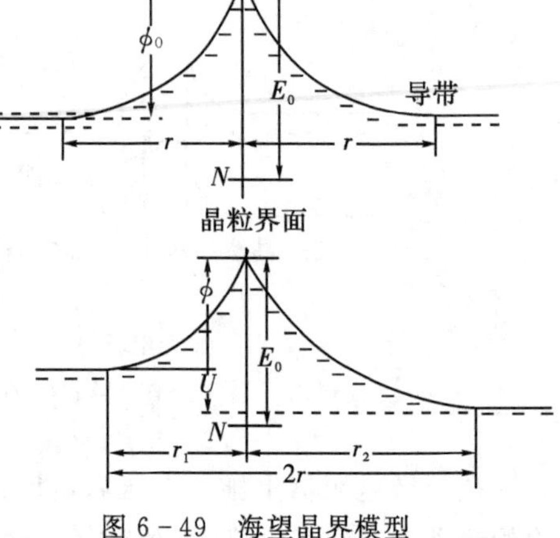

图 6-49 海望晶界模型

式中，$2r$ 为势垒厚度；ε_r 为介质的相对介电常数；N_D 为施主密度；q 为电子电荷。PTC 陶瓷的电阻率可以用下式表示：

$$\rho=\rho_0\exp(q\phi_0/k_0T) \tag{6-124}$$

铁电体在居里温度以上的介电系数符合居里-外斯定律（其推导见 7.4.1 节），即 $\varepsilon_r=C/$

$(T-T_C)$下降，式中 C 为居里常数，T_C 为居里温度，因此势垒高度随介电常数的迅速减小而迅速升高，从而导致体积电阻率急剧增大，出现 PTC 效应。

PTC 陶瓷一般应用于温度敏感元件、限电流元件及恒温发热体等方面。

温度敏感元件有两种类型：一类是利用 PTC 电阻-温度特性，主要应用于各种家用电器的过热报警器及马达的过热保护；另一类是 PTC 静态特性的温度变化，主要用于液位计。

限电流元件应用于电子电路的过流保护、彩电的自动消磁。近年来广泛应用于冰箱、空调机等的电机起动。

PTC 恒温发热元件应用于家用电器，具有构造简单、容易恒温、无过热危险、安全可靠等优点。其从小功率发热元件，诸如电子灭蚊器、电热水壶、电吹风机、电饭锅等发展为大功率蜂窝状发热元件，应用于干燥机、温风暖房机等。目前进一步获得了多种工业用途，如电烙铁、石油气化发热元件、汽车冷起动恒温加热器等。

2. NTC 效应

此类陶瓷是由包括 Mn、Cu、Ni、Fe 等的过渡金属氧化物，按照陶瓷工艺制成的。根据配方的不同，主要分为二元 Cu－Mn 系、Co－Mn 系等材料，三元 Mn－Co－Ni 系、Mn－Cu－Co 系等材料，四元 Ni－Cu－Co－Fe 系等材料。它们中的绝大多数是具有尖晶石结构的过渡金属氧化物固溶体。其分子通式为 AB_2O_4，如对 Ni－Cu－Co－Fe 四元系，可表示为 $(Ni_{1-y}Cu_y)(Co_{2-x}Fe_x)O_4$。在尖晶石结构的晶体中，单位晶胞实际上是由图 6－50 所示的 8 个小立方单元所组成，整个晶胞共有 8 个 A 离子，16 个 B 离子和 32 个氧离子。小立方单元又可按金属离子位置的不同分为 a 型和 b 型两种不同结构，a、b 小立方单元的结构如图 6－51所示。

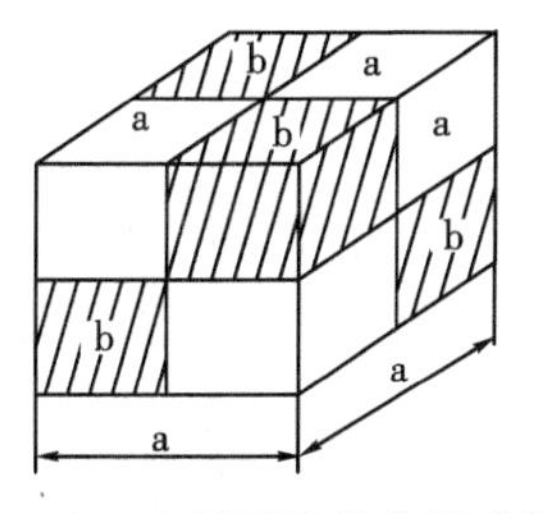

图 6－50 尖晶石结构中组成单位晶胞的 8 个小立方单元示意图

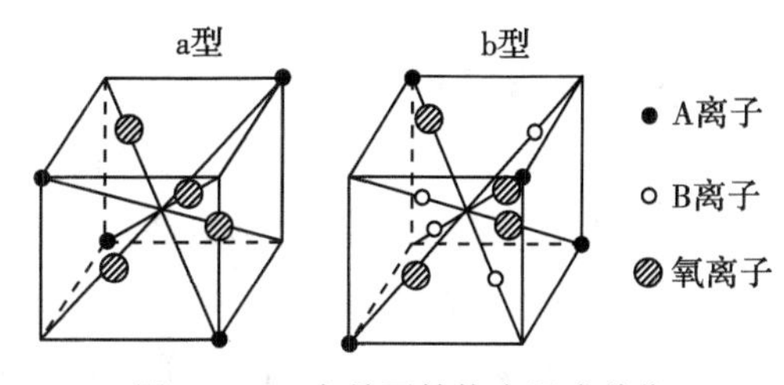

图 6－51 尖晶石结构中组成单位晶胞的小立方单元结构示意图

由于氧离子半径比金属离子半径大得多，因此尖晶石实际上是以氧离子密堆积而成的，金属离子则位于氧离子间隙中，氧离子的间隙可分为两类，第一类间隙为 4 个氧离子所包围，位于氧四面体的中心，称为 a 间隙，第二类间隙为 6 个氧离子所包围，位于氧八面体的中心，称为 b 间隙。按 A 离子（通常为 2 价金属离子）和 B 离子（通常为 3 价金属离子）占据 a、b 间隙的情况不同，可分为正尖晶石、反尖晶石和半反尖晶石。在正尖晶石中，a 间隙全部为 A 离子所占据，b 间隙全部为 B 离子所占据。在反尖晶石中，a 间隙全部被 B 离子所占据，b 间隙一半由 A 离子占据，一半由 B 离子所占据。而半反尖晶石则 a 间隙只由一部分 B 离子所占据，金属离子的价数，除 2、3 价以外，也可能存在 2、4 价等，只要正离子的总价数等于 8，满足电中性条件即可。

这种尖晶石结构的NTC热敏陶瓷的导电机理目前尚未完全弄清，一般用价键交换导电理论来解释。价键交换理论认为：导致热敏陶瓷产生离子电导的载流子来源于过渡金属3d层电子，这些金属离子处于能量等效的结晶学位置上，但具有不同的价键状态，由于晶格能等效，当离子间距较小时，通过隧道效应的作用，离子间可以发生电子交换，称为价键交换。这种电子交换，电子云有一定的重叠，在它们之间很容易发生价键交换。处于四面体之间的金属离子，由于离子之间的距离较大，电子云重叠很小，很难发生价键交换，在四面体与八面体位置之间的金属离子，不但晶格能不同，离子间距也大，就更难发生价键交换了。

对于正尖晶石，A^{2+}与B^{3+}处于不同的结晶学位置，由于能量的不同，离子间距离也大，显然不可能发生电子交换。至于八面体之间按理说可发生电子交换，即$B^{3+}+B^{3+}\rightarrow B^{2+}+B^{4+}$，但也因为这需要较大的激化能而难以实现。因此，正尖晶石材料属于绝缘体，不能用来制造NTC热敏陶瓷。

对于全反尖晶石，只需很小的能量占据八面体位置的A^{2+}和B^{3+}之间，即发生电子交换，$A^{2+}+B^{3+}\rightarrow A^{3+}+B^{2+}$。故全反尖晶石具有最大的导电率，如全反尖晶石$Fe_3O_4$的导电率$\sigma=(1\sim2)\times10^2$ S/cm。半反尖晶石的导电率介于正尖晶石与反尖晶石之间。只有反尖晶石和半反尖晶石才能用来制造NTC热敏陶瓷。

NTC半导体陶瓷热敏电阻器的特性是多方面的，其应用也非常广泛：利用其阻温特性的，如测温仪、控温仪和热补偿元件等；利用其伏安特性的，如稳压器、限幅器、功率计、放大器等；利用其热惰性的，如时间延迟器等；利用其耗散系数和环境介质种类与状态的关系的，如气压计、流量计、热导计等。

6.5.3　p-n结

6.5.3.1　空间电荷区的形成

当p型半导体与n型半导体形成p-n结时，由于n型半导体的多数载流子是电子，少数载流子为空穴，相反p型半导体的多数载流子是空穴，少数载流子为电子，因此在p-n结处存在载流子空穴或电子的浓度梯度，导致了空穴从p区到n区、电子从n区到p区的扩散运动。对于n区，空穴离开后，留下了不可动的带负电的到p区的扩散运动。对于p区，空穴离开后，留下了不可动的带负电的电离受主，没有正电荷与之保持电中性。因此在p-n结附近区一侧也出现了一个负电荷区。同理，在p-n结附近区一侧也出现了一个正电荷区，把在p-n结附近的这些电离施主和电离受主所带电荷称为空间电荷，它们所在的区域称为空间电荷区。

空间电荷区中的这些电荷产生了从n区→p区的内建电场。在内建电场的作用下，载流子做漂移运动。电子与空穴的漂移运动方向与各自的扩散运动方向相反。因此内建电场阻碍电子和空穴的继续扩散。随着扩散运动的进行，空间电荷逐渐增多，空间电荷区逐渐扩展，内建电场不断增强，载流子的漂移运动也逐渐加强，在无外场作用下，载流子的扩散与漂移最终达到动态平衡，电子的扩散电流与漂移电流大小相等，方向相反而互相抵消。对于空穴，情况相似，因此流过的净电流为零。此时空间电荷的数量一定，保持一定的宽度，存在一定的内建电场。

6.5.3.2 p－n结能带及势垒

n型半导体和p型半导体平衡时的能带如图6－52(a)所示，E_{Fn}、E_{Fp}分别表示n型和p型半导体的费米能级。当两块半导体结合形成p－n结时，按照费米能级的意义，电子将从费米能级高的n区流向费米能级低的p区，空穴则相反，结果使E_{Fp}不断上移，E_{Fn}不断下移，直至$E_{Fp}=E_{Fn}$时为止，此时p－n结中有统一的费米能级E_F，p－n结处于平衡状态，其能带如图6－52(b)所示。实际上，费米能级随着能带一起向上或向下移动，能带相对移动的原因是p－n空间电荷区中的内建电场的作用结果。从图中还可以看出，在p－n结的空间电荷区中能带发生了弯曲，这是空间电荷区电势能变化的结果。

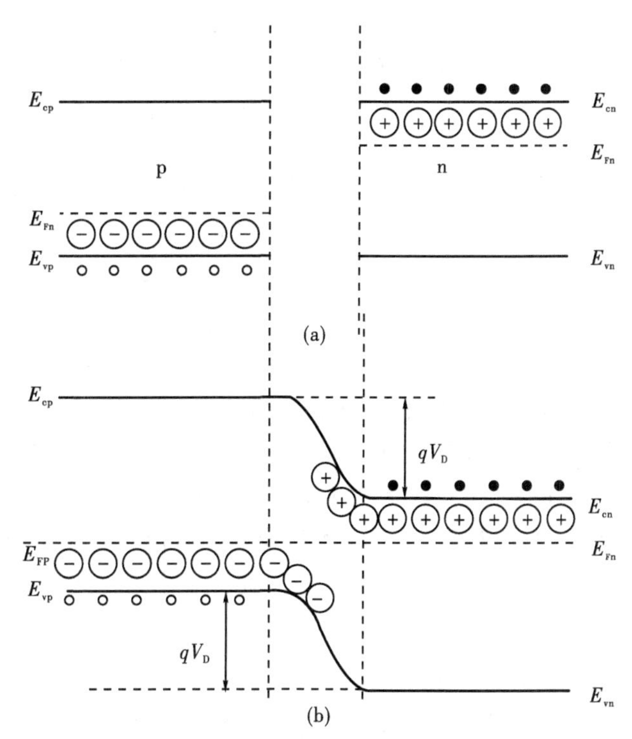

图6－52 平衡p－n结的能带

空间电荷区内电势由n区→p区不断下降，空间电荷区内电子的势能由n区→p区不断升高，所以电子从势能低的n区向势能高的p区运动时，必须克服这一势能高坡，才能到达p区，同理空穴的运动也是如此，这一势能高坡称为势垒，故空间电荷区也叫势垒区。在p－n结空间电荷区两端的电势差为V_D，相应的电子电势能之差为qV_D，也叫势垒高度。由于势垒高度正好补偿了n区和p区的费米能级之差，因此势垒高度

$$qV_D=E_{Fn}-E_{Fp} \tag{6-125}$$

6.5.3.3 p－n结载流子的分布

在平衡p－n结处载流子的分布有一定的规律。如图6－53所示，取p区的电势为零，则n区的电势为V_D，n区的电子的电势能为$-qV_D$，空间电荷区内某一点x处的电势为$V(x)$，势垒区的电子的电势能为$E(x)=-qV(x)$，电子的浓度分布服从玻尔兹曼分布，即

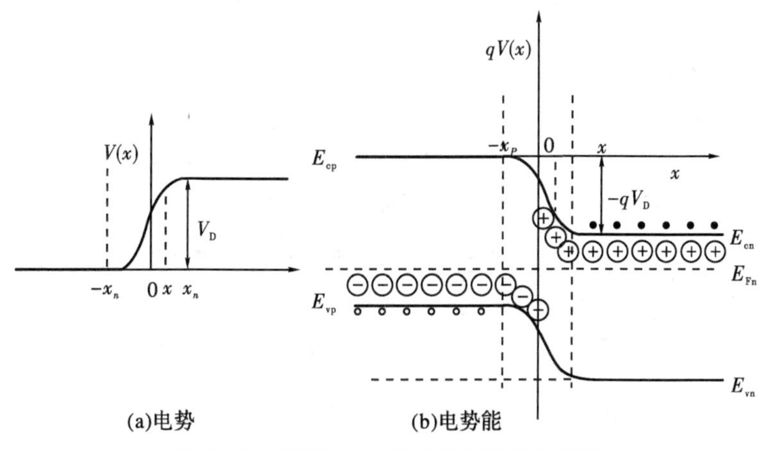

图6－53 平衡p－n结中的电势和电势能

$$n(x)=n_{n0}\exp\frac{qV(x)-qV_D}{k_0T} \tag{6-126}$$

同理,空穴的浓度分布

$$p(x)=p_{n0}\exp\frac{qV_D-qV(x)}{k_0T} \tag{6-127}$$

式中,n_{n0}、p_{n0}分别为 n 区中的多数载流子电子和 p 区中的多数载流子空穴,平衡结中载流子的分布如图 6-54。

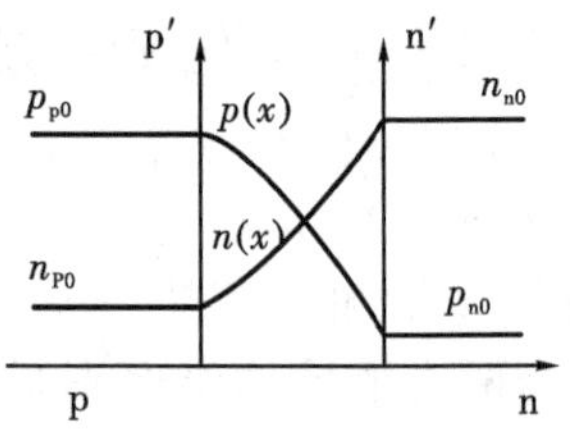

图 6-54 平衡 p-n 结中载流子的分布

6.5.3.4 非平衡状态下的 p-n 结

在平衡 p-n 结中,存在着具有一定的宽度和势垒高度的势垒区,其中的净电流为零。如果对半导体施加外界作用(外加电压、光照),破坏了平衡状态,此时的 p-n 结处于非平衡状态,为了便于讨论,作如下定义,在一定温度下,半导体中由于热激发产生的载流子成为平衡载流子。由于施加外界条件(外加电压、光照),人为地增加载流子数目,比热平衡载流子数目多的载流子称为非平衡载流子,图 6-55 为光照产生的非平衡载流子。

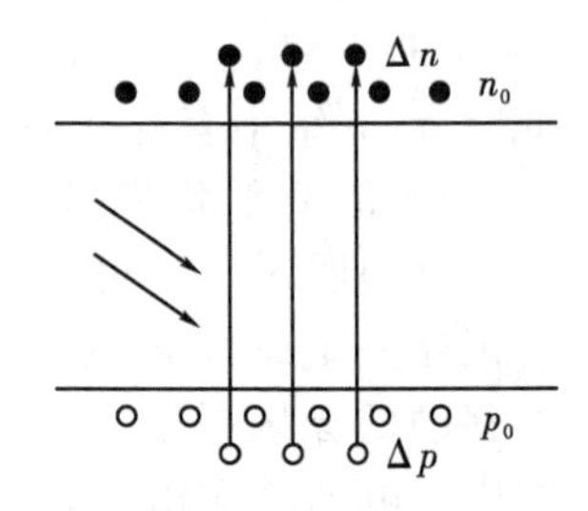

图 6-55 光照产生的非平衡载流子

1. 光照作用

用能量等于或大于禁带宽度的光子照射 p-n 结;p、n 区都产生电子-空穴对,产生非平衡载流子,非平衡载流子破坏原来的热平衡;非平衡载流子在内建电场作用下,使 n 区空穴向 p 区扩散,p 区电子向 n 区扩散,能带变化如图 6-56 所示;若 p-n 结为开路,在 p-n 结的两边积累电子-空穴对,产生开路电压,此过程为光生伏特效应(如图 6-57)所示。

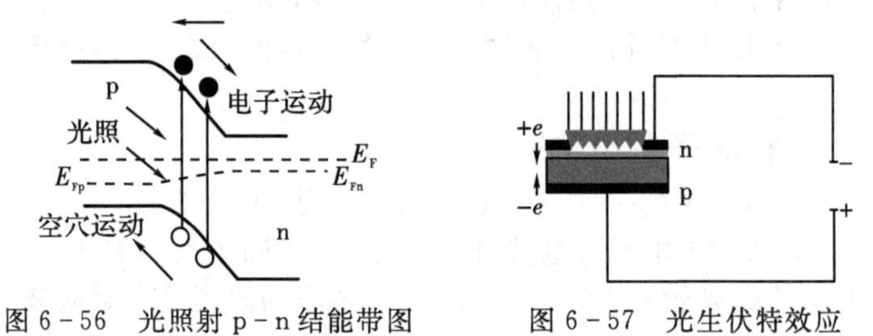

图 6-56 光照射 p-n 结能带图　　图 6-57 光生伏特效应

2. 外加电压的作用

图 6-58 为外加电压的作用。加入正偏压 V,n 区的电势比 p 区的电势高 V_D-V,势垒

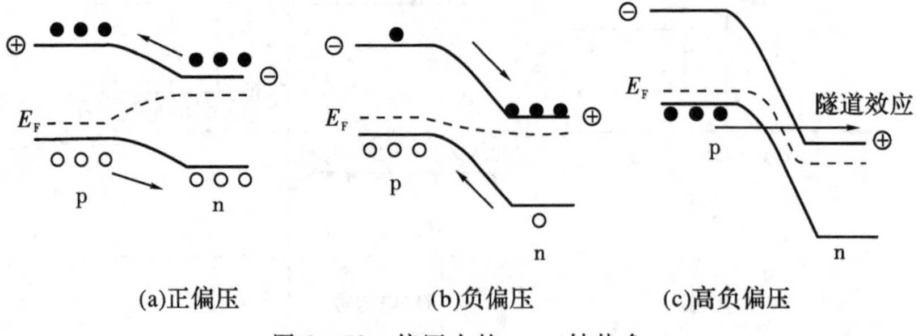

图 6-58 偏压力的 p-n 结势垒

下降，空间电荷区变压为 V，n 区的电势比 p 区的电势高 V_D-V，势垒下降，空间电荷区变薄，载流子扩散增强，多数载流子产生净电流。加入负偏压 V，n 区的电势比 p 区的电势高 V_D+V，势垒升高，空间电荷区变厚，载流子扩散减弱，少数载流子产生净电流，电流极小。负压过大，则势垒很大，能带弯曲变大，空间电荷区变薄，p-n 结产生隧道效应，即 n 区的导带和 p 区的价带具有相同的能量量子态。

6.5.4 金属-半导体接触

当金属与半导体接触时，由于金属半导体功函数之间的关系，可以显示出整流性接触或欧姆性接触。功函数是将金属或半导体中处于费米能级的电子移到无限远处所需的能量，由于材料不同其值各异。现在分别用 W_m 和 W_s 表示金属与 n 型半导体的功函数。

如图 6-59(a)所示，χ_e 是半导体电子的亲和能，当 $W_m>W_s$ 时，n 型半导体的电子容易离开，所以施主杂质所贡献出的电子将流向金属一侧，从而留下带正电的电离施主。这样就在半导体表面形成了具有一定厚度的正空间电荷层，而金属一侧则带负电。这时的能带图如图 6-59(b)所示。

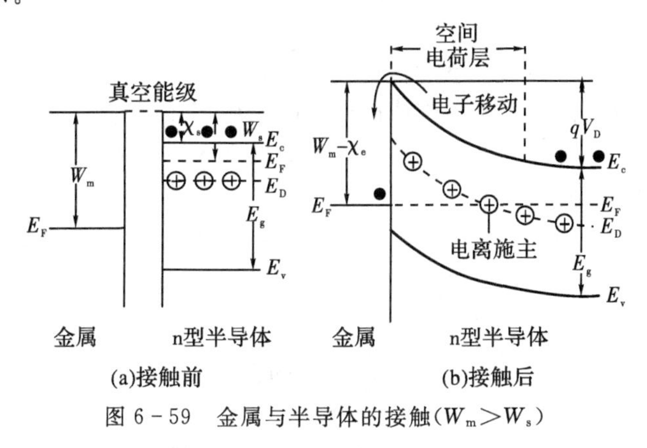

图 6-59 金属与半导体的接触($W_m>W_s$)

如果有外加电压，由图 6-60 可以看出，电子容易从半导体流向金属。而电子从金属向半导体流动时所遇到的势垒高度($W_m-\chi_e$)高，所以电子流动困难。这个势垒称为肖特基势垒。

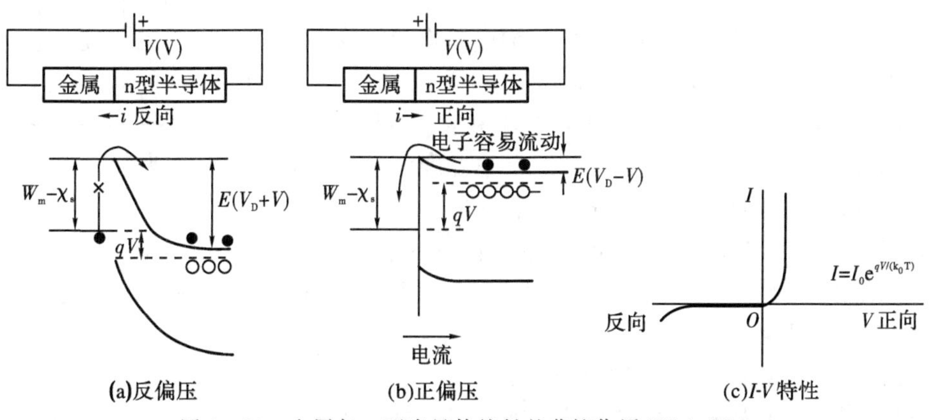

图 6-60 金属与 n 型半导体接触的蒸馏作用($W_m>W_s$)

半导体中的电子向金属流动时所遇到的势垒为 $qV_D=W_m-W_s$。正向电压下，这个势垒高度为 $q(V_D-V)$，变小了。反向电压下，其高度变成了 $q(V_D+V)$。势垒部分的空间电荷层厚度可以用泊松方程求得，即

$$D=[(2\varepsilon_r\varepsilon_0/qN_D)(V_D-V)]^{1/2} \tag{6-128}$$

单位面积的电容 $C_0=\varepsilon_r\varepsilon_0/d$。

当 $W_m<W_s$ 时，其接触能级如图 6-61 所示。这是由于不存在势垒，所以形成欧姆接触。

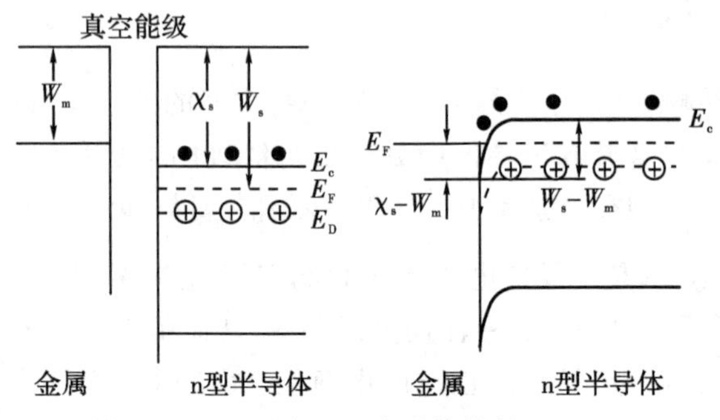

图 6-61 金属与 n 型半导体接触 $W_m<W_s$

当金属与 p 型半导体接触，且 $W_m<W_s$ 时，从金属流入半导体的电子寓于半导体中的空穴并复合，这样就形成了由电离受主构成的副空间电荷层，这是空穴势垒。如果外加电压使半导体一侧为正电位 V，将会有电流通过。这与 n 型半导体的情况正相反。当 $W_m>W_s$ 时，没有形成势垒而成为欧姆接触。

当半导体表面附近的杂质密度非常大时，N_D 很大，与式(6-128)相比，d 变得非常小，隧道电流能够自由流过。可以利用这种方法形成欧姆电极。

习 题

1. 无机材料绝缘电阻的测量试样的外径 $\Phi=50$ mm、厚度 $d=2$ mm，电极尺寸如图6-62所示，$D_1=26$ mm、$D_2=38$ mm、$D_3=48$ mm，另一面为全电极。采用直流三段电极法进行测量。

(1)请画出测量试样体积电阻率和表面电阻率的接线电路图。

(2)若采用 500 V 直流电源测出试样的体积电阻为 250 MΩ，表面电阻为 50 MΩ，计算该材料的体积电阻率和表面电阻率。

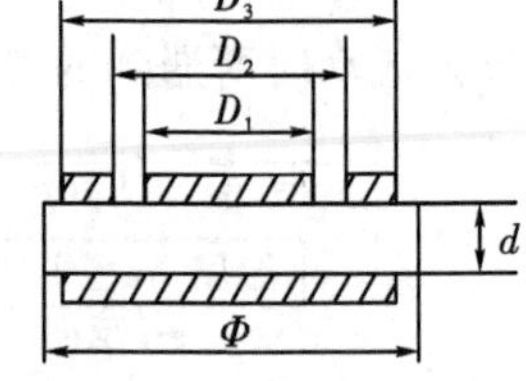

图 6-62 试样尺寸

2. 实验测出了离子型电导体的电导率与温度的相关数据，经数学回归分析得出二者的关系式为 $\lg\sigma=A+B/T$。

(1)试求在测量温度范围内的电导活化能表达式。

(2)若给出 $T_1=500$ K 时，$\sigma_1=10^{-9}(\Omega\cdot\text{cm})^{-1}$；$T_2=1000$ K 时，$\sigma_2=10^{-6}(\Omega\cdot\text{cm})^{-1}$，计算电导活化能的值。

3. 载流子迁移率的物理意义是什么？

4. 什么叫晶体的热缺陷？有几种类型？写出其浓度表达式。晶体中离子电导分为哪几类？

5. 根据缺陷化学原理推导 NiO 电导率与氧分压的关系。并讨论添加 Al_2O_3 对 NiO 电导率的影响。并写出空穴浓度与氧分压的关系。

6. 电池是新能源汽车的核心之一，有研究表明将锂离子电池中的液体电解质换成固体，能有效提高电池效率、减少整个产品的重量、提升电池容量。查阅相关资料回答：目前在电池领域常用的固体电解质材料有哪些？其导电机理是什么？影响其导电性能的因素有哪些？

7. 已知在 673 ℃时，40 mol% Na_2O - 60 mol% SiO_2 玻璃的电导率为 $5\times10^{-3}(\Omega\cdot cm)^{-1}$，计算钠离子的扩散系数。

8. 在 723 K 时，UO_2 的电导率为 $0.1(\Omega\cdot cm)^{-1}$，在此温度下测得的 O^{2-} 的扩散系数为 $1.0\times10^{-13}\,cm^2/s$。计算 O^{2-} 的迁移率及其迁移数（UO_2 的密度 $=10.5\ g/cm^3$）。如何解释这种结果？

9. 本征半导体中，从价带激发至导带的电子和价带产生的空穴参与电导。激发的电子数 n 可近似表示为 $n=N\exp(-E_g/2k_0T)$，式中的 N 为状态密度，k_0 为玻尔兹曼常数，T 为绝对温度。试回答以下问题：

(1) 设 $N=10^{23}\ cm^{-3}$、$k_0=8.6\times10^{-5}\ eV\cdot K^{-1}$ 时，Si($E_g=1.1$ eV)，TiO_2($E_g=3.0$ eV)，在室温 20 ℃和 500 ℃时所激发的电子数（cm^{-3}）各是多少？

(2) 半导体的电导率可表示为 $\sigma=nq\mu$，式中 n 为载流子的浓度（cm^{-3}），q 为载流子电荷（电子电荷 $=1.6\times10^{-19}$），μ 为迁移率（$cm^2\cdot V^{-1}\cdot s^{-1}$）。当电子和空穴同时为载流子时，$\sigma=n_eq\mu_e+n_hq\mu_h$。假设 Si 的迁移率为 $\mu_e=1450(cm^2\cdot V^{-1}\cdot s^{-1})$，$\mu_h=500(cm^2\cdot V^{-1}\cdot s^{-1})$，且不随温度变化。求 Si 在室温 20 ℃和 500 ℃时的电导率。

10. 根据费米-狄拉克分布函数，半导体中的电子占有某一能级 E 的允许状态概率 $f(E)=[1-\exp(E-E_F)/k_0T]^{-1}$，试回答以下问题：

(1) 利用本征半导体 $p=n$，写出 E_F 的表达式；

(2) 当 $m_e^*=m_h^*$ 时，E_F 位于本征半导体能带结构的什么位置。E_F 的位置随温度将如何变化。

11. 定性描述 p - n 结在正负偏压时的 $V-I$ 特性。

12. 热敏电阻在温度传感器中应用广泛，如用于恒温电热器、电饭煲等，根据其电阻率-温度特性曲线，说明其工作原理。

13. 共享汽车已在各大城市兴起，在享受共享带来便利的同时，也不可避免地带了一些棘手问题。比如，因酒驾醉驾发生的一系列问题，有共享汽车企业尝试在共享汽车内安装酒精传感器检测装置，来检测车厢内或驾驶员摄入的酒精含量。根据所学知识，试分析酒精传感器的工作原理。

第 7 章　无机材料的介电性能

介质材料在电场的作用下，带电质点发生短距离的位移，发生电极化，以感应而非传导的方式呈现其电学性能，因此在电场中表现出特殊的性状。如果介质以极化为本质特征，就可以衍生多种功能效应于一体。由于室温时无机材料在应力作用下无蠕变或形变，有较大的抵抗环境变化能力，能够与金属进行气密封接等，而被大量地用于电绝缘体和电容元件。其中许多无机材料具有压电效应、热释电效应和自发电极化的铁电效应。具有这些特殊性能的电介质材料在电声、电光等技术领域正展示着广泛的应用前景。介质的电极化及介质的介电常数、介电损耗和介电强度等特性是无机电介质材料应用的基础。对这些特性的微观本质进行深入的分析，有助于研制新型器件，以满足实际应用对材料提出的性能要求。

7.1　介质的电极化

介质的电极化是电介质材料性能的基础。本节通过引入基本概念电偶极矩来定义电介质的极化强度，进而建立电介质的极化强度与宏观电场之间的关系、电介质的极化强度与局部电场之间的关系，推导出介电常数与质点极化率的关系，并分析各种微观极化机制及响应的频率范围。

7.1.1　介质的极化强度

7.1.1.1　电偶极矩

1. 基本概念

一个正点电荷 q 和另一个符号相反数量相等的负点电荷 $-q$，由于某种原因而坚固地互相束缚于不等于零的距离上，形成一个电偶极子，如图 7-1 所示。电偶极子中的一对正、负电荷因互相束缚坚固而一起运动，可以看成是一个复合粒子。若从负电荷到正电荷作一矢量 $\boldsymbol{l}$，则这个粒子具有的电偶极矩可表示为矢量

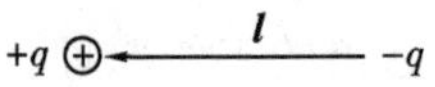

$+q$ ⊕←—— $\boldsymbol{l}$ —— $-q$

图 7-1　电偶极子

$$\boldsymbol{p}=q\boldsymbol{l} \tag{7-1}$$

电偶极矩的单位为 C·m(库[仑]米)。

当所观察的空间范围的距离比两个点电荷之间的距离 l 大得多时，可以将电偶极子看

成是一个点电偶极子，并习惯地规定用负电荷所在位置代表点偶极子的空间位置。

当观察一个 HCl 分子在空间的运动时，这个复合粒子就很像一个点偶极子。由于价电子云偏向于集中 Cl^- 一方，所以负电荷中心位于氯原子核附近，而可把质子 H^+ 看成是一个正点电荷。在讨论分子的电偶极矩时，可用正电荷中心代替正点电荷位置，而用负电荷中心代替负点电荷位置。

在同一个分子中，因为电子的归属划分方法不同，故所得的 q 值不同，但为使最后给出的电偶极矩 $\boldsymbol{p}$ 为常量，其 l 的值也应不同。例如，若把 H^+ 和 Cl^- 各自看成离子，则 q 将等于电子电荷的绝对值 e；若把分子中所有电子的电荷集中来决定负电荷中心，则 $q'=18e$，当然这时的 $l'=l/18$。

对于晶体来说，在晶体的一个晶胞中，如果正、负电荷中心不重合，可以用一个电偶极矩来进行定量的描述。

2. 外电场对点电偶极子的作用

在外电场 $\boldsymbol{E}$ 的作用下一个点电偶极子 $\boldsymbol{p}$ 的位能为

$$U=-\boldsymbol{p}\cdot\boldsymbol{E} \tag{7-2}$$

该式表明当电偶极矩的取向与外电场同向时，能量为最低，而反向时能量为最高。点电偶极子所受外电场的作用力 $\boldsymbol{f}$ 和作用力矩 $\boldsymbol{M}$ 分别为

$$\boldsymbol{f}=\boldsymbol{p}\cdot\nabla\boldsymbol{E} \tag{7-3}$$

$$\boldsymbol{M}=\boldsymbol{p}\times\boldsymbol{E} \tag{7-4}$$

因此力使电偶极矩向电力线密集的地方平移，而力矩则使电偶极矩朝外电场方向旋转。

3. 电偶极子周围的电场

图 7-2 表示无限大真空中置于 z 轴上两个相距 l 的点电荷形成的电偶极子。点电荷所引起的任意两点 A、B 间的电位差表达式为

$$U_{AB}=\frac{q}{4\pi\varepsilon_0}\left(\frac{1}{r_A}-\frac{1}{r_B}\right) \tag{7-5}$$

式中，r_A、r_B 分别为 A、B 两点与点电荷 q 所在处的距离。则正点电荷引起 O、C 两点间的电位差为 U_{OC}，负点电荷引起 O、C 两点间的电位差为 U'_{OC}，应用叠加原理，场中任意点 C 的电位为

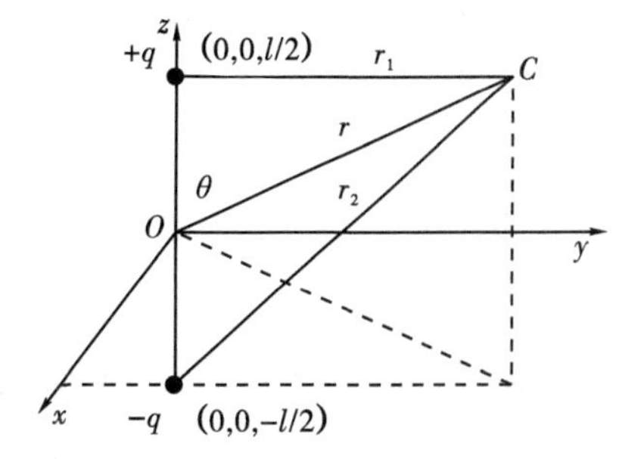

图 7-2 置于轴 z 上的电偶极子

$$\varphi(r)=U_{OC}+U'_{OC} \tag{7-6}$$

将式(7-5)代入式(7-6)，得 C 点的电位 $\varphi(r)$ 为

$$\varphi(r)=\frac{q}{4\pi\varepsilon_0}\left(\frac{1}{r_1}-\frac{1}{r_2}\right)=\frac{q}{4\pi\varepsilon_0}\left(\frac{r_2-r_1}{r_1r_2}\right) \tag{7-7}$$

当 r 很大时，r_1、r_2 和 r 三者近乎平行，有 $r_2-r_1\approx l\cos\theta$ 和 $r_1r_2=r^2$，将其代入式(7-7)，得

$$\varphi(r)=\frac{ql\cos\theta}{4\pi\varepsilon_0r^2}=\frac{p\cos\theta}{4\pi\varepsilon_0r^2} \tag{7-8}$$

用矢量来表示式(7-8)为

$$\phi(\boldsymbol{r})=\frac{\boldsymbol{p}\cdot\boldsymbol{r}}{4\pi\varepsilon_0 r^3} \tag{7-9}$$

由 $\boldsymbol{E}=-\frac{\mathrm{d}\varphi}{\mathrm{d}\boldsymbol{r}}$ 得

$$\boldsymbol{E}(\boldsymbol{r})=\frac{3(\boldsymbol{p}\cdot\boldsymbol{r})\boldsymbol{r}-r^2\boldsymbol{p}}{4\pi\varepsilon_0 r^5} \tag{7-10}$$

该式为位于原点的电偶极子在离它 $\boldsymbol{r}$ 远处引起的电场。从式(7-9)和式(7-10)中可以看出，电偶极矩所产生的电位和电场随距离的衰减要比点电荷的快。这是相距很近的一对正、负电荷互相抵消了一部分作用的结果。通过计算可以得到一个指向 z 轴方向的电偶极子在 $C(r,\theta)$ 点处的电场分量 E_x、E_z 大小如下：

$$E_x=3p\frac{\sin\theta\cos\theta}{4\pi\varepsilon_0 r^3}$$

$$E_z=p\frac{3\cos^2\theta-1}{4\pi\varepsilon_0 r^3}$$

图 7-3 表示一个指向 z 轴方向的电偶极子周围的电力线分布情况。

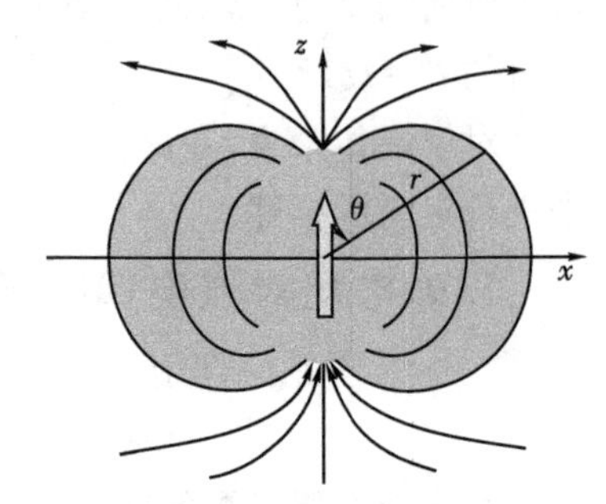

图 7-3　电偶极子周围电场的分布

7.1.1.2　极化强度

1. 定义

由具有电偶极矩的粒子组成的宏观物质称为极性物质。在极性物质中取一个宏观无限小的体积ΔV，在这个宏观的小体积中仍有数目庞大的粒子，将其中所有粒子的电偶极矩作矢量和 $\sum \boldsymbol{p}$，则称单位体积的电偶极矩

$$\boldsymbol{P}=\frac{1}{\Delta V}\sum\boldsymbol{p} \tag{7-11}$$

为这个小体积中物质的极化强度。极化强度是一个具有平均意义的宏观物理量，其单位为 $\mathrm{C/m^2}$。

2. 介质的极化强度与宏观可测量之间的关系

设有片状电介质，如图 7-4 所示，其厚度为 l，面积为 S，外电场沿厚度方向作用于该介质，作用电压为 V，此时介质表现出了电偶极矩，从图中可以看出，在电介质的内部，电偶极矩的正端总和另一电偶极矩的负端相接，因此电偶极矩正负端的束缚电荷恰好抵消，使内部的束缚电荷显露不出来。但在介质的表面，这种抵消被破坏了，因而电偶极矩的正端显露出面束缚正电荷，而负端则显露出面束缚负电荷。由此可以建立这样的模型，认为电介质形成了一个相距为 l 的电偶极子，其两端的电荷分别为极板上所有束缚的正、负电荷 Q，则介质的极化强度大小为

$$P=\frac{Ql}{V}=\frac{Ql}{Sl}=\frac{Q}{S} \tag{7-12}$$

该式为单位板面上束缚电荷的数值，也叫极化电荷密度，可以用单位体积材料中总的偶极矩即极化强度 $\boldsymbol{P}$ 来表示。

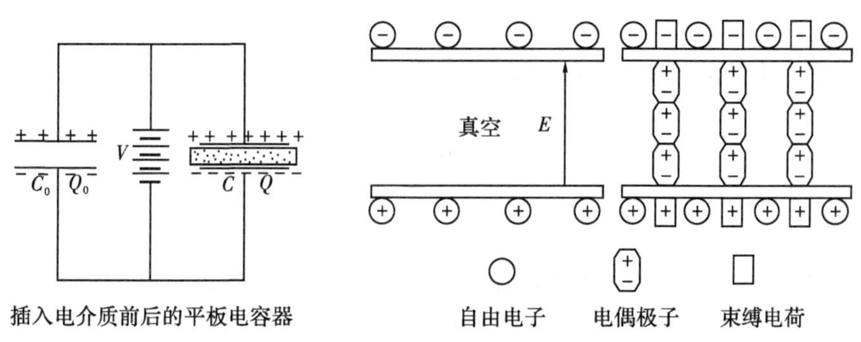

图 7－4　电介质的极化现象

如果两块金属板间为真空时，板上的自由电荷 Q_0 与所施加的电压 V 成正比，即

$$Q_0 = C_0 V$$

如果极板面积为 A，则两极板上的自由电荷密度为

$$\frac{Q_0}{A} = \frac{C_0 V}{A} = \frac{\varepsilon_0 \frac{A}{d} V}{A} = \varepsilon_0 E \tag{7-13}$$

式中，E 是两极板间自由电荷形成的电场，也即宏观电场。

两板间放入绝缘材料，施加电压仍为 V，电荷增加了 Q_1，有

$$Q_0 + Q_1 = CV$$

该式说明由于质点的极化作用，在材料表面感应了异性电荷，它们束缚住板上的一部分电荷，并抵消或中和了这部分电荷的作用，在同一电压下，增加了电容量。电介质引起电容量增加的比例为相对介电常数 ε_r：

$$\varepsilon_r = \frac{C}{C_0} = \frac{Q_0 + Q_1}{Q_0} \tag{7-14}$$

由介电常数的定义可知，在电场作用下，束缚电荷是起主要作用的物质。材料越易极化，材料表面感应异性电荷越多，束缚电荷也越多，电容量也就越大。这一结论为制备小尺寸大电容的电容器提供了理论根据。介电常数的概念在电容器的设计方面非常重要。电容器在电工上能够使无用功变为有用功，因此它在电子技术中的检波、调谐等方面起着重要的作用。而在这些应用中，都对介电常数提出了不同的要求。

当有介质材料存在时，极板上电荷密度 D 等于自由电荷密度 $\varepsilon_0 E$ 与束缚电荷密度 P 之和，即

$$D = \varepsilon_0 E + P = \varepsilon_0 \varepsilon_r E = \varepsilon E \tag{7-15}$$

式中，$\varepsilon = \varepsilon_0 \varepsilon_r$ 为绝对介电常数，因此极化强度大小：

$$P = (\varepsilon - \varepsilon_0) E = \varepsilon_0 (\varepsilon_r - 1) E \tag{7-16}$$

把束缚电荷和自由电荷的比例定义为电介质的相对电极化率 χ_e：

$$\chi_e = \frac{P}{\varepsilon_0 E} = \varepsilon_r - 1 \tag{7-17}$$

电极化强度大小可表示为

$$P = \varepsilon_0 \chi_e E \tag{7-18}$$

此式为作用物理量 E 与感应物理量 P 间的关系，即电介质的电极化率将介质的宏观电场 E

与宏观物理量 P 联系起来。

由相对介电常数的定义还可以得出：

$$\varepsilon_r=\frac{\varepsilon_0 E+P}{\varepsilon_0 E}=1+\chi_e \tag{7-19}$$

7.1.2 宏观电场与局部电场

在外电场的作用下，电介质发生极化，整个介质出现宏观电场，但作用在每个分子或原子上使之极化的局部电场并不包括该分子或原子自身极化所产生的电场，因而局部电场不等于宏观电场，但局部电场与宏观电场有一定关系。

7.1.2.1 宏观电场 $\boldsymbol{E}$

介质在外加电场的作用下产生极化，使介质表面带有电荷，极板上的电荷增加。因此，介质对于宏观电场的贡献由两部分组成：

(1)产生外加电场 $\boldsymbol{E}_{外}$。为由物体外部固定电荷所产生的电场，即极板上的所有电荷产生的电场。

(2)构成物体所有质点电荷的电场 $\boldsymbol{E}_1$。由介质外表面上的表面电荷密集所产生，因为在物体内部倾向于对抗外加电场，所以也叫退极化场。

由此，宏观电场强度 $\boldsymbol{E}$ 为外加电场 $\boldsymbol{E}_{外}$ 与退极化场 $\boldsymbol{E}_1$ 之和。即

$$\boldsymbol{E}=\boldsymbol{E}_{外}+\boldsymbol{E}_1 \tag{7-20}$$

图 7-5 表示了 $\boldsymbol{E}_{外}$ 与 $\boldsymbol{E}_1$ 的产生。

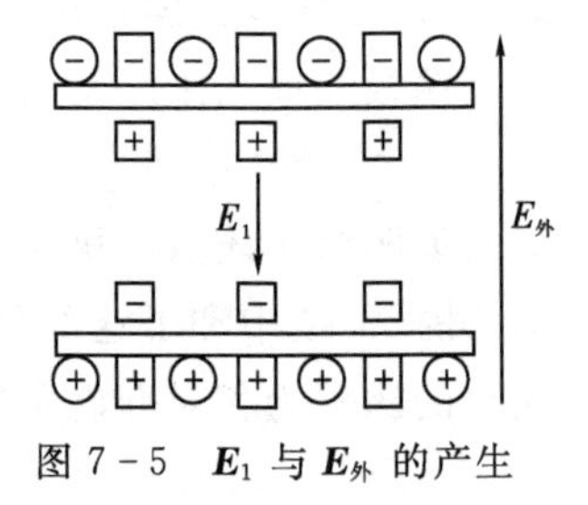

图 7-5 $\boldsymbol{E}_1$ 与 $\boldsymbol{E}_{外}$ 的产生

7.1.2.2 局部电场 $\boldsymbol{E}_{loc}$

原子位置上的局部电场 $\boldsymbol{E}_{loc}$ 也叫有效电场。作用在晶体中一个原子位置上的局部电场的数值与宏观电场之值相差很大，晶体中一个原子位置上的局部电场是外加电场 $\boldsymbol{E}_{外}$ 与晶体内部其他原子偶极子所产生的电场之和，即

$$\boldsymbol{E}_{loc}=\boldsymbol{E}_{外}+\boldsymbol{E}_{总} \tag{7-21}$$

晶体内部所有其他原子对于局部电场的贡献是由介质中所有其他原子的偶极矩在一个原子位置上所产生的总电场：

$$\boldsymbol{E}_{总}=\sum_i \frac{3(\boldsymbol{p}\cdot\boldsymbol{r}_i)\boldsymbol{r}_i-r^2\boldsymbol{p}}{4\pi\varepsilon_o r_i^5} \tag{7-22}$$

为了方便，可将其他原子偶极子场进行分解，并对其求和。对其他原子偶极子场求和的标准方法是：

第一，对一个想象的与参考原子同心的球内适当数目的近邻原子单个地求和，这样确定 E_3；

第二，在此球外的原子对求和式的贡献是平滑变化的，可以作为均匀极化的电介质处理，它们对参考点上电场的贡献是 $\boldsymbol{E}_1+\boldsymbol{E}_2$。这个贡献可以代之以两个面积分。其中一个面积分是在外表面上进行，确定 $\boldsymbol{E}_1$，这里 $\boldsymbol{E}_1$ 是与外边界相联系的退极化场；对第二个面积分确定 $\boldsymbol{E}_2$，其是与球形空腔的边界相联系的场，也叫洛伦兹(空腔)场。

图 7-6 表示了 $\boldsymbol{E}_2$ 和 $\boldsymbol{E}_3$(空腔内其他偶极子的电场)的产生。因此局部电场 $\boldsymbol{E}_{loc}$ 可表示为

$$\boldsymbol{E}_{loc}=\boldsymbol{E}_{外}+\boldsymbol{E}_1+\boldsymbol{E}_2+\boldsymbol{E}_3 \tag{7-23}$$

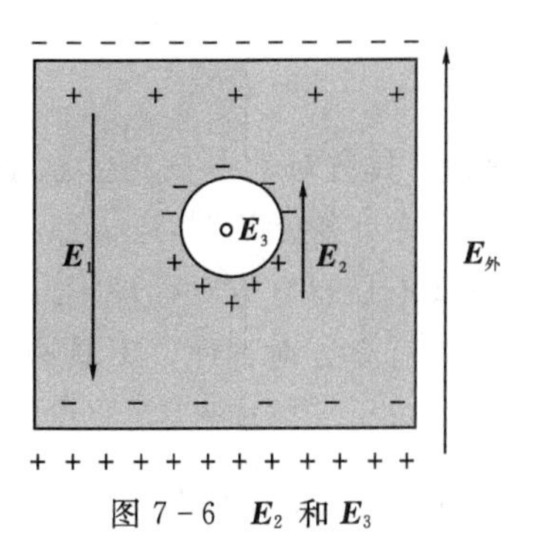

图 7-6　$\boldsymbol{E}_2$ 和 $\boldsymbol{E}_3$

1. 退极化场 $\boldsymbol{E}_1$

对于平板其值为束缚电荷在无介质存在时形成的电场，引入表面法向单位向量 $\boldsymbol{i}$，由

$$\boldsymbol{P}=\frac{Q_1\boldsymbol{i}}{A}=\varepsilon_0\boldsymbol{E}_1$$

得

$$\boldsymbol{E}_1=\frac{\boldsymbol{P}}{\varepsilon_0} \tag{7-24}$$

2. 洛伦兹场 $\boldsymbol{E}_2$

在介质中切割出一个以所参考的原子为中心的球形空腔，如图 7-7 所示，空腔表面上的极化电荷所产生的电场就是洛伦兹场 $\boldsymbol{E}_2$。以 θ 表示相对于极化方向的夹角，θ 处空腔表面上的电荷密度为 $-P\cos\theta$，取 $\mathrm{d}\theta$ 角对应的微小环球面的表面积，其表面积 $\mathrm{d}S$ 为

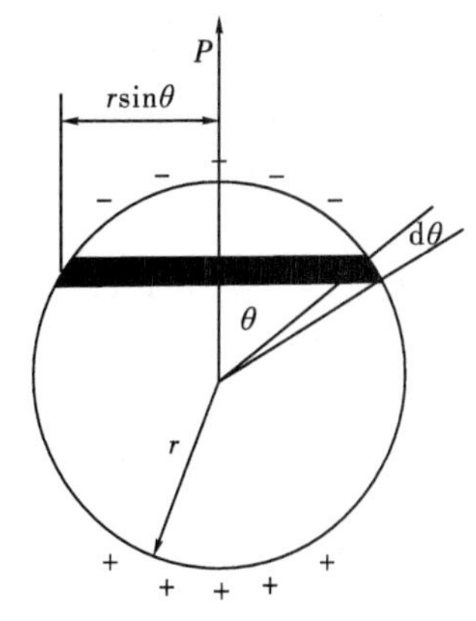

图 7-7　洛伦兹场 $\boldsymbol{E}_2$ 的计算

$$\mathrm{d}S=2\pi r\sin\theta(r\mathrm{d}\theta)=2\pi r^2\sin\theta\mathrm{d}\theta$$

$\mathrm{d}S$ 面上的电荷为

$$\mathrm{d}q=-P\cos\theta\mathrm{d}S$$

根据库仑定律，$\mathrm{d}S$ 面上的电荷作用在球心单位正电荷上的 $\boldsymbol{P}$ 方向的分力大小 $\mathrm{d}F$ 为

$$\mathrm{d}F=-\left(-\frac{P\cos\theta}{4\pi\varepsilon_0 r^2}\mathrm{d}S\right)\cos\theta$$

由 $q\boldsymbol{E}=\boldsymbol{F}$，得 $\boldsymbol{E}=\boldsymbol{F}$，则 $\mathrm{d}q$ 在空腔球心 O 点向 $\boldsymbol{P}$ 方向产生的电场分量大小为

$$\mathrm{d}E=\frac{P\cos^2\theta\mathrm{d}S}{4\pi\varepsilon_0 r^2}=\frac{P\cos^2\theta}{4\pi\varepsilon_0 \mathrm{r}^2}2\pi r^2\sin\theta\mathrm{d}\theta=\frac{P\cos^2\theta\sin\theta}{2\varepsilon_0}\mathrm{d}\theta$$

则整个空腔球面上的电荷在 O 点产生的 P 方向的电场分量为 $\mathrm{d}E$ 由 0 到 π 的积分，通过解方程，得洛伦兹场 $\boldsymbol{E}_2$ 为

$$\boldsymbol{E}_2=\frac{\boldsymbol{P}}{3\varepsilon_0} \tag{7-25}$$

3. 空腔内其他偶极子的电场 $\boldsymbol{E}_3$

$\boldsymbol{E}_3$ 只考虑质点附近偶极子的影响，是洛伦兹空腔里诸偶极子产生的场，其值由晶体结构决定。现以球体中具有立方对称环境的一个参考位置为例进行说明。如果所有原子都可以用彼此平行的点电偶极子来代替，如均平行于 z 轴，量值大小为 p，则根据式(7-22)，由所有偶极子在球心上所产生的 z 分量应是

$$\begin{aligned}\boldsymbol{E}_3&=\frac{\boldsymbol{p}}{4\pi\varepsilon_0}\sum_i\frac{3z_i^2-r_i^2}{r_i^5}\\&=\frac{\boldsymbol{p}}{4\pi\varepsilon_0}\sum_i\frac{2z_i^2-x_i^2-y_i^2}{r_i^5}\end{aligned} \tag{7-26}$$

由于球体的对称性以及点阵的对称性，x、y、z 三个方向是等价的，即有

$$\sum_i \frac{z_i^2}{r_i^5} = \sum_i \frac{x_i^2}{r_i^5} = \sum_i \frac{y_i^2}{r_i^5}$$

因此，具有对称中心及立方对称环境结构的晶体，$\boldsymbol{E}_3=0$。

在此特别说明：立方晶体中的原子位置并不一定具有立方对称环境，钛酸钡结构中的位置就不具有立方对称环境。而 NaCl 结构中 Na^+ 和 Cl^- 位置及 CsCl 结构中 Cs^+ 和 Cl^- 位置都具有立方对称性。不具有对称中心的晶体，如金红石型晶体、钙钛矿型晶体，$\boldsymbol{E}_3$ 不等于零。对于气体质点，其质点的相互作用可以忽略，局部电场与外电场相同。

7.1.3 介电常数与电极化率的关系

介电常数与电极化率的关系也叫克劳修斯-莫索提方程。如果 $\boldsymbol{E}_3=0$，将式(7-25)代入式(7-23)，则局部电场为

$$\boldsymbol{E}_{\text{loc}}=\boldsymbol{E}_{外}+\boldsymbol{E}_1+\frac{\boldsymbol{P}}{3\varepsilon_0}=\boldsymbol{E}+\frac{\boldsymbol{P}}{3\varepsilon_0} \tag{7-27}$$

将式(7-16)代入式(7-27)，得

$$\boldsymbol{E}_{\text{loc}}=\frac{(\varepsilon_r+2)\boldsymbol{E}}{3} \tag{7-28}$$

定义单位局部电场强度下，质点电偶极矩的大小为质点的极化率 α，即

$$\alpha=\frac{\boldsymbol{p}}{\boldsymbol{E}_{\text{loc}}} \tag{7-29}$$

α 表征材料的极化能力，只与材料的性质有关，其单位为[法米^2]，或 $F \cdot m^2$。

设介质单位体积中的极化质点数等于 n，因所有电偶极矩同方向，则极化强度表示为

$$\boldsymbol{P}=\boldsymbol{p}n=n\alpha\boldsymbol{E}_{\text{loc}} \tag{7-30}$$

由式(7-16)、式(7-28)、式(7-30)，得

$$\frac{\varepsilon_r-1}{\varepsilon_r+2}=\frac{n\alpha}{3\varepsilon_0} \tag{7-31}$$

此式称为克劳修斯-莫索提方程。它建立了可测宏观物理量 ε_r 与质点极化率微观量 α 之间的关系。由于在推导克劳修斯-莫索提方程时，假设了 $\boldsymbol{E}_3=0$，所以此式仅适用于分子间作用很弱的气体、非极性液体、非极性固体及一些 NaCl 型离子晶体和具有适当对称性的固体。

对具有两种以上极化质点的介质，克劳修斯-莫索提方程可以写为

$$\frac{\varepsilon_r-1}{\varepsilon_r+2}=\frac{1}{3\varepsilon_0}\sum_k n_k\alpha_k \tag{7-32}$$

从克劳修斯-莫索提方程可知，为了获得高介电常数的介质，除了需要选择大 α 的离子，还要求极化介质中极化质点数 n 要多，即单位体积的极化质点数要多。

7.1.4 电极化的微观机制

组成宏观物质的结构粒子都是复合粒子，例如原子、离子、离子团、分子等。一般来说，一个宏观物体含有数目巨大的粒子，由于热运动的原因，这些粒子的取向处于混乱状态，因此无论粒子本身是否具有电偶极矩(电矩)，由于热运动的平均结果，使得粒子对宏观电极化的贡献总是零。只有在外加电场的作用下，粒子才会沿电场方向贡献一个可以累加起来的宏观极化强度的电矩。一般地，宏观外加电场的作用比起结构粒子内部的相互作用要小得

多，因此结构粒子受电场 $\boldsymbol{E}$ 的作用而产生的电矩 $\boldsymbol{p}$ 存在线性关系：

$$\boldsymbol{p}=\alpha\boldsymbol{E} \tag{7-33}$$

式中，α 为极化率。一个粒子对极化率的贡献可以来自不同的原因，如电子云畸变引起的负电荷中心位移贡献的部分 α_e，离子位移贡献的部分 α_i，固有电偶极矩取向作用的贡献 α_d 等。这些极化形式又分为两种：第一种是弹性的、瞬间完成的、不消耗能量的极化，称为位移式极化；第二种极化与热运动有关，其完成需要一定的松弛时间，且是非弹性的，需要消耗一定的能量，称为松弛极化，电子松弛极化、离子松弛极化属于这种极化。

7.1.4.1　电子位移极化

在外电场作用下，原子外围的电子云相对于原子核发生相对位移形成的极化叫电子位移极化。有关电子位移极化的理论有电子位移极化的经典理论、电子极化率的量子理论。以下主要讨论电子位移极化的经典理论。

电子位移极化的性质具有一个弹性束缚电荷在强迫振动中表现出来的特性，如图 7-8 所示。设想一个质量为 m，带电为 $-q$ 的粒子，被一带电为 $+q$ 的中心所束缚，弹性恢复力为 $-kx$，k 是弹性系数，x 是粒子的位移大小，在交变电场 $E_{loc}=E_0 e^{i\omega t}$ 的作用下，电荷 $-q$ 的运动方程为

$$m\frac{d^2x}{dt^2}=-kx-qE_0 e^{i\omega t} \tag{7-34}$$

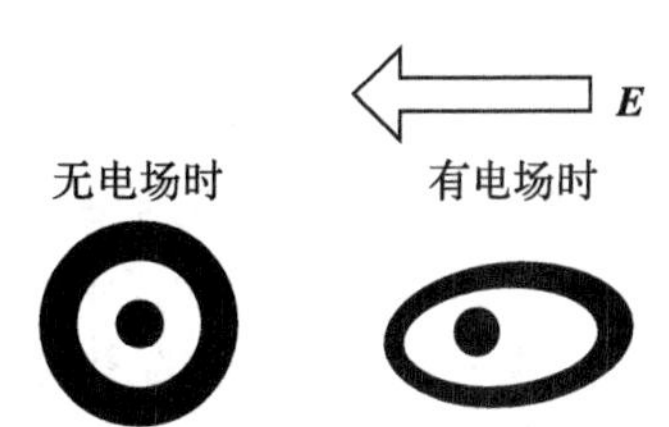

图 7-8　电子位移极化

此方程的解为

$$x=(\frac{-q}{k-m\omega^2})E_0 e^{i\omega t} \tag{7-35}$$

电子位移极化形成的电偶极矩为

$$p=-qx=\frac{q^2}{m}\left[\frac{1}{\omega_0^2-\omega^2}\right]E_0 e^{i\omega t} \tag{7-36}$$

式中，$\omega_0=\left(\frac{k}{m}\right)^{\frac{1}{2}}$，为弹性偶极子的固有频率。

由于 $p=\alpha_e E_{loc}$，则电子极化率为

$$\alpha_e=\frac{q^2}{m}(\frac{1}{\omega_0^2-\omega^2}) \tag{7-37}$$

令 $\omega\to 0$，得静态极化率

$$\alpha_{e0}=\frac{q^2}{m\omega_0^2}=\frac{q^2}{k} \tag{7-38}$$

电子极化率依赖于频率 ω，极化率与频率的关系反映了电子的极化惯性。弹性偶极子的固有频率可由共振吸收光频（紫光）测出。在光频范围内，电子对极化的贡献总是存在的，而其他极化机构由于惯性跟不上电场的变化，因而此时的介电常数几乎完全来自电子极化率的贡献。在光频范围，相对介电常数 ε_r 等于介质折射率 n 的平方，即 $\varepsilon_r=n^2$。

这里再介绍一个定性的简化模型，仅着重于原理上的讨论。

设原子核有 Z 个正电荷，在核周围束缚着 Z 个电子。因自由原子是球对称的，故可近似地认为 Z 个电子运动所形成的电子云均匀地分布在以 r 为半径的球内，如图 7-9 所示。当外电场 $\boldsymbol{E}=0$ 时，荷正电的核与负电荷中心重合，此时原子的电矩为零。当有加外电场 E 作

用时，正电荷受电场作用力(ZeE)而偏离球心，沿 E 方向位移。同时，正电荷还受到负电荷的吸引，当两种力达到平衡时核偏离球心的位移为 l。此时，若以负电荷所均匀分布的球中心为球心，以 l 为半径作一球面，则球面以外的负电子云对核的库仑引力为零。而球面以内的负电子云就好像集中于球心并对核施加一个方向与 E 相反的引力。因此，由力的平衡条件给出

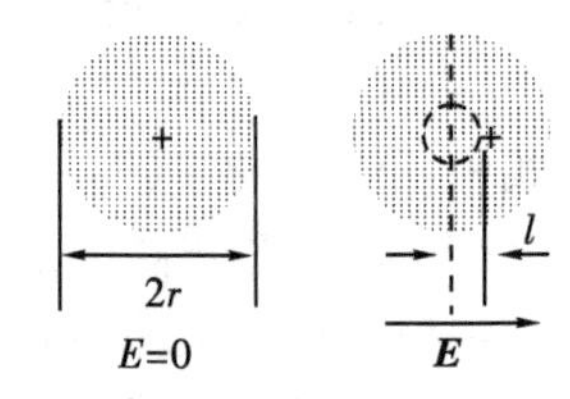

图 7-9　电子云位移极化

$$ZeE=\frac{Ze}{4\pi\varepsilon_0 l^2}\left(Ze\frac{l^3}{r^3}\right)$$

得
$$l=\frac{4\pi\varepsilon_0 r^3}{Ze}E \tag{7-39}$$

原子在电场 E 的作用下诱导的电偶极矩为

$$p=4\pi\varepsilon_0 r^3 E$$

得
$$\alpha_e=4\pi\varepsilon_0 r^3 \tag{7-40}$$

对于各种原子，合理的球半径 r 的数量级为 10^{-10} m；如果用具有宏观现象常见数量级的电场，令 $E=10^5$ V/m，则得到 l 的数量级为 10^{-17}m。即一般情况下 $l \ll a$。

上述模型给出两点有用的定性结果：

第一，一般大小的宏观电场所能引起的电子云畸变很小；

第二，半径越大的原子，其电子云位移极化率一般较大。

第二个结论的意义很明显，即远离核的外层电子受核束缚较弱，容易受外电场作用而对极化率作出较大贡献。

表 7-1 为原子或离子的电子极化率，其物理量采用 CGS 制单位(cm^3)，将其乘以 $1/9\times10^{-15}$，则单位为 SI 单位制，即为[法米^2]，或 $F\cdot m^2$。

表 7-1　原子或离子的电子极化率　　单位：10^{-24} cm^3

Pauling JS			He 0.201	Li^+ 0.029 0.029	Be^{2+} 0.008	B^{3+} 0.003	C^{4+} 0.0013
Pauling JS-(TKS)	O^{2-} 3.88 (2.4)	F^- 1.04 0.858	Ne 0.390	Na^+ 0.179 0.290	Mg^{2+} 0.094	Al^{3+} 0.052	Si^{4+} 0.0165
Pauling JS-(TKS)	S^{2-} 10.2 (5.5)	Cl^- 3.66 2.947	Ar 1.62	K^+ 0.83 1.133	Ca^{2+} 0.47 (1.1)	Sc^{3+} 0.286	Ti^{4+} 0.185 (0.19)
Pauling JS-(TKS)	Se^{2-} 10.5 (7.0)	Br^- 4.77 4.091	Kr 2.46	Rb^+ 1.40 1.679	Sr^{2+} 0.86 (1.6)	Y^{3+} 0.55	Zr^{4+} 0.37
Pauling JS-(TKS)	Te^{2-} 14.0 (9.0)	I^- 7.10 6.116	Xe 3.99	Cs^+ 2.42 2.743	Ba^{2+} 1.55 (2.5)	La^{3+} 1.04	Ce^{4+} 0.73

注：JS 和 TKS 给出的极化率是使用钠的 D 线频率得到的结果。

7.1.4.2 离子位移极化

一对带有$\pm q$电荷的离子，质量分别为M_+、M_-，其中心相距为a，离子在电场的作用下，偏移平衡位置，形成一个感生偶极矩，其简化模型如图7-10所示。与电子位移极化类似，在电场中离子的位移仍受到弹性力的限制。设正、负离子位移大小分别为x_+、x_-，且二者符号相反。则感生的电偶极矩大小为

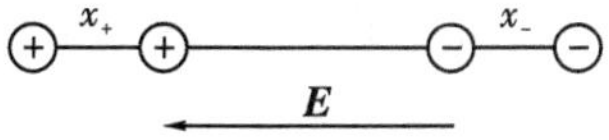

图 7-10 离子位移极化

$$p=q(x_+-x_-)$$

和

$$p=\alpha_i E_{loc}$$

式中，α_i 称为离子极化率。

正离子受到的弹性恢复力为$-k(x_+-x_-)$，力的方向与电场反向，负离子受到的弹性恢复力为$-k(x_--x_+)$，力的方向与电场同向，实际上无论何种离子，受力的方向与位移相反。

设电场为交变电场，大小$E=E_0 e^{i\omega t}$，则离子的运动方程为

$$M_+\frac{d^2x}{dt^2}=-k(x_+-x_-)+qE_0 e^{i\omega t}$$

$$M_-\frac{d^2x}{dt^2}=-k(x_--x_+)+qE_0 e^{i\omega t}$$

式中，x为离子的相对位移。引入$M^*=\dfrac{M_+M_-}{M_++M_-}$，设弹性振子的固有频率为

$$\omega_0=\left(\frac{k}{M^*}\right)^{\frac{1}{2}}$$

解得离子位移极化率为

$$\alpha_i=\frac{q^2}{M^*}\left(\frac{1}{\omega_0^2-\omega^2}\right) \tag{7-41}$$

令$\omega\to 0$，得静态极化率为

$$\alpha_{i0}=\frac{q^2}{M^*\omega_0{}^2}=\frac{q^2}{k} \tag{7-42}$$

因此，离子位移极化和电子位移极化的表达式一样，都具有弹性偶极子的极化性质。ω_0 可由晶格振动红外吸收频率测量出来，从而得到离子位移极化建立的时间约为$10^{-12}\sim10^{-13}$ s。其实这里的两种离子的相对运动，就是晶格振动的光学波。

以NaCl型晶体为例说明离子晶体的极化。当无外电场时，由于正、负离子空间排列的对称性，晶胞的固有电偶极矩等于零。当有外电场$\boldsymbol{E}$时，所有正离子受电场作用沿$\boldsymbol{E}$方向做同向位移，而负离子则反方向位移，晶格发生畸变，如图7-11所示。按照上述方法很容易计算出每对离子的平均位移极化率α_i：

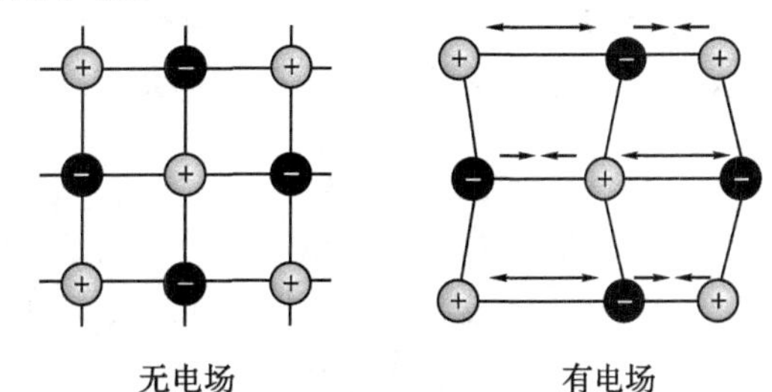

图 7-11 离子极化示意图

$$\alpha_i=\frac{12\pi\varepsilon_0 a^3}{A(n-1)} \tag{7-43}$$

式中，a为晶胞常数；A为马德隆常数；n为电子层斥力指数，对离子晶体$n=7\sim11$。因此可

以估计离子位移极化率与电子位移极化率有大致接近的数量级，约为 $10^{-40}\,\text{F}\cdot\text{m}^2$。

7.1.4.3 偶极子取向极化

有些分子，其内部结构决定了整个分子具有非零的电偶极矩 p_0。p_0 值不随时间而变，也很难受外界宏观条件的影响，因此可视为固定值，并称 p_0 为分子的固有电偶极矩。如果有气体是由这样的分子组成，在热平衡状态下，热运动产生的平均效果具有两种意义。一方面，对于特定的某个分子来说，由于整体的旋转运动及同其他分子的碰撞的结果，使它的电矩 p_0 在空间取向无规则地变化着，因此电矩矢量按时间的平均值为零。另一方面，对于气体中数目巨大的分子的集体来说，热运动的结果是使得在同一瞬间时在一定空间范围内的不同分子的电矩取向是杂乱无章的，所以在任意时间各分子的电矩彼此互相抵消，使大量分子平均瞬时电矩矢量为零。

如果在某极性气体中沿 z 方向有一均匀电场 $\boldsymbol{E}$，由于极性分子的立体结构，在没有电场时已经具有偶极矩，当在外电场作用时，这些永久偶极子发生转动，趋向极化如图 7－12 所示。设这个极性分子在某一瞬时其电矩与 z 轴成 θ 角，则电矩沿 z 方向有分量 $p=p_0\cos\theta$。根据式(7－2)，电矩的能量为

$$U=-p_0E\cos\theta$$

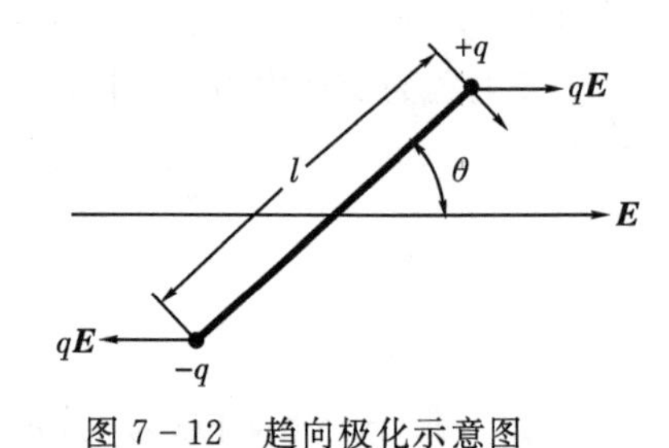

图 7－12　趋向极化示意图

在热平衡下，分子按能量的分布服从玻尔兹曼分布，根据经典统计，得极性分子的极化率为

$$\alpha_d=\frac{p_0^2}{3k_0T} \tag{7-44}$$

式中，k_0 为玻尔兹曼常数；T 为绝对温度。α_d 的物理意义是当有电场时，分子的电矩沿电场取向有较低的能量，但热运动扰乱了这样的取向，使得在平均意义上电矩朝电场方向取向占优势，所以称 α_d 为偶极子取向极化率。取向极化一般需要较长时间，约为 $10^{-2}\sim10^{-10}\,\text{s}$。对于一个典型的偶极子，$p_0=e\times10^{-10}\,\text{C}\cdot\text{m}$，因此 α_d 约为 $2\times10^{-38}\,\text{F}\cdot\text{m}^2$，比电子极化率($10^{-40}\,\text{F}\cdot\text{m}^2$)高得多。

现将偶极子取向极化的机理应用于离子晶体中。带有正负电荷的成对的晶格缺陷所组成的离子晶体中的“偶极子”，在外电场的作用下也可发生取向。如图 7－13 所示的极化，是由杂质离子(通常是带正电荷的阳离子)在阴离子空位周围跳跃引起，有时也叫离子跃迁极化，其极化机构相当于偶极子的转动。

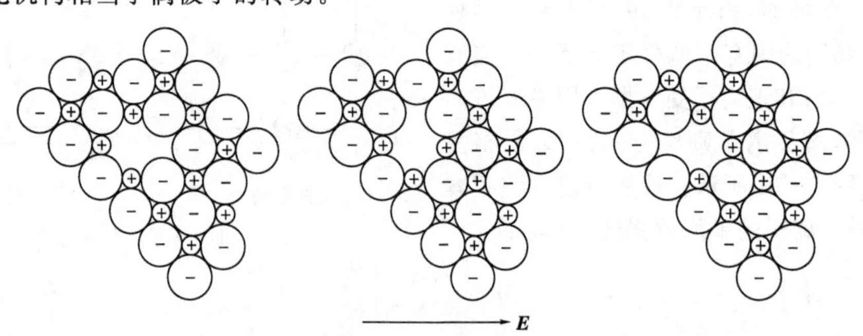

图 7－13　离子跃迁极化

7.1.4.4　松弛极化

当材料中存在着弱联系的电子、离子和偶极子等质点时，热运动使之分布混乱，电场力使之按电场规律分布，最后质点在一定温度下发生极化。这种极化具有统计性质，也叫热松弛极化。松弛极化的带电质点在热运动时，移动的距离可与分子大小相比拟，甚至更大。并且质点需要克服一定的势垒才能移动，因此这种极化建立的时间较长（可达 $10^{-2} \sim 10^{-9}$ s），并且需要吸收一定的能量，因而与弹性极化不同，它是一种非可逆过程。由松弛极化的质点不同可分为离子松弛极化、电子松弛极化、偶极子松弛极化。多发生在晶体缺陷区域或玻璃体内。

1. 离子松弛极化

在晶体中，处于正常格点上的离子为强联系离子。它们在电场作用下，只能产生弹性位移极化，但在一些材料中，如玻璃态材料、结构松散的离子晶体、存在杂质和缺陷的晶体，离子本身能量较高，易被活化迁移，这种离子称为弱联系离子。弱联系离子的极化可以从一个平衡位置到另一个平衡位置，当去掉外电场，离子不能回到原来的平衡位置，因而是不可逆的迁移。这种迁移的行程可与晶格常数相比较，因而比弹性位移距离大。在此需要说明离子松弛极化的迁移和离子电导不同，离子电导是离子做远程迁移，而离子松弛极化质点仅做有限距离的迁移，它只能在结构松散区、缺陷区附近移动，其运动的区域势垒如图 7-14 所示。离子松弛极化率

$$\alpha_{ir} = \frac{q^2 x^2}{12kT} \tag{7-45}$$

式中，k 为玻尔兹曼常数；T 为绝对温度；x 为两平衡位置间的距离。

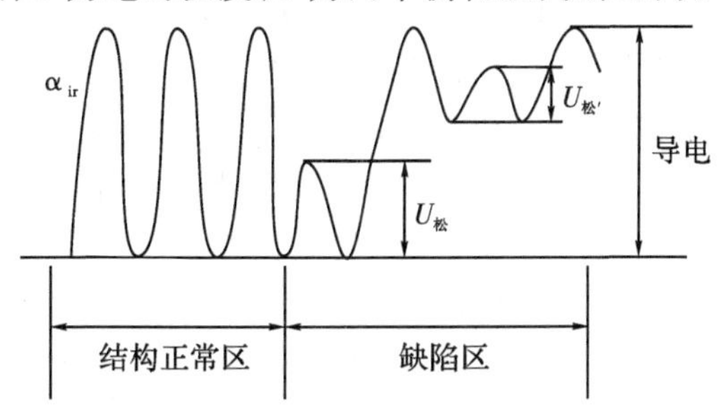

图 7-14　离子松弛极化与离子电导势垒

离子松弛极化率比电子位移极化率、离子位移极化率大一个数量级，可导致材料具有大的介电常数。

温度越高，热运动对质点的规则运动阻碍越强，极化率减小。松弛极化与温度的关系中往往出现极大值，这是因为一方面温度升高，离子松弛时间减小，松弛加快，极化建立得更充分，这时介电常数升高；另一方面温度升高，极化率下降，使介电常数降低，所以在适当温度下，介电常数有极大值。另外一些具有离子松弛极化的无机材料的介电常数与温度的关系中并未出现极大值，这是因为参加松弛极化的离子数随温度升高而连续地增加。

离子松弛极化随频率的变化：由于其松弛时间长达 $10^{-2} \sim 10^{-5}$ s，所以在无线电频率下（10^6 Hz），离子松弛极化来不及建立，因而介电常数随频率升高明显下降；频率很高时，无松弛极化，只存在电子和离子的位移极化。

2. 电子松弛极化

材料中弱束缚的电子在晶格热振动下，吸收一定能量，由低级局部能级跃迁到较高能级并处于激发态；处于激发态的电子连续地由一个阳离子结点，移到另一个阳离子结点。类似于弱联系的离子。外加电场使其运动具有一定的方向性，由弱束缚的电子引起的极化叫电子松弛极化。这种极化与热运动有关，也是一个热松弛过程，因此电子松弛极化是不可逆过程，必有能量的损耗。

电子松弛极化和电子位移极化不同，由于电子处于弱束缚状态，所以极化作用要强烈得多，即电子轨道形变厉害得多，而且因极化过程吸收一定的能量，电子可做短距离迁移。弱束缚电子和自由电子也不同，不能自由运动，即不能远程迁移。只有弱束缚电子获得更高能量时，受激发跃迁到导带成为自由电子，才形成电导。因此具有电子松弛极化的介质往往具有电导的特性。

电子松弛极化主要是折射率大、结构紧密、内电场大和电子电导大的电介质的特性。一般以 TiO_2 为基础的电容器材料很容易出现弱束缚电子，形成电子松弛极化。含有 Nb^{5+}、Ca^{2+}、Ba^{2+} 杂质的钛质瓷和以铌、铋氧化物为基础的材料，也具有电子松弛极化。

电子松弛极化建立的时间约为 $10^{-2}\sim10^{-9}$ s，当电场频率高于 10^9 Hz 时，这种极化形式就不存在了。因此具有电子松弛极化的材料，其介电常数随温度升高而减小，类似于离子松弛极化。同样其介电常数随温度的变化也有极大值。和离子松弛极化比较，电子松弛极化可能出现异常高的介电常数。

7.1.4.5 空间电荷极化

在不均匀的介质中，存在晶界、相界、晶格畸变、杂质、夹层、气泡等缺陷区，都可以成为自由电荷（自由电子、间隙离子、空位等）运动的障碍，自由电荷在障碍处积聚，形成空间电荷极化，也称为界面极化，如图 7-15 所示。由于空间电荷的积聚，可形成很高的与外电场方向相反的电场，因此空间电荷极化一般为高压式极化。

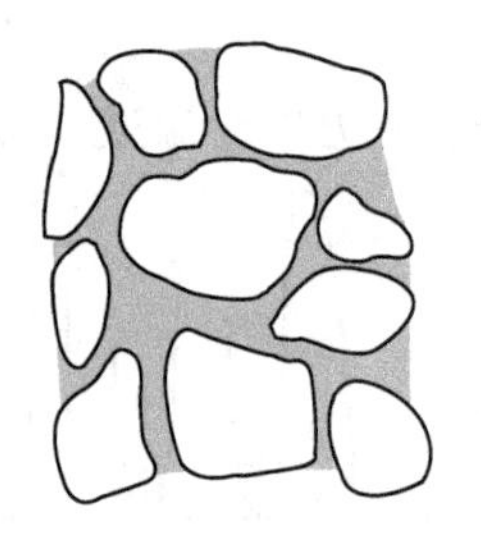

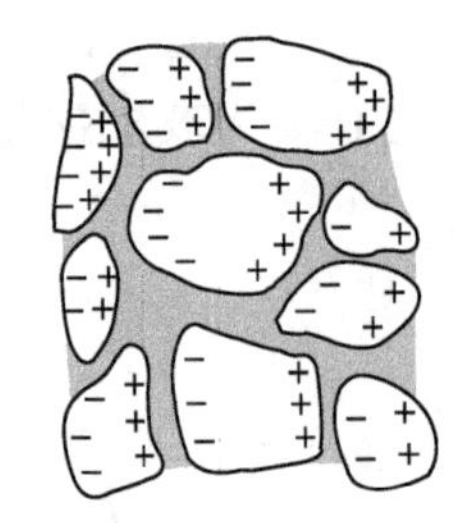

图 7-15 空间电荷极化

空间电荷极化随温度升高而下降。因为温度升高，离子运动加剧，离子扩散容易，因而空间电荷减小。

空间电荷的建立需要较长的时间，大约几秒到数十分钟，甚至数十小时，因而空间电荷极化只对直流和低频下的介电性质有影响。

上述几种极化机构都是介质在外电场作用下引起的，没有外电场时，这些介质的极化强度等于零。有一种特殊类型的情况是自发极化现象。这种极化状态并非由外电场引起，而是由晶体的内部结构引起。自发极化机理见 7.4 节铁电性。各种极化形式的综合比较见表 7-2。

表 7-2 各种极化形式的比较

极化形式	极化的电介质	极化的频率范围	与温度的关系	能量消耗
电子位移极化	一切陶瓷	直流～光频	无关	无
离子位移极化	离子结构材料	直流～红外	温度升高极化增强	很弱

续表

极化形式	极化的电介质	极化的频率范围	与温度的关系	能量消耗
离子松弛极化	离子不紧密的材料	直流～超高频	随温度变化有极大值	有
电子松弛极化	高价金属氧化物材料	直流～超高频	随温度变化有极大值	有
转向极化	有机材料	直流～超高频	随温度变化有极大值	有
空间电荷极化	结构不均匀的材料	直流～高频	随温度升高而减小	有

7.1.5 高介晶体的极化

实际上，由于金红石和钙钛矿型晶体的结构和组成的特点，在外电场的作用下，离子之间的相互作用造成$\boldsymbol{E}_3$很大，由此引起大的局部电场，使原子或离子的极化增强，因而这类材料往往具有高的介电性。如金红石和钙钛矿型晶体的ε_∞与ε_r值都很大，金红石多晶体的$\varepsilon_\infty=7.8$、$\varepsilon_r=110\sim114$；钙钛矿晶体的$\varepsilon_\infty=5.3$、$\varepsilon_r=150$。而一般大部分离子晶体，例如碱卤晶体、碱土金属的氧化物和硫化物的相对介电系数ε_∞约为1.6～3.5，ε_r约为5～12。

随着电子技术的发展，高介电的电子材料有着广阔的应用和发展前景。研究这些材料的介电特性与结构和组成的关系，有很重要的意义。

7.1.5.1 空腔内诸偶极子的场 $\boldsymbol{E}_3$

如果认为金红石和钙钛矿晶体的点阵内离子的电子壳层是球形，则可认为电场内其晶体电阵由点电荷构成，离子在电场作用下发生极化后所形成的感应电矩也可看作是点电偶极矩。

设被考察的离子位于洛伦兹球球心上，则作用在被考察离子上的内电场强度$\boldsymbol{E}_3$为所有球内所有离子在外电场作用下所形成的点电偶极矩在球心处所产生的电场的矢量和。如果外电场方向沿晶体z轴，则洛伦兹球内所有离子的感应偶极矩在球心所引起的沿z轴的电场分量大小为

$$E_3=\sum_{i=1}^{n}\frac{2z_i^2-(x_i^2+y_i^2)}{(x_i^2+y_i^2+z_i^2)^{\frac{5}{2}}}\alpha_i E_i\times\frac{1}{4\pi\varepsilon_0} \tag{7-46}$$

式中，α_i为周围离子极化率；E_i为作用于每一个周围离子上的局部电场强度；x_i、y_i、z_i为周围离子相对于球心的坐标；i是周围的离子；n是洛伦兹球内的周围离子数。

如果晶体由几种不同性质的离子和相互位置不同的同种离子组成，计算时，将其在球心上所建立的附加内电场分开计算，并将同一种离子的极化率和局部电场当作一样。因此第k种离子在被考察的第k种离子上的内建电场为

$$E_{3kk}=\alpha_k E_k\sum_{i=1}^{n_k}\frac{2z_i^2-(x_i^2+y_i^2)}{(x_i^2+y_i^2+z_i^2)^{5/2}}\times\frac{1}{4\pi\varepsilon_0}=\alpha_k E_k C_{kk}$$

式中，求和部分只与位置有关，因此可称为内电场结构系数；C_{kk}为同种离子间的内电场结构系数。所以有

$$E_{3kk}=\alpha_k E_k C_{kk} \tag{7-47}$$

同理，第j种离子在被考察的第k种离子上的内建电场为

$$E_{3kj}=\alpha_j E_j C_{kj} \tag{7-48}$$

式中，C_{kj}是不同离子间的内建电场结构系数。

由式(7-48)可知，结构系数对被考察离子的局部电场有影响。如图7-16所示，如果离子A周围处于B位置上的离子占优势，则感应电矩作用在离子A上的附加内电场与外电场方向一致，此时附加内电场加强了外电场的作用，结构系数为正值。反之如果离子A周围处于C位置上的离子占优势，则附加内电场与外电场方向相反，削弱了外电场的作用，结构系数为负值。

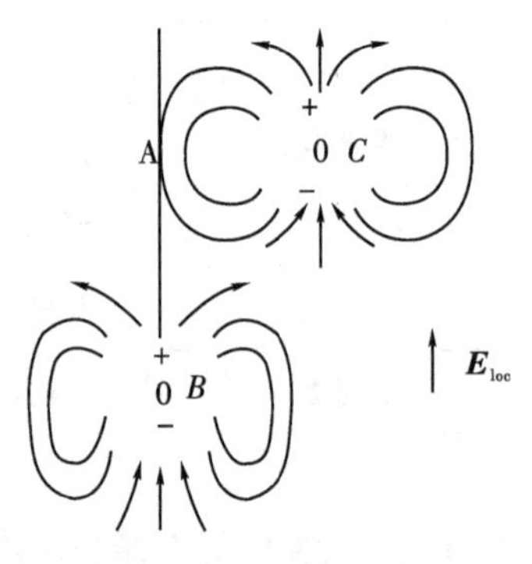

图7-16 内电场示意图

结构系数个数可由晶体中含有不同性质和不同相对位置的离子数决定，此外，一种离子除受其他离子影响外，还受到同种离子的作用，如果这样的离子有m个，则结构系数的个数为m^2。

对于金红石型晶体，如图7-17所示，只有钛和氧两类离子，而其晶格为复式格子，由六个相同的子格子套购而成，其中两个是由不同位置的Ti^{4+}构成，4个是由不同位置的O^{2-}构成，所以从复式格子情况分析，$m=6$。由图7-17可以分析出：与体心上的Ti^{4+}相联的6个O^{2-}的分布可以通过旋转平移和与顶点上Ti^{4+}相联的6个O^{2-}的分布完全重合，即2个Ti^{4+}位置虽然不同，但与周围O^{2-}间的相对位置相同，因此O^{2-}在z轴方向上对两种Ti^{4+}的电场分量完全相同。4个不同位置的O^{2-}都与3个Ti^{4+}相联，都位于Ti^{4+}形成的三角形内，同样，它们与周围Ti^{4+}间的相对位置相同，在z轴方向上Ti^{4+}对其电场分量完全相同，所以$m=2$，结构系数有4个。如果计算被考察离子周围的150个离子的作用时，由结构系数计算公式所得结果见表7-3，表内数值的单位为CGS制，如化为SI制应乘以$1/(4\pi\varepsilon_0)$，表中的结构系数准确度为1%～2%，且计算离子的数目越多，准确度越高。表中C_{11}和C_{22}均为负值，说明同种离子之间都有削弱外电场的作用。C_{21}和C_{12}均为正值，说明异种离子之间都有加强外电场的作用，且外电场值相当地大，其结果使氧离子和钛离子的极化加强，这种加强远远超过同种离子间的削弱，最终使晶体介电常数加大。

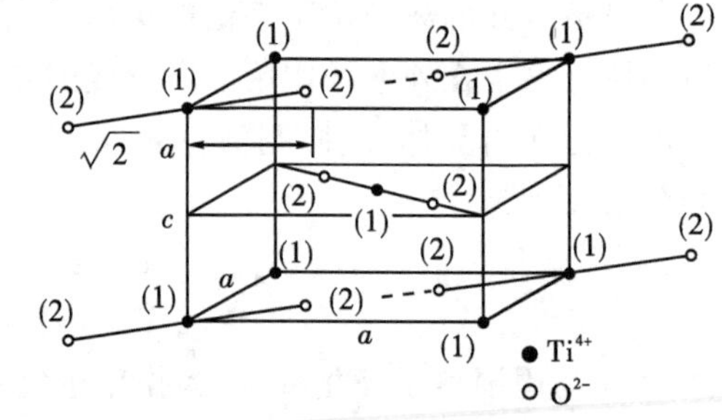

图7-17 金红石TiO_2晶体点阵

表7-3 金红石型晶体的内建电场结构系数

中心离子	周围离子	
	Ti^{4+}	O^{2-}
1 Ti^{4+}	$C_{11}=-0.8/a^3$	$C_{12}=+36.3/a^3$
2 O^{2-}	$C_{21}=+18.15/a^3$	$C_{22}=-12.0/a^3$

注：Ti^{4+}用下标“1”表示，O^{2-}用下标“2”表示。a为金红石型晶体的棱长，$a=4.58\times10^{-10}$ m。

在钙钛矿型结构中，有三种不同的元素，晶格为复式格子，由 5 个相同的简立方子格子套购而成，其中 2 个分别由 Ti^{4+} 和 Ca^{2+} 形成，3 个由 O^{2-} 形成，$m=5$。但从离子间的相对位置来看，氧离子有两类：$O_{(3)}$、$O_{(4)}$，如图 7－18 所示，所以 $m=4$，结构系数有 16 个，如表 7－4 所示，表内数值的单位为 CGS 制，如化为 SI 制应乘以 $1/(4\pi\varepsilon_0)$。表内有几个结构系数为零，从结构上分析是由于这些离子与被考察离子具有立方对称环境结构所引起的，由此进一步地证明了具有立方对称环境结构的晶体，其 $\boldsymbol{E}_3$ 为零。

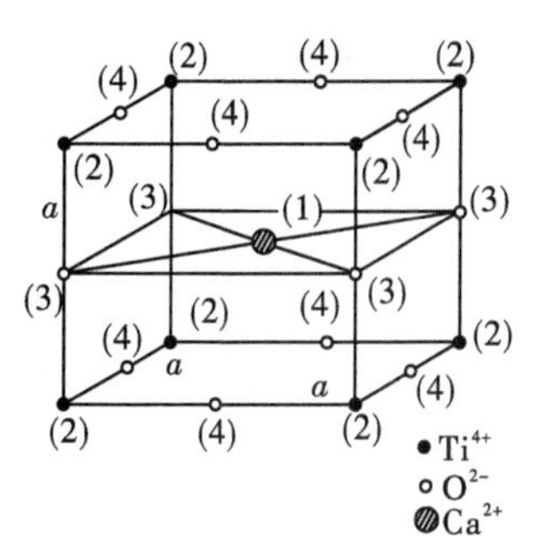

图 7－18　$CaTiO_3$ 晶体点阵

表 7－4　钙钛矿型晶体的内建电场结构系数

中心离子	周围离子			
	Ca^{2+}	Ti^{4+}	$O^{2-}_{(3)}$	$O^{2-}_{(4)}$
Ca^{2+}	$C_{11}=0$	$C_{12}=0$	$C_{13}=+7.7/a^3$	$C_{14}=+4.1/a^3$
Ti^{4+}	$C_{21}=0$	$C_{22}=0$	$C_{23}=+28.0/a^3$	$C_{24}=+14.1/a^3$
$O^{2-}_{(3)}$	$C_{31}=-7.7/a^3$	$C_{32}=+28.0/a^3$	$C_{33}=0$	$C_{34}=+4.1/a^3$
$O^{2-}_{(4)}$	$C_{41}=+7.7/a^3$	$C_{42}=-28.0/a^3$	$C_{43}=+7.7/a^3$	$C_{44}=-5.7/a^3$

注：Ca^{2+} 用下标“1”表示，Ti^{4-} 用下标“2”表示，$O^{2-}_{(3)}$ 用下标“3”表示，$O^{2-}_{(4)}$ 用下标“4”表示。a 为钙钛矿型晶体的棱长，$a=3.8\times10^{-10}$ m。

7.1.5.2　金红石型晶体的介电常数

在计算金红石型晶体介电常数时，仅考虑电子位移极化和离子位移极化对金红石型晶体介电常数的影响。

对于金红石型晶体介电常数的计算，可以建立一个简化模型，如图 7－19 所示。在金红石晶体中，Ti^{4+} 在电场 $\boldsymbol{E}_1$ 的作用下，相对于平衡位置位移了 ΔZ_1，O^{2-} 在电场 $\boldsymbol{E}_2$ 的作用下相对于平衡位置位移了 ΔZ_2。在近似的讨论中，可以只注意钛离子相对于氧离子位移了 $\Delta Z=\Delta Z_1+\Delta Z_2$。设“$TiO_2$”分子在点阵中离子位移极化系数为 α_i，讨论作用在氧离子上的电场时，可以假定氧离子没有位移，仅有钛离子移动，全部位移 ΔZ 仅由钛离子完成，此时钛离子的等效位移极化系数为 α_i。反过来讨论作用在钛离子上的电场，每个氧离子的等效位移极化系数为 $\alpha_i/2$。作用于钛离子与氧离子上局部电场强度分别为 $\boldsymbol{E}_1$、$\boldsymbol{E}_2$，当将该分子的全部位移折算成某一离子时，作用于其上的电场（等效局部电场）为 $\dfrac{\boldsymbol{E}_1+\boldsymbol{E}_2}{2}$。

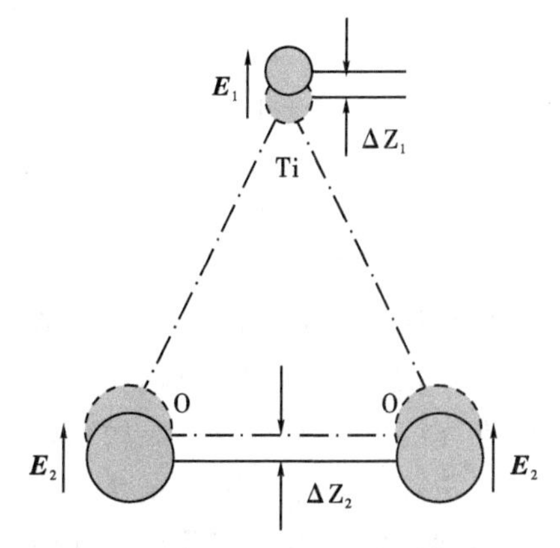

图 7－19　“TiO_2”分子的离子位移

设钛离子与氧离子的电子极化率分别为 α_1 和 α_2，则作用在钛离子和氧离子上的局部电

场大小分别为

$$E_1=E+\frac{P}{3\varepsilon_0}+\alpha_1E_1C_{11}+\alpha_2E_2C_{12}+\frac{\alpha_i}{2}\left(\frac{E_1+E_2}{2}\right)C_{12} \tag{7-49}$$

$$E_2=E+\frac{P}{3\varepsilon_0}+\alpha_1E_1C_{21}+\alpha_2E_2C_{22}+\alpha_i\left(\frac{E_1+E_2}{2}\right)C_{21} \tag{7-50}$$

两式相减,并略加整理得

$$\frac{E_1}{E_2}=\frac{1+\alpha_2(C_{12}-C_{22})}{1-\alpha_1(C_{11}-C_{21})} \tag{7-51}$$

金红石型晶体的极化由三方面极化组成:钛离子的电子极化、氧离子的电子极化、氧离子与钛离子相对位移感生的极化,因此材料的极化强度大小可表示为

$$P=n\left(\alpha_1E_1+2\alpha_2E_2+\alpha_i\frac{E_1+E_2}{2}\right) \tag{7-52}$$

将 $E=\frac{P}{\varepsilon_0(\varepsilon_r-1)}$代入式(6-49),并用式(7-52)将 P 代换,整理得

$$\frac{\varepsilon_r-1}{\varepsilon_r+2}=\frac{n}{3\varepsilon_0}\times\frac{\alpha_1\times\frac{E_1}{E_2}+2\alpha_2+\frac{\alpha_i}{2}\times\frac{E_1}{E_2}+\frac{1}{2}\alpha_i}{\frac{E_1}{E_2}-\alpha_1C_{11}\times\frac{E_1}{E_2}-\alpha_2C_{12}-\frac{1}{4}\alpha_iC_{12}\times\frac{E_1}{E_2}-\frac{1}{4}\alpha_iC_{12}}$$

将式(7-51)代入该式,并略去含有极化系数乘积的各项得

$$\frac{\varepsilon_r-1}{\varepsilon_r+2}\approx\frac{n}{3\varepsilon_0}\times\frac{\alpha_1+2\alpha_2+\alpha_i}{1-\alpha_1C_{11}-\alpha_2C_{22}-\alpha_iC_{21}} \tag{7-53}$$

对于金红石,由于$|C_{11}|\ll|C_{22}|$,得

$$\frac{\varepsilon_r-1}{\varepsilon_r+2}\approx\frac{n}{3\varepsilon_0}\times\frac{\alpha_1+2\alpha_2+\alpha_i}{1-\alpha_2C_{22}-\alpha_iC_{21}} \tag{7-54}$$

由式(7-53)计算出来的金红石晶体的相对介电常数为170,与实验值173很接近。

当离子位移极化不存在时,$\alpha_i=0$,则得纯电子极化时的公式为

$$\frac{\varepsilon_\infty-1}{\varepsilon_\infty+2}\approx\frac{n}{3\varepsilon_0}\times\frac{\alpha_1+2\alpha_2}{1-\alpha_2C_{22}} \tag{7-55}$$

式(7-55)在不考虑结构系数时,与克劳修斯-莫索提方程相同。

比较式(7-54)和式(7-55)可知,离子极化率 α_i 不太大时,都可以使 ε_r 比起 ε_∞ 来剧增,因为方程(7-54)的右边不仅分子增大,而且分母减小。

通过分析,金红石的 α_i 与其他晶体的很接近,并不是引起其高介电常数的原因,主要原因是其具有特殊的晶体结构,引起特别大的附加内电场 $\boldsymbol{E}_3$。以上分析也适用于钙钛矿晶体,不同之处是氧离子有两类。综上所述,高介电常数的晶体所具备的条件是:有比较特殊的点阵结构,主要体现在结构系数方面;含有尺寸大、电荷小、电子壳层易变形的阴离子(如氧离子);含有尺寸小、电荷大、易产生离子位移极化的阳离子(如钛离子)。在外电场作用下,这两类离子通过晶体内附加内电场产生强烈的极化,因而导致相当高的介电常数。

7.1.6 无机材料的电极化

7.1.6.1 混合物的连通性

随着电子技术的发展,需要一系列具有不同介电常数和介电常数温度系数的材料。因

此，由结构和化学组成不同的两种成分的晶体混合所制成的多晶混合物材料，或由介电常数小的有机材料和介电常数大的无机固体粉体所组成的复合材料，愈来愈引起人们的兴趣。

混合物的性质取决于各组成的成分、含量和分布情况。在对不同类型的混合物进行分类时，需要用"连通性"的概念。其基本思想是：混合物中任何相在零维、一维、二维或三维方向上是相互连通的，因而任意弥散和孤立颗粒的连通性为0，而包围它们的介质的连通性为3。若混合物是由两种不同的"平板"相堆积而成的，则体系的连通性可认为是2－2。通常由两相组成的混合物共有10种可能的连通性(0－0、1－0、2－0、3－0、1－1、2－1，3－1、2－2、3－2、3－3)。由三个相组成的混合物有20种可能存在的连通性。而当混合物为四个相时，它可能存在35种连通性。

目前讨论最多的是连通性为3－0的系统。当介电常数为ε_d的球形颗粒均匀地分散在介电常数为ε_m的基体相中时，其体系的连通性为3－0，麦克斯韦(Maxwell)推导出该混合物的介电常数ε的一般关系式为

$$\varepsilon=\varepsilon_m\left(1+\frac{3x_d(\varepsilon_d-\varepsilon_m)}{\varepsilon_d+2\varepsilon_m-x_d(\varepsilon_d-\varepsilon_m)}\right) \tag{7-56}$$

式中，x_d为分散颗粒占据的体积分数，由式(7－56)可知它与分散颗粒的大小无关。当$\varepsilon_m \gg \varepsilon_d$，且$x_d \ll 0.1$时，式(7－56)可简化为

$$\varepsilon=\varepsilon_m\left(1-\frac{3x_d}{2}\right) \tag{7-57}$$

如果分散颗粒的体积分数超过0.1这个界限，则分散相由于体积浓度较高而形成连续的结构，连通性大于0，与该公式的体系不符。这个公式适用于含有少量气孔的介质材料，它可以将多孔材料的介电常数值转变为密实体介电常数。

当混合物的连通性为1－3时，介电常数为ε_1的条状介质材料处于介电常数为ε_2的基体中，并从一个电极扩展到另一个电极，其简单结构如图7－20(a)所示，是利用并联电容器的模型来表示系统的介电常数ε，于是

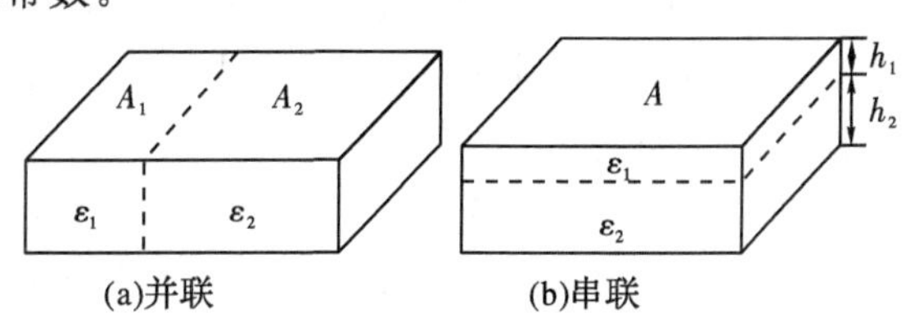

图7－20 电介质的等效结构

$$\frac{\varepsilon A}{h}=\frac{\varepsilon_1 A_1}{h}+\frac{\varepsilon_2 A_2}{h}$$

即

$$\varepsilon=x_1\varepsilon_1+x_2\varepsilon_2 \tag{7-58}$$

式中，x_1和x_2分别为两相的体积分数，并且$x_1+x_2=1$。

对于连通性为2－2的电介质，其等效结构如图7－20(b)所示。在这种情况下，两个电容器有效地串联在一起，于是

$$\frac{h}{A\varepsilon}=\frac{h_1}{A\varepsilon_1}+\frac{h_2}{A\varepsilon_2}$$

即

$$\varepsilon^{-1}=x_1\varepsilon_1{}^{-1}+x_2\varepsilon_2{}^{-1} \tag{7-59}$$

式(7－58)和式(7－59)为介质连通性结构的两个极限情况。两者均可用式(7－60)表示：

$$\varepsilon^n=x_1\varepsilon_1{}^n+x_2\varepsilon_2{}^n \tag{7-60}$$

其中两相并联时$n=1$；两相串联时$n=-1$。

对于体积分数为 $x_1, x_2, x_3, \cdots$ 的多相体系，则

$$\varepsilon^n = \sum_i x_i \varepsilon_i^n \tag{7-61}$$

尽管只有当 ε 和 n 很小时，才有关系式 $\varepsilon^n \approx 1 + n\ln\varepsilon$ 成立，但此关系式仍可用于式(7-60)中，并得到

$$\ln\varepsilon = \sum_i x_i \ln\varepsilon_i \tag{7-62}$$

虽然方程(7-62)的理论基础并不是太充分，但仍不失为一个很有用的方程。此方程最早是由利登克尔于 1926 年提出来的，可用于混合物的电导率、磁导率、热导率等方面的计算。

二相混合物的介电常数 ε 为

$$\ln\varepsilon = x_1 \ln\varepsilon_1 + x_2 \ln\varepsilon_2 \tag{7-63}$$

上式只适用于二相的介电常数相差不大，而且均匀分布的情况。图 7-21 的 A、B、C、D 分别对应式(7-59)、式(7-56)、式(7-62)和式(7-58)的关系曲线。其中 $\varepsilon_1/\varepsilon_2 = 10$，由此可以看出，利登克尔和麦克斯韦方程曲线居于串联模型和并联模型的中间。

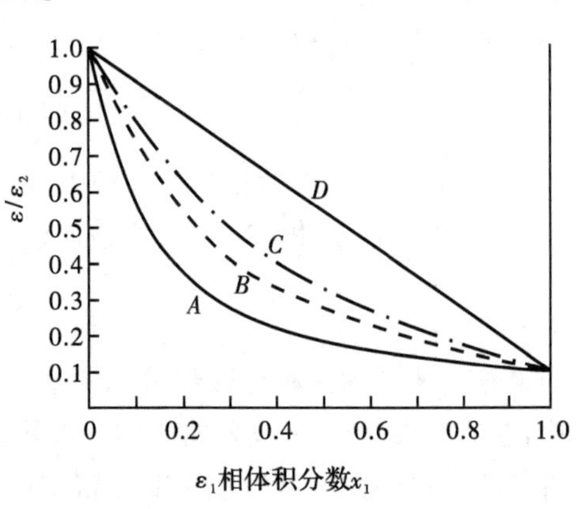

图 7-21　混和物的 $\varepsilon/\varepsilon_2 - x_1$ 的关系曲线

将式(7-62)对温度求导，可得

$$\frac{1}{\varepsilon}\frac{\partial\varepsilon}{\partial T} = \sum_i \frac{x_i}{\varepsilon_i}\frac{\partial\varepsilon_i}{\partial T} \tag{7-64}$$

此式给出了混合相介电常数的温度系数，虽然它与实测值不一定完全相符，但却是一个极为有用的近似表达式。

通过对混合物连通性的分析，可以根据式(7-62)调节复合介质的介电常数。表 7-5 列出了根据式(7-63)计算的结果，其数值与实验值也比较接近。

表 7-5　一些复合材料的介电常数

成分	体积浓度/%	根据式(7-63)计算的结果	测量结果		
			10^2 Hz	10^6 Hz	10^{10} Hz
TiO_2 + 聚二氯苯乙烯	41.9	5.2	5.3	5.3	5.3
	65.3	10.2	10.2	10.2	10.2
	81.4	22.1	23.6	23.0	23.0
$SrTiO_3$ + 聚二氯苯乙烯	37.0	4.9	5.2	5.18	4.9
	59.5	9.6	9.65	9.61	9.36
	74.8	18.0	18.0	16.6	15.2
	80.6	28.5	25.0	20.2	20.2

7.1.6.2 无机材料介质的极化

多晶多相介质材料，其极化机构可以不止一种，一般都含有电子位移极化和离子位移极化。介质中如果有缺陷存在，则通常还存在松弛极化。

电工材料按其极化形式可分类如下：

(1)以电子位移极化为主的电介质材料，包括金红石瓷、钙钛矿瓷及某些含锆瓷。

(2)以离子位移极化为主的电介质材料，包括刚玉、斜顽辉石为基础的陶瓷材料及碱性氧化物含量不高的玻璃介质材料。

(3)表现出显著的离子松弛极化和电子松弛极化的材料，包括绝缘子瓷、碱玻璃和高温含钛陶瓷。一般折射率大、结构紧密、内电场大、电子电导大的电介质材料，以电子松弛极化为主，如含钛的电介质材料；一般折射率小、结构松散，如硅酸盐玻璃、绿宝石、堇青石等电介质材料以离子松弛极化为主。

表 7-6 列出了一些无机材料的 ε_r 数值，它们都反映了不同的极化性质。

表 7-6 一些无机材料的相对介电常数(25 ℃，10^6 Hz)

材料	ε_r	材料	ε_r
LiF	9.00	金刚石	5.68
MgO	9.65	多铝红柱石	6.60
KBr	4.90	Mg_2SiO_4	6.22
NaCl	5.90	熔融石英玻璃	3.78
TiO_2(//c 轴)	170	Na-Li-Si 玻璃	6.90
TiO_2($\perp c$ 轴)	85.8	高铅玻璃	19.0
Al_2O_3(//c 轴)	10.55	$CaTiO_3$	130
Al_2O_3($\perp c$ 轴)	8.6	$SrTiO_3$	200
BaO	34		

7.1.6.3 介电常数的温度系数

根据介电常数与温度的关系，介质材料可分为两大类：一类是介电常数与温度成典型的非线性关系的介质材料，属于这类介质的有铁电陶瓷和松弛极化十分明显的材料；另一类是介电常数与温度的关系为线性关系的材料，这类材料的 ε 与温度的关系可用介电常数的温度系数 $TK\varepsilon$ 来描述。介质材料的相对介电常数的温度系数，是温度升高 1 K(1 ℃)时，相对介电常数的变化值与起始温度时的相对介电常数的比值。

介电常数温度系数 $TK\varepsilon$ 的微分形式为

$$\mathrm{TK}\varepsilon=\frac{1}{\varepsilon}\frac{\mathrm{d}\varepsilon}{\mathrm{d}T} \tag{7-65}$$

实际工作中采用实验方法求 $TK\varepsilon$ 为

$$TK\varepsilon=\frac{\Delta\varepsilon}{\varepsilon_0\Delta t}=\frac{\varepsilon_t-\varepsilon_0}{\varepsilon_0(t-t_0)} \tag{7-66}$$

式中，t_0 为原始温度，一般为室温；t 为改变后的温度；ε_0、ε_t 分别为介质在 t_0 和 t 温度时的介电常数。生产上经常通过测量电容的温度系数 TKC 来近似地代表 $TK\varepsilon$。

不同的材料，由于极化形式不同，极化随温度变化的情况也不同，表现为介电常数的温度系数不同，可以为正值或负值。

如果电介质只有电子极化，随着温度升高，介质密度降低，极化强度降低，介电常数降低，因而这类材料的介电常数的温度系数是负的。

以离子极化为主的材料随温度升高，其离子极化率增加，并且对极化强度增加的影响超过了密度降低对极化强度的影响，因而这类材料的介电常数有正的温度系数。

以松弛极化为主的材料，ε 和 T 的关系中可能出现极大值，因而 $TK\varepsilon$ 可正、可负。但是大多数此类材料，在广阔的温度范围内，$TK\varepsilon$ 为正值。

对于电容器来说，材料的介电常数的温度系数是十分重要的。根据不同的用途，对电容器的温度系数有不同的要求，如用于滤波旁路和隔直流的电容器，要求 $TK\varepsilon$ 为正值；用于热补偿的电容器，要求 $TK\varepsilon$ 为一定的负值，因为要求这种电容器除了可以作为振荡回路的主振电容器外，还能同时补偿振荡回路中电感线圈的正温度系数值；而在诸如电容量热稳定度高的回路中的电容器和高精度的电子仪器中的电容器，则要求 $TK\varepsilon$ 接近零。根据 $TK\varepsilon$ 值的不同，可把电容器分成若干组。电容器各温度系数组及其标称温度系数、温度系数偏差和标志颜色见表 7-7。目前制作电容器用的高介材料的一个重要任务，就是如何获得 TKε 接近于零而介电常数尽可能高的材料。

表 7-7 电容器各温度系数组及标称温度系数、温度系数偏差及标志颜色

<table>
<tr><th>组别代号</th><th>标称温度系数/$10^{-6}\cdot℃^{-1}$</th><th>温度系数偏差/$10^{-6}\cdot℃^{-1}$</th><th>标志颜色</th></tr>
<tr><td>A</td><td>+120*</td><td rowspan="6">±30</td><td>蓝色</td></tr>
<tr><td>V</td><td>+33*</td><td>灰色</td></tr>
<tr><td>O</td><td>0*</td><td>黑色</td></tr>
<tr><td>K</td><td>−33</td><td>褐色</td></tr>
<tr><td>Q</td><td>−47*</td><td>浅蓝色</td></tr>
<tr><td>B</td><td>−75</td><td>白色</td></tr>
<tr><td>D</td><td>−150*</td><td rowspan="2">±40</td><td>黄色</td></tr>
<tr><td>N</td><td>−220</td><td>紫红色</td></tr>
<tr><td>J</td><td>−330*</td><td>±60</td><td>浅棕色</td></tr>
<tr><td>I</td><td>−470</td><td>±90</td><td>粉红色</td></tr>
<tr><td>H</td><td>−750*</td><td>±100</td><td>红色</td></tr>
<tr><td>L</td><td>−1300*</td><td>±200</td><td>绿色</td></tr>
<tr><td>Z</td><td>−2200*</td><td>±400</td><td>黄底白点</td></tr>
<tr><td>G</td><td>−3300</td><td>±600</td><td>黄底绿点</td></tr>
<tr><td>R</td><td>−4700</td><td>±800</td><td>绿底蓝点</td></tr>
<tr><td>W</td><td>−5600</td><td>±1000</td><td>绿底红点</td></tr>
</table>

注：带 * 号者为优选组别。表中所指的温度系数是 20～85 ℃的数值。

由于各种材料的 $TK\varepsilon$ 值不同，如 TiO_2、$CaTiO_3$、$SrTiO_3$ 等具有负 $TK\varepsilon$ 值，而 $CaSnO_3$、$2MgO \cdot TiO_2$、$CaZrO_3$、$CaSiO_3$、$Mg \cdot SiO_2$ 以及 Al_2O_3、MgO、CaO、ZrO_2 等具有正 $TK\varepsilon$ 值。根据混合相介电常数的温度系数公式(7-64)，可以采用改变两组分或多组分固溶体的相对含量来有效地调节系统的 $TK\varepsilon$ 值，也就是用介电常数的温度系数符号相反的两种(或多种)化合物配制成所需 $TK\varepsilon$ 值的瓷料(混合物或固溶体)。

如果要做一种 $TK\varepsilon$ 值很小，即介电常数热稳定性好的电容器，可以用一种 $TK\varepsilon$ 值很小但为正值的晶体作为主晶相，再适量地加入另一种具有负 $TK\varepsilon$ 值的晶体，制备 $TK\varepsilon$ 的绝对值很小的电容器材料。纯的钛酸镁($2MgO \cdot TiO_2$)的 $\varepsilon_r=16$、$TK\varepsilon=60\times10^{-5}$，如在钛酸镁($2MgO \cdot TiO_2$)中加入 2%～3%的 $CaTiO_3$ 可使钛酸镁瓷的 $TK\varepsilon$ 值降至很小的正值，并且使 ε_r 值升高。调制后的钛酸镁瓷，$\varepsilon_r=16\sim17$、$TK\varepsilon=(30\sim40)\times10^{-6}$。又如 $CaSnO_3$ 的 $\varepsilon_r=14$、$TK\varepsilon=110\times10^{-6}$，加入 3%或 6.5%的 $CaTiO_3$ 所制得的锡酸钙瓷，其 $TK\varepsilon$ 为 $(30\pm20)\times10^{-6}$，或 $-(60\pm20)\times10^{-6}$，而 ε_r 为 15～16 或 17～18。

如果要制成小型化的电容器，利用上述几种配方则有一定的困难。因为它们 $TK\varepsilon$ 的绝对值虽然可以调节到很小的数值甚至等于零，但是 ε_r 值都不大。实际上在金红石瓷中加入一定量的稀土金属氧化物如 La_2O_3、Y_2O_3 等，可以降低瓷料的 $TK\varepsilon$ 值，提高瓷料的热稳定性，而且使 ε_r 仍然保持较高的数值。例如，当 $TK\varepsilon=0$ 时，TiO_2-BeO 的 ε_r 为 10～11；TiO_2-MgO 的 ε_r 为 15～16；TiO_2-ZrO_2 的 ε_r 为 15～17；TiO_2-BaO 的 ε_r 为 28～30；TiO_2-La_2O_3 的 ε_r 为 34～41。通过比较，TiO_2-La_2O_3 具有较大的 ε_r 值。

7.2　介质的损耗

7.2.1　介电损耗

电介质在恒定电场作用下，所损耗的能量与内部通过的电流有关。加上电场后，介质内部通过电流及损耗情况如下：

(1)由样品的几何电容充电引起的位移电流或电容电流，这部分电流不损耗能量；

(2)由各种介质极化的建立引起的电流，此电流与松弛极化或惯性极化、共振等有关，引起的损耗为极化损耗；

(3)介质的电导或漏导造成的电流，这一电流与自由电荷有关，引起的损耗为电导损耗。

因此，能量损耗与介质内部的松弛极化、离子变形及振动、电导等有关。

7.2.1.1　复介电常数

设在真空中电容量为 $C_0=\varepsilon_0 S/d$ 的平行平板式电容器两极板上加交变电压 $V=V_0 e^{i\omega t}$，则在电极板上出现的电荷为

$$Q=C_0V=C_0V_0e^{i\omega t} \tag{7-67}$$

该式说明电容上的电荷与外电压同位相。

电容上的电流为

$$I_0=\frac{dQ}{dt}=i\omega C_0V_0e^{i\omega t} \tag{7-68}$$

该式说明电容上的电流与外电压相差 90°的位相，如图 7－22 所示，此时的电流为电容电流，为非损耗性电流。

如果在两极板间充入非极性的完全绝缘的介质材料，电容量为 $C=\varepsilon_r C_0$，$\varepsilon_r>1$，电容上的电流为

$$I=\mathrm{i}\omega C V_0 \mathrm{e}^{\mathrm{i}\omega t}=\mathrm{i}\omega\varepsilon_r C_0 V=\varepsilon_r I_0 \tag{7-69}$$

因此充入介质后，电容上的电流 I 比 I_0 大了 ε_r 倍，但 I 仍与外加电压相差 90°的位相。

如果介质有微弱的漏导电流或是极性，或兼有此两种特性，则产生损耗，那么电容器不再是理想的，设介质的电导为 G(电阻 R 的倒数)，则其中有一个与外加电压位相相同的小电流 GV 通过，如图 7－22 所示，其等效电路如图 7－23 所示。

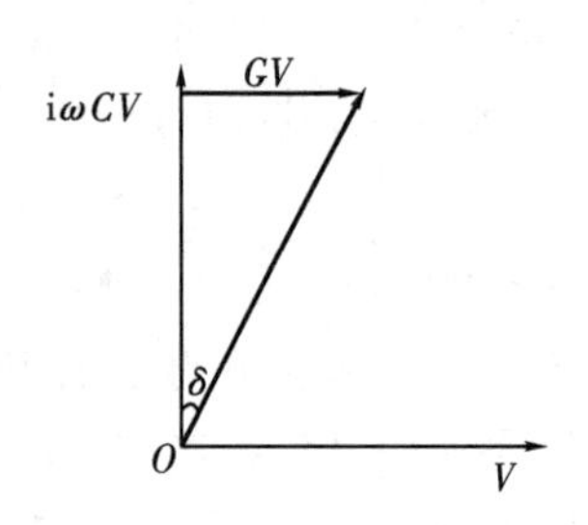

图 7－22 电容器上的电流

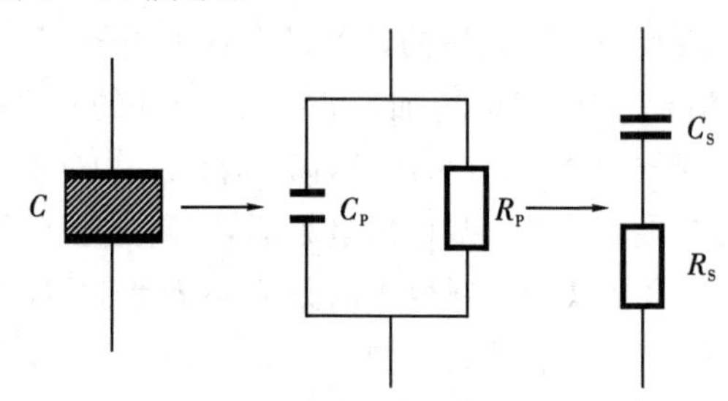

图 7－23 充满电介质的电容器及其等效电路

如果电导 G 仅由自由电荷产生，则电容上的电流为

$$I=\mathrm{i}\omega CV+GV \tag{7-70}$$

则由 $G=\sigma S/d$、$C=\varepsilon S/d$ 及式(7－70)，得电流密度 j 为

$$j=(\mathrm{i}\omega\varepsilon+\sigma)E \tag{7-71}$$

式中，$\mathrm{i}\omega\varepsilon E$ 项为位移电流密度 D，不引起介电损耗；σE 项为传导电流密度，引起介电损耗；ε 为绝对介电常数。

定义 $\sigma^*=\mathrm{i}\omega\varepsilon+\sigma$ 为复电导率。因此复介电常数可定义为

$$\varepsilon^*=\frac{\sigma^*}{\mathrm{i}\omega}=\varepsilon-\frac{\mathrm{i}\sigma}{\omega} \tag{7-72}$$

即有

$$j=\sigma^* E=\mathrm{i}\omega\varepsilon^* E \tag{7-73}$$

从复电导率和复介电常数的定义中可知，它们都包含了损耗项和电容项。定义损耗角正切 $\tan\delta$ 为

$$\tan\delta=\frac{\text{损耗项}}{\text{电容项}}=\frac{\sigma}{\omega\varepsilon} \tag{7-74}$$

则电导率为

$$\sigma=\omega\varepsilon\tan\delta \tag{7-75}$$

$\varepsilon\tan\delta$ 仅与介质有关，称为介质的损耗因子，其大小可以作为绝缘材料的判据。

如果电导不完全由自由电荷产生，也由束缚电荷产生，即极化产生，那么电导本身就是一个依赖于频率的复量，所以 ε^* 的实部不是精确地等于 ε，而虚部也不是精确地等于 σ/ω，复介电常数最普遍的表达式是

$$\varepsilon^*=\varepsilon'-\mathrm{i}\varepsilon'' \tag{7-76}$$

ε' 和 ε'' 是依赖于频率的量，则介电损耗角正切为

$$\tan\delta=\frac{损耗项}{电容项}=\frac{\varepsilon''}{\varepsilon'} \tag{7-77}$$

由此可知，介质的损耗由复介电常数的虚部 ε'' 引起。通常电容电流由实部 ε' 引起，相当于实际测得的介电常数。

7.2.1.2　介电松弛

如同滞弹性一样，在一个实际介质的样品上突然加上一电场，所产生的极化过程不是瞬时完成的，而是滞后于电压，这一滞后通常是由偶极子的极化和空间电荷极化所致。在施加外电场或移去外电场后，系统逐渐达到平衡状态的过程叫介电松弛或弛豫，在此过程中，电荷积累与电流特性如图 7-24 所示。

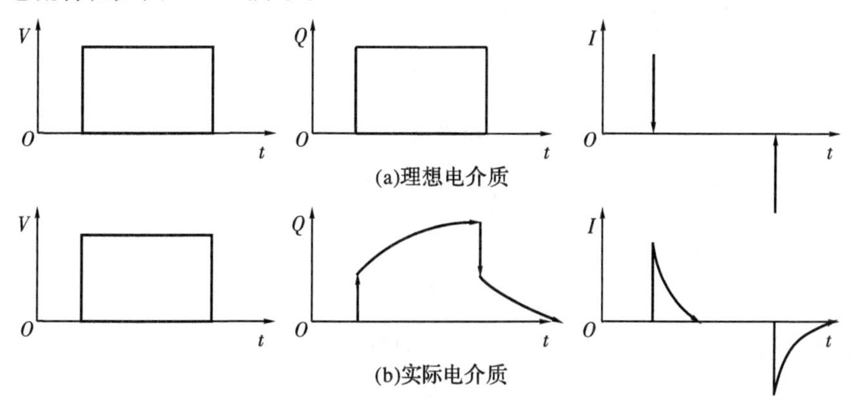

图 7-24　电荷积累与电流特性

图 7-25 所示为介质在突然加上一电场时的极化过程。$\boldsymbol{P}_0$ 表示瞬时完成的极化；$\boldsymbol{P}_1(t)$ 为随时间变化的松弛极化，其随着时间的持续渐渐达到一稳定值 $\boldsymbol{P}_{1\infty}$；$\boldsymbol{P}(t)$ 为在时间 t 时介质的总极化，$\boldsymbol{P}(t)=\boldsymbol{P}_0+\boldsymbol{P}_1(t)$，当时间足够长时，总极化 $\boldsymbol{P}(t)\to\boldsymbol{P}_\infty$。

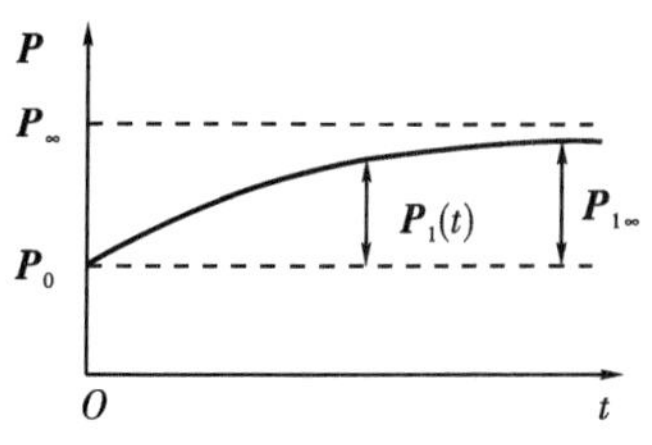

图 7-25　介质的极化过程

设 $\boldsymbol{P}_0=\chi_0\boldsymbol{E}$、$\boldsymbol{P}_{1\infty}=\chi_1\boldsymbol{E}$，$\chi_0$ 与 χ_1 可以认为是绝对极化系数，类似于滞弹性方程 $\frac{d\varepsilon_a}{dt}=\frac{1}{\tau_\sigma}(\varepsilon_a^\infty-\varepsilon_a)$。极化强度大小随时间变化的速率与其最终数值和某时刻实际值之差的关系为

$$\frac{d[P(t)-P_0]}{dt}=\frac{(P_\infty-P_0)-[P(t)-P_0]}{\tau} \tag{7-78}$$

此式为介质极化弛豫过程的特征方程，τ 为松弛极化时间，对式(7-78)进行积分，再利用初始条件 $P_1(0)=0$，在时间 t 时介质的总极化大小为

$$P(t)=P_0+P_\infty(1-e^{-t/\tau})=[\chi_0+\chi_1(1-e^{-t/\tau})]E \tag{7-79}$$

当施加的电场为交变电场 $E=E_0e^{i\omega t}$ 时，考虑同相运动，$P_1(t)$ 也为一振动函数，即

$$P_1(t)=Ae^{i\omega t} \tag{7-80}$$

代入式(7-78)，考虑 $P_{1\infty}=\chi_1E$，可得

$$A=\chi_1 E e^{-i\omega t}/(1+i\omega\tau) \tag{7-81}$$

代入式(7-80)得

$$P_1(t)=\frac{\chi_1 E}{1+i\omega\tau} \tag{7-82}$$

则在时间 t 时介质的总极化 $P(t)$ 为

$$P(t)=(\chi_0+\frac{\chi_1}{1+i\omega\tau})E=\varepsilon_0\chi_r^* E \tag{7-83}$$

式中,χ_r^* 为相对复极化系数,由相对介电常数 $\varepsilon_r=1+\chi_r$ 得相对复介电常数ε_r^* 与相对复极化系数χ_r^* 的关系为 $\varepsilon_r^*=1+\chi_r^*$ 。令 $\chi_0=\varepsilon_0\chi_{r0}$、$\chi_1=\varepsilon_0\chi_{r1}$,则

$$\varepsilon_r{}^*=1+\chi_{r0}+\frac{\chi_{r1}}{1+i\omega\tau}=\varepsilon_r'-i\varepsilon_r'' \tag{7-84}$$

由式(7-84)得相对复介电常数的实部 ε_r' 和虚部 ε_r'' 分别为

$$\varepsilon_r'=1+\chi_{r0}+\frac{\chi_{r1}}{1+\omega^2\tau^2}$$

$$\varepsilon_r''=\frac{\chi_{r1}\omega\tau}{1+\omega^2\tau^2} \tag{7-85}$$

在低频或静态时,$\varepsilon_r'=\varepsilon(0)$,当频率 $\omega\to\infty$,即光频时,$\varepsilon_r'=\varepsilon_\infty$,由式(7-85)得

$$\varepsilon(0)=1+\chi_{r0}+\chi_{r1}$$

$$\varepsilon_\infty=1+\chi_{r0} \tag{7-86}$$

由式(7-84)、式(7-86),得

$$\varepsilon_r^*(\omega)=\varepsilon_\infty+\frac{\varepsilon(0)-\varepsilon_\infty}{1+i\omega\tau} \tag{7-87}$$

$\varepsilon_r^*(\omega)$的实部为 $$\varepsilon_r'=\varepsilon_\infty+\frac{\varepsilon(0)-\varepsilon_\infty}{1+\omega^2\tau^2}$$

$\varepsilon_r^*(\omega)$的虚部为 $$\varepsilon_r''=\frac{[\varepsilon(0)-\varepsilon_\infty]\omega\tau}{1+\omega^2\tau^2} \tag{7-88}$$

式(7-87)、式(7-88)和式 $\tan\delta=\frac{\varepsilon_r''}{\varepsilon_r'}$ 为德拜公式。

德拜研究了电介质的介电常数 ε'、反映介电损耗的 ε_r''、所加电场的角频率 ω 及松弛时间 τ 的关系,图 7-26 为它们之间的关系。图中以 $\omega\tau$ 为横坐标,当 $\omega\tau=1$,ε_r'' 最大,因而 $\tan\delta$ 也极大。当 $\omega\tau$ 大于或小于 1 时,ε_r'' 都小,即松弛时间和所加电场的频率相比,较大时,偶极子来不及转移定向,ε_r'' 就小;松弛时间比所加电场的频率还要迅速时,

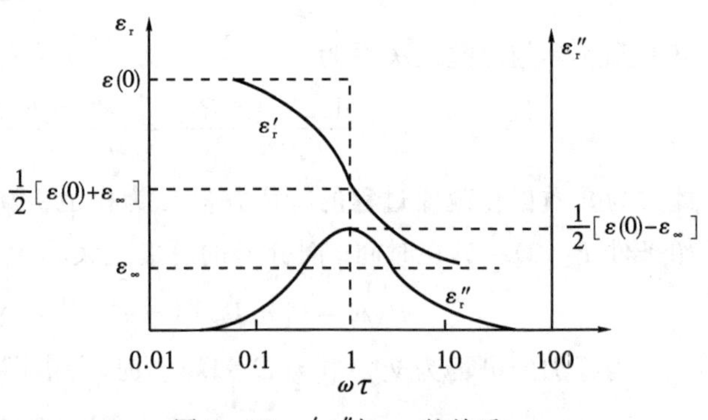

图 7-26 ε'、ε'' 与 $\omega\tau$ 的关系

ε_r''也小。

7.2.1.3　共振吸收损耗

离子位移极化和电子位移极化被想象为用弹性力联结在一起的正负电荷，即弹性振子，具有系统本身的固有振动频率 ω_0，在低频以下其弹性是瞬间完成的、不消耗能量。但当外加电场的频率 ω 大于 ω_0 时，则这样的振子来不及跟电场变化，根据物理学经典振动理论（参见8.4.1.2小节）得出相对复介电常数的实部和虚部：

$\varepsilon_r(\omega)$的实部：

$\varepsilon_r(\omega)$的虚部：

$$\begin{cases}\varepsilon_r'=1+\dfrac{\eta(\omega_0^2-\omega^2)}{(\omega_0^2-\omega^2)^2+\gamma^2\omega^2}\\ \varepsilon_r''=\dfrac{\eta\gamma\omega}{(\omega_0^2-\omega^2)^2+\gamma^2\omega^2}\end{cases} \tag{7-89}$$

式中，γ 为与振动有关的衰减系数；η 为与材料相关的常数。从图7-27中看出，在共振频率 ω_0 附近介电常数 ε_r'有最高值和最低值，而且反映出介电损耗的 ε_r''在 ω_0 处最大，这一现象称为共振吸收。产生共振吸收的原因是共振使电流与电压同位相，而振动和形变损耗的影响在室温时只是在相当于 $10^{12}\sim10^{14}$ Hz这一红外频率范围内才是主要的。

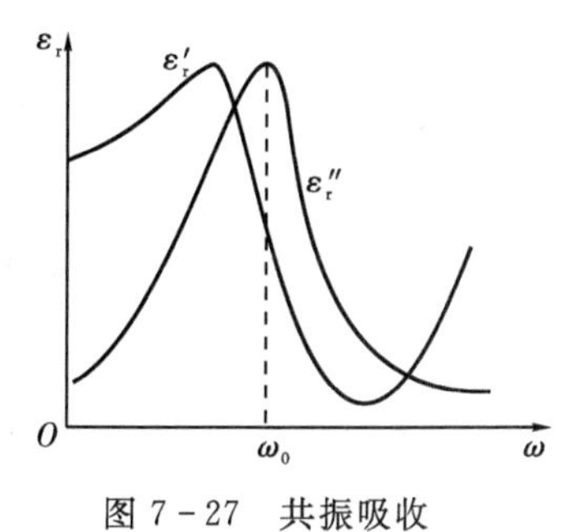

图7-27　共振吸收

另外，在光频范围，由于介电常数与折射率有关，因此这种损失就是光学材料的光吸收本质。

介电常数 ε'和介电损耗 ε''随频率的变化如图7-28所示，它清楚地反映了极化机制对介电常数的贡献及不同频率下的损耗机制。

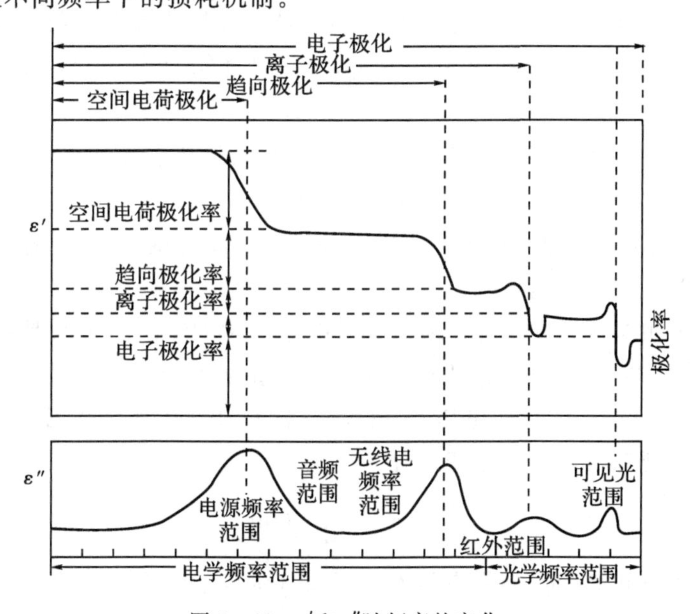

图7-28　ε'和 ε''随频率的变化

7.2.1.4　传导损失

传导损失主要是由离子或电子载流子传导产生，可表示为

$$\tan\delta=\frac{1}{\omega\rho\varepsilon} \quad (7-90)$$

此处 ρ 是电阻率。对于较好的绝缘体，其电导率随温度按指数规律上升，因此可预测，$\tan\delta$ 也随温度呈现指数上升。图 7-29 是在室温时不同介电损耗机理对 $\tan\delta$ 的影响，由图可知，含有大量杂质或缺陷的玻璃或晶体，在室温、较低频率时，电导损耗变得重要起来；在中等频率下，离子跃迁和偶极子损耗最重要；在中间频率下，介质损耗较小；在足够高的频率下，离子极化效应产生能量吸收。例如，在室温下，钠钙硅玻璃的电阻率为 $\rho=10^{12}\ \Omega\cdot\text{cm}$，频率为 10^3 Hz 时，介电常数为 9，$\tan\delta=2\times10^{-5}$，比测得的 $\tan\delta$ 小得多，因此在室温下这种电导损耗与其他损耗相比是小的；在高温 200 ℃时，其电阻率为 $\rho=10^7\ \Omega\cdot\text{cm}$，$\tan\delta$ 约为 1，这和材料中的其他损耗不相上下或更大一些。

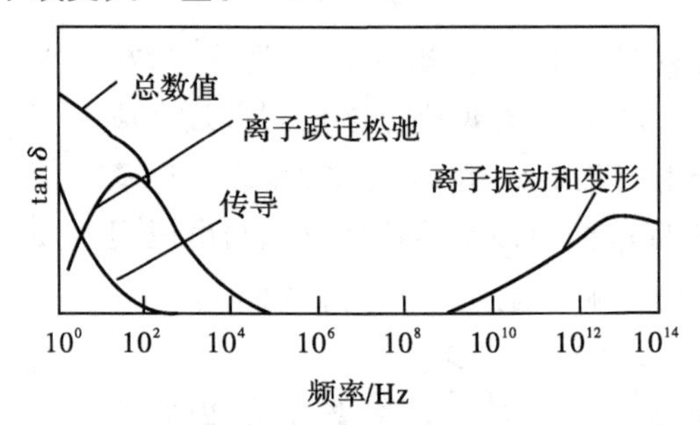

图 7-29　室温时不同介电损耗机理对 $\tan\delta$ 的影响

7.2.2　介电损耗的表示方法

电介质在电场的作用下，单位时间内损耗的电能即损耗功率 P_w 叫作介电损耗。

在直流电压 U 或稳定电场作用下，如果介质的损耗仅由电导引起，损耗功率为

$$P_w=IU=GU^2 \quad (7-91)$$

定义单位体积的介质损耗为能量损耗密度或介质损耗率 p_w，则

$$p_w=P_w/V=\sigma E^2 \quad (7-92)$$

式中，V 为介质体积；σ 为纯自由电荷产生的电导率。由此可见，在一定的直流电场作用下，介质损耗率仅取决于材料的电导率。

实际上更常见的情况是材料处于随时间变化的不稳定电场中，而且是正弦变化的状态。正如前面所讲，当电容器两极板间充以非极性的完全绝缘的介质时，如果介质在这样的交变电场中，则电容上的电流 I_c 与外电压 U 相差 90°的位相。由于从电源得到的瞬时功率为 I_cU，则一段时间内平均功率损耗是 P_w，有

$$P_w=\frac{1}{T}\int_0^T I_cU\,\mathrm{d}t \quad (7-93)$$

式中，$T=2\pi/\omega$，为时间周期。如果电压 $U=U_0\sin(\omega t)$，电流 $I_c=U_0\omega\cos(\omega t)$，代入式(7-93)，得 $P_w=0$。其原因很简单，即在前半个周期中电源向被充电的电容器做功，而后半个周期中放电电容器又可逆地向电源做功。这和机械振动的情况一样，当一个物体连接在理想弹簧上，在重力作用下振动，系统能量没有损失，仅仅只有弹簧的弹性势能与物体的重力势能的转换。

如果在介质材料中存在自由电荷电导与松弛极化，其位相相差不是 90°，而是 $90°-\delta$，如果电压用 $U=U_0\sin\omega t$ 表示，则电流可以用 $I=I_0\cos(\omega t-\delta)$ 表示，即在电流 I 中存在一个与 U 同位相的分量 $I_1=I\sin\delta$，导致功率损耗，而电容分量 I_c 则不存在功率损耗。因而平均功率损耗为

$$P_w=\frac{1}{T}\int_0^T IU\mathrm{d}t=\frac{1}{T}\int_0^T U_0\sin(\omega t)I_0\cos(\omega t-\delta)\mathrm{d}t \tag{7-94}$$

对式(7-94)进行积分得到

$$P_w=\frac{1}{2}U_0I_0\sin\delta \tag{7-95}$$

由于 $I_0=I_{c0}/\cos\delta$、$I_{c0}=\omega CU_0$，则

$$P_w=\frac{1}{2}U_0I_{c0}\tan\delta=\frac{1}{2}U_0^2\omega C\tan\delta \tag{7-96}$$

由式(7-95)看出，$\sin\delta$ 是电流和电压的乘积系数，它是一种能量耗散系数，称为功率因子。式(7-96)中损耗角正切 $\tan\delta$ 是电容电流和电压的乘积系数，它是另一种形式的热能耗散系数。在大多数情况下，δ 很小，所以 $\sin\delta\approx\tan\delta$。

对于厚度为 h 的平行板电容器，如果板电极的面积为 A，则有 $U_0=E_0h$ 和 $C=\varepsilon_r\varepsilon_0A/h$，平行板电容器体积为 Ah，可以推导出电介质的能量损耗密度方程：

$$p_w=\frac{P_w}{V}=\frac{1}{2}E_0^2\omega\varepsilon_0\varepsilon_r\tan\delta \tag{7-97}$$

对比式(7-92)，式(7-97)中 $\omega\varepsilon_0\varepsilon_r\tan\delta$ 定义为介质的等效电导率 σ，即 $\sigma=\omega\varepsilon_0\varepsilon_r\tan\delta$。如果用介电常数的实部和虚部表示等效电导率，则有 $\sigma=\omega\varepsilon'\tan\delta=\omega\varepsilon''$，等效电导率也是损耗的一种表示方法，不仅取决于材料本质，而且与频率有关。

有关介质的损耗描述方法有多种，如表 7-8 所示，哪一种描述方法比较方便，须根据用途而定。多种描述方法对材料来说都涉及同一现象，即实际电介质的电流位相滞后理想电介质的电流位相 δ。

表 7-8 有关介质的损耗描述方法

损耗角正切	$\tan\delta$	—
损耗因子	$\varepsilon'\tan\delta$	作为绝缘材料的选择依据
品质因数	$Q=1/\tan\delta$	应用于高频
损耗率	p_w	用于功率的计算
等效电导率	$\sigma=\omega\varepsilon''$	用于研究电介质发热
复介电常数的虚部	ε''	用于研究材料的功率、发热

7.2.3 介质损耗和频率、温度的关系

1. 频率的影响

图 7-30 为频率与介电常数、介电损耗、功率损耗的关系。可以看出，在 ω_m 下，$\tan\delta$ 具

有最大值，ω_m 可由式(7-88)的微分式$\partial\tan\delta/\partial\omega$得到，即

$$\omega_m=\frac{1}{\tau}\sqrt{\frac{\varepsilon(0)}{\varepsilon_\infty}} \tag{7-98}$$

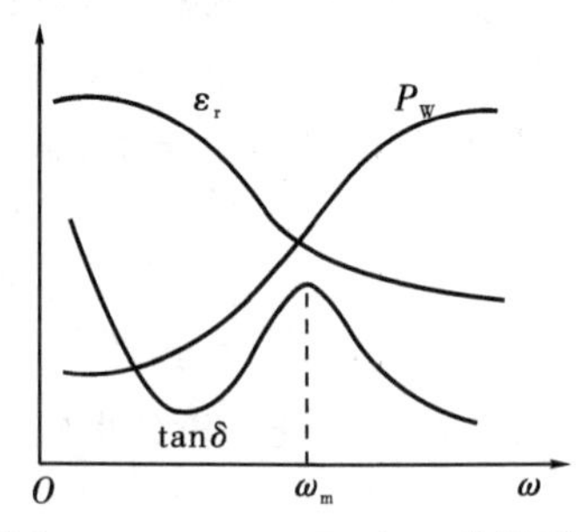

图 7-30 ε_r、$\tan\delta$、P_w 与 ω 的关系

(1)当外加电场频率很低，即 $\omega\to0$ 时，介质中的各种极化都能跟上外加电场的变化，此时不存在极化损耗，介电常数 ε_r 最大。介电损耗 P_w 主要由漏导电流决定，和频率无关，基本上为一常数。由定义 $\tan\delta=\sigma/\omega\varepsilon$ 可知，当 $\omega\to0$ 时，$\tan\delta\to\infty$。随着频率升高，$\tan\delta$ 逐渐减小。

(2)当外加频率逐渐升高时，需要一定时间的松弛极化在某一频率开始跟不上外加电压频率的变化，松弛极化对介电常数的贡献逐渐减小，因而 ε_r 随 ω 升高而减小。在这一频率范围内，由于 $\omega\tau\ll1$，由式(7-88)可知，$\tan\delta$ 随 ω 升高而增大，同时介电损耗不仅与漏导电流有关，还与松弛极化过程有关，因此 P_w 增大。

当 ω 很高时，$\varepsilon_r\to\varepsilon_\infty$，只有位移极化存在，因此介电常数仅由位移极化决定，ε_r 趋于最小值。此时由于 $\omega\tau\gg1$，由式(7-88)可知，$\tan\delta$ 随 ω 升高而减小，$\omega\to\infty$时，$\tan\delta\to0$。

$\tan\delta$ 的最大值主要由松弛过程决定。但是介质电导如果显著变大，则 $\tan\delta$ 的最大值变得平坦，最后在很大的电导下，$\tan\delta$ 无最大值，主要表现为电导损耗特征：$\tan\delta$ 与 ω 成反比，如图 7-31 所示。

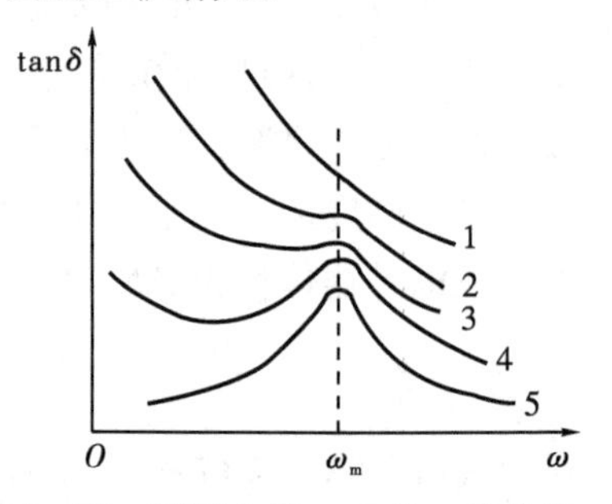

图 7-31 不同介质 $\tan\delta$ 与 ω 的关系

2. 温度的影响

温度升高，离子间易发生移动，松弛时间 τ 减小，因此松弛极化随温度升高而增大。由于温度对松弛极化产生很大的影响，因而 P_w、ε 和 $\tan\delta$ 与温度的关系很大。

(1)当温度很低时，τ 较大，由德拜关系式可知，ε_r 较小，$\tan\delta$ 也较小。此时，由于 $\omega^2\tau^2\gg1$，由式(7-88)可得 $\tan\delta\propto1/(\omega\tau)$ 和 $\varepsilon'\propto1/(\omega^2\tau^2)$。

在此温度范围内，随温度上升，τ 减小，因而 ε_r、$\tan\delta$、P_w 均上升。

(2)当温度较高时，τ 较小，此时 $\omega^2\tau^2\ll1$，因而

$$\tan\delta=\frac{[\varepsilon(0)-\varepsilon_\infty]\omega\tau}{\varepsilon(0)+\varepsilon_\infty\omega^2\tau^2}=\frac{[\varepsilon(0)-\varepsilon_\infty]\omega\tau}{\varepsilon(0)} \tag{7-99}$$

在此温度范围内，随温度上升，τ 减小，$\tan\delta$ 减小。这时电导上升并不明显，所以 P_w 主要决定于极化过程，P_w 也随温度上升而减小。

由此看出，在某一温度 T_m 下，P_w 和 $\tan\delta$ 有极大值，如图 7-32 所示。

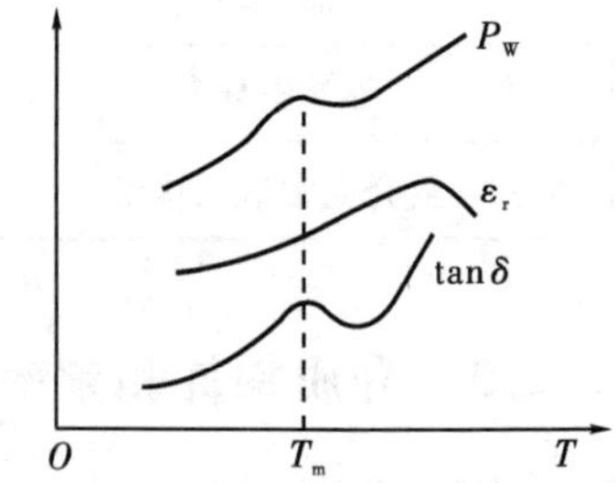

图 7-32 ε_r、$\tan\delta$、P_w 与 T 的关系

(3)当温度继续升高，达到很大值时，离子热运动能量很大，离子在电场作用下的定向迁移受到热运动的阻碍，因而极化减弱，ε_r 下降。此时电导损耗急剧上升，$\tan\delta$ 也随温度上升而急剧上升。

比较不同频率下的 $\tan\delta$ 与温度的关系，可以看出，高频

下，T_m 点向高温方向移动。由式(7-98)可知，$(\omega\tau)_m$ 为常数，ω 增加时，τ_m 应减小，即 T_m 增加。

根据上述分析可以看出，如果介质的贯穿电导很小，则松弛极化介质损耗的特征是：$\tan\delta$ 在与频率、温度的关系曲线中出现极大值。

7.2.4　无机介质的损耗

无机材料作为电介质的主要优点之一是与其他可利用的材料如塑料相比，其能量损耗小。一般材料损耗的基本形式主要有电导损耗和松弛极化损耗，此外，由于无机材料中的气孔及特殊结构，还有两种损耗形式：电离损耗和结构损耗。

电离损耗主要发生在含有气孔的材料中。含有气孔的固体介质在外电场强度超过了气孔内气体电离所需要的电场强度时，由于气体电离而吸收能量，造成损耗。这种损耗称为电离损耗。电离损耗的功率可以用下式近似计算：

$$P_w = A\omega(U-U_0)^2 \tag{7-100}$$

式中，A 为常数；ω 为频率；U 为外施电压；U_0 为气体的电离电压。该式只有在 $U>U_0$ 时才适用。当 $U>U_0$ 时，$\tan\delta$ 剧烈增大。

固体电介质内气孔引起的电离损耗，可能导致整个介质的热破坏和化学破坏，应尽量避免。

结构损耗与介质内部结构的紧密程度密切相关。实验表明，结构紧密的晶体或玻璃体的结构损耗都是很小的，但是当某些原因(如杂质的掺入，试样经淬火急冷的热处理等)使它内部结构变松散了，会使结构损耗大为提高。结构损耗与温度的关系很小，损耗功率随频率升高而增大，而 $\tan\delta$ 则与频率无关。

一般材料，在不同的温度、频率条件下，损耗的形式不同。在高温、低频下，主要为电导损耗，在常温、高频下，主要为松弛极化损耗，在高频、低温下主要为结构损耗。

影响介质损耗的最根本的因素是材料的结构和组成，下面分别讨论离子晶体与玻璃的损耗情况，然后再加以综合分析。

7.2.4.1　离子晶体的损耗

各种离子晶体根据其内部结构的紧密程度，可以分为两类：

(1)晶体的内部，离子都堆积得十分紧密，排列很有规则，离子键强度比较大，如 $\alpha-Al_2O_3$、镁橄榄石晶体，在外电场作用下很难发生离子松弛极化(除非有严重的点缺陷存在)，只有电子和离子的位移极化，所以无极化损耗，损耗仅由漏导引起(包括本征电导和少量杂质引起的杂质电导)，因此它们的 $\tan\delta$ 随温度的变化呈现出电导损耗的特征。这类晶体的介质损耗功率与频率无关。而 $\tan\delta$ 随频率的升高而降低。因此以这类晶体为主晶相的材料，如刚玉瓷、滑石瓷、金红石瓷、镁橄榄石瓷等，往往应用在高频的场合。

(2)结构不紧密的离子晶体，如莫来石($3Al_2O_3 \cdot 2SiO_2$)、堇青石($2MgO \cdot 2Al_2O_3 \cdot 5SiO_2$)等，这类晶体的内部有较大的空隙或晶格畸变，含有缺陷或较多的杂质，离子的活动范围很大。在外电场作用下，晶体中的弱联系离子有可能贯穿电极运动(包括接力式的运动)，产生电导损耗。弱联系离子也可能在一定范围内来回运动，形成离子松弛极化，出现极化损耗。所以这类晶体的损耗较大,由这类晶体作主晶相的陶瓷材料不适用于高频,只能应用于低频。

另外,如果两种晶体生成固溶体,则会产生点阵畸变和结构缺陷,通常有较大的损耗,并且有可能在某一比例时达到很大的数值,远远超过两种原始组分的损耗。例如,单一的 ZrO_2 和 MgO 的性能很好,但当 MgO 溶进 ZrO_2 中生成氧离子不足的缺位固溶体后,损耗大大增加,当 MgO 含量约为 25mol%时,损耗有极大值。

7.2.4.2 玻璃的损耗

多组分玻璃中的介质损耗主要包括三个部分:电导损耗、松弛损耗和结构损耗。在工程频率和很高温度的条件下,电导损耗占优势;在高频下,主要是由弱联系的离子在有限范围内的移动造成的松弛损耗;在高频和低温下,主要是结构损耗,其损耗机理目前还不清楚,可能与结构的紧密程度有关。

玻璃中的各种损耗与温度的关系如图 7-33 所示。一般单一成分玻璃的损耗都是很小的,例如石英玻璃在 50 Hz 及 10^6 Hz 时,$\tan\delta$ 为 $2\times10^{-4}\sim3\times10^{-4}$,硼玻璃的损耗也相当低。这是因为单一组分玻璃中的“分子”接近规则地排列,结构紧密,没有联系弱的松弛离子。在单一组分玻璃中加入碱金属氧化物后,碱性氧化物进入玻璃的点阵结构后,使离子所在处点阵受到破坏。金属离子是一价的,不能保证相邻单元间的联系,介质损耗大大增加,并且损耗随碱性氧化物浓度的增大按指数增大。

另外,在玻璃电导中出现的“双碱效应”和”压碱效应”在玻璃的介质损耗方面也同样存在,即当碱金属离子的总浓度不变时,由两种碱性氧化物组成的玻璃,$\tan\delta$ 大大降低,而且有一最佳的比值。图 7-34 表示 $Na_2O-K_2O-B_2O_3$ 系玻璃的 $\tan\delta$ 与组成的关系,其中 B_2O_3 数量为 100mol,Na^+ 和 K^+ 的总量为 60mol。两种碱金属离子同时存在时,$\tan\delta$ 的值总是低于单一碱金属离子存在时的值,而最佳比值约为 1∶1。

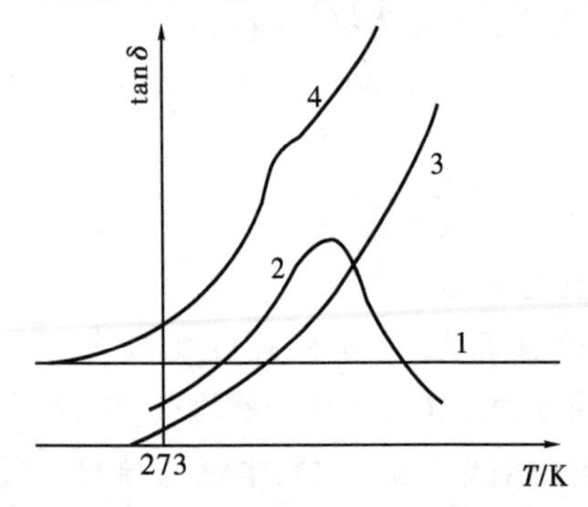

1—结构损耗; 2—松弛损耗; 3—电导损耗; 4—总损耗。

图 7-33 玻璃中各种损耗与温度的关系

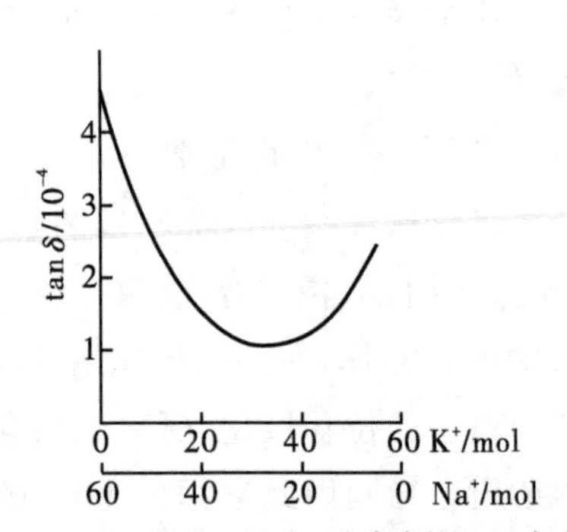

图 7-34 $Na_2O-K_2O-B_2O_3$ 系玻璃的 $\tan\delta$ 与组成的关系

在含碱玻璃中加入二价金属氧化物,特别是重金属氧化物时压抑效应特别明显。因为二价离子能使松弛的碱玻璃的结构网络连接起来,减少松弛极化作用,因而使 $\tan\delta$ 降低。例如,含有大量 PbO 及 BaO、少量碱的电容器玻璃,在 1×10^6 Hz 时,$\tan\delta$ 为 $6\times10^{-4}\sim9\times10^{-4}$。制造电容器用的玻璃釉含有大量的 PbO 及 BaO,$\tan\delta$ 可降低到 4×10^{-4},并且可使用到 250 ℃的高温。

7.2.4.3 多晶多相固体材料的损耗

多晶多相固体材料的损耗主要来源于电导损耗、松弛质点的极化损耗及结构损耗。此外由于无机材料表面存在气孔，因此会吸附水分、油污及灰尘等，从而造成表面电导，由此也会引起较大的损耗。

为了改善某些材料的工艺性能，往往在配方中引入一些易熔物质（如黏土），形成玻璃相，这样就使损耗增大，如滑石瓷、尖晶石瓷。因而一般高频瓷，如氧化铝瓷、金红石瓷等仅含有很少的玻璃相。

大多数电工材料，由于主晶相结构松散，生成了缺陷固溶体，存在多晶相转变等，因而离子松弛极化损耗较大。

在材料中如果含有可变价离子，如含钛，在材料中往往会形成弱束缚的电子或空穴，因此具有显著的电子松弛极化损耗。

由于多晶多相材料在烧结过程中，除了基本物理化学过程外，还会形成玻璃相和各种固溶体，因此结构复杂，其性能不能只按照瓷料成分中纯化合物的性能来推测。

通过分析，降低材料的介质损耗应从降低材料的电导损耗和松弛极化损耗方面考虑。

（1）尽量选择结构紧密的晶体作为主晶相。

（2）在改善主晶相性能时，尽量避免产生缺位固溶体或填隙固溶体，最好形成连续固溶体，这样弱联系离子少，可避免损耗显著增大。

（3）尽量减少玻璃相。如果为了改善工艺性能需要引入较多玻璃相时，应采用“中和效应”和“压抑效应”，以降低玻璃相的损耗。

（4）防止产生多晶转变，因为多晶转变时晶格缺陷多，电性能下降，损耗增加。如滑石转变为原顽辉石时析出游离方石英：

$$Mg_3(Si_4O_{10})(OH)_2 \longrightarrow 3(MgO \cdot SiO_2) + SiO_2 + H_2O$$

游离方石英在高温下会发生晶型转变产生体积效应，使材料不稳定，损耗增大。因此往往加入少量（1%）的 Al_2O_3，使 Al_2O_3 和 SiO_2 生成硅线石（$Al_2O_3 \cdot SiO_2$）来提高产品的介电性能。

（5）选择合适的烧成气氛。含钛陶瓷不宜在还原气氛中烧成。烧成过程中升温速度要合适，防止产品急冷急热。

（6）为了减小气孔率，必须控制好最终烧结温度，防止“生烧”和“过烧”。

此外，在工艺过程中应防止杂质的混入，坯体要致密。

表7-9、表7-10中列出了一些常用介质材料的损耗数据。表7-11对电工介质材料的介电损耗进行了分类。

表7-9 常用装置瓷的 tanδ 值（$f=10^6$ Hz，$T=(293+5)$ K）

		莫来石	刚玉瓷	纯刚玉瓷	钡长石瓷	滑石瓷	镁橄榄石瓷
$\tan\delta/10^{-4}$	293±5 K	30～40	3～5	1.0～1.5	2～4	7～8	3～4
	353±5 K	50～60	4～8	1.0～1.5	4～6	8～10	5

表7-10 电容器瓷的 tanδ 值（$f=10^6$ Hz，$T=(293\pm5)$ K）

	金红石瓷	钛酸钙瓷	钛酸锶瓷	钛酸镁瓷	钛酸锆瓷	锡酸钙瓷
$\tan\delta/10^{-4}$	4～5	3～4	3	1.7～2.7	3～4	3～4

表 7-11 电工介质材料介电损耗的分类

损耗的主要大类	损耗的种类	引起该类损耗的特点
极化介质损耗	离子松弛损耗	①具有松散晶格的单体化合物晶体,如堇青石、绿宝石; ②缺陷固溶体; ③存在于玻璃相中,特别是存在于碱性氧化物
	电子松弛损耗	破坏了化学组成的电子半导体晶格
	共振损耗	频率接近离子(或电子)固有振荡频率
	自发极化损耗	温度低于居里点的铁电晶体
漏电介质损耗	表面电导损耗	制品表面污秽,空气湿度高
	体积电导损耗	材料受热温度高,毛细管吸湿
不均匀结构介质损耗	电离损耗	存在闭口孔隙和高电场强度
	由杂质引起的极化和漏导损耗	存在吸附水分、开口孔隙吸潮及半导体杂质等

7.3 介电强度

7.3.1 介质在电场中的破坏

当介质材料在电场强度和温度的较大范围内仍能保持绝缘、介电等特性时,它可以用来做绝缘材料和电容器介质材料。当电场强度超过某一临界值时,材料中可以形成或存在电荷顺利通过的击穿"隧道",并且具有较高的电导率,这些击穿隧道致使电流局部突发而使整块材料破坏,介质由介电状态变为导电状态。这种现象称介电强度的破坏,或叫介质的击穿。介质被击穿的临界电场强度称为介电强度,或称为击穿电场强度,通常用 $\boldsymbol{E}$ 来表示。

单晶绝缘体的介电强度大小范围约为 $10^5 \sim 5\times10^6\ \mathrm{V\cdot cm^{-1}}$。从宏观尺度看,这些电场属于高电场,但从原子的尺度看,这些电场是非常低的,$10^6\ \mathrm{V\cdot cm^{-1}}$ 可表示为 $10^{-2}\ \mathrm{V\cdot Å^{-1}}$ ($1Å=10^{-10}\ \mathrm{m}$)。因此,除了在非常特殊的实验室条件下,击穿绝不是由于电场对原子或分子的直接作用所导致。电击穿是一种群体现象,是能量通过其他粒子(例如,已经从电场中获得了足够能量的电子和离子)传送到被击穿的组分中的原子或分子上。

虽然严格地划分击穿的类型是很困难的,但为了便于叙述和理解,通常将击穿类型分为三种:第一种是来源于电子的击穿,有时称为本征介电强度。第二种是由于电导产生的局部过热而引起的击穿,局部电导率增加到出现不稳定的数值时,就会产生冲击电流,造成晶体熔化而被破坏,这叫作热击穿。第三种是局部放电击穿(无机材料击穿)。

7.3.2　电击穿

介质材料的电击穿理论是在气体放电的碰撞电离理论基础上建立的。大约在 20 世纪 30 年代，以希佩尔（Hippel）和费罗利克（Fröhlich）为代表，在固体物理基础上，以量子力学为工具，逐步建立了固体介质电击穿的碰撞理论，这一理论可简述如下：

在强电场下，固体材料导带中可能因冷发射或热发射存在一些电子。这些电子一方面在外电场作用下被加速，获得动能；另一方面与声子相互作用，把能量传递给晶格。当这两个过程在一定温度和场强下平衡时，固体介质有稳定的电导；当电子从电场中得到的能量大于传递给晶格振动的能量时，电子的动能就越来越大，到达一定值时，电子与晶格相互作用释放出附加电子，此过程持续地加速进行，使自由电子数迅速增加，电导进入不稳定阶段，击穿发生。

7.3.2.1　本征电击穿理论

在良好的实验条件控制下，当一个均质介质材料承受不断增加的电压后，将产生较小的电流，且随着电压增加电流逐渐增至饱和值，此时如果再增加电压时材料即被击穿。这种击穿与介质中的自由电子有关，该过程在室温下即可发生，发生时间很短，约 10^{-8}～10^{-7} s。介质中的自由电子来源于杂质或缺陷能级及导带。

在外加电场的作用下，电子从电场获得能量，以 A 表示单位时间电子获得的能量，则

$$A=\frac{e^2E^2}{m^*}\bar{\tau} \tag{7-101}$$

式中，e 为电子电荷；m^* 为电子有效质量；E 为外加电场强度大小；$\bar{\tau}$ 为电子的平均自由程时间或电子的松弛时间。

一般来说，电子的能量与松弛时间的相互影响很大，能量大的电子运动的速度快，松弛时间短；反之能量低的电子运动的速度慢，松弛时间长。因此 A 是电场和电子能量的函数，可以表示为

$$A=\left(\frac{\partial u}{\partial t}\right)_E=A(E,u) \tag{7-102}$$

式中，u 为电子能量；脚注 E 表示电场的作用。

另外，电子在获得能量的同时，还不断地与晶格波相互作用，损失能量。以 B 表示电子单位时间能量的损失。由于晶格振动与温度有关，所以，B 为温度和能量的函数，即

$$B=\left(\frac{\partial u}{\partial t}\right)_L=B(T_0,u) \tag{7-103}$$

式中，T_0 为晶格温度。

当电场强度大小达到某一值 E_c 时，有

$$A(E,u)=B(T_0,u) \tag{7-104}$$

这一状态为平衡状态，材料处在稳定阶段。

当电场强度大小超过 E_c 时，有

$$A(E,u)>B(T_0,u) \tag{7-105}$$

原来的平衡被破坏，电子与晶格相互作用发生碰撞电离。把这一起始场强作为介质电击穿场强的理论即为本征电击穿理论。

本征电击穿理论分为单电子近似和集合电子近似两种方法。

(1)只考虑单电子作用的单电子近似方法。该方法由于只考虑单电子作用,因此适用于低温情况。对于晶体,在低温时(室温以下),随着温度升高,晶格振动加强,电子散射增加,电子松弛时间变短,因而使电击穿强度提高。这与实验结果定性相符。相反,玻璃的本征介电强度在低温时与温度无关,因为玻璃是一种无规则网络的结构,其中的电子散射与温度无关。

(2)考虑电子间相互作用的集合电子近似方法。费罗利克利用这一方法,建立了关于含杂质晶体电击穿的理论,根据他的计算,介电强度大小为

$$\ln E = 常数 + \frac{\Delta u}{2kT_0} \tag{7-106}$$

式中,Δu 为能带中杂质能级激发态与导带底的距离的一半。

由集合电子近似得出的本征电击穿场强,随温度升高而降低。

综合上述两种近似,晶态材料的本征电击穿强度在室温附近有一最大值,通常本征电击穿强度为 100 MVm^{-1}。

根据本征击穿模型可知,电击穿场强与试样形状无关,特别是击穿场强与试样厚度无关。

7.3.2.2 “雪崩”电击穿理论

本征电击穿理论只考虑了电子获取的能量和损失的能量不相等的非稳定态,不考虑晶格的破坏过程。将引起非稳定态的起始场强定义为介质的电击穿场强。

“雪崩”电击穿理论则以碰撞电离后自由电子数倍增到一定数值的非稳定态作为电击穿判据。由于自由电子数的倍增,引起电子“雪崩”,此时样品被击穿并被破坏。

碰撞电离“雪崩”击穿的理论模型与气体放电击穿理论类似。赛茨(Seitz)提出以电子“崩”传递给介质的能量足以破坏介质晶体结构作为击穿判据。他用如下方法计算介质击穿强度。

设电场强度为 10^8 V/m,电子在介质中的迁移率 $\mu = 10^{-4}\ m^2/(V \cdot s)$。

(1)“崩头”扩散长度。从阴极出发的电子,一方面数目进行“雪崩”倍增,另一方面继续向阳极运动。同时,在垂直于电子“崩”的前进方向进行浓度扩散,若扩散系数 $D = 10^{-4}\ m^2/s$,则在 $t = 1\ \mu s$ 时间内,“崩头”扩散长度为 $r = (2Dt)^{1/2} \approx 10^{-5}$ m。

(2)破坏介质晶格所需要的电子数。近似认为,在半径为 r、长 1 cm 的圆柱体中(体积为 $\pi \times 10^{-12}\ m^3$)产生的电子都给出能量。该体积中共有原子约 10^{17} 个,松散晶格中一个原子所需能量约为 10 eV,则松散上述小体积介质总共需 10^{18} eV 的能量。当场强为 10^8 V/m 时,每个电子经过 1 cm 距离由电场加速获得的能量约为 10^6 eV,则总共需要“崩”内有 10^{12} 个电子就足以破坏介质晶格。

(3)介质破坏时碰撞电离的次数。已知碰撞电离过程中,电子数以 2^n 关系增加,n 为碰撞次数。设经过 a 次碰撞,共有 2^a 个电子,那么当 $2^a = 10^{12}$、$a = 40$ 时,介质晶格就被破坏了。也就是说,由阴极出发的初始电子,在其向阳极运动的过程中,1 cm 内的电离次数达到 40 次,介质便可被击穿。

赛茨的上述估计虽然粗糙,但概念明确,因此一般用来说明“雪崩”击穿的形成,并被称

为“四十代理论”。通过更严格的数学计算，得出 $a=38$，说明赛茨的估计误差不太大。

由“四十代理论”可以判断，当介质很薄时，碰撞电离不足以发展到四十代，电子“崩”已进入阳极复合，此时介质不能被击穿，即这时的介质击穿场强将要提高。这就定性地解释了薄层介质具有较高击穿场强的原因。

由隧道效应产生的击穿也是一种“雪崩”电击穿。

“雪崩”电击穿和本征电击穿一般很难区分，但在理论上，它们的关系是明显的：本征击穿理论增加导电电子是继稳态破坏后突然发生的，而“雪崩”电击穿是考虑到高场强时，导电电子数目倍增过程逐渐达到难以忍受的程度，最终介质晶格被破坏。

7.3.3 热击穿

热击穿的本质是：处于电场中的介质，由于其中的介质损耗而发热，当外加电压足够高时，可能从散热与发热的热平衡状态转入不平衡状态，若发热量比散去的热量多，热量就在介质内部积聚，使介质温度升高。而温度的升高又导致电导率和损耗的进一步增加。如此恶性循环，最终引起材料损失绝缘性能，出现永久性损坏，这就是热击穿。其行为不同于本征电击穿之点在于，它和产生局部发热的长时间作用的电负荷有关，并且发生在使电导率增加得足够高的温度下。而电能损耗使温度进一步上升并使局部电导率增加，这样就产生电流通道。局部不稳定和击穿，造成大电流通过，结果是产生熔融和气化，使介质的绝缘作用被破坏。热学性能对介质材料的热击穿有很大的影响。

设介质的电导率为 σ，当施加电场 E 于介质上时，在单位时间内单位体积中产生的焦耳热为 σE^2。这些热量一方面使介质温度上升；另一方面通过热传导向周围环境散发而使介质温度降低。如环境温度为 T_0，介质平均温度为 T，则散热 Q_2 与温度差$(T-T_0)$成正比。由于电导率 σ 是温度的指数函数，因而介质由电导产生的热量 Q_1 是温度的指数函数。图 7-35 表示介质中发热量 Q_1 和散热量 Q_2 的平衡关系。

当外加电场大小为 E_1 时，从图 7-35 中可以看出，在介质的温度小于 T_1 时，发热量大于散热量，因而温度不断升高，而当介质温度上升至 T_1 时，发热量等于散热量，介质处于稳定态。如果将场强大小提高至 E_3，则在任何温度下，发热量都大于散热量，热平衡被破坏，介质温度不断上升，直至被击穿。如果介质在临界场强大小 E_c 作用下，发热曲线 Q_1 和散热曲线 Q_2 相切，则切点的温度 T_c 为临界温度，发热量等于散热量，因此击穿刚巧可能发生。如果介质发生热破坏的温度大于 T_c，则只要场强大小稍高于 E_c，介质温度就会持续升高到其破坏温度。所以临界场强大小 E_c 可作为介质热击穿场强。因此研究热击穿可归结为建立电场作用下的介质热平衡方程。在 T_c 点 Q_2 和 $Q_1(E)$满足两个方程：

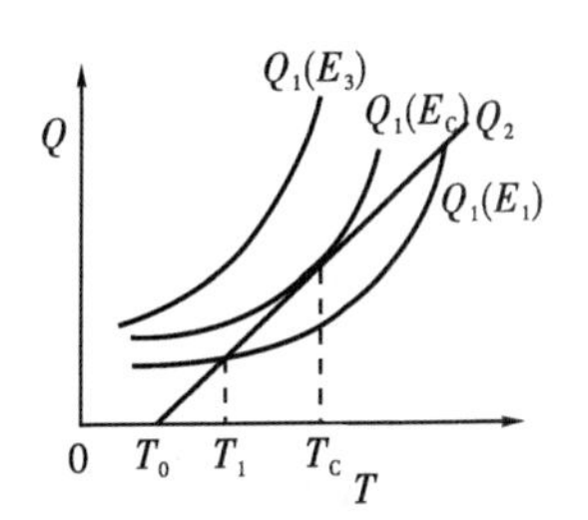

图 7-35 介质中发热量与散热量的平衡关系

$$Q_1(E_c, T_c)=Q_2(T_c) \tag{7-107}$$

$$\left.\frac{\partial Q_1(E_c, T)}{\partial T}\right|_{T_c}=\left.\frac{\partial Q_2}{\partial T}\right|_{T_c} \tag{7-108}$$

通过求解可以计算出介质热击穿的电场强度。

求解方程(7-107)、(7-108)往往比较困难，通常简化为两种极端情况：①电压长期作用，介质内温度变化极为缓慢，称这种状态下的击穿为稳态热击穿；②电压作用时间很短，散热来不及进行，称这种状态下的击穿为脉冲热击穿。下面主要讨论第①种情况。

设电容器为无限大的平板电容器，其厚度为 d，外加直流电压 U。建立如图 7-36 所示的坐标。设介质的导热系数为 K，只考虑 x 方向热流，得热平衡时的微分方程为

$$C_V \times \frac{dT}{dt} - K \times \frac{d^2T}{dx^2} = \sigma E^2 \tag{7-109}$$

式中，C_V 为单位体积的热容。当处于热稳定状态时，方程中第一项略去，式(7-109)可写成

$$\frac{d}{dx}\left(K \times \frac{dT}{dx}\right) + \sigma\left(\frac{dU}{dx}\right)^2 = 0 \tag{7-110}$$

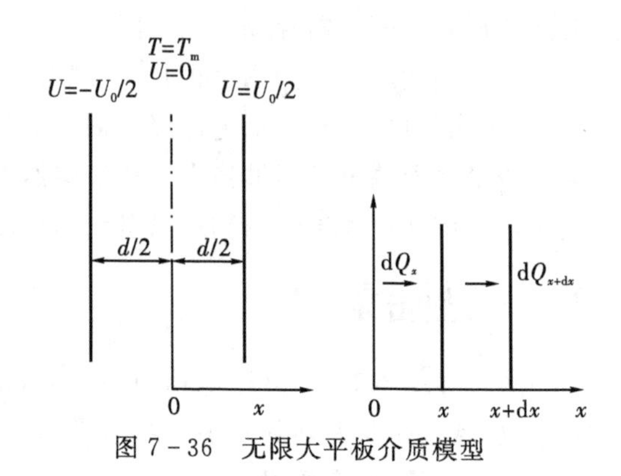

图 7-36　无限大平板介质模型

将电导率 $\sigma = J/E$ 代入，则式(7-110)简化为

$$\frac{d}{dx}\left(K \times \frac{dT}{dx}\right) - J \times \frac{dU}{dx} = 0 \tag{7-111}$$

可以通过解此方程，求出热击穿时的临界电压 U_c。

下面以厚膜介质和薄膜介质为例，讨论热击穿的影响因素。

1. 温度不均匀的厚膜介质

厚膜介质内部的温度一般不均匀，在图 7-36 中，介质的中心 $x=0$ 处温度最高，记为 T_m。设电极温度 T_1 接近于环境温度 T_0，即 $T_1 \to T_0$，所以式(7-111)对 x 积分，得

$$JU = \int \frac{d}{dx}\left(K \times \frac{dT}{dx}\right) dx \tag{7-112}$$

当 $x=0$ 时，$\frac{dT}{dx}=0$，$U=0$，所以积分常数为零，式(7-112)变为

$$JU = K \times \frac{dT}{dx} \tag{7-113}$$

将 $J = \sigma E = -\sigma \frac{dU}{dx}$ 代入式(7-113)，得

$$U dU = -\frac{K}{\sigma} dT \tag{7-114}$$

从中心 $x=0$ 至任意位置 x 积分，并颠倒积分上下限，得

$$U^2 = 2\int_{T}^{T_m} \frac{K}{\sigma} dT \tag{7-115}$$

如从 $U=0$ 到 $U=\frac{U_0}{2}$ 和 $T=T_m$ 到 $T=T_1$ 对上式积分，则得

$$U_0^2 = 8\int_{T_1}^{T_m} \frac{K}{\sigma} dT \tag{7-116}$$

设临界电压 $U_{0c}=U_0$，则

$$U_{0c}^2 = 8\int_{T_0}^{T_m} \frac{K}{\sigma} dT \tag{7-117}$$

在正常状态下，电场较小时，介质的电导率可表示为

$$\sigma=\sigma_0 \exp\left(-\frac{W}{k_0 T}\right) \tag{7-118}$$

代入式(7-117),得

$$U_{0c}^2 = 8\int_{T_0}^{T_m} \frac{K}{\sigma_0} e^{\frac{W}{k_0 T}} dT \tag{7-119}$$

在环境温度 T_0 较低时,$W \gg kT_0$,$T_m > T_0$,式(7-119)积分近似为

$$U_{0c} \approx \left(\frac{8KT_0^2 k_0}{\sigma_0 W}\right)^{\frac{1}{2}} e^{\frac{W}{2k_0 T_c}} \tag{7-120}$$

式中,T_0 随温度的变化与 e^{1/T_0} 相比可以忽略,所以式(7-120)可近似为

$$U_{0c} \approx A e^{\frac{B}{2T_0}} \tag{7-121}$$

式中,A、B 是与材料有关的常数。

由式(7-121)可得出两点结论:

(1)热击穿电压随环境温度升高而降低。对式(7-121)取对数,得

$$\ln U_{0c} = \ln A + \frac{B}{2T_0} \tag{7-122}$$

而介质电阻率与温度的关系为

$$\ln\rho = \ln\rho_0 + \frac{B}{T_0} \tag{7-123}$$

两式比较,$\ln U_{0c}$、$\ln\rho$ 与 $1/T_0$ 都是直线关系,但斜率相差一倍。因此热击穿理论的这一结果与实验数据十分一致,如图7-37(a)所示,故常用这一关系作为热击穿的实验判据。

(2)热击穿电压与介质厚度无关。因此介质厚度增大时,热击穿场强降低。典型的热击穿电压与介质厚度的关系试验结果如图7-37(b)所示,700 ℃时,NaCl试样在 $d \approx 10$ mm 以上,击穿电压基本上不随厚度变化。

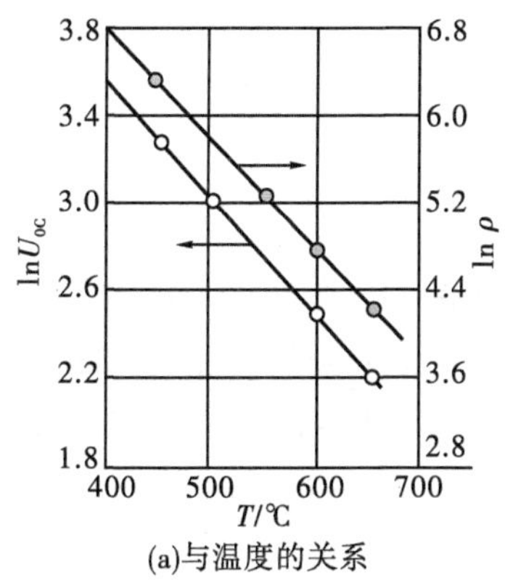

(a)与温度的关系

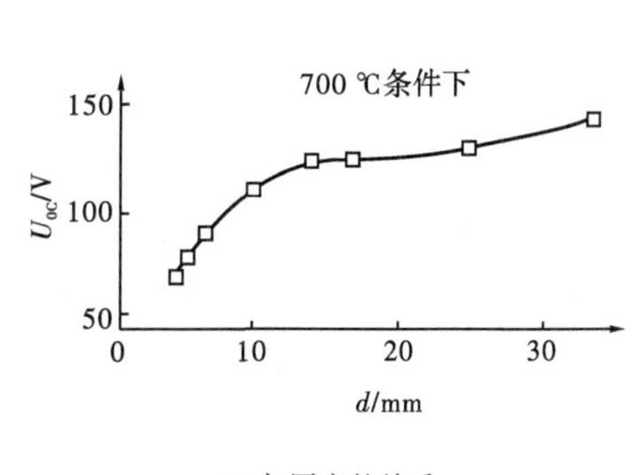

(b)与厚度的关系

图7-37 NaCl单晶热击穿电压与温度及厚度的关系

2. 温度均匀的薄膜介质

与厚膜介质相反,假设:①试样内部温度处处相等;②从温度为 T 的试样到温度为 T_0 的周围介质的热量传递形式可简化为 $\Gamma(T-T_0)$,其中 Γ 为考虑热传导和热对流两类过程的热传导系数。

由于电导率为温度的函数,因此电流密度 J 可表示为

$$J=\sigma(T)\frac{U}{d} \tag{7-124}$$

式中，$\sigma(T)$为试样电导率；U为外加电压；d为样品厚度。当试样温度稳定时，发热量与散热量相等，满足平衡方程

$$UJ=\Gamma(T-T_0) \tag{7-125}$$

样品不会发生击穿。

设$\sigma(T)$不依赖于外电场，则

$$\sigma(T)=\sigma_0\exp\left(-\frac{W}{k_0T}\right) \tag{7-126}$$

如果T与T_0相差不大，式(7-126)可以取简单形式为

$$\sigma(T)=\sigma_0\exp\lambda(T-T_0) \tag{7-127}$$

式中，λ为一与温度T无关的常数。由式(7-124)、式(7-125)和式(7-127)，得平衡方程式

$$\frac{U^2}{d}\sigma_0\exp\lambda(T-T_0)-\Gamma(T-T_0)=0 \tag{7-128}$$

方程(7-128)的第一项是介质的焦耳热量，第二项是介质向周围环境散失的热量。在$Q-T$坐标中，分别绘出以上方程中两项的曲线，类似于图7-35。很明显，最终击穿时的临界电压U_c就是指数曲线和直线相切时的电压，切点对应的温度T_c即为临界温度。在该切点，满足方程组

$$\begin{cases}\dfrac{U_c^2}{d}\sigma_0\exp\lambda(T_c-T_0)=\Gamma(T_c-T_0)\\ \dfrac{\partial\left[\dfrac{U_c^2}{d}\sigma_0\exp\lambda(T-T_0)\right]}{\partial T}\Bigg|_{T_c}=\dfrac{\partial\Gamma[(T-T_0)]}{\partial T}\Bigg|_{Tc}\end{cases} \tag{7-129}$$

解方程组，得

$$T_c=T_0+\frac{1}{\lambda} \tag{7-130}$$

将式(7-130)代入式(7-128)，可求得

$$U_c=\left(\frac{d\Gamma}{e\sigma_0\lambda}\right)^{\frac{1}{2}} \tag{7-131}$$

式中，e为自然对数的底。从式(7-131)中可以看出，U_c随试样厚度的平方根而变化。这种击穿电压对厚度的依赖关系常可观察到，也可作为产生热击穿的判据。图7-38所示为由阿加瓦尔(Agarwal)和斯利瓦斯塔瓦(Srivastave)(1972年)所测定的棕榈酸钡试样的厚度与击穿电场的关系，其结果与理论一致。

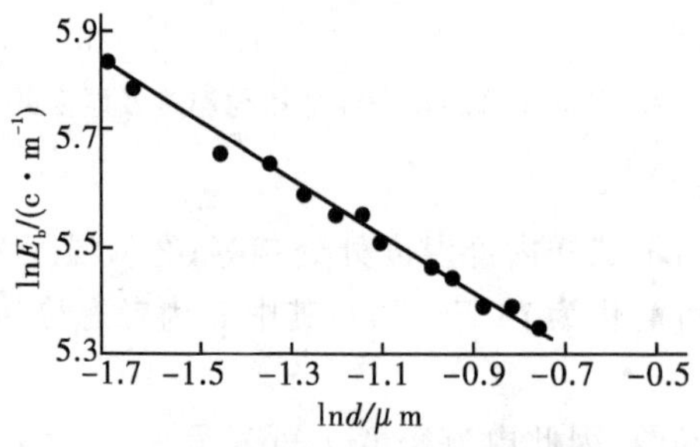

图7-38 击穿电场E_b与棕榈酸钡(230～1850Å)试样厚度之间的对数关系

在上述两个极限之间的情形，可根据图标法求 U_{0c} 的值。

7.3.4 无机材料的击穿

无机材料常常为不均匀介质，有晶相、玻璃相和气孔存在，这使得无机材料的击穿性质与均匀材料不同，因此无机材料的击穿也称为局部放电击穿。

7.3.4.1 不均匀介质中的电压分配

不均匀介质的结构多种多样，其中最简单的情况是双层介质。设双层介质的第一层、第二层的介电常数、电导率、厚度分别为 ε_1、σ_1、d_1 和 ε_2、σ_2、d_2。

若在此系统上加直流电压 U，则各层内的电场强度大小 E_1、E_2 都不等于平均电场强度大小 E，利用两相的串联模型导出

$$\begin{cases} E_1 = \dfrac{\sigma_2(d_1+d_2)}{\sigma_1 d_2+\sigma_2 d_1}\times E \\ E_2 = \dfrac{\sigma_1(d_1+d_2)}{\sigma_1 d_2+\sigma_2 d_1}\times E \end{cases} \tag{7-132}$$

该式表明：电导率小的介质承受高场强，电导率大的介质承受低场强。在交流电压下也有类似的关系。如果 σ_1 和 σ_2 相差很大，则必有一层承受很高的场强，这一层可能首先达到击穿强度而被击穿。一旦有一层被击穿，则另一层的电压会增加，且电场因此大大畸变，结果另一层也随之被击穿。因此，材料的不均匀性可能引起击穿场强降低。

7.3.4.2 电离击穿

电离击穿也为内电离。材料中存在气孔而导致均匀性降低。由于气孔中气体的 ε 及 σ 很小，因此加上电压后电场较高，而气体本身的抗电强度比固体介质要低得多（一般空气的 $E_b\approx 33$ kV/cm，而陶瓷的 $E_b\approx 80$ kV/cm），所以发生强烈的气体放电，即电离，产生大量的热量，使气孔附近局部区域强烈过热，在材料内部形成相当高的内应力。当内应力超过一定限度时，材料丧失机械强度而发生破坏，以致介电强度丧失，造成击穿。这种击穿称为电-机械-热击穿。由于电离击穿产生大量的热量，使局部温度升高，通常气孔附近的温度上升程度是不同的，对于低介电常数的介质材料而言，温度仅升高几度；而对于高介电常数的材料（如铁电材料）温度升高量则可达 10^3 ℃。很明显，气孔越大，越易引起击穿。

假定一圆腔状的样品在其平面电场强度为 E，则气孔内的电场强度 E_c 可表示为

$$E_c=(\varepsilon_r/\varepsilon_{rc})E \tag{7-133}$$

式中，ε_{rc} 为气孔的相对介电常数；ε_r 为样品的相对介电常数。

介电强度与样品的尺寸有关，因为样品的尺寸减小，则在一定的应力下所存在的可导致材料击穿的缺陷也相应地减小。

当对介质材料施加的电场强度稳定增强并达到一定临界值时，气孔中的气体发生电离。在直流电场作用下若气孔内电场降低，电离现象便很快消失，材料中发生电荷渗漏。若再充电将重新出现前面的情况，其间隔长短取决于电荷渗漏时间，对于无机材料在室温下电荷泄漏时间的最小值为 10^2 s。

在交流电场中，介质材料每半个周期发生一次电离，因此材料中的气孔放电实际上是不连续的。可以把含气孔的介质看成电阻、电容串并联的等效电路。由电路充放电理论分析

可知，在交流 50 Hz 情况下，每秒至少放电 200 次，可想而知，在高频下电离后果是相当严重的。这对在高频、高压下使用的电容器介质材料是值得重视的问题。

虽然目前对气孔电离造成样品击穿的机理还存在许多疑问，但是有一点可以肯定，气孔率低的材料介电强度大。图 7－39 所示为典型的材料密度和介电强度的关系曲线。

大量的气孔放电，一方面导致电-机械-热击穿；另一方面在介质内部引起不可逆的物理化学变化，使介质击穿电压下降，这种现象称为电压老化或化学击穿。

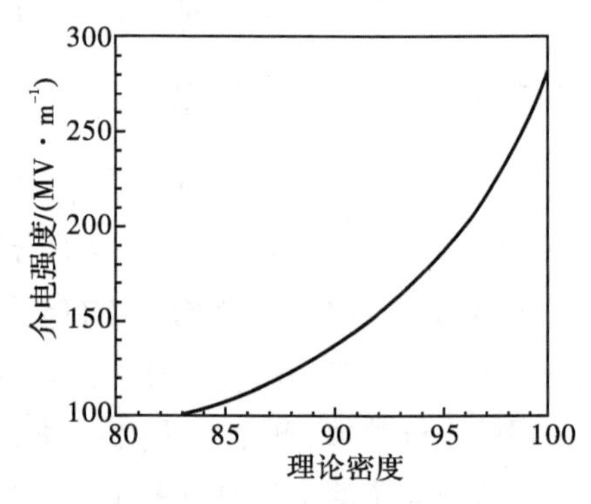

图 7－39　高纯 Al_2O_3 陶瓷介电强度与密度的关系曲线

7.3.4.3　表面放电和边缘击穿

长期运行在远低于瞬时击穿电压下的材料往往也会发生击穿现象，其影响因素在短期内不会表现出来。

固体介质材料常处于周围气体媒质中，击穿时，常发现介质本身并未被击穿，但有火花掠过它的表面，这就是表面放电。它属于气体放电。

固体介质的表面击穿电压总是低于没有固体介质时的空气击穿电压，其降低的程度视介质材料的不同、电极接触情况及电压性质而定。

(1)固体介质由于高的介电常数、表面吸湿等原因，易引起离子式高压极化(空间电荷极化)，使表面电场畸变，降低表面击穿电压。

(2)固体介质与电极接触不好，则表面击穿电压降低，尤其当不良接触在阴极处时更是如此。其机理是缝隙的空气介电常数低，根据夹层介质原理，电场畸变，缝隙中的气体易放电。材料介电常数愈大，此效应愈显著。

(3)随电场频率升高，击穿电压降低。这是由于气体正离子的迁移率比电子小，形成正的体积电荷，频率高时，这种现象更为突出。固体介质本身也因空间电荷极化导致电场畸变，因而表面击穿电压下降。

总之，表面放电与电场畸变有关系。电极边缘常常电场集中，因而击穿常在电极边缘发生，即边缘击穿。表面放电与边缘击穿决定于电极周围媒介以及电场分布(电极的形状、相互位置)，还决定于材料的介电常数、电导率，因而表面放电和边缘击穿电压并不能表征材料的介电强度，而与装置条件有关。

提高表面放电电压，防止边缘击穿以发挥材料介电强度的有效作用，这对于高压下工作的器件，尤其是高频、高压下工作的器件是极为重要的。另外，对材料介电强度的测量工作也有意义。

为消除表面放电，防止边缘击穿，应选用电导率或介电常数较高的媒介，同时媒介本身介电常数要高，通常选用变压器油。此外，在介质材料表面施釉，可保持介质表面清洁，而且釉的电导率较大，对电场均匀化有好处。如果在电极边缘施以半导体釉，则效果更好。为了消除表面放电，还应注意器件结构、电极形状的设计。一方面要增大表面放电途径；另一方面要使边缘电场均匀。

另外，在直流电场作用下，材料内部和表面同时发生电化学反应，使得银离子在表面扩散并沿着晶界逐渐渗入材料内部，从而导致材料的电阻减小，绝缘特性相应降低。此外，钠离子在玻璃相中的扩散，氧空位在晶相中的扩散，都形成了一定的电势差，也将可能导致击穿的发生。

7.4 铁电性

普通的电介质材料，在没有外加电场时，极化强度为零，有外电场作用时，介质的极化强度与宏观电场成正比，一般将这类电介质称为线性介质。另外一类介质材料，其极化强度与外加电场的关系是非线性的，这类介质称为非线性介质。铁电体就是一种典型的非线性介质。铁电性的定义是电偶极子由于相互作用而产生的自发平行排列的现象。当给铁电体施加外电场时，由于自发极化的存在，铁电体的极化强度与电场之间并不是线性关系，而呈现出电滞回线的特征。这种过程与铁磁性中的磁偶极子的自发排列类似，由于这种现象及许多特征都与铁磁性相比拟，铁电性由此得名。所以历史上将这些具有电滞回线的材料称为铁电体，但其实这类材料中并不一定含有铁元素。因此铁电体是具有自发极化，且自发极化能随外电场改变取向的物质。铁电材料的种类繁多，晶体结构有钙钛矿结构、钨青铜结构、层状铋结构、焦绿石结构等，材料形态包含单晶、陶瓷、厚膜、薄膜及复合材料等，本节将按照晶体结构和材料形态对铁电材料进行分类叙述。

7.4.1 自发极化

自发极化是铁电体研究的核心问题，铁电体的独特性质也是来源于自发极化，那么自发极化是如何产生的？极化是一种极性矢量，许多电介质只有在电场作用下才会发生极化，电场除去后，极化强度会很快衰减到零。然而如果晶胞本身的正、负电荷中心不重合，形成电偶极矩，即晶胞具有极性，由于晶体构造的周期性，晶胞的固有电矩便会沿着同一方向整齐排列，整个晶体在该方向上呈现极性，一端为正，一端为负，这样晶体就处在高度的极化状态下。这种极化状态并非由外电场所引起，而是由晶体内部结构特点所引起，称之为自发极化。晶体中每个晶胞内存在固有电偶极矩 p，这种晶体通常称为极性晶体。

自发极化方向在晶体中并不是随意的，它与晶体的其他任何方向都不是对称等效的，称为特殊极性方向。换言之，特殊极性方向是在晶体所属点群的任何对称操作下都保持不动的方向。显然，这对晶体的点群对称性施加了限制。在 32 个晶体学点群中，只有 10 个具有特殊极性方向，即 1、m、$mm2$、2、3、$3m$、4、$4mm$、6、$6mm$，属于这 10 个点群的极性晶体，只有结构上具有特殊方向——单一对称轴成为极轴，晶体才可能具有自发极化。

自发极化受温度的影响很大，只有在较低温度时，它克服热运动引起的无序效应下，才有希望使这些永久偶极子有可能相互作用取向排列，形成电畴。那么应该在什么温度以下才有可能产生自发极化呢？在自发极化尚未形成时，用极化强度大小与宏观电场及局部电场大小的方程 $P=\varepsilon_0(\varepsilon_r-1)E=n\alpha E_{loc}$ 来反映介质的极化。

设 $E_2=0$、$E_3=0$，则局部电场大小为 $E_{loc}=E+\dfrac{P}{3\varepsilon_0}$

得到极化强度大小和电极化率的关系为

$$P=n\alpha E/[1-n\alpha/(3\varepsilon_0)]$$

$$\chi_e=\varepsilon_r-1=\frac{P}{\varepsilon_0 E}=(n\alpha/\varepsilon_0)/[1-n\alpha/(3\varepsilon_0)] \tag{7-134}$$

随着温度的改变，$n\alpha/3\varepsilon_0$ 也跟着改变。当 $n\alpha/3\varepsilon_0$ 趋近于 1 时，极化强度和电极化率必将趋近于无穷大。说明 $n\alpha/3\varepsilon_0$ 趋近于 1 时，介质材料的极化强度与宏观电场不符合线性关系，必然出现突变现象。也就是说，此种变化过程中有一临界温度存在，超过此温度，另一种极化机构在起作用了。

如果材料中含有电偶极子，根据式(7-44)，电偶极子的取向极化率 α_d 与温度有如下的关系式：

$$\alpha_d=C/(k_0 T)$$

在总的极化过程中，如果取向极化率比电子或离子极化部分大得多，则 $\alpha=\alpha_d$，当达到某一临界温度 T_c 时，有

$$n\alpha_d/3\varepsilon_0=[n/(3\varepsilon_0)]C/(k_0 T_c)=1 \tag{7-135}$$

由此确定临界温度为

$$T_c=nC/(3\varepsilon_0 k_0)=n\alpha_d T/(3\varepsilon_0) \tag{7-136}$$

由式(7-134)、式(7-135)、式(7-136)得到电极化率

$$\chi_e=3T_c/(T-T_c) \tag{7-137}$$

电极化率倒数与 $T-T_c$ 的这种线性关系称为居里-外斯定律，T_c 是居里温度，此关系适用于温度高于居里温度的情况，在高于居里温度时，介质的介电性质和普通电介质的性质一样。在接近或低于居里温度时，偶极子将取向排列，产生自发极化，所有偶极子都是同一取向，因此介质的居里温度是铁电体材料的一个特征温度。常见的铁电材料居里温度 T_c 差异值较大，例如，KH_2PO_4(−150 ℃)、$BaTiO_3$(120 ℃)、$PbTiO_3$(490 ℃)、$LiNbO_3$(1210 ℃)等。因自发极化机制不同可将自发极化大致分为三大类，第一类是有序-无序型自发极化，它同个别离子的有序化相联系，典型的有序-无序型晶体是含有氢键的晶体，这类晶体中质子的有序化运动引起自发极化，例如 KH_2PO_4 晶体，该晶体具有铁电体的特征；第二类是结构本身具有自发极化性质，如六方 ZnS 晶体；第三类是位移型，其自发极化同一类离子的亚点阵相对于另一类离子的亚点阵的整体位移相联系，例如，钙钛矿结构的晶体。现对第二类和第三类自发极化机理分析如下：

1)结构本身具有自发极化性质

结构本身具有自发极化性质的晶体如六方 ZnS 晶体，图 7-40(a)为其(010)面的投影图，是由相互交替的锌和硫的正负离子层构成，每层离子数目相同，这些层与 c 轴垂直。因为每层全部为正离子或全部为负离子，形成了一系列的极性链，如图 7-40(b)和(c)所示。据此可

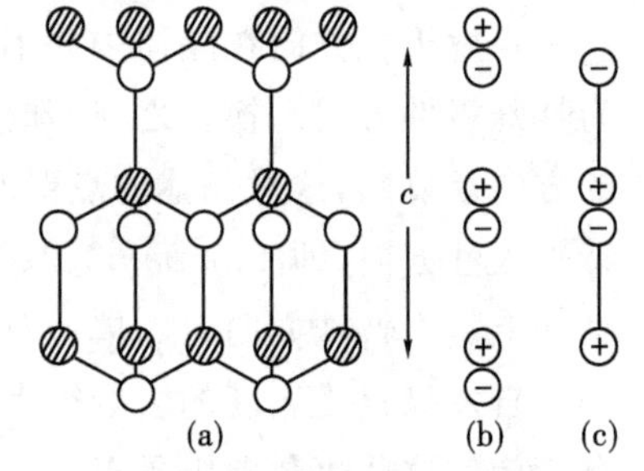

(a)纤锌矿结构在(010)上的投影；
(b)、(c)晶体极性链的终端。

图 7-40 晶体中的固有偶极子

计算出偶极矩大小为

$$p=qc\left(\frac{1}{2}-\mu\right) \tag{7-138}$$

式中，μ 是位置系数；c 是晶胞参数；自发极化强度 $\boldsymbol{P}_s=n\boldsymbol{p}$，$n$ 是单位体积中的分子数。因为每个晶胞体积为$\frac{\sqrt{3}}{2}a^2c$，且含有两个 ZnS“分子”，则晶体的自发极化强度大小为

$$P_s=4q\left(\frac{1}{2}-\mu\right)/\sqrt{3}a^2 \tag{7-139}$$

因此这种结构的晶体的自发极化可以估算出来。从结构分析可知，这种晶体的内部电场是很强的，而且在整体结构中存在，加上外电场并不能改变其极化强度的大小和方向，此极化达到了饱和程度，所有质点的偶极矩都是平行的，所以整个部分是一个电畴。具有这种性质的晶体必须是无对称中心的，该晶体不具有铁电性，但在加热时，在平行于 c 轴方向的两端分别出现正负电荷，而具有热释电性。引起热释电性的原因是自发极化电矩在晶体表面的正负端面总吸附着异性电荷，所吸附的异性电荷完全屏蔽了自发极化电矩的电场，使之不会显露出来，但是由于自发极化的电矩的大小与温度有关，即 $\Delta P_s=p\Delta T$，当温度变化时所吸附的多余的屏蔽电荷就被释放出来，这就是热电效应或热释电效应。热释电晶体已成为红外探测的重要材料，如最早发现的电石气、近代技术上应用的经过人工极化的铁电体。

2)位移型自发极化

两种亚点阵整体相对位移引起自发极化的晶体结构大多同钙钛矿结构紧密相关。有关铁电现象定量的微观理论还不成熟，下面以钛酸钡为例介绍其自发极化的微观模型。钛酸钡晶体属于立方晶系，晶体结构如图 7-41 所示，它由 Ba^{2+} 和 O^{2-} 一起紧密堆积而成。在温度大于 120 ℃时，立方体的晶胞常数 $a=4.01$ Å，氧离子的半径为 1.32 Å，钛离子的半径为 0.64 Å，钛离子处于氧八面体中，两个氧离子间的空隙等于 $4.01-2\times1.32=1.37$ μm，由于钛离子的直径为 $2\times0.64=1.28$ μm，结果氧八面体空腔体积大于钛离子体积，则给了钛离子位移的余地。另一方面，Ba^{2+} 和 12 个 O^{2-} 配位，而且 Ba^{2+} 较大，它增大了钡氧面心立方体，进一步为钛离子提供了可移动的空间。因此在较高温度，即大于 120 ℃时，热振动能比较大，钛离子难于在偏离中心的某一个位置上固定下来，接近 6 个氧离子的概率相等，晶体保持高的对称性，属于立方结构，自发极化大小 P_s 为零。温度降低，小于 120 ℃时，钛离子平均热振动能降低，因热涨落，热振动能特别低的离子占很大比例，其能量不足以克服氧离子电场作用，有可能沿着<100>方向向某一个氧离子靠近，如图 7-42 所示，在新的平衡位置上固定下来，发生自发极化，并使这一氧离子出现强烈的电子位移极化，使晶体顺着 Ti^{4+} 位移方向延长，在其他方向缩短，晶胞发生轻微畸变，由立方晶体变为四方晶体，这一晶型转变为位移式的一级相变，结果是在晶胞中形成了永久偶极矩，即发生了自发极化。当极化方向沿<100>的任何一个方向时，就构成不同方向的电畴，由于四方体轴不等，因此在材料内部产生了内应力，当加上电场时，则形成铁电体的另一特征，即电滞回线。温度下降到 50 ℃时，极化方向变为<110>方向，到 −180 ℃时，极化方向又变成了<111>方向，相应晶格结构也发生了变化。图 7-43 所示为 120 ℃时离子位

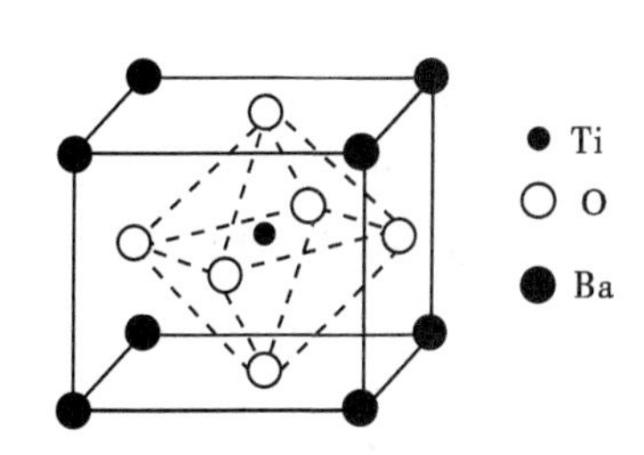

图 7-41　钛酸钡晶体结构

移的图形，其数据以中央的四个 O^{2-} 作为参考，这些数据可对离子位移极化引起的极化强度进行估计。一般自发极化包括两部分：一部分是直接由离子位移引起；另一部分是由电子云的形变引起。应用洛伦兹表达式计算，可以估计出离子位移极化大约占总极化的 39%。

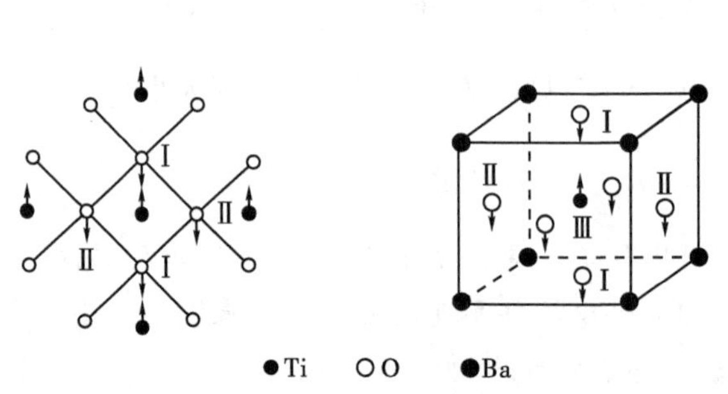

图 7-42 正方结构 $BaTiO_3$ 中钛、氧离子位移情况

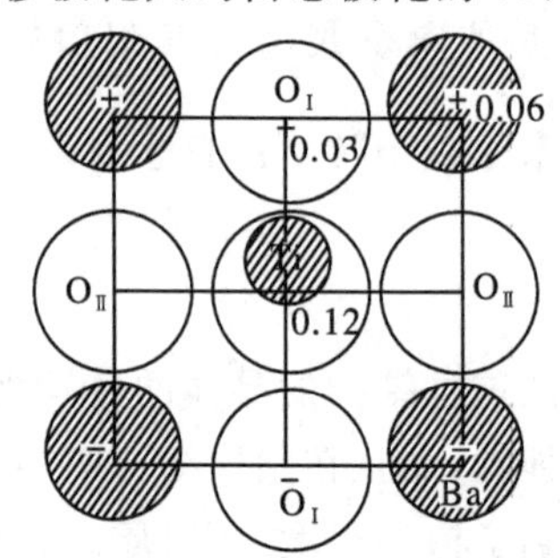

图 7-43 以中央四个 O^{2-} 为参考的各离子位移情况

位移型的自发极化也可用极化强度的突变进行解释。在居里点以上，自发极化为零，而在居里点处，极化强度不为零，因此发生极化强度的突变。在极化强度突变中，由极化造成的局部电场的增大比作用在晶体中的一个离子上的弹性恢复力增大得快，这就导致离子位置非对称性移动。这个移动受到弹性力场中高阶恢复力的限制。有相当多的钙钛矿型结构的晶体为铁电体，因为这种结构有利于发生极化强度的突变，在计算内电场时，从结构因子 c 可知，Ti^{4+} 和立方晶体中的上下两个面面心上的 O^{2-} 有着强烈的正作用系数（$c=28/a^3$），说明这两种离子间有强烈的耦合作用。斯莱特（Slater）对作用在钛离子的内电场进行了详细的计算，发现 Ti 和 O_I（图 7-42）之间的相互作用场强约为洛伦兹场的 8 倍，按照这个理论，其离子位移模型和衍射实验结果是符合的。

铁电体中自发极化的突变引起介电常数的显著变化，尤其是在居里点处，图 7-44 为 $BaTiO_3$ 晶体自发极化时的相对介电常数和自发极化强度与温度的关系。与本身具有自发极化特性的结构的晶体比较，由热运动引起的自发极化晶体，产生多畴，有居里点和电滞回线等特性，这类晶体具有热释电性和铁电性。因此，具有铁电性的晶体，有热释电性，但具有热释电性的晶体不一定有铁电性。

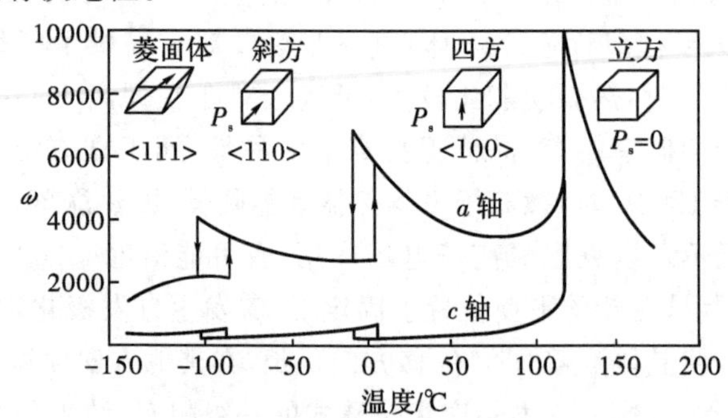

图 7-44 $BaTiO_3$ 的相对介电常数、晶体构造自发极化随温度的变化

7.4.2 铁电畴

铁电晶体晶胞中的电偶极矩是电介质在转变为铁电体时自发出现的，虽有若干种可能

取向，但其数值为一定值。这个电矩的数值除以晶胞的体积所得到的值称为自发极化强度大小 P_s。通常一个自然形成铁电单晶或铁电陶瓷晶粒中会出现许多微小的区域，每个区域中所有晶胞的电矩取向相同，而相邻区域的电矩取向不同，这样的区域称为电畴。图 7-45 为室温时 $BaTiO_3$ 中的电畴结构。图中，小方格表示晶胞，箭头标出电矩方向，两个电畴的分界称为畴壁，分界线 AA 两侧电矩取向反平行，成为 180°畴壁；分界线 BB 为 90°畴壁。180°的畴壁较薄，一般为 5～10 Å，90°的畴壁较厚，一般为 50～100 Å。为了使体系的能量最低，各电畴的极化方向通常"首尾相连"。钛酸钡晶体在高温时为立方对称，当冷却下来转变为铁电体时，晶胞沿极化方向稍为伸长而垂直方向略微收缩，所以 90°畴壁两侧电矩的取向的夹角实际上并不精确等于 90°，图中的虚线表示左半格子的延长线。在低温下，钛酸钡的正交铁电相中，相邻电畴自发极化方向之间的夹角，除了反平行的以外，还有 60°和 120°；而在钛酸钡的三方铁电相中，则有 71°和 109°。当电介质的晶胞自发极化而出现电矩时，相邻晶胞的电矩可以同向排列形成电畴，并出现铁电性；也可以相间反向排列而成为反铁电性。

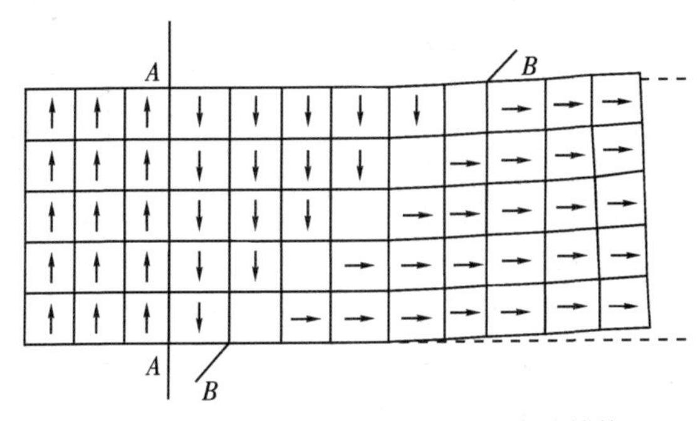

图 7-45　室温时 $BaTiO_3$ 中的电畴结构

图 7-46 为铁电陶瓷和热电陶瓷的示意图。铁电陶瓷由许多线度为 10^{-1}～10 μm 数量级的晶粒紧密聚集而成，图中用点线画出了晶粒的边界。通常每个晶粒内部还可以划分若干个电畴，图中的箭头标明了每个电畴的自发极化电矩取向，由于陶瓷中各晶粒的晶轴取向是混乱的，而自发电矩的可能取向受到每个晶粒的晶轴的限制。因此，不同晶粒之间的电畴结构相互关系甚少；而每个晶粒内部的电畴结构则倾向于使晶粒的自由能尽量地降低。陶瓷的晶粒边界附近出现大量杂质和缺陷，并经常形成玻璃态结构。从图中可以看出，铁电陶瓷的宏观极化强度，甚至每个晶粒的平均极化强度，将因每个电畴的电矩取向不同而互相抵消，从而在无外电场时宏观极化强度为零；在很强的人工极化电场的作用下，每个晶粒趋于单畴化，沿电场方向极化畴长大，逆电场方向的畴消失，其他方向分布的电畴转到电场方向，并且电矩沿尽可能平行于电场的方向。极化强度随外加电场的增加而增加，一直到整个结晶体成为一个单一的极化畴为止。如再继续增加电场，则只有电子与离子的极化效应，和一般电介质一样。通常为了使电矩克服各种阻力来完成这种单畴化的趋向，用人工极化时可以适当加热。当人工极化完备，温度降至室温，并除去外电场后，铁电陶瓷由此得到的剩余极化强度形成了一个非零的持久极化强度，它平行于极化时的极化电场。因此经过人工极化处理之后，铁电体成了具有热电效应的热电陶瓷和压电陶瓷。电畴可用一些实验和测试方法观察到，例如可用弱酸溶液侵蚀晶体表面，由显微观察可以看到多晶陶瓷中每个小晶粒可包含多个电畴。

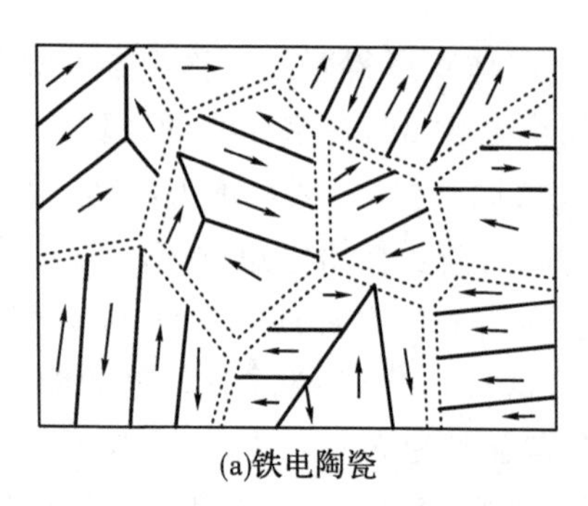
(a)铁电陶瓷

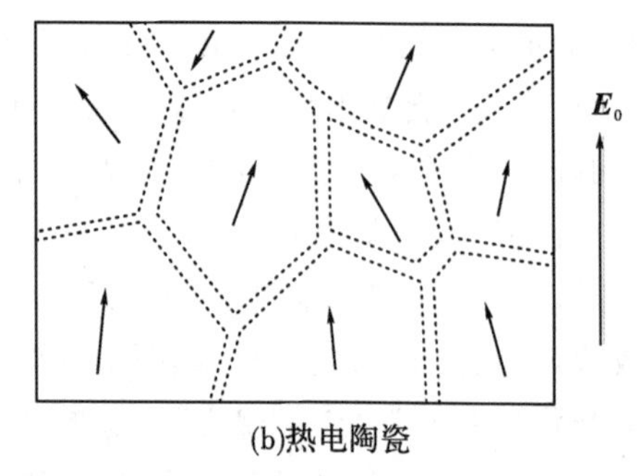

(b)热电陶瓷

图 7-46 铁电陶瓷和热电陶瓷示意图

7.4.3 电滞回线

铁电体是电介质材料中一个很重要的分支,它是一种特殊相变的产物。在从高对称性转变为低对称性的过程中,伴随着发生自发极化或亚点阵极化。在铁电态下,极化强度与外电场之间的关系构成电滞回线,如图 7-47 所示。在图 7-47 所示的电滞回线中,强场饱和部分成一直线,该直线的延长线与 $\boldsymbol{P}$ 轴交于 $\boldsymbol{P}_s$ 点,称为饱和极化强度,电滞回线对于坐标原点通常是对称的,回线与 $\boldsymbol{P}$ 轴相交于 $\pm\boldsymbol{P}_r$ 点,称 $\boldsymbol{P}_r$ 为剩余极化强度;回线与 $\boldsymbol{E}$ 轴交于 $\pm\boldsymbol{E}_c$ 点,称 $\boldsymbol{E}_c$ 为矫顽场。

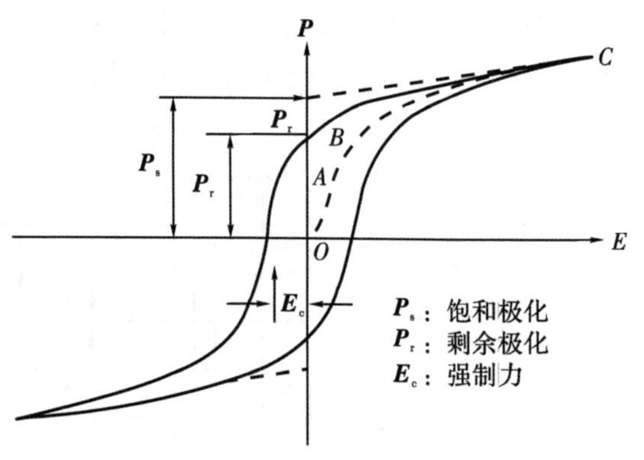

图 7-47 铁电体电滞回线

众所周知,电容器中的电介质具有非线性电阻,或者在强场下介电常数与场强有关,通常用观察电滞回线的方法也可以出现回线,因为测量方法本身并不能判断回线是铁电性所引起,还是有其他原因所引起。另一方面,有些铁电体因为电阻率太低或其他原因,无法加上足够强的电场来观察回线。因此只能认为出现电滞回线是铁电体的重要特征之一,回线的观察是发现铁电体的第一步。如果从微观上来考虑,铁电体可定义为,铁电体的晶胞都具有大小相等的非零电偶极矩;晶胞具有两个或两个以上的结晶学等效方向,电矩可以沿其中任一个方向取向。在热平衡状态下,相邻晶胞电矩相同取向形成亚微观尺度范围的取向有序化;在外加电场等的作用下,铁电体中的电矩可以由原来取向转变到其他能量较低的方向。因此不能仅从是否具有电滞回线来判断铁电体,而必须从材料的微观特征来考虑。判断铁电体的依据之一是电滞回线,电滞回线可由实验得出。根据前述分析,它是材料内部电畴运动的宏观表现。不同材料不同工艺条件对电滞回线的形状都有很大的影响,因而应用也各不相同,所以掌握电滞回线及其影响因素,对研究铁电材料的特性是十分重要的。

1)温度对电滞回线的影响

温度对电滞回线的影响分为环境温度和极化温度的影响。环境温度的高低影响电畴运动和转向的难易,所以,温度对电滞回线的形状有影响。在低温时,电滞回线变得比较平坦,矫顽场强变得较大,相应于畴壁,重新取向需要较大的能量,即电畴的排列冻结了。在较高温度时，电畴运动容易，矫顽场强和饱和场强随温度升高而降低，直至居里温度无滞后现象为止，而此时只有单一的介电常数值。由图 7－48 可以看出，在低温时，电滞回线变得比较平坦，随着温度升高，其电滞回线形状比较瘦长。环境温度对电滞回线的影响不仅表现在电畴运动的难易程度上，而且对材料的晶体结构有影响，在居里温度附近，电滞回线逐渐闭合为一直线，铁电性消失。

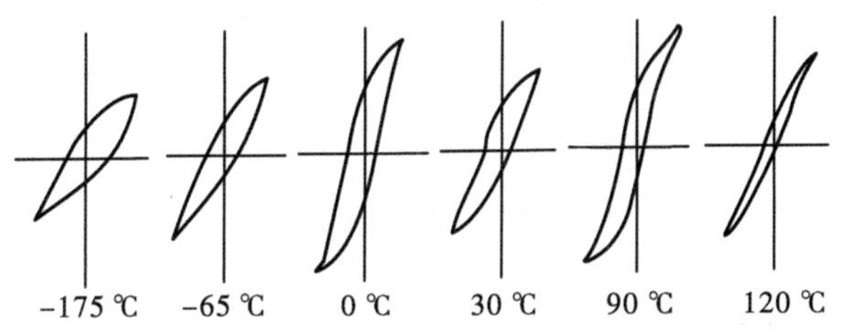

图 7－48　钛酸钡铁电体电滞回线形状随温度的变化

铁电畴在外电场作用下的“转向”，使得陶瓷材料具有宏观剩余极化强度，即材料具有极性。高温极化是指：起始极化温度在居里点以上 10～20 ℃，其后极化电压随极化温度降低而逐步提高，待极化温度降至 100 ℃以下时撤去电压，在高温时由于电畴转向阻力小，所以电畴沿电场方向的取向容易进行。另外，由于高温时材料的体积电阻率降低，使空间电荷极化，在电场作用下容易消失，空间电荷的屏蔽作用因而也消失；这就使得电畴转向所需的矫顽场强降低，使电畴的转向数目增加。由于温度对电畴运动和转向有影响，所以在一定条件下，在较高温度下进行“人工极化”，可以达到在较低的极化电压下同样的效果。

2)极化时间和极化场强的影响

电畴由于处在应力状态，转向需要一定的时间，随着时间的延长，电畴定向排列得更完全，极化就可以更充分。实验表明，在相同的电场强度或电压作用下，长时间的极化，可以获得较高的极化强度及较高的剩余极化强度。

极化场强对电畴转向有类似的影响，极化场强加大，电畴转向程度更高，剩余极化变大。因此为使极化充分进行，应提高极化场强。极化场强的大小主要取决于材料矫顽场强和饱和场强，极化场强一定要大于矫顽场强，才能使电畴发生翻转。但是提高场强容易引起击穿，这就限制了极化场强的提高。

3)单晶与多晶的影响

同一种材料，由于晶界的结构特点对电畴定向排列有很大的影响，使单晶体与多晶体的电滞回线不同。图 7－49 反映了钛酸钡单晶体和多晶陶瓷电滞回线的差异。单晶体的 P_s和 P_r值很接近，而且较高，电滞回线很接近于矩形，易于形成单畴；多晶陶瓷的电滞回线中 P_s和 P_r值相差较大，表明陶瓷多晶体不易形成单畴，即不易定向排列。

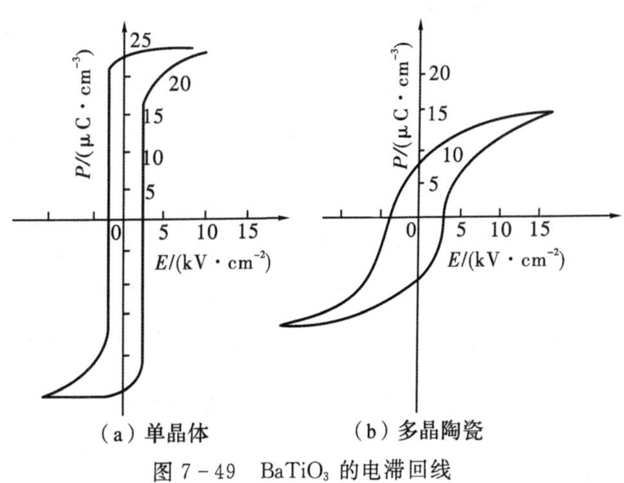

图 7－49　$BaTiO_3$ 的电滞回线

电滞回线的特性在实际中有重要的应用。利用高的剩余极化强度，铁电体可用来做信息存储、图像显示。目前已经研制出一些透明铁电陶瓷器件，如铁电存储和显示器件、光阀、全息照相器件等，就是利用外加电场使铁电畴作一定的取向，使透明陶瓷的光学性质发生变化。铁电体在光记忆应用方面也已受到重视，目前得到应用的是掺镧的锆钛酸铅(PLZT)透明铁电陶瓷及 $Bi_4Ti_3O_{12}$ 铁电薄膜。由于铁电体的极化随电场强度而变化，因而晶体的折射率也将随电场强度而变化。这种由于外电场引起晶体折射率的变化称为电光效应。利用晶体的电光效应可制作光调制器、晶体光阀、电光开关等光器件。目前应用到激光技术中的晶体大多是铁电体，如 $LiNbO_3$、$LiTaO_3$、KTN(钽铌酸钾)等。

7.4.4 铁电体的晶体结构

1. 钙钛矿结构

钙钛矿结构铁电体是最为常见的一种铁电体类型，其通式为 ABO_3，晶体结构如图7-50所示。最高对称性相属于简单立方结构，每个格点代表一个分子基元，立方的顶角为 A 位，由半径较大的阳离子占据，体心为 B 位，由半径较小的阳离子占据，氧离子处于面心，六个面心的氧离子构成一个氧八面体，在晶体中氧八面体彼此以顶角相连。铁电晶胞相对于立方结构发生畸变，沿立方晶胞四次轴畸变成为四方相，沿三次轴畸变成为三方相，沿二次轴畸变成为正交相。

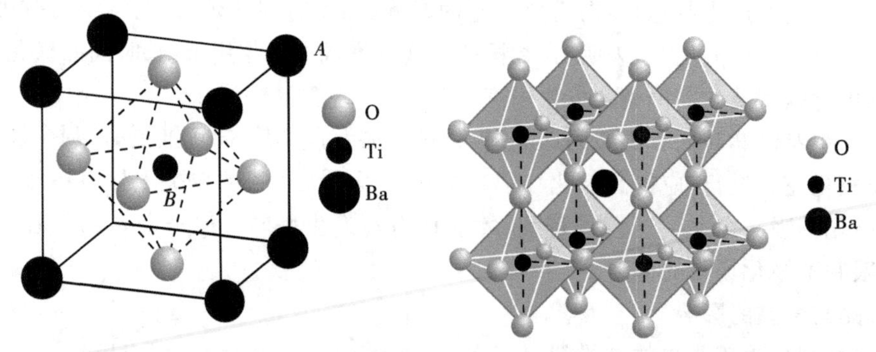

图 7-50 钙钛矿晶体结构示意图(以 $BaTiO_3$ 为例，Ba 占 A 位，Ti 占 B 位)

$BaTiO_3$ 是最早发现的一种钙钛矿铁电体，随温度降低，其在 120 ℃发生顺电-铁电相变，从立方相变为四方相，在 5 ℃发生铁电-铁电相变成为正交相，在 −90 ℃发生另一个铁电-铁电相变成为三方相，晶格常数随温度的变化规律见图 7-51。$BaTiO_3$ 可以通过掺杂与固溶形成多种多样的材料体系，比如通过施主掺杂可以形成 PTC 材料，在居里点附近样品的电阻率发生数量级的突变，通过与钙钛矿量子顺电体 $SrTiO_3$ 或者钙钛矿 $BaSnO_3$/$BaZrO_3$ 形成固溶体，可以形成居里点连续可调、高介电常数、高介电可调率的多种材料体系。$BaTiO_3$ 及其改性材料和固溶体材料具有多方面的功能效应，在压电、介电、传感/执行等方面都有很多应用。

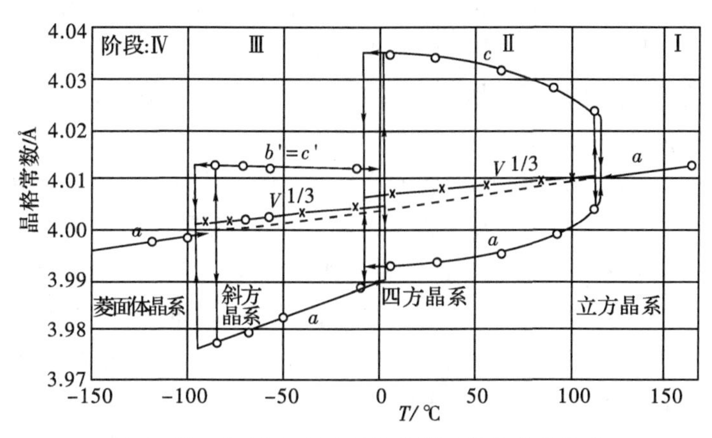

图 7-51　$BaTiO_3$ 晶格晶胞常数对温度的依赖性

$PbTiO_3$是另一种典型的钙钛矿铁电体，在 490 ℃发生顺电-铁电相变，从立方相变为四方相，其晶格常数比值 $c/a=1.063$，该畸变远大于钛酸钡四方相的晶格畸变，单晶电滞回线给出剩余极化为 52 $\mu C/cm^2$。PZT($PbZr_xTi_{1-x}O_3$)是 $PbTiO_3$ 与钙钛矿反铁电体 $PbZrO_3$ 的固溶体，钙钛矿结构的 B 位由 Zr 离子与 Ti 离子共同占据，固溶体的结构与性能强烈地依赖于 Zr/Ti 比，相图如图 7-52 所示，在 Zr/Ti 比为 48/52 附近呈现多晶准同型相界(MPB)，其压电常数和电机耦合系数出现极大值。PZT 是目前应用最为广泛的压电材料和铁电材料，在许多应用方面有着难以替代的作用。

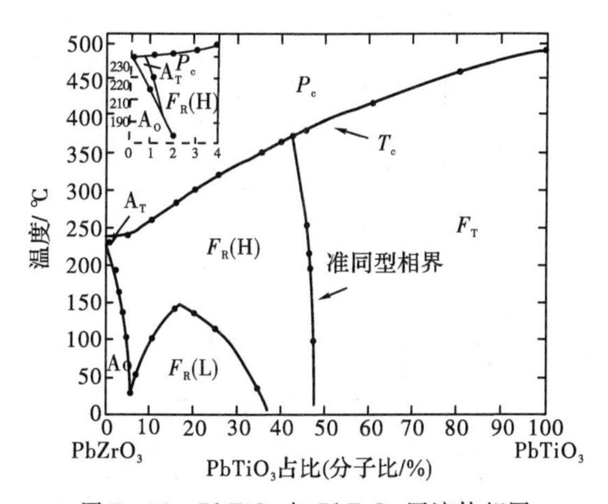

图 7-52　$PbTiO_3$ 与 $PbZrO_3$ 固溶体相图

PLZT($Pb_{1-3/2x}La_xZr_yTi_{1-y}O_3$)可以看作是在 PZT 基础上进一步用 La^{3+} 取代 Pb^{2+} 得到的固溶体，通过热压和通氧烧结工艺，可以制备得到光学透明的陶瓷烧结体，该透明陶瓷具有电光效应，折射率可以由外加电场控制，可用于发展电光器件。

如果钙钛矿的 A 位为 Pb^{2+} 占据，在 B 位引入两种或者以上的离子，可以形成一系列 B 位复合的铅基复合钙钛矿铁电体，它们的通式为 $Pb(B'_xB''_{1-x})O_3$，这里 B′一般是低价的阳离子如 Mg^{2+}、Zn^{2+}、Fe^{3+}、Ni^{2+}、In^{3+} 和 Sc^{3+}，B″一般是高价阳离子如 Ti^{4+}、Nb^{5+}、Ta^{5+} 和 W^{6+} 等，它们按照电价平衡的规律有序或者无序地占据钙钛矿 B 位，形成一系列铁电体，如 PMN ($PbMg_{1/3}Nb_{2/3}O_3$)和 PZN($PbZn_{1/3}Nb_{2/3}O_3$)等，它们可以进一步与 $PbTiO_3$ 形成固溶体，表现出非常优异的介电和压电性能，如 PMN－PT 单晶具有超过 2000 的压电常数 d_{33}，PZN－PT 最大形变量可以达到 1.4%。若钙钛矿 A 位由 Bi^{3+} 离子占据，B 位由一种＋3 价离子或者两种平均价态为＋3 价的离子占据形成铋基化合物 $Bi(Me'_xMe''_{1-x})O_3$，它们同 $PbTiO_3$ 固溶可以形成一系列复合钙钛矿铁电体，其中 Me′和 Me″可以相同，如 Fe^{3+}、In^{3+} 或者 Sc^{3+}，也可以不同，如 Me′取 Zn^{2+}、Mg^{2+}、Ni^{2+} 和 Co^{2+}，Me″取 Ti^{4+}、Nb^{5+} 和 W^{6+} 等。$BiScO_3$－$PbTiO_3$ 可以作为高 T_c 压电陶瓷用于高温声学探测，$BiFeO_3$ 及其固溶体具有多铁性，成为当前的研究热点。$BiFeO_3$ 在室温同时具有铁电和反铁磁效应，其铁电居里点约为 830～836 ℃，其反铁磁奈尔温度约为 370～397 ℃。室温空间群为 $R3c$，顺电相结构尚未明确测定。若钙钛矿结构 A 位由两种平均价态为＋2 价的离子占据，B 位由 Ti^{4+} 占据，则可形成 A 位复合的钙钛矿铁电体，如 BNT($(Bi_{1/2}Na_{1/2})TiO_3$) 和 BKT($(Bi_{1/2}K_{1/2})TiO_3$)，是性能优良的无铅压电体，以 BNT 和 BKT 为基同 $BaTiO_3$ 或者 $NaNbO_3$ 等形成固溶体或者由 BNT 和 BKT 形成固溶体，可以获得性能进一步改善的无铅压电材料。

$KNbO_3$ 是与 $BaTiO_3$ 相变行为相似的一种钙钛矿铁电体，随温度降低，在 435 ℃发生顺电-铁电相变从立方相变为四方相，在 225 ℃发生铁电-铁电相变成为正交相，在－10 ℃发生另一个铁电-铁电相变成为三方相。$KNbO_3$ 相比钛酸钡自发极化略大，但其压电性弱，并且纯相的陶瓷由于低熔点难于制备。$(K_{1-x}Na_x)NbO_3$ 是 $KNbO_3$ 与钙钛矿反铁电体 $NaNbO_3$ 形成的固溶体，其压电性相比 $KNbO_3$ 有明显增强。图 7－53 所示是 $(K_{1-x}Na_x)NbO_3$ 机电、介电性能与成分的关系，在 $x=0.50$ 时机电耦合系数呈现极大值，介电常数相对较低，热压烧结样品的压电性能好于无压烧结的样品。

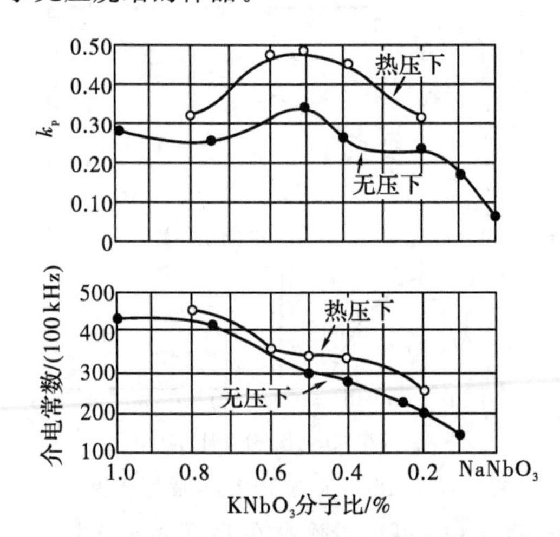

图 7－53 $(K_{1-x}Na_x)NbO_3$ 机电、介电性能与成分的关系

$K(Ta_xNb_{1-x})O_3$ 是 $KNbO_3$ 与量子顺电体 $KTaO_3$ 形成的固溶体，相变序列与 $KNbO_3$ 相似，各个相变温度随 $KTaO_3$ 含量增加而下降，KTN 晶体具有较大的电光系数，在电光器件方面的应用引人注目。

2. 铌酸锂结构

铌酸锂型铁电体的晶体结构如图 7－54 所示，六方晶胞内有 6 个分子，其空间群为 $R\bar{3}c$（顺电相）和 $R3c$（铁电相），结构特征为 Nb^{5+} 处于氧八面体的中心，氧八面体之间以顶角相连，但是同钙钛矿结构的不同在于氧八面体的取向发生扭曲，从 a 轴看氧平面等间距分布，Nb^{5+} 处于两个氧平面之间，而 Li^{+} 处于氧平面内。铁电晶胞 Nb^{5+} 和 Li^{+} 分别关于氧平面的法线发生位移，形成自发偶极矩。

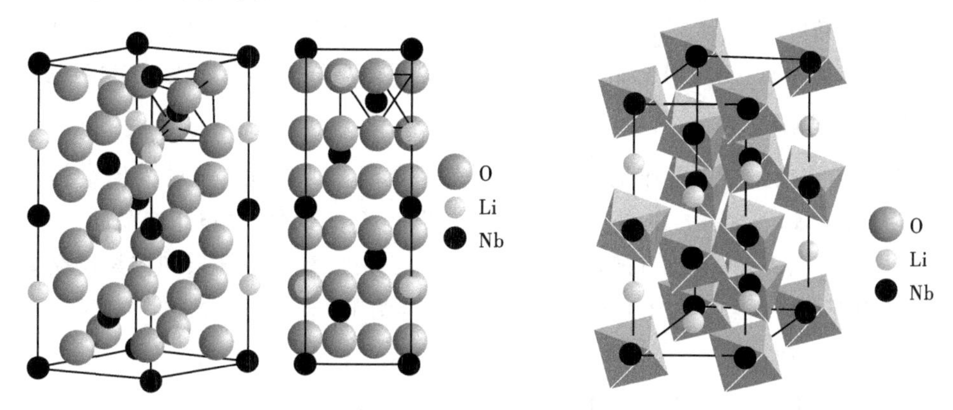

图 7-54 铌酸锂晶体结构示意图

$LiNbO_3$ 是具有非常高居里点(约 1210 ℃)和较大自发极化(约 0.70 C/m^2)的铁电体，$LiNbO_3$ 单晶可以通过提拉法大规模生产，单晶可用于声表面波滤波器等电声器件，目前周期极化的 $LiNbO_3$ 单晶(PPLN)在光电子学方面的研究也非常活跃。$LiTaO_3$ 同 $LiNbO_3$ 结构相似，其居里温度(630 ℃)和自发极化(约 0.50 C/m^2)相对 $LiNbO_3$ 都小，$LiTaO_3$ 单晶也可以提拉生长，用于声表面波滤波器，频率稳定性高。

3. 钨青铜结构

钨青铜晶体结构如图 7-55 所示，以常见的($Sr_{1-x}Ba_x$)Nb_2O_6 为例，四方晶胞内有 5 个分子，铌氧八面体沿四次轴方向共顶点排列，形成八面体柱，各八面体柱之间共顶点连接，产生三种空隙，其中 4 个八面体围成的四边形间隙为 A_1，5 个八面体围成的五边形隙为 A_2，3 个八面围成的三角形间隙为 C，Sr^{2+} 进入 A_1 和 A_2 位，Ba^{2+} 进入 A_2 位，Nb^{5+} 进入氧八面体体心，钨青铜结构可以看作是钙钛矿结构形变产生的，顺电相空间群为 $P4/mbm$，铁电相空间群为 $P4bm$，自发极化沿四次轴方向。按照 A_1 位和 A_2 位是否被全部占据，可以将钨青铜结构分为填满型和非填满型两类。

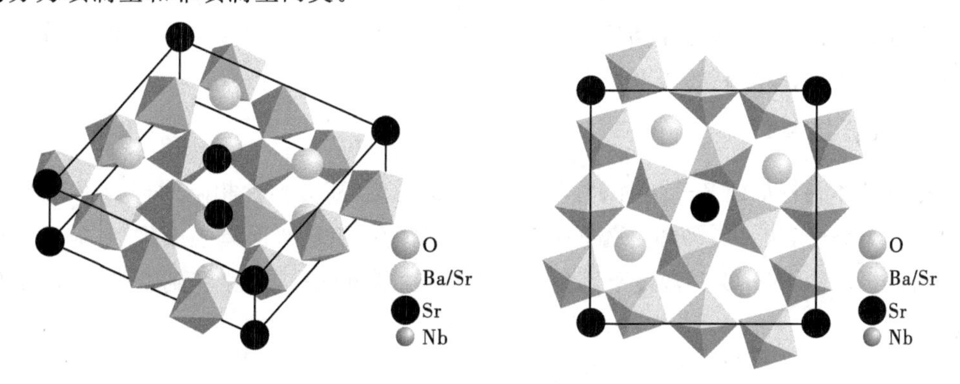

图 7-55 钨青铜结构示意图(以($Sr_{1-x}Ba_x$)Nb_2O_6 为例)

$Sr_{1-x}Ba_xNb_2O_6$ 是非填满型钨青铜铁电体，Sr^{2+} 和 Ba^{2+} 占据 6 个 A 位的 5/6，居里点随

Sr/Ba 比变化在 60～250 ℃范围内变化，可用于热电、电光和光折变。如果 Sr^{2+} 由 Pb^{2+} 代替形成 $Pb_{1-x}Ba_xNb_2O_6$，则其具有较大的压电常数 d_{15}，可用于剪切模式的声表面波器件。$Ba_{4+x}Na_{2-2x}N_{10}O_{30}$ 是一种填满型钨青铜铁电体，Na^+ 占据 A_1 位，Ba^+ 占据 A_2 位，居里温度为 560 ℃，其单晶可用于光学倍频应用。$K_3Li_2Nb_5O_{15}$ 晶体结构中 K^+ 占据所有 A 位，Li^+ 进入 C 位，居里温度为 430 ℃，用于非线性光学应用，Nb^{5+} 部分被 Ta^{5+} 取代，可改善电光性能。

4. 层状铋结构

层状铋结构铁电体可以看作是类钙钛矿层与铋氧层交替排列形成的晶体结构，也称为奥里维里斯(Aurivilius)结构，以图 7-56 所示的 Bi_3NbTiO_9 为例，铁电正交晶胞内有 4 个分子，氧八面体中心以铌、钛随机占据，晶体在 c 轴方向由两层氧八面体层和铋氧层交替排列，氧八面体之间部分共顶点连接，其顺电四方相空间群为 $I4/mmm$，铁电相空间群为 $A2_1am$，自发极化沿 a 轴方向。

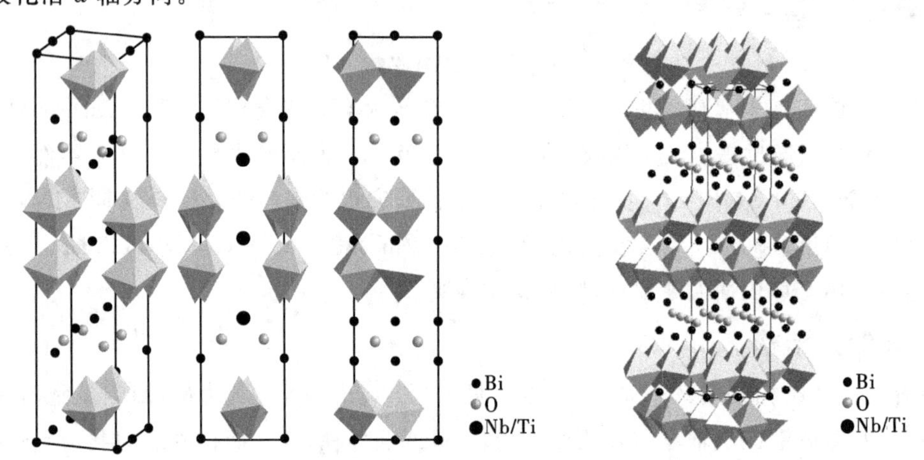

图 7-56 层状铋结构示意图(以 Bi_3NbTiO_9 为例)

在常见的层状铋结构中，类钙钛矿层层数 m 取值范围为 1～5，如 B_2WO_6 ($m=1$)，$SrBi_2Ta_2O_9$、$CaBi_2Nb_2O_9$ ($m=2$)，$Bi_7Ti_4NbO_{21}$ ($Bi_4Ti_3O_{12}+Bi_3NbTiO_9$，$m=2.5$)，$Bi_4Ti_3O_{12}$ ($m=3$)，$CaBi_4Ti_4O_{15}$、$Bi_5Ti_3FeO_{15}$ ($m=4$) 和 $Sr_2Bi_4Ti_5O_{18}$ ($m=5$) 等，其通式为 $(Bi_2O_2)^{2+}(A_{m-1}B_mO_{3m+1})^{2-}$。由于部分层状铋体系居里点较高，可用于高温压电；部分体系薄膜具有优良的铁电疲劳性能，是铁电存储器的候选材料。层状铋结构陶瓷材料的压电系数普遍较低，通过结构可以获得较高的压电系数。

5. 焦绿石结构

焦绿石晶体结构如图 7-57 所示，以 $Cd_2Nb_2O_7$ 为例，高对称性相空间群为 $Fd\bar{3}m$，立方晶胞内有 8 个分子，从[110]方向投影(图 7-57 右图)看，铌氧八面体规则排列，彼此之间共顶点扭曲连接。$Cd_2Nb_2O_7$ 随温度下降经历多个相变，从顺弹-顺电相变到铁弹、铁电弛豫和无共度相。

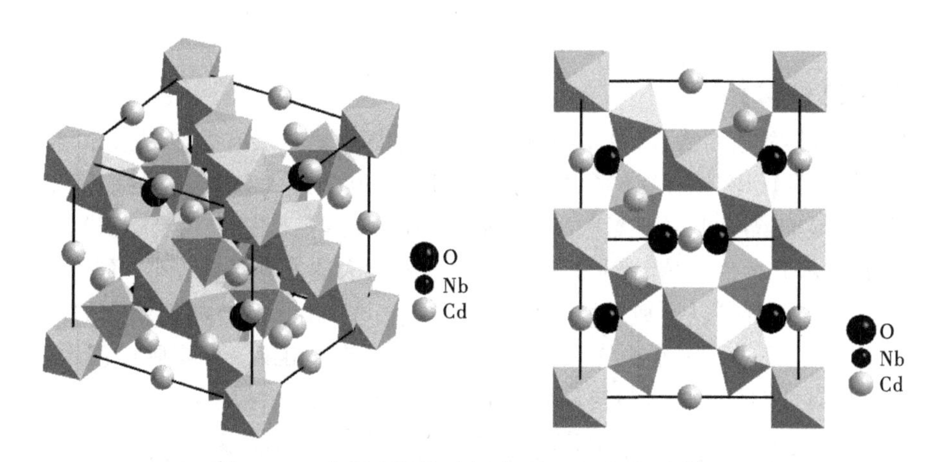

图7-57　焦绿石结构示意图(以 $Cd_2Nb_2O_7$ 为例)

7.4.5　铁电体的材料形态

1. 铁电单晶

铁电单晶具有完整一致的晶体结构和晶体取向，是研究铁电体基本物理性质的最佳对象，也是开发铁电体电光应用合适的材料载体。但是由于铁电单晶组成复杂，多种成分不易共熔，并且常含有挥发性成分，因此铁电单晶的生长难度远远大于单一元素单晶，如硅。采用捷克拉斯基(Czochralski)方法(提拉法)可以生长共熔晶体如 $LiNbO_3$ 和 $LiTaO_3$ 单晶；采用溶液法可以在水溶液中生长 KDP 和 TDS 单晶；采用熔盐法可以生长 PZT，如 $BaTiO_3$、PMN-PT 和 PZN-PT 等复杂成分的铁电单晶；对于挥发性的 PbO 熔盐，可以密封坩埚；采用布里奇曼(Bridgman)方法置入籽晶可获得较大的晶体。

2. 铁电陶瓷

铁电陶瓷是最古老也是应用最广泛的铁电体形态，它是铁电体的多晶形态，具有晶粒/晶界的复合结构，可以通过多种方法制备，但其工艺过程具有共同特点，基本都要经过原料准备、混料、干燥、预烧、球磨、成型、烧结、上电极和极化等过程。当然上述基本过程有许多不同的方法可以替代，比如原料阶段可以用化学方法制粉，采用流延方法成型获取陶瓷薄带以及用通氧烧结方法制备透明 PLZT 陶瓷等。

3. 铁电厚膜

某些应用需要铁电体形成厚度在 10～50 μm 的厚膜，这要采用丝网印刷的工艺，将陶瓷配成浆料，涂在丝网上用橡胶刮刀在基体上印刷，烘干后热处理成相，即可形成厚膜。铁电厚膜材料可作为传感和执行器，用于微机电系统等。

4. 铁电薄膜

铁电体在集成器件中应用需要形成厚度小于 0.1～5 μm 的高质量薄膜，这样可同集成电路匹配，易于集成化，用于铁电存储器、热电红外探测器和 MEMS 等。常用的制备方法包括化学溶液沉积法(含 MOD/Sol-Gel 方法)、金属有机物化学气象沉积法、溅射法和激光闪蒸法等。这些制备方法共性的问题在于如何通过工艺控制，获得特定成分、晶相和结晶度的薄膜。

5. 铁电复合材料

对于多种多样的应用需求，单一的材料有时很难同时满足所有的应用指标，铁电复合材料可以通过结构设计，在多种材料参数中扬长避短，各取所长来实现特定的应用要求。比如 PZT 用于水声换能，静水压压电常数 d_h 及压电电压常数 g_{33} 不够大，前者是因为 d_{31} 同 d_{33} 异号，它们的贡献部分抵消，后者是由于 PZT 介电常数太大造成电压响应小，通过采用 1-3 复合结构，这两个问题都可以得到很好地解决。图 7-58 给出了复合材料结构的十种复合方式，这给采用铁电、压电材料解决实际问题提供了更多的自由度。在实际应用中，通常采用 PZT 陶瓷等压电性能显著的材料与环氧树脂、橡胶等聚合物材料复合。

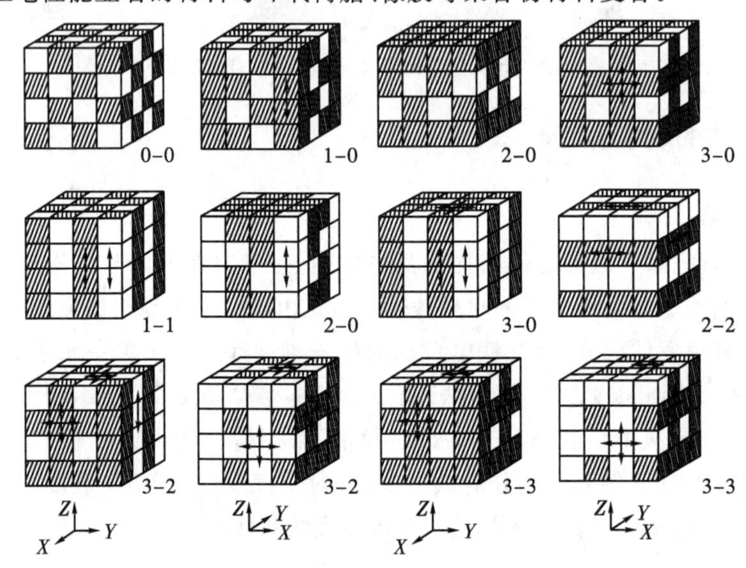

图 7-58 铁电复合材料的结构形式

7.4.6 铁电体的特性与应用

1. 介电特性

由于铁电体在一定的温度下发生晶格的变化，引起自发极化，并引起介电常数的显著变化，尤其在居里点处，因此像 $BaTiO_3$ 一类的钙钛矿型铁电体在晶相转变温度具有很高的介电常数。纯钛酸钡陶瓷的介电常数，在室温时约为 1400；在居里点 120 ℃附近，介电常数增加得很快，可高达 6000～10000。由图 7-59 所示的 $BaTiO_3$ 陶瓷介电常数与温度的关系可以看出，$BaTiO_3$ 陶瓷在居里点附近具有最大介电常数，这对制造小体积大容量的电容器具有重要的意义。因此改变这种铁电体介电性质使居里点符合使用条件是十分重要的。为了提高室温下材料的介电常数，可以利用固溶体的

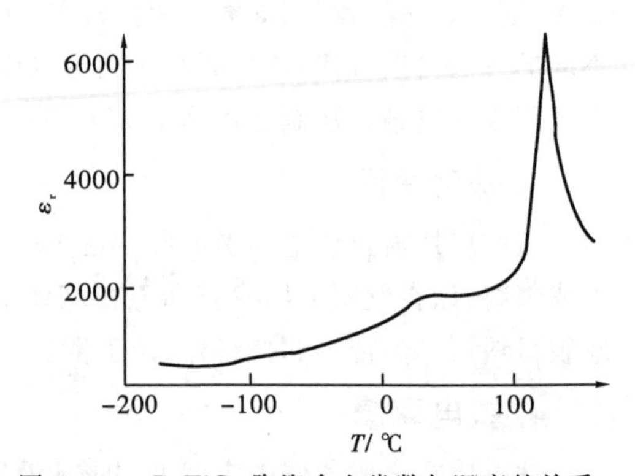

图 7-59 $BaTiO_3$ 陶瓷介电常数与温度的关系

方法。在实际制造中需要解决调整居里点和居里点处介电常数的峰值问题，这就是所谓的移峰效应和压峰效应。

在铁电体中引入某种添加剂生成固溶体，改变原来的晶胞参数和离子间的相互作用，使居里点向低温或高温方向移动，这就是移峰效应。例如 $BaTiO_3$ 中加入低居里点的 $SrTiO_3$ 使原来的居里点向低温侧移，加入高居里点的 $PbTiO_3$ 使它向高温侧移。这些能使居里温度改变的添加剂叫移峰剂。移峰的目的是为了在工作条件下（室温附近）材料的介电常数和温度的关系尽可能平缓，即要求居里点远离室温温度。

压峰效应是为了降低居里点处的介电常数的峰值，即降低 $\varepsilon-T$ 的非线性，也使工作状态在 $\varepsilon-T$ 曲线的平缓区，即克服居里点处介电常数随温度变化太快的问题，可以通过加入使峰值展宽的所谓展宽剂或压峰剂来达到此目的。例如在 $BaTiO_3$ 中加入 $CaTiO_3$ 可使居里峰下降。常用的压峰剂为非铁电体。如在 $BaTiO_3$ 中加入 $Bi_{2/3}SnO_3$，使居里点几乎完全消失，显示出直线性的温度特性，而介电常数仍能保持接近 2000。其机理可认为是加入非铁电体后，破坏了原来的内电场，使自发极化减弱，即铁电性减小。

2. 非线性

铁电体的介电常数与外加电场强度的变化为非线性的关系，即铁电体的非线性。从电滞回线也可看出这种非线性关系。在工程中，常采用交流电场强度 $\boldsymbol{E}_{max}$ 和非线性系数 $N_{\sim}$ 来表示材料的非线性。$\boldsymbol{E}_{max}$ 指介电常数最大值 ε_{max} 时的电场强度，$N_{\sim}$ 表示 ε_{max} 和介电常数初始值 ε_5 之比。ε_5 指交流 50 Hz、电压 5 V 时的介电常数。强非线性只有在 $N_{\sim}$ 很大，同时 $\boldsymbol{E}_{max}$ 较低时才出现。

影响非线性的主要因素是材料的结构。可以用电畴的观点来分析非线性。电畴在外加电场下能沿外电场取向，主要是通过新畴的形成、发展和畴壁的位移等实现。当所有电畴都沿外电场方向定向排列时，极化达到最大值，即达到饱和状态。所以为了使材料具有强非线性，就必须使所有的电畴能在较低的电场的作用下全部定向排列，这时，$\varepsilon-T$ 曲线一定很陡。在低电场作用下，电畴转向主要取决于 90°和 180°畴壁的位移，但电畴通常位于晶体缺陷附近，缺陷区存在内应力，畴壁不易移动，因此要获得强非线性，就要减少晶体的缺陷，防止杂质掺入，选择最佳工艺条件。此外要选择适当的主晶相材料，要求矫顽场强低，体积电致伸缩小，以免产生应力。

强非线性铁电陶瓷主要用于制造电压敏感元件、介质放大器、脉冲发生器、稳压器、开关、频率调制等方面。已获得应用的材料有 $BaTiO_3-BaSnO_3$、$BaTiO_3-BaZrO_3$ 等。

3. 晶界效应

陶瓷材料的晶界特性的重要性不亚于晶粒本身的特性。例如 $BaTiO_3$ 铁电材料，由于晶界效应，可以表现出各种不同的半导体特性，可以用作铁电电容器。

室温下 $BaTiO_3$ 陶瓷的体积电阻率在 $10^6\ \Omega\cdot cm$ 以上，但加入 MnO_2 可使体积电阻提高 1～2 个数量级。相反，在纯度达到 99.99%的 $BaTiO_3$ 中引入 0.1～0.3 mol%的稀土元素氧化物，用普通陶瓷工艺烧成的制品具有 n 型半导体的性质，其室温体积电阻率为 $10\sim10^3\ \Omega\cdot cm$。利用半导体的晶界效应，可制造出边界层（或晶界层）电容器。如在半导化的 $BaTiO_3$ 陶瓷表面涂覆上适当的金属氧化物，如 MnO_2、TiO_2、Bi_2O_3、CuO 等，然后在 950～1250 ℃下在空气中进行热处理，使涂覆的金属氧化物与 $BaTiO_3$ 形成低共熔相，并沿开口气孔渗透到陶瓷内部，在晶界形成一层极薄的绝缘层，而晶粒内部仍为半导体，晶粒边界厚度相当于电容器介质层。

另一类型的 $BaTiO_3$ 半导体陶瓷不用添加稀土元素，只在真空或还原气氛中烧成，使晶粒发育比较充分的陶瓷半导化，然后在适当的温度和氧化条件下，使分凝在晶界上的金属氧化物充分氧化，在晶界上形成一层极薄的绝缘层。这样，同样也可以制备出半导化的高介电常数电容器。这样制作的电容器的介电常数可达 20000～80000。用很薄的这种陶瓷材料就可以做成击穿电压为 45 V 以上、容量为 0.5 μF 的电容器，它除了体积小、容量大外，还适合于高频(100 MHz 以上)电路使用，在集成电路中是很有前途的。

7.5 压电性

压电性就是没有中心反演对称的一些带有离子键的晶体，按所施加的机械应力成比例地产生电荷的能力。反过来，外电场作用于这类晶体，其按所施加的外电场成比例地产生内应力或应变。因此这类晶体具有压电性可逆的性质。具有压电性的晶体统称为压电晶体。非中心对称的晶体都是压电晶体。压电晶体的种类很多，最常见有水晶、罗息盐等。一些具有闪锌矿结构的晶体(如 GaAs、CuCl、ZnS 等)，它们都是压电半导体。水晶因其化学和机械性能都好，广泛地用来制造无线电频率的谐振器，水晶振子的谐振频率非常稳定，在电信和电子技术上的效用很大。罗息盐因其压电性能强而制作又较为简单，故用来制造耳塞听筒或电唱头的材料。由于可以通过“人工极化”的方法获得压电性所需要的极性，使原来各向同性的多晶陶瓷发生“极化”，这种极化可以在铁电材料中发生，所以近年来，压电陶瓷发展较快，在不少场合已经取代了压电单晶，应用最广泛的压电材料是钛酸钡和 PZT 系列的压电陶瓷，它们可用于电声换能、压电点火和引爆等方面。

7.5.1 压电效应

在晶体上施加压力、张力、切向力时，则发生与应力成比例的介质极化，同时在晶体两端表面上将出现数量相等、符号相反的束缚电荷。作用力反向时，表面荷电性质也相反，而且在一定范围内，电荷密度与作用力成正比，晶体的这一效应为正压电效应。正压电效应的电位移大小(电位面积的电荷)D 与施加的应力大小 T 的关系如下：

$$D=dT \tag{7-140}$$

式中，d 为压电常数，单位为库[仑]每牛(C/N)。

在晶体上施加电场引起极化，则将产生与电场强度成比例的形变或机械应力，晶体的这一效应为逆压电效应。逆压电效应的应变大小 S 与施加的电场强度大小 E 的关系如下：

$$S=dE \tag{7-141}$$

式中，d 为压电常数，单位为库[仑]每牛(C/N)。

正、逆压电效应的压电常数在数值上是相同的。正、逆压电效应统称为压电效应。其本质是机械作用引起了晶体介质的极化，导致介质两端表面内出现符号相反的束缚电荷。具有压电效应的物体为压电体。

压电效应与晶体的对称性有很大的关系，具有对称中心的晶体不具有压电效应，只有不具有对称中心的晶体才有压电效应。其原因是，有对称中心的晶体受到应力后，内部发生均匀的形变，仍然保持质点间的对称排列规律，并无不对称的相对位移，正负电荷中心重合，不产生极化，没有压电效应。如果晶体不具有对称中心，质点排列并不对称，在应力作用下，它们就受到了不对称的内应力，产生不对称的相对位移，结果形成新的电矩，呈现出压电效应。

因此从结构上看，能产生压电现象的晶体所满足的必要条件是该晶体没有对称中心，图7-60画出了一个电荷没有对称中心的晶胞示意图，图中的(a)表示压电晶体中质点在某一方向上的投影，此时晶体不受外力作用，正、负电荷重心重合，整个晶体总电矩为0，晶体表面不荷电，因此不具有持久电矩。但当晶体沿某一方向受外力作用时，晶体由于形变导致正、负电荷中心不重合，即电矩发生变化，从而引起晶体表面荷电。如图7-60(b)为晶体压缩时荷电的情况；图7-60(c)是拉伸时的荷电情况。这就是压电效应。但是如果将压电晶体置于外电场中，由于电场的作用，引起电矩的变化，晶体内部正、负电荷中心产生位移，这一位移又导致晶体发生形变，这个效应即为逆压电效应。当然一个晶体的压电效应也与取向有关，即沿着某些方向施加电场或应力，不会产生压电效应。在32种宏观对称类型中，不具有对称中心的有21种，其中有一种压电常数为零，其余20种都具有压电效应，其中有10种为极性晶体，具有热电性和铁电性，因此，一般来说，热电体同时也是压电体。由于铁电体为极性晶体，即不仅要求晶体没有对称中心，而且本身要具有固有偶极矩，因此具有压电性材料不一定是铁电体，例如：具有压电性材料又有铁电性的材料有$BaTiO_3$、$Pb(Zr、Ti)O_3$、$Pb(Co_{1/3}Nb_{2/3})O_3$、$Pb(Mn_{1/2}Sb_{1/2})O_3$、$Pb(Sb_{1/2}Nb_{1/2})O_3$。仅有压电性的材料为β-石英、纤维锌矿(ZnS)。有关介电性、压电性、热电性及铁电性的关系如图7-61所示。

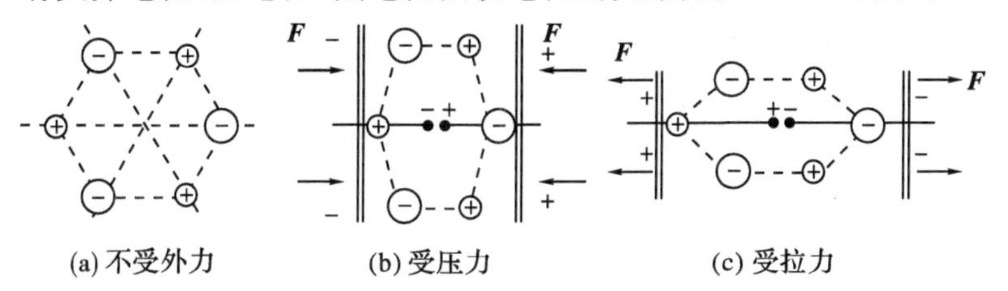

图7-60 压电晶体产生正压电效应机理图

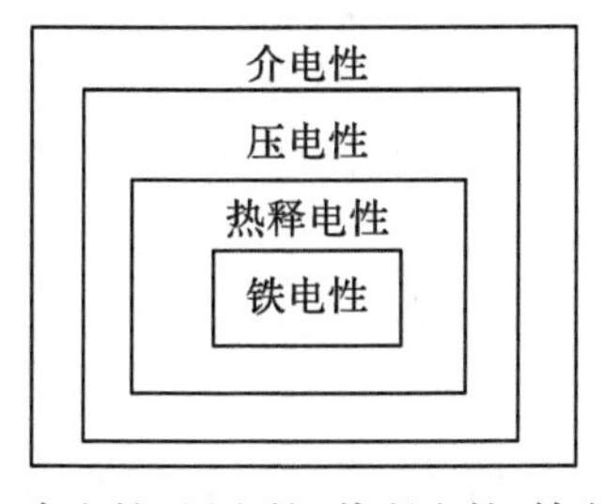

图7-61 介电性、压电性、热释电性、铁电性的关系

7.5.2 压电效应的方程

完整地描述压电晶体的压电效应中其力学物理量($\boldsymbol{T},\boldsymbol{S}$)和电学物理量($\boldsymbol{D},\boldsymbol{E}$)关系的方程为压电方程。类似于材料弹性形变的广义胡克定律，由于正压电效应的特性，正压电效应

只有如下三个方程式：

$$\begin{cases} D_1 = d_{11}T_1 + d_{12}T_2 + d_{13}T_3 + d_{14}T_4 + d_{15}T_5 + d_{16}T_6 \\ D_2 = d_{21}T_1 + d_{22}T_2 + d_{23}T_3 + d_{24}T_4 + d_{25}T_5 + d_{26}T_6 \\ D_3 = d_{31}T_1 + d_{32}T_2 + d_{33}T_3 + d_{34}T_4 + d_{35}T_5 + d_{36}T_6 \end{cases} \tag{7-142}$$

式中，d 的第一个下标代表电的方向，第二个下标代表机械的力或形变的方向。同理也可写出逆压电方程，只是在电场的作用下，应变有正应变和剪切应变，可以写出六个方程式。实际上，压电常数 d 因有晶体的对称性及压电效应的方向性而减少。举例说明如下：

1. 正压电效应方程

(1)正应力作用的正压电效应方程。假设有一压电陶瓷，其极化强度为 $\boldsymbol{P}$，方向为轴向 3，如图 7-62 所示。

当只施加应力 $\boldsymbol{T}_3$ 时(电场 $\boldsymbol{E}$ 为恒定，下同)，在轴向 3 发生应变，并有压电效应：

$$D_3 = d_{33}T_3$$

在轴 1 和轴 2 方向产生应变 $\boldsymbol{S}_1$ 和 $\boldsymbol{S}_2$，但是在轴 1 与轴 2 方向没有极化现象，也就没有压电效应。因此 $d_{13} = d_{23} = 0$。

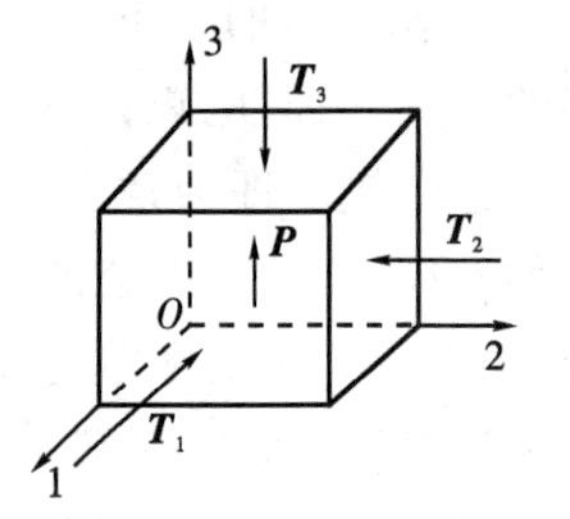

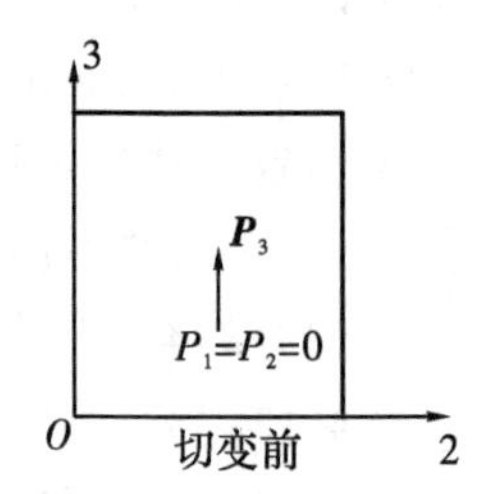

图 7-62 极化方向 $\boldsymbol{P}$ 为轴向 3 的压电陶瓷

同理若只施加 $\boldsymbol{T}_1$ 或 $\boldsymbol{T}_2$，则在三个方向上都产生应变，但仅在轴向 3 上产生极化，从对称关系可知 T_1 或 T_2 的作用是等效的，因此，$d_{31} = d_{32}$。由于在轴向 1 和轴向 2 上没有极化现象，因此，$d_{11} = d_{21} = 0$ 或 $d_{12} = d_{22} = 0$。

如果陶瓷材料同时只受三个方向的正应力，则压电效应方程为

$$\begin{cases} D_1 = 0 \\ D_2 = 0 \\ D_3 = d_{31}T_1 + d_{32}T_2 + d_{33}T_3 \end{cases} \tag{7-143}$$

该方程为简化的正压电方程式。

(2)剪切应力作用的正压电效应方程。若仅有切应变 $\boldsymbol{T}_4$ 的作用，法线方向为轴向 1 的平面产生应变如图 7-63 所示。原来的极化强度 $\boldsymbol{P}$ 发生偏转，不考虑正应力的作用，即轴向 3 的极化强度没有变化，$D_3 = 0$、$d_{34} = 0$，而轴向 2 出现了极化分量 $\boldsymbol{P}_2$，因而有 $D_2 = d_{24}T_4$。轴向 1 也无变化，$D_1 = 0$、$d_{14} = 0$。

$\boldsymbol{T}_5$ 与 $\boldsymbol{T}_4$ 效应类同，可以得出 $D_1 = d_{15}T_5$、$D_2 = D_3 = 0$、$d_{24} = d_{15}$、$d_{25} = d_{35}$。

图 7-63 切应力 $\boldsymbol{T}_4$ 引起的压电效应

如果仅有 $\boldsymbol{T}_6$ 的作用，切应变作用面垂直于轴向 3，轴向 3 的极化强度并未改变。由于原极化是在轴向 3，故应变前后，轴向 1 和轴向 2 分量都为零。即有

$$D_1 = D_2 = D_3 = 0,\ d_{16} = d_{26} = d_{36} = 0$$

根据以上分析，如果材料在正应力和剪切应力的作用下，压电常数只有 3 个独立参量，

即 d_{31}、d_{33}、d_{15}，因而压电方程为

$$\begin{cases} D_1 = d_{15} T_5 \\ D_2 = d_{15} T_4 \\ D_3 = d_{31} T_1 + d_{31} T_2 + d_{33} T_3 \end{cases} \tag{7-144}$$

2. 逆压电效应方程

逆压电效应中极化方向仍为轴 3 方向，若仅施加电场 $\boldsymbol{E}$（应力 $\boldsymbol{T}$ 恒定），$\boldsymbol{E}$ 分量分别为 E_1、E_2、E_3，如图 7-64(a)所示。

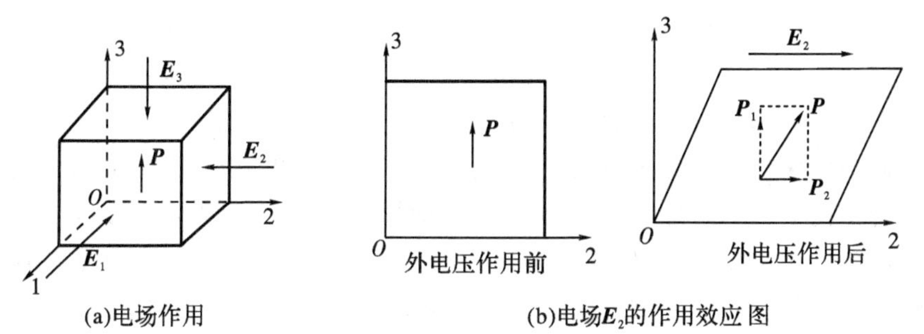

(a)电场作用　　(b)电场E_2的作用效应图

图 7-64　逆压电效应中压电体的电场作用分析

$\boldsymbol{E}_3$ 的效应导致在 3 个方向上产生的正应变分别为 $\boldsymbol{S}_1$、$\boldsymbol{S}_2$、$\boldsymbol{S}_3$，而没有切应变的产生，所以有

$$S_1 = d_{31} E_3$$
$$S_2 = d_{32} E_3$$
$$S_3 = d_{33} E_3$$

逆压电效应的压电常数的第一个下标是电的分量，而第二个下标是机械形变或应力的分量。由于轴向 1 和轴向 2 的等效性，因此 $S_2 = S_1$，即有 $d_{31} = d_{32}$。

$\boldsymbol{E}_2$ 的效应，由于其方向垂直于极化强度方向 $\boldsymbol{P}$，因此在轴向 3 上不产生伸缩形变。但 $\boldsymbol{E}_2$ 的作用使极化强度 $\boldsymbol{P}$ 的方向发生偏转，在轴向 2 产生了分量 $\boldsymbol{P}_2$，如图 7-64(b)所示，因此有切应变 $\boldsymbol{S}_4$：

$$S_4 = d_{24} E_2$$

同理 $\boldsymbol{E}_1$ 与 $\boldsymbol{E}_2$ 的效应类似，只产生切应变 $\boldsymbol{S}_5$：

$$S_5 = d_{15} E_1$$

根据对称关系，$d_{24} = d_{15}$，因此逆压电效应的方程式可以写为

$$\begin{cases} S_1 = d_{31} E_3 \\ S_2 = d_{32} E_3 \\ S_3 = d_{33} E_3 \\ S_4 = d_{15} E_2 \\ S_5 = d_{15} E_1 \end{cases} \tag{7-145}$$

如果同时考虑力学参量($\boldsymbol{T}$,$\boldsymbol{S}$)和电学参量($\boldsymbol{E}$,$\boldsymbol{D}$)的复合作用，即材料在外加电场 $\boldsymbol{E}$ 和应力 $\boldsymbol{T}$ 的作用下，引起的电荷面密度 $\boldsymbol{D}$ 和形变 $\boldsymbol{S}$ 的大小可用简式表示如下：

$$\begin{cases} D = dT + \varepsilon^T E \\ S = S^E T + dE \end{cases} \tag{7-146}$$

式中，ε^T是在恒定应力或零应力下测量出的机械自由介电常数；S^E为在外电路电阻很小，相当于短路，或电场强度 $E=0$ 的条件下测得的弹性常数。由于压电材料沿极化强度 $\boldsymbol{P}$ 方向的性质与其他方向的性质不一样，所以其弹性、介电常数各个方向也不一样，并且与边界条件有关。

7.5.3 压电振子及其参数

压电振子是最基本的压电元件，它是被覆激励电极的压电体。样品的几何形状不同，可以形成各种不同的振动模式，如表 7-12 所示。极化方向与电场方向平行时产生的振动为伸缩振动，包括长度伸缩振动、厚度伸缩振动；极化方向与电场方向垂直时产生的振动为切变振动，包括平面切变振动、厚度切变振动。弹性波传播方向与极化轴平行为纵向效应；弹性波传播方向与极化轴垂直为横向效应；具有两种以上激励电极的振子，在极化方向与电场方向平行而施加的方式不同时，产生的振动为弯曲振动，包括厚度弯曲和横向弯曲。

表征压电效应的主要参数，除以前讨论的弹性常数、介电常数、压电常数等压电材料的常数外，还有表征压电元件的参数，这里重点讨论谐振频率、频率常数和机电耦合系数。

表 7-12 压电陶瓷的振动方式及其机电耦合系数

样品形状	振动方式	机电耦合系数
 薄圆片 电极面 极化方向	沿径向伸缩振动 	平面机电耦合系数 k_p
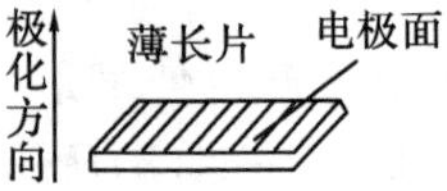 薄长片 电极面 极化方向	沿长度方向伸缩振动 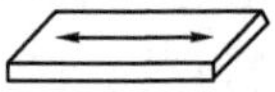	横向机电耦合系数 k_{31}
 圆柱体 电极面 极化方向	沿轴向伸缩振动 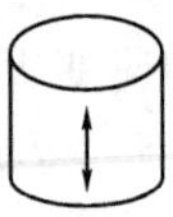	纵向机电耦合系数 k_{33}
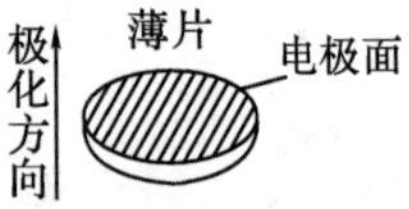 薄片 电极面 极化方向	沿厚度方向伸缩振动 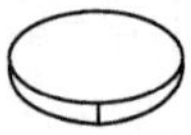	厚度机电耦合系数 k_i
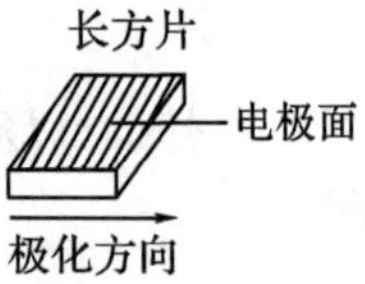 长方片 电极面 极化方向	厚度切变振动 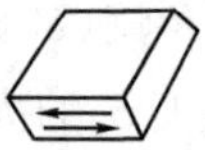	厚度机电耦合系数 k_{15}

1. 谐振频率与反谐振频率

对具有弹性的压电振子施加交变电场，当电场频率与压电体的固有频率 f_r一致时，压电振子因逆压电效应产生机械谐振，这种机械谐振又借助于正压电效应而输出电信号。实际上压电体中产生谐振时，在其中形成驻波，形成驻波的条件是谐振的线度尺寸 L 等于振动波波长一半的整数倍 n，即

$$L=\frac{n\lambda}{2} \tag{7-147}$$

又由于振动频率

$$f=\frac{v}{\lambda}$$

式中，v 为声波的传播速度。则谐振的线度尺寸与频率的关系为

$$f=\frac{nv}{2L} \tag{7-148}$$

当 $n=1$ 时，频率为基频，其他为二、三次等谐振频率。当发生谐振时，此时信号电压与电流同位相，f_r 为谐振频率。在两个谐振之间有一反谐振，其信号电压与电流也为同位相，此时对应的频率 f_a为反谐振频率。

压电振子的阻抗特性曲线如图 7-65 所示。当压电振子发生谐振时，输出电流最大，此时的频率为最小阻抗频率 f_m。当信号频率继续增大到 f_n，输出电流达最小值，f_n叫最小阻抗频率。只有压电振子在机械损耗为零的条件下，才有 $f_r=f_m$、$f_a=f_n$。

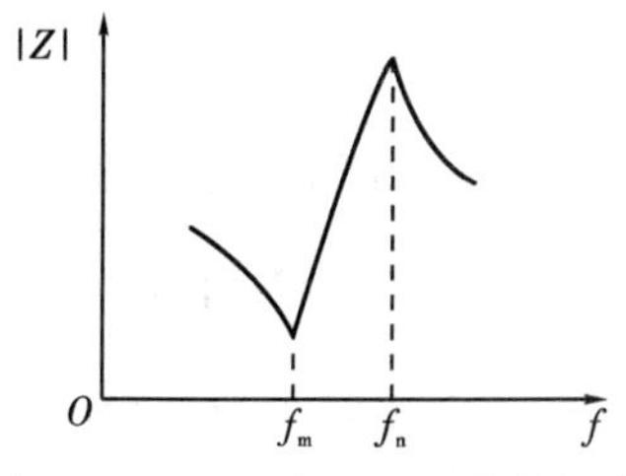

图 7-65　压电振子的阻抗特性曲线

2. 频率常数

压电元件的谐振频率 f_r与沿振动方向的长度 L 的乘积为一常数，这一常数为频率常数 N(kHz·m)。根据式(7-148)得

$$N=\frac{nv}{2} \tag{7-149}$$

一般常利用基频谐振，所以 $n=1$。因为声波的传播速度 v 取决于材料的弹性常数和密度，所以频率常数只与材料的性质有关。若知道材料的频率常数，即可根据所要求的频率来设计元件的外形尺寸。

3. 机电耦合系数

机电耦合系数 k 是综合反映压电材料性能的参数，它表示压电材料的机械能与电能的耦合效应，机电耦合系数可定义为

$$\begin{cases} k^2=\dfrac{\text{由机械能转化的电能}}{\text{输入的总机械能}} \\ k^2=\dfrac{\text{由电能转化的机械能}}{\text{输入的总机械能}} \end{cases} \tag{7-150}$$

由于压电元件的机械能与它的形状和振动方式有关，因此不同形状和不同振动方式所对应的机电耦合系数也不同，表 7-12 给出了常见的几种机电耦合系数。下面结合式(7-

46)以 k_{31} 为例求机电耦合系数：

k_{31} 表示在轴向 3 施加电场引起轴向 1 产生伸缩振动的机电耦合系数。在恒定应力下，当施加 $\boldsymbol{E}_3$ 时，由 $D=d+\varepsilon^{\mathrm{T}}E$ 知，在轴向 3 产生的附加电位移：

$$D_3=\varepsilon_{33}^{\mathrm{T}}E_3$$

式中，$\varepsilon_{33}^{\mathrm{T}}$ 表示在恒定应力下，施加 $\boldsymbol{E}_3$，在轴向 3 测量出的机械自由介电常数。因此单位体积输入的电能为

$$U_{\mathrm{E}}=\frac{1}{2}D_3E_3=\frac{1}{2}\varepsilon_{33}^{\mathrm{T}}E_3^2$$

根据逆压电效应，$\boldsymbol{E}_3$ 引起轴向 1 的应变大小为 $S_1=d_{31}E_3$，则由电能转换的机械能，即应变能 U_{M} 为

$$U_{\mathrm{M}}=\frac{1}{2}S_1T_1=\frac{1}{2}d_{31}E_3\frac{S_1}{S_{11}^E}=\frac{1}{2}\frac{d_{31}^2}{S_{11}^E}E_3^2$$

式中，S_{11}^E 表示在恒定电场下，在轴向 1 测量出的弹性常数。所以有

$$k_{31}=\sqrt{\frac{U_{\mathrm{M}}}{U_{\mathrm{E}}}}=d_{31}\sqrt{\frac{1}{S_{11}^E\varepsilon_{33}^T}}$$

因此机电耦合系数由定义可推证为 $k=d\sqrt{\frac{1}{S^E\varepsilon^T}}$。

压电材料的参数可通过谐振实验测量谐振频率、反谐振频率计算出来。

7.5.4 压电材料及其应用

自从 1880 年发现压电效应以来，直至 20 世纪 40 年代，压电材料只局限于晶体材料。自 40 年代中期出现了 $BaTiO_3$ 陶瓷以后，压电陶瓷的发展较快。当前，晶体和陶瓷是压电材料的两类主要分支，柔性材料则是另一分支，它是高分子聚合物。几种压电材料的主要性能列于表 7-13。

表 7-13 几种压电材料的主要性能

材料	耦合系数/%		相对介电常数 $\varepsilon_{33}{}^{\mathrm{T}}/\varepsilon_0$	压电常数/(10^{-12}C·N^{-1})		频率常数/(Hz·m)	
	k_p	k_{31}		d_{31}	d_{33}	$f_{r31}L$	$f_{r33}L$
$BaTiO_3$ 单晶		31.5	168	～34.5	85.6		
$BaTiO_3$ 陶瓷	36	21	1700	～79	191	2000	2520
$Pb(Zr_{0.52}Ti_{0.48})O_3$	52.9	31.3	730	～93.5	223		
$PbTiO_3$ 陶瓷	7～9.6	4.2～6.0	～150			～2000	～2000

已经开发出的压电陶瓷主要有下列四方面的用途：

(1)产生高压电荷。要求制品同时具有高的压电常数和抗高机械应力下电或机械损坏的性能。

(2)检测机械振动和用于制动器。要求制品材料高的压电常数及低的介电系数。

(3)控制频率。要求制品材料对时间和温度稳定,并且有最小的损耗和高的耦合系数。

(4)产生声和超声振动。要求当施加产生有用的振幅所需的高电场时,制品材料具有低损耗。

1. 钛酸钡

钛酸钡是第一个作为压电陶瓷被研究的,并大规模用于上述用途(2)和(4)。由于其机电耦合系数较高,化学性质稳定性,有较大的工作温度范围,早在20世纪40年代末已在拾音器、换能器、滤波器等方面得到应用,至今仍然得到广泛的应用。近年来大量的研究工作是对其掺杂改性,以改变其居里点,提高其温度稳定性。

钛酸钡结构上的转变伴随着几乎其所有的电和机械性质的变化。对于许多应用来说,为了避免产生大的温度系数,使转变温度移至远离工作范围是必要的。通过部分的Ba和Ti被取代,可改变转变温度。立方-四方晶系和正交-六方晶系相变正好发生在远离正常工作温度区内,但四方-正交晶系相变发生在靠近工作温度区。Ca取代Ba会降低钛酸钡的相变温度,并已用于控制0 ℃附近的压电性,这种性质对于水下探测和回声探测可发挥主要的作用。

从技术上看,纯的钛酸钡或掺有等价取代离子的钛酸钡在高电场强度(0.2～0.4 $MV \cdot m^{-1}$)下具有非常高的介电损耗,高电场强度是产生有用超声能所需要的。介电损耗主要由畴壁的运动产生。因此,控制高的介电损耗在于控制畴壁的运动。

2. 钛酸铅

钛酸铅的结构与钛酸钡相类似,其居里点为495 ℃,居里点以下为四方晶系,但在室温时,其c轴约比a轴长约6%。纯钛酸铅陶瓷很难烧结,因为当冷却温度通过居里点时,其就会碎裂成粉末,因此目前测量只能用不纯的样品。钛酸铅陶瓷中有少量添加物可抑制开裂。例如含Nb^{5+} 4%(原子)的材料,d_{33}可达40×10^{-12} C/N。陶瓷形态的钛酸铅很难极化,其压电性能较低,且常常在高的直流电场下分解。

3. 锆酸铅

锆酸铅具有与正交晶系钛酸钡类似结构的正交晶系,但它是反铁电体,即由于Zr^{4+}从六个O^{2-}环绕的几何中心位移产生的偶极子交替按相反方向指向,因此自发极化为零,但在很强的外电场作用下,可以诱导成铁电相。锆酸铅具有如图7-66所示的双电滞回线,居里点为234 ℃,居里点以下为斜方晶系。锆酸铅与钛酸铅的固溶体陶瓷具有优良的压电性能。

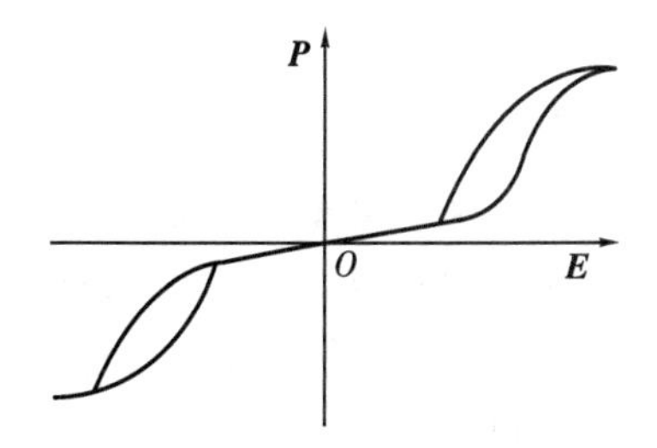

图7-66　$PbZrO_3$双电滞回线

4. 钛锆酸铅(PZT)

20世纪60年代以来,人们对复合钙钛矿型化合物进行了系统的研究,这对压电材料的发展起了积极的作用。PZT为二元系压电材料,其压电陶瓷在四方晶相(富钛边)和菱形晶相(富锆一边)的相界附近耦合系数和介电常数是最高的。这是因为在相界附近,极化更容易重新取向。PZT压电陶瓷的相界大约在$Pb(Ti_{0.465}Zr_{0.535})O_3$的地方,其组成的机电耦合系数$k_{33}$可到0.6,$d_{33}$可到$2000\times10^{-12}$ C/N。

为了满足不同的使用要求，在 PZT 中添加某些元素，可达到改性的目的，比如添加的 La、Nd、Bi、Nb 等，属软性添加物，它们可使陶瓷弹性柔顺常数增高，矫顽场降低，k_P 增大；Fe、Co、Mn、Ni 等添加物，属于硬性添加物，它们可使陶瓷性能向硬的方面变化，即矫顽场增大，k_P 下降，同时介质损耗降低。

为了进一步改性，在 PZT 陶瓷中掺入铌镁酸铅制成三元系压电陶瓷(PCM)。该三元系陶瓷具有可以广泛调节压电性能的特点。

5. 其他压电陶瓷材料

其他还有钨青铜型、含铋层状化合物、焦绿石型等非钙钛矿型压电陶瓷材料，这些材料具有很大的潜力。此外硫化镉、氧化锌、氮化铝等压电半导体薄膜也得到了研究与发展，20 世纪 70 年代以来，为了满足光电子学的发展需要又研制出了掺镧钛锆酸铅透明铁电陶瓷，用以制作各种光电元件。几种压电材料的主要类型列于表 7－14。

表 7－14 几种压电材料的主要晶体类型

结构	晶系	点群	实例	类型	T_c/K
氢键型	单斜	2	TGS(硫酸三甘肽)	热电晶体	322
铋层状化合物型	单斜	m	$Bi_4Ti_3O_{12}$	电光晶体	648
石英型	三方	32	水晶	压电晶体	850
铌酸锂型	三方	$3m$	LN(铌酸锂)	高温铁电晶体	1483
钙钛矿型	四方	$4mm$	BT(钛酸钡)	铁电晶体	393
钨青铜型	斜方	$mm2$	BNN(铌酸钛钡)	非线性光学晶体	833
烧绿石型	斜方	$mm2$	$Sr_2Nb_2O_7$	高温电光晶体	1615
钙钛矿型	四方	$4mm$	极化后的铁电陶瓷	压电铁电陶瓷	393～1483

近年来，压电陶瓷得到了广泛的应用。正压电效应的大多数用途是利用其压缩应力产生高电压，例如，在空气中使用的燃气火花点火装置。利用逆压电效应可以施加给陶瓷片一个电场来产生微小的位移。通过给陶瓷片施加一个交变电场，可以产生振动，反过来施加一个交变的机械力，则产生交变的电场，由此这些性能可用于超声探伤、超声清洗、超声显像中的陶瓷超声换能器及高压电源的陶瓷变压器。陶瓷薄片可以制成柔顺的弯模振荡元件，用于电声器件中的扬声器、送话筒、拾音器等。当压电陶瓷体在其共振频率振动时，其阻抗衰减特性可用作滤波器，以便从混合频率中选择频率段。表面波的产生使滤波器和将用其制造的装置能在频率超过 1 GHz 下使用。压电陶瓷的应用取决于其外形和结构，因此这些压电陶瓷器件除了选择合适的瓷料以外，还要有先进的结构设计。

必须指出，不同的应用目的对压电参数有不同的要求。例如，高频器件要求材料有小的介电常数和低的损耗；滤波器材料要求谐振频率稳定性好，其 k_p 值则取决于滤波器的带宽；电声材料要求高的 k_p 和高的介电常数。

习 题

1. 解释下列名词：电极化、偶极子、电偶极矩、质点的极化率、局部电场、极化强度、电介质的电极化率。

2. 什么叫极化强度？写出它的几种表达式及其物理意义。

3. 克劳修斯-莫索提方程的意义是什么？适用的条件是什么？

4. 电介质的极化机制有哪些？分别在什么频率范围响应？

5. 金红石的介电常数是100，求气孔率为10%的金红石陶瓷的介电常数。

6. 镁橄榄石瓷的组成为45% SiO_2、5% Al_2O_3和50% MgO，在1400 ℃烧成并急冷(保留玻璃相)，陶瓷的 $\varepsilon_r=5.4$，由于镁橄榄石的介电常数是6.2，试估计玻璃的介电常数 ε_r。(设玻璃的体积浓度为镁橄榄石的50%)

7. 如果A原子的半径为B原子的两倍，那么在其他条件都相同的情况下，A原子的电子极化率大约是B原子的多少倍？

8. 金红石和钙钛矿型等晶体为什么具有高的介电常数？

9. 有关介质损耗描述的方法有哪些？其本质是否一致？

10. 损耗的基本形式是什么？影响介电损耗的因素有哪些？

11. 边长10 mm、厚度1 mm的方形平板电容器的电介质相对介电常数为2000，计算相应的电容。若在平板上外加200 V电压，计算：(1)电介质中的电场；(2)每个平板上的总电量；(3)电介质的极化强度。

12. 示意画出介质在直流电场作用下电流与时间的关系图，并注明各部分电流的名称及形成的原因。写出交流电场作用时，通过介质的全电流表达式，并说明各部分的物理意义。

13. 金红石介质材料在烧成时应维持何种气氛？为什么？

14. 已知 TiO_2 陶瓷介质的体积密度为4.24 g/cm^3，分子量为79.9，该介质的化学分子式表达为 AB_2，$\alpha_{eA}=0.272\times10^{-24}$ cm^3，$\alpha_{eB}=2.76\times10^{-24}$ cm^3，试用克劳修斯-莫索提方程计算该介质在可见光频率下的介电系数，实测 $\varepsilon'_\infty=7.1$，请对计算结果进行讨论。

15. 何谓空间电荷？产生的原因是什么？

16. 何谓陶瓷介质的内电离？如何判断陶瓷介质是否发生了电离击穿？

17. 什么叫介质的击穿？示意画出热击穿与本征击穿电场强度与温度、厚度、时间的关系图。

18. 介质击穿电压的严格定义是什么？击穿时常伴随什么现象发生？

19. 写出电导率分别为 r_1 与 r_2 的双层介质在电场作用下，电场强度的分配规律，并说明可能由此造成陶瓷介质击穿电压下降的原因。(该双层介质的厚度分别为 d_1 与 d_2，面积分别为 S_1 与 S_2)

20. 热运动引起自发极化的机理是什么？

21. 为什么说“凡是具有对称中心的晶体都不具有压电效应”？

22. 叙述像 $BaTiO_3$ 这种典型电介质中在居里点以下存在的四种极化机制。画出其介电常数和损耗因子在10～10^{20} Hz频率范围内的关系曲线。

23. 一块 1 cm×4 cm×0.5 cm 的陶瓷介质，其电容为 2.4^{-6} μF，损耗因子 $\tan\delta$ 为 0.02。求其相对介电常数及损耗因素。

24. 画出高纯度的锗和 CaF_2 的介电常数和损耗因子在 1～10^{18} Hz 频率范围内的关系曲线。

25. 一般来说，用作电绝缘体的玻璃含碱量低，含碱土金属或含铅量高。那么什么样的性质合乎介电绝缘体的要求？

26. 机电耦合因子的定义是什么？如何计算机电耦合因子？其物理意义是什么？

27. 常用的压电振子的振动模式有几种？各有哪些特点？

28. 什么是压电振子的谐振频率、反谐振频率、阻抗最大频率、阻抗最小频率、串联谐振频率、并联谐振频率？它们之间存在什么关系？

29. 铁电性的定义是什么？有哪些主要特征？

30. 什么是铁电体的畴结构？什么是畴壁？什么是 180°畴和 90°畴？

31. 什么是介电常数的居里-外斯定律？

32. 弛豫铁电体的主要特征是什么？其介电常数与温度和测试频率呈现什么特征？

33. 何为铁电晶体的一级相变、二级相变？分别举例说明其在居里点和相变点的晶格参数、自发极化强度、介电常数随温度的变化关系。

34. 试画出四种典型电介质材料（线性电介质、铁电体，弛豫铁电体和反铁电体）在交流电场作用下的 $\boldsymbol{P}-\boldsymbol{E}$ 电滞回线示意图，并描述每种电介质的电滞回线饱和极化强度值、剩余极化强度值和矫顽场的特点。

第 8 章　无机材料的光学性能

无机材料由于其光学性能而被广泛地应用于许多方面，因为大多数无机材料除了用作介质外，还是宽禁带的绝缘材料，而且基本上不吸收可见光。其中，透明无机材料最重要的光学性能之一就是能够折射可见光。这些性能是玻璃和晶体在光学系统中被广泛应用的基础，如用作窗口、透镜、棱镜、滤光镜、激光器、光导纤维等以光学性能为主要功能的光学玻璃、晶体等，有些特殊用途的光学零件，如高温窗口、高温透镜等，不宜采用玻璃材料，须采用透明陶瓷材料。透明氧化铝陶瓷已被成功地应用在高压钠灯灯管上，因为需要它能承受上千度的高温和钠蒸气的腐蚀，因此其光学性能要求有良好的透光性。

对于诸如建筑瓷砖（面砖）、餐具、艺术瓷、搪瓷、卫生瓷等的价值和用途在很大程度上取决于其颜色、半透明性和表面光泽等特性。此外，激光、近代的光学信息处理、信息显示和储存、光学通信等领域科学技术的发展对材料的光学性能又提出了更高的要求，因此了解材料的光学性能是很必要的，而这些性能的基础是光的反射、折射、吸收和散射等现象，它们都是光和物质相互作用的结果，因此我们将通过光的这些现象研究材料光学性能的本质。

8.1　光和物质相互作用的基本理论

介质中的各种光学现象本质上是光和物质相互作用的结果。从经典电子模型出发，研究光和物质相互作用的微观过程，是讨论介质中光的折射、散射、吸收和色散等常见线性光学现象的物理本质的基础。

一般说来，当带电粒子加速运动时就会产生电磁波辐射。光波的辐射主要是原子最外层电子或弱束缚电子的加速运动产生的，因而原子的电偶极矩便是这种光辐射的主要波源。了解电偶极子辐射场的基本性质对经典理论中处理光和物质相互作用的问题极为重要。

电偶极子是一对等值异号的电荷相距一定距离配置的体系，而原子中的外层电子与原子核即可等效成这样的电偶极子，当这对电荷交替变化时，即形成一个交变的电偶极子，在它的周围产生交变电场，交变电场又产生交变磁场，交变磁场再产生交变电场，如此不断地延续下去，于是，在电偶极子周围空间便产生由近及远的电磁波动，因此，交变电偶极子向空间发射电磁波。如图 8－1 所示为电偶极子的辐射场示意图。

根据电磁场理论和麦克斯韦方程可知，这种电磁波是一种横波，其电矢量 $\boldsymbol{E}$ 和磁矢量 $\boldsymbol{H}$ 的振动方向互相垂直，等位相面为球面，故称为横球面波。

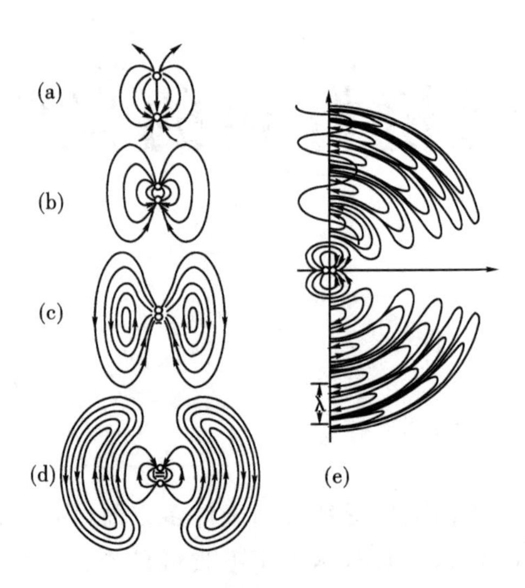

图 8-1 电偶极子的辐射示意场

按照经典理论,光和物质相互作用的过程可以看作是组成物质的原子或分子体系在入射光波电场的作用下,正负电荷发生相反方向的位移,并跟随光波的频率做受迫振动,产生感生电偶极矩,进而产生电磁波辐射的过程。这一过程也是发射次波的过程。

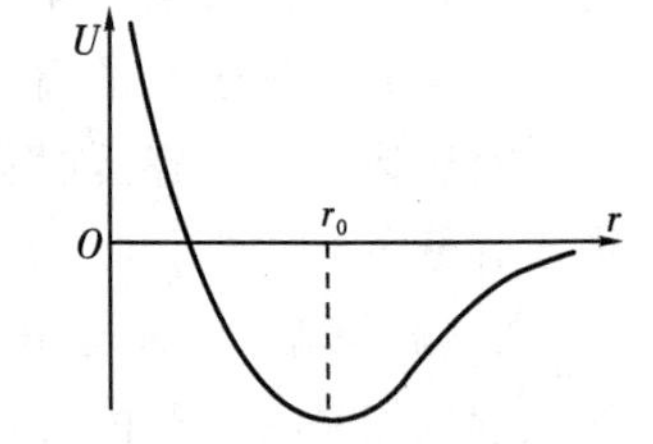

图 8-2 原子中电子的位能曲线

根据经典原子模型,原子中的束缚电子受原子核和邻近原子库仑力的作用,围绕其平衡位置振动,其位能曲线如图8-2所示。当电子振动位移较小时,位能曲线可用平衡位置附近的二次曲线近似,则相应的力为弹性恢复力,因此原子内部电子的运动可用简谐振动规律的电偶极子描述,称为简谐振子。则电子的运动方程为

$$m\frac{d^2x}{dt^2}=-k_s x$$

或

$$\frac{d^2x}{dt^2}=-\omega_0^2 x \tag{8-1}$$

式中,m 为电子的质量;$\omega_0=\left(\frac{k_s}{m}\right)^{\frac{1}{2}}$ 为弹性偶极子的固有频率;$k_s x$ 为维持电子在平衡位置的弹性力大小;k_s 是弹性常数,x 是在时间 t 时刻电子的位移大小。

因为交变电偶极子辐射电磁波,而辐射场必然对电子产生反作用,即辐射阻尼,这种辐射阻尼的阻力与位移速度$\frac{dx}{dt}$成正比,即为 $\gamma\frac{dx}{dt}$,γ 为阻力系数,于是,电子的运动方程可写成

$$\frac{d^2x}{dt^2}+\gamma\frac{dx}{dt}+\omega_0^2 x=0 \tag{8-2}$$

因此原子内部电子按固有频率的振动是衰减振动,其振幅随时间不断减小,即为阻尼振动。

当有光波作用到原子上时,光波使原子极化,原子中的电子将在光频电磁场的驱动下做受迫振动,使电子依靠光波电场的步调振动。对于非磁性材料,仅考虑电场力($-eE$)的作用。如果光场较弱,电子强迫振动的位移 $\boldsymbol{x}$ 不大,则仍可采用简谐振子模型,电子运动方

程为

$$\frac{d^2x}{dt^2}+\gamma\frac{dx}{dt}+\omega_0^2x=-\frac{e}{m}E \tag{8-3}$$

式中，$e=|e|$为电子电荷的大小。忽略介质中宏观电场与局部电场的微小差别，E就是外部光波的电场。

为了简单起见，考虑简谐电场作用下的电子运动，则电场 $\boldsymbol{E}$ 和电子位移 $\boldsymbol{x}$ 大小分别为 $E=E(\omega)e^{i\omega t}$ 和 $x=x(\omega)e^{i\omega t}$，其中 $E(\omega)$ 和 $x(\omega)$ 表示对应于频率 ω 的振幅值，代入方程式(8-3)，解得

$$x(\omega)=\frac{e}{m}\cdot\frac{E(\omega)}{\omega_0^2-\omega^2+i\omega\gamma} \tag{8-4}$$

由此可见，在简谐振子模型的近似下，电子受迫振动的频率与驱动光波频率相同。但该式右边的分母中含有虚因子 $i\omega\gamma$，表明受迫振动与驱动光场间存在位相差，且这个位相差对介质中所有原子都是一样的。对于式(8-4)，在 $\omega\neq\omega_0$、$\omega=\omega_0$ 两种情况下，电子运动过程有不同的特点：

(1)在 $\omega\neq\omega_0$ 的情况下，开始时，电子吸收少量光波能量，引起受迫振动感生电偶极矩，并辐射次波。从式(8-4)看到，即使忽略辐射阻尼(即不考虑振子的辐射)，电子位移恒为有限值，因此在达到稳定状态后，吸收的能量与辐射的能量必然达到平衡，即维持稳幅振荡，这种过程称为光的散射。这一散射过程的特点是，电子的本征能量不会发生改变，形式上只是入射光波和散射光波之间的能量互相转换，吸收多少又散射多少。因此当光子的频率与电子振动的自然频率(大约 $10^{15}\,s^{-1}$)不同时，电磁波在固体中自然传播而无吸收。以上过程称为光和物质的非共振相互作用过程。

(2)在 $\omega=\omega_0$ 情况下，随着入射光波频率逐渐接近原子的固有频率，振子的振幅逐渐加大、因而振子从入射光波摄取的能量增大，相应的辐射次波能量也增大。这一过程有其显著的特点：从式(8-4)可以看到，当略去阻尼作用时，振幅将趋向无穷大，因此，无论考虑阻尼与否，振子都将吸收能量——有辐射阻尼时，吸收的能量用作散射；没有辐射阻尼时，吸收的能量用来不断增大振幅。鉴于这一特点，通常把 $\omega\approx\omega_0$ 的过程与其他频率的过程区分开来，不再称作散射，而称为吸收与再放射。实际上，在 $\omega=\omega_0$ 的谐振频率处，可以认为初始态的电子吸收一个光子跃迁到高能态，而受激电子又可以放出一个同频率的光子回到初始的低能态，在这种吸收与再放射过程中，电子的本征能态将发生改变，故上述过程属于光和物质的共振相互作用过程。

8.2 光在界面的反射和折射

介质材料可以看作是许多线性谐振子的集合，在光波场的作用下，极化的原子或分子辐射的次波与入射光波的相互干涉决定了光在介质中的传播规律。对于不同的材料，光的传播特性有所不同，因此光在两种不同介质材料的界面上表现出了反射和折射等现象。

8.2.1 光的反射和折射

当一种介质材料置于可见光范围的电磁辐射场中时，辐射的极化电场引起其中带电的

结构单元周期性的位移，辐射导致该材料的宏观极化，在可见光的频率范围内仅出现电子极化。由于光的传播与介质的极化有关，因此介质对光波场的响应可用宏观电物理量，即极化率或介电常数来描述。光波除了与介质材料中的电结构作用外，还与磁结构作用，正是因为材料的极化和磁化作用，"拖住"了电磁波的步伐，使电磁波的传播速度变慢。根据麦克斯韦电磁场理论，电磁波在固体中的传播速度 v 与反映材料极化特性的相对介电常数 ε_r 和磁化特性的相对磁导率 μ_r 及真空中的光速 c 的关系表示为

$$v=\frac{c}{\sqrt{\mu_r\varepsilon_r}} \tag{8-5}$$

该式反映了材料的性质对光传播的影响。对于非磁性材料，$\mu_r\approx1$，在下面讨论中，介质材料一般都指非磁性材料。

由于光的传播速度因材料而异，因此光从一种均匀介质斜射入另一种均匀介质时，在两种介质的界面上一般都会发生反射和折射现象。

这些现象可以用惠更斯原理得到解释。惠更斯原理是关于波面传播的理论，它的描述可以用图 8－3 来说明。在某一时刻 t，由振源发出的波扰动传播到了 S 面，S 面上的每一点都可以看作球面次波的波源，这些波源发射的球面次波以光波的速度 v 传播，经过时间Δt 后，在各向同性的均匀介质中，形成半径为 $v\Delta t$ 的球面。这些次波面的包络面 S'就是 $t+\Delta t$ 时刻总扰动的波面，或者说是经过Δt 时刻后，波面传播到了 S'面。

如图 8－4 所示，设想有一束平行光线（平面波）以入射角 i_1 由介质 1 射向介质 1 与介质 2 的分界面上，作通过 A_1 点垂直于所有入射光的波面，分别相交于 A_1、A_2、…、A_n 点，这些点可以作为波源发射次波。设光在介质 1 中的传播速度为 v_1，在介质 2 中的传播速度为 v_2，由于 $v_1\neq v_2$，所以对于处在分界面上的 A_1 点分别向介质 1 内发射反射次波和向介质 2 内发射透射次波，这些次波都是半球面。经过Δt 时间后，其他点都陆续地传播到界面上，成为次波源，并分别发射反射次波和透射次波，这些次波面一个比一个小，直到缩成一个点 B，则有 $A_nB=v_1\Delta t$。而此时 A 点发出的透射波到达 C 点，则有 $AC=v_2\Delta t$，反射波到达 D 点，则有 $AD=v_1\Delta t$。根据惠更斯原理，这一时刻总扰动的波面是这些次波面的包络面。在各向同性介质中，由于波线总是与波面正交，容易证明，反射次波和透射次波的包络面都是通过 B 点的平面，因此 BC 为透射波的波前，与所有透射次波面相切，连接次波源和切点得到折射光线；同样，BD 为反射波的波前，与所有反射次波面相切，连接次波源和切点得到反射光线。

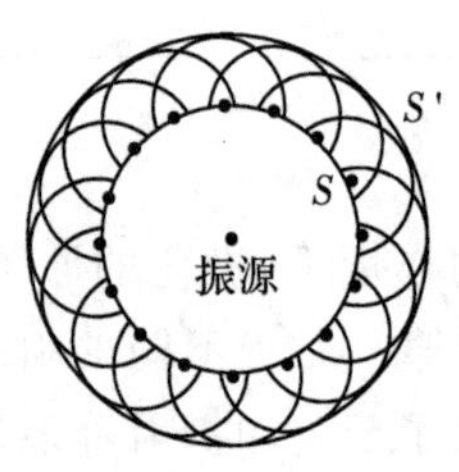

图 8－3　惠更斯原理示意图

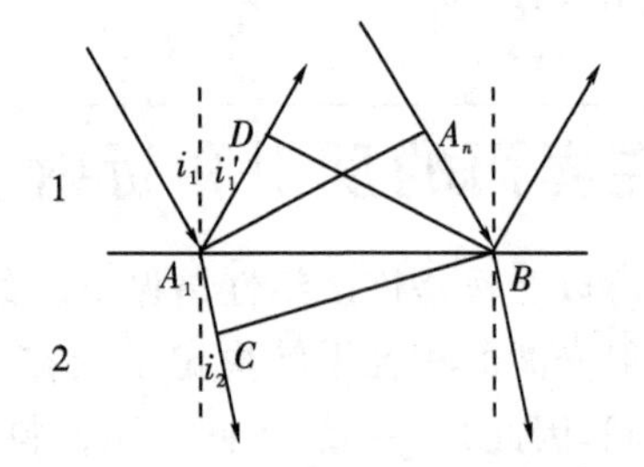

图 8－4　用惠更斯原理解释折射和反射现象示意图

由三角形全等关系$\triangle A_1BD\cong\triangle A_1A_nB$，得 $i_1=i_1'$，即入射角等于反射角，这就是反射定律。设$\angle A_1BC=i_2$，得 $\sin i_2=A_1C/A_1B$，此外 $\sin i_1=A_nB/A_1B$，于是

$$\frac{\sin i_1}{\sin i_2}=\frac{A_nB}{A_1B}=\frac{v_1\Delta t}{v_2\Delta t}=\frac{v_1}{v_2}$$

由此可见，入射角与折射角正弦之比为一常数，这就是折射定律。称 $\sin i_1/\sin i_2$ 的比值为介质 2 相对介质 1 的折射率 n_{21}。如果介质 1 为真空，则定义

$$n_2=\frac{v_{\text{真空}}}{v_{\text{材料}}}=\frac{c}{v_{\text{材料}}} \tag{8-6}$$

式中，n_2 为介质 2 的折射率。而两种介质的相对折射率则为

$$n_{21}=\frac{n_2}{n_1} \tag{8-7}$$

因此，材料的折射率反映了光在该材料中传播速度的快慢。两种折射率相比，折射率较大者，光的传播速度较慢。

8.2.2　影响折射率的因素

由式(8－5)和式(8－6)得出麦克斯韦关系式

$$\varepsilon_r=n^2 \tag{8-8}$$

该式反映了光的折射率与材料的介电常数的关系。材料的极化性质与构成材料原子的原子量、电子分布情况、化学性质等微观因素有关，这些微观因素通过宏观量介电常数来影响光在材料中的传播速度。为了进一步说明影响介质折射率的因素，将式(8－8)代入克劳修斯-莫索提方程$\frac{\varepsilon_r-1}{\varepsilon_r+2}=\frac{n\alpha}{3\varepsilon_0}$中，该式中的 n 为介质单位体积中的极化质点数，$n=\frac{N\rho}{M}$，其中 M 是分子量、ρ 是密度、N 是阿伏伽德罗常数，则有

$$P_M=\frac{n^2-1}{n^2+2}\cdot\frac{M}{\rho}=\frac{N\alpha}{3\varepsilon_0} \tag{8-9}$$

式中，P_M 是分子的折射度。式(8－9)说明介质单位体积中原子的数目越多或结构越紧密，则折射率越大。另外在讨论电子的极化时，从定性的简化模型中导出了 $\alpha_e=4\pi\varepsilon_0 r^3$ 的关系，由于介质的折射率随组成固体原子的电子极化率的增加而增加，因此材料的折射率随原子半径的增加而增加。归纳起来影响折射率 n 值的因素有下列几方面。

1. 构成材料元素的离子半径和电子结构

折射率是材料的组成离子的极化率总和。正、负离子的极化率是由离子的半径及其外层电子结构决定的，如原子价相同的正离子，其半径越大，原子核对外层电子吸引力越弱，则离子的极化率越高；而外层具有孤立电子对(Pb^{2+}、Bi^{3+} 等)或 18 电子结构(Zn^{2+}、Cd^{2+}、Hg^{2+} 等)的正离子相比惰性气体电子层结构的离子有较大的极化率。此外离子极化率还受到周围离子极化的影响，这对负离子尤为显著，如氧离子和周围离子键力越大，则它的外电子层被固定得越牢，越不易被极化，因而极化率也就越小；氧离子和正离子间键力随正离子半径的增加而减弱，所以当正离子半径增加时，不仅其本身极化率上升，而且也提高了氧离子的极化率，因而促使材料的折射率迅速增大。另外，可以用大离子得到高折射率的材料，如 PbS 的折射率 $n=3.912$，因此提高玻璃折射率的有效措施是掺入铅和钡的氧化物，例如含 PbO 90%(体积百分比)的铅玻璃的折射率 $n=2.1$。还可用小离子得到低折射率的材料，如 $SiCl_4$ 的折射率 $n=1.412$。已被证实许多材料折射率的实验值确实随构成这种材料的原

子(离子)半径的增加而增加。

2. 材料的结构、晶型和非晶态

折射率除与离子半径有关外,还和离子的排列密切相关。像非晶态(无定型态)和立方晶体这些各向同性的材料,当光通过时,折射率不因光速的传播方向不同而变化,其只有一个折射率,称之为均质介质。但是对于除非晶态和立方晶体以外的其他晶型的非均质介质,折射率随光的传播方向而不同,光沿着原子或离子越密堆的结晶方向传播,折射率越大。对于层状结构的晶体,沿原子较紧密的堆积层面内的光波速度,都比其他方向小,特别是小于垂直于层面的光波速度。若晶体结构内没有明显的层状结构,但具有平面状负离子团如CO_3^{2-}、NO_3^-、ClO_3^-等,它们在晶体结构中上下互相平行排列,也会同样出现强的各向异性。在链状晶体中,最大的折射率依然出现在结构质点最紧密堆积的链上。对于像SiO_2等架状结构的晶体,其比岛状结构空旷得多,折射率就比较小。

3. 同质异构体

一般情况下,同质异构材料的高温晶型原子的密堆积程度低,因此高温晶型材料的折射率较低,低温晶型原子的密堆积程度高,因此低温晶型材料的折射率较高。例如常温下的石英玻璃,$n=1.46$,在常温下的各种玻璃中数值最小。常温下的石英晶体,$n=1.55$,数值较大;高温时的鳞石英,$n=1.47$;方石英,$n=1.19$。至于普通钠钙硅酸盐玻璃,$n=1.51$,比常温下的石英晶体的折射率小。表 8-1 列出了一些玻璃和晶体的折射率。

表 8-1 一些玻璃和晶体的折射率

各种玻璃	平均折射率	晶体	平均折射率	双折射率	晶体	平均折射率	双折射率
钾长石组成的	1.51	四氯化硅	1.412		金红石	2.71	0.287
钠长石组成的	1.49	氟化锂	1.392		碳化硅	2.68	0.043
霞石正长岩组成的	1.50	氟化钠	1.326		氧化铅	2.61	
氧化硅玻璃	1.458	氟化钙	1.434		硫化铅	3.912	
高硼硅酸玻璃(90% SiO_2)	1.458	刚玉	1.76	0.008	方解石	1.65	0.17
		方镁石	1.74		硅	3.49	
钠钙硅玻璃	1.51～1.52	石英	1.55	0.009	碲化镉	2.74	
硼硅酸玻璃	1.47	尖晶石	1.72		硫化镉	2.50	
重燧石光学玻璃	1.6～1.7	锆英石	1.95	0.055	钛酸锶	2.49	
硫化钾玻璃	2.66	正长石	1.525	0.007	铌酸锂	2.31	
		钠长石	1.529	0.008	氧化钇	1.92	
		钙长石	1.585	0.008	硒化锌	2.62	
		硅线石	1.65	0.021	钛酸钡	2.40	
		莫来石	1.64	0.010			

注:表中的双折射率是指最大和最小折射率差值。

4. 外界因素对折射率的影响

材料在机械应力、超声波、电场等的作用下，折射率会发生改变，如有内应力存在时的透明材料，垂直于受拉主应力方向的 n 大，平行于受拉主应力方向的 n 小。因此材料具有光弹性效应、声光效应、电光效应等物理效应。

8.2.3　反射率和透射率

作为一种波动，光在两种介质界面上的行为除了传播方向可能改变外，还有能流的分配、位相的跃变和偏振态的变化等问题，这些问题可根据光的电磁理论，由电磁场的边界条件全面地解决。

设两种介质的折射率分别是 n_1 和 n_2，当自然光波由介质 1 入射到介质 2 时，光在介质界面上分成了反射光和折射光。由于自然光波的振动可以分解为相互独立的 $\boldsymbol{s}$ 振动和 $\boldsymbol{p}$ 振动，则入射光 $\boldsymbol{k}_1$、反射光 $\boldsymbol{k}_1'$和折射光 $\boldsymbol{k}_2$ 三光束中的电矢量 $\boldsymbol{E}_1$、$\boldsymbol{E}_1'$、$\boldsymbol{E}_2$ 都分解成 $\boldsymbol{p}$ 分量和 $\boldsymbol{s}$ 分量，它们都垂直于光的波矢 $\boldsymbol{k}$，它们的正负都是相对于各自的波矢方向而定的。入射光、反射光和折射光内的 $\boldsymbol{p}$、$\boldsymbol{s}$、$\boldsymbol{k}$ 正交系的选择如图 8-5 所示。由此根据电磁场的边界关系可以导出在界面两侧的入射光、反射光和折射光的电矢量大小满足如下的关系：

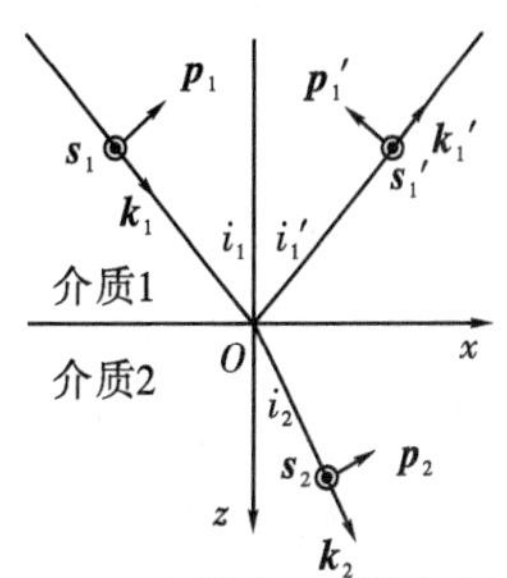

图 8-5　入射光、反射光和折射光内的 $\boldsymbol{p}$、$\boldsymbol{s}$、$\boldsymbol{k}$ 正交系的选择

$$E_{1p}'=\frac{n_2\cos i_1-n_1\cos i_2}{n_2\cos i_1+n_1\cos i_2}E_{1p}=\frac{\tan(i_1-i_2)}{\tan(i_1+i_2)}E_{1p} \tag{8-10}$$

$$E_{2p}=\frac{2n_1\cos i_1}{n_2\cos i_1+n_1\cos i_2}E_{1p} \tag{8-11}$$

$$E_{1s}'=\frac{n_1\cos i_1-n_2\cos i_2}{n_1\cos i_1+n_2\cos i_2}E_{1s}=\frac{\sin(i_2-i_1)}{\sin(i_2+i_1)}E_{1s} \tag{8-12}$$

$$E_{2s}=\frac{2n_1\cos i_1}{n_1\cos i_1+n_2\cos i_2}E_{1s} \tag{8-13}$$

以上四等式便是菲涅尔反射、折射公式，其中式(8-10)和式(8-12)是涅菲尔反射公式，式(8-11)和式(8-13)是折射公式。菲涅尔反射公式表明，在折射和反射过程中，$\boldsymbol{p}$ 和 $\boldsymbol{s}$ 两个分量的振动是相互独立的。

为了说明反射和折射各占多少比例，引入反射率和透射率的概念。这里除了光的各分量要分别计算外，还应区别三种不同的反射率和透射率，即振幅反(透)射率、光强反(透)射率和能流反(透)射率，它们的定义和相互关系列于表 8-2。

表 8-2 各种反射率和透射率的定义和相互关系

反射率和透射率	p 分量	s 分量
振幅反射率	$r_p=\dfrac{E'_{1p}}{E_{1p}}$	$r_s=\dfrac{E'_{1s}}{E_{1s}}$
光强反射率	$R_p=\dfrac{I'_{1p}}{I_{1p}}=\lvert r_p\rvert^2$	$R_s=\dfrac{I'_{1s}}{I_{1s}}=\lvert r_s\rvert^2$
能流反射率	$\mathscr{R}_p=\dfrac{W'_{1p}}{W_{1p}}=R_p$	$\mathscr{R}_s=\dfrac{W'_{1s}}{W_{1s}}=R_s$
振幅透射率	$t_p=\dfrac{E_{2p}}{E_{1p}}$	$t_s=\dfrac{E_{2s}}{E_{1s}}$
光强透射率	$T_p=\dfrac{I_{2p}}{I_{1p}}=\dfrac{n_2}{n_1}\lvert t_p\rvert^2$	$T_s=\dfrac{I_{2s}}{I_{1s}}=\dfrac{n_2}{n_1}\lvert t_s\rvert^2$
能流透射率	$\int_p=\dfrac{W_{2p}}{W_{1p}}=\dfrac{\cos i_2}{\cos i_1}T_p$	$\int_s=\dfrac{W_{2s}}{W_{1s}}=\dfrac{\cos i_2}{\cos i_1}T_s$

表 8-2 中，I 为光强，即平均能流密度等于光波振幅的平方；W 为能流，$W=IS$，S 为光束的横截面积，由反射定律和折射定律可知，反射光束与入射光束的横截面积相等，而折射光束与入射光束横截面积之比是 $\cos i_2/\cos i_1$。根据能量守恒，即 $W'_{1p}+W_{2p}=W_{1p}$、$W'_{1s}+W_{2s}=W_{1s}$ 及 $\mathscr{R}_p+\int_p=1$、$\mathscr{R}_s+\int_s=1$，由菲涅尔反射、折射公式可得到 r_p、r_s、t_p、t_s 的具体表达式：

$$r_p=\frac{n_2\cos i_1-n_1\cos i_2}{n_2\cos i_1+n_1\cos i_2}=\frac{\tan(i_1-i_2)}{\tan(i_1+i_2)} \tag{8-14}$$

$$r_s=\frac{n_1\cos i_1-n_2\cos i_2}{n_1\cos i_1+n_2\cos i_2}=\frac{\sin(i_2-i_1)}{\sin(i_2+i_1)} \tag{8-15}$$

$$t_p=\frac{2n_1\cos i_1}{n_2\cos i_1+n_1\cos i_2} \tag{8-16}$$

$$t_s=\frac{2n_1\cos i_1}{n_1\cos i_1+n_2\cos i_2} \tag{8-17}$$

利用表 8-2 中的其他公式，可进一步求出光强和能流的反射率和透射率。

当光束正入射时，$i_1=i_2=0$，上述各式简化为

$$r_p=\frac{n_2-n_1}{n_2+n_1}=-r_s \tag{8-18}$$

$$t_p=t_s=\frac{2n_1}{n_2+n_1} \tag{8-19}$$

此外

$$R_p=R_s=\mathscr{R}_p=\left(\frac{n_2-n_1}{n_2+n_1}\right)^2 \tag{8-20}$$

$$T_p=T_s=\int_p=\int_s=\frac{4n_1n_2}{(n_2+n_1)^2} \tag{8-21}$$

因此反射率和透射率是由两种介质的折射率决定的。如果 n_1 和 n_2 相差很大，那么界面反

射损失就严重，这意味着在光学系统中当折射率增大时，反射损失增大。以玻璃为例，设其折射率 $n_2=1.5$，光从空气正入射时，$r_p=20\%$、$r_s=-20\%$、$R_p=4\%$、$t_p=t_s=80\%$、$T_p=96\%$。

图 8-6 所示为光在空气与玻璃界面上反射时 **p** 分量和 **s** 分量的反射率与入射角的关系，从图中可以看出当入射角 $\alpha=54°40'$时，**p** 分量的反射率 R_p 零，即此时反射光中没有平行于入射面的分量 R_p，而只有垂直于入射面的分量 R_s，这个角度称为布儒斯特角，以 α_B表示，它的普遍关系为

$$\tan\alpha_B=\frac{n_2}{n_1} \tag{8-22}$$

利用布儒斯特角可以产生线偏振光，因此在激光器中常将光学元件以布儒斯特角安装以便产生偏振激光束。

介质的折射率与波长有关，因此同一种材料对不同波长的光有不同的反射率，如金对绿光的垂直反射率为50%，而对红外光的反射率达到了96%以上。

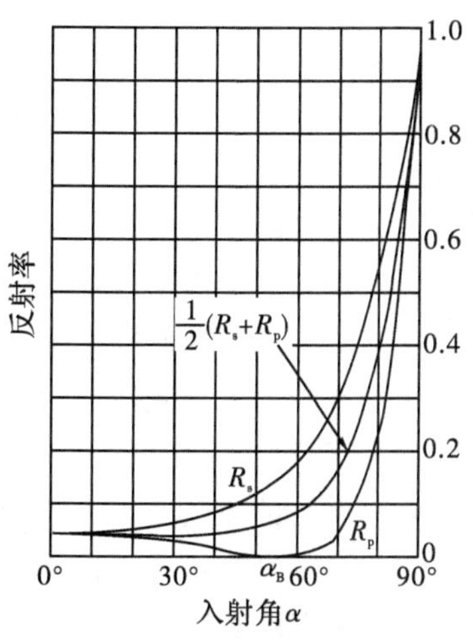

图 8-6　反射率随入射角的变化

由于陶瓷、玻璃等材料的折射率较空气的大，所以反射损失严重。如果透镜系统由许多块玻璃组成，则反射损失更大，为了减少这种界面损失，常常采用折射率和玻璃相近的胶将多块玻璃粘起来，这样，除了最外的两个表面玻璃和空气的相对折射率稍大外，内部各界面玻璃和胶的相对折射率都较小，从而大大减小了界面的反射损失。相反，对于雕花玻璃“晶体”，则在强折射的基础上企求高的反射性能，这种玻璃含铅量高，折射率高，因而反射率约为普通钠钙硅玻璃的 2 倍。同样，宝石的高折射率使得它具有所需的强折射作用和高反射性能。玻璃纤维作为照明和通信的光导管时，依赖于光束总的内反射，是用一种具有可变折射率的玻璃或涂层来实现的。

对于材料在光学工程中的应用，希望其强折射和低反射相结合。如可以在镜片上涂一层中等折射率、厚度为光波长的 1/4 涂层，这种光波通常在可见光谱的中部（即波长为 0.60 μm左右），这样一次反射波刚好被大小相等位相相反的二次反射波所抵消。大多数显微镜和许多其他光学系统都采用这种涂层的物镜。

8.2.4　介质的表面光泽

以上所分析的光的反射，是指材料表面光洁度非常高的情况下的反射，反射光线具有明确的方向性，一般称之为镜面反射，在光学材料中利用材料的这个性能可达到多种应用目的。但在无机材料系统中大多数材料的表面并不是完全光滑的，因此当光照射到粗糙不平的材料表面时，发生相当大的漫反射。漫反射的原因是材料表面粗糙，在局部地方的入射角参差不一，反射光的方向也各不相同，致使总的反射能量分散在各个方向上，形成漫反射，材料表面越粗糙，镜面反射所占的能量分数越小。对一不透明材料，测量单一入射光束在不同方向上的反射能量，得到图 8-7 所示的结果。

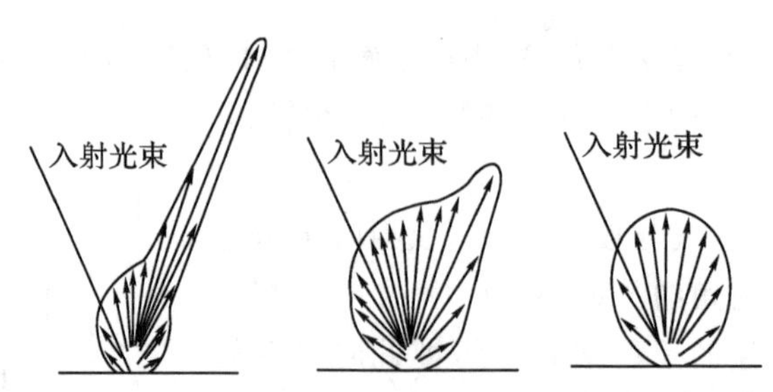

图 8-7 粗糙度增加的镜面反射、漫反射能量图

要对光泽下个精确的定义是困难的,但它与镜面反射和漫反射的相对含量密切相关。已经发现表面光泽与反射影像的清晰度和完整性,亦即与镜面反射光带的宽度和它的强度有密切的关系。这些因素主要由折射率和表面光洁度决定。为了获得高的表面光泽,需要采用铅基的釉或搪瓷成分,烧到足够高的温度,使釉铺展而形成完整的光滑表面。为了减小表面光泽,可以采用低折射率的玻璃相或增加表面粗糙度,例如采用研磨或喷沙的方法,表面化学腐蚀的方法及由悬浮液、溶液或者气相沉积一层细粒材料的方法产生粗糙表面。获得高光泽的釉和搪瓷的困难通常是由于晶体形成时造成的表面粗糙、表面起伏或者气泡爆裂造成的凹坑导致的。

8.3 光在各向异性介质中的传播

在晶体介质中,由于构成分子本身的各向异性,或分子排列的各向异性,作用在电子上的束缚力是各向异性的。因此光在各向异性介质中传播时,它的偏振状态会发生变化,主要表现出双折射现象,在某些晶体中还会表现出旋光现象。

8.3.1 双折射

8.3.1.1 双折射的概念

由于折射率与原子紧密堆积有关,所以对于各向异性材料,在不同的方向上表现出不同的折射率值,因此,当光束通过各向异性介质的表面时,由于在各方向上的折射程度不同,折射光会分成两束,沿着不同的方向传播,如图 8-8 所示,这种现象称为双折射。即光在材料内分成了两束,两束光中的一束称为寻常光(或 o 光),对应的折射率称为常光折射率 n_o,不论入射光的入射角如何变化,n_o 始终为一常数,因而常光折射率严格服从折射定律。另一束称为非常光(或 e 光),其对应的折射率称为非常光折射率 n_e,该值随入射光线方向的改变而变化,它不遵守折射定律。实际上并不是光沿任何方向都能发生双折射,在晶体中存在着一些特殊的方向,光线沿这些方向传播时,不发生双折射,这些特殊的方向称为晶体的光轴。只有一个光轴的晶体,如方解石、石英,称为单轴晶体;具有两个光轴的晶体,如云母、黄玉,称为双轴晶体。当光沿晶体光轴方向入射时,只有 n_o 存在;当沿与光轴方向垂直入射时,存在 n_o 与 n_e,将此时的 n_o 与 n_e合称为晶体的主折射率。如果已知某晶体的 n_o 与 n_e及光轴的方向,则

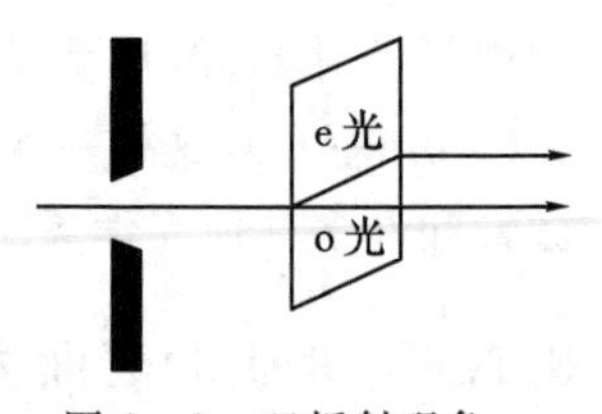

图 8-8 双折射现象

可以把沿着其他方向入射时的e光的折射方向完全确定下来，其折射率介于 n_o 和 n_e 之间，例如石英的 $n_o=1.543$、$n_e=1.552$；方解石的 $n_o=1.658$、$n_e=1.486$；刚玉的 $n_o=1.760$、$n_e=1.768$。对于负晶体，$n_o>n_e$；对于正晶体，$n_o<n_e$。光线沿晶体的某界面入射，此界面的法线与晶体的光轴构成的平面，称为主截面。当入射面与主截面重合时，两折射线都在入射面内；否则，非常光不在入射面内。通过检偏器观察，光在各向异性材料中传播时，它的偏振态发生了变化，即射出的这两束光都是线偏振光，且两光束的振动方向相互垂直。寻常光的电矢量振动方向垂直于光轴和传播方向构成的平面，非常光的电矢量振动方向在这一平面内。双折射是非均质晶体的特性，这类晶体的所有光学性能都和双折射有关。

8.3.1.2　双折射现象产生的机理

在介质中的光波是入射波与介质中的电子的受迫振动所发射的次波的合成波。由于受迫振动与入射光波的频率相同，但存在位相差，因此合成波的频率与入射波光波的相同，但其位相滞后。位相滞后的程度与振子固有频率 ω_0 和入射光波频率 ω 的差值有关，从而使介质中的光速又与入射光的频率有关。波合成的结果是使介质中的光速比真空中慢。

在晶体介质中，由于构成分子本身的各向异性，或分子排列的各向异性，作用在电子上的束缚力是各向异性的，因此晶体中的电子行为应该用各向异性振子来描述。设晶体中的三个独立的空间方向上有不同的固有振动频率 ω_1、ω_2 和 ω_3，对于单轴晶体，ω_1 是平行于光轴方向的固有振动频率，ω_2 和 ω_3 是垂直于光轴方向的固有振动频率，且 $\omega_2=\omega_3$。图8-9所示为单轴晶体中o光和e光的传播特性，图(a)和(b)分别表示从晶体中一个发光点 C 所发出的o光和e光在主截面中的传播情形，图中的虚线表示光轴方向。如图8-9(a)所示，无论光向什么方向传播，例如沿 $\overrightarrow{Ca_1}$、$\overrightarrow{Ca_2}$、$\overrightarrow{Ca_3}$ 方向，o光的电矢量总是垂直于主截面(以黑点表示)，其位相与 ω_1 无关，只受 ω_2 制约，因此在主截面上从 C 点发出的o光，传播速度都一样，以 v_o 表示，其等相点的轨迹是以 C 为中心的一个圆。将图8-9(a)绕通过 C 点的光轴旋转任意角度，都可得到同样的结果，因此寻常光的波面为一球面。在图8-9(b)中，从 C 点发出的e光，电矢量平行于主截面，因传播方向不同而与光轴成不同的角。例如，沿 $\overrightarrow{Ca_1}$ 传播的e光，电矢量垂直于光轴，传播速度受垂直于光轴的振子固有频率 ω_2 制约，故以速度 v_o 传播。而沿 $\overrightarrow{Ca_2}$ 方向传播的e光，其电矢量平行于光轴，传播位相只与 ω_1 有关，以速度 v_e 传播。对于沿其他方向(如 $\overrightarrow{Ca_3}$)传播的e光，其电矢量与光轴成某一角度，可分解为平行于光轴的分量和垂直于光轴的分量，其位相分别与 ω_1 和 ω_2 有关，总的传播速度为这两个分量的速度矢量和。因此e光沿不同的方向传播时，有不同的传播速度，且不同方向的传播速度与 ω_1、ω_2 都有关，其数值应介于 v_o 和 v_e 之间，即非常光在不同的方向有不同的传播速度，等位相点的轨迹形成一个椭圆。将

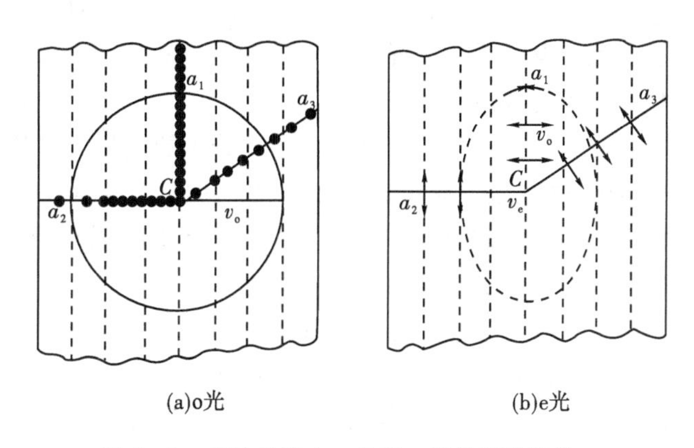

(a)o光　(b)e光

图8-9　单轴晶体中o光和e光的传播特性

图 8－9(b)绕通过 C 点的光轴旋转 180°，就得到 e 光的波面，这是一个旋转的椭球。从对图 8－9 的分析可知，对于单轴晶体，当光沿光轴方向入射时，o 光和 e 光的传播速度都相同，所以只有一个折射率 n_o，而沿垂直于光轴方向入射时，存在两个折射率，这两个折射率为主折射率 n_o 和 n_e。

电场中的双原子模型也可以解释双折射现象。由于可以将自然光的电矢量分解为两个互相垂直的 $\boldsymbol{s}$ 和 $\boldsymbol{p}$ 分量，因此一束光入射在介质的表面上时，可以认为是这两个彼此独立的电矢量分别作用于介质，即介质中的原子或分子在这两个电矢量的作用下发生极化。对于各向同性球形对称的电子云来说，在外加电场的作用下，电荷沿电场方向发生位移而形成电偶极矩，其极化率与方向无关，即不具有双折射特性。但对于双原子分子，因为极化还和晶体中相邻原子的局部电场有关，图 8－10(a)所示的情况是分子在平行于分子长度的电矢量的作用下的情况。原子的电偶极矩等于局部电场和极化率的乘积，而局部电场是外加的电场 $\boldsymbol{E}$ 和相邻离子的偶极子电场的矢量和，相邻离子的偶极子电场加强了 $\boldsymbol{E}$，结果使这两个原子的极化更大些，因而得到较大的折射率。而对于垂直于分子长度的电矢量的情况，如图 8－10(b)所示，其作用则相反，相邻离子的偶极矩电场是和 $\boldsymbol{E}$ 相反的，则减小了这两个原子的偶极矩和折射率。因此平行这个分子的偏振光波的传播速度比垂直于该分子的偏振光波来得慢，这就是造成双折射的原因。同理，高度对称的等轴晶系，类似于球形分子，是各向同性的；而非等轴晶系则是各向异性，具有双折射现象。其次还有一个事实也是很重要的，感应偶极矩和外加电场的方向在非等轴晶系中并不一致，这可以从力学模型来说明：将一个小球固定在两个互相垂直的弹簧上，为了反映各向异性，设水平弹簧的弹性常数比垂直弹簧的大 3 倍，现用一个与这两个弹簧成 45°角的力作用在小球上，则垂直方向的位移比水平方向的位移大 3 倍，结果是位移方向和力的方向形成一个角度。与此相类似，感应偶极矩和电场强度的方向不一致，也成一个角度，从而使水平方向和垂直方向上原子的极化不一致，最终导致产生双折射现象。

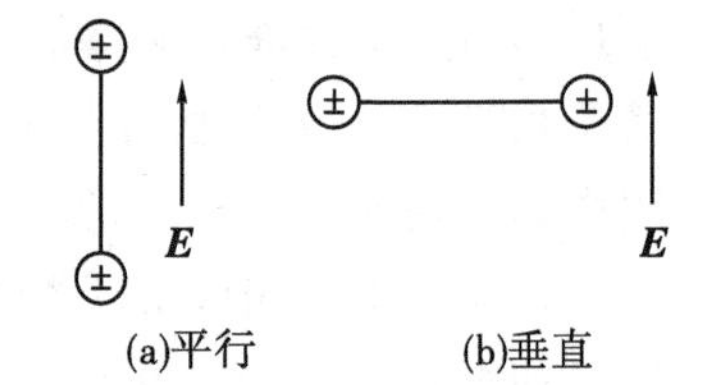

图 8－10　电场中的双原子分子

8.3.1.3　电控双折射效应

一束光线与细晶透明铁电陶瓷斜交并沿此方向传播时，会产生双折射，即光线被分解为两束线偏振光。这种双折射率可借助于外加电场的变化或陶瓷剩余极化强度的变化来进行控制，这便是电控双折射效应。

在透明的 PLZT 陶瓷系统中，实用的电光 PLZT 组分在铁电状态时，几乎都具有立方晶系结构，其极轴 c 轴典型地只比 a 轴长约 1%，因此其光学性质几乎是各向同性的，在一定程度上，这就是为什么其能够以陶瓷的形式达到高度透明的原因。当一个电场作用于这种陶瓷时，电畴作定向排列，导致宏观极化强度的产生，因而产生单轴晶体光学性质，即光轴与极化强度方向一致。不同的 Zr、Ti 添加量之比和 La 的添加量会使 PLZT 陶瓷表现出不同特点的电控双折射效应。其一般具有三类特点，分为记忆、线性和二次电光效应。

具有记忆电光效应的 PLZT 陶瓷，其矫顽场低、压电系数大，因而易于极化、易于利用外加电场的变化来控制 PLZT 陶瓷的双折射。这类材料主要用于记忆、显示、光阀、光谱滤色等方面。材料的典型组成为 $Pb_{0.92}La_{0.08}(Zr_{0.65}、Ti_{0.35})_{0.98}O_3$。

具有线性电光效应的 PLZT 陶瓷，其矫顽场高、极化达饱和时的双折射变化正比于外加电场。这类材料主要用于线性光调制、光开关、光偏转等方面。材料的典型组成为 $Pb_{0.92}La_{0.08}(Zr_{0.40}、Ti_{0.60})_{0.98}O_3$。

具有二次电光效应的 PLZT 陶瓷，其矫顽场近于零、外加电场时双折射率的变化正比于外加电场的平方、外加电场为零且双折射小时而成为各向同性体。这类材料主要用于二次电光调治、厚度－位相全息记录等方面。材料的典型组成为 $Pb_{0.91}La_{0.09}(Zr_{0.65}、Ti_{0.35})_{0.9775}O_3$。

利用电控双折射效应制成的光调制器原理如图 8－11 所示，由左侧进入的入射光波为圆偏振光，通过偏振器后成为线偏振光，进而线偏振光射入在外加调制电场控制下的透明铁电陶瓷中，由于陶瓷的电控双折射效应，把入射的线偏振光分成两束振动方向相互垂直、沿同一方向传播的偏振光，经过陶瓷的光束产生了一个相对延迟后射入检偏器，该光束通过检偏器后成为所需要的特定成分的出射光束，显然，此出射光束是受外加调制电场控制的。

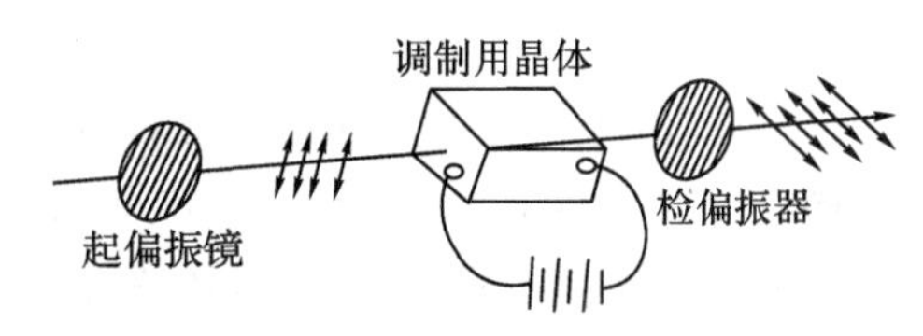

图 8－11　光调制器原理图

利用透明 PLZT 陶瓷的电控双折射效应可研制成透过率可控的飞行窗、防护眼镜等。除此之外，PLZT 陶瓷在光信息处理技术中有着重要的应用。

8.3.2　旋光

8.3.2.1　旋光现象

在某一单轴晶体内沿着垂直于光轴方向切出一块平行平面晶片，例如石英晶片，并将其插入一对正交偏振片Ⅰ和Ⅱ之间，偏振片Ⅰ在单色光的照射下，由于石英晶片改变了线偏振光的方向，偏振片Ⅱ后的视场变亮，此时如把偏振片Ⅱ向左或向右旋转一定的角度 φ，则出现消光现象。这表明，从晶片透射出来的光仍为线偏振光，但其振动面向左或向右旋转了一个角度，这种现象称为旋光。振动面旋转的角度与石英晶片的厚度 d 成正比，其比例系数为石英的旋光率。旋光率的数值与波长有关，因此在白光的照射下，不同颜色的振动面旋转的角度不同。

8.3.2.2　旋光机理

产生旋光的机理可以这样解释：在某些晶体介质中，晶格上的原子和离子排列存在附加的螺旋有序性(如石英晶体，在 z 轴方向上的原子或离子位于螺距等于晶胞长度的螺线上)，由于按螺线周期排列的原子间的相互作用，可以设想在光场的作用下电子的运动轨迹为一螺线，电子的运动不仅产生交变的电偶极矩 $\boldsymbol{p}(t)$，还将产生交变的磁偶极矩 $\boldsymbol{m}(t)$，且两者都是沿螺线方向，或者同向，或者反向，取决于螺线的绕向，如图 8－12 所示为右旋和左旋的两种分子平行于入射光电场的情况。交变的电、磁偶极子将辐射电磁次波，而且二者辐射的次波电矢量 $\boldsymbol{E}_p$ 和 $\boldsymbol{E}_m$ 互相垂直，因而螺线偶极子辐射的合成电场 $\boldsymbol{E}_s=\boldsymbol{E}_p+\boldsymbol{E}_m$ 将不平行于入射场 $\boldsymbol{E}_i$，总电场 $\boldsymbol{E}=\boldsymbol{E}_i+\boldsymbol{E}_s$ 的偏振方向将相对于入射光场 $\boldsymbol{E}_i$ 旋转一个角度，旋转的方向取决于螺线的绕向，旋转角的大小则随分子相对于入射光场 $\boldsymbol{E}$ 的取向而变，这就是旋光。

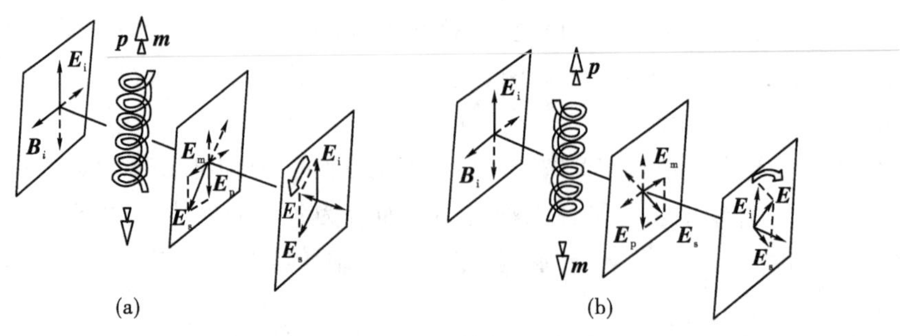

图 8-12 旋光现象的物理模型——螺旋振子

另外，旋光也可以用菲涅尔假设进行解释，其假设如下：在旋光晶体中线偏振光沿光轴传播时分解成左旋和右旋的圆偏振光（L 光和 R 光），它们的传播速度 v_L 和 v_R 略有不同，或者二者的折射率不同，因而经过旋光晶片时产生不同的位相滞后：

$$\varphi_L=\frac{2\pi}{\lambda}n_L d \tag{8-23}$$

$$\varphi_R=\frac{2\pi}{\lambda}n_R d \tag{8-24}$$

式中，λ 为真空中的波长；d 为旋光晶片的厚度。下面我们就根据这个假设来解释旋光现象，当圆偏振光通过晶片后，在出射界面Ⅱ上电矢量 $\boldsymbol{E}_L$ 和 $\boldsymbol{E}_R$ 的瞬时位置比同一时刻入射界面Ⅰ上的位置分别落后一个角度 φ_L 和 φ_R。如图 8-13 所示，对于 L 光 $\boldsymbol{E}_L$ 在界面Ⅱ上的位置处于同一时刻在截面Ⅰ上位置的右边，即它需要经过一段时间向左转动 φ_L 的角度。同理，R 光中的 $\boldsymbol{E}_R$ 在界面Ⅱ上的位置处于同一时刻在界面Ⅰ上位置的左边，相差一个角度 φ_R。

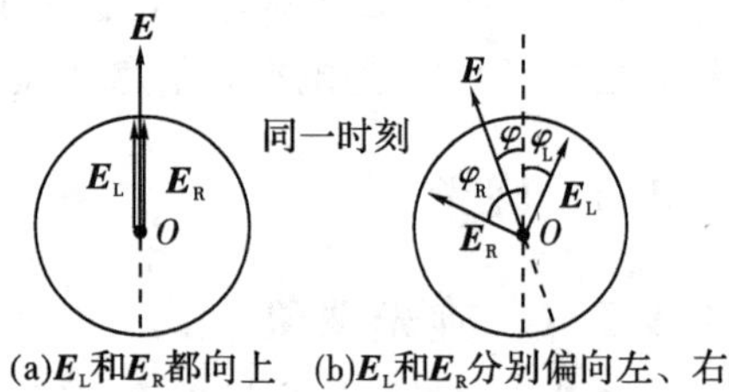

(a)$\boldsymbol{E}_L$和$\boldsymbol{E}_R$都向上 (b)$\boldsymbol{E}_L$和$\boldsymbol{E}_R$分别偏向左、右

图 8-13 旋光的解释

为了简便，设入射的线偏振光的振动面在竖直方向，并取它在入射界面Ⅰ上的初位相为 0，即在 $t=0$ 时刻入射光中电矢量 $\boldsymbol{E}$ 的方向朝上并具有极大值，因此将它分解为左、右旋圆偏振光后，$\boldsymbol{E}_L$ 和 $\boldsymbol{E}_R$ 此时刻的瞬时位置都与 $\boldsymbol{E}$ 一致，也是朝上的（见图 8-13(a)）。在同一时刻的出射界面Ⅱ上，$\boldsymbol{E}_L$ 和 $\boldsymbol{E}_R$ 分别位于竖直方向的右边和左边一个角度 φ_L 和 φ_R（见图 8-13(b)）处。当光束穿出晶片后左、右旋圆偏振光的速度恢复一致，它们合成为一个线偏振光，其偏振方向在 $\boldsymbol{E}_L$ 和 $\boldsymbol{E}_R$ 瞬时位置的分角线上，此时的方向相对于原来的竖直方向转过了一个角度 φ，其大小为

$$\varphi=\frac{1}{2}(\varphi_R-\varphi_L)=\frac{\pi}{\lambda}(n_R-n_L)d \tag{8-25}$$

该式表明，偏振面转动的角度 φ 与旋光晶片的厚度 d 成正比。当 $n_R>n_L$ 时，$\varphi>0$，晶体是左旋的；当 $n_R<n_L$ 时，$\varphi<0$，晶体是右旋的。

正如用人工的方法（应力、电场等）可以产生双折射一样，用人工的方法也可以产生旋光效应，其中最重要的是磁致旋光效应，通常也称法拉第旋转效应。法拉第旋转效应是光和原子磁矩相互作用而产生的现象，这一效应将在无机材料磁学性能中给予介绍。

8.4 光的吸收、色散和散射

一束平行光照射材料时，一是部分光的能量被吸收，其强度将被减弱；二是介质中光的传播速度比真空中小，且随波长而变化产生色散现象；三是光在传播时，遇到结构成分不均匀的微小区域，有一部分能量偏离原来的传播方向而向四面八方弥散开来，即发生散射现象。其中，光的吸收和散射都会导致原来传播方向上的光强减弱。这些现象与光和物质的相互作用有很大的联系。

8.4.1 光的吸收

除了真空，没有一种介质对电磁波是绝对透明的，光的强度随穿入介质的深度而减弱的现象称为介质对光的吸收。这里还应区分真吸收和散射两种情况，前者是光能真被介质吸收后转变为热能，后者则是光被介质中的不均匀性散射到四面八方。

8.4.1.1 吸收的一般规律

设有一块厚度为 x 的平板均匀介质材料，如图 8-14 所示，强度为 I_0 的单色平行光束沿 x 方向射入均匀介质材料，通过此材料后的光强度为 I'。对于薄层 dx，其强度减少量（或吸收损失）dI 与此处的光强度 I 和薄层的厚度 dx 有如下关系：

$$\frac{dI}{I}=-\alpha dx \tag{8-26}$$

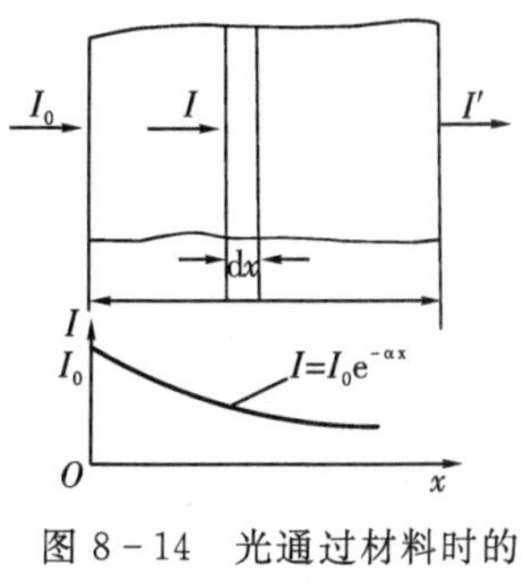

图 8-14 光通过材料时的衰减规律示意图

式中的负号表示光强随着 x 的增加而减弱。在 0～x 区间对式(8-26)进行积分，得

$$I=I_0e^{-\alpha x} \tag{8-27}$$

该式表明，光强度随厚度的变化符合指数衰减规律。式(8-27)称为朗伯定律，式中的 α 是一个与光强无关的比例系数，称为介质对光的吸收系数，其单位为 cm^{-1}。α 取决于材料的性质和光的波长，不同材料的 α 相差很大，空气的 α 为 $10^{-5}\ cm^{-1}$，玻璃的 α 为 $10^{-2}\ cm^{-1}$，金属的则高达几万到几十万，所以实际上金属是不透光的。对于一定波长的光波而言，α 越大，材料越厚，光被吸收得就越多，因而透过后的光强度就越小。光吸收系数还可按不同的光谱区进行测定。如果对于光强比原来光波大几个乃至十几个数量级的激光来说，光和物质的非线性相互作用就会显示出来，吸收系数则和其他许多系数（如折射率）一样都依赖于光的强度，朗伯定律不再成立。

8.4.1.2 光的吸收与频率（或波长）的关系

由于电磁波引起电荷 e 位移，从而产生大小为 $p_0=ex$ 的电偶极矩，则式(8-4)可写成

$$p_0=\frac{e^2}{m}\cdot\frac{E(\omega)}{\omega_0^2-\omega^2+i\omega\gamma} \tag{8-28}$$

设每单位体积内有 N 个原子，则极化强度大小 $P=Np_0$，由 $\frac{P}{\varepsilon_0E}=\varepsilon_r-1$ 和 $\varepsilon_r=n^2$，得

$$\frac{P}{\varepsilon_0 E}=n^2-1 \tag{8-29}$$

因此

$$n^2-1=\frac{Ne^2}{\varepsilon_0 m}\cdot\frac{1}{\omega_0^2-\omega^2+\mathrm{i}\omega\gamma} \tag{8-30}$$

此式表明 n 是一个复数，可用一个复数 n^* 来代替它，以便和实际折射率区别，并称其为复数折射率($n^{*2}=\varepsilon_r^*$)，即有 $n^*=n-\mathrm{i}\chi$，则将 $n^{*2}=(n^2-\chi^2)-\mathrm{i}2n\chi$ 和式(8-30)相比较，两者的实部项和虚部项分别相等，则有

$$n^2-\chi^2=1+\frac{Ne^2}{\varepsilon_0 m}\cdot\frac{\omega_0^2-\omega^2}{(\omega_0^2-\omega^2)^2+\gamma^2\omega^2} \tag{8-31}$$

$$2n\chi=\frac{Ne^2}{\varepsilon_0 m}\cdot\frac{\gamma\omega}{(\omega_0^2-\omega^2)^2+\gamma^2\omega^2} \tag{8-32}$$

将 n 和 χ 对 ω 作曲线，得出如图 8-15 所示的曲线，该曲线也为色散曲线。由于 χ 在共振频率时有一个最大值，因此它是反映光波通过材料时能量的损失，称 χ 为吸收率。材料的光吸收系数 α 和吸收率 χ 有如下关系：

$$\alpha=\frac{4\pi\chi}{\lambda} \tag{8-33}$$

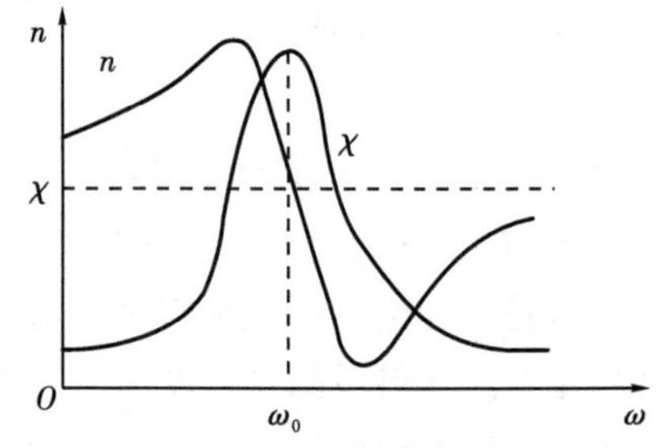

图 8-15　色散曲线和吸收率曲线

式中，λ 是光在真空中的波长。由此可见，介质的吸收可归并到一个复数折射率的概念中去，其虚部反映了因介质的吸收而产生的电磁波衰减。

图 8-16 是绝缘体、金属和半导体的吸收率 χ 和折射率 n 随频率的变化简图。对于绝缘体来说，在低频时由于离子和电子的极化，因此折射率较大，随着频率的增大，离子极化不能进行，折射率减小。吸收曲线表明，在可见光范围内绝缘体的透过性一般很好，而金属和半导体的很差，主要是由于后两者在低频时光子的能量就已经足够激发电子跃迁而引起能量的吸收；其次绝缘体有三个吸收峰，相应地折射率也是异常变化的。一个吸收峰是在红外区，它是由于红外频率的光波引起材料中离子或分子的共振而发生的。在紫外线范围中有另一个吸收峰，是由于紫外线引起原子中的电子发生共振，也就是紫外光频率的光子足够使电子从价带跃迁到导带或其他能级上去，因而发生吸收。第三个峰的吸收效应是由于 X 光使原子内层电子跃迁到导带而引起的，它对

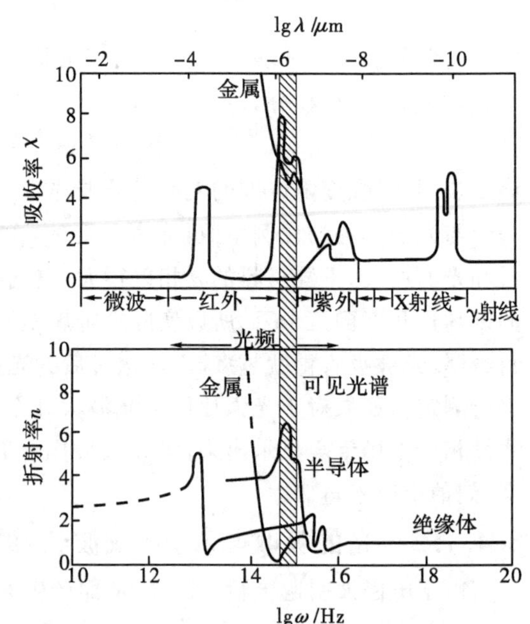

图 8-16　绝缘体、金属、半导体的吸收率和折射率与频率的关系图

折射率的影响很小以致没有在折射率曲线上显示出来。

对于光学元件(如光窗、棱镜、透镜等)需要材料能透过的波长范围愈广愈好,最好是能透过紫外线、可见光和红外光,但是这种材料是很难找到,因为短波侧受材料的禁带宽度 E_g 限制,其紫外吸收端相应的波长可根据材料的禁带宽度 E_g 求得:

$$E_g = h\nu = h \times \frac{c}{\lambda} \tag{8-34}$$

$$\lambda = \frac{hc}{E_g} \tag{8-35}$$

式中,h 为普朗克常数,$h=6.63\times10^{-34}$ J·s;c 为光速(3×10^{8} m/s)。从式(8-35)中可知,禁带宽度大的材料,紫外吸收端的波长比较小。如果希望材料在电磁波谱的可见光区透过范围大,则希望其紫外吸收端的波长要小,因此要求其 E_g 大。如果其 E_g 小,光甚至可能在可见区就被吸收而材料不透明。

常见材料的禁带宽度变化较大,如硅的 $E_g=1.2$ eV,锗的 $E_g=0.75$ eV,其他半导体材料的 E_g 约为 1.0 eV。电介质材料的 E_g 一般在 10 eV 左右。NaCl 的 $E_g=9.6$ eV,因此发生吸收峰的波长为 $\lambda=\frac{6.624\times10^{-27}\times3\times10^{8}}{9.6\times1.602\times10^{-12}}=0.129(\mu m)$,此波长位于极远紫外区。

材料的另一吸收端受晶格热振动的限制,它决定最长波长的透过。因为晶体共振频率为

$$\omega_0^2 = 2k_s\left(\frac{1}{M_+}+\frac{1}{M_-}\right) \tag{8-36}$$

式中,k_s 是与力有关的弹性常数,由离子间结合力决定;M_+ 和 M_- 分别为阳离子和阴离子质量。所以决定透过的最长波长的因素中原子的质量及键强是十分重要的,质量愈大,键强愈弱,透过的波长愈长。

综上所述,为了有较宽的透明频率范围,最好有高的电子能隙值和弱的原子间结合力以及大的离子质量。对于高原子量的一价碱金属卤化物,这些条件都是最优的。表 8-3 列出一些厚度为 2 mm 的材料的透光超过 10%波长范围。

表 8-3　各种材料透光超过 10%的波长范围

材料	能透过的波长范围/μm	材料	能透过的波长范围/μm	材料	能透过的波长范围/μm
熔融二氧化硅	0.16～4	多晶氧化镁	0.3～9.5	硫化镉	0.55～16
熔融石英	0.18～4.2	单晶氟化镁	0.15～9.6	硒化锌	0.48～22
铝酸钙玻璃	0.4～5.5	多晶氟化钙	0.13～11.8	锗	1.8～23
偏铌酸锂	0.35～5.5	单晶氟化钙	0.13～12	碘化钠	0.25～25
方解石	0.2～5.5	溴化钾	0.2～38	氯化钠	0.2～25
二氧化钛	0.43～6.2	溴碘化铊	0.55～50	氯化钾	0.21～25
钛酸锶	0.39～6.8	氟化钡-氟化钙	0.75～12	氯化银	0.4～30
三氧化二铝	0.2～7	三硫化砷玻璃	0.6～13	氯化铊	0.42～30
蓝宝石	0.15～7.5	硫化锌	0.6～14.5	碲化镉	0.9～31

续表

材料	能透过的波长范围/μm	材料	能透过的波长范围/μm	材料	能透过的波长范围/μm
氟化锂	0.12～8.5	氟化钠	0.14～15	氯溴化铊	0.4～35
多晶氟化镁	0.45～9	氟化钡	0.13～15	碘化钾	0.25～47
氧化钇	0.26～9.2	硅	1.2～15	溴化铯	0.2～55
单晶氧化镁	0.25～9.5	氟化铅	0.29～15	碘化铯	0.25～70

由于导弹、军事和工业上的应用需求，发展出了一系列透红外材料。用热压方法制成的多晶红外窗口材料，机械强度大、耐腐蚀和热稳定性好。如 MgF_2、MgO、ZnSe、CdTe，特别是高原子序数的化合物 CdTe，在透红外性能方面有特殊的优点。但是这种材料也有缺点，其狭窄的禁带会引起短波透过性差，而它的高折射率又会引起较大的反射损失，此外其机械强度也较差。红外材料有时尚需考虑温度的关系，因为温度的变化会引起材料厚度和折射率的变化，产生光的畸变。碱土金属氟化物的热膨胀效应和折射率随温度变化的影响几乎相互抵消，所以直径 19 cm 的 BaF_2 窗口允许的温度梯度可以达到 50 K，而其他通过 4 μm 直径窗口的大部分红外材料只允许 1 K 之差的温度梯度。1 cm 直径小窗口的径向热流是十分重要的，甚至边部需要冷却，在这样的情况下，硅材料具有突出的优点，因为它的热传导系数较大。

上述讨论的是介质对某种波长表现出强烈的吸收，即吸收系数非常大，而对另一种波长的吸收系数可以非常小。这个现象区别于普通吸收，也即一般吸收（a 与 λ 无关的连续光谱吸收），因此称此现象为选择性吸收。在可见光区内，透明材料的选择性吸收使其呈不同的颜色。与此相对应，如果介质在可见光范围内对各种波长的吸收程度都相同，则称为均匀吸收，在此情况下，随着介质吸收程度的增加，其颜色由灰变到黑。

8.4.2 色散

材料的折射率随入射光频率的减小（或波长的增加）而减小的性质，称为折射率的色散。几种材料的色散见图 8-17(a)及(b)所示。

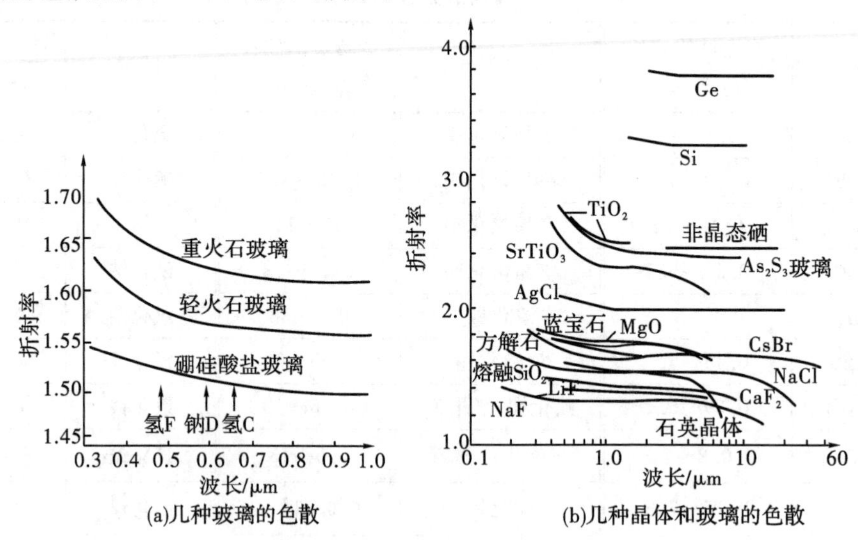

(a)几种玻璃的色散　(b)几种晶体和玻璃的色散

图 8-17　几种晶体和玻璃的色散

在给定入射光波长的情况下，材料的折射率随波长的变化率称为色散率，即

$$色散率=\frac{dn}{d\lambda} \tag{8-37}$$

色散值可以直接由图 8-17 确定。然而最实用的方法是用固定波长下的折射率来表达，而不是去确定完整的色散曲线。描述色散最常用的数值是倒数相对色散，即色散系数 γ：

$$\gamma=\frac{n_D-1}{n_F-n_C} \tag{8-38}$$

式中，n_D、n_F 和 n_C 分别为以钠的 D 谱线、氢的 F 谱线和 C 谱线(5893 Å、4861 Å 和 6563 Å)为光源测得的折射率。光学玻璃的色散还可用平均色散(n_F-n_D)进行描述。由于光学玻璃一般都或多或少具有色散现象，因而使用这种材料制成的单片透镜，成像不够清晰，在自然光的透过下，在像的周围环绕了一圈色带。克服此现象的方法是用不同牌号的光学玻璃，分别磨成凸透镜和凹透镜组成复合透镜，就可以消除色差，这类镜头叫作消色差镜头。

1936 年科希研究了材料在可见光区的折射率，将色散曲线表达为

$$n=A+\frac{B}{\lambda^2}+\frac{C}{\lambda^4} \tag{8-39}$$

此式称为科希公式。式中的 A、B、C 是表征材料特性的常数，因此只要测出这三个数据，就可以获得材料的色散曲线。一般情况下，仅用此公式中的其前两项就可以得到足够准确的色散曲线结果。符合这一规律的色散称为正常色散，不符合这一规律的色散称为反常色散。如石英等透明材料，把测量波长延伸到红外区域，其色散曲线开始明显地偏离科希公式，经进一步的研究，这类偏离总是出现在吸收带附近，从图 8-18 中可知，曲线在吸收带时，折射率曲线发生了明显的不连续，不符合科希公式，因此此类材料的色散为反常色散。

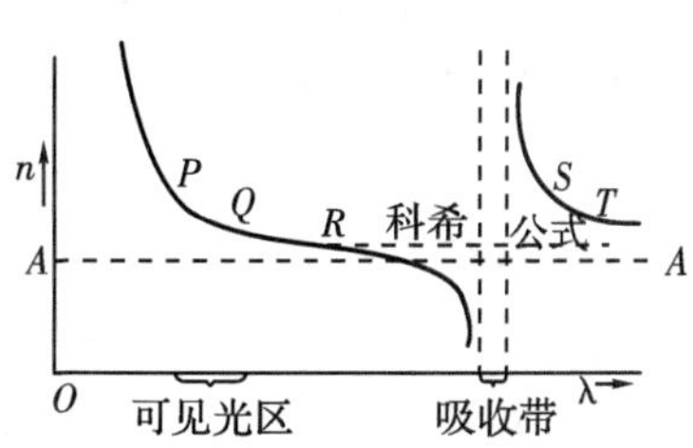

图 8-18 石英等透明材料在红外区的反常色散

事实上，色散曲线不连续的性质是许多材料普遍的性质。且这种不连续的突变，也可以出现在可见光区和紫外区，只要材料在那里有吸收带，其吸收带的位置取决于材料的特性。因此正常色散只反映一定谱区内材料的色散性质，并不具有普遍性。

图 8-19 所示为可见光透明介质材料的全谱色散曲线，通常表现为一系列的反常色散区和正常色散区交替出现的曲线。其特点是每经过一次吸收带，折射率就要增大一次，在所有红外吸收带之外的无线电波区域，折射率都较为均匀地缓慢下降，最后在波长无限大时，趋于某一极限。反常色散区都对应着相应的吸收带，因此其吸收机理与吸收的物理机制类似。

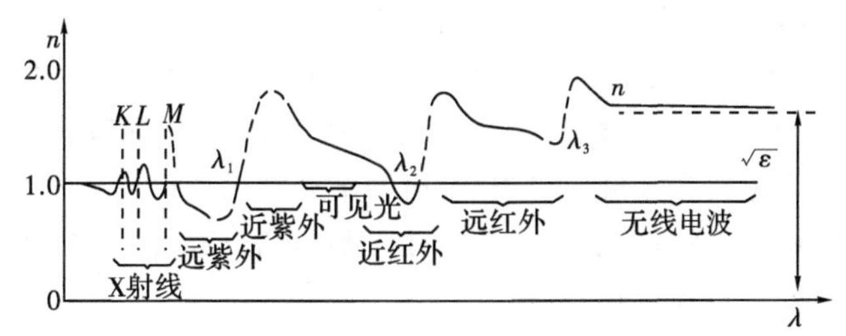

图 8-19 可见光透明介质材料的全谱色散曲线示意图

8.4.3 光的散射

8.4.3.1 散射的一般规律

光线通过均匀的透明介质时,从侧面是难以被看到的。如果介质不均匀,则可从侧面清晰地看到光束的轨迹,这是介质中的不均匀性使光线朝四面八方散射的结果。从微观尺度(10^{-8} cm)来看,任何材料都由一个个分子、原子组成,没有物质是均匀的,这里所谓的均匀是以光波的波长(10^{-5} cm)为尺度来衡量的,即在这样大小的范围内密度的统计平均是均匀的。因此在材料中如果有光学性能不均匀的微小结构区域,例如含有小粒子的透明介质、光性能不同的晶界相、气孔或其他夹杂物,都会引起一部分光束被散射,由于散射,光在前进方向上的强度减弱了,对于相分布均匀的材料,其减弱的规律与吸收规律具有相同的形式,即

$$I = I_0 e^{-Sx} \tag{8-40}$$

式中,I_0 为光的原始强度;I 为光束通过厚度为 x 的介质后,由于散射,在光前进方向上的剩余强度;S 为散射系数,其单位为 cm^{-1}。

如果将吸收定律与散射的公式统一起来,则可得到

$$I = I_0 e^{-(\alpha+S)x} \tag{8-41}$$

因此衰减系数由两部分组成,即吸收系数和散射系数。

8.4.3.2 散射的物理机制

材料对光的散射是光与物质相互作用的基本过程之一。当光波入射在介质上时,将激起其中的电子做受迫振动,从而发出球面次波。理论上可以证明,只要分子的密度是均匀的,次波相干叠加的结果是,只剩下遵从几何光学规律的光线,沿其余方向的振动完全抵消。如对于纯净的液态和结构均匀的固态其分子结构排列很致密,彼此之间结合力很强,各分子的受迫振动互相关联,合作形成共同的等相面,因而合成的次波主要沿着原来光波的方向传播,其他方向的传播则非常微弱。通常把发生在光波前进方向上的散射归入透射。如果介质中存在尺度达到波长数量级的在光学性质上与其有较大差异的结构区域,如对于多晶材料,微粒中每个分子发出的次波位相相关联,合成一个大次波,由于各个微粒之间空间位置排列毫无规则,这些大次波不会因位相关系而互相干涉,除了按几何光学规律传播的光线外,其他方向或多或少也有光线的存在,因此微粒散射的光波从各个方向都能看到,这就是散射光。如果把散射与衍射、反射和折射联系起来,则尺度与波长可比拟的不均匀性引起的散射,可看作是由它们的衍射作用所引起。如果介质中不均匀性的尺度达到远大于波长的数量级,散射又可看成是在这些不均匀性的团块上的反射和折射了。

在散射前后,根据光子的能量变化与否,可以将散射分为弹性散射和非弹性散射两大类。散射前后,光的波长不发生变化的散射称为弹性散射,从经典理论的观点看,这个过程被看成是光子和散射中心的弹性碰撞过程,散射的结果是光子仅发生方向的改变,并没有引起能量的变化。与弹性散射相比,通常非弹性散射要弱几个数量级,常常被忽略。下面我们了解一下非弹性散射的现象和过程。

当光束通过介质时,从侧向接收到的散射光主要是频率为 ω_0 的瑞利散射光,散射过程

属于弹性散射。除此之外，在频率坐标上谱线的两侧对称地还有频率为 $\omega_0 \pm \omega_1$，$\omega_0 \pm \omega_2$，……散射线的存在，这种现象称为拉曼散射，其频率差 $\omega_j(j=1,2\cdots)$ 与入射光的频率无关，它们与散射物质的红外吸收频率对应，表征了散射物质的分子振动频率，如图 8-20 所示，其强度一般比弹性散射弱得多。这些频率发生改变的光散射是入射光子和介质发生了非弹性散射的结果。出现在瑞利线低频侧的散射线统称为斯托克斯线，而在瑞利线高频侧的散射线，统称为反斯托克斯线。拉曼散射就是前面所讲的点阵振动的光学声子对光波的散射，光学声子的能量较高，所以频移稍大一些，而布里渊散射则是声学声子对光波的散射，即点阵振动引起的密度起伏或超声波对光波的散射，由于声学声子的能量小，所以频移小于拉曼散射。非弹性散射一般极其微弱，以往研究得很少，只有在激光器强光源出现后才获得了很大的发展。由于非弹性散射中散射光的频率与散射物质的能态结构有关，可以通过研究材料的这一特性获得材料的固体结构、点阵振动、分子的能级特征等信息。

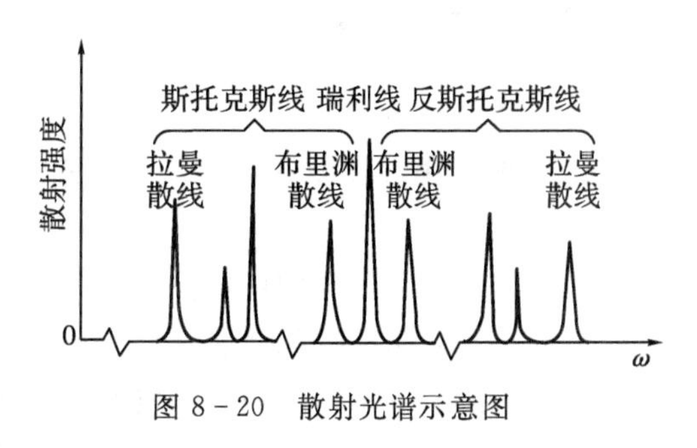

图 8-20　散射光谱示意图

拉曼散射可用经典理论解释，在入射光电场 $\boldsymbol{E}=\boldsymbol{E}_0\cos(\omega_0 t)$ 的作用下，分子获得感应电偶极矩 $\boldsymbol{p}$，它正比于场强 E：

$$p=\alpha\varepsilon_0 E \tag{8-42}$$

式中，α 为分子极化率。如果分子极化率是一与时间无关的常数 α_0，则 $\boldsymbol{p}$ 以频率 ω_0 作周期性变化，这便是瑞利散射。如果分子以固有频率 ω_j 振动，且此振动影响着分子的极化率 α，使它也以频率 ω_j 作周期性变化，则分子的极化率为

$$\alpha=\alpha_0+\alpha_j\cos(\omega_j t) \tag{8-43}$$

则分子的电偶极矩大小为

$$\begin{aligned} p &=\alpha_0\varepsilon_0 E_0\cos(\omega_0 t)+\alpha_j\varepsilon_0 E_0\cos(\omega_0 t)\cos(\omega_j t) \\ &=\alpha_0\varepsilon_0 E_0\cos(\omega_0 t)+\frac{1}{2}\alpha_j\varepsilon_0 E_0[\cos(\omega_0-\omega_j)t+(\omega_0+\omega_j)t] \end{aligned} \tag{8-44}$$

即感应电偶极矩的变化频率有 ω_0 和 $\omega_0\pm\omega_j$ 三种，后两种正是拉曼光谱中的伴线。上述效应是有分子振动参与的光散射过程，即参量效应，在某种意义下也可说是一种非线性效应。以交流电作对比，当电容器的极板以频率 ω_j 振动时，电容量将类似于分子的极化率 α，有周期性变化。此时输入一个频率为 ω_0 的信号时，被调制的输出信号中将出现和频与差频 $\omega_0+\omega_j$、$\omega_0-\omega_j$。拉曼散射的经典理论是不完善的，特别是它不能解释为什么反斯托克斯线比斯托克斯线弱得多这一事实，完善地解释这一事实要依靠量子理论。

在此我们只介绍了光学支和声学支两种格波参与的散射，即拉曼散射和布里渊散射。实际上在晶体中任何元激发，如介质中声子的弹性波、光子的电磁波、磁介质中的磁化强度波等均可参与光的散射过程。

8.4.3.3　影响散射的因素

散射系数与散射质点的大小、数量及散射质点与基体的相对折射率等因素有关。

弹性散射光的强度与波长的关系可因散射中心尺度 d 与波长 λ 的相对大小而具有不同

的规律，一般有关系为

$$I_s \propto \frac{1}{\lambda^\sigma} \tag{8-45}$$

式中，σ 与散射中心尺度 d 和波长 λ 的相对大小有关。

当 $d \gg \lambda$ 时，$\sigma \to 0$，即当散射中心的尺度远大于光波的波长时，散射光强与入射光波长无关。诸如粉笔灰、白云等对白光中的所有单色成分都有相同的散射能力，因此它们看起来都是白色的。这就是廷德尔散射。

当 $d \approx \lambda$ 时，即散射中心的尺度与入射光波的波长可比拟时，σ 在 0～4 范围内，具体数值与 d 和 λ 的相对大小有关。这一散射为米氏散射。

当 $d \ll \lambda$ 时，$\sigma = 4$，即当散射中心的尺度远小于光波的波长时，为瑞利散射。

对于瑞利散射的解释如下：假定异相的密度大于介质的密度，则前者由于光波的作用而产生的电偶极矩大于后者，即前者的电偶极子大于后者，因此散射就是这些异相区域多出的电偶极子受光波的强迫振动而发出的二次光波。而微粒中多出的电偶极矩的总和可以比作一个电偶极子的振动。按照光的电磁理论，电偶极子所发射出光波的振幅和电子加速度成正比，电子有加速度运动时才会产生变化的电磁场和出现电磁波。电子在光波的作用下的运动遵守简谐运动 $x = A\sin(\omega t)$，电子的加速度为 $-A\omega^2\sin(\omega t)$，因此二次光波的振幅是和它的振动频率的 2 次方成正比，而强度又和振幅的 2 次方成正比，或者说，散射强度和波长的 4 次方成反比，即散射光强与入射光波长的 4 次方成反比。故当白光通过含有微小微粒的混浊体时，散射光呈淡蓝色，因为波长较短的蓝色比黄光和红光散射强烈，通过混浊体后的白光呈浅红色，是因为它散射短波长光的缘故。

下面将进一步分析粒度对散射系数 S 的影响。

对于图 8－21，所用光线为 Na 的 D 谱线（$\lambda = 0.589\ \mu m$），材料是玻璃，其中含有 1%（体积）的 TiO_2 散射质点。二者的相对折射率 $n_{21} = 1.8$。散射最强时，质点的直径为

$$d_{max} = \frac{4.1\lambda}{2\pi(n-1)} = 0.48(\mu m)$$

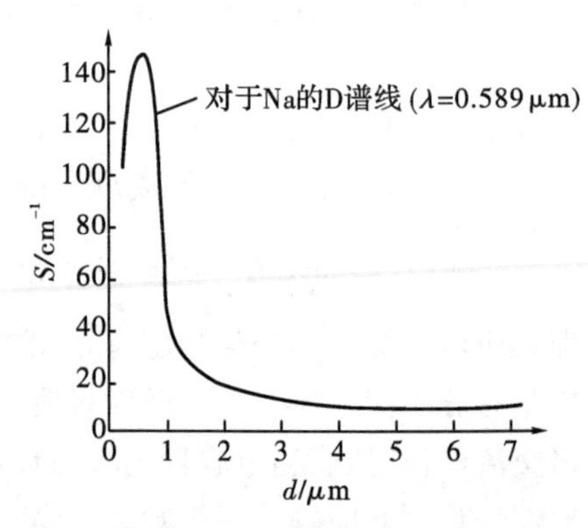

图 8－21　质点尺寸对散射系数的影响

显然，光的波长不同时散射系数达最大时的质点直径也有所变化。从图 8－21 中可以看出，曲线由左右两条不同形状的曲线所组成，由于粒度的不同，各自有着不同的规律。

若散射质点的体积浓度不变，当 $d < \lambda$ 时，则随着 d 的增加，散射系数 S 也随之增大；当 $d > \lambda$ 时，则随着 d 的增加，S 反而减小；当 $d \approx \lambda$ 时，S 达最大值。所以可根据散射中心尺寸和波长的相对大小，分别用不同的散射机理和规律进行处理，可求出 S 与其他因素的关系。

当 $d > \lambda$ 时，基于菲涅尔定律，即反射、折射引起的总体散射起主导作用，此时，由于散射质点和基体的折射率的差别，当光线碰到质点与基体的界面时，就要产生界面反射和折射。由于连续的反射和折射，总的效果相当于光线被散射了，光束强度减弱。对于投影面积为 πR^2 的单个粒子，光束强度损失的分数由下式给出：

$$\frac{\Delta I}{I}=-K\frac{\pi R^2}{A} \tag{8-46}$$

式中,R 为粒子半径;A 为光束面积;K 为散射因子,取决于基体和质点的相对折射率,其值在 0～4 变化。如果忽略多级散射,则散射系数正比于散射质点的投影面积,即

$$S=KN\pi R^2 \tag{8-47}$$

式中,N 为单位体积内的散射质点数。由于 N 不容易计算,因此常用第二相粒子的体积分数 $V_p=\frac{4}{3}\pi R^3 N$ 代替 N,式(8-47)变为

$$S=\frac{3KV_p}{4R} \tag{8-48}$$

由此可知,散射系数 S 与微粒粒度大小成反比,与微粒的浓度成正比。这符合实验规律。同时 S 随折射率的增大而增大。将式(8-48)代入式(8-40),得

$$\frac{I}{I_0}=e^{-Sx}=e^{-3KV_p\frac{x}{4R}} \tag{8-49}$$

当 $d<\frac{1}{3}\lambda$ 时,可近似地采用瑞利散射来处理,此时散射系数为

$$S=\frac{32\pi^4R^3V_p}{\lambda^4}\left(\frac{n^2-1}{n^2+2}\right)^2 \tag{8-50}$$

总之,不管在上述哪种情况下,散射质点的折射率与基体的折射率相差越大,将产生越严重的散射。

$d\approx\lambda$ 的情况属于米氏散射为主的散射,不在这里讨论。

综上所述,散射系数主要依赖于下列因素:①粒子直径和波长的比值,常用 $\alpha=2\pi r/\lambda$ 表示,最大散射是 r 和 λ 同一个数量级的散射。②微粒和介质的相对折射率。此处被散射的能量还和光束中的方向有关。此外,散射的能量还取决于入射光束所对应的立体角等,也取决于粒子的形状和它在光束中的取向,但影响最大的还是微粒和介质的折射率之差,随着粒子和介质之间的折射率差值的增加,散射能量也增大。此外散射也显著地受到粒子尺寸的影响,最大的散射发生在粒子尺寸与辐射波长相等的时候。当粒子尺寸远小于入射波长时,散射因子 K 随粒子尺寸的增大而增加,并且与波长的 4 次方成反比;当粒子尺寸约等于入射波长时,散射系数达最大值,并随着颗粒尺寸的继续增加而减小;当粒子尺寸比入射波长大很多时,散射因子 K 趋于常数,因此当第二相浓度固定时,所测的散射系数反比于粒子尺寸。

8.5 无机材料的透光性

无机材料是一种多晶多相体系,内含杂质、气孔、晶界、微裂纹等缺陷,光通过无机材料时会遇到一系列的阻碍,所以大多无机材料并不像晶体、玻璃体那样透光。多数无机材料看上去是不透明的,这主要是由散射引起的。影响透光性的重要光学参数有:镜面反射光的分数,它决定了光泽;直接透射光的分数;入射光漫反射的分数及入射光漫透射的分数;光的吸收系数;等等。根据透光的程度将材料分为透明性、不透明性(乳浊)及半透明性等材料。如:透明陶瓷、透明玻璃、乳浊釉、半透明瓷器和乳白玻璃等。

8.5.1 透光性

透光性是个综合指标，即光能通过材料后，剩余光能所占的百分比。光的能量(强度)可以用照度来表示，也可用一定距离外的光电池转换得到的电流强度来表示，也就是将光源照在一定距离之外的光电池上，测定其光电流强度 I_0，然后在光路中插入一厚度为 x 的无机材料，同样可测得剩余光电流强度 I，再按式(8-27)算出综合吸收系数。

显然，算出的综合吸收系数，除吸收系数 α 外，实际还包括散射系数 S 及材料两个表面的界面反射损失 $(1-m)^2$，其中 m 为反射系数或反射率。

光通过厚度为 x 的透明薄片时，各种光能的损失见图 8-22 所示。强度为 I_0 的光束垂直地入射到薄片左表面。由于薄片与左侧空间介质之间存在相对折射率 n_{21}，因而在左侧表面上有反射损失 $I_{①}$，由式(8-20)得

$$I_{①}=mI_0=\left(\frac{n_{21}-1}{n_{21}+1}\right)^2 I_0 \quad (8-51)$$

透进材料中的光强度为 $I_0(1-m)$。

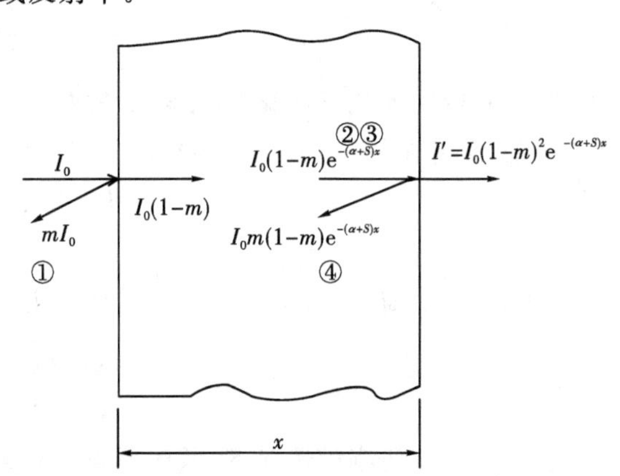

图 8-22 光通过陶瓷片的吸收损失与反射损失

这一部分光在穿过厚度为 x 的材料过程中，又有一部分被吸收损失②和散射损失③所消耗，由式(8-41)可知，当光到达材料的右表面时，光强度剩下 $I_0(1-m)e^{-(\alpha+S)x}$，再经过右表面，一部分光能反射进材料内部，其大小为

$$I_{④}=I_0m(1-m)e^{-(\alpha+S)x} \quad (8-52)$$

另一部分传至右侧空间，其光强度为

$$I=I_0(1-m)^2e^{-(\alpha+S)x} \quad (8-53)$$

显然 I/I_0 才是真正的透光率。如此所得的 I 中并未包括 $I_{④}$ 反射回去的光能。因此再经左、右表面反射后，仍然会有部分光能从右侧表面传出，这部分光能显然与材料的吸收系数 α、散射系数 S 有密切关系，也和材料表面光洁度、材料厚度 x 及光速入射角有关。影响透光性的因素复杂，无法具体算出全部数据，但我们可以根据情况分析哪一种因素更重要。

对于无机电介质材料，无机材料的吸收率或者吸收系数在可见光范围内是比较低的。所以，陶瓷材料的可见光吸收损失相对来说是比较小的，如图 8-16 所示，在影响透光率的因素中不占主要地位。由于在介质材料中常有夹杂物、掺杂、气孔、晶界等不均匀的结构存在及晶粒的双折射性和表面光洁度等因素的存在，都会增大其反射系数和散射系数。具体分析如下。

1)材料的宏观及显微缺陷

材料中的夹杂物、晶界等对光的折射性能与主晶相不同，因而在不均匀界面上会形成相对折射率，此值越大则反射系数(在界面上的，不是指材料表面的)越大，散射因子也越大，因而散射系数变大。由于杂质与基体可以形成异相，类似于夹杂物，形成分散的散射中心，这些颗粒的大小影响 S 的数值，当其尺寸与光的波长相近时，S 达到最大，因此需要对制作材料的原料进行提纯。

2)材料各向异性

由于晶粒的双折射特性及排列方向的随机性使晶粒之间产生折射率的差别,引起晶界处的反射及散射损失。图 8-23 所示为一个典型的双折射引起的不同晶粒取向的晶界损失示意图。图中两个相邻晶界的光轴相互垂直。设光线沿左晶粒的光轴方向射入,则在左晶粒中只存在常光折射率 n_o。右晶粒的光轴垂直于左晶粒的光轴,存在 n_o 和 n_e。左晶粒的 n_o 与右晶粒的 n_o 的相对折射率为 $n_{左}/n_{右}=1$,$m=0$,无反射损失,但左晶粒的 n_o 与右晶粒的 n_e 则形成相对折射率,此值导致反射系数和散射系数的存在,亦即引起相当可观的晶界散射损失。因此对多晶材料来说,影响透光率的主要因素在于组成材料的晶体的双折射率。例如 $\alpha-Al_2O_3$ 晶体的 $n_o=1.760$、$n_e=1.768$。假设相邻晶粒的取向彼此垂直,则晶界面的反射系数 $m=\left(\frac{1.768/1.760-1}{1.768/1.760+1}\right)^2=5.14\times10^{-6}$,数值虽不大,但许多晶粒之间经多次反射损失之后,光能仍有积累起来的可观损失。譬如材料厚 2 mm,晶粒平均直径 10 μm,理论上具有 200 个晶界,则除去晶界反射损失后,剩余光强为 $(1-m)^{200}=0.99897$,损失并不大。从散射损失来分析,设入射光为可见光,$\lambda=0.39\sim0.77\ \mu$m,令 $d=10\ \mu\text{m}\gg\lambda$,采用式 $S=K\times\frac{3V}{4R}$ 计算,$n_{21}=\frac{1.768}{1.760}\approx1$,所以 $K\approx0$,亦即 $S\approx0$,也就是说散射损失也很小。这就是氧化铝陶瓷有可能制成透光率很高的灯管的原因。

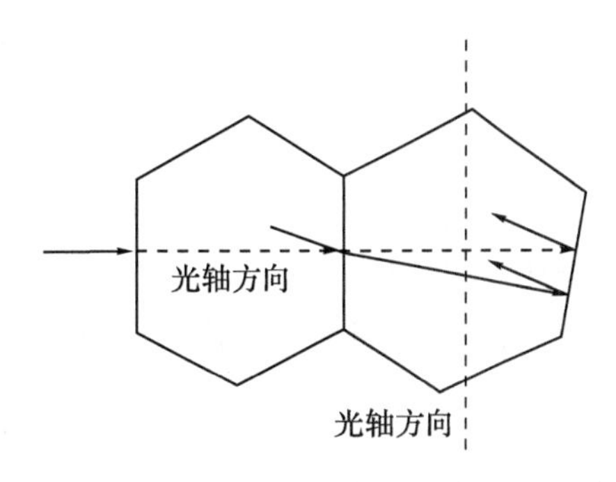

图 8-23 双折射晶体在晶粒界面产生连续的反射和折射

同样可以证明,无论是石英玻璃,还是微晶玻璃,透过率都是很高的。

但是,像金红石瓷那样的陶瓷材料则不能制成透明陶瓷。金红石晶体的 $n_o=2.854$、$n_e=2.567$,因而其反射系数 $m=2.8\times10^{-3}$。如材料厚度为 3 mm,平均晶粒直径为 3 μm,则剩余光能只剩下 $(1-m)^{1000}=0.06$ 了。此外,由于 n_{21} 较大,因之 K 较大,S 大,散射损失较大,故金红石瓷不透光。

MgO、Y_2O_3 等立方晶系材料,没有双折射现象,本身透明度较高,如果使晶界玻璃相的折射率与主晶相的相差不大,则可望得到透光性较好的透明陶瓷材料。但这是相当不容易做到的。

多晶体陶瓷的透光率远不如同成分的玻璃大,因为相对来说,玻璃内不存在晶界反射和散射这两种损失。

3)气孔引起的散射损失

存在于介质内部的气孔、空洞(大尺寸的闭孔),其折射率 n_1 可视为 1,与基体材料的 n_2 相差较大,所以相对折射率也较大,近似等于 n_2,由此引起的反射损失、散射损失远较杂质、不等向晶粒排列等因素引起的损失为大。图 8-24 为含有少量气孔的多晶氧

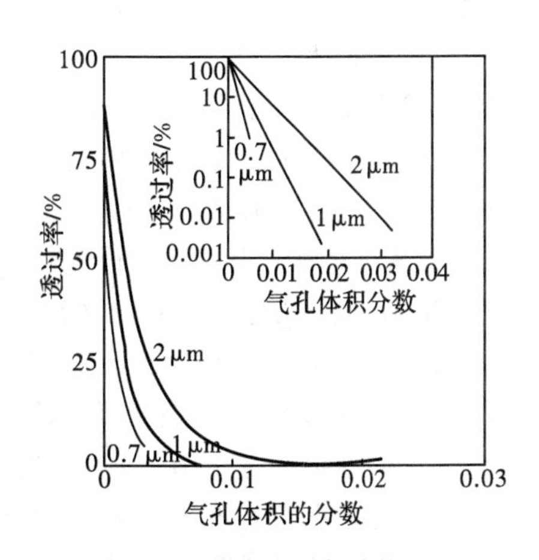

图 8-24 含有少量气孔的多晶氧化铝瓷的透射率

化铝瓷的透射率。

一般陶瓷材料的气孔直径大约为 1 μm，均大于可见光的波长（$\lambda=0.39\sim0.79\ \mu m$），所以计算散射损失时应采用公式 $S=K\times\frac{3V}{4R}$。

散射因子 K 与相对折射率 n_{21} 有关。前面已经说过，气孔与陶瓷材料的相对折射率几乎等于材料的折射率 n_2，数值较大，所以 K 值也较大。气孔的体积含量 V_p 越大，散射损失也越大。例如，一材料含气孔 0.2%（体积），$d=2\ \mu m$，实验所得散射因子 $K=2\sim4$，则散射系数

$$S=K\times\frac{3V}{4R}=2\times\frac{3\times0.002}{4\times0.002}=1.5(\text{mm}^{-1})$$

如果此材料厚为 3 mm，$I=I_0e^{-1.5\times3}=0.011I_0$，剩余光能只为 1%左右，可见气孔对透光率的影响很大。所以一般在材料制作工艺上常采用真空干压成型等静压工艺，利用掺入杂质等方法消除材料内部较大的气孔。假如材料只剩下 $d=0.01\ \mu m$ 的微小气孔，情况就有根本的变化，此时，Al_2O_3 陶瓷的 $d<\lambda/3$（设为可见光的波长），即使气孔体积含量高达 0.63%，陶瓷也是透光的，利用式（8-50）可得

$$S=\frac{32\pi^4\ (0.005\times0.001)^3\times0.0063}{(0.6\times0.001)^4}\left(\frac{1.76^2-1}{1.76^2+2}\right)^2=0.0032(\text{mm}^{-1})$$

如果陶瓷材料厚为 2 mm，$I=I_0e^{-0.0032\times2}=0.994I_0$，散射损失不大，其仍是透光性材料。

综上所述，影响透光的因素是比较复杂的，在实际中需综合考虑。对于杂质的掺入，由于杂质的负面影响，所以其量不能太大。例如在 Al_2O_3 透明陶瓷中，常加入少量 MgO 来抑制晶粒长大，在新生成晶粒表面形成一层黏度较低的 $MgO\cdot Al_2O_3$ 尖晶石，一方面，在烧结后期阻碍 Al_2O_3 晶粒的迅速长大；另一方面，又使气泡有充分时间逸出，从而使透明度增大。但是新生成的尖晶石的折射率 $n=1.72$，比 Al_2O_3 的折射率 1.76 小，使 Al_2O_3 与尖晶石的相对折射率不等于 1，从而增加了反射和散射。所以 MgO 虽有排除气孔的作用，掺得过多也会引起透光率下降，适宜的掺入量一般约为 Al_2O_3 总重的 0.05%～0.5%。

近年来，为了进一步提高 Al_2O_3 陶瓷的透光性，除了加入 MgO 以外，还加入 Y_2O_3、La_2O_3 等外加剂。这些氧化物溶于尖晶石中，形成固溶体。根据前面对极化率与离子半径的关系分析，离子半径越大的元素，电子位移极化率越大，因而折射率也越大。上述氧化物中，Mg^{2+} 的半径为 0.65 Å（1 Å$=10^{-10}$ m）、Y^{2+} 的半径为 0.93 Å、La^{3+} 的半径为 1.15 Å，由 MgO 及 Al_2O_3 组成的尖晶石的折射率 1.72 偏离了 Al_2O_3 和 MgO 的折射率。将 Y_2O_3 固溶于尖晶石后，将使尖晶石的折射率接近于主晶相的折射率 1.76，从而减少了晶界的界面反射和散射。

有人曾经采用热锻法使陶瓷织构化，从而改善其性能。这种方法就是在热压时采用较高的温度和较大的压力，使坯体产生较大的塑性形变。由于大压力下的流动变形，使得晶粒定向排列，结果大多数晶粒的光轴趋于平行，这样在同一个方向上，晶粒之间的折射率就变得一致了，从而减少了界面反射。用热锻法制得的 Al_2O_3 陶瓷是相当透明的。

玻璃和熔融石英是最常见的非金属光学材料，它们在可见光区是透明的，但光线正入射时，每个表面仍约有 4%的反射。高分子材料中有机玻璃在可见光波段与普通玻璃一样透明，在红外区也有相当的透射率，可作为各种装置的光学窗口。聚乙烯在可见光波段不透明，但在远红外区透明，可作为远红外波段的窗口和保护膜。氧化镁中添加少量的 LiF、CaO 或 Ga_2O_3 经真空热压或高温烧结可得到透明的陶瓷材料。氧化铝和氧化铍陶瓷也一样，它

们对可见光的透射率都在85%～90%,可作为高压钠灯管的管壁,由于管壁与钠蒸气接触,必须严格控制 SiO_2 和 Fe_2O_3 的含量(低于0.05%),以防止使用后的"黑化"。耐高温的透明陶瓷在航天领域也常被作为重要的窗口。

8.5.2 乳浊性

8.5.2.1 乳浊性简介

陶瓷坯体有气孔,而且色泽不均匀,颜色较深,缺乏光泽,因此常用釉加以覆盖。搪瓷珐琅也是要求具有不透明性,否则底层的铁皮就要显露出来。釉的主体为玻璃相,有较高的表面光泽和不透明性。对于艺术玻璃和器皿玻璃要求光线柔和,因而也要求具有不透明性。釉、搪瓷、乳白玻璃和瓷器是由玻璃相和微小晶相组成的,因此它们的外貌除了表面和光的反射性和透过性等有关外,还受到内部由于分布的微粒引起的强烈影响,如和镜面反射光、表面漫反射、直接透射光及散射光占有的分量有关。如图8-25所示。

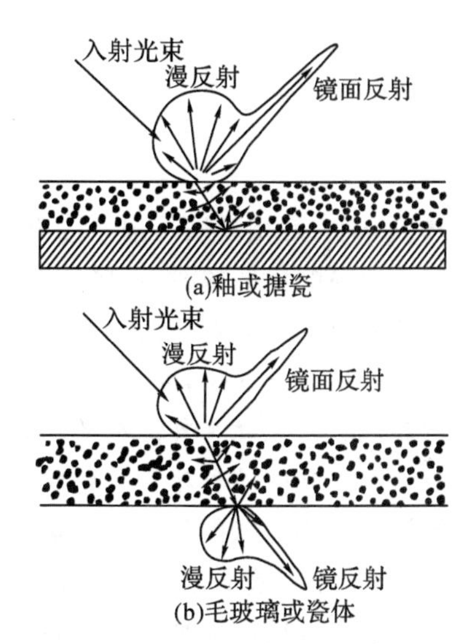

图8-25 镜面反射和漫反射

要获得高度乳浊(不透明性)和覆盖能力,就要求光在达到具有不同光学特性的底层之前被漫反射掉。与此相对应,优良的半透明性是指光被散射了,甚至大部分入射光到达界面不是直接透过而是通过散射光透过的,即具有较大的漫透射率。

正如前面所介绍的,影响两相系统乳浊性的总散射系数的主要因素是颗粒尺寸、相对折射率和第二相颗粒的体积百分比。为了得到最大的散射效果,颗粒及基体材料的折射率相差要大,颗粒尺寸应当和入射波长约略相等,并且颗粒体积分数要高。

8.5.2.2 乳浊机理

入射光被反射、吸收和透射所占的分数取决于釉层的厚度、釉的散射和吸收特性。对于无限厚的釉层,其反射率 m_∞ 等于釉层的入射光被漫反射和镜面反射的分数。对于没有光吸收的釉层,$m_\infty=1$。吸收系数大的材料,其反射率低。因此好的乳浊剂必须具有低的吸收系数,亦即在微观尺度上,具有良好的透射特性。反射率 m_∞ 决定于吸收系数和散射系数之比,由式(8-54)给出:

$$m_\infty=1+\frac{\alpha}{S}-\left(\frac{\alpha^2}{S^2}+\frac{2\alpha}{S}\right)^{1/2} \tag{8-54}$$

也就是说,釉层的反射同等程度地由吸收系数和散射系数所决定。

在实际应用中,釉层厚度是有限的,而且对于釉层底部与基底材料的界面,也会有反射上来的光线增加到总反射率中去,因此其乳浊性与底材的反射率有关。为了对乳浊能力下个定义,下面分两种情况分析:①底材为一种完全吸收或完全透过入射光的材料,即釉层与底材之间的反射率 $m=0$,此时釉层表面的反射率为 m_0。②底材的反射率为 m',与其相接触的釉层的表面光反射率为 m_R',其值可以由库贝尔卡(Kubelka)和蒙克(Munk)给出的公式计算：

$$m_R'=\frac{(1-m_\infty)(m'-m_\infty)-m_\infty(m'-1/m_\infty)\exp[Sx(1/m_\infty-m_\infty)]}{(m'-m_\infty)-(m'-1/m_\infty)\exp[Sx(1/m_\infty-m_\infty)]} \quad (8-55)$$

这个方程的求解是很困难的，但它表明，当底材的反射率 m'、散射系数 S、釉层厚度 x 及釉层反射率 m_∞ 增加时，实际反射率 m_R' 也增加。

乳浊层的覆盖能力与上述两种不同的底材相接触时覆盖层的反射率 m_0 和 m_R' 有关，因此可以用 m_0 和 m_R' 的比值表示釉层的覆盖能力。将 $C_R'=\frac{m_0}{m_R'}$ 称为对比度或乳浊能力，取基底的反射率 $m'=0.80$ 比较方便，因此有

$$C'_{0.80}=\frac{m_0}{m_{0.80}}$$

式中，$m_{0.80}$ 是指基底反射率为 0.80 时，釉层表面的反射率。

用高的反射率材料、厚的釉层和高的散射系数材料或它们的某些结合，可以得到良好的乳浊效果。例如对于薄钢板搪瓷，喷上或刷上薄的涂层是符合要求的。由于乳浊剂一般对应低的反射值底材，因此其散射系数必须尽可能高，才能有良好的覆盖能力，为此目的，最好选择以二氧化钛为乳浊剂的搪瓷釉，在这种搪瓷釉中相对折射率高，而且能够通过成核和淀析得到和光的波长相等的颗粒尺寸。相反，铸铁搪瓷由于其表面粗糙度要求采用厚的搪瓷涂层。采用粉状的釉施加到热的金属上，形成涂层，其涂层厚度约为薄钢板的涂层厚度的 10 倍，因此在铸铁上可以采用乳浊能力较低而比氧化钛经济的乳浊剂，当然由于涂层冷却周期随着铸件的厚度而增大，这使得成核过程的控制非常困难。因此对乳浊剂的选择需要考虑多方面因素。目前锑基乳浊剂可以满足这些要求。对于陶瓷坯体，需要相当厚的釉层，以便充分覆盖表面的缺陷，典型的涂层厚度是 0.05 cm。此外通常白色坯体的反射能力非常高，因此对于遮盖力的要求不如薄钢板和铸铁那样严格。由于釉的烧成需要较长的周期，所以釉中的淀析过程比搪瓷中的以控制，因此可向釉料中掺入惰性的不溶解的乳浊剂，例如氧化锆和氧化锡等。

8.5.2.3 常用乳浊剂

硅酸盐玻璃是构成釉及搪瓷的主要成分，其折射率限定在 1.49～1.65 的范围内。作为一种有效的乳浊剂(或散射剂)，必须具有和上述数值显著不同的折射率；必须能够在硅酸盐玻璃基体中形成和玻璃相无作用的微粒，而且颗粒的体积分数要高。

乳浊剂可以是与玻璃相完全不起反应的材料，它们是在熔制时形成的惰性产物，或者是在冷却或再加热时从熔体中析出来的微晶，后者经常被使用，是获得所希望颗粒尺寸的最有效物质。例如常将釉和珐琅中的部分原料熔融淬冷，制成熔块，再湿磨成浆，施于器物表面再焙烧，因而颗粒与空气充分接触，有许多的界面，而晶核容易在两相界面生成，因此有利于晶核的生成，这样便可从熔体中析出细小且尺寸一致的微晶粒，析出的小晶粒的大小与光波波长接近，散射强烈，因而有更良好的乳浊效果。如果用生料配置釉和珐琅，则基本上会析出乳浊剂的粗大的残余颗粒，只有少数的微晶析出。对于等量的乳浊剂，均匀小晶粒的数量当然比残余颗粒的数量要多很多，且散射更强。

釉、搪瓷和玻璃中常用的乳浊剂及其平均折射率见表 8-4。

表 8-4　适用于硅酸盐玻璃介质($n_玻=1.5$)的乳浊剂

惰性添加剂	$n_{分散}$	$n_晶/n_玻$	熔制反应惰性产物	$n_{分散}$	$n_晶/n_玻$	玻璃中成核、结晶物	$n_{分散}$	$n_晶/n_玻$
SnO_2	1.99～2.09	1.33	气孔	1.0	0.67	NaF	1.32	0.87
$ZrSiO_4$	1.94	1.30	As_2O_5	2.2	1.47	CaF_2	1.43	0.93
ZrO_2	2.13～2.20	1.47	$PbAs_2O_6$	2.2	1.47	$CaTiSiO_5$	1.9	1.27
ZnS	2.4	1.6	$Ca_4Sb_4O_{13}F_2$	2.2	1.47	ZrO_2	2.2	1.47
TiO_2	2.50～2.90	1.8				$CaTiO_3$	2.35	1.57
						TiO_2(锐钛矿)	2.52	1.68
						TiO_2(金红石)	2.76	1.84

由表 8-4 中可知，最有效的乳浊剂是 TiO_2，其能形成与玻璃相无作用的微粒，且由于它能够成核并结晶成非常细的颗粒，由于烧搪瓷的温度仅为 973～1073 K，所以广泛地用于要求高乳浊度的搪瓷釉中。但 TiO_2 在釉和玻璃中都没有用作乳浊剂，这是由于高温，特别是在还原气氛下，其会使釉着色。ZnS 在高温时易溶于玻璃中，降温时从玻璃中析出微小的 ZnS 结晶而具乳浊效果，在某些乳白玻璃中常有使用。SnO_2 是另一种广泛使用的优质乳浊剂，在釉及珐琅中普遍使用，已有几十年的历史，在多种不同组成的釉中，含量一定的 SnO_2 都能保证良好的乳浊效果，其缺点是烧成时如遇还原气氛则还原成 SnO 而溶于釉中，乳浊效果消失，并且 SnO_2 比较稀少，价格较贵，使得它的应用受到一定限制。近年人们较深入地研究了锆化合物乳浊剂，推广使用效果很好，它的优点是乳浊效果稳定，不受气氛影响，且通常使用天然的锆英石($ZrSiO_4$)而不用它的加工制品 ZrO_2，这样成本要低得多。含锌的釉也可达到较好的乳浊效果，可能是因为过程中析出了锌铝尖晶石的晶粒。由于含锌化合物在釉中溶解度高，即使其有乳浊作用，烧成温度范围也是窄的。

由表 8-4 中还可以得到，乳浊剂大都是折射率显著高于玻璃折射率的晶体。而氟化物的折射率较低，但比起玻璃的折射率又不会低得太多，它们多与其他乳浊剂合用才有较好的乳浊效果。氟化物是因为其中所含的氟或酸酐有促进其他晶体在玻璃中析出的作用，因而显示乳浊效果。另外还有其他的一些乳浊剂，如 Sb_2O_5 在釉和玻璃中有较大的溶解度，一般也不用它作为乳浊剂，但它却是搪瓷的主要乳浊剂之一。CeO 也是良好的乳浊剂，乳浊效果很好，但由于其稀有而价格昂贵，限制了它的推广使用。

8.5.3　半透明性

乳白玻璃和半透明瓷器(包括半透明釉)的一个重要光学性质是半透明性，即除了由玻璃内部散射引起的漫反射以外，入射光中漫反射的分数对于材料的半透明性起着决定作用。为了达到半透明性，不要求最大的散射，但要求内部散射光产生的漫透射要最大，吸收要最小。

乳白玻璃的结晶相和基质玻璃相的折射率差不要求太大，如一般使用乳浊剂 NaF 和

CaF_2 即可。这两种乳化剂的主要作用不是乳化剂本身的析出，而是起矿化作用，促使其他晶体从熔体中析出。例如，含氟乳白玻璃中析出的主要晶相是方石英。有时也会有失透石（$Na_2O \cdot 3CaO \cdot 6SiO_2$）和硅灰石析出，这些晶粒细小，起着乳化作用。有时在使用氟化物乳浊剂的同时，其组成中应增加 Al_2O_3 等的含量，目的是提高熔体的高温黏度，在析晶过程中形成大量的晶核，使得分散相的尺寸得以控制，从而获得良好的乳浊效果。

许多陶瓷的美学价值是用半透明性判断的。例如半透明性是骨灰瓷和硬质瓷主要的鉴定指标，要求它们不仅具有优良的半透明性而且还要有较好的力学性能，它们的主要原料是长石、石英和高岭土，因此其微观结构很致密而且玻璃化。在玻璃相基质中尚残留有未完全融化好的石英颗粒、细的针状莫来石。玻璃相的折射率一般为 1.5 左右，莫来石的折射率 $n_D=1.64$，石英的折射率 $n_D=1.55$，而且石英颗粒较大，针状莫来石约微米大小，由于莫来石的大小接近光波波长，而折射率又和玻璃相相差较大，因此散射主要来自莫来石相，它的增多就会减小半透明性。故提高半透明性的重要方法是：增多玻璃相和减少莫来石相，可通过增加长石量来实现。一些熔块瓷和齿用瓷含长石量高，也是这个道理。但对于其他目的，这样做是有害的，因为莫来石量的减少会降低瓷体的强度。

获得高度半透明体的另一个方法是调整各个相的折射率使之有较好的匹配。但由于石英和莫来石的折射率相差较大，改变由这两种成分组成的瓷的配方效果不大。有人曾改变玻璃的折射率使之接近细颗粒的莫来石的折射率，进而提高半透明性，如有一种骨灰瓷，含有折射率约为 1.56 的液相，其折射率几乎等于所出现的晶相的数值，利用这一措施，并结合低气孔率，使骨灰瓷具有良好的半透明性。液相折射率对陶瓷透光性的影响见图 8-26。

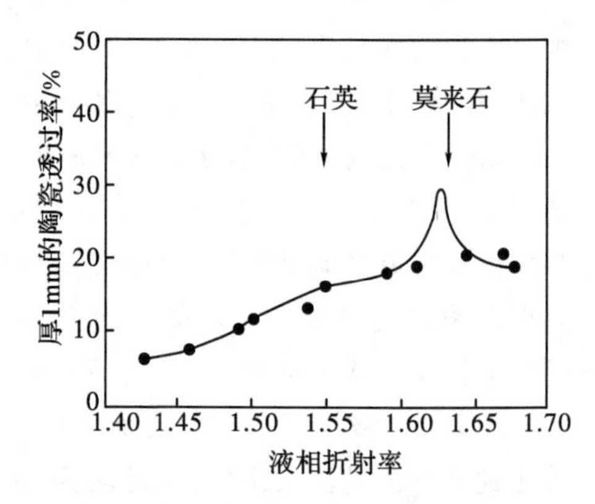

图 8-26　液相折射率对陶瓷透光性的影响
（含 20%石英、20%莫来石、60%液相）

正如气孔率可以大大降低单相氧化铝的透明度，在瓷体中气孔的出现是有害的。只有把制品烧到足够的温度，以便由黏土颗粒间的孔隙所形成的细孔完全排除，才能得到半透明的瓷体。半透明度是衡量残留气孔率的一种敏感的尺度，因而也是瓷器的一种良好的质量标志。

8.6　无机材料的颜色

硅酸盐工业中，陶瓷、玻璃、搪瓷、水泥的使用都离不开颜料，如玻璃工业中的彩色玻璃和物理脱色剂，搪瓷上用的彩色珐琅罩粉和水泥生产中的彩色水泥。陶瓷使用颜料的范围最广，色釉、色料和色坯中都要使用颜料。

在陶瓷坯釉中起着色作用的有着色化合物（简单离子着色或复合离子着色）、胶体粒子。形成色心也能着色，但色心的出现不是我们所希望的（如黏土中作为杂质的氧化钛）。用作陶瓷颜料的有分子（离子）着色剂与胶态着色剂两大类，其显色的原因和普通的颜料、染料一样，是由于着色剂对光的选择性吸收而引起选择性反射或选择性折射，从而显现颜色。

8.6.1 配位化学场

化合物着色的最重要的来源是过渡元素(V、Cr、Mn、Fe、Co、Ni)或稀土元素离子(钕、铒、钬等离子),它们或出现于固溶体中,或以晶体的固有阳离子存在。这些元素在电子占据轨道方面不同于主族元素。如对于过渡元素,主要涉及能量很相近的部分添满的 3d 轨道(简并能级)。当 d 轨道上的电子数少时,按照洪德规则,过渡元素的原子或离子中有许多未完全充满的能级,因而电子在 d 轨道能级间跃迁就有可能。但是在能级完全充满的情况下,则不存在这种可能性。如果未充满的 d 轨道(或 f 轨道)间的能量间隔处在相当于可见光的能量范围内,因而电子在这些轨道间跃迁时吸收光子而产生带色的透射光。

过渡元素原子或离子的电子结构及吸收可见光的变化除了单个离子和它的氧化状态以外,很大程度上取决于这些离子环境的变化。例如 6 个配位体的 Ti^{3+} 阳离子,Ti^{3+} 的 3d 轨道上有 1 个不成对的电子,即具有非键合电子组态,无外电场时,即无孤立离子时,所有 5 个 3d 轨道上的能量实际上是等同的,当 Ti^{3+} 阳离子与 6 个配位体形成八面体络合物时,Ti^{3+} 的电子与配位体的 6 个负电荷出现静电相互作用,在晶体或玻璃体中,每个离子都发生极化,这对外层电子的能量分布有重大的影响,这些就是有助于在过渡元素中形成颜色的电子能级,同时这些材料的颜色显著地受配位数的变化和相邻离子的性质的影响,这些变化导致把颜色看成是由产生特定吸收效果的特殊的发色团——复杂离子所引起的。相反,依靠内部 f 壳层中的电子跃迁而着色的稀土元素则很少受环境变化的影响。

这些环境的影响可以用晶体场和配位化学场描述,图 8-27(a)和(c)分别为不同多面体的配位场,d 电子的电荷密度在空间的分布如图 8-27(b)所示,在没有场作用的环境中(自由离子),5 种 d 轨道是简并的,即具有相同的能量。但是在有晶体场存在时,如在晶体中,所有的 5 种 d 轨道,即 d_{xy}、d_{yz}、d_{xz}、$d_{x^2-y^2}$、d_{z^2} 不再具有相同的能量,而是被分裂成族。这可以由一个 Ti^{3+} 的简单情况进行说明,这个 Ti^{3+} 只有一个 d 电子,由排列在八面体的顶角上的 6 个负离子包围着。这样的一种离子被看成是处于八面体场中,在存在这样一种晶体场的情况下,沿轴向的两个轨道 d_{z^2}、$d_{x^2-y^2}$ 中,由于周围的负离子的排斥力,和自由离子比较起来,其电子能量提高了;而不沿轴向的其他 3 个轨道,电子能量提高得比较少。所以这种 d 能级的分裂反映了电子回避配位场最大的区域的趋势。

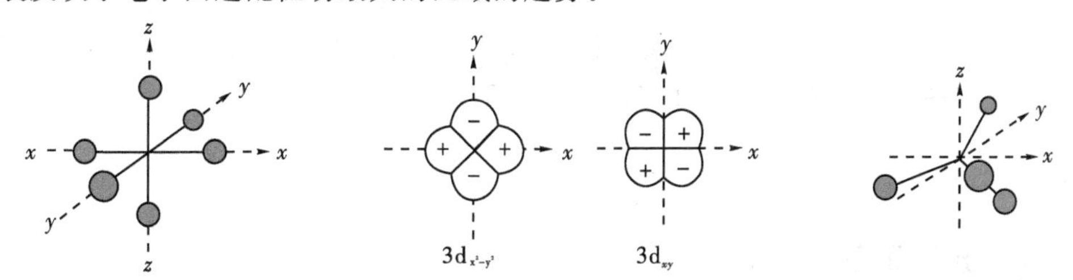

(a)八面体配位场 (b)过渡族元素离子的 $3d_{x^2-y^2}$、$3d_{xy}$ 类氢轨道中的电荷密度分布 (c)四面体配位场

图 8-27

如果 Ti^{3+} 处于四面体中,那么 d_{z^2} 和 $d_{x^2-y^2}$ 轨道上的电子能量要比 d_{xy}、d_{yz} 和 d_{xz} 轨道的电子能量小,并且其分裂的程度要比八面体场的小。如图 8-28 示意说明了这些分裂情况。较高能级 d_γ 和较低能级 d_ε 之间的总能量差对于 d 轨道其值通常在 1～3 eV 范围内,通常在

可见光谱区域或近红外区内。d 能级之间的电子跃迁产生可见光吸收后，呈现颜色。

这样，在很大程度上颜色也与结构有关。按照这个观点，尖晶石族的颜色是有趣的。在尖晶石结构中，阳离子可以处在氧的四面体位置和八面体位置。因为过渡元素的离子在这些位置中的电子组态不同，因而就可以利用这类离子及它们分布在尖晶石晶体中的八面体和四面体位置上的各种可能的组合而使尖晶石呈现许多颜色。

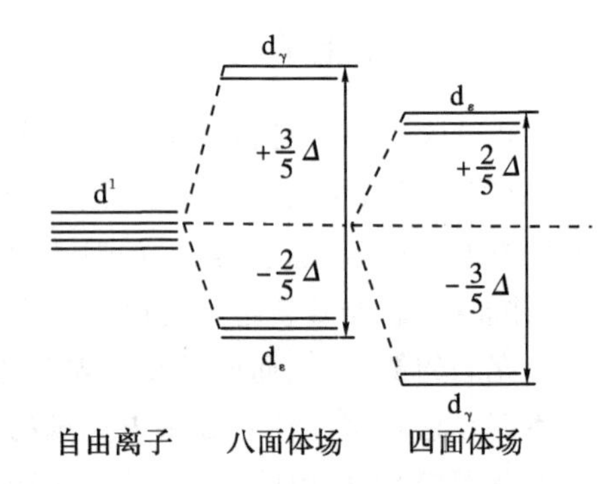

图 8-28 在八面体和四面体配位场中，具有非键合组态 d^1 的过渡元素离子的 3d 轨道能级分裂图

在估计 d 电子在可利用的轨道之间的分布时，必须考虑两个因素，即趋向于最大的平行自旋数及在配位场中优先选择能量较低的轨道。在许多情况下这两种因素的影响是互相抵触的(例如，对于八面体场中的具有 4～7 个 d 电子的离子)。在这种情况下，一方面，当分裂能量比引起平行自旋的相互作用小时，优先选择具有最大平行自旋数的状态；当其值较大时，则优先选择在低能轨道上具有最大电子数的状态。另一方面，配位体的性质对分裂有显著的影响。对于给定的过渡金属离子，其能级差值按下列顺序增加：$I^- \rightarrow Br^- \rightarrow Cl^- \rightarrow F^- \rightarrow H_2O \approx O^{2-} \rightarrow NH_3 \rightarrow NO_2{}^- \rightarrow CN^-$。

在能级跃迁时，需要服从某些选择定则：除了轨道未完全填满外，仅仅当轨道量子数 L 变化±1 时，电子才可能从一个能级跃迁到另一个能级；自旋量子数 S 变化，即不成对的电子数变化跃迁是不允许的；总量子数 J 仅可以改变±1 及 $J=0$ 的两个等同状态间的跃迁也是被禁止的。因而，与这些选择定则有关，$d_\gamma - d_\varepsilon$ 电子跃迁数是有限制的，但对过渡元素离子的某一电子组态来说 $d_\gamma - d_\varepsilon$ 电子跃迁数是特定的。具有不同价的同种元素的离子，组态不同，则引起的吸收和呈现的颜色不同。

稀土离子具有未完全填满的4f 层，由于 4f 轨道处于离子的内部，被外部的 $5s^2$ 和 $5p^6$ 轨道所屏蔽，因此晶体场对 $4f^n$ 电子组态的光吸收跃迁影响非常小，因此通常情况下，Re_2O_3 的颜色近于白色。尽管有些能级是在可见光区域内，但也只有 Nd_2O_3 呈淡粉色。镨和铽的氧化物为黑色是因为三价和四价离子同时存在的缘故。一般邻近环境的对称性对稀土离子能级分裂也有影响，当稀土离子处于偏离反演对称中心的晶体场中时，有可能有少部分 5d 电子混入到 4f 层中，使 $4f^n$ 的电子跃迁获得一定的强度。

8.6.2 着色剂

8.6.2.1 分子着色剂

由于过渡金属离子周围的环境或配位场可能对离子的吸收特性产生影响，从而影响其产生的颜色，因此对于特定的颜色可以用一定的离子组合体或发色团来得到。

在玻璃中硫化镉的黄色就是这样产生的，其既不是 Cd^{2+} 也不是 S^{2-} 单独地引起可见光的吸收，而是 Cd-S 发色团产生相应的黄色。琥珀色是 Fe^{3+} 处于氧的四面体中，其中一个氧被 S^{2-} 置换所产生的。

当同一化合物中存在两种氧化物状态时，特别有可能发生电子跃迁。这种材料通常是半导体，并且总是呈深色。如 Fe_3O_4 呈黑色、Ti_3O_5 呈深蓝色、Au_2Cl_4 呈深红色。

对于着色剂在陶瓷中的应用，要求其在高温保持稳定性，这就限制了可利用的颜色的调制。当稳定性提高时，稳定的颜色数目减少，结果高温瓷釉(1400～1500 ℃)的釉下彩也受到限制，而且 1800 ℃的明显色尚未得到；釉上彩、低温釉和搪瓷的颜色是很多的。釉和搪瓷的颜色或是由离子溶解于玻璃相来形成，或是类似于有色颗粒分散于油漆中的方式，由有色固体颗粒的分散系统来形成。

硅酸盐玻璃中离子的颜色主要取决于氧化状态和配位数。配位数相当于离子是处于网络形成体或网络变体的位置。例如在普通硅酸盐玻璃中，Cu^{2+} 置换网络变体位置中的 Na^+，而被六个或更多的氧离子包围；通常 Fe^{3+} 和 Co^{2+} 置换 Si^{4+}，在网络中形成 CoO_4 和 FeO_4 群。但是当基质玻璃的碱度变化时，这些离子的作用也发生变化，这些离子通过结构上的合作而成为一般的中间体类型。同时氧化状态也常有变化，因此，同一元素的离子在不同的基质玻璃中可以产生范围宽广的颜色。

复合离子如其中有显色的简单离子则会显色；如全为无色离子，但互作用强烈，产生较大的极化，也会由于轨道变形，而激发吸收可见光。如 V^{5+}、Cr^{6+}、Mn^{7+}、O^{2-} 均无色，但 VO_3^- 呈黄色、CrO_4^{2-} 呈黄色、MnO_4^- 呈紫色。化合物的颜色多取决于离子的颜色。离子有色则化合物必然有色。通常为使高温色料(如釉下彩料等)的颜色稳定，一般都将显色离子合成到人造矿物中去，最常见的是形成尖晶石 $AO \cdot B_2O_3$，这里 A 是二价离子，B 是三价离子，因此只要离子的尺寸合适，则二价、三价离子均可固溶进去。由于尖晶石 $AO \cdot B_2O_3$ 堆积紧密、结构稳定，所制成的色料稳定度高，在基质中不溶解，一般用于 750～850 ℃温度范围内进行烧成的搪瓷中。此外，也有以钙钛矿型矿物为载体，把发色离子固溶进去而制成高温色料的。

限制色料的晶粒大小是很重要的，因为晶体和熔体对光的相对折射率不同，所以光散射在很大程度上依赖于着色晶粒的大小，通过该方法可以得到范围较为广泛的颜色。但本方法只能用于低温着色涂层类，因为在高温下，许多着色晶体溶解于熔体中，因此，玻璃和瓷釉的着色是通过溶解的离子来获得的。

对于更高温度(1000～1250 ℃)烧成的坯体，广泛应用 ZrO_2 和 $ZrSiO_4$ 作载体。这些色料提高了对抗玻璃相腐蚀的能力，在这些色料中所采用的掺杂剂有钒(蓝色)、镨(黄色)和铁(粉红色)。

8.6.2.2 胶态粒子着色剂

胶态着色剂最常见的有胶体金(红)、银(黄)、铜(红)及硫硒化镉等几种，但金属与非金属胶体粒子有完全不同的表现。金属胶体粒子的着色是由于胶体粒子对光的散射而引发选择性吸收引起的，决定于粒子的大小。而非金属胶体粒子的着色主要决定于它的化学组成，粒子尺寸的影响很小。如硫硒化镉胶粒的着色原理有两种观点，一种是与 CdS、CdSe 的半导特性有关，即根据半导体的能带理论，硒原子中满带的电子比硫原子容易激发到导带，所以在基体中形成的 $CdS_x \cdot CdSe_{(1-x)}$ 微晶体的禁带宽度随 CdSe 相对含量的增大而逐渐下降，导致其吸收极限逐渐向长波方向移动，颜色由黄到橙、红、深红转变，这一观点在国际上受到重视。另一观点是光吸收都是由于一定能量的光激发阴离子(O^{2-}、S^{2-}、Se^{2-}、Te^{2-})上的价电子到激发态所致，它们的亲电子势从大到小依次为 $\varepsilon_{O^{2-}} > \varepsilon_{S^{2-}} > \varepsilon_{Se^{2-}} > \varepsilon_{Te^{2-}}$，故能量较小的光就能激发它们的价电子到激发态，使其短波极限进入可见光区，而导致着色，短波极限波长的位置随它们的亲电子势减小逐渐向长波转移，故随着 CdS/CdSe 比值的减小，吸收波向长波方向移动。

有人以胶态金属的水溶液做实验，当 $d \approx 20 \sim 50$ nm 时，呈强烈的红色，此粒度是最好的粒度。当 $d < 20$ nm 时，溶液逐渐变成接近金盐溶液的弱黄色；当 $d \approx 50 \sim 100$ nm 时，则依次从红变到紫红再变到蓝色；当 $d \approx 100 \sim 150$ nm 时，透射呈蓝色，反射呈棕色，接近金的颜色，说明这时已经形成晶态金的颗粒。因此，以金属胶态着色剂着色的玻璃和釉，它的色调决定于胶体粒子的大小，而颜色的深浅则决定于粒子的浓度。但在非金属胶态溶液中，如金属硫化物中，颗粒尺寸的增大对颜色的影响很小，而当粒子尺寸达到 100 nm 或以上时，溶液开始浑浊，但颜色仍然不变。在玻璃中的情况也与此完全相同，最好的例子就是以硫硒化铬胶体着色的著名的硒红宝石，总能得到色调相同、颜色鲜艳的大红玻璃。但当颗粒的尺寸增大至 100 nm 或以上时，玻璃开始失去透明。通常含胶态着色剂的玻璃要在较低的温度下以一定的制度进行热处理显色，使胶体粒子形成所需要的大小和数量，才能出现预期的颜色。假如冷却太快，则制品将是无色的，必须经过再一次的热处理，方能显现出应有的颜色。

8.6.3 影响色料颜色的因素

陶瓷坯釉、色料等的颜色，除主要决定于高温下形成的着色化合物的颜色外，还与下列因素有关。

(1)加入的某些无色化合物。如 ZnO、Al_2O_3 等，对色调的改变也有作用。

(2)烧成温度的高低。通常制品只有正烧的条件下才能得到预期的颜色效果，生烧往往颜色浅淡，而过烧则颜色昏暗。成套餐具、成套彩色卫生洁具、锦砖等产品出现的色差，往往是烧成时的温差引起的，这种色差会影响配套。

(3)气氛。某些色料应在规定的气氛下才能产生指定的色调，否则将变成另外的颜色。如钧红釉是我国一种著名的传统铜红釉，在强还原气氛下烧成，便能获得由于金属铜胶体粒子析出而着成的红色。但控制不好，还原不够或重新氧化，偶尔也会出现红蓝相间、杂以多种中间色调的"窑变"制品，绚丽斑斓、异彩多姿，其装饰效果反而超过原来单纯的红色。温度的高低对颜料所显颜色的色调影响不大，但温度与颜色的浓淡、深浅则直接相关。

8.7 特种光学材料及其应用

8.7.1 荧光材料

电子从激发能级向较低能级的衰减可能伴随有热量向周围传递，或者产生辐射，在此过程中，光发射成为荧光或磷光，取决于激发和发射之间的时间。

荧光物质广泛地用在荧光灯、阴极射线管及电视的荧光屏及闪烁计数器中。荧光物质的光发射主要受其中的杂质的影响，甚至低浓度的杂质即可起到激活剂的作用。

荧光灯的工作原理是汞蒸气和惰性气体的混合气体中的放电作用，使得大部分电能转变成汞谱线的单色光的辐射，这种辐射激发了涂在放电管壁上的荧光剂，造成在可见光范围内的宽频带发射。

例如，灯用荧光剂的基质，选用卤代磷酸钙，激活剂采用锑和锰，能提供两条在可见光区重叠发射带的激活带，发射出的荧光颜色从蓝到橙和白。

用于阴极射线管时，荧光剂激发是由电子束提供的，在彩色电视应用中，对应于每一种颜色的频率范围的发射，采用不同的荧光剂。在用于这类电子扫描显示屏幕仪器时，荧光剂的衰减时间是个重要的性能参数，例如用于雷达扫描显示器的荧光剂是 Zn_2SiO_4，激活剂用 Mn，发射波长为 530 nm 的黄绿色光，其衰减至10%的时间为 2.45×10^{-2} s。

8.7.2 激光器

许多陶瓷材料已经用作固体激光器的基质和气体激光器的窗口材料。固体激光器是一种发光的固体材料，其中，一个激发中心的荧光发射激发其他中心作同位相的发射。

红宝石激光器是由掺少量(<0.05%)Cr 的蓝宝石单晶组成，呈棒状，两端面要求平行，靠近两个端面各放置一面镜子，以便使一些自发发射的光通过激光棒来回反射，其中一面镜子起完全反射的作用，另一面镜子只是部分反射。激光棒沿着它的长度方向被闪光灯激发，大部分闪光的能量以热的形式散失，一小部分被激光棒吸收，而在 6943 Å(6.943×10^{-7} m)处三价 Cr 离子以窄的谱线进行发射，构成输出的辐射，自激光棒一端(部分发射端)穿出。

另一重要的晶体激光物质是掺 Nd 的钇铝石榴石单晶($Y_3Al_5O_{12}$)，其辐射波长为1.06 μm。

某些无机材料，以其固定的波段(例如红外区)具有高的透射率，因而应用于气体激光器的窗口材料。例如按波长的不同，分别选用 Al_2O_3 单晶材料、CaF_2 类碱土金属卤化物和各种Ⅱ到Ⅵ族的化合物如 ZnSe 或 CdTe。

8.7.3 光弹性材料

对材料施加机械应力，引起其折射率的变化，称为光弹性效应。在工程上常利用此效应分析复杂形状的应力分布。在声学器件、光开关、光调制器和扫描器等方面此效应也是很重要的。

机械应力对材料产生的应变，导致晶格内部结构的改变，并同时改变了弱连接的电子轨道形状的大小，因此引起极化率和折射率的改变。其应变 ε 和折射率的关系为

$$\Delta\left(\frac{1}{n^2}\right)=\frac{1}{n^2}-\frac{1}{n_0^2}=P\varepsilon \tag{8-56}$$

式中，n_0 和 n 是加应力于材料前后的折射率；P 是光弹性系数。为了便于清楚地理解应力对折射率的影响，设对一个立方晶体施加静压力，由式(8-9)得

$$\frac{n^2-1}{n^2+2}=KN\alpha\rho \tag{8-57}$$

式中，$K=1/(3M\varepsilon_0)$是一个常数，其中 M 为分子量。将式(8-57)对密度 ρ 微分，得

$$\frac{\mathrm{d}n}{\mathrm{d}\rho}=\frac{(n^2-1)(n^2+2)}{6n\rho}\left(1+\frac{\rho}{\alpha}\frac{\mathrm{d}\alpha}{\mathrm{d}\rho}\right) \tag{8-58}$$

由式(8－56)和式(8－58)得出光弹性系数的平均值为

$$P_{平均}=\frac{(n^2-1)(n^2+2)}{3n^4}\left(1+\frac{\rho}{\alpha}\frac{d\alpha}{d\rho}\right) \tag{8-59}$$

该式表明,光弹性系数依赖于压力。因为压力增大,原子堆积更紧密,引起密度和折射率的增大,同时固体被压缩时,电子结合得更紧密,使极化率减小,因此 $d\alpha/d\rho$ 为负值。由于这两个影响有互相抵消的作用,而且为同一数量级,因此有一些氧化物的折射率随压力增大而增大,如 Al_2O_3;而有一些氧化物的折射率随压力增大而减小;还有一些氧化物($Y_3Al_5O_2$)的折射率则是常数。总之在大部分材料中要找出具有较大的光弹性系数的材料是困难的,只有那些含有孤立电子对的正离子的化合物和压电耦合系数大的材料才有可能。前者例如 $Pb(NO_3)_2$ 中 Pb^{2+} 是孤立电子对的离子,有非常大的极化率,故它的光弹性系数非常大,其他如 As_2S_3 玻璃、Sb_2O_3 等也是一样的。后者是由于施加应力产生内部电场而加强了光弹性效应。

如果物体受单向的压缩和拉伸,则在物体内部发生轴向的各向异性,这样的物体在光学性质上就和单轴晶体相似,产生双折射现象。玻璃内应力存在也是一样,如玻璃在互相垂直方向作用着不相等的张应力 S_x 和 S_y,这样玻璃就变成各向异性了,即沿 x 方向光的传播速度 v_x 小于沿 y 方向传播的速度 v_y,产生光程差,光程差 Δ 和玻璃的厚度 d 及(v_y-v_x)成比例,$\Delta=Kd(v_y-v_x)$,式中 K 为比例系数。由于光传播速度和玻璃应力差成正比,$v_y-v_x=K'(S_x-S_y)$,式中的 K' 为比例系数,因此

$$\Delta=KK'd(v_y-v_x)=B(S_x-S_y) \tag{8-60}$$

式中,B 是比例系数,其倒数称为光弹性系数,但是和前述光弹性系数形式不同,它是反映光程差和应力造成光速差的关系,是有量纲的,称为应力光学常数,可以利用偏光仪来测定玻璃的光程差求出内应力的大小。

8.7.4　声光材料

利用压电效应产生的超声波通过晶体时,引起晶体折射率的变化,称为声光效应。由于声波是弹性波,当超声波通过晶体时,使晶体内部质点产生随时间变化的压缩和伸长应变,其间距等于声波的波长,根据光弹性效应,它使介质的折射率也相应发生变化,因此,当光束也通过压缩-伸张应变层时,就能使光产生折射或衍射。超声波频率低时,即它的波长比入射光宽度(例如光束的直径)大得多时,产生光的折射现象;当超声波频率高,即入射光的宽度远比超声波波长大时,折射率随位置的周期性变化就起着衍射光栅的作用,产生光的衍射,通常称它为超声光栅,光栅常数即等于超声波波长 λ_s,这时的情况如图 8－29 所示,类似于晶体对 X 光的衍射一样,可以用布拉格方程来描述:

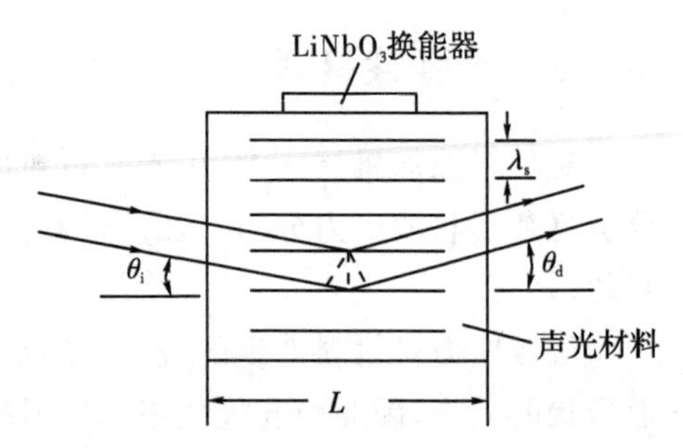

图 8－29　声光布拉格反射示意图

$$\theta_i=\theta_d=\theta_B \tag{8-61}$$

$$\lambda=2\lambda_s\sin\lambda \tag{8-62}$$

式中,θ_i 为入射角;θ_d 为衍射角;θ_B 为布拉格角;λ 为激光束的波长。由此可知衍射可使光束

产生偏转，这类偏转称为声光偏转，声光偏转一般在1°～4.5°的范围内。偏转角度和超声波的频率有关，此外衍射光的频率和强度还与弹性应变成比例。零级衍射光束和入射光束频率 υ_c 相同，但正和负一级的频率是 $\upsilon_c+\upsilon_m$ 和 $\upsilon_c-\upsilon_m$。因此调制超声波的频率就会引起衍射光束频率的调制；同时也可以利用调制超声波的振幅，使衍射光束引起相应的强度调制。

由此看来，可以将上述声光效应原理应用于光的偏转、调制、信息处理和滤光等方面。

人们对声光材料作了很多研究发现，在一定的超声波功率条件下，光衍射效率和性能指数有关系：$M=P^2n^6/\rho v^3$，式中 n 是折射率；P 是光弹性系数；ρ 是密度；v 是声速。因此光弹性系数高、折射率高、声速低、密度小的晶体为好。但在实际使用时，为了提高偏转速度，使声波的波面迅速变化，就要求声速大；然而对提高分辨率和得到大的偏转角，又以声速小为好。两者之间有矛盾。含有高极化离子，例如含有 Pb^{2+}、Te^{4+}、I^{5+} 一类高极化率离子的晶体，它们的折射率高，晶体密度大，声速慢；其次熔点要低，一般熔点低的晶体较软，声速慢。目前找到的大多数声光晶体的熔点处于700～1000 ℃，如 α - HIO_3、$PbMO_3$、$Sr_{0.75}Ba_{0.25}Nb_2O_6$、$TeO_2$、$Pb_5(GeO_4)(VO_4)_2$、$TeWO_4$、$TI_3AsS_4$、$\alpha$ - HgS 等。

8.7.5 电光材料和光的全息存储

对物质施加电场引起折射率的变化称为电光效应。电光效应是电场大小 E 的函数，即

$$\Delta\left(\frac{1}{n^2}\right)=\frac{1}{n^2}-\frac{1}{n_0^2}=\gamma E+PE^2$$

式中，n、n_0 是加电场前后的折射率；E 是电场强度大小；γ 是电光线性系数；P 是电光平方效应系数。若该固体的 P 等于零或其值可忽略时，其变化和电场强度大小 E 成正比的效应叫作一次电光效应或普克尔效应。而与电场大小 E_2 成正比的变化叫作克尔效应或二次电光效应。

从物质组成和结构对折射率的影响中知道，几乎任何分子都具有极化率的各向异性。光学上的各向同性物质可能是由各向异性的分子构成，如果后者排列得无规则或高对称的话。相反地，如果用任何方法使各向同性材料内大量分子有某种优势的取向，那么极化矢量(分子偶极矩的总和)将不会再对不同方向有相同的数值，也就是说，物质的介电常数也将是各向异性的，因此它在光学上是各向异性的。光弹性效应就是使分子有某种优势的取向。现在施加电场使物质中电偶极矩的取向有某种优势的取向，因此也必定改变它的折射率，也就是晶体中折射率随传播方向而异，根据岩相学中的晶体的光学理论，晶体是用折射率椭球——光率体表示的，对其加上电场后会使光率体也起变化，这样晶体对于偏振光的两个组成部分就有不同的折射率，即不同的传播速度，因而对两个波产生位相差或光程差。图8-11所示是利用上述原理进行光的调制，当未加电压时，使两偏振器相互垂直，光被遮断，施加电压时，光率体变化，致使光能透过，其强弱可视电压变化而异，因此，随电压信号不同透过光的强弱也跟着变化，进而进行了光的调制。

由于普克尔效应是线性关系，在具有对称中心的晶体中是不会出现的，而克尔效应在所有的晶体中都可以出现。其中最重要的电光晶体是 $LiNbO_3$、$LiTaO_3$、$Ca_2Nb_2O_7$、$Sr_xBa_{1-x}Nb_2O_6$、KH_2PO_4、$K(Ta_xNb_{1-x})$ 和 $BaNaNb_5O_{15}$，这些晶体的结构单位大多数都是由 Nb 离子或 Ta 离子的氧配位八面体构成。由于折射率随电场的变化，电光晶体可用作光

振荡器、信频器、电压控制开关及光通信用的调制器。

例如掺杂 $LiNbO_3$ 或 $(Sr,Ba)Nb_2O_6$ 等晶体还会具有全息存储功能。所谓全息存储是基于全息照相原理所说的。后者是指一束足够强的光的相干光照射物体，从物体反射光或透视光(称为物光)射向感光胶片，同时再使这束相干光的一部分直接(或通过反射镜面反射)照射在胶片，这部分相干光称为参考光束，这样物光和参考光同时到胶片上叠加，形成光像的干涉图样，和光栅相似，只不过它是一个反差不同、间距不等的畸变光栅或位相光栅，即全息照片。在此照片上不仅记录了光的强弱，如同普通照片一样，而且还记录了光的位相。若使物体的像再现，也是用一束激光照射到全息照片上，光被照片上的干涉图样所衍射，在照片后出现一系列衍射波，构成物体的再生像。那么上述这些电光晶体为什么也能起全息存储作用呢？主要是光致折射率变化的原理。当光照射到这些晶体时，会使这种晶体中的电子陷阱中释放出自由电子，而这些电子即从照射区扩散到较黑暗的区域内，造成了空间电荷电场，而该电场随即通过电光效应调制了晶体内各处的折射率，形成了位相光栅，留下了物体的信息。若再经温和加热，使正离子扩散到负空间电荷处中和该局部电场，冷却就可使晶体内得到均匀的电中和状态，但却留下了不均匀的离子分布，也就是将位相光栅固定下来，达到全息的存储。全息存储的存储密度很高，记录方便，是把一组信息记录在一个点子上，所以全息存储是目前光存储的主要发展方向。

以激光技术为基础的系统，除了激光器与波导以外，还需要许多附加的硬件，例如频率的调制、开关、调幅和转换装置，光学信号的程控及自控装置。这些需求促进了材料的发展，以便能以低的损耗来进行光的传输，而由电场、磁场或外加应力来调整这些材料的光学性能，使之按规定的方式与光学信号相互作用。在这些材料中占重要地位的是电光晶体和声光晶体。

当外加电场引起材料的光学介电性能改变时，产生电光效应。外加电场可能是静电场、微波电场或者是光学电磁场。在有些晶体中，电光效应基本上来源于电子；在其他晶体中，电光作用主要与振荡模式有关。在有些情况下，电光效应随着外加电场而先行地变化；另一些情况下，它随场强的 2 次方变化。

如用单独的电子振子来描述折射率，则因低频电场 E 的作用，特征频率从 ν_0 到 ν：

$$\nu^2-\nu_0^2=\frac{2\nu e(\varepsilon_0+2)E}{3m\nu_0^2} \tag{8-63}$$

式中，ν 是非谐力常数；e 是电子电荷；m 是电子质量；ε_0 是低频介电常数。折射率 n 随 $(\nu^2-\nu_0^2)^{-1}$ 而变化，因此上述方程直接表示折射率随电场呈线性变化。

主要的电光效应可以用半波的场强与距离的乘积 $[El]\lambda/2$ 来描述，式中 E 是电场强度大小，l 是光程长度。这个乘积表示几何形状 $l/d=1$ 时，产生半波延迟所需要的电压，这里 d 是晶体在外加电场方向上的厚度。

8.7.6 通信用光导纤维

当光线在玻璃内部传播时，遇到纤维的表面，出射到空气中时，产生光的折射。改变光的入射角 i，折射角 r 也跟着改变。当 r 大于 90°时，光线全部向玻璃内部反射回来，对于典型玻璃 $n=1.50$，按照公式：

$$\sin i_{\text{crit}}=\frac{1}{n} \tag{8-64}$$

可知临界入射角 i_{crit} 约为 42°。也就是说，在光导纤维内传播的光线，其方向与纤维表面的法向所成夹角，如果大于 42°，则光线全部内反射，无折射能量损失，因而一玻璃纤维能围绕各个弯曲之处传递光线而不必顾虑能量损失。

然而，从纤维一端射入的图像，在另一端仅看到近于均匀光强的整个面积。如采用一束细纤维，则每根纤维只传递入射到它上面的光线，集合起来，一个图像就能以具有等于单根纤维直径那样的清晰度被传递过去。

光导纤维传输图像时的损耗，来源于各个纤维之间的接触点，发生纤维之间同种材料的透射，对图像起模糊作用。此外，纤维表面的划痕、油污和尘粒，均会导致散射损耗。这个问题可以通过在纤维表面包覆一层折射率较低的玻璃来解决。在这种情况下，反射主要发生在由包覆层保护的纤维与包覆层的界面上，而不是在包覆层的外表面上，因此，包覆层的厚度是光波长的两倍左右以避免损耗。对纤维及包覆层的物理性能要求是对热膨胀与黏性流动行为、相对软化点与光学性能的匹配。这种纤维的直径一般约为 50 μm，由其组成的纤维束内的包裹玻璃可在高温下熔融，并加以真空封闭，以提高器件效能，构成整体的纤维光导组件。

习　题

1. 试解释为什么碳化硅的介电常数和其折射率的 2 次方相同。对 KBr，有 $\varepsilon=n^2$ 吗？为什么？所有物质在足够高的频率下，折射率等于 1，试解释之。

2. LiF 及 PbS 之间的折射率及色散有什么不同？说出理由。

3. 在瓷器生产上希望有高的半透明性，但这常常达不到。作为一种可测量的特性，如何定义半透明性？讨论对瓷器的半透明性起作用的因素，并简述在组成选择、制造方法、烧成制度上所采用的增强半透明性的技术。

4. MgO、SrO 和 BaO 中哪一种材料可传播最长波长的红外辐射？

5. CO_2 激光器（10.6 μm）及 CO 激光器（5 μm）的窗口材料要求具有低吸收值、高强度，并易于制造。哪种材料更能满足性能要求？

6. 二氧化钛广泛地应用于不透明搪瓷釉，其中的光散射颗粒是什么？颗粒的什么特性使这些釉具有高不透明性？

7. 一入射光以较小的入射角和折射角穿过一透明玻璃板，证明透过后的光强系数为 $(1-m)^2$。（玻璃对光的衰减不计）

8. 一透明 Al_2O_3 板厚度为 1 mm，用以测定光的吸收系数，如果光通过厚板之后，其强度降低了 15%，计算吸收系数和散射系数的总和。

9. 试说明氧化铝为什么可以制成透光率很高的陶瓷，而金红石瓷则不能。

11. 分子着色剂和胶体粒子着色剂的着色机理有什么不同。

第9章　无机材料的磁学性能

材料的磁性是固体物理研究的一个重要课题，也是其工业应用必须考虑的一个课题。磁性材料大体分属于金属材料和铁氧体材料两大类。随着近代科学技术的发展，使用电磁波的频率不断提高，金属和合金磁性材料的趋附效应加剧，在微波领域中的电磁波已不能穿透一般金属，因此不能满足应用对金属性能提出的要求。而铁氧体磁性材料的电阻率为 $10\sim10^{6}\ \Omega\cdot m$，属于半导体范畴，因此具有高电阻、低损耗的优点，已成为微波波段中唯一具有实际意义的磁介质材料。除此之外，铁氧体磁性材料还具有各种不同的磁学性能，使它们在无线电电子学、自动控制、电子计算机、信息存储、激光调制等方面，都有着广泛的应用。目前，铁氧体已发展成为一门独立的学科。

本章主要介绍磁性材料的一般磁学性能，并讨论铁氧体材料的性能与应用。

9.1　磁矩和磁化强度

9.1.1　磁矩

1. 定义

在磁场的作用下，物质中形成了成对的 N、S 磁极，这种现象称为磁化。可这样考虑，如图 9-1 所示，在 N、S 磁极上带有 $+q_m$ 和 $-q_m$ 的磁量，它们是磁场的源，与讨论电场时的电荷相对应，把磁量叫作磁极强度或磁荷，一对等量异号的磁极相距很小的距离，把这样的体系叫作磁偶极子。

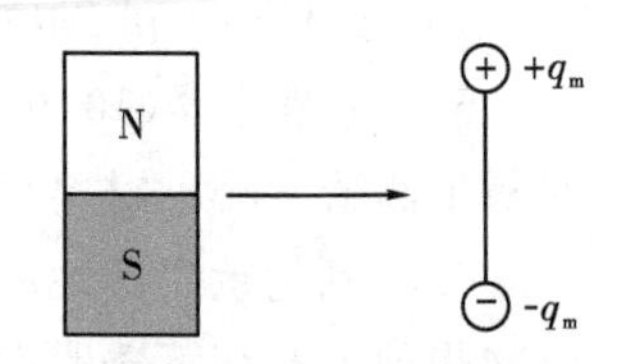

图 9-1　磁极上的磁荷

类似于静电库仑定律，两个磁极间的相互作用力在二者的连线上，其大小与磁极强度和它们间的距离有如下的关系：

$$F=\frac{1}{4\pi\mu_0}\cdot\frac{q_{m_1}q_{m_2}}{r^2} \tag{9-1}$$

式中，F 为两磁极间的作用力(N)；q_{m_1}、q_{m_2} 分别为两磁极的磁极强度(Wb)；r 为两磁极间的距离(m)；μ_0 为真空磁导率，$\mu_0=4\pi\times10^{-7}$(H/m)。

将磁极强度为 q_m、相距为 L 的磁偶极子置于均匀磁场 $\boldsymbol{H}$ 中，如图 9-2 所示，磁极受到的磁场力可表示为

$$\boldsymbol{F}=q_{\mathrm{m}}\boldsymbol{H} \tag{9-2}$$

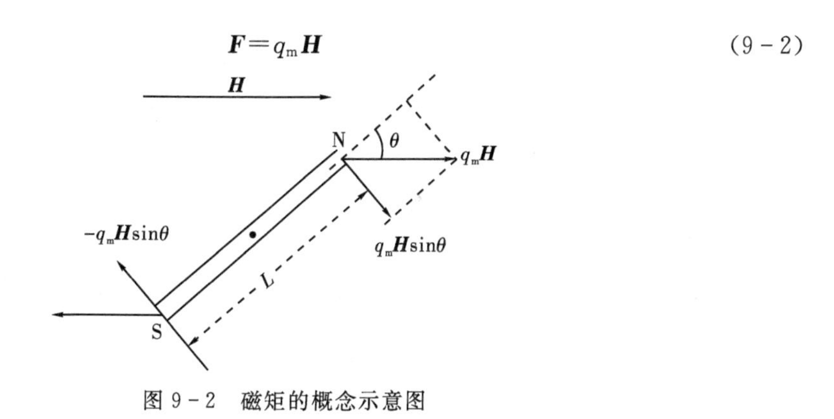

图 9-2　磁矩的概念示意图

在外磁场的影响下，磁偶极子沿磁场方向排列。为达到与磁场平行，该磁矩在力矩

$$\boldsymbol{T}=Lq_{\mathrm{m}}\boldsymbol{H}\sin\theta \tag{9-3}$$

的作用下，发生旋转。式中的系数 Lq_{m} 定义为磁矩 $\boldsymbol{m}$(Wb・m)，方向规定为沿着两磁极的连线，自 S 极指向 N 极。

因此在均匀磁场中，磁偶极子受到磁场作用的力矩也可表示为

$$\boldsymbol{T}=\boldsymbol{m}\times\boldsymbol{H} \tag{9-4}$$

从简单的电流概念可知，任何一个封闭的电流都具有磁矩 $\boldsymbol{m}$，它的方向与环形法线方向一致，大小为电流 I 与封闭环形的面积 A 的乘积(如图 9-3 所示)，即

$$m=\mu_0 IA \tag{9-5}$$

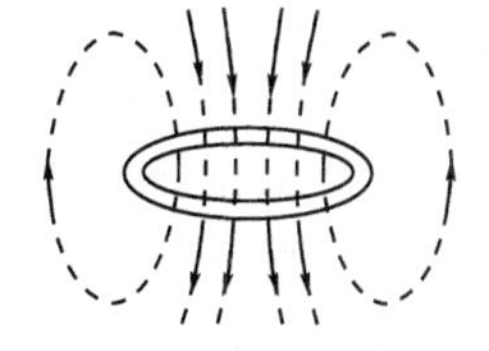

图 9-3　封闭电流引起的磁矩

磁矩是表征磁性物质磁性大小的物理量。所有物质在磁场中都会产生磁化现象，磁矩越大，磁性越强，即物质在磁场中所受的力也大。磁矩只与物质本身有关，与外磁场无关。

磁矩这一物理量是磁性物质相互作用的基本条件，是物质中所有磁现象的根源。磁矩的概念可用于说明原子、分子等微观世界产生磁性的原因。

2. 原子磁矩

物质是原子核和电子的集合体，要理解物质的磁性起源，就要考虑原子具有的磁矩。现在我们可以从以下三方面来分析原子中的磁矩。

1)电子轨道运动产生的磁矩

如果我们参照原子结构的经典解释，那么，电子绕原子核的闭合轨道上做圆周运动可以认为是形成了一个闭合线路，电子在闭合线路上绕原子核运动，并产生电子轨道磁矩，如图 9-4 所示。

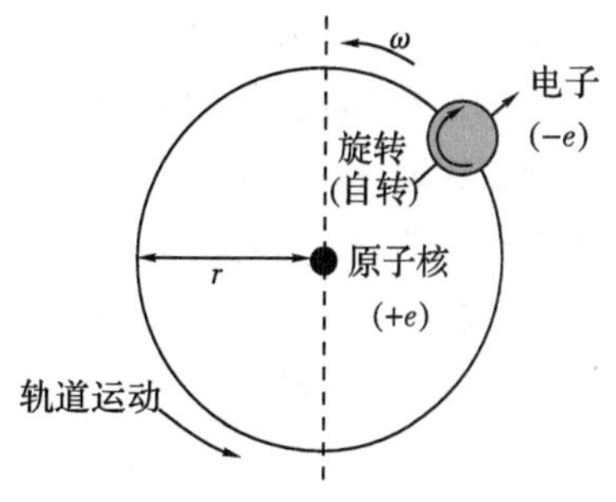

图 9-4　电子在自转的同时绕原子核公转的模型

设电子的质量为 m_{e}，电荷为 e，圆周运动的半径为 r，角速度为 ω，那么轨道运动的速度为每秒 $\omega/(2\pi)$ 周。可以认为这相当于电流 $-e\omega/(2\pi)$(A)流过截面积为 πr^2 的线圈，因此产生的磁矩大小为

$$m_i=-\mu_0\left(\frac{e\omega}{2\pi}\right)\pi r^2=-\frac{1}{2}e\omega\mu_0 r^2=-\mu_0\ \frac{e}{2m_e}P \tag{9-6}$$

式中，$P=m_e\omega r^2$ 为力学角动量的大小。根据量子力学理论，原子内电子的角动量为 $h/(2\pi)$ 的整数倍，其中 h 为普朗克常数。因此电子轨道运动的磁矩最小值为 $\mu_B=9.27\times10^{-24}\ \text{A}\cdot\text{m}^2$。$\mu_B$ 是磁矩的最小单位，称为玻尔磁子。

2)电子自旋产生的磁矩

电子除了轨道角动量外，还具有自旋运动角动量，它伴随产生电子自旋磁矩，如图 9－2 所示，其值的关系式为

$$m_s=-\mu_0\frac{e}{m_e}P \tag{9-7}$$

电子的自旋角动量为 $h/(4\pi)$ 的整数倍。

对于式(9－6)和式(9－7)，可以用下面一般式表示：

$$m=-g\cdot\mu_0\frac{e}{2m_e}P \tag{9-8}$$

对于轨道角动量，$g=1$，对于自旋角动量，$g=2$。

3)原子核的磁矩

原子核自旋所伴随的角动量也会产生磁矩。但原子核的质量约是电子的 1800 倍，运动速度仅为电子速度的几千分之一，所以原子核的自旋磁矩仅为电子自旋磁矩的千分之几，可以忽略不计。但是，由于存在核磁共振等许多现象，所以它对物性的研究是重要的。

通过上面的分析可知，电子轨道磁矩和电子自旋磁矩是物质具有磁性的根源。在晶体中，3d 过渡原子形成键，键的本质通常是这样的：成键原子的轨道磁矩相互抵消，对外没有磁性作用。因此，物质的磁性不是由电子的轨道磁矩引起的，而是主要由自旋磁矩引起的。每个电子自旋磁矩的近似值等于一个玻尔磁子 μ_B，μ_B 是原子磁矩的单位，是一个极小的量，$\mu_B=9.27\times10^{-24}\ \text{A}\cdot\text{m}^2$，原子具有的磁矩是由构成原子的核外电子的自旋合成所决定的。

孤立原子的磁矩取决于原子的结构。原子中如果有未被填满的电子壳层，其电子的自旋磁矩未被抵消(方向相反的电子自旋磁矩可以互相抵消)，原子就具有“永久磁矩”。例如，铁原子的原子序数为 26，共有 26 个电子，电子层分布为：$1s^2 2s^2 2p^6 3s^2 3p^6 3d^6 4s^2$。可以看出，除 3d 子壳层外，各层均被电子填满，自旋磁矩被抵消。根据洪德规则，电子在 3d 子壳层中应尽可能填充到不同的轨道，并且它们的自旋尽量在同一个方向上，因此 5 个轨道中除了有一条轨道必须填入 2 个(自旋反平行)电子外，其余 4 个轨道均只有一个电子，且这些电子的自旋方向相同，由此总的电子自旋磁矩为 $4\mu_B$。实际上，由于 3d 轨道和 4s 轨道的能量十分接近，在这些轨道上的电子有可能相互换位。按照统计分布计算，3d 轨道上排布 7.88 个电子，而 4s 轨道上排布 0.12 个电子。因此在 3d 轨道上，同方向自旋电子有 5 个，相反方向自旋电子有 2.88 个，实际上不成对的电子数为 5－2.88＝2.12 个。因此 Fe 的磁矩为 $2.12\mu_B$、Ni 的磁矩为 $0.6\mu_B$、Co 的磁矩为 $1.7\mu_B$。在元素周期表中，3d 壳层和 4f 壳层未被填满的元素共有以下 21 种：

3d 过渡元素：Sc、Ti、V、Cr、Mn、Fe、Co、Ni。

稀土类元素：Ce、Pr、Nd、Pm、Sm、Eu、Gd、Tb、Dy、Ho、Er、Tm、Yb。

稀土类元素一般以合金和化合物的形态显示出磁性，无论在理论上还是实用上都是极

为重要的。在这种情况下，处于 4f 轨道而受原子核束缚很强的内侧不成对电子也起作用，从而轨道磁矩也会对磁性产生贡献。

9.1.2 磁化强度

磁化强度的物理意义是单位体积中的磁矩总和。设体积元 ΔV 内磁矩的矢量和为 $\sum \boldsymbol{m}$，则磁化强度 $\boldsymbol{M}$ 为

$$\boldsymbol{M} = \frac{\sum \boldsymbol{m}}{\Delta V} \tag{9-9}$$

式中，$\boldsymbol{m}$ 的单位为 Wb·m，V 的单位为 m^3，因而磁化强度 $\boldsymbol{M}$ 的单位为 $Wb \cdot m^{-2}$，即与磁场强度 $\boldsymbol{H}$ 的单位一致。

电场中的电介质由于电极化而影响电场，同样，磁场中的磁介质由于磁化也能影响磁场，即磁性体对于外部磁场 $\boldsymbol{H}$ 的反映强度。

设真空中 $\boldsymbol{B}_0 = \mu_0 \boldsymbol{H}$，式中 $\boldsymbol{B}_0$ 为磁通密度或磁感应强度（$Wb \cdot m^{-2}$）；$\boldsymbol{H}$ 为磁场强度（$Wb \cdot m^2$）；μ_0 为真空磁导率。如果在外磁场 $\boldsymbol{H}$ 中放入一磁介质，磁介质受外磁场作用处于磁化状态，则磁介质内部的磁通密度 $\boldsymbol{B}$ 将发生变化，与磁场强度 $\boldsymbol{H}$、磁化强度 $\boldsymbol{M}$ 有关系式：

$$\boldsymbol{B} \equiv \mu_0 (\boldsymbol{H} + \boldsymbol{M}) = \mu \boldsymbol{H} \tag{9-10}$$

式中，μ 为介质的磁导率，μ 只与介质有关，表示磁性材料传导和通过磁力线的能力。该式采用 MKS 单位制表示。

实际应用时，也可采用 CGS 单位制，则式(9-10)表示为

$$\boldsymbol{B} \equiv \boldsymbol{H} + 4\pi \boldsymbol{M} \tag{9-11}$$

因此磁化强度 $\boldsymbol{M}$ 表征物质被磁化的程度。对于一般磁介质，无外加磁场时，其内部各个磁矩的取向不一，宏观无磁性。但在外磁场作用下，各磁矩有规则的取向，使磁介质宏观显示磁性，这就叫磁化。

磁介质在外磁场中的磁化状态，主要由磁化强度 $\boldsymbol{M}$ 决定。$\boldsymbol{M}$ 可正、可负，由磁体内磁矩矢量和的方向决定，因而磁化了的磁介质内部的磁通密度 $\boldsymbol{B}$ 可能大于，也可能小于磁介质不存在时真空中的磁通密度 $\boldsymbol{B}_0$，其本质将在以后介绍。图 9-5 中可以比较直观地看到磁性体对外部磁场的反映情况。

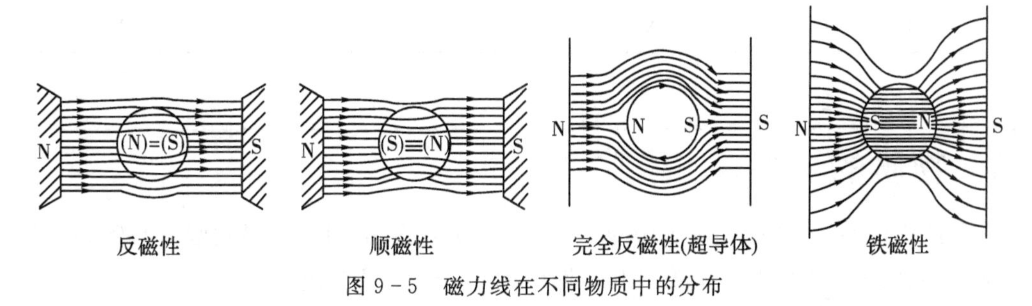

图 9-5 磁力线在不同物质中的分布

由式(9－10)可得

$$\left(\frac{\mu}{\mu_0}-1\right)\boldsymbol{H}=\boldsymbol{M}$$

定义 $\mu_r=\frac{\mu}{\mu_0}$ 为介质的相对磁导率，则

$$\boldsymbol{M}=(\mu_r-1)\boldsymbol{H} \tag{9-12}$$

定义 $\chi_r\equiv\mu_r-1$ 为介质的相对磁化率，而 $\chi=\mu_0\chi_r$ 为介质的绝对磁化率，则可得磁化强度与磁场强度的关系为

$$\boldsymbol{M}=\chi_r\boldsymbol{H} \tag{9-13}$$

式中，比例系数 χ_r 仅与磁介质性质有关，它反映材料的磁化能力或材料磁化的难易程度，它把 $\boldsymbol{H}$ 和 $\boldsymbol{M}$ 两个物理量联系了起来。由式(9－13)可知，χ_r 为一无量纲物理量，可取正值或负值，决定于材料的磁性类别。

为了便于直观地理解磁性相关的基本物理量，可以将其与电学量的基本物理量进行对比，见表9－1。

表9－1　磁学和电学基本物理量的比较

磁学基本物理量		电学基本物理量	
名称	单位	名称	单位
磁极强度 q	Wb	电荷量 q	C
磁矩 $\boldsymbol{m}$	Wb·m	电偶极矩 $\boldsymbol{p}$	C·m
磁化强度 $\boldsymbol{M}$	Wb/m^2	电极化强度 $\boldsymbol{P}$	C/m^2
磁通量 Φ	Wb	电流强度 I	A
磁通密度或磁感应强度 $\boldsymbol{B}$	Wb/m^2	电流密度 J	A/m^2
磁场强度 $\boldsymbol{H}$	A/m	电场强度 $\boldsymbol{E}$	V/m
磁导率 μ	H/m	电导率 σ	1/(Ω·m)
磁阻	1/H	电阻	Ω
磁势 V_m	A·T	电动势 V	V

9.2　物质的磁性

物质的磁性因原子磁矩不同的表现，使原子磁矩与磁场的作用、磁化强度与磁场强度的关系曲线、磁化率与温度的关系等具有不同的特点，表9－2给出了这些特性关系。下面讨论各种不同类型的磁性。

表 9-2 磁性分类及原子磁矩不同关系的变化

分类		原子磁矩	$M-H$ 大小特性变化	M_s、$\frac{1}{\chi}$随温度的变化	物质实例
强磁性	铁磁性	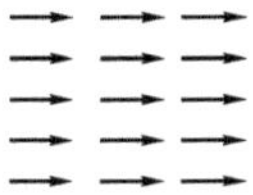	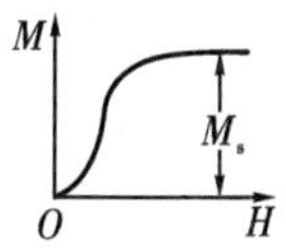 M，M_s，O，H	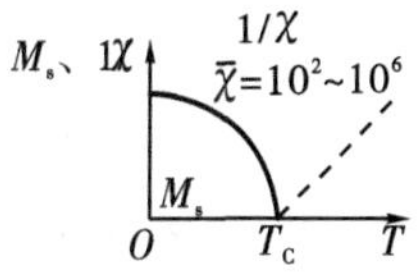 M_s、$1/\chi$；$1/\chi$；$\bar{\chi}=10^2\sim10^6$；M_s；O；T_C；T	Fe、Co、Ni、Gd、Tb、Dy 等元素及其合金、金属间化合物等，如 FeSi、NiFe、CoFe、SmCo、NdFeB、CoCr、CoPt 等
	亚铁磁性	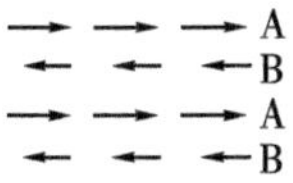 A B A B	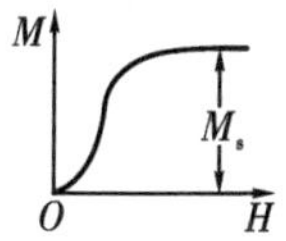 M，M_s，O，H	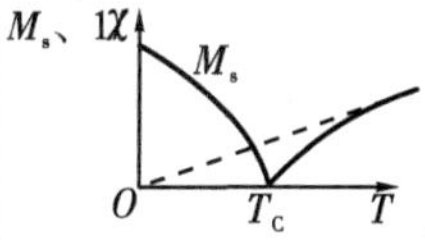 M_s、$1/\chi$；M_s；O；T_C；T	各种铁氧体系材料(Fe、Ni、Co 氧化物)，Fe、Co 等与重稀土类金属形成的金属间化合物(TbFe 等)
弱磁性	顺磁性	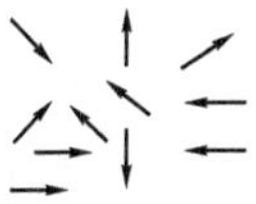	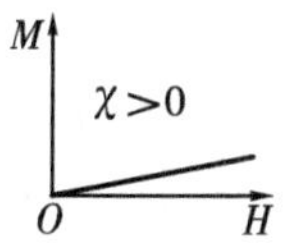 M，$\chi>0$，O，H	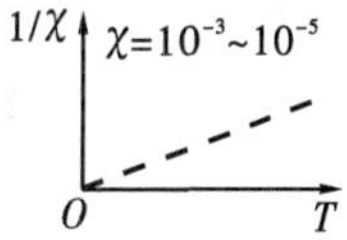 $1/\chi$；$\chi=10^{-3}\sim10^{-5}$；O；T	O_2、Pt、Rh、Pd 等，Ⅰa 族(Li、Na、K 等)，Ⅱa 族(Be、Mg、Ca 等)，NaCl、KCl 的 F 中心
	反铁磁性	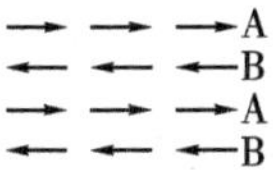 A B A B	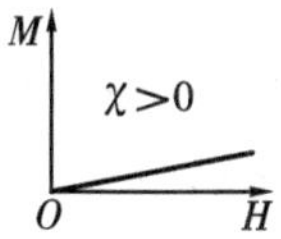 M，$\chi>0$，O，H	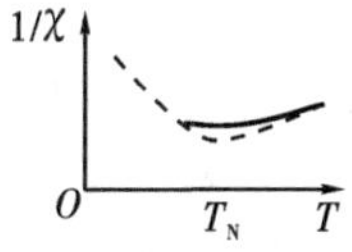 $1/\chi$；O；T_N；T	Cr、Mn、Nd、Sm、Eu 等 3d 过渡元素或稀土元素，还有 MnO、MnF_2 等合金、化合物等
反磁性		轨道电子的拉摩回旋运动	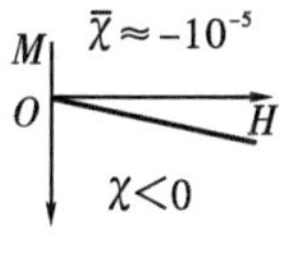 M，$\bar{\chi}\approx-10^{-5}$，$O$，$H$，$\chi<0$		Cu、Ag、Au，C、Si、Ge、α-Sn，N、P、As、Sb、Bi，S、Te、Se，F、Cl、Br、I，He、Ne、Ar、Kr、Xe、Rn

9.2.1 顺磁性

含有电子壳层未被填满的过渡元素或稀土元素的原子或离子，如过渡元素、稀土元素、锕系元素、还有铝铂等金属，由于电子自旋没有互相抵消，不论外加磁场是否存在，原子内部存在永久磁矩。在没有外加磁场的作用时，由于物质中的原子做无规则的热振动，各个磁矩的指向是无序分布的，没有形成宏观磁化现象。但是在外加磁场的作用下，这些磁矩沿磁场方向排列，物质显示极弱的磁性，这种现象叫作顺磁性。此情况下，磁化强度 $\boldsymbol{M}$ 与外磁场方向一致，$\boldsymbol{M}$ 为正，而且 $\boldsymbol{M}$ 严格地与外加磁场 $\boldsymbol{H}$ 成正比。

顺磁性物质的磁性除了与 $\boldsymbol{H}$ 有关外，还依赖于温度，其磁化率χ与绝对温度 T 成反比，即

$$\chi=\frac{C}{T} \tag{9-14}$$

式中，T 为绝对温度(K)；C 为居里常数，取决于顺磁物质的磁化强度和磁矩大小。顺磁性物质的磁化率一般很小，室温下χ 约为 10^{-5}。

9.2.2 铁磁性

铁磁性物质依其原子磁矩结构的不同，可以分为两种类型：一种是像 Fe、Co、Ni 等，属于本征铁磁性材料，在一定的宏观尺寸大小范围内，原子的磁矩方向趋向一致，室温下其磁化率可达 10^3 数量级，这种铁磁性称为完全铁磁性。另一种是物质中大小不同的原子磁矩反平行排列，二者不能完全抵消，即有净磁矩存在，其磁化率可达 10^2 数量级，称此种铁磁性为亚铁磁性。具有亚铁磁性的典型物质为铁氧体系列，其作为高技术磁性材料，已受到高度重视。有关亚铁磁性将在 9.4 节铁氧体结构及磁性中进行讨论。

具有铁磁性物质的磁化率为正值，而且很大。如 Fe、Co、Ni，室温下磁化率可达 10^3 数量级，属于强磁性物质。一般磁介质的 $B-H$ 为线性关系，即 $B=\mu H$，μ 不变；而对于铁磁体，$B-H$ 为非线性关系，μ 随外磁场变化。

铁磁体的铁磁性只在某一温度以下才表现出来，超过这一温度，由于物质内部热扰动破坏电子自旋磁矩的平行取向，因而总磁矩为零，铁磁性消失。这一温度称为居里点 T_c。在居里点以上，材料表现为强顺磁性，其磁化率与温度的关系服从居里-外斯定律，即

$$\chi=\frac{C}{T-T_c} \tag{9-15}$$

式中，C 为居里常数。

铁磁性物质和顺磁性物质的主要差异在于：即使在较弱的磁场内，前者也可得到极高的磁化强度，而且当外磁场移去后，仍可保留极强的磁性。

9.2.3 反铁磁性

反铁磁性体的原子磁矩在同一子晶格中，无外磁场的作用时，磁矩是同向排列的，具有一定的磁矩；在不同的子晶格中磁矩反向排列。两个子晶格中自发磁化强度大小相同，方向相反，整个晶体 $M=0$。反铁磁性物质大都是非金属化合物，如 FeO、NiF_2及各种锰盐。

不论在什么温度下，都不能观察到反铁磁性物质的任何自发磁化现象，因此其宏观特性是顺磁性的，***M*** 与 ***H*** 处于同一方向，磁化率 χ_r 为正值。温度很高时，χ_r 极小；温度降低，χ_r 逐渐增大；在一定温度 T_N 时，χ_r 达最大值 χ_m。称 T_N（或 θ_N）为反磁性物质的居里点或尼尔点。对尼尔点存在 χ_m 的解释是：在极低温度下，由于相邻原子的自旋完全反向，其磁矩几乎完全抵消，故磁化率 χ 几乎接近于 0。当温度升高时，使自旋反向的作用减弱，χ 增加。当温度升至尼尔点以上时，热扰动的影响较大，此时反铁磁体与顺铁磁体有相同的磁化行为。

9.2.4　抗磁性

当磁化强度 ***M*** 为负时，固体表现为抗磁性。抗磁性物质的磁化强度是磁场强度的线性函数。Bi、Cu、Ag、Au 等金属具有这种性质。在外磁场中，这类磁化了的介质内部，B 小于真空中的 B_0。构成抗磁性材料的原子（离子）的磁矩为零，即不存在永久磁矩，而前面所讨论的铁磁性、反铁磁性、顺磁性等都是源于原子磁矩而产生的磁性。当抗磁性物质放入外磁场中，外磁场使电子轨道改变，围绕原子核做回旋轨道运动的电子按照楞次定律会产生感生电流，此感生电流产生与外加磁场方向相反的磁场，这便是反磁性产生的根源。所以抗磁性来源于原子中电子轨道状态的变化。抗磁性物质的抗磁性一般很微弱，磁化率 χ 一般约为 -10^{-5}，其绝对值很小。符合抗磁性条件的就是那些填满了电子壳层的原子和离子，因此周期表中前 18 个元素主要表现为抗磁性。这些元素构成了无机材料中几乎所有阴离子，如 O^{2-}、F^-、Cl^-、S^{2-}、$SO_4{}^{2-}$、$CO_3{}^{2-}$、N^{3-}、OH^- 等。在这些阴离子中，电子填满壳层，自旋磁矩平衡。

在某些物质中完全不能进入磁通量，称这一性质为完全反磁性。具有完全反磁性的物质为第一类超导体，这种物质处于超导状态时，表现为完全反磁性。在图 9-6 所示的模型中可以从宏观角度理解完全反磁性，即由于电磁感应，处于超导状态的第一类超导体在外磁场的作用下，在其表面数十纳米深度范围内会产生 10^8 A/cm^2 程度的大电流密度的电流，根据右手定则，此电流会产生感应磁场，产生的磁场可完全抵消外加磁场，进而出现完全反磁性。实际上，外加磁场只能进入物质的表层，其深度约数十纳米，例如 Pb 内为 37 nm，Nd 内为 39 nm，因此从宏观角度看，这一深度完全可以忽略。完全反磁性目前刚刚进入实际应用阶段，利用完全反磁性的磁屏蔽、磁悬浮装置、自悬浮等技术正逐渐成熟。

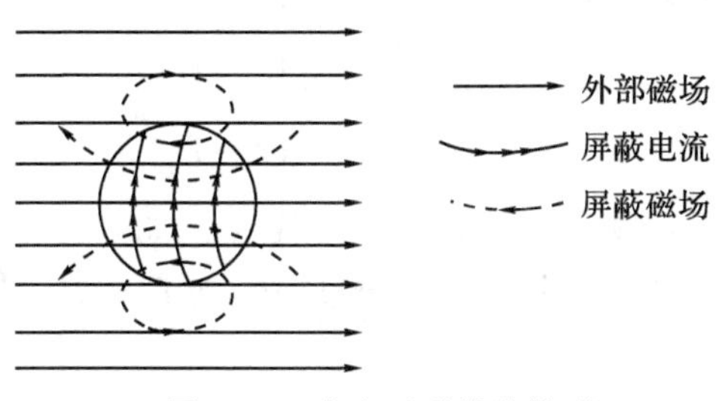

图 9-6　完全反磁性的模型

9.3 磁畴的形成和磁滞回线

9.3.1 磁畴的形成

铁磁体在很弱的外加磁场作用下能显示出强磁性，这是由于物质内部存在自发磁化的小区域，即磁畴。对于处于退磁化状态的铁磁体，它们在宏观上并不显示磁性，这说明物质内部各部分的自发磁化强度的取向是杂乱的，因而物质的磁畴不会是单畴，而是由许多小磁畴组成的。磁畴形成的原因有交换作用和超交换作用。

9.3.1.1 交换作用

磁偶极子类似于一个小永久磁体，因此在其周围形成磁场，这一磁场必然会对其他磁矩产生作用，使磁矩在特定方向取向，由于磁矩的相互作用，使其取向趋于一致。实际上这是由于电子的静电相互作用，也即“交换”作用造成的。由于电子的静电作用，自旋方向相反的电子具有相互靠近的运动趋势，自旋方向相同的电子具有相互远离的运动趋势。根据泡利不相容原理也可对其直观理解，即同一电子轨道上不能同时容纳两个自旋方向相同的电子，只能同时容纳两个自旋方向相反的两个电子，也充分体现了这一微观运动规律。因此在具有多个轨道的 d 轨道上，不成对的自旋方向相同的自旋电子群处于相互远离的轨道，自旋方向相反的电子群处于相互靠近的轨道上运动，如图 9-7 所示。

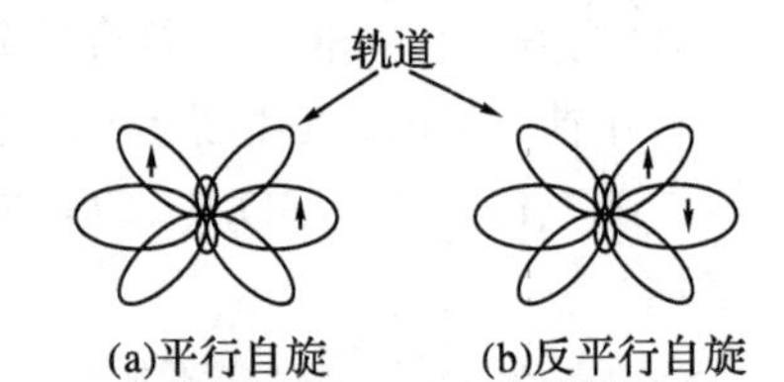

图 9-7 交换作用的模型

这一现象也可从电子的“共有化”运动得到解释。当原子间的距离很远时，因为无相互作用，电子的自旋取向是互不干扰的，原子都处于基态，其能量为 E_0。当它们相互接近形成凝聚态物质时，核与核、电子与电子及核和电子之间便产生了新的静电相互作用，存在相互作用势能，其和为 C。另一方面，在晶体内，参与这种相互作用的电子已不再局限于原来的原子，而是“公有化”了，好像是电子在交换位置，故称为“交换”作用。而由这种“交换”作用产生的相互作用能，也叫作“交换能”。因此体系的能量已不是简单的基态能量 E_0之和，而是所有原子的基态能量、相互作用势能和交换能之和。设交换能为 J，电子自旋平行排列和反平行排列时系统的能量分别为 E_1 和 E_2，则

$$E_1 = \sum E_0 + C - J \tag{9-16}$$

$$E_2 = \sum E_0 + C + J \tag{9-17}$$

当 $J<0$，则 $E_1>E_2$，即电子自旋反平行排列为稳定态。如果每个原子具有相同的磁矩，那么，原子的磁矩相互抵消，表现为反铁磁性。当 $J>0$，则 $E_1<E_2$，电子自旋平行排列为稳定状态，表现为铁磁性。

交换能 J 与晶格的原子间距有密切的关系。当距离很大时，J 接近于零。随着距离的减小，相互作用有所增加，J 为正值，原子磁矩平行排列，但当距离减小到一定值时，J 为负值，原子磁矩反平行排列。如图 9-8 所示，当原子间距 a 与未被填满的电子壳层直径 D 之

比大于3时，交换能为正值，原子磁矩平行排列；当$\frac{a}{D}<3$时，交换能为负值，原子磁矩反平行排列。

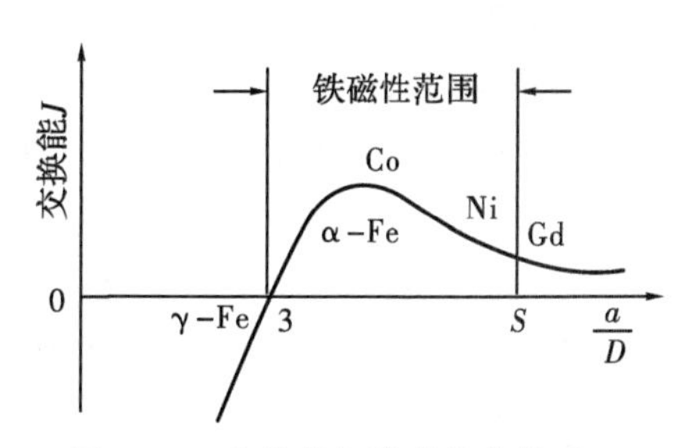

图 9-8　交换能与铁磁性的关系

9.3.1.2　超交换作用

对尖晶石型铁氧体，其a/D值约为2.5数量级，按交换作用，其磁性很弱，但实际上，它的磁性是很强的。那么这是什么原因呢？在这些材料中过渡金属离子不是直接接触，直接接触交换作用很小，只能通过中间负离子氧起作用。图9-9所示为3原子系统，其中间为O^{2-}，两侧分别布置有金属磁性离子M_1和M_2。由于中间氧离子的屏蔽作用，两侧的金属磁性离子难以发生直接相互作用。但是，当氧离子的2p轨道扩张到磁性离子的电子轨道范围，也有可能进入到磁性离子的3d轨道，即发生所谓p轨道与d轨道轻微的重叠造成的电子交换。假设M_1和M_2的3d轨道上都有5个以上电子，设磁性离子M_1的自旋方向全朝上，根据洪德规则，O^{2-}的2p轨道中只有自旋方向朝下的电子才有可能进入M_1的3d轨道，并产生磁矩。同时氧离子在p轨道的另一侧电子受到相同轨道其他电子的库仑排斥作用，处于氧离子的另一侧。这第二个电子的自旋由于泡利排斥原理和先前一个电子自旋是异向平行的，自旋朝上并与M_2相互作用，与图中左边的作用正好相反，在M_2中产生与M_1方向相反的磁矩。这样由于氧这一非磁性中间离子的介入，使磁性离子M_1和M_2产生相互作用的现象称为超交换相互作用。反铁磁性，如FeO、MnO和亚铁磁性都属于这种模型。中间非磁性离子除了O^{2-}外，还有S^{2-}、Se^{2-}等。

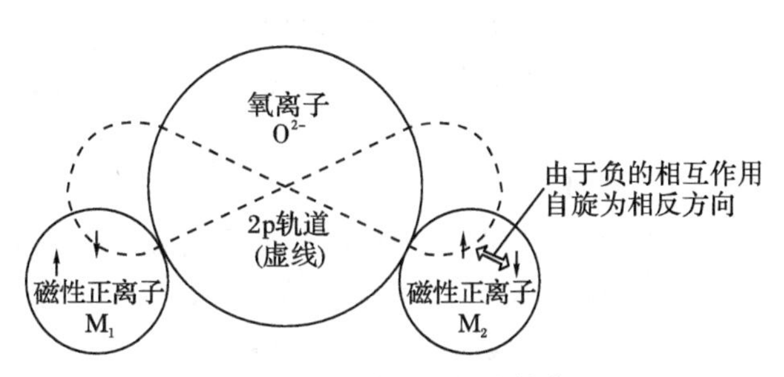

图 9-9　正离子的超交换作用

在尖晶石结构中实际上存在A-A、B-B、A-B三种可能位置，如图9-10所示，因而存在三种交换作用。由于各种原因，这些化合物中只有其中的一种超交换作用占优势。

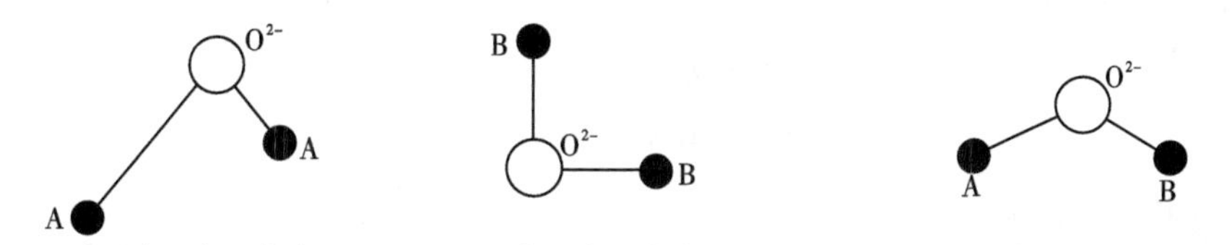

图 9-10　尖晶石结构中阳离子-氧离子-阳离子三组元的三种组态

对于A-B情况，因氧离子2p轨道的形状，A位和B位在O^{2-}两旁近似成180°，而且距离较近，使氧离子和阳离子的 3d 电子轨道相互重叠较多，所以 A－B 型超交换作用占优势，而且 A 位和 B 位磁矩是反向排列的，即 A－B 型的交换作用导致了铁氧体的亚铁磁性。

以 $ZnFe_2O_4$尖晶石型铁氧体为例介绍尖晶石结构的另一种特性。具有电子组态 d^{10} 的 Zn^{2+} 占据 A 位，所有 Fe^{3+} 均占据 B 位。由于 Zn^{2+} 中没有不成对的自旋电子，因而，在 A 位的 Zn^{2+} 与 B 位的 Fe^{3+} 之间无超交换作用，而仅仅在 B 位的 Fe^{3+} 间有超交换作用，即在B－B 间具有超交换作用，引起 Fe^{3+} 磁矩的反平行排列。但因为 B 位磁矩相同，所以观察不到 $ZnFe_2O_4$中有磁化作用。

在另外一些尖晶石结构的化合物中，B－B 超交换作用与 A－B 交换作用同样的重要。比如 $Mn(Cr_2O_4)$中就出现了这种情况。超交换作用 A－B($Mn^{2+}-Cr^{3+}$)趋向于使 Mn^{2+} 的磁矩与 Cr^{3+} 磁矩反平行，但同时出现的 B－B($Cr^{3+}-Cr^{3+}$)超交换作用破坏了 Cr^{3+} 的亚晶格磁矩的理想平行排列。这就出现了非常复杂的磁结构：形成三种磁亚晶格，其中之一是由 A 位的 Mn^{2+} 的磁矩组成，其余的两个由 B 位的取向不同的 Cr^{3+} 的磁矩组成。

具有 NaCl 型结构的 MnO 为反铁磁性体，根据中子衍射出的 MnO 点阵中 Mn^{2+} 的自旋排列示于图 9－11 中，O^{2-} 在 Mn^{2+}之间(图中未画出)。从图上可以看出，在某一个(111)面上的离子有相同方向的自旋，而在相邻的(111)面上离子的自旋方向均与之相反。故对任一 Mn^{2+} 来说，所有相邻的 Mn^{2+} 均与它有相反的自旋方向。图中给出的元晶胞是按磁性来划分的，它比按结晶化学原则划分的元晶胞大 8 倍。

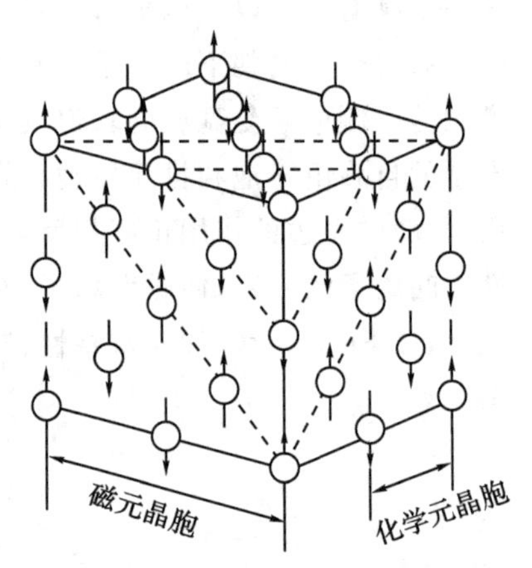

图 9－11　MnO 点阵中 Mn^{2+} 的自旋排列

根据超交换理论，能够通过邻近阳离子的激发态而完成间接交换作用。即经中间的激发态氧离子的传递交换作用，把相距很远无法直接产生交换作用的两个金属离子的自旋系统连接起来。在激发态下，O^{2-} 将一个 2p 电子给予相邻的 Mn^{2+} 而成为 O^-，Mn^{2+} 获得这个电子变成 Mn^+，此时它们的电子自旋排列如图 9－12 所示。从图中可见，O^- 的自旋与左方 Mn^+ 自旋的方向相同，当右方的 Mn^{2+} 的自旋方向相反时，系统能量较低，故表现出反铁磁性。

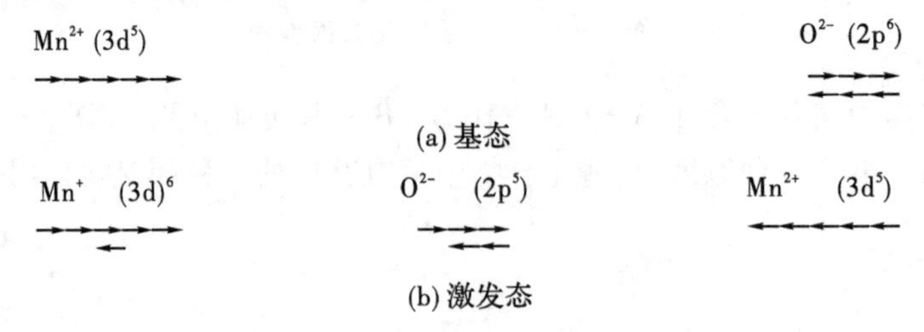

图 9－12　MnO 晶体中离子的自旋

9.3.1.3 磁畴的形成过程

由于铁磁体具有很强的内部交换作用，铁磁物质的交换能为正值，而且较大，使得相邻原子的磁矩平行取向，发生自发磁化，在物质内部形成许多小区域，即磁畴。这种自生的磁化强度叫作自发磁化强度 M_s。因此自发磁化是铁磁物质的基本特征，也是铁磁物质和顺磁物质的区别所在。大量实验证明，为了保持自发磁化的稳定性，必须使强磁体的能量达最低值，因而就分裂成无数微小的磁畴，形成磁畴结构。每个磁畴的体积大约为 10^{-9} cm^3，约有 10^{15} 个原子。

磁畴结构总是要保证体系的能量最小。磁畴的结构是否稳定取决于磁各向异性能、磁弹性能(由内部弹性应变引起的各向异性)等。对于磁各向异性能可以这样理解，内部能量随自发磁化强度方向的不同而变化。一般来说，磁化方向位于易磁化轴方向的能量最低，即最稳定。因晶体方向不同产生的磁各向异性称为晶体磁各向异性。由图 9-13 可以看出，各个磁畴之间彼此取向不同，首尾相接，形成闭合磁路，使磁体在空气中的静磁能下降为零，对外不显现磁性。

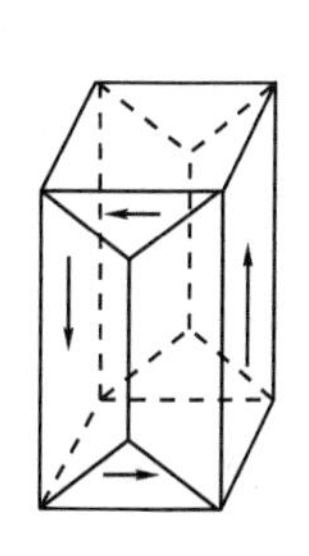
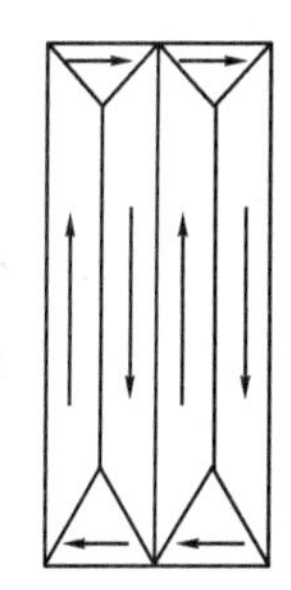

图 9-13　闭合磁畴

磁畴之间被畴壁隔开，畴壁实质是相邻磁畴间的过渡层。为了降低交换能，在这个过渡层中，磁化强度的方向不是突然改变，而是逐渐地改变，最终转变到相反的方向，因此过渡层有一定厚度，一般为 10^{-5}cm。畴壁的基本类型包括图 9-14 中所示的两种及处于二者之间的一种。布洛赫畴壁多见于块体状磁性体中，磁化强度方向在厚度方向上像竹帘打捻一样实现反转；而尼尔畴壁常见于薄膜中，磁化强度在薄膜面上发生旋转，最终实现反转。随着薄膜逐渐变厚，出现兼有这两种特性的第三类畴壁，一般也称为枕木状畴壁。

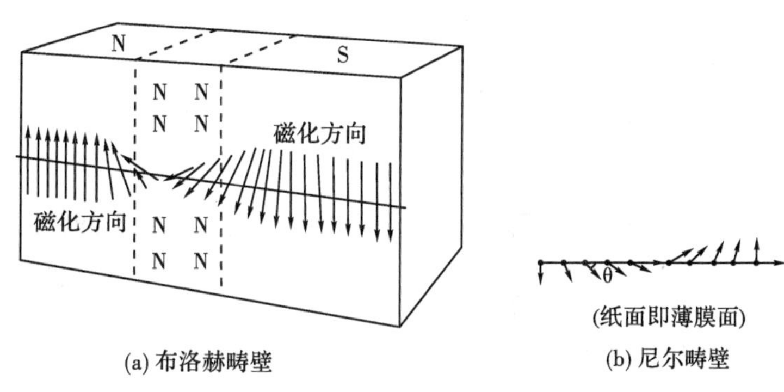

(a) 布洛赫畴壁　　(b) 尼尔畴壁

图 9-14　磁畴壁的两种类型

铁磁体在外磁场中的磁化过程主要为畴壁的移动和磁畴内磁矩的转向。这一磁化过程使得铁磁体只须在很弱的外磁场中就能得到较大的磁化强度。

铁磁性的自发磁化和铁电性的自发极化有相似的规律，但应该强调的是它们的本质差别：铁电性是由离子位移引起的，而铁磁性则是由原子取向引起的；铁电性在非对称的晶体中发生，而铁磁性发生在次价电子的非平衡自旋中；铁电体的居里点是由于熵的增加(晶体相变)，而铁磁体的居里点是原子的无规则振动破坏了原子间的“交换”作用，从而使自发磁化消失引起的。

9.3.2　磁滞回线

铁磁体在未经磁化或退磁状态时，其内部磁畴的磁化强度方向随机取向，彼此相互抵消，总体磁化强度为零。如果将其放入外磁场 $\boldsymbol{H}$ 中，其磁化强度 $\boldsymbol{M}$ 随外磁场 $\boldsymbol{H}$ 的变化是非线性的，$M-H$ 曲线如图 9-15 所示。从图中可以分析磁畴壁的移动、磁畴的磁化矢量的转向及其在磁化曲线上起作用的范围。从图中 9-15(d)可以看出，随着外加磁场的增加，磁化强度由①经②到达③区域，并在 c 点达到饱和。在区域①，外加磁场弱，磁化方向与该磁场方向接近的磁畴将扩大，畴壁发生移动，其他方向的磁畴相应缩小，又因 $M-H$ 的关系是可逆的，此时磁畴能恢复到原来的状态。磁感应强度与磁场强度间也有同样的关系。在此范围内，$\Delta B/\Delta H=\mu_i$ 称为初始磁导率，它是表征软磁性材料的重要特征之一。上述图(a)中的这种效应不能进行到底，当外加磁场强度继续增至比较大时，进入②区域，与外磁场方向不一致的磁畴的磁化矢量会按外场方向转动。如果减小磁场强度，$M-H$ 也不会沿原曲线返回，因而是不可逆的。在这一阶段 $\Delta B/\Delta H$ 存在最大值，称其为最大磁导率 μ_{max}。μ_{max} 与 μ_i 同样为软磁性材料的重要特征。$\boldsymbol{H}$ 再增加，进入区域③，在每一磁畴中，磁矩都向外磁场 $\boldsymbol{H}$ 方向排列，磁化处于饱和状态，如图 9-14 中 c 点，此时的外磁场大小为 H_s，对应的磁化强度称为饱和磁化强度，其大小用 M_s 表示，饱和磁感应强度大小用 B_s 表示，它们都是铁磁体极为重要的特征。称此区域为旋转磁化区或转向磁化区。如果再继续增大磁场强度，则 M 增加极其缓慢，与顺磁物质磁化过程相似，磁感应强度大小只随 $\mu_0 H$ 项的变化而变化。其后，磁化强度的微小提高主要是由于外磁场克服了部分热挠动能量，使磁畴内部各电子自旋方向逐渐都和外磁场方向一致造成的。

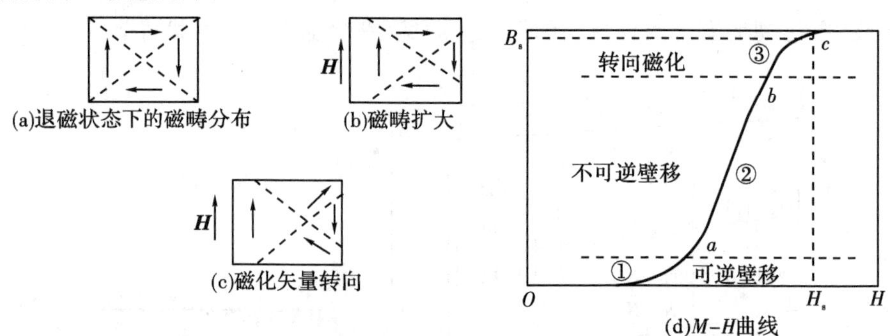

图 9-15　由磁畴扩大及磁化矢量转向引起的磁化过程

((d)中的磁化曲线标明了图(a)(b)(c)对应的阶段①②③)

下面简单地介绍磁畴壁运动模型。在消磁状态下，畴壁受内应力等障碍物的钉扎作用，难以运动。在外磁场的作用下，由于各磁畴的磁矩发生转向而引起磁畴壁的移动，在磁畴壁的移动过程中，如果磁场较弱，不足以克服内应力等障碍物的钉扎作用，畴壁难以运动，当外磁场取消后，铁磁体即可回到消磁状态，即处于可逆的畴壁移动区域。随着外加磁场强度的增大，钉扎作用不足以抵消外磁场的作用，畴壁试图以图 9-16 所示的方式克服钉扎作用而移动，此时，挣脱开障碍物钉扎作用的畴壁，发生雪崩式的移动。畴壁移动是突然和不连续的，从而磁化也是不连续的。用电气放大作用进行探测，会有不规则的噪声出现，称此为巴克豪森

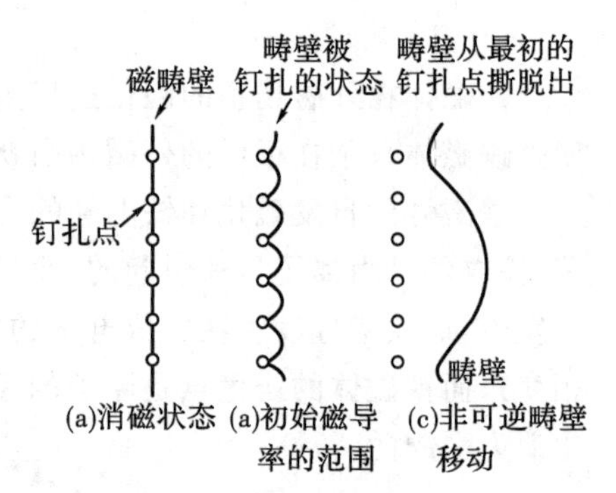

图 9-16　不连续磁畴壁移动模型

(Barkhausen)效应或噪声。在此之后，进入可逆的磁畴旋转区，进而达到饱和磁化状态。

如果外磁场 $\boldsymbol{H}$ 为交变磁场，则与电滞回线类似，可得到磁滞回线，如图 9－17 所示。图中 $\boldsymbol{B}_r$ 称为剩余磁感应强度(剩磁)，为了消除剩磁，需加反向磁场 $\boldsymbol{H}_C$。$\boldsymbol{H}_C$ 称为矫顽磁场强度，亦称“矫顽力”。加 $\boldsymbol{H}_C$ 后，磁体内 $B=0$。和电滞回线一样，磁滞回线表示铁磁材料的一个基本特征，它的形状、大小均有一定的实用意义，比如材料的磁滞损耗就与回线的面积成正比。

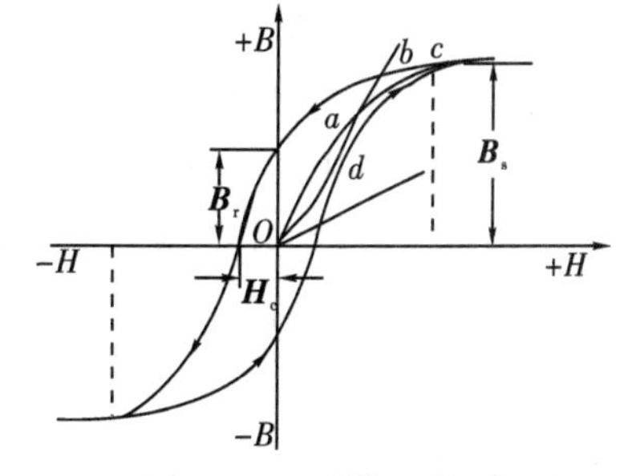

图 9－17　磁滞回线

可以用磁滞回线说明晶体磁学各向异性。在某一宏观方向上(如水平方向、垂直方向)生长的单磁畴粒子，且其自发磁化强度被约束在该方向内，当在该方向上施加外加磁场，磁滞回线为直角形，而在与此垂直的方向上施加磁场，磁滞回线缩成线形。

9.4　铁氧体结构及磁性

以氧化铁($Fe_2^{3+}O_3$)为主要成分的强磁性氧化物叫作铁氧体。铁氧体磁性与铁磁性相同之处在于二者都有自发磁化强度和磁畴，因此有时二者也被统称为铁磁性物质。铁氧体一般都是由多种金属的氧化物复合而成，因此铁氧体磁性来自两种不同的磁矩：一种磁矩在一个方向相互排列整齐；另一种磁矩在相反的方向排列。这两种磁矩方向相反、大小不等，两种磁矩之差，就产生了自发磁化现象。因此铁氧体磁性又称亚铁磁性。

从铁氧体晶体结构分，目前已有尖晶石型、石榴石型、磁铅石型、钙钛矿型、钛铁矿型和钨青铜型等 6 种，其中重要的是前三种。下面将分别讨论前三种铁氧体的结构及磁性。

9.4.1　尖晶石型铁氧体

铁氧体亚铁磁性氧化物一般式为 $M^{2+}O\cdot Fe_2^{3+}O_3$，或者 $M^{2+}Fe_2O_4$，其中 M 是 Mn、Fe、Co、Ni、Cu、Mg、Zn、Cd 等金属或它们的复合，如 $Mg_{1-x}Mn_xFe_2O_4$，因此其组成和磁性能范围较广。它们的结构属于尖晶石型，如图 9－18 所示，原胞由 8 个分子组成，32 个 O^{2-} 为密堆立方排列，8 个 M^{2+} 与 16 个 Fe^{3+} 处于 O^{2-} 的间隙中。通常把氧四面体空隙位置称为 A 位，八面体空隙位置称为 B 位，用[ ]来表示。如果 M^{2+} 都处于四面体 A 位，Fe^{3+} 处于 B 位，如 $Zn^{2+}[Fe^{3+}]_2O_4$，这种离子分布的铁氧体为正尖晶石型铁氧体；如果 M^{2+} 占有 B 位，Fe^{3+} 占有 A 位及余下的 B 位，则称此为反尖晶石型铁氧体，如 $Fe^{3+}[Fe^{3+}M^{2+}]O_4$。

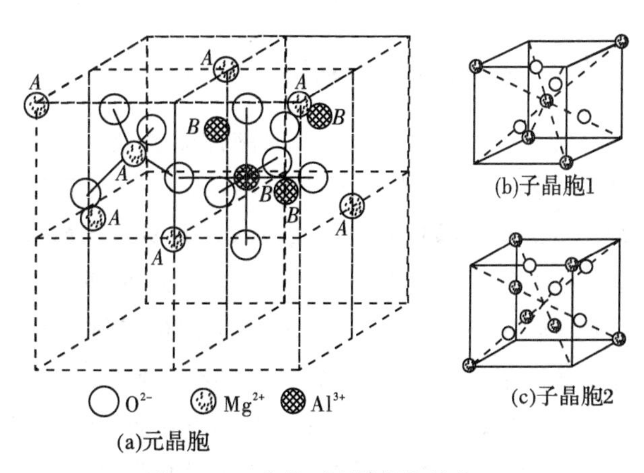

图 9－18　尖晶石型铁氧体结构

铁氧体内含有两种或两种以上的阳离子，这些离子各具有大小不等的磁矩(有些离子完全没有磁性)，由此使铁氧体表现出不同的磁性。在正尖晶石型铁氧体中，由于 A 位被不具有磁矩的 Zn^{2+}、Cd^{2+} 占据，所以 $A-B$ 间不存在超交换作用。另外 B 位的两个 Fe^{3+} 的磁矩反平行耦合，所以 $B-B$ 间的磁矩完全抵消，不出现自发磁化。在反尖晶石型铁氧体中，处于 A 位的 Fe^{3+} 与 B 位的 Fe^{3+} 间有着超交换相互作用，其结果是二者的磁矩相互反平行，并抵消，而仅余下 B 位的 M^{2+} 的磁矩，如

$$Fe_A{}^{+3}\uparrow Fe_B{}^{+3}\downarrow M_B{}^{+2}\downarrow$$

所示，因此所有的亚铁磁性尖晶石几乎都是反型的。

例如磁铁矿属反尖晶石结构，对于任意一个 Fe_3O_4"分子"来说，两个 Fe^{3+} 分别处于 A 位及 B 位，它们是反平行自旋的，因而这种离子的磁矩必然全部抵消，但在 B 位的 Fe^{2+} 的磁矩依然存在，因此 Fe^{2+} 有 6 个 3d 电子分别在 5 个 d 轨道上，其中只有一对电子处在同一个 d 轨道上且反平行自旋，磁矩抵消，其余尚有 4 个平行自旋的电子，因而应当有 4 个 μ_B，亦即整个"分子"的玻尔磁子数为 4。实验测定的此结果为 $4.2\mu_B$，与理论值相当接近。

阳离子出现于反型的程度，取决于热处理条件。一般来说，提高正尖晶石的温度会使离子激发至反型位置，所以在制备类似于 $CuFe_2O_4$ 的铁氧体时，必须将反型结构高温淬火才能得到存在于低温的反型结构。

锰铁氧体约为 80% 的正型尖晶石结构，这种结构的离子分布随热处理变化不大。

在实际应用中，软质铁氧体是强磁性的反尖晶石与顺磁性的正尖晶石的固溶体。例如将 x mol 正尖晶石 $ZnFe_2O_4$ 加入到 $(1-x)$mol 的反尖晶石 $M^{2+}Fe_2O_4$ 中烧制成固溶体(称此为复合尖晶石)，A 和 B 位的离子分布及反应如下：

$$(1-x)Fe^{3+}[M^{2+}Fe^{3+}]O_4+xZn^{2+}[Fe_2^{3+}]O_4 = Fe_{(1-x)}^{3+}-Zn_x^{2+}[M_{1-x}^{2+},Fe_{1+x}^{3+}]O_4$$

由于 Zn^{2+} 容易进入 A 位，所以预先占据 A 位的 Fe^{3+} 被推到 B 位，其结果是使占据 A 位和 B 位的 Fe^{3+} 的磁矩之差更加显著，随着 x 的增加饱和磁化增大。

9.4.2 石榴石型铁氧体

稀土石榴石也具有重要的磁性能，它属于立方晶系，但结构复杂，分子式为 $M_3Fe_5O_{12}$，式中 M 为三价的稀土离子或钇离子，如果用上标 c、a、d 表示该离子所占晶格位置的类型，则其分子式可以写成 $M_3^cFe_2^aFe_3^dO_{12}$ 或 $(3M_2O_3)^c(2Fe_2O_3)^a(3Fe_2O_3)^d$，$a$ 位位于体心立方晶格格点上，c 位与 d 位位于立方体的各个面(如图 9-19 所示)。每个 a 位离子占据一个八面体位置，每个 c 位离子占据 8 个氧离子配位形成的十二面体位置，每个 d 位离子占据一个四面体位置。每个晶胞包括 8 个化学式单元，共有 160 个原子。

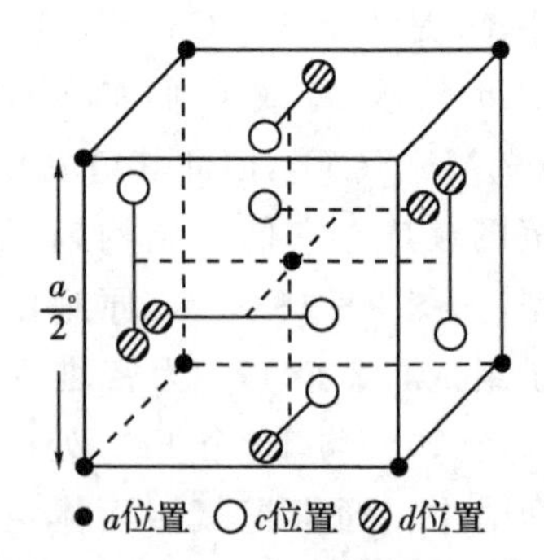

图 9-19 石榴石型铁氧体的简化模型

与尖晶石的磁性类似，由于超交换作用，石榴石的净磁矩起因于反平行自旋的不规则贡献：处于 a 位的 Fe^{3+} 和 d 位的 Fe^{3+} 的磁矩是反平行排列的，c 位的 M^{2+} 和 d 位的 Fe^{3+} 的磁

矩也是反平行排列的。如果假设每个 Fe^{3+} 的磁矩为 $5\mu_B$，则 $M_3^c Fe_2^a Fe_3^d O_{12}$ 的净磁矩为

$$\mu_{净}=3\mu_c-(3\mu_d-2\mu_a)=3\mu_c-5\mu_B \tag{9-18}$$

因此选择适当的离子，可得到净磁矩。

9.4.3 磁铅石型铁氧体

磁铅石型铁氧体的化学式为 $AB_{12}O_{19}$，A 是二价离子 Ba^{2+}、Sr^{2+}、Pb^{2+}，B 是三价的 Al^{3+}、Ga^{3+}、Cr^{3+}、Fe^{3+}，其结构与天然的磁铅石 $Pb(Fe_{7.5}Mn_{3.5}Al_{0.5}Ti_{0.5})O_{19}$ 相同，属六方晶系，结构比较复杂。如含钡的铁氧体，化学式为 $BaFe_{12}O_{19}$，其结构如图 9-20 所示，元晶胞包括 10 层氧离子密堆积层，每层有 4 个氧离子，系由 2 层一组形成的六方密堆积块与 4 层一组形成的尖晶石堆积块交替重叠，其中六方密堆积块中的两层 O^{2-} 平行于(111)尖晶石平面。在六方密堆积块中有一个 O^{2-} 被 Ba^{2+} 所取代，并有 2 个 Fe^{3+} 填充在八面体空隙中，1 个 Fe^{3+} 处于 5 个 O^{2-} 围绕形成三方的双锥体中。4 层一组的尖晶石堆积块中共有 9 个 Fe^{3+} 分别占据 7 个 B 位和 2 个 A 位。因此一个元晶胞中共含 O^{2-} 为 $4\times10-2=38$ 个，Ba^{2+} 为 2 个，Fe^{3+} 为 $2(3+9)=24$ 个，即每一元晶胞中包含了 2 个 $BaFe_{12}O_{19}$“分子”。

$BaFe_{12}O_{19}$ 的磁化起因于铁离子的磁矩，每个 Fe^{3+} 有 $5\mu_B\uparrow$ 自旋，每个单元化学式的排列如下：在尖晶石块中，2 个 Fe^{3+} 处于四面体位置形成 $2\times5\mu_B\downarrow$，7 个 Fe^{3+} 离子处于八面体位置形成 $7\times5\mu_B\uparrow$。在六方密堆积块中，一个处于氧围成的三方双锥体中的 Fe^{3+} 给出 $1\times5\mu_B\uparrow$，处于八面体中的 2 个 Fe^{3+} 给出 $2\times5\mu_B\downarrow$。净磁矩为 $4\times5\mu_B=20\mu_B$。

由于六角晶系铁氧体具有高的磁晶各向异性，故适宜做永磁铁，它们具有高矫顽力。它的结构与天然磁铅石相同。

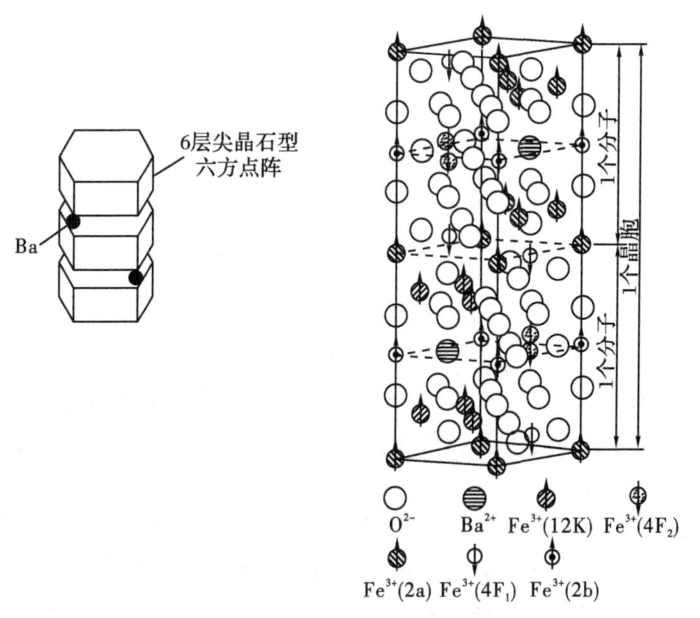

图 9-20 磁铅石型铁氧体结构

9.5 磁性材料的物理效应

磁性材料的物理性能随外界因素，例如电场、磁场、光及热等的变化而发生变化的现象称为磁性材料的物理效应。其物理效应有磁光效应、电流磁气效应、磁各向异性、磁致伸缩效应、动态磁化等。

9.5.1 磁光效应

光属于电磁波，其电场、磁场和传播方向相互垂直，因此在光通过透明的铁磁性材料时，由于光与自发磁化相互作用，会出现特异的光学现象，称此现象为磁光效应。目前已知的磁光效应有下列几种。

1)塞曼效应

对发光物质施加磁场，光谱发生分裂的现象称为塞曼效应。从应用的角度来看，其还属于有待开发的领域。

2)法拉第效应

法拉第效应是光与原子磁矩相互作用而产生的现象。当一些透明物质（如 $Y_3Fe_5O_{12}$）透过直线偏光时，若同时施加与入射光平行的磁场，在透射光射出时，其偏振面将旋转一定的角度，称此现象为法拉第效应，如图 9－21(a)所示。

如果施加与入射光垂直的磁场，入射光将分裂为沿原方向的正常光束和偏离原方向的异常光束，这一现象为科顿-穆顿效应，如图 9－21(b)所示。

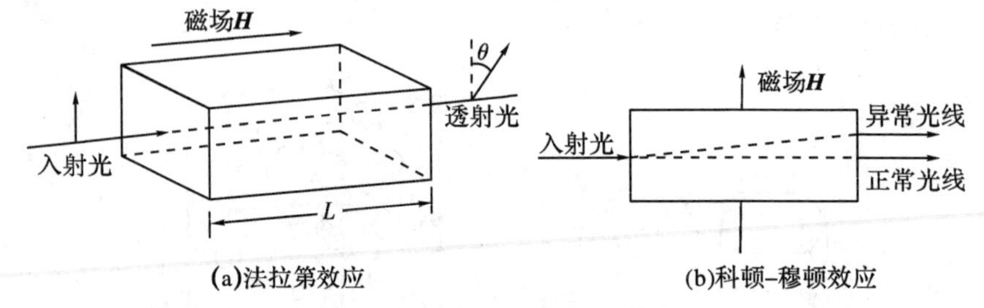

图 9－21　光与磁场的相互作用

铁磁性材料的法拉第旋转角 θ_F 由下式表示：

$$\theta_F = FL(M/M_s) \tag{9-19}$$

式中，F 为法拉第旋转系数，(°)/cm；L 为材料的长度；M_s 为饱和磁化强度；M 为沿入射光方向的磁化强度。任何透明的物质都会产生法拉第效应，而已知的法拉第旋转系数大的磁性材料主要是稀土-石榴石系材料。

作为实用，法拉第器件应满足的基本条件是：①法拉第系数要大，而与温度的相关性要小；②从透光性考虑，吸收系数 α 要小（F/α 要大），作为使用化的标准，一般要求 $F/\alpha \geqslant 200$；③居里温度 T_c 应在室温以上；④光学各向同性；⑤对于铁磁性材料来说，其饱和磁化强度要小。表 9－3 为稀土-石榴石系列的典型晶体材料的磁光效应参数。

表9-3 稀土-石榴石系单晶的磁光效应参数

参数	$Y_3Fe_5O_{12}$		$(Gd_{1.8}Bi_{1.2})Fe_5O_{12}$	$(GdBi)_3(FeAlGa)_5O_{12}$		$(Y_{0.3}Tb_{1.7}Bi_1)Fe_5O_{12}$	
法拉第旋转系数 $F/(°)\cdot cm^{-1}$	600	250	−11000	−1530	−7500	−1800	−1200
$\|F\|/\alpha$	8	3000	150	1177	100	486	667
波长/μm	0.8	1.15	0.78	1.3	0.8	1.3	1.55

3)克尔效应

当光入射到被磁化的材料,或入射到外磁场作用下的物质表面时,其反射光的偏振面发生旋转的现象称为克尔效应,其所旋转的角度为克尔旋转角 θ_K。光盘就是利用了克尔效应而进行磁记录。表9-4为以TbFeCo为主体的非晶态稀土-3d过渡金属系材料的克尔旋转角。

表9-4 非晶态稀土-3d过渡金属系材料的克尔旋转角(波长1.0μm)

参数	二元系统				多元系统				多晶体
	GdCo	TbFe	GdFe	DyFe	GdTbFe	TbFeCo	GdFeCo	GdTbFeCo	MnBi
$\theta_K/(°)$	0.28~0.33	0.24~0.30	0.25~0.33	0.13~0.25	0.3~0.4	0.27~0.35	0.3~0.4	0.34~0.48	0.7

9.5.2 磁各向异性

材料的磁化有难易之分,对于晶体来说,不同的晶体学方向其磁化也有所不同,即存在易磁化的晶体学方向和难磁化的结晶学方向,分别称为易磁化轴和难磁化轴。如体心立方结构的Fe,其[100]面的3个轴为易磁化轴,[111]面的4个轴为难磁化轴。

对于铁磁性单晶来说,其自发磁化方向与其易磁化轴方向一致,要使自发磁化的方向发生旋转,必须要施加外部磁场,即需要能量。实际上,在铁磁体中存在着取决于自发磁化方向的自由能,自发磁化向着该能量取最小值的方向时最稳定,而要向其他方向旋转,能量会增加,称这种性质为磁各向异性,对应的自由能为磁各向异性能。而反映晶体对称性的磁各向异性为晶体磁各向异性,与此相关的能量为晶体的磁各向异性能。

晶体磁各向异性源于自旋磁矩相对于晶体学坐标的取向性。其产生的原因有自旋对模型和单离子模型,前者是因异方自旋间的相互作用;后者是因晶体场中磁性离子所具有的各向异性。而异方自旋间的相互作用有两种解释,第一种是经典的磁偶极子相互作用,其模型如图9-22所示,它对磁各向异性的贡献并不大。第二种是各向异性交换模型,即自旋-轨道相互作用与各向同性交换相互作用相结合而产生的各向异性交换相互作用,其机制的物理模型如图9-23所示。磁性原子电子云的形状,因自旋-轨道间的相互作用,与自旋的方向有关,因此,自旋方向的变化会造成相邻原子电子云重叠的变化,从而交换相互作用的大小也会发生变化。

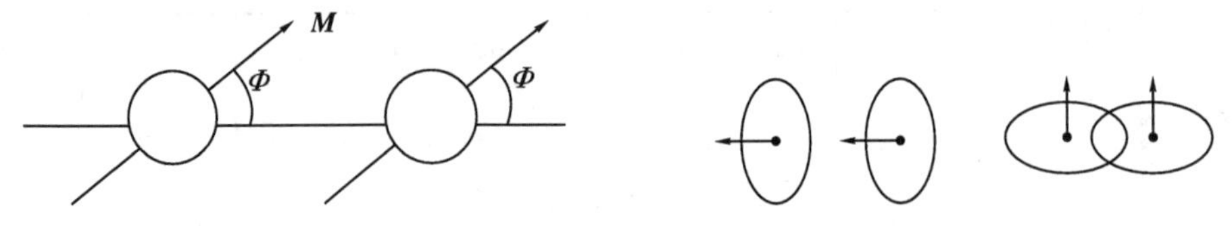

图 9-22 自旋对示意图　　　　图 9-23 各向异性交换相互作用模型

由于磁性材料的自发磁化(饱和磁化)随材料的组成,构成原子的有序、无序排布,晶体结构,温度等的不同而变化。因此晶体的磁各向异性不仅随其磁性离子的种类及比例而变化,而且还随原子的排布的有序、超结构及晶体结构的相变而变化。

由于晶体磁各向异性是决定磁性材料磁化曲线形状的因素之一,所以在具体应用时,可以人为地采用一些方法,如方向性处理可以使磁化曲线变为其他形状(平、直、宽、窄),产生新的磁各向异性。这种由人为的方法引发的磁各向异性称为诱导磁各向异性。

产生磁各向异性的方法很多,如磁场中的冷却效应,即将铁磁性合金及铁氧体在磁场中进行热处理,并从高温冷却;对铁磁性合金进行轧制;使铁磁性材料在磁场中发生晶体结构的相变,或在加有应力的同时进行退火等都可诱导产生磁各向异性。另一重要的磁各向异性是形状磁各向异性。对于有限大小的铁磁体,除非是球形,否则因方向不同,反磁场系数各异。

9.5.3 磁致伸缩效应

使消磁状态的铁磁体磁化,一般情况下其尺寸、形状会发生变化,这种现象称为磁致伸缩效应。长度为 L 的棒沿轴向磁化时,若长度变化为ΔL,则磁致伸缩率 $\lambda=\Delta L/L$,磁致伸缩率在强磁场的作用下达到饱和的值 λ_s 称为磁致伸缩常数,经常作为铁磁体的特性参数使用。

利用磁致伸缩可以使磁能(实际上是电能)转换为机械能,而利用磁致伸缩的逆效应可以使机械能转变为电能。

磁致伸缩的产生机制应进行综合分析。从永磁体间的偶极子相互作用能角度分析,如图 9-24 所示的模型,相对于图(a)的规则的正方形格子状态,图(b)畸变的格子状态偶极子相互作用能要低一些;但从弹簧中储存的弹性能来说,图(b)的要高于图(a)的。因此磁致伸缩的原因,除磁偶极子相互作用外,与晶体磁各向异性的原因一样,还应考虑自旋间各种类型的相互作用。这些作用因物质不同而异,故磁致伸缩是多种因素平衡的结果。例如,晶格自发畸变,造成自旋间相互作用能的减小;另一方面,畸变会造成弹性能的增加,二者间的平衡决定磁致伸缩的大小。

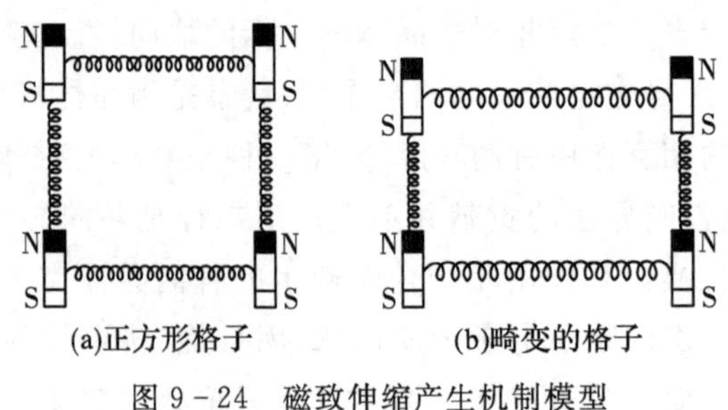

(a)正方形格子　　(b)畸变的格子

图 9-24 磁致伸缩产生机制模型

对于磁性材料的动态磁化，主要考虑铁磁性材料用于交流磁场中的磁化。当磁性体置于强磁场中时，其磁化需要一定的时间，即存在滞后现象。这一滞后现象会影响材料在交流磁场中的应用。初始磁导率越高，材料的磁化对外磁场响应越快，因此可提高磁性材料的磁导率，以提高其磁化对外磁场变化的响应速度，进而使动态磁化特性成为软磁材料发展的方向之一。

另外，类似于介电材料，磁介质材料在磁场中也会产生损耗。损耗系数用磁化滞后于外磁场变化的位相差 δ 的正切 $\tan\delta$ 来表示，品质因数 $Q=1/\tan\delta$。损耗产生的原因主要有磁滞损耗、涡流损耗、残留损耗三种类型。磁滞损耗随周波数呈正比增加，涡流损耗随周波数呈 2 次方关系增加。由于金属磁性材料的电阻率低，因此涡流损耗所占份额较大，与此相对，铁氧体为氧化物，电阻率高，涡流损耗小，可用于高周波应用。在残留损耗中已知的产生原因有尺寸共振、畴壁共振、扩散共振、自然共振等。表 9－5 为铁磁性材料的各种共振机制。

表 9－5　铁磁性材料的各种共振机制

尺寸共振	畴壁共振	扩散共振	自然共振
当磁芯的尺寸为电磁波波长 $\lambda/2$ 的整数倍，其内部产生驻波	外磁场的周波数与畴壁的固有频率一致时产生共振	伴随磁化的变化，磁性体内部存在电子等迁移现象，当迁移速度与外磁场周波数一致时产生共振	在外加支流磁场作用下，电子自旋将以磁场方向为轴产生拉摩运动，当外磁场周波数与该拉摩运动周期相等时，产生自然共振

9.6　磁性材料及其应用

磁性材料是指具有可利用的磁学性质的材料。磁性材料按其功能可分为几大类：易被外磁场磁化的磁芯材料；可发生持续磁场的永磁材料；通过变化磁化方向进行信息记录的磁记录材料；通过光或热使磁化发生变化进行记录与再生的光磁记录材料；在磁场作用下电阻发生变化的磁致电阻材料；因磁化使尺寸发生变化的磁致伸缩材料；形状可以自由变化的磁性流体等。利用这些功能，磁性材料已用于器件和设备，如变压器、阻尼器、各类传感器、录像机等。

近年来，磁性材料在非晶态、稀土永磁化合物、超磁致伸缩、巨磁电阻等新材料相继发现的同时，由于组织的微细化、晶体学方位的控制、薄膜化、超晶格等新技术的开发，其特性显著提高。这不仅对电子、信息产品等特性的飞跃提高做出了重大的贡献，而且成为新产品开发的原动力。目前，磁性材料已成为支持并促进社会发展的关键性材料。本节将从结构和性能方面介绍几种重要的磁性材料。

9.6.1　高磁导率材料

这类材料要求其磁导率高、饱和磁感应强度大、电阻高、损耗低、稳定性好等，其中尤以高磁导率和低损耗最重要。生产上为了获得高磁导率的磁性材料，一方面要提高材料的 M_s

值，这由材料的成分和原子结构决定；另一方面要减小磁化过程中的阻力，这主要取决于磁畴结构和材料的晶体结构。因而必须严格控制材料成分和生产工艺。表 9－6 列出了几种磁介质的磁导率及常用铁磁性物质、铁氧体的磁性能。

表 9－6(a) 磁介质的磁导率

顺磁性		抗磁性	
物质	$(\mu_r-1)/10^{-6}$	物质	$(1-\mu_r)/10^{-6}$
O(1 大气压)	1.9	H	0.063
Al	23	Cu	8.8
Pt	360	NaCl	12.6
		Bi	176

表 9－6(b) 常用铁磁性物质、铁氧体的磁性能

物质	μ_0(起始)	居里点/℃
Fe	150	1043
Ni	110	627
Fe_3O_4	70	858
$NiFe_2O_4$	10	858
$Mn_{0.65}Zn_{0.35}Fe_2O_4$	1500	400

起始磁导率 μ_0 高，即使在较弱的磁场下也有可能储藏更多的磁能；损耗低，当然要求电阻率高，也要求尽可能小的矫顽力和高的截止频率 f_c。但磁导率和截止频率的要求往往是矛盾的，在不同频段和不同器件上使用时又有不同的要求，因此通常根据不同频段下的使用情况选用系统、成分、性能不同的铁氧体。如在音频、中频和高频范围选用的尖晶石铁磁体，基本上是含锌的尖晶石，最主要的是 Ni－Zn、Mn－Zn、Li－Zn 铁氧体；在超高频范围（$>10^8$ Hz），则用磁铅石型六方铁氧体。这两类软磁材料的磁学性能列于表 9－7 和表 9－8 中。

软磁材料主要应用于电感线圈、小型变压器、脉冲变压器、中频变压器等的磁芯及天线棒磁芯、录音磁头、电视偏转磁轭、磁放大器等。

表 9－7 几种含 Zn 铁氧体(尖晶石型)的常温磁性

材料	$\mu_0/(10^{-5}\,H\cdot m^{-1})$	$\tan\delta$(频率为 1MHz)	θ_f/K	$\rho/(\Omega\cdot m^{-1})$
$Ca_{0.4}Zn_{0.6}Fe_2O_4$	138	0.100	363	10^3
$Mg_{0.5}Zn_{0.5}Fe_2O_4$	50.3	0.130	373	10^4
$Mn_{0.455}Zn_{0.495}Fe^{2+}_{0.05}Fe_2O_4$	125.7	0.170	383	1
$Ni_{0.4}Zn_{0.4}Fe_2O_4$	10.3	0.055	353	10^4

表 9-8 几种六方(磁铅石型)铁氧体的常温磁性

材料	$\mu_0/(10^{-6}\mathrm{H\cdot m^{-1}})$	$\mu_r(M_s)/(10^{-4}\mathrm{A\cdot m^{-1}})$	θ_f/K	F_c①/MHz
Co_2Y②	5.03	2.3	613	—
Ni_2Y	8.16	1.6	663	—
Zn_2Y	33.9	2.85	403	—
Co_2Z③	15.08	3.35	683	1400
$Co_{0.8}Zn_{1.2}Z$	30.16	—	—	530

注:①F_c 是 μ 下降至最大值的一半时的频率;②$Y=Ba_2Fe_{12}O_{22}$;③$Z=Ba_3Fe_{24}O_{41}$。

9.6.2 磁性记录材料

磁记录机是具有空气缝隙的环形记录磁头,环是由铁铝合金片或锰锌铁氧体等磁性材料制成;缝隙很小,小于 0.003 cm,如图 9-25 所示。记录用磁带是用颗粒极细小的磁性材料和一种非磁性材料的黏合剂混合后涂敷在带机而成。输入信号加到线圈形成的磁通进入磁带内,造成磁性颗粒的磁化,把信息保留在带内。显然,磁记录机必须使用硬磁材料。信号读出时,是从记录带中磁偶极子发出的磁通沿磁阻小的磁头磁芯进入,在线圈中感应出电信号而读出。所以磁记录介质的磁性材料有类似永磁体的性质,要求其高的剩磁、矫顽力和 $\boldsymbol{H}_m$ 值。当然为了能记录短波长,无规则噪声要最低,其磁畴要小,并且其能够做成高强度、柔顺而光滑的薄层。

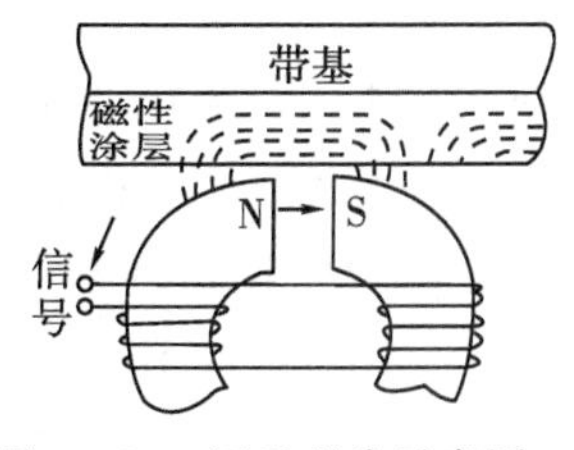

图 9-25 记录磁头示意图

在前述磁畴中知道,磁性材料和磁畴结构及磁畴壁的移动有密切的关系。但是当晶粒粒度减小到临界尺寸大小,即一个细小的颗粒只能形成一个单畴时,材料的磁性质会发生很大的变化,矫顽力急速增大,这是由于缺乏磁壁,各个颗粒仅仅依靠自旋磁矩矢量的同时旋转来改变磁化,而这个过程又由于晶体磁各向异性的反抗变得很困难。此外,对于纤维状晶粒,还有形状各向异性来反抗它的旋转,造成晶体内部矫顽力增大。例如 15 μm 的铁纤维的矫顽力比通常的甚至高达一万倍。但是颗粒太小,又由于热起伏作用超过了交换力的作用,而使晶体丧失铁磁性质,这时晶体的状态称为超顺磁体。磁性材料现在常用的是 $\gamma-Fe_2O_3$ 的单畴颗粒,它是 $\alpha-Fe_2O_3$ 的亚稳相,具有尖晶石立方结构。

9.6.3 高矫顽力材料

硬磁材料也称为永磁材料,其主要特点是剩磁 $\boldsymbol{B}_r$ 大,这样保存的磁能就多,而且矫顽力 $\boldsymbol{H}_c$ 也大,不容易退磁,否则留下的磁能也不易保存。因此用最大磁能积$(\boldsymbol{BH})_{max}$就可以全面地反映硬磁材料储有磁能的能力。最大磁能积$(\boldsymbol{BH})_{max}$越大,则在外磁场撤去后,硬磁材料单位面积所储存的磁能也越大,性能也越好,此外其对温度、时间、振动和其他干扰的稳定性也越好。这类材料主要用于磁路系统中作永磁以产生恒稳磁场,如扬声器、微音器、拾音器、助听器、录音磁头、电视聚焦器、各种磁电式仪表、磁通计、磁强计、示波器及各种控制设备。

最重要的铁氧体硬磁材料是钡恒磁 $BaFe_{12}O_{19}$，它与金属硬磁材料相比的优点是电阻大、涡流损失小、使用成本低。

前面指出，磁化过程包括畴壁移动和磁畴转向两个过程，据研究，如果晶粒小到全部都只包括一个磁畴(单畴)，则不可能发生壁移而只有畴转过程，这就可以提高矫顽力。因此在生产铁氧体的工艺过程中，通过延长球磨时间，使粒子小于单畴的临界尺寸和适当提高烧成温度(但不能太高，否则使晶粒由于重结晶而重新长大)，可以比较有效地提高矫顽力。另外，用所谓磁致晶粒取向法，即把已经过高温合成和通过球磨的钡铁氧体粉末，在磁场作用下进行模压，使得晶粒更好地择优取向，形成与外磁场基本一致的结构，可以提高剩磁。这样，虽然使矫顽力稍有降低，但总的最大磁能积 $(\boldsymbol{BH})_{max}$ 有所增加，从而改善了材料的性能。

9.6.4　矩磁材料

有些磁性材料的磁滞回线近似矩形，并且有很好的矩形度。图 9-26 所示为比较典型的矩形磁滞回线。可用剩磁比 B_r/B_m 来表征回线的矩形度。另外，也可用 $B_{-\frac{1}{2}H_m}/B_m$(或简写为 $B_{-\frac{1}{2}}/B_m$)来描述回线的矩形度，其中 $B_{-\frac{1}{2}H_m}$ 表示静磁场达到 H_m 一半时的 B 值。可以看出前者是描述Ⅱ、Ⅳ象限的矩形程度。因为 B_r/B_m 在开关元件中是重要的参数，因此又称为开关矩形比；$B_{-\frac{1}{2}}/B_m$ 在记忆元件中是重要的参数，故也可称为记忆矩形比。利用 $+B_r$ 和 $-B_r$ 的剩磁状态，可使磁芯作为记忆元件、开关元件或逻辑元件。如以 $+B_r$ 代表“1”，$-B_r$ 代表“0”，就可得到电子计算机中的二进制逻辑元件。对磁芯输入信号，从其感应电流上升到最大值的 10%时算起，到感应电流又下降到最大值的 10%时的时间间隔定义为开关时间 t_s，它与外磁场 H_a 之间的关系如下：$(H_a-H_0)t_s=S_w$。式中，$H_a\approx H_c$(矫顽力)；S_w 称为开关常数，对常用的矩磁铁氧体材料，S_w 为 $2.4\times10^{-5}\sim12\times10^{-5}$(C/m)。

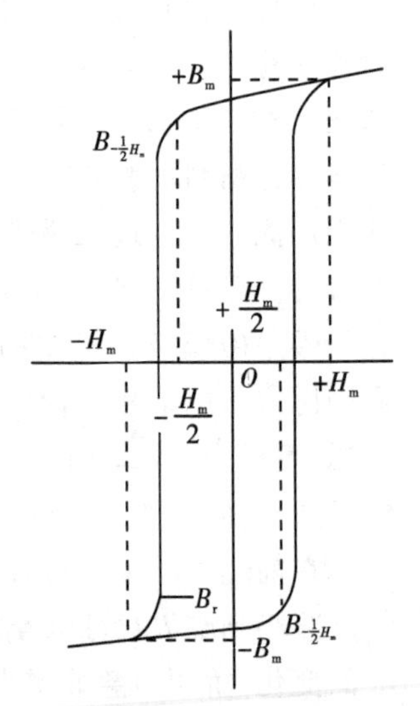

图 9-26　矩形磁滞回线

从应用的观点看，对于矩磁铁氧体材料主要有以下要求：

(1)高的剩磁比 B_r/B_m，在特殊情况下还要求有高的 $B_{-\frac{1}{2}}/B_m$；

(2)矫顽力 H_c 小；

(3)开关系数 S_w 小；

(4)损耗低；

(5)对温度、振动和时间稳定性好。

对于大型高速电子计算机，运算率在一定程度上受磁芯存取速率所制约，除前面所说的开关常数 S_w 外，磁芯尺寸的小型化将大大降低驱动电流，因而是高速开关所必需的。

除少数几种石榴石型以外，有矩形磁滞回线的铁氧体材料都是尖晶石结构。矩形磁滞回线，一类是自发地出现，另一类是需经磁场退火后才出现。自发矩磁铁氧体主要是 Mg-Mn 铁氧体，在 $MgO-MnO-Fe_2O_3$ 三元系统中有一个形成矩磁铁氧体材料的宽广范围(在

12%～56%MgO、7%～46%MnO、28%～50%Fe_2O_3 所包围的区域)。为了改善性能,还可适量加入少许其他氧化物,如 ZnO、CaO 等。表 9-9 给出了几种铁氧体矩磁材料及其磁性。经磁场退火感生矩形回线的铁氧体有 Co-Fe、Ni-Fe、Ni-Zn-Co、Co-Zn-Fe 等系统,其组成,磁场退火的温度、制度等对材料的矩磁性有影响。

表 9-9 几种铁氧体矩磁材料及其磁性

铁氧体系统	B_r/B_m	$B_{-1/2}/B_m$	$H_c/(A \cdot m^{-1})$	$S_w/(10^{-5}C \cdot m^{-1})$
Mg-Mn	0.90～0.96	0.83～0.95	52～200	6.4
Mg-Mn-Zn	>0.90	—	32～200	1.6～2.4
Mg-Mn-Zn-Cu	0.95	0.83	59	—
Mg-Mn-Ca-Cr	—	—	223	4.0
Cu-Mn	0.93	0.76	53	6.4
Mg-Ni	0.94	0.84	—	17.5
Mg-Ni-Mn	0.95	0.83	—	—
Li-Ni	—	0.78	—	8.0
Co-Mg-Ni	—	0.85～0.95	—	20.7

9.6.5 磁泡材料

用单轴各向异性的磁性材料,切成薄片(50 μm)或用晶体外延法生长制成薄膜,使易磁化轴垂直于表面,当未加外磁场时,薄片由于自发磁化,产生带状磁畴,当在外磁场的作用下,反向磁畴局部缩成分立的圆柱形磁畴,在显微镜下,它很像气泡,所以称为磁泡,直径约为 1～100 μm,如图 9-27 所示。磁泡存储器就是利用某一区域磁泡的存在与否表示二进制码"1"和"0"的信息,实现信息的存储和处理。这种材料相比磁矩铁氧体具有存储器体积小、容量大的优点。经过研究,原则上磁泡材料可获得每平方厘米百万位以上的容量,这对增大计算机容量和缩小计算机体积具有很大的意义。

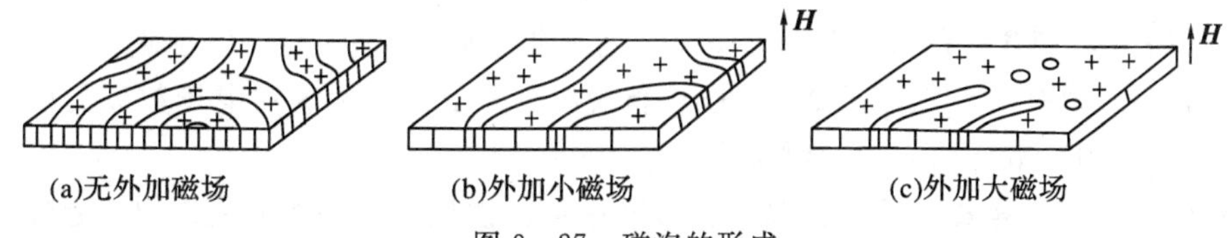

图 9-27 磁泡的形成

磁泡材料有:铁氧体 $ReFeO_3$,Re 是 Y、Er、Sm 等稀土元素;稀土-石榴石型铁氧体,例如 $Gd_{2.54}Tb_{0.46}Fe_5O_{12}$、$Eu_1Er_2Ga_{0.7}Fe_{4.3}O_{12}$ 等;新近发展出的 Gd-Co、Gd-Fe 等非晶态薄膜,具有很高的单轴各向异性性质。

9.6.6 磁性玻璃

1. 抗磁性玻璃

抗磁性玻璃是不含过渡元素离子和稀土离子的一般普通玻璃，其表现出抗磁性，且其磁化率的绝对值非常小，例如石英玻璃的$\chi=-0.5\times10^{-6}$。抗磁性物质的磁化率与所含离子或原子的数量成正比，各种离子的抗磁性极化率如表 9-10 所示。它们符合加和关系，与温度无关。新型玻璃材料中法拉第旋转玻璃就是利用了它的抗磁性，这种玻璃大多数都含有较多的 Pb^{2+} 或 Bi^{3+}、TI^{+}、Sb^{3+} 等。

表 9-10 各种离子的抗磁性磁化率

离子	$-\chi/10^{-6}$	离子	$-\chi/10^{-6}$	离子	$-\chi/10^{-6}$	离子	$-\chi/10^{-6}$	离子	$-\chi/10^{-6}$
Au^{2+}	36	F^{-}	11	S^{2-}	28	Cl^{-}	26	P^{5+}	1
Ag^{2+}	31	Ge^{4+}	7	Sb^{3+}	17	Cr^{6+}	3	Si^{4+}	1
Al^{3+}	2	K^{+}	13	Se^{2-}	48	Mg^{2+}	3	Sr^{2+}	15
As^{3+}	9	Li^{+}	0.6	Ba^{2+}	32	Na^{+}	5	Ti^{4+}	5
B^{3+}	0.2	Pb^{2+}	28	Ca^{2+}	8	O^{2-}	12	Zn^{2+}	10
Cu^{2+}	9	Rb^{+}	20						

抗磁性体中最为突出的例子是超导体，它表现出完全的抗磁性。金属玻璃中有许多组成表现为超导性，如：$Mo_{80}P_{10}B_{10}$、$Mo_{64}Ru_{16}P_{20}$、$Nb_{80}Si_{12}B_{8}$ 等。氧化物玻璃与金属玻璃不同，氧化物玻璃本身不呈现超导性，但通过微晶化可制成 T_c 大于 100 K 的 Bi(Pb)-Sr-Ca-Cu-O 系高温超导体。因此超导微晶玻璃具有较大的抗磁性。

2. 顺磁性玻璃

含过渡金属和稀土离子的氧化物表现为顺磁性。由于玻璃基体具有抗磁性，因此顺磁性离子的浓度超过定值时，玻璃才能表现出顺磁性。顺磁体的磁化率χ_P为

$$\chi_p=\frac{N\mu^2}{3k_0T} \tag{9-20}$$

式中，N 为每克玻璃含有的顺磁性离子数；k_0 为玻尔兹曼常数；μ 为单位顺磁性离子的磁导率，$\mu=P_{eff}\beta$（P_{eff} 为有效玻尔磁子数，是每一个顺磁性离子所含不成对电子数 n 的函数；β 为波尔磁子，为一固定数值）；T 为绝对温度。

一般研究较多的是过渡元素铁离子在玻璃中析出铁化合物晶相而表现出的磁性。

可形成顺磁性玻璃的稀土元素离子有 Nd^{3+}、Er^{3+}、Ce^{3+}、Tb^{3+}。含稀土离子的顺磁性玻璃作为新型玻璃受到人们的重视。含 Nd^{3+} 玻璃已开始在核聚变大功率激光玻璃上应用。除 Nd^{3+} 以外，涂覆 Er^{3+} 等其他稀土离子的激光玻璃也正在积极开发。含 Ce^{3+} 和 Tb^{3+} 稀土金属离子的顺磁性玻璃已开始应用于法拉第旋转玻璃。

3. 强磁性玻璃

常见的强磁性玻璃是用液体急冷法制作的过渡元素（Fe、Co、Ni）-半金属（B、C、Si、P）系

金属玻璃。与强磁性金属玻璃相比，氧化物玻璃中有强磁性的例子并不多，目前还未涉及实用材料。

在玻璃形成体 P_2O_5、Bi_2O_3、SiO_2 中添加尖晶石型铁氧体结晶，在 1350～1400℃温度下熔融，用双辊超急冷法制作的玻璃呈现强磁性。但这些玻璃室温时的饱和极化率都在 5×10^{-4} 以下，与原来的铁氧体的值（如 $CoFe_2O_4$ 约为 80×10^{-4}）相比小得多。原因是氧化物晶体经玻璃化后，原子的规则排列受到了破坏，饱和磁化率和居里温度急剧下降。

结晶状态下不呈现强磁性的反强磁性氧化物晶体 $ZnFe_2O_4$ 和 $BiFeO_3$，两者混合熔融后超急冷却形成了强磁性玻璃，如 $(Bi_2O_3)_{0.3}(ZnO)_{0.2}(Fe_2O_3)_{0.5}$ 玻璃。另外还出现了不含铁的强磁性玻璃，如 $0.5(La_{1-x}Sr_xMnO_3)\cdot0.5B_2O_3$，$La_{1-x}Sr_xMnO_3$ 等。

习　题

1. 磁重晶石（常称为钡铁氧体）是一种硬磁材料，具有六角结构和很高的磁各向异性，其磁化轴与基面垂直。列出烧结的钡铁氧体获得高磁能积的两种不同方法，并阐明有关过程中应控制哪些因素。

2. 当正型尖晶石 $CdFe_2O_4$ 掺入反型尖晶石如磁铁矿 Fe_3O_4 时，Cd 离子仍保持正型分布。试计算下列组成的磁矩：$Cd_xFe_{3-x}O_4$（$x=0$、$x=0.1$、$x=0.5$）。

3. 试述气孔和晶粒尺寸对 $MgFe_2O_4$ 这类软磁铁氧体性能的影响，并与 $BaFe_{12}O_{19}$ 这类硬磁铁氧体作比较。晶粒尺寸和气孔是在烧结过程形成，硬磁铁氧体与软磁铁氧体相比，生产中哪些因素是重要的参数？

4. 试述下列反型尖晶石结构的单位体积饱和磁矩，以玻尔磁子数表示：

$$MgFe_2O_4、CoFe_2O_4、Zn_{0.2}Mn_{0.8}Fe_2O_4、LiFe_5O_8、\gamma-Fe_2O_3$$

如各组成物在 1200 ℃淬火急冷，对 μ_B 有什么影响？

5. 磁畴的研究对理解磁性是极其有益的。请回答：

(a) 即使在运动中也可观察到的布洛赫畴壁的本质是什么？

(b) 杂质，特别是气孔是如何改变布洛赫畴壁运动的？

6. 已知测得 $Li_{0.5}Fe_{2.5}O_4$ 铁氧体的磁矩为每个化学式单元 2.6 个玻尔磁子。如何从有关离子的已知净自旋磁矩证明这一结果的正确性？在晶体晶格中，Li^+ 和 Fe^{3+} 各占什么位置？

7. 铁磁性和亚铁磁性特性只在含过渡和稀土类离子的化合物中才能观察到。关于导致这种类型磁特性的离子结构唯一性的原因是什么？为什么这些离子的化合物中只有某些是铁磁性或亚铁磁性的？而其他一些却不是？

8. MnF_2 晶体是反铁磁性，居里点为 92 K，在 150 K 时，每摩尔磁化率为 1.8×10^{-2}。如温度下降至 150 K 以下，磁化率将怎样变化？磁化率达最大值时是什么温度？磁化率达最小值时是什么温度？

9. 镁铁氧体的组成为 $(Mg_{0.8}Fe^{3+}_{0.2})(Mg_{0.1}Fe^{3+}_{0.9})_2O_4$，晶格常数为 8.40Å。$Fe^{3+}$ 的磁矩为 5 个玻尔磁子。试计算这种材料具有的饱和磁化强度。

10. 如将上述铁氧体用作固体器件，要有高起始磁导率和低矫顽力。在制造材料时，应以怎样的显微结构特征为目标？

参考文献

[1]钦征骑.新型陶瓷材料手册[M].南京:江苏科学技术出版社,1996.
[2]陆佩文.无机材料科学基础[M].武汉:武汉工业大学出版社,1996.
[3]张怿慈.量子力学简明教程[M].北京:高等教育出版社,1979.
[4]周世勋.量子力学教程[M].北京人民教育出版社,1979.
[5]黄昆.固体物理学[M].韩汝琦,改编.北京:高等教育出版社,1988.
[6]方俊鑫,陆栋.固体物理学[M].上海:上海科学技术出版社,1980.
[7]刘恩科,朱秉升,罗晋生.半导体物理学[M].北京:国防工业出版社,1994.
[8]杨南如.无机材料测试方法[M].武汉:武汉工业出版社,1990.
[9]关振铎,张中太,焦金生.无机材料物理性能[M].北京:清华大学出版社,2011.
[10]华南理工大学.硅酸盐物理化学[M].北京:中国建筑工业出版社,1980.
[11]陈树川,陈凌冰.材料物理性能[M].上海:上海交通大学出版社,1999.
[12]徐祖耀,李朋兴.材料科学导论[M].上海:上海科学技术出版社,1986.
[13]阿克洛尼斯,麦克奈特.聚合物粘弹性引论[M].北京:科学出版社,1986.
[14]龚江宏.陶瓷材料断裂力学[M].北京:清华大学出版社,2001.
[15]金格瑞.陶瓷导论[M].北京:中国建筑工业出版社,1982.
[16]龚江宏.陶瓷材料力学性能导论[M].北京:清华大学出版社,2003.
[17]斯温.陶瓷的结构与性能[M].郭景坤,译.北京:科学出版社,1998.6.
[18]熊兆贤.材料物理导论[M].北京:科学出版社,2002.
[19]张清纯.陶瓷材料的力学性能[M].北京:科学出版社,1987.
[20]华南工学院,南京化工学院,清华大学.陶瓷材料物理性能[M].北京:中国建筑工业出版社,1980.
[21]金志浩,高积强,乔冠军.工程陶瓷材料[M].西安:西安交通大学出版社,2000.
[22]周玉,陶瓷材料学[M].哈尔滨:哈尔滨工业大学出版社,1995.
[23]穆柏春.陶瓷材料的强韧化[M].北京:冶金出版社,2001.
[24]理查德,布鲁克.陶瓷工艺:第Ⅰ部分[M].清华大学新型陶瓷与精细工艺国家重点实验室,译.北京:科学出版社,1999.
[25]王维邦.耐火材料工艺学[M].北京:冶金出版社,1994.
[26]贾成厂.陶瓷基复合材料导论[M].北京:冶金出版社,2002.
[27]斯温.陶瓷的结构与性能[M].北京:科学出版社,1998.
[28]谈国强,刘新年,宁青菊.硅酸盐工业产品性能及测试分析[M].北京:化学工业出版社,2004.
[29]杜功焕,朱哲民,龚秀芬.声学基础[M].2版.南京:南京大学出版社,2001.

[30]黄伯云.材料大辞典[M].2版.北京:化学工业出版社,2016.
[31]孙广荣.声学材料简析[J].电声技术,2010,34(8):9-12.
[32]李汉堂.力学模型:隔振和减振材料设计指南[J].世界橡胶工业,2017,44(12):91-98.
[33]佐藤美洋.力学モデルを用いた防振・制振材料设计の指针[J].日本ゴム協会誌,2016,89(8):21-28.
[34]孙金煜,田晓慧,元以中.材料物理[M].上海:华东理工大学出版社,2013.
[35]王国梅,万发荣.材料物理[M].武汉:武汉理工大学出版社,2015.
[36]刘勇,陈国钦.材料物理性能[M].北京:北京航空航天大学出版社,2015.
[37]高智勇,隋解和,孟祥龙.材料物理性能及其分析测试方法[M].哈尔滨:哈尔滨工业大学出版社,2015.
[38]田莳.材料物理性能[M].北京:北京航空航天大学出版社,2004.
[39]刘正堂,李阳平,冯丽萍,等.材料物理[M].西安:西北工业大学出版社,2017.
[40]徐廷献.电子陶瓷材料[M].天津:天津大学出版社,1993.
[41]朱余钊.电子材料与元件[M].成都:电子科技大学出版社,1995.
[42]一濑升.电工电子功能材料[M].彭军,译.北京:科学出版社,2004.
[43]曹婉真.电解质[M].西安:西安交通大学出版社,1991.
[44]贾德昌.电子材料[M].哈尔滨:哈尔滨工业大学出版社,2000.
[45]MOULSON A J,HERBERT J M.电子陶瓷:材料.性能.应用[M].李世普,等译.武汉:武汉工业大学出版社,1993.
[46]邵式平.热释电效应及其应用[M].北京:兵器工业出版社,1994.
[47]干福熹.信息材料[M].天津:天津大学工业出版社,2000.
[48]温树林.现代功能材料导论[M].北京:科学出版社,1983.
[49]方俊鑫,殷之文.电介质物理[M].北京:科学出版社,1989.
[50]许煜寰.铁电与压电材料[M].北京:科学出版社,1978.
[51]正田英介,高木正藏.电磁学[M].赵立竹,董玉琦,译.北京:科学出版社,2001.
[52]彭江得.光电子技术基础[M].北京:清华大学出版社,1988.
[53]赵凯华,钟锡华.光学:上[M].北京:北京大学出版社,1984.
[54]钟锡华,赵凯华.光学:下[M].北京:北京大学出版社,1984.
[55]王承遇.玻璃表面装饰[M].北京:新时代出版社,1998.
[56]干福熹.光学玻璃:上册[M].北京:科学出版社,1982.
[57]李启甲.功能玻璃[M].北京:化学工业出版社,2004.
[58]田民波.磁性材料[M].北京:清华大学出版社,2004.
[59]施密特.材料的磁性[M].北京:科学出版社,1978.
[60]冯慈璋.电磁场[M].北京:高等教育出版社,1979.